via regia

800 JAHRE

BEWEGUNG UND BEGEGNUNG

KATALOG ZUR

3. SÄCHSISCHEN LANDESAUSSTELLUNG

SANDSTEIN VERLAG

Inhalt

Ideen

Menschen

Markt

Straße

Fundament

Anhang

Gremien

Ehrenbeirat

- S. E. Rafael Dezcallar de Mazarredo, Botschaft des Königreichs Spanien
- S. E. Maurice Gourdault-Montagne (ab März 2011), S. E. Bernard de Montferrand (bis Februar 2011), Botschaft der Französischen Republik
- S. E. Dr. Marek Prawda, Botschaft der Republik Polen
- S. E. JuDr. Rudolf Jindrák, Botschaft der Tschechischen Republik
- I. E. Nataliia Zarudna, Botschaft der Ukraine

Wissenschaftlicher Beirat

Vorsitz:
Prof. Dr. Winfried Eberhard, Leipzig

- Prof. Dr. phil. Friedrich Albrecht, Zittau/Görlitz
- Prof. Dr. Enno Bünz, Leipzig
- Dr. Maria Noemí Domínguez García (ab März 2010), Salamanca
  Prof. Dr. Manuel Alcantára Sáez (bis März 2010) (Vertreter: Dr. Carlos Fortea Gil), Salamanca
- PD Dr. sc. phil. Volker Dudeck (bis Oktober 2010), Zittau
- Prof. Dr. hab. Jan Harasimowicz, Wrocław
- Prof. Dr. Gottfried Korff, Berlin
- Prof. Dr. Dr. h.c. Christoph Markschies, Berlin
- Zenoviy Mazuryk, Lviv
- Prof. Dr. Harald Meller, Halle
- Prof. Dr.-Ing. Martina Müller, Dresden
- Prof. Dr. Winfried Müller, Dresden
- Prof. Dr. Michael North, Greifswald
- Prof. Dr. Miloš Řezník, Chemnitz
- Prof. Dr. hab. Andrzej Rottermund (Vertreter: Dr. Przemysław Mrozowski), Warszawa
- Prof. Dr. Karl Schlögel, Berlin
- Prof. Dr. Ján Sókol, Praha
- Prof. Dr.-Ing. Jürg Sulzer, Dresden
- Prof. Dr. Willi Xylander, Görlitz

Kuratorium

Vorsitz:
Prof. Dr. Dr. Sabine von Schorlemer, Staatsministerin, Sächsisches Staatsministerium für Wissenschaft und Kunst (ab Oktober 2009)
Dr. Eva-Maria Stange, Staatsministerin a. D. (bis September 2009)

- Dr. Thomas Ahlburg, Bombardier Transportation GmbH (ab Juli 2010)
  Dipl.-Ing. Siegfried Deinege, Bombardier Transportation GmbH (bis Juni 2010)
- Prof. Dr. phil. Friedrich Albrecht, Hochschule Zittau/Görlitz/FH (ab März 2010)
  Prof. Dr.-Ing. hab. Rainer Hampel (bis Februar 2010)
- Katrin Bartsch, Landskron Brauerei Görlitz GmbH (ab März 2009)
  Axel Hahn, Landskron Brauerei Görlitz GmbH (bis März 2009)
- Jost Beckmann, DB Regio AG, Region Südost
- Prof. Dr. Dr. Dr. h.c. Gerhard Besier, Mitglied des sächsischen Landtages (ab Oktober 2009)
  Heiko Hilker, Mitglied des sächsischen Landtages (bis September 2009)
- Manfred Böhme, Landestourismusverband Sachsen e. V.
- Pfarrer Jørgen Bøytler, Herrnhuter Brüdergemeine
- Christine Clauß, Staatsministerin, Sächsisches Staatsministerium für Soziales (ab Oktober 2009)
  Helma Orosz, Staatsministerin a. D. (bis September 2009)
- Robert Clemen, Mitglied des Sächsischen Landtages
- Botschaftsrätin Magdalena Erdman, Botschaft der Republik Polen (ab Januar 2011)
  Małgorzata Ławrowska, Botschaftsrätin a. D. (bis Januar 2011)
- Dr. Karl-Heinz Gerstenberg, Mitglied des Sächsischen Landtages
- Dr. Nora Goldenbogen, Landesverband Sachsen der Jüdischen Gemeinden
- Hans-Jürgen Goller, Tourismus Marketing Gesellschaft Sachsen mbH
- Rafał Gronicz, Bürgermeister der Stadt Zgorzelec
- Generalsuperintendent Martin Herche, Evangelische Generalsuperintendentur Görlitz (ab Januar 2011)
  Dr. Hans-Wilhelm Pietz, Evangelisch-Lutherische Kirche Berlin-Brandenburg (bis Dezember 2010)
- Ordinariatsrat Dr. Alfred Hoffmann, Bischöfliches Ordinariat

- Dr. Günter Irmscher, Agentur für Arbeit Bautzen (ab September 2009)
  Karl Peter Fuß (bis August 2009)
- Constanze Krehl, Mitglied des Europäischen Parlamentes
- Generalkonsulin Dr. Jarmila Krejčíková, Generalkonsulat Tschechische Republik (ab Januar 2010)
  Tomáš Podivínský, Generalkonsul a. D. (bis Januar 2010)
- Andreas Kremp, Mercure Parkhotel Görlitz
- Dr. Birgit Kretzschmar, Industrie- und Handelskammer Dresden (ab Januar 2009)
  Hartmut Paul, Industrie- und Handelskammer Dresden (bis Januar 2009)
- Landrat Bernd Lange, Landkreis Görlitz
- Marszałek Marek Łapiński, Urząd Marszałkowski (ab März 2008)
  Marszałek Dr. Andrzej Łoś, Urząd Marszałkowski (bis März 2008)
- Maria Michalk, Mitglied des deutschen Bundestages
- Sven Morlok, Staatsminister, Sächsisches Staatsministerium für Wirtschaft und Arbeit (ab Oktober 2009)
  Thomas Jurk, Staatsminister a. D. (bis September 2009)
- Botschaftsrat Yurii Nykytiuk, Botschaft der Ukraine
- Joachim Paulick, Oberbürgermeister der Stadt Görlitz
- Prof. Dr. Rosemarie Pohlack, Landesamt für Denkmalpflege
- Christian Puppe, Industrie- und Handelskammer Dresden, Geschäftsstelle Görlitz
- Gloria Mínguez Ropiñón, Kulturrätin, Botschaft des Königsreichs Spanien (ab August 2010)
  Itziar Taboada, Kulturrätin a. D. (bis Juli 2010)
- Dr. Matthias Rößler, Präsident des Sächsischen Landtages (ab Oktober 2009)
  Erich Iltgen, Präsident des Sächsischen Landtages a. D. (bis September 2009)
- Prof. Dr. Martin Roth, Staatliche Kunstsammlungen Dresden
- Prof. Dr. Andreas Schmalfuß, Mitglied des Sächsischen Landtages
- Holger Schmeer, DB Schenker Deutschland AG
- Dr. Regina Smolnik, Landesamt für Archäologie (ab Mai 2009)
  Dr. Thomas Westphalen (bis April 2009)
- Dr. Eva-Maria Stange, Mitglied des Sächsischen Landtages (ab Oktober 2009)
  Gunther Hatzsch, Sächsischer Landtag (bis September 2009)
- Dr. Markus Tacke, Siemens Powergeneration Görlitz GmbH
- Markus Ulbig, Staatsminister, Sächsisches Staatsministerium des Innern (ab Oktober 2009)
  Dr. Albrecht Buttolo, Staatsminister a. D. (bis September 2009)
- Friedrich-Wilhelm von Rauch, Ostdeutsche Sparkassenstiftung
- Rudolf von Sandersleben, Honorarkonsul a. D., Saxony International GmbH für internationale Handelsentwicklung
- Dr. Petra Warnecke, Veolia Wasser GmbH (ab Januar 2008
  Christopher Hug, Veolia Wasser GmbH (bis Januar 2008)
- Prof. Dr. Roland Wöller, Staatsminister, Sächsisches Staatsministerium für Kultus (ab Oktober 2009)
  Steffen Flath, Staatsminister a. D. (bis September 2009)

Förderkreis Wirtschaft

Vorsitz:
Prof. Dr. Dr. Sabine von Schorlemer, Staatsministerin, Sächsisches Staatsministerium für Wissenschaft und Kunst

- Dr. Thomas Ahlburg, Bombardier Transportation GmbH
- Volker Bandmann, Mitglied des Sächsischen Landtages
- Katrin Bartsch, Landskron Brauerei Görlitz GmbH
- Jost Beckmann, DB Regio AG, Region Südost
- Andreas Kremp, Mercure Parkhotel Görlitz
- Dr. Birgit Kretzschmar, Industrie- und Handelskammer Dresden
- Christian Puppe, Industrie- und Handelskammer Dresden, Geschäftsstelle Görlitz
- Holger Schmeer, DB Schenker Deutschland AG
- Dr. Markus Tacke, Siemens Powergeneration Görlitz GmbH
- Dr. Petra Warnecke, Veolia Wasser GmbH
- Rudolf von Sandersleben, Honorarkonsul a. D., Saxony International GmbH für internationale Handelsentwicklung

Lenkungsausschuss Ausstellungen

- Bettina Probst, Staatliche Kunstsammlungen Dresden
- Dr. Jasper von Richthofen, Kulturhistorisches Museum Görlitz
- Dr. Markus Bauer, Schlesisches Museum zu Görlitz
- Prof. Dr. Willi Xylander, Senckenberg Museum für Naturkunde Görlitz

Beiträge der Görlitzer Museen zur Landesausstellung

- Kulturhistorisches Museum Görlitz
  »IN UNO MUSEUM«, Barockhaus Neißstraße 30 (Teilabschnitt)
- Schlesisches Museum zu Görlitz
  Sonderausstellung »Lebenswege ins Ungewisse«
- Senckenberg Museum für Naturkunde Görlitz
  Sonderausstellung »via regia – Straße der Arten«

Dank

Zum Gelingen der 3. Sächsischen Landesausstellung und der Begleitprojekte haben über die genannten Gremien, Förderer und Sponsoren sowie über die beteiligten Einrichtungen und Leihgeber mit ihren jeweiligen Vertretern hinaus wesentlich beigetragen:

Klaus Arauner; Wolfgang Archner; Dr. Rainer Aurig; Radosław Baranowksi; Inka Becker; Philipp Bormann; Staatssekretär Johann-Adolf Cohausz; Georg Cyriax; Udo Frenschkowski; Dr. Tatjana Frey; Thomas Früh; Wolfgang Gärtner; Dr. Albrecht Goetze; Kerstin Gosewisch; Kai Grebasch; Prof. Dr. Holm Große; Steffen Große; Ulf Großmann; Astrid Hahn; Staatssekretär Dr. Henry Hasenpflug; Dr. Dieter Herz; Christoph Hess; Anita Jacob; Sandra Jäschke; Arasch Jalali-Ghajar; Dr. Georg Janetzki; Prof. Dr. Werner Jokubeit; Dr. Klaus Karl; Monika Alexandra Kämpfer; Staatssekretär Hansjörg König; Michael Kretschmer, MdB; Dr. Matthias Krick; Andreas Kühl; Jens Kunstmann; Andreas Lämmel, MdB; Ernst Leubner; Pfarrer Werner Lindner; Sylvia Littke-Hennersdorf; Regina Lötsch; Klaus Maciejewski; Sylwia Makowska; Anna Małecka; Agnieszka Mazur; Joanna Mazur; Peter Mitsching; Joachim Mühle; Thomas Müller; Iris Mucha; Dirk Ohm; Nikolaus Olalowo; Andrea Peuker; Kerstin Poost; Ute Prechel; Katrin Prenzel; Martin Reents; Dr. Klaus Riedel; Harald Schluttig; Hans-Jürgen Schmitt; Veronika Schumann; Falk Schwaar; Kathrin Schwipper; Nando Seibt; Norbert Seibt; Anton Spindler; Carolin Strunk; Lutz Thielemann; Matthias von Rüdiger; Gerd Weise; Klaus Westphal; Bürgermeister Dr. Michael Wieler; Eva Wittig; Peter Ziegler; Dr. Antoni Ziemba

Leihgeber

Wir danken den Leihgebern,
den Direktoren und Leitern
sowie ihren engagierten Mitarbeitern.

- **Aschaffenburg**
- Museen der Stadt Aschaffenburg
  Museumsleiter Dr. Thomas Richter
- **Basel**
- Historisches Museum Basel
  Direktor Dr. Burkhard von Roda
- **Bautzen**
- Archivverbund Bautzen, Stadtarchiv
  Oberbürgermeister Christian Schramm,
  Leiterin Grit Richter-Laugwitz
- Domkapitel St. Petri des Bistums Dresden-Meißen, Bischöfliches Ordinariat
  Domdekan Weihbischof em. Georg Weinhold
- Domschatzkammer St. Petri Bautzen, Domstiftsbibliothek Bautzen, Bistum Dresden-Meißen
  Generalvikar Michael Bautz,
  Leiterin Dr. Birgit Mitzscherlich
- Sorbische Zentralbibliothek beim Sorbischen Institut/ Serbski institut Bautzen
  Institutsdirektor Prof. Dr. Dietrich Scholze-Šołta
- Museum Bautzen
  Oberbürgermeister Christian Schramm,
  Museumsleiterin Ophelia Rehor, Hagen Schulz
- **Berlin**
- Stiftung Deutsches Historisches Museum, Berlin
  Generaldirektor und Präsident der Stiftung
  Prof. Dr. Hans Ottomeyer
- Staatliche Museen zu Berlin – Stiftung Preußischer Kulturbesitz
  Generaldirektor Prof. Dr. Michael Eissenhauer
  Kupferstichkabinett
  Direktor Prof. Dr. Heinrich Schulze Altcappenberg
  Museum Europäischer Kulturen
  Direktor Prof. Dr. Konrad Vanja
  Museum für Vor- und Frühgeschichte
  Direktor Prof. Dr. Matthias Wemhoff
- Staatsbibliothek zu Berlin – Preußischer Kulturbesitz
  Generaldirektorin Barbara Schneider-Kempf
- Stiftung Stadtmuseum Berlin
  Generaldirektorin Dr. Franziska Nentwig, Angelika Riemer
- **Brzeg**
- Muzeum Piastów Śląskich w Brzegu
  Direktor Mgr. Paweł Kozerski

- **Bytom**
- Muzeum Górnośląskie w Bytomiu
  Direktor Dr. Dominik Abłamowicz, P.O. Direktor Mgr. Ewa Wojtacha
- **Chemnitz**
- Evangelisch Lutherische Stiftskirchgemeinde Unserer lieben Frauen, Chemnitz-Ebersdorf
  Pfarrer Horst Oertel
- **Dresden**
- Johanneskirchgemeinde Dresden, Archiv der Evangelisch-Lutherischen Stiftung Böhmischer Exulanten zu Dresden
  Pfarrerin Carola Ancot
- Landesamt für Archäologie, Dresden
  Landesarchäologin Dr. Regina Smolnik, Dr. Thomas Westphalen, Uwe Reuter, Dr. Reiner Göldner
- Privatbesitz Dresden
- Sächsische Landesbibliothek – Staats- und Universitätsbibliothek Dresden
  Generaldirektor Prof. Dr. Thomas Bürger, Frank Aurich, Dr. Jens Bove, Bettina Erlenkamp, Katrin Nitzschke
- Sächsisches Staatsarchiv – Hauptstaatsarchiv Dresden
  Direktor Dr. Jürgen Rainer Wolf, Dr. Martin Guntram, Dr. Jörg Ludwig, Dr. Peter Wiegand
- Senckenberg Naturhistorische Sammlungen Dresden, Museum für Mineralogie und Geologie, Mineralogische Sammlung
  Geschäftsführender Direktor Prof. Dr. Ulf Linnemann, Prof. Dr. Klaus Thalheim
- Staatliche Kunstsammlungen Dresden
  Galerie Neue Meister
  Direktor Prof. Dr. Ulrich Bischoff, Dr. Heike Biedermann
  Gemäldegalerie Alte Meister
  Direktor Prof. Dr. Bernhard Maaz
  Grünes Gewölbe
  Direktor Prof. Dr. Dirk Syndram, Dr. Jutta Kappel, Dr. Ulrike Weinhold
  Kunstgewerbemuseum
  Direktor Dr. Peter Plaßmeyer, Kerstin Stöver
  Kupferstich-Kabinett
  Direktor Prof. Dr. Bernhard Maaz
  Mathematisch-Physikalischer Salon
  Direktor Dr. Peter Plaßmeyer, Dr. Michael Korey, Dipl.-Ing. Wolfram Dolz
  Münzkabinett
  Direktor Dr. Rainer Grund, Dr. Wilhelm Hollstein
  Porzellansammlung
  Direktor Dr. Ulrich Pietsch, Anette Loesch
  Museum für Sächsische Volkskunst mit Puppentheatersammlung
  Direktor Dr. Igor Jenzen, Lars Rebehn
  Rüstkammer
  Direktor Prof. Dr. Dirk Syndram, Dr. Jutta Charlotte von Bloh
  Skulpturensammlung
  Direktor Dr. Moritz Woelk
- Städtische Galerie Dresden – Kunstsammlung, Museen der Stadt Dresden
  Direktor Dr. Gisbert Porstmann
- Stiftung Deutsches Hygiene-Museum, Dresden
  Vorsitzender des Vorstandes Prof. Klaus Vogel
- **Erfurt**
- Angermuseum Erfurt
  Direktor Dr. Wolfram Morath-Vogel
- Europäisches Kultur- und Informationszentrum in Thüringen, Erfurt
  Geschäftsführung Cornelia Fischer und Dr. Jürgen Fischer
- Evangelische Predigergemeinde Erfurt
  Vorsitzender des Gemeindekirchenrates Uwe Vetter, Kirchenoberbaurat Bernd Rüttinger
- Stadtarchiv Erfurt
  Leiter Dr. Rudolf Benl
- Stadtmuseum Erfurt – »Haus zum Stockfisch«
  Direktor Dr. Hardy Eidam
- **Frankfurt am Main**
- Historisches Museum Frankfurt, Frankfurt am Main
  Direktor Dr. Jan Gerchow
- Institut für Stadtgeschichte, Stadtarchiv, Frankfurt am Main
  Institutsleitung Dr. Evelyn Brockhoff
- Museum für Angewandte Kunst, Frankfurt am Main
  Direktor Prof. Dr. Ulrich Schneider
- **Frankfurt (Oder)**
- Museum Viadrina, Frankfurt (Oder)
  Direktor Dr. Martin Schieck
- **Freiberg**
- Stadt- und Bergbaumuseum Freiberg
  Oberbürgermeister Bernd-Erwin Schramm, Museumsleiter Dr. Ulrich Thiel
- TU Bergakademie Freiberg
  Kanzler Dr. Andreas Handschuh, Rektor Prof. Dr. Bernd Meyer
  Institut für Markscheidewesen und Geodäsie
  Dr. Karl-Heinz Löbel
  Sammlung Bergbaukunde
  Dr. Jörg Zaun
  Universitätsbibliothek »Georgius Agricola«
  Direktorin Katrin Stump

- **Görlitz**
- Domkapitel zum Hl. Jakobus zu Görlitz, Bistum Görlitz, Bischöfliches Ordinariat
  Leiter des Bistumsarchivs Ordinariatsrat Dr. Winfried Töpler, Dr. Alfred Hoffmann
- Evangelische Innenstadtgemeinde Görlitz
  Pfarrer Christian Bochwitz
- Evangelische Kulturstiftung Görlitz
  Vorstandsvorsitzende Margrit Kempgen,
  Vorstand Norbert Ernst
- Kulturhistorisches Museum Görlitz
  Museumsleiter Dr. Jasper von Richthofen,
  Ines Anders, Kai Wenzel
- Oberlausitzische Bibliothek der Wissenschaften, Görlitz
  Leiter Matthias Wenzel, Karin Stichel
- Ratsarchiv Görlitz
  Leiter Siegfried Hoche
- Schlesisches Museum zu Görlitz
  Direktor Dr. Markus Bauer, Dr. Martin Kügler,
  Dr. Martina Pietsch
- Senckenberg Museum für Naturkunde Görlitz
  Direktor Prof. Dr. Willi Xylander, Dr. Christian Düker,
  Birte Launert, Andrzej Paczos
- **Gotha**
- Universitäts- und Forschungsbibliothek Erfurt/Gotha, Forschungsbibliothek Gotha
  Leiterin Dr. Kathrin Paasch, Direktorin Christiane Schmiedeknecht
- **Halle**
- Technisches Halloren- und Salinemuseum, Halle
  Oberbürgermeisterin Dagmar Szabados, Direktor Rüdiger Just, Vereinsvorsitzender Michael Kriebel, Geschäftsführer Steffen Kohlert
- Martin-Luther-Universität Halle-Wittenberg, Universitäts- und Landesbibliothek Sachsen-Anhalt in Halle (Saale)
  Direktor Dr. Heiner Schnelling
- **Herrnhut**
- Abraham Dürninger & Co. GmbH, Herrnhut
  Geschäftsführer Albrecht Kittler
- Unitätsarchiv, Herrnhut
  Archivleiter Dr. Rüdiger Kröger
- **Jena**
- Thüringer Universitäts- und Landesbibliothek Jena
  Direktorin Dr. Sabine Wefers
- **Kamenz**
- Evangelisch-Lutherische Kirchgemeinde Kamenz
  Pfarrer Jörg Naumann
- Städtische Sammlungen Kamenz
  Museumsleiterin Dr. Sylke Kaufmann
- **Königsbrück**
- Stadt Königsbrück
  Bürgermeister Heiko Driesnack
- **Kraków**
- Krakowska Kongregacja Kupiecka
  Vorstand Wiesław Jopek
- Muzeum Historyczne Miasta Krakowa
  Direktor Mgr. Michał Niezabitowski
- Muzeum Narodowe w Krakowie
  Direktor Zofia Gołubiew
- Muzeum Uniwersytetu Jagiellonskiego w Krakowie
  Direktor Prof. Dr. hab. Stanisław Waltoś
- **Lednogóra**
- Muzeum Pierwszych Piastów na Lednicy
  Direktor Prof. Dr. hab. Andrzej M. Wyre
- **Leipzig**
- Deutsches Buch- und Schriftmuseum der Deutschen Nationalbibliothek, Leipzig
  Generaldirektorin der Deutschen Nationalbibliothek Dr. Elisabeth Niggemann
  Direktor der Nationalbibliothek Leipzig Michael Fernau, Leiterin des Buch- und Schriftmuseums Dr. Stephanie Jacobs, Dr. Frieder Schmidt, Hannelore Schneiderheinze
- GRASSI Museum für Angewandte Kunst Leipzig
  Direktorin Dr. Eva Maria Hoyer
- Museum der bildenden Künste Leipzig
  Direktor Dr. Hans-Werner Schmidt
- Maximilian Speck von Sternburg Stiftung im Museum der bildenden Künste Leipzig
  Freiherr Wolf-Dietrich Speck von Sternburg
- Familienbesitz, Wolf-Dietrich Speck von Sternburg, Leipzig/München
  Freiherr Wolf-Dietrich Speck von Sternburg
- Sächsisches Staatsarchiv – Staatsarchiv Leipzig
  Leiter Dr. Volker Jäger
- Stadtarchiv Leipzig
  Direktorin Dr. Beate Berger
- Stadtgeschichtliches Museum Leipzig
  Direktor Dr. Volker Rodekamp, Ulrike Dura, Doris Mundus
- Universität Leipzig
  Kanzler Dr. Frank Nolden
  Archiv
  Dr. Jens Blecher
  Bibliotheca Albertina
  Direktor Prof. Dr. Ulrich Johannes Schneider
  Kunstbesitz der Universität Leipzig
  Leiter PD Dr. Rudolf Hiller von Gaertringen,
  Cornelia Junge
- **Löbau**
- Oberlausitzer Sechsstädtebund- und Handwerksmuseum – Stadtmuseum Löbau
  Oberbürgermeister Guido Storch,
  Museumsleiterin Regine Wiemer
- Stadtarchiv Löbau
  Oberbürgermeister Dietmar Buchholz,
  Archivar Jürgen Görner
- **Lviv**
- Istoričnij Muzej Lviv
  Direktor Bogdan Chaykovskyy
- Lvivska Galereja Mistectv
  Direktor Borys Voznytskyi

- **Meißen**
- Stadtmuseum Meißen
  Oberbürgermeister Olaf Raschke,
  Leiterin Martina Fischer
- **München**
- Bayerische Staatsbibliothek München
  Generaldirektor Dr. Rolf Griebel, Hanne Schweiger
- **Nürnberg**
- Germanisches Nationalmuseum, Nürnberg
  Generaldirektor Prof. Dr. G. Ulrich Großmann
- Stadtbibliothek Nürnberg
  Direktorin Elisabeth Sträter, Dr. Christine Sauer
- **Offenbach**
- Deutsches Ledermuseum Schuhmuseum Offenbach
  Dr. Christian Rathke
- **Olbernhau**
- Stadtverwaltung Olbernhau, Museum Saigerhütte
  Bürgermeister Dr. Steffen Laub
- **Panschwitz-Kuckau**
- Zisterzienserinnen-Abtei St. Marienstern
  Äbtissin M. Benedicta Waurick, Sr. Thaddaea Selnack
- **Pirna**
- Stadtmuseum Pirna
  Oberbürgermeister Klaus-Peter Hanke,
  Leiter René Misterek
- **Pößneck**
- Stadtmuseum Pößneck
  Bürgermeister Michael Modde,
  Leiterin Christel Ziermann
- **Poznan**
- Muzeum Archeologiczne w Poznaniu
  Direktor Prof. Dr. hab. Marzena Szmyt
- Muzeum Narodowe w Poznaniu
  Direktor Prof. Wojciech Suchocki, Dr. Joanna Minksztym
- **Praha**
- Sbirky Pražského hradu, Praha
  Direktor Ivo Velišek, Leiter der Abteilung
  der Kunstsammlungen Dr. Martin Herda,
  Mgr. Petr Chotěboř
- Uměleckoprůmyslové museum v Praze
  Direktorin Ph Dr. Helena Koenigsmarková, Dr. Eva Uchalová
- **Rudolstadt**
- Thüringer Landesmuseum Heidecksburg, Rudolstadt
  Direktor Dr. Lutz Unbehaun
- **Schwerin**
- Landesamt für Kultur und Denkmalpflege,
  Archäologisches Landesmuseum Mecklenburg-Vorpommern, Schwerin
  Direktor Dr. Michael Bednorz,
  Leiterin Ewa Prync-Pommerencke
- **Seifhennersdorf**
- Karasek-Museum Seifhennersdorf
  Museumsleiter Ina Köhler
- **Świdnica**
- Muzeum Dawnego Kupiectwa, Świdnica
  Direktor Mgr. Wiesław Rośkowicz,
  Dr. Radosław Skowron
- **Toruń**
- Muzeum Okręgowe w Toruniu
  Direktor Dr. Marek Rubnikowicz
- **Waldenburg**
- Heimatmuseum und Naturalienkabinett, Waldenburg
  Museumsleitung Ulrike Budig
- **Warszawa**
- Muzeum Narodowe w Warszawie
  Direktor Agnieszka Morawińska, Lidia Karecka,
  Małgorzata Kochanowska
- **Weimar**
- Klassik Stiftung Weimar,
  Herzogin Anna Amalia Bibliothek
  Präsident Hellmut Th. Seemann,
  Direktor der Bibliothek Dr. Michael Knoche,
  Ingrid Arnhold
- **Wien**
- Kunsthistorisches Museum, Wien
  Generaldirektorin Dr. Sabine Haag, Direktor des
  Münzkabinetts HR Univ.-Doz. Dr. Michael Alram,
  Mag. Dr. Heinz Winter
- **Wolfenbüttel**
- Herzog August Bibliothek Wolfenbüttel
  Direktor Prof. Dr. Helwig Schmidt-Glintzer,
  Dr. Christian Heitzmann, Nadine Ratz
- **Wrocław**
- Biblioteka Uniwersytecka we Wrocławiu
  Direktor Mgr. Inż. Grażyna Piotrowicz,
  Prof. Dr. hab. Władysław Dynak, Alicja Konik
- Muzeum Narodowe we Wrocławiu
  Direktor Mariusz Hermansdorfer,
  Dr. Piotr Łukaszewicz
- Uniwersytet Wrocławski, Instytut Archeologii
  Direktor Prof. Dr. hab. Jerzy Piekalski
- **Zittau**
- Christian-Weise-Bibliothek Zittau
  Peter Hesse (Geschäftsführer der Kultur- und
  Weiterbildungsgesellschaft mbH), Carola Becker
- Städtische Museen Zittau
  Direktor Dr. Marius Winzeler
- **Zwickau**
- Ratsschulbibliothek Zwickau
  Direktor Dr. Lutz Mahnke

Grußwort

Liebe Gäste
der 3. Sächsischen Landesausstellung »via regia –
800 Jahre Bewegung und Begegnung«.

Die Ausstellung ermöglicht eine spannende Entdeckungsreise entlang der einst bedeutenden, von vielen Herrschern und Königen privilegierten Handelsstraße via regia. Straßen verbinden. Sie ebnen Wege für den Transport von Gütern, für Handel und Verkehr. Sie schaffen die Voraussetzung für die Mobilität der Menschen, den Austausch von Ideen und Gedanken – gestern wie heute!

Sachsen ist auf dem besten Weg, wieder eine zentrale Drehscheibe für Logistik in Europa zu werden. Künstliche Barrieren, Trennungen und Hindernisse gibt es nicht mehr. Der Freistaat knüpft an die großen alten Handelswege und Logistiklinien in Europa an. Die via regia hat die dunkelsten Kapitel deutscher Geschichte überlebt und weist uns den Weg in das Europa unserer Kinder und Enkel. Es ist ein Europa ohne Grenzen, und Sachsen liegt im Herzen dieses geeinten Europas. Der Gewinn, den wir Sachsen aus dieser zentralen Lage haben, ist uns zugleich Verpflichtung. Denn die Geschichte hat gezeigt, was passiert, wenn Verbindungen abreißen. Es ist mühsam, an Verlorengegangenes wieder anzuknüpfen. Aber die Chancen, die sich für uns – gerade hier in Sachsen – durch die Osterweiterung der Europäischen Union eröffnen, lohnen diese Mühen.

Welches Potential der Blick und der Weg über die eigenen Grenzen eröffnet, wird in der Ausstellung sichtbar. Arbeit, Wissen und Wohlstand haben sich entlang der via regia über Jahrhunderte vortrefflich entwickelt. Und diese Vernetzung, ob entlang der realen oder der virtuellen Handelswege, ist entscheidend auch für unsere Zukunft. Die 3. Sächsische Landesausstellung soll uns Anstöße geben, wie wir aus der Vergangenheit für unsere Zukunft lernen können. Für unsere gemeinsame europäische Zukunft in einem kulturell, wirtschaftlich und freundschaftlich vernetzten Europa.

Ich freue mich über diese Ausstellung in Görlitz, einer Stadt, die ihren Aufstieg der via regia verdankte. Heute ist sie eine der schönsten Städte Deutschlands – mit historischem Pflaster. Görlitz liegt nicht nur am östlichen Rande von Sachsen und Deutschland, sondern mitten im Herzen Europas.

Ich wünsche dieser Ausstellung Erfolg, viele Gäste – auch aus unseren Nachbarstaaten – und Ihnen eine gute Reise, die hoffentlich nicht zu Ende sein wird, wenn Sie die Ausstellung im Kaisertrutz wieder verlassen.

Stanislaw Tillich
Ministerpräsident des Freistaates Sachsen

Grußwort

»Ich packe meinen Koffer …« – will man im 21. Jahrhundert nicht nur bei diesem altbekannten Gesellschaftsspiel mitspielen, sondern wirklich auf Reisen gehen, dann stehen vielfältige Möglichkeiten offen, auf dem schnellsten, bequemsten oder schönsten Weg von A nach B zu gelangen. Dreht man die Uhr aber um 800 Jahre zurück, waren die Bedingungen für Reisende ungleich komplizierter. Eine Welt ohne Pauschalreisen, Online-Buchungen, Komfortsitze und Federung. Wie schwierig und gefährlich, gleichzeitig spannend und gewinnbringend die Fortbewegung im Hochmittelalter und den folgenden Epochen sein konnte, zeigt die 3. Sächsische Landesausstellung Görlitz 2011, die sich um die auch als Hohe Straße bekannte via regia dreht.

»800 Jahre Bewegung und Begegnung« – so lautet der Untertitel dieser vielschichtigen Ausstellung im Görlitzer Kaisertrutz. Die Handelsstraße via regia, die vom Rhein bis nach Schlesien verlief, war auch in der Vergangenheit bereits Teil eines europäischen Wegenetzes. Heute reicht die Kulturstraße des Europarates »VIA REGIA« im Westen bis zum Wallfahrtsort Santiago de Compostela und im Osten bis nach Kiew. Schon die Reisenden damaliger Zeiten lernten auf ihrem Weg immer wieder Neues kennen – dies spiegelt sich in den fünf Themenwelten der Landesausstellung – »Straße«, »Fundament«, »Markt«, »Menschen« und »Ideen« – wider. Auf der Hohen Straße trafen Händler, Sprachen und Kulturen aufeinander. Die Besucher des Kaisertrutzes werden von der Landesausstellung angeregt, sich in Gedanken reisefertig zu machen. Sie erkennen, auf welchem Grund sie hier stehen und gehen und wer vor ihnen dort war. Sie lernen Görlitz, die sehenswerte östlichste Stadt Deutschlands, als alten Handelsknotenpunkt kennen, bekommen die dort lebenden und die reisenden Menschen alter Zeiten vorgestellt und lernen, welche Waren sie bewegten und welche Gedanken sie in ihren Köpfen transportierten.

Die Ostdeutsche Sparkassenstiftung begleitet nach den Sächsischen Landesausstellungen 1998 im Kloster St. Marienstern und 2004 im Torgauer Schloss Hartenfels nun auch die 3. Sächsische Landesausstellung als Hauptpartner. Dabei hat unsere Stiftung noch mehr als in vergangenen Jahren ihre Förderung darauf ausgerichtet, jungen Menschen eine unvergessliche, einprägsame Begegnung mit der erzählenswerten sächsischen Geschichte zu ermöglichen.

Unter dem Motto »Die junge Landesausstellung« möchte die Stiftung sicherstellen, dass sich so viele Schulklassen wie möglich unter die Besuchergruppen mischen. Die Ostdeutsche Sparkassenstiftung lädt Schulen aus allen Teilen Sachsens ein, nach Görlitz zu kommen. Die Stiftung übernimmt dabei nicht nur die Transferkosten, sondern hat auch für die notwendige Begleitlektüre von Lehrern und Schülern gesorgt.

Jugendliche lernen gerne von Jugendlichen, und deshalb führen Gleichaltrige die jungen Besucher durch die Ausstellung; sie werden dafür als »Explainer« geschult. Dazu kommen Workshops und Führungen, was die Landesausstellung zu weit mehr als nur einer Zurschaustellung von »Kultur von oben herab« macht. Ein Junior-Campus, ein Juniorkatalog für die Altersstufen 12 bis 16 und ein Audio-Guide mit integriertem Hörspiel für das noch jüngere Publikum, das man sich auch auf den Internetseiten der Landesausstellung und der Ostdeutschen Sparkassenstiftung per Download auf eigene Speichermedien laden kann, runden das umfangreiche Programm ab, für das sich unsere Stiftung stark macht. Und da das Motto »Bewegung« lautet, kann die Landesausstellung sogar zu den Schülern kommen: Das mit einer interaktiven Medienstation ausgestattete Fahrzeug »Via Mobil« besucht auf Anfrage interessierte Schulen.

Einen ganz anderen Akzent setzt die Stiftung mit einer Smartphone-Applikation. Nicht zuletzt sind die dort verfügbaren Informationen zur Ausstellung und Architekturgeschichte auf dem Smartphone ein erwünschtes Nebenprodukt eines erstmals erschienenen Kulturführers über Görlitz.

Für die Ostdeutsche Sparkassenstiftung freue ich mich nun auch auf die 3. Sächsische Landesausstellung und wünsche mir, dass nicht nur viele Jüngere und Ältere ihre Koffer packen, sondern dass darüber hinaus noch lange über Görlitz geredet wird – so wie bereits bei den Vorgängerausstellungen.

Die Chancen stehen sehr gut, nach dem Besuch die passenden Antworten für ein anderes Spiel parat zu haben: Bei »Stadt, Land, Fluss« gewinnt man in diesem Jahr mit »Görlitz, Sachsen, Neiße«!

Claus Friedrich Holtmann
Vorsitzender des Vorstandes der Ostdeutschen Sparkassenstiftung und Geschäftsführender Präsident des Ostdeutschen Sparkassenverbandes

Grußwort

Europa ist in seiner Eigenart, seinen Gemeinsamkeiten und seiner Vielfalt vom Mittelalter bis heute durch ständige Kulturtransferprozesse und Kulturbeziehungen entstanden. Insbesondere war Mitteleuropa eine nach allen Himmelsrichtungen offene Kulturkontaktzone. Neben den Italienwegen von Rhein und Maas aus erwiesen sich schon früh die West-Ost-Verbindungen als besonders geschichtsgestaltend, zumal sie sich vom frühen bis zum späten Mittelalter immer weiter ausdehnten.

Einer dieser Verbindungen widmet sich die in diesem Katalog dokumentierte Ausstellung: der seit dem Spätmittelalter in Verlauf und mit Namen bekannten »via/strata regia« (Königsstraße), die unter den »Hohen Straßen« um 1500 zur bedeutendsten West-Ost-Achse geworden war. Über die karolingerzeitliche Straße vom Rhein-Main-Gebiet mit Frankfurt über Fulda bis Erfurt hinaus – nach Naumburg, Bautzen und schließlich Breslau – entwickelte sie sich bereits im 10./11. Jahrhundert durch die Besiedlung des Slawenlandes im neuen Osten des Reiches und vor allem schließlich durch den Landesausbau des 13. Jahrhunderts – bis zur Oder, in Schlesien und in Böhmen – mit seinen Stadtgründungen und -erweiterungen. Für Besiedlungsverdichtung, zumal mit Märkten, und für Kulturkontakte sind Straßen zum einen Voraussetzung der Raumerschließung und der Mobilität, zum anderen aber auch deren Folgen und Indikatoren.

Eine solche Straße mit diesen Zusammenhängen in ihrer Multifunktionalität und ihrem Wandel zum Ausstellungsthema zu machen, ist gewiss besonders reizvoll, bildet aber auch eine besondere Herausforderung. Daher ist dem Gesprächskreis aus Wissenschaftlern der TU Dresden und des Instituts für Sächsische Geschichte und Volkskunde zu danken, der unter der Leitung von Prof. Dr. Winfried Müller ein ausführliches wissenschaftliches Konzept mit zahlreichen Anregungen als Grundlage für die Ausstellungskonzeption erstellt hatte. Zur Operationalisierung empfahl es erstens eine kluge Konzentration auf die Kernzone dieser Fernstraße von Erfurt über Leipzig und Görlitz bis Breslau sowie auf die Kernzeit ihrer intensivsten Nutzung in Spätmittelalter und Früher Neuzeit (13. bis 18. Jahrhundert). Zweitens sollte die Perspektive der »Akteure«, der »Menschen unterwegs«, den Blick auf die Straße bestimmen und mit den Personen auch deren Waren und kulturelle Güter. Schließlich sollten drittens besonders die genannten Städte als Ausgangs- und Knotenpunkte weiterer Straßen sowie als Wirtschafts- und Kulturzentren besonders akzentuiert werden, exemplarisch dabei insbesondere Görlitz; denn von der kommerziellen und kulturellen Entwicklung dieser Zentren hingen ja Aufschwung und Nutzungsintensität der »via regia« ab.

Die aus einem Kreis von Nachwuchswissenschaftlern hervorgegangene Konferenz »Menschen unterwegs. Die via regia und ihre Akteure« erbrachte darüber hinaus weitere Impulse, nicht zuletzt auch für die Berücksichtigung gesellschaftlicher Randgruppen. Zu danken ist auch den Mitgliedern des Wissenschaftlichen Beirats für ihre zahlreichen Anregungen und zum Teil auch Katalogbeiträge. Ihre Vorschläge zu Aufbau und Objekten konnten manche Zusammenhänge präzisieren und Perspektiven erweitern.

Ausstellungen sind nicht nur Ergebnis des wissenschaftlichen Forschungsstandes, sondern sie vermitteln durch ihre Fragestellungen, Präsentationen und Bezugsetzungen, aber auch durch ihre unvermeidlichen Lücken, neue Anregungen für die wissenschaftliche Forschung. So möge auch dieser Ausstellung und dem Katalog gelingen, etwa die grenzüberschreitende Regionalforschung zwischen Thüringen/Sachsen, Schlesien und Böhmen durch wissenschaftliche Kooperation zu intensivieren. Damit in Zusammenhang steht das Desiderat, die seit einigen Jahren in Gang gekommene Erforschung von Kulturtransferprozessen und von Migrationen sowohl in der Geschichts- als auch in der Kunstwissenschaft zu verstärken und zu verstetigen. Im Rahmen der Kulturtransferforschung wäre auch der Bildungsgeschichte der Region (Studentenwanderungen, Bibliotheks- und Schulgeschichte der Zentren) mehr Aufmerksamkeit zu schenken. Schließlich ist ganz generell die Wirtschaftsgeschichte der Vormoderne nicht nur in Deutschland zu schwach entwickelt und bedürfte ebenfalls der Impulse durch Kooperation zwischen den genannten Ländern.

In diesem Sinne ist der Ausstellung und ihrem Katalog sowohl die entsprechende wissenschaftliche Rezeption als auch eine breite Aufmerksamkeit des internationalen Publikums zu wünschen.

Prof. Dr. Winfried Eberhard
Vorsitzender des Wissenschaftlichen Beirats

Grußwort

Gute Ideen bahnen sich immer neue Wege. Was für 800 Jahre Kulturtransfer auf der via regia galt, gilt heute mit wachsender Globalisierung umso mehr und schneller denn je. Die Stadt Görlitz hatte sich vor rund fünf Jahren unter dem Motto »via regia – ein Königsweg nach Europa« um den Titel der Europäischen Kulturhauptstadt 2010 beworben und musste sich am Ende Essen und dem Ruhrgebiet geschlagen geben.

Die Idee war sehr gut. Der Ort genau richtig: an der Grenze Deutschlands zu Polen, direkt an der Neiße gegenüber der polnischen Schwesterstadt Zgorzelec. Görlitz als östlichste Stadt Deutschlands ist mit seinem historischen, größtenteils erhaltenen Stadtbild wie geschaffen für eine Ausstellung zur via regia. Mit ihren zahlreichen großbürgerlichen Handelshäusern, Denkmälern und geschichtlich bedeutenden Orten erinnert die Stadt noch heute an die Blütezeit der alten Handelsstraße.

Um das Engagement, das das Bewerbungsverfahren bei den Menschen auf beiden Seiten der Neiße ausgelöst hatte, als Impulsgeber für die Region nicht zu verlieren, wurde die Stadt Görlitz vom Freistaat Sachsen zum Gastgeber der 3. Sächsischen Landesausstellung auserkoren. So beschäftigen sich die Ausstellung und mit ihr dieser Katalog unter dem Motto »800 Jahre Bewegung und Begegnung« mit den vielen Facetten des Themas »Straße«. Thematisiert werden der Handel und Warenverkehr entlang der via regia ebenso wie der Kunst- und Kulturtransfer. Im Vordergrund stehen die Menschen, die sich aus unterschiedlichsten Gründen auf den Weg gemacht haben, und damit seit Jahrhunderten aktuelle Themen wie Motivation, Mobilität und Migration. Der Handelsweg führte von Frankfurt am Main über Erfurt, Leipzig, Görlitz bis nach Breslau und weiter nach Krakau. Er verband im Kern Thüringen und Sachsen mit Schlesien und Polen und breitete weithin seinen Einfluss nach Norden bis in den Ostseeraum, nach Süden bis nach Böhmen und über Prag bis nach Süddeutschland aus. Gute Ideen machen nicht an Grenzen halt oder verlieren mit der Zeit an Energie – dafür steht heute das Netzwerk VIA REGIA im Rahmen der Europäischen Kulturstraßen als Ausdruck eines lebendigen, kulturellen Austausches in ganz Europa.

Die größte Herausforderung dieses Projektes bestand darin, das komplexe Thema erfassbar und seine Auswirkungen in Gegenwart und Zukunft transparent zu machen. Doch genau diese Schwierigkeit ist es, die die Ausstellung einzigartig macht. Eine Straße, eine Stadt und ein ganz besonderer Ort, der Kaisertrutz, treffen thematisch wie geografisch aufeinander: Die Stadt Görlitz wird gleichsam zum integrativen, originären Teil der Ausstellung, der Kaisertrutz als Hauptveranstaltungsort zum Ausgangspunkt einer spannenden Zeitreise, die nicht endet, auch wenn der Ausstellungsbesuch längst vorbei ist.

Rund 450 Exponate von über 100 Museen, Archiven, Bibliotheken sowie Kirchen und Klöstern, vornehmlich aus Deutschland und Polen, aber auch aus Tschechien und der Ukraine, sind Zeugnisse dieser bewegten Geschichte. Die Mehrzahl der internationalen, teils hochkarätigsten Leihgaben kommt aus Polen, was mit Sicherheit den kulturellen Austausch und insbesondere die Zusammenarbeit der Staatlichen Kunstsammlungen Dresden mit polnischen Museen beflügeln wird.

Eine Landesausstellung zu planen und durchzuführen, ist kein leichtes Unterfangen. Umso mehr freut mich das Vertrauen, das der Freistaat Sachsen erneut in die Staatlichen Kunstsammlungen Dresden gesetzt hat, sich auch der 3. Sächsischen Landesausstellung anzunehmen. Unterstützt wurde das Team um Projektleiterin Bettina Probst und Kurator Roland Enke von einem engagierten Wissenschaftlichen Beirat und dem Institut für Sächsische Geschichte und Volkskunde, dem Institut für Geschichte der Technischen Universität Dresden sowie Vertretern weiterer Fachdisziplinen sächsischer Universitäten.

Die zentrale Ausstellung wird flankiert von Sonderausstellungen der Partnermuseen, zu denen das Senckenberg Museum für Naturkunde Görlitz mit der Ausstellung »via regia – Straße der Arten« und das Schlesische Museum zu Görlitz mit der Ausstellung »Lebenswege ins Ungewisse. Migration in Görlitz/Zgorzelec von 1933 bis heute« zählen. Ich freue mich sehr, dass das zum Kulturhistorischen Museum Görlitz gehörende und sich derzeit in einer Sanierungsphase befindende Barockhaus Neißstraße 30 mit der Oberlausitzischen Bibliothek der Wissenschaften noch zur Laufzeit der Landesausstellung wieder teileröffnet werden kann.

Mein Dank richtet sich nicht zuletzt an alle Partner, Förderer und Sponsoren, von denen hier stellvertretend unser Hauptpartner, die Ostdeutsche Sparkassenstiftung, genannt sei, die die Ausstellung mit dem Projekt »Die junge Landesausstellung« vor allem hinsichtlich der Begleitmaßnahmen zur Bildung und Vermittlung großzügig und weiträumig unterstützt hat. Dieses Projekt wird von vielen Menschen aus der Region und dem ganzen Freistaat mitgetragen; es ruht verteilt auf zahlreichen Schultern der Ausrichter, der Macher, der Gastgeber, der Mitwirkenden und Förderer. In diesem Sinne wünsche ich der Ausstellung ein breites und vor allem nachhaltiges Echo in Sachsen ebenso wie in unseren benachbarten Bundesländern und nicht zuletzt in unseren Nachbarländern Polen und Tschechien. Und Ihnen eine gute Reise auf der via regia!

Prof. Dr. Martin Roth
Generaldirektor Staatliche Kunstsammlungen Dresden

KARL SCHLÖGEL

Kriechströme. Europa molekular

Meditation auf halber Strecke zwischen Ost und West

Europa wird neu zusammengesetzt. Das spürt man dort, wo der Eiserne Vorhang die Ost-West-Routen gekappt hatte, ganz besonders. Mit bloßem Auge kann man beobachten, wie Europa wieder in Fahrt kommt. An den verödeten Grenzstationen von einst bilden sich Staus, denn niemand ist auf die Wucht des neuen Verkehrsaufkommens gefasst. Überall wird fieberhaft gearbeitet an der Wiederherstellung von Brücken, die im Zweiten Weltkrieg gesprengt, und von Straßen, die im Kalten Krieg unterbrochen worden waren. Aus Endstationen werden wieder Transitwege, und Orte, die fast unerreichbar schienen, sind mit einem Mal wieder in nächste Nachbarschaft gerückt. Eine eigentümliche »Neuordnung des Raumes« findet statt. Über Nacht ist die Peripherie von einst wieder in die Mitte des Kontinents zurückkatapultiert, aber die Wege, auf denen sich die neue Bewegung Bahn bricht, sind zumeist die alten, die für ein halbes Jahrhundert stillgelegt und verwaist waren. Nun werden sie wieder in Betrieb genommen, und aus der beschwerlichen Route, die einmal unter dem Namen via regia das westliche und östliche Europa verband, ist jetzt, ziemlich prosaisch, dafür aber schnell und effektiv eine E 40 geworden. Die Wiederinbetriebnahme der alten Ost-West-Strecke ging so schnell, dass der unglaubliche Vorgang schon fast wieder vergessen ist. Daher lohnt es sich, einen Augenblick innezuhalten, denn eine Straße ist mehr als eine Straße.

Straßen und Wege sind – das weiß jeder aus eigener Anschauung – nicht bloß technische Installationen, die dem Menschen eine möglichst rasche und kraftsparende Fortbewegung ermöglichen sollen, und jeder weiß, dass Bewegung mehr ist als bloße Ortsveränderung von A nach B. Über Straßen werden Menschen, Güter, Ideen transportiert, und über sie treten die Menschen miteinander in Verbindung. Straßen sind, auch wenn jeder für sich bleibt und sein eigenes Ziel verfolgt, Kontaktzonen par excellence. Wir können nicht einmal die Welt, in der wir leben, angemessen erfassen und beschreiben ohne das Vokabular, das um unsere Bewegung kreist. Wir »schreiten voran« oder »bleiben zurück«. Wir machen »unseren Weg«, wenn wir sagen wollen, dass wir vorangekommen sind. Wir sprechen vom »Königsweg«, vom »deutschen Sonderweg« und auch von »Irrwegen«. Positiv gesehene Entwicklungen nennen wir »Fortschritt«. Wir haben Angst vor »Sackgassen« und möchten nicht auf »Holzwegen« landen. Zwischen Geburt und Tod erstreckt sich unser »Lebensweg«. In Bewegungen und Begegnungen baut sich unsere Lebenswelt auf. Das beginnt schon mit der kindlichen Erfahrung des Schulweges, diesem ersten Aufbruch in eine fremde und vielleicht feindselige Welt mit all ihren Überraschungen. Wir wachsen in einen Erfahrungshorizont hinein und bauen einen eigenen Erwartungshorizont auf. Wir ziehen auf Straßen hinaus in die Welt, klinken uns vielleicht in die alljährliche Massenbewegung über die Alpen und an die Strände ein mit allem, was dazu gehört – dem Gedränge an den Tankstellen, den Gerüchen der Raststätten und den übernächtigten Gesichtern gestresster Reisender. Von dort aus nehmen wir wahr, was Landschaften sind. Wir machen dort in der Regel unsere erste Erfahrung von Grenze und Grenzüberschreitung und erleben die Rückkehr in die vertraute heimatliche Umgebung. Straßen, Straßen- und Wegenetze sind eine Welt für sich mit eigenen Bewegungsformen, Ritualen, Zeichensystemen. Es ist erstaunlich, mit welcher Disziplin und Präzision der aus Hunderttausenden von Verkehrsteilnehmern gebildete Gesamtorganismus sich vorwärts- oder aneinander vorbeibewegt. Wie viel Schulung und Aufeinander-Reagieren-Können stecken in der zur Routine gewordenen Reibungslosigkeit des Verkehrs – Stunde für Stunde, Tag für Tag, Woche für Woche. Die wie von unsichtbarer Hand koordininierte Bewegung zeigt uns an, wie der Puls des Landes geht: ruhig, schnell, erregt, hysterisch. Alle Temperamente, alle Verhaltensweisen sind vertreten – von gelassener Rücksichtnahme bis zu krimineller Aggressivität. Wenn wir über das im Dunkel der Nacht liegende Europa hinwegfliegen, erscheinen die von den Autobahnen gebildeten Lichterketten und die städtischen Zentren Europas wie das Gefäßsystem des Kontinents. Und wenn wir in den Verkehrsstrom eingetaucht sind, spüren wir, dass wir nur eines von unzählbar vielen Molekülen einer einzigen, großen Bewegung sind, die niemals mehr abbricht und niemals mehr zum Stillstand kommt – oder die zum Stillstand nur dann kommt, wenn sich eine furchtbare Katastrophe ereignet hat.

Wir sprechen über diese alltäglichen Bewegungen in der Regel nicht, oder nur dann, wenn sie unterbrochen werden: durch ein Unglück, einen Unfall, einen »crash«, eine Tragödie. Das gewöhnliche Funktionieren ist – wie immer – nicht der Rede wert. Von Routinen spricht man ja nur dann, wenn sie aussetzen. Infrastrukturen, von deren Intaktheit unser Zusammenleben abhängt, sind immer schon stillschweigend vorausgesetzt, so als verstünden sie sich von selbst. Nur der »crash« erzwingt jenes Innehalten, das uns nachdenklich macht. Wir erfahren dann, wie ungeheuer voraussetzungsreich alles ist, was für selbstverständlich zu halten wir uns angewöhnt haben. Die historischen Sekunden, in denen etwas zum Stillstand kommt, erscheinen dann wie Menetekel. Wir erfahren, wie voraussetzungsreich und komplex alles ist, worauf unsere gewöhnliche Alltags- und Lebenswelt beruht. Am reibungslosen Verkehr – und vielen anderen Infrastrukturen – hängen Austausch, Arbeitsteilung, Kooperation, Mobilität, die Vergesellschaftung des Menschen selbst. Moderne Zivilisationen brauchen Wege- und Brückenbauer, nicht nur in einem übertragenen, sondern in einem direkten Sinne: als Ingenieure, als Spezialisten der Raumbewältigung, der Kommunikation, der Beschleunigung. Sie stehen für die Verfertigung der Netze, die uns zusammenbringen, und für die Herstellung der Oberflächen, auf denen wir uns ohne Reibungsverlust bewegen. Eine entwickelte Gesellschaft kommt ohne die Feinabstimmung der diversen Glieder eines ineinandergreifenden Gesamtorganismus nicht aus. Sie beruht auf Verlässlichkeit, Pünktlichkeit, Berechenbarkeit, auf einer Vorstellung von homogener Zeit und homogenem Raum. Die Integration von Gesellschaften hat ebenso eine räumliche Dimension wie deren Auseinanderfallen. Eigentlich ist jedes gesellschaftliche oder politische Projekt auch mit einer Vorstellung von räumlicher Homogenität verbunden: Das vereinigte Europa wird nicht nur als einheitlicher Rechtsraum – Europäische Union, Schengener Abkommen usw. – gedacht, nicht nur als ein – wenigstens dem Anspruch nach – durch gemeinsame Werte geeinter Raum, sondern auch als einheitlicher Kommunikations- und Verkehrsraum.

Die Schaffung von Verkehrsräumen hat eine lange Vorgeschichte – ob es sich um die Pilgerwege nach Rom, Santiago de Compostela oder ins Heilige Land handelt, um die Beseitigung der Zollschranken und der Barrieren von Duodezfürstentümern zugunsten eines nationalstaatlichen Territoriums oder um die Großräume imperialer Macht. Die Schaffung von entgrenzten, transnationalen, globalisierten Räumen mit ihren eigenen Knotenpunkten und Netzwerken bestätigt diese Tendenz nur.

Niemand bestreitet, dass Daten-Highways und Internet, Mobiltelefon und Aufkommen der Billigfluglinien Kommunikation und Verkehr revolutioniert, Tempo von Austausch und Vermittlung radikal beschleunigt haben. Die neuen Medien haben der Vergesellschaftung der Menschen eine neue Dimension hinzugefügt, indem sie die Kommunikation über große Distanzen in Echtzeit und für praktisch alle ermöglicht haben. Aber das bedeutet nicht, dass Entfernungen sich in Nichts aufgelöst haben oder dass der Raum »vernichtet« worden ist. Distanzen werden verkürzt und leichter überwunden, aber sie verschwinden nicht. Nicht alle Begegnung und Kommunikation geht auf in der virtuellen Welt. Die Begegnung von Menschen – privat oder im öffentlichen Raum – hat noch immer etwas mit Präsenz und Körperlichkeit, die Bewegung von Gütern hat noch immer etwas mit dem Transport von Materien zu tun, und auch die Bewegung von Ideen kommt ohne Kommunikation von Angesicht zu Angesicht letztlich nicht aus. Die Rede von der Vernichtung des Raums und der Entwertung von Entfernung, die die Informations- und Kommunikationsrevolution so sehr nahezulegen scheint, ist durch eben jene Vorgänge »on the ground« dementiert worden, die die Welt in den letzten beiden Jahrzehnten verändert haben. Der Zusammenbruch des Kommunismus, das Ende der geteilten Welt, der 11. September 2001, die chinesische Wirtschaftsrevolution, der Aufbruch in der arabischen Welt, die Heimsuchung Japans durch Erdbeben, Tsunami und Nuklearkatastrophe hatten jeweils auch eine räumlich-geopolitische Dimension, die sich niederschlug in der Verschiebung von Machtzentren und Grenzverläufen, in der Auflösung und Neubildung von Räumen. Vieles spricht daher nicht für die Entwertung der räumlichen Dimension, sondern umgekehrt für deren unverminderte Bedeutung.

In Europa melden sich, nachdem die Teilung der Blöcke fortgefallen ist, die Kohäsionskräfte historischer Regionen und Landschaften diesseits weltpolitischer und nationalstaatlicher Abgrenzungen, die das Europa im 20. Jahrhundert geprägt haben, wieder zurück. Die neuen Wege und Passagen, die nach 1989 eröffnet worden sind, sind oft genug nur die Wiederherstellung alter Verbindungen zwischen historischen Landschaften. Die neuen Handelsrouten sind oft nicht mehr als die modernisierte Version der alten Handelswege. Die Bindekräfte traditioneller Räume werden reaktiviert und erweisen sich oft als stärker als die im »Zeitalter der Extreme« und von der Globalisierung erzeugten Verwerfungen. So ist offensichtlich, dass sich um die Ostsee herum der seit der Hanse gestiftete Zusammenhang wieder zu Wort meldet. Auch dort geht die Spaltung der Welt zu Ende in der Intensivierung der Beziehungen zwischen den alten Hanse- und Hafenstädten. Kopenhagen, Rostock, Danzig, Riga, Stockholm, Helsinki, Tallinn und Sankt Petersburg sind dabei, wieder zu Nachbarstädten zu werden. An den Küsten des Schwarzen Meeres wird ein Zusammenhang aktiviert, der sich über Jahrhunderte hinweg aufgebaut hat, der aber nach dem Ende des Russischen und Osmanischen Reiches und nach der Aufteilung der Welt zwischen NATO und Warschauer Pakt keine Chance hatte. Die Schiffsrouten zwischen Odessa und Istanbul, zwischen Noworossijsk und Trabzon bringen ein alt-neues Netzwerk wieder zum Tragen. Am augenfälligsten ist die Vernetzung, die auf die alten Handelsrouten und Nachbarschaften zurückgeht, im mittleren Europa zu verfolgen. Jene Region, die am meisten von den Verwüstungen des Zweiten Weltkriegs und der Teilungsgeschichte der Nachkriegszeit gezeichnet war, nimmt fast wie selbstverständlich die alten Verbindungen wieder auf – anders wäre das Tempo und die Spontaneität, mit denen das geschieht, nicht zu erklären. Budapest und Wien, Nürnberg und Pilsen, Prag und Dresden, Warschau und Vilnius, Riga und Berlin, überall gab es eine sprunghafte und wie von selbst zustande kommende Vervielfachung der Beziehungen auf allen Ebenen – der Ausbau der Verkehrswege und die Beschleunigung des Verkehrs, die Zunahme der Pendelbewegungen der Arbeitsmigration, das Anwachsen eines Tourismus in so nahe und doch so fern gerückte Kulturlandschaften. Für viele Angehörige der älteren und mittleren Generation ist es oft die erste Reise über die alte Grenze und vor allem über die Grenze im Kopf hinweg. Für die Jüngeren und Jüngsten ist die Grenze schon nicht mehr vorhanden – sie haben die Zeiten des Visumzwangs und der bürokratischen Verlangsamung des Reisens nicht mehr erlebt, und für sie zählt allein, ob es dort etwas gibt, was sich zu sehen oder zu erleben lohnt, weil es »in« ist.

Am meisten hat vielleicht das Billigflugwesen die Landkarten im Kopf verändert. Städte, die man vor Kurzem nicht einmal dem Namen nach kannte, sind nun allenthalben in den Flugangeboten inseriert, Reisen dorthin sind ohne Risiko zu haben. Die Distanzen verkürzen sich, die facilities, auf die jeder Tourist heute Anspruch erhebt, gleichen sich an. Man bewegt sich in Korridoren beschleunigter Bewegung und vereinheitlichten Komforts. So kommt es, dass Destinationen, die noch vor einem Jahrzehnt die große Ausnahme waren, ja exotisch anmuteten, inzwischen zu einer fast alltäglichen Erfahrung geworden sind. Es ist nicht mehr das Privileg eines hochkulturell getrimmten Bildungstourismus, übers Wochenende in die alten Städte Prag oder Krakau, Riga oder Vilnius zu fahren. Selbst wenn es in vielen Fällen nur um gewöhnliche Vereinsfahrten oder gar Sauftouren gehen mag, die Bilder von der neuen Umgebung prägen sich ein, setzen sich fest. Das ist überhaupt die Art und Weise, wie sich im Alltag ein neuer Erfahrungshorizont aufbaut – nicht primär über das Lesen von Aufklärungsbüchern, nicht über Ermahnungen und Unterweisungen, sondern durch lebendige Anschauung. Man wächst in neue Erfahrungshorizonte und in eine neue Weltläufigkeit hinein. Und sie sind das wahre Unterpfand dafür, dass sich etwas auf Dauer festsetzt und verändert, jedenfalls mehr als die Deklarationen und Proklamationen des Berufseuropäertums. So sind in den letzten beiden Jahrzehnten neue Korridore der Bewegung, der Begegnung, des Austausches und des Learning by Doing entstanden, über die Europa mit sich in Beziehung tritt.

Wer dort unterwegs ist, macht von sich kein Aufhebens. Es sind Leute, die ihre Geschäfte machen wollen und die deswegen an der Kontinuität und Stabilität der Beziehungen interessiert sind. Sie sind in zur Regel gewordenen Pendelbewegungen unterwegs und sind von der Intaktheit der Routinen abhängig. Sie transportieren Waren und Güter und haben von daher ein Interesse, dass man sich auf die Einhaltung von Verträgen und Zollvorschriften verlassen kann. Sie sind viel unterwegs und schon deshalb gezwungen, sich genau zu orientieren. Sie sind vielleicht nur Spediteure, aber sie arbeiten am Ausgleich des Gefälles. Weil sie sich diesseits und jenseits der Grenzen bewegen, verstehen sie sowohl die Argumente der einen wie die Gegenargumente der anderen. Die Mehrsprachigkeit ist für sie nicht etwas, womit man angibt, sondern etwas, was zur Berufsqualifikation gehört. Diese »commis voyageurs« sind Kenner von »Land und Leuten«, auch wenn sie keine Spezialkurse absolviert haben. Sie kennen die fremden Länder nicht nur aus Zeitungsmeldungen und Fernsehnachrichten, sondern aus unmittelbarer Anschauung. Durch die Arbeit vor Ort stellen sich jene Vertrautheit und Intimität ein, die man mit Wissen aus zweiter Hand nie gewinnen könnte. Sie sind nicht unterwegs in europäischer Mission, sondern sie schaffen Europa, indem sie ihren Job tun. Aber an der guten Ausführung ihrer Tätigkeit – ob als Filialleiter, Sprachlehrer, LKW-Fahrer, Erasmus-Student, Ingenieur, Putzfrau oder Korrespondent – hängt die Etablierung und Durchsetzung jener Routinen, ohne die es den geeinten Kontinent nicht gibt.

Auf den Strecken, auf denen sie sich bewegen, zirkulieren unmerklich die Kriechströme, die Europa zusammenführen und zusammenhalten. Auch das ist nicht selbstverständlich. Denn es gab Bruchstellen, in denen das Europa nach 1989 in den Krieg abgestürzt und es zu Massakern und Gräueln gekommen ist, derer sich Europa 50 Jahre nach dem Ende des Zweiten Weltkriegs entwöhnt zu haben glaubte. Doch nun waren aus Landschaften des Zusammenlebens wieder Bürgerkriegslandschaften geworden mit Flüchtlingstrecks, verminten Wegen und gesprengten Brücken. Das zeigt, dass es keinen Automatismus auf ein glückliches Ende hin gab und dass Verbindungswege, und seien sie noch so grandios und so alt wie die Brücke von Mostar, jederzeit abgebrochen werden konnten.

Eine Ausstellung wie die zur via regia legt noch einmal die Kräfte frei, die das westliche und östliche Europa über Generationen hin entlang dieser Route miteinander in Verbindung gebracht haben. Während wir dem sprunghaft wachsenden Verkehr zusehen, der auf der Europastraße 40 wieder in Gang gekommen ist, lernen wir, dass dahinter eine lange, viel ältere Geschichte steckt, die aber aus dem gleichen Stoff und den gleichen Antriebskräften gespeist ist: dem unverwüstlichen Drang von Menschen, ihr Leben zu bewältigten, sich auf den Weg zu machen, wenn es sein muss, und der menschlichen Neugier nachzugeben und die Welt zu erschließen. Vieles kommt hier zusammen: Not, Überlebenswille, Streben nach Glück, Neugier, Erfindergeist, auch Flucht. Es müssen starke Kräfte sein, die Menschen zwischen Flandern und Nordspanien an dem einen Ende Europas, und Polen, Litauen oder dem Schwarzen Meer am anderen Ende in Bewegung setzen. Aber es sind keine anderen Kräfte als jene, die die Armada der Trucks heute in Bewegung versetzen: die Aussichten auf ein besseres Leben. Jede Epoche bewältigt diese Strecke auf ihre Weise: mit dem Ochsenkarren, mit dem Pferdegespann, mit der Postkutsche, mit der Eisenbahn, mit dem Auto oder auf der Höhe der Zeit mit dem Flugzeug. Viele der Knotenpunkte, der Messeplätze und Basare sind über Jahrhunderte hinweg die gleichen geblieben, andere sind abgelöst und aus dem Rennen geworfen worden. Erstaunlich, wie ähnlich sich die Klagen über die Verletzbarkeit und Anfälligkeit der so wichtigen Verbindungen waren; über die Räuber und das Gesindel, die die Straßen unsicher gemacht hätten, über die Zustände in den Karawansereien und Herbergen. Die Namen haben gewechselt, aber das Publikum und das Personal sind sich treu geblieben. Es handelte sich immer um die gemischte Gesellschaft des Transits: hohe Herren und ihre Damen unterwegs, Kaufleute, Handwerker, Gaukler, Scholaren, Huren, Wegelagerer, Armeen auf dem Vormarsch und geschlagenes Kriegsvolk in Auflösung, Pioniere mit nichts anderem als ihrem Unternehmergeist, aber auch Menschen auf der Flucht, das unentwegte Hin und Her von Flut und Ebbe. Alle haben ihre Spuren am Wegesrand und in den Städten, die durchquert wurden, hinterlassen. Über diese Straßen wanderten nicht nur Menschen und Güter, sondern Ideen, Formen und Stile, migrierten die Gedanken von Ketzern und Aufrührern, denen man noch nicht ansah, welche Wirkung sie haben würden. Handwerksgesellen und Studenten, Musikanten und Maler betrieben, ohne dass sie es wussten, das, was wir heute Wissenstransfer nennen. Alles Große bereitete sich diesseits der Haupt- und Staatsaktionen in unscheinbaren Sickerbewegungen vor. Ein neues Vokabular, eine veränderte Begrifflichkeit, ganze Bildwelten wanderten über Grenzen hinweg, ohne dass sie jemand aufhalten konnte. Es wäre eine eigene Wissenschaft, der Diffusion der Gedanken und Stile – der Gotik, des eleganten Stils, des neuesten Tanzschritts und der letzten Mode – auf die Spur zu kommen.

Eine Ausstellung über die Geschichte der via regia könnte uns belehren über die Unverwüstlichkeit menschlicher Intelligenz und Unternehmungslust, denen selbst, wie sich jetzt im Gedränge auf der E 40 zwischen dem westlichen Europa und Kiew zeigt, die Desaster des 20. Jahrhunderts letztlich nichts haben anhaben können. Sie könnte zeigen, dass es immer mehr an den molekularen Austauschprozessen gehangen hat, ob aus Europa etwas wird oder nicht. Der Kaisertrutz von Görlitz könnte dabei so etwas wie ein Meditationspunkt auf halber Strecke sein, ein Beobachtungsturm hoch über der via regia, wo wir uns Aufschluss darüber verschaffen können, woran wir heute sind.

ROLAND ENKE / BETTINA PROBST

via regia

Wie man eine Ausstellung auf den Weg bringt

Via regia – eine Straße in den Mittelpunkt der 3. Sächsischen Landesausstellung zu stellen, war im wahrsten Sinne des Wortes eine wegweisende Entscheidung des Freistaates Sachsen. Damit wurde nicht nur die Idee aus der Kulturhauptstadtbewerbung von Görlitz zum »Königsweg nach Europa« fortgetragen oder die nachhaltige, denkmalgerechte Sanierung des Kaisertrutzes in Görlitz zu einem modernen Museum mit neuester Technik auf den Weg gebracht: Mit der Oberlausitz wird eine Region in den Blickpunkt gerückt, die in der Vergangenheit eine wechselvolle, insgesamt aber eher junge Rolle in der Geschichte Sachsens spielte. Zu Beginn vom brandenburgischen Herrscherhaus regiert, dann lange als Kronnebenland unter der böhmischen Krone, stand die Oberlausitz erst ab 1635 unter sächsischer Verwaltung. Mit dem Wiener Kongress 1815 fielen große Teile an die preußische Provinz Schlesien. Nach dem Zweiten Weltkrieg gehörte der östliche Teil der Oberlausitz zu Polen, der westliche zur DDR. Auch Görlitz selbst wurde geteilt, auf dem gegenüberliegenden Neißeufer entstand die Schwesterstadt Zgorzelec. Nun spürt die 3. Sächsische Landesausstellung am Beispiel der via regia den gemeinsamen Wurzeln und den historischen Verbindungen in dieser Region nach. Damit wird aus diesem Projekt eine länderübergreifende, internationale Ausstellung, die die Nachbarn Polen und Tschechien einbezieht. Hier wird im Kleinen, im Mikrokosmos der Oberlausitz, der Makrokosmos des europäischen Einigungsprozesses dargestellt.

Mit der via regia einer Straße eine Ausstellung zu widmen, ist ein ambitioniertes Unterfangen. Die via regia war Teil eines großen, ganz Europa umspannenden Straßennetzes; die Ausstellung bietet die Möglichkeit, das Thema »Straße« unter politischen, wirtschaftlichen, technischen, naturwissenschaftlichen, kommunikativen, sprachlichen, sozialen, kulturellen und künstlerischen Gesichtspunkten zu betrachten. Die große Herausforderung für die 3. Sächsische Landesausstellung bestand darin, diese interdisziplinären Verflechtungen zu visualisieren, ohne sich in den Allgemeinplätzen des komplexen Themas »Straße« zu verlieren. Die wissenschaftlichen Empfehlungen, die von Prof. Dr. Winfried Müller vom Institut für Sächsische Geschichte und Volkskunde an der TU Dresden und mit Unterstützung der hier vertretenen Fachkollegen erstellt wurden, gaben einen geografischen und zeitlichen Rahmen vor: Die Kernzone der via regia wurde zwischen Krakau und Breslau über Görlitz, Leipzig bis Erfurt und Frankfurt am Main bestimmt, die dazu analoge Kernzeit etwa vom Mittelalter bis in das 19. Jahrhundert hinein.

Zu Beginn der Ausstellungsvorbereitungen stand die Frage, was »via regia« eigentlich bedeutet. Die wörtliche Übersetzung »Königsweg« brachte diese lateinische Bezeichnung schnell in die Nähe jener allgemeingültigen Metapher, die einen Weg beschreibt, dessen Ziel mit Sicherheit erreicht wird. Der Begriff via regia weist aber auf den besonderen Rang einer Straße hin, die unter dem Schutz eines Herrschers und Königs stand. Ab der Frühen Neuzeit hatte sich die deutsche Bezeichnung »Hohe Straße« eingebürgert, gleichzusetzen mit der hochherrschaftlichen Privilegierung, aber auch von der geografischen Lage der Straße abgeleitet, die als hoch gelegener Weg vor Gefahren und Unheil schützte.

Zwischen 1709 und 1730 entstand eine Landkarte mit dem Titel »Hohe Strasse wie selbige aus Polen und Schlesien nach Leipzig und so ferner gehen soll«. Die Karte wurde von Adam Friedrich Zürner – 1716 mit dem Titel eines »Churfürstlich Sächsischen und Königlich Polnischen Geographen« ausgezeichnet – zusammen mit Martin Lucius gefertigt, dem »Chursächsischen und Königlich Polnischen Obergeleit- und Accise Kommissar«. Diese in einer handschriftlichen Form überlieferte Karte (Kat.-Nr. 1|5) fasst in der Legende kurz und knapp die ganze Geschichte der via regia zusammen: »Beschreibung der Hohen Heerstraße und so fort / ist die von Zeiten Königs Johanns I. zu Prag im Jahr 1341 und dann in annis 1356 et 1377 von Kayser Carolo IV., dann ao: 1462 von König Georgen, ao 1502 und 1525 von König Vladislao, dann von Hertzog Georgen zu Sachßen ao. 1509, von Churfürst Augusto 1581, von Churfürst Johann Georg I. ao. 1653 hoch seel. Andenckens, und letztlich von itziger Königlicher Majt. in Pohlen und Churfürstl. Durchl. zu Sachßen ao. 1709 angewiesene Straße«.

Es wird deutlich, dass die nördlich vom böhmischen Kernland, durch die beiden Kronnebenländer Schlesien und die Oberlausitz verlaufende via regia über fast zwei Jahrhunderte hinweg kontinuierlich unter der Obhut der böhmischen Könige – und teils auch der Kaiser des Heiligen Römischen Reiches – stand: Daher leitet sich die Bezeichnung »Königsstraße« ab. Zeitlich schließen sich daran die Bestätigungen der Privilegien durch die sächsischen Herzöge und Kurfürsten an. Erst mit der Wahl des sächsischen Kurfürsten zum polnischen König August II. wird dessen Bestätigung von 1709 wieder königlich. Hier zeigt sich wohl auch der besondere Umstand, dass August auch die Hoheit – und die Verantwortung – über den östlich von Schlesien liegenden, nach Krakau und weiter nach Osten führenden Teil der via regia erlangt hatte. Mit diesem historisierenden Rückgriff stellen Lucius und Zürner August in die Reihe jener Könige, die in den vergangenen vier Jahrhunderten für den Ausbau und die Sicherheit der via regia Sorge getragen haben.

Gemeinhin ist die via regia allerdings als Handelsstraße bekannt. Mit dem 15. Jahrhundert setzte die schriftliche Überlieferung ein – in Form des Geleitwesens oder durch aktenkundig gemachte Beschwerden. Über diese Quellen können die gehandelten Waren und Güter in Qualität und vor allem Quantität bemessen werden. Weiter ist zu beobachten, wie sich durch wirtschaftspolitische, landesherrliche Entscheidungen ein Straßenzwang herausbildet – das heißt, der genaue Weg, den die Kauf- und Fuhrleute zu befahren hatten, wurde vorgeschrieben. So fixierte sich im Laufe der Zeit die genaue Streckenführung der via regia.

Hatte die via regia als Verbindungstrasse zwischen Ost und West schon im 19. Jahrhundert stark an Bedeutung verloren, so kappten die Grenzziehungen nach dem Zweiten Weltkrieg diese Wege für vier Jahrzehnte ganz. Erst nach 1990 begann man sich an diese Straße zu erinnern, die die wie an einer Perlenkette liegenden Regionen einst miteinander verbunden hat. Heute ist die via regia in ein Netzwerk der europäischen Kulturstraßen und vieler lokaler Initiativen eingebunden. 2006 erhielt das Netzwerk VIA REGIA im Rahmen der Feierlichkeiten zum 20. Jahrestag des Kulturstraßenprogramms die Anerkennungsurkunde als »Major Cultural Route Council of Europe« verliehen. Sie verbindet nun Santiago de Compostela in Spanien über Frankreich, Deutschland und Polen mit Kiew in der Ukraine. Dies stellt freilich eine zeitgenössische Projektion dar, die mehr der Vision eines vereinten Europas geschuldet ist als den historischen Tatsachen.

Die Stadt Görlitz liegt in der Mitte der via regia und ist damit wie keine andere Stadt prädestiniert für diese Ausstellung. Görlitz steht zudem stellvertretend für die Entwicklung der Struktur, der Städte, Wirtschaft und Kultur in der Oberlausitz. Ihre Wurzeln hatte die Stadt in einer slawischen Siedlung, ihre Gründung ging mit dem ostwärts ziehenden Landesausbau einher. Den Reichtum verdankt sie dem Handel über die via regia, wovon noch heute die reiche Renaissance- und Barockarchitektur zeugt. Darüber hinaus ist der Kaisertrutz wie kein anderes Museum geeignet, die Landesausstellung aufzunehmen: Er liegt direkt an der via regia und birgt in sich ein hohes Maß an historischer Authentizität. Ab 1490 im Rahmen der Sicherung und Erneuerung der Befestigungsanlagen errichtet, sicherte das »Rondell« als vorgelagerte Festung das westlich gelegene Reichenbacher Tor und die hier in die Stadt eintretende via regia. Ihren Namen verdankt die Bastei einem Ereignis aus dem Dreißigjährigen Krieg, als 1641 die von den Schweden besetzte Stadt erfolgreich der Belagerung durch kaiserliche und sächsische Truppen »trotzte«. Die außergewöhnliche, einzigartige architektonische Erscheinung mit den insgesamt fünf Etagen ließ eine Übersetzung der Vielschichtigkeit des Themas via regia auch räumlich zu. Zudem erlauben die ringförmigen Ebenen ein interessantes Wechselspiel von Bewegung und Begegnung zwischen Besuchern und Exponaten.

Ziel war es, die Akteure, die Menschen mit ihren Motiven für das Unterwegssein auf der via regia in den Blick zu nehmen. Es geht, wie das Motto der Landesausstellung schon sagt, um Bewegung und Begegnung – von Menschen, von Waren und Ideen, die im Wagen oder im Kopf mitreisten. Gestern wie heute sind es ähnliche Beweggründe, die die Suche nach Veränderung, nach Arbeit, Wissen und Wohlstand, nach Liebe, Reichtum oder Macht bestimmen. Und gestern wie heute haben sich Herrscher und Händler, Künstler und Kaufleute, Studenten, Pilger, Bettler, Schausteller und Vaganten, Flüchtige und Vertriebene auf den Weg gemacht. Oft fand die Reise freiwillig, häufig aber auch erzwungenermaßen statt.

In den fünf Etagen werden fünf Themenwelten der via regia vorgestellt: Die »Straße« wird im Erdgeschoss gezeigt, gefolgt vom »Fundament« im Untergeschoss, dem »Markt« im ersten, den »Menschen« im zweiten und schließlich den »Ideen« im dritten Obergeschoss. Das Bild des wandernden Menschen stand hier Pate für das Bild der Straße als Organismus: Angefangen von der Straße, auf der man sich bewegt (Bein), bis hinunter auf den festen Boden, auf dem man steht (Fuß), über den Markt, der vom Austausch von Waren und Gütern handelt (Bauch), weiter über die ausgewählten Biografien (Herz), bis hinauf unter das Dach des Kaisertrutzes, wo die immateriellen Güter gezeigt werden (Kopf). Inhaltliche Zusammenhänge gibt es nicht nur auf den einzelnen Etagen, sondern auch zwischen den Geschossen; so entsteht ein Netzwerk von Exponaten und Personen, das dem Netzwerk Straße entspricht.

Dieser groben Verteilung folgte die Zusammenstellung der insgesamt rund 450 Exponate. Dabei setzte sich schnell die Einsicht durch, dass sich die Objektauswahl nicht ausschließlich am engen Verlauf der via regia orientieren konnte: Vielmehr wird diese Straße als ein Korridor mit einem weiter gefassten Einzugsgebiet betrachtet. Gleichfalls war es selbstverständlich, bei der Suche nach entsprechenden Exponaten zuerst die Stadtgeschichtlichen Museen, Bibliotheken und Archive entlang der ganzen via regia als Leihgeber zu gewinnen. Neben vielen Einrichtungen aus Deutschland, aber auch aus der Ukraine, Tschechien, Österreich und der Schweiz haben sich besonders polnische Stadtmuseen bis hin zu den bedeutenden Nationalmuseen in Breslau (Wrocław), Krakau (Kraków), Warschau (Warszawa) und Posen (Poznań) mit großem Enthusiasmus beteiligt und die 3. Sächsische Landesausstellung mit wundervollen Ausstellungsstücken und Kunstwerken bereichert.

Der Katalog spiegelt die Struktur der Ausstellung wider. Das Erdgeschoss mit dem Thema »Straße« dient der Orientierung des Besuchers auf der via regia und im Gebäude. Alle Besucher können, nein, müssen sich symbolisch entscheiden, welchen Weg sie im Rund des Kaisertrutzes einschlagen: Wollen sie sich von Osten oder Westen der Stadt Görlitz nähern? Als Reisende auf der via regia wandern sie entweder von Krakau über Breslau oder von Frankfurt am Main über Erfurt und Leipzig nach Görlitz. Zugleich bieten diese sechs Städte mediale »Rastplätze«, an denen man sich über die Geschichte der vielen Orte, der sich hier kreuzenden Straßen und Flüsse weiter informieren kann. Den Einstieg bilden mehrere originale Landkarten und Urkunden, darunter die der Ersterwähnung als »strata regia« von 1252. Den Bogen bis in die Gegenwart schlagen weitere projizierte Dokumente vom 16. bis ins 21. Jahrhundert. Im Hintergrund der historischen Kernzone werden fünf zeitgenössische Dokumentarfilme gezeigt, die während der Tour des Via Mobils 2010 auf der »VIA REGIA – Kulturstraße des Europarates« zwischen Santiago de Compostela und Kiew entstanden sind.

Im Untergeschoss, dem »Fundament«, befinden sich nicht nur die Gründungsmauern des Kaisertrutzes, sondern es wird auch die historische Basis der Ausstellung dargelegt. Die große, granitene Grabplatte aus Crostwitz leitet in die Geschichte der Oberlausitz ein. Die Exponate, darunter archäologische Funde aus dem 9. bis 14. Jahrhundert, werden in dem dunkel gehaltenen Raum in Vitrinen zum Leuchten gebracht. Es wird von der slawischen Besiedelung der Oberlausitz berichtet, die immer eine Transitregion war. Über den Landesausbau ab dem 10. Jahrhundert und die Christianisierung wird die Gründung der Stadt Görlitz im 11. Jahrhundert und die Bildung des Sechsstädtebundes im Jahre 1346 thematisiert. Exemplarisch steht Görlitz für die vielen Stadtgründungen entlang der via regia. Als eine weitere wichtige Grundlage wird die Rechtsprechung behandelt, die vom Sachsenspiegel und dem Magdeburger Recht ausging und in vielen Handelsplätzen in Polen bis nach Russland rezipiert wurde.

Den Auftakt zu dem »Markt« im ersten Obergeschoss bildet eine Statuette von Merkur, Gott des Handels. Diese Etage ist wie ein Marktplatz vieler lausitzischer und schlesischer Städte gestaltet: In rechteckig einander zugewandten Verkaufsständen wird der Frage nachgegangen, was wie und wohin bewegt wurde und warum Görlitz zu einer der einflussreichsten Handelsstädte an der via regia aufstieg – und doch der großen Messestadt Leipzig keine Konkurrenz machen konnte. Für den Transport von Gütern und Waren war das Fuhrmanns- und Herbergswesen von großer Bedeutung. Es wird aber auch deutlich, dass die Kaufleute genaueste Kenntnisse der vielen unterschiedlichen Maßeinheiten und Währungen besitzen mussten. Darüber hinaus stellten Märkte und Messen lukrative Einnahmequellen dar, ebenso wie die via regia selbst, wo der Landesherr Gebühren wie Zoll und Geleit erheben konnte. Wirtschaftsförderung ist zwar ein moderner Begriff, war aber bereits im späten Mittelalter selbstverständlich. Ab dem späten 17. Jahrhundert wurde der Zusammenhang von gut ausgebauten Straßen und einer florierenden Wirtschaft erkannt, und just in dieser Zeit begann in Sachsen der systematische Kunststraßenbau.

Das zweite Obergeschoss ist den »Menschen« vorbehalten. Hier stehen ausgewählte Personen im Mittelpunkt, die auf der via regia unterwegs waren. Es sind teils namhafte Persönlichkeiten, die auch jeweils stellvertretend für ganze Gruppen stehen, die auf der via regia reisten. Die via regia ist mit nur einer Funktion, zum Beispiel als Handels- oder als Pilgerstraße, nur unzulänglich beschrieben. Auf ihr wandelten die verschiedensten Menschen und Gruppen, erst diese Multifunktionalität kommt der realen via regia nahe und macht sie zu einem spannenden Begegnungsort. So werden zwischen Krakau und Frankfurt am Main individuelle Geschichten erzählt. Was bewegte die hier vorgestellten Menschen dazu, sich auf den Weg zu machen? Warum verließen sie für kürzere Zeit oder gar für immer ihre Heimat? All diese Menschen waren nicht nur mobil, sondern auch neugierig und offen. Daraus zogen sie persönlichen Nutzen, lernten andere Sprachen und neue Freunde kennen, gewannen Erkenntnisse und finanziellen Reichtum. Die Besucher haben Gelegenheit, Teil der Ausstellung zu werden. Sie können sich fotografieren lassen, und ihre Porträts wandern auf kleinen Monitoren durch die Ausstellung. Was waren Ihre Gründe, nach Görlitz zu kommen und die 3. Sächsische Landesausstellung zu besuchen?

Im dritten und letzten Obergeschoss werden mit den »Ideen« jene geistigen Werke und ideellen Güter vorgestellt, die über die via regia kamen und gingen. Am Anfang steht »Die Vertreibung der Wechsler aus dem Tempel« von Lucas Cranach d. Ä. Die Gründe für die Wahl als einführendes Exponat liegen nahe: Cranach ist einer der bedeutendsten Maler der deutschen Renaissance, das Bild beinhaltet – noch vor dem Anschlagen der 95 Thesen durch Martin Luther 1517 – reformatorische Ideen, die sich über die via regia schnell verbreiteten. Außerdem stellt es ein Marktgeschehen mit Personen in der Tracht um 1500 dar, also etwa in der Zeit, als Görlitz mit rund 10 000 Einwohnern eine der größten Städte an der via regia war. Es geht um Transfer, den Austausch und die Weitergabe von ästhetischen Vorstellungen und wissenschaftlichen Erkenntnissen. Dies geschah einerseits durch Kunstwerke, etwa die dominierenden böhmischen Kunst um 1400, die in die Lausitz kamen. Andererseits folgten gefragte Künstler dem Ruf kirchlicher, höfischer oder städtischer Auftraggeber und brachten so in ihren Köpfen neue Stile und Fertigkeiten mit. Exemplarisch stehen hierfür ausgewählte Gemälde, Skulpturen, Grafiken und kunsthandwerkliche Preziosen sowie die Musik. Auch die etwa mit dem Jahr 1500 beginnende wissenschaftliche Betrachtung und rationale Vermessung der Welt ist ein Thema: Zuerst über gelehrte Einzelpersonen mit ihren Korrespondenzen, dann über Sozietäten wie die 1779 gegründete Oberlausitzische Gesellschaft der Wissenschaften fand ein reger Austausch in verschiedensten Disziplinen statt. Das Buch als Träger und Speicher dieses Wissens spielt dabei eine kaum zu überschätzende Rolle. Im Verlauf des 18. Jahrhunderts, als bessere Straßen, regelmäßiger Postkutschenverkehr und zahlreiche Herbergen das Reisen erleichterten, fingen die Menschen an, in großer Zahl zu reisen. Künstler hielten Eindrücke von ihren Reisen in Skizzenbüchern und Bildern fest, hier beispielhaft an der Malerei des Riesengebirges thematisiert. Die Natur wird zum Ziel vieler Reisender – damit wird der Tourist geboren, der zur Erholung, zum Spaß und in der gebildeten Variante zur Erweiterung des eigenen Horizontes aufbricht.

Am Ende dieses Kapitels – und damit auch am Ende der Ausstellung – steht eine bahnbrechende technische Neuerung, die wohl die größte Zäsur in der jahrhundertealten Geschichte der via regia darstellte. Mit der Industrialisierung und dem Eisenbahnbau ab den 1840er Jahren verlor die via regia an Bedeutung. Die Eisenbahn zog ein neues Wegenetz, und sie bestimmte das Schicksal vieler Städte. Auch Görlitz, zu dieser Zeit am westlichen Rand der preußischen Provinz Schlesien gelegen, war mit der Eröffnung der neuen Bahnlinie zwischen Dresden und Breslau im Jahre 1847 von nun an nur noch eine Ortschaft unter vielen.

Die 3. Sächsische Landesausstellung wird von drei weiteren Ausstellungen flankiert. Das Senckenberg Museum für Naturkunde Görlitz geht mit der »via regia – Straße der Arten« Tieren, Pflanzen und Mikroorganismen nach, die gewollt oder ungewollt über die Straße in die Region kamen. Das Kulturhistorische Museum Görlitz, eigentlicher Hausherr des Kaisertrutzes, wird das Barockhaus in der Neißstraße 30 nach umfassender Sanierung des Gebäudes Ende Juli 2011 im ersten Teilabschnitt wiedereröffnen. Das Gebäude des Tuchhändlers Johann Christian Ameiß, das auch die Oberlausitzische Bibliothek der Wissenschaften beherbergt, zeugt von der großen Bedeutung des Tuchhandels dieser Stadt. Das Schlesische Museum zu Görlitz zeigt in Kooperation mit dem Lausitzmuseum/ Muzeum Łużyckie in Zgorzelec die Ausstellung »Lebenswege ins Ungewisse«, die sich der Migration und dem Bevölkerungswandel in Görlitz und Zgorzelec von 1933 bis heute widmet. Im Mittelpunkt der Ausstellung stehen die Lebensgeschichten von Bürgern aus beiden Städten.

Ein Anspruch auf Vollständigkeit aller Facetten der via regia kann weder mit der Ausstellung noch mit diesem Katalog erhoben werden. Wenn eine regionale, oberlausitzisch-sächsische Geschichte im Rahmen eines größeren zeitlichen, geografischen und internationalen Rahmens gesehen und verstanden werden kann, haben wir eines unserer Ziele erreicht. Wenn die Besucher und Leser dieses Kataloges grenzüberschreitende Gemeinsamkeiten in ihrer eigenen Biografie erkennen, sich gegenüber scheinbar fremden Einflüssen öffnen, haben wir als Ausstellungsmacher der via regia neue Horizonte verliehen. Wenn daraus neue Freundschaften, neue Netzwerke, vielleicht auch neue Ausstellungsprojekte der so nahen Nachbarn im Dreiländereck zwischen Deutschland, Polen und Tschechien entstehen, sind wir mehr als glücklich.

BERLIN
CÖLN
Spree fl.
Niemeck
DESSAU
Mulda fl.
Wittenberg
Dame
Schöne
Hohenbucka
Sonne Walde
Buchholtz
Werden
Lüben
Lucka
Jessen
Prezsch
Annaburg
Elbe fl.
Schwartzer Elster fl.
Schlieben
Kirch Hayn
Fürstewalde
Düben
Dommitz
Hertzberg
Ubigau
Gr. Roschen
Eilenburg
Torgau
Mühlberg
Iordan
Salgast
Dober Stroh
Lorentzkirch
Strehle
Liebe Werda
Wahren Brück
Ruhland
Senfftenberg
Laute
Spremberg
Hoyers Werda
Bernsdorff
Ortrand
LEIPZIG
Wurtzen
Oschatz
Lannewitz
Riesa
Hayn
CAMENTZ
Meissen
Grimme
Rota
Pegau
Borne
Colditz
Zedlitz
Froburg
Dollenau
Alt Mörbitz
Genant Stein
Lange Leube
Pönich
Chemnitz
Zwickau
Zschopa
Marienberg
Passberg
Comotau
FREYBERG
Frauen Stein
Rechenberg
ALT DRESDEN
NEU DRESDEN
PIRNA
König Stein
Lilien Stein
Stolpen

Straße

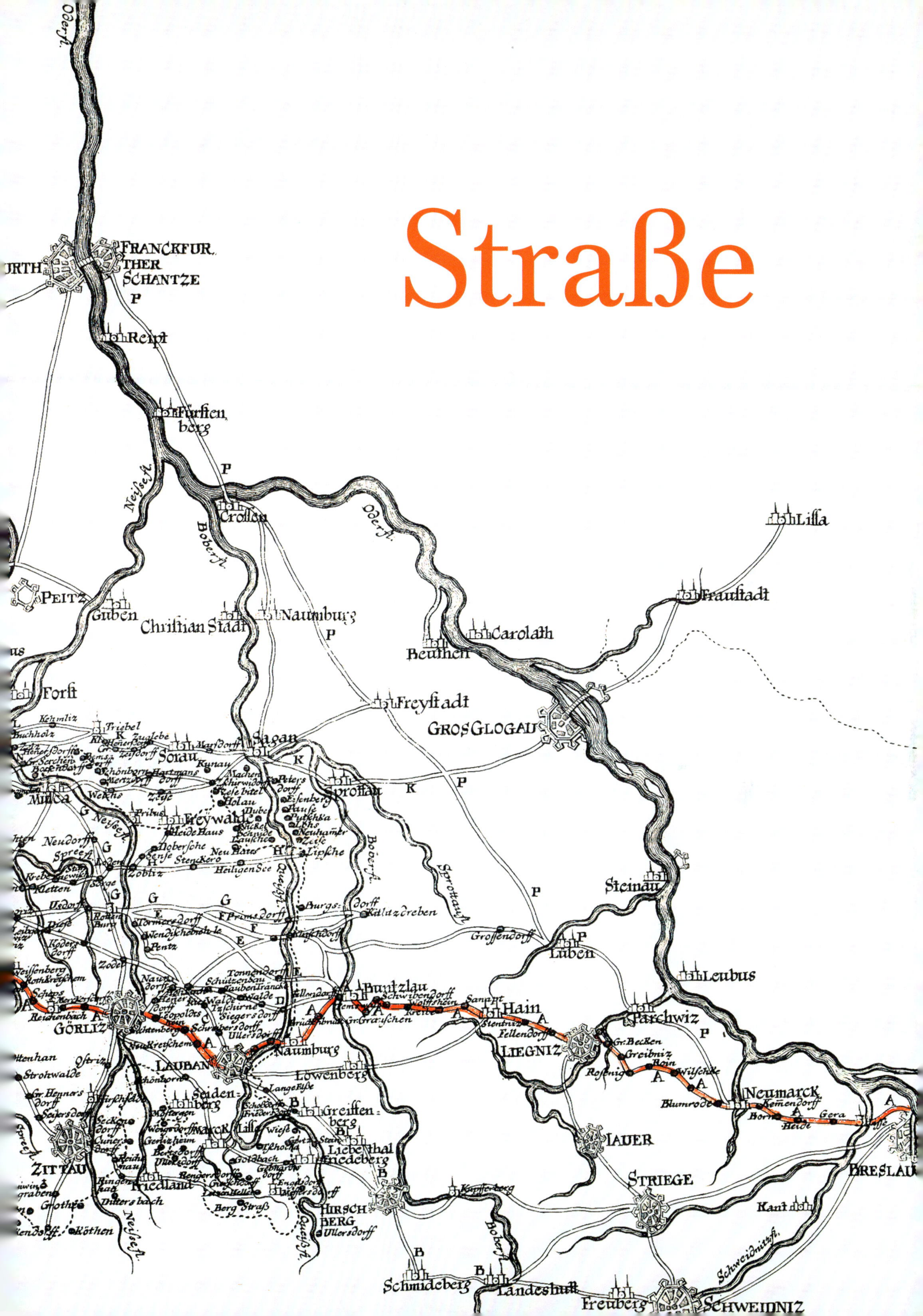

Oder fl.
FRANCKFUR. THER SCHANTZE
Reipt
Fürsten berg
Neisse fl.
Bober fl.
Crossen
Oder fl.
Lissa
PEITZ
Guben
Christian Stadt
Naumburg
Fraustadt
Carolath
Beuthen
Forst
Freystadt
GROS GLOGAU
Sagan
Sorau
Sprottau
Freywalde
Muska
Steinau
Lüben
Leubus
Buntzlau
Hain
Parchwiz
GÖRLIZ
Reichenbach
LIEGNIZ
LAUBAN
Naumburg
Löwenberg
Neumarck
Seiden berg
Greiffen berg
Lieben thal
Friedeberg
IAUER
ZITTAU
Friedland
STRIEGE
BRESLAU
HIRSCH BERG
Kant
Schmideberg
Landeshutt
Freuberg
SCHWEIDNIZ

RAINER AURIG

via regia – Eine Verbindung aus der Vergangenheit in die Zukunft

Wege und Straßen haben über Jahrtausende hinweg ihre Faszination für den Menschen nicht verloren. Straßen verbinden oder trennen, sie schaffen Kontakt oder grenzen ab, sie bieten Sicherheit, aber sie sind auch Orte von Gefahr. Straßen und Verkehrsmittel waren im Mittelalter und in der Neuzeit für fast alle Gesellschaftsschichten, wenn auch mit unterschiedlicher Intensität und damit räumlicher Distanz, von existenzieller Bedeutung. Sie berührten das tägliche Leben – gleich, ob in der Stadt oder auf dem Lande. Händler wie Fuhrmann, Fürst wie Bauer, Bergmann wie Salzsieder, Landsknecht wie Pilger waren auf Transportmittel, Transportbahnen und Wegebegleiter wie zum Beispiel Wegekapellen, Spitäler, Herbergen oder Werkstätten angewiesen.

Die Ortsveränderung von Menschen, Tieren, Gütern und Informationen in Raum und Zeit ist nicht nur Grundbedürfnis des menschlichen Lebens; Wege strukturieren auch den Raum und prägen die Kulturlandschaft. In die Landschaft fügen sich Verkehrsverbindungen als lineare Elemente ein, deren Verläufe immer wieder aktualisiert, verändert oder neu ausgebaut werden und die dabei ältere Wegeformen und Straßenbauten zurücklassen. Historische Verkehrswege lassen sich nicht als Objekte isolieren, sondern haben nur im Kontext eine Bedeutung.

Quellen der Altstraßenforschung

Die Quellen, die uns die Existenz und den Verlauf von historischen Verkehrsverbindungen anzeigen, sind in ihrer Art, ihrer jeweiligen Menge und im Stand der Bearbeitung ebenso differenziert wie hinsichtlich ihres Aussagewertes. Neben den traditionellen Archivalien wie Urkunden, Akten oder Kartenwerken sind die Ergebnisse der Archäologie, Namenkunde, Siedlungs- und Verkehrsgeografie, Numismatik, Geologie und Patrozinienkunde (z. B. Nikolaikirchen) zum Bestandteil einer modernen, interdisziplinären Erforschung historischer Verkehrswege geworden.[1]

Bei der Altwege- bzw. Altstraßenforschung – die Begriffe werden in der Forschung oft synonym verwendet – geht es um den Nachweis räumlicher Beziehungen, aus denen Verkehrsbewegungen und damit auch Verkehrswege zu erschließen sind. Fassbare Indizien dafür sind unter anderem der Nachweis ortsfremder Rohstoffe oder von Spuren im Gelände als gewollte oder ungewollte Ergebnisse dieser Ortsveränderung, wie zum Beispiel Hohlwege, Knüppeldämme, Geleise im Fels (z. B. auf der Zufahrt zum Oybin), Brücken oder Wegesäulen. Den Nachweis für den Transfer von Know-how, Ideen, Ansichten oder Techniken bieten insbesondere Bauwerke und deren Gestaltung.

Die großräumige Entstehung von Hohlwegen als die typischen Reste von Altstraßen war an das Markt- und Handelsgeschehen zwischen wirtschaftlichen Zentren gebunden. Das mengenmäßige Anwachsen der zu transportierenden Lasten mit schweren, vierrädrigen, von Pferden gezogenen Lastwagen und die gestiegene Verkehrsfrequenz führten zu einer erhöhten Belastung von Untergrund und Landschaft. Diese neuen Verkehrsmittel verursachten in weit höherem Maße als zuvor der Reiter, das Saumtier oder die Schleife Veränderungen in der Landschaft. Der Hohlweg entstand als zufälliges Nebenprodukt des Transports. Wege sind als Geländerelikte einstiger Verkehrstrassen bis in das Mittelalter nur in kürzeren Teilstücken konkret zu erfassen.

Hinweise zur zeitlichen Einordnung des Geländereliktes eines alten Verkehrsweges ermöglichen – neben schriftlichen Erwähnungen – gezielt zu erschließende Funde in den unmittelbaren Spurenbereichen. Dazu gehören Münzen, Hufeisennägel, Wagenteile oder in Bergbaugebieten Erzbrocken, Holzkohle und Fremdgestein. Auch Landschaftseingriffe des Menschen, wie zum Beispiel die Anlage von Straßensperren, Brücken oder Wegebefestigungen, ermöglichen genauere Datierungen.

Neben archäologischen und archivalischen Quellen sind insbesondere die siedlungs- und namenkundlichen Quellen eine entscheidende Grundlage der Altstraßenforschung. In ihrer komplexen Zusammenschau ermöglichen sie Angaben zum Zielort, zur Reichweite, zur Art der Benutzer bzw. zum Transportgut, zur Lage im Gelände und zur rechtlichen Stellung von Wegen und Straßen. Sie erhellen signifikant die Differenziertheit des Verkehrsbildes vom lokalen bis zum überregionalen Bereich und lassen sich in Kategorien gliedern. Aussagen zur rechtlichen Stellung und damit auch zur Reichweite liefern Namen wie Königsstraße (via regia), Hohe Straße, Reichsstraße (via imperii), Fürstenweg oder Poststraße. Auskunft zum Ziel- oder Herkunftsort geben Namen wie Prager Straße, Stadtweg oder Hutbergweg. Schließlich erhielten Straßen ihre Namen nach dem Transportgut, dem Transportmittel oder ihrer Beschaffenheit, wie etwa Salzstraße, Bernsteinstraße oder Eisenstraße, Ochsenweg, Butterweg, Schiebbockweg, Hohlweg oder Steinweg.[2]

Vom Steig zur gebauten Straße oder das Werden von Fernstraßen

Saumpfad und Steig waren bis ins Mittelalter die typischen Verkehrsbahnen. Der dominierende Fuß- und Saumverkehr durch Reit- und Lasttier,[3] die geringfügigen Bau- und Besserungsmaßnahmen wie auch ein wenig entwickelter Fernverkehr prägten, je nach Bedürfnis und Findigkeit der Nutzer, die konkrete Führung und hinterließen kaum dauerhafte Spuren im Gelände. Die reliefgebundenen Trassen waren auf natürliche und den Verkehr bündelnde Zwangspunkte wie Furten und Pässe ausgerichtet und zeichneten sich durch eine relativ gleichmäßige Höhenführung aus. Bevorzugt wurden sich lang hinziehende Höhenrücken und hochliegende Talschultern oder Terrassen. Ausgangs- und Zielgebiete waren Siedlungsräume, Standorte der Rohstoffgewinnung und -verarbeitung sowie Handelsplätze. Die Wege des Fernverkehrs wie auch des örtlichen Verkehrs glichen in ähnlichem Maße ausgetretenen Pfaden. Der Fernverkehr bevorzugte ortsferne Linienführungen eines weitgespannten Netzes, welche sich aus Abschnitten zusammensetzten. Transportiert wurden im regionalen Wirtschaftsraum vornehmlich Holz, Steinmaterial und Agrarprodukte. Im Fernhandel dominierten Rohstoffe und hochwertige Gebrauchsgegenstände.[4]

Im Zusammenhang mit dem intensiven Landesausbau ab der zweiten Hälfte des 12. Jahrhunderts kam es in einem Prozess zu markanten Veränderungen im Verkehrswesen. Steige und Pfade fungierten, ähnlich wie die Wasserläufe, als Siedelbahnen. Die dabei vorhandenen oder entstehenden Verkehrsverbindungen entwickelten sich kontinuierlich weiter, starben ab oder verlagerten sich. Mit der Aufsiedlung der höheren Regionen, dem beginnenden Bergbau und der Entstehung eines ausgeprägten Städtenetzes war die Entwicklung vom Steig zur hochmittelalterlichen Straße verbunden. Bedingt durch den notwendigen Einsatz neuer Transportmittel wie dem vierrädrigen Wagen, die gestiegene Verkehrsfrequenz und die Verdichtung des Netzes der Anlaufpunkte kam es zur weiteren Einengung des Verlaufes bzw. zur Herausbildung von neuen Führungen. Den bereits in der ersten Hälfte des 13. Jahrhunderts erreichten Differenzierungsgrad innerhalb des Wegesystems verdeutlicht die Oberlausitzer Grenzurkunde von 1241 (die wohl eine Situation um 1220 beschreibt), die »Pfad«, »Steig«, »alten Steig«, »Weg«, »Straße«, »alte Straße« und »große Straße« unterscheidet.[5] Bei aller Veränderlichkeit von Wegen und Straßen ist ihre Verwendung als Fixpunkt zur Beschreibung von Herrschaftsgrenzen auch ein Zeichen für deren Stabilität und Stellenwert.

Ab Mitte des 14. Jahrhunderts vollzog sich der Übergang von der hochmittelalterlichen Straße zur Geleitsstraße. Der Verlauf der Straßen wurde räumlich eingeengt (z. B. durch Landwehren) und schriftlich konkretisiert. Um den Straßenschutz und Straßenzwang zu realisieren und um Einnahmen aus Zoll und Geleit zu sichern, entstanden an den Straßen Kontrolleinrichtungen. Zoll- und Geleitshäuser entbanden die Burgen und Warten von ihren Straßenschutzfunktionen – oder ergänzten sie zumindest. Das Auftreten solcher Einrichtungen erscheint ursächlich verbunden mit der Herausbildung der Geleitsstraße und resultiert aus der wachsenden Bedeutung des Straßenzwangs. Als Beispiel sei auf den Denkmalkomplex bei der Burgruine Karlsfried südlich von Zittau verwiesen: Hier spiegeln noch gut sichtbare Altstraßenreste und eine die Straße sperrende Landwehr, Keramikfunde, Flurnamen sowie die entsprechenden schriftlichen Nachrichten die Verhältnisse des 13. bis 15. Jahrhunderts wider.[6]

In den Rechtsbüchern des späten Mittelalters, zum Beispiel im Sachsenspiegel, finden sich klassifizierende Angaben zu vorgesehenen Wegebreiten und zum gewünschten Verkehrsverhalten.[7] Für die Straßen der Oberlausitz erließ Kaiser Karl IV. vielfältige Anweisungen, um die Einnahmen zu sichern, den Schutz zu gewährleisten und die Kauf- und Fuhrleute zu veranlassen, bestimmte Straßen zu benutzen. So legte er 1361 genaue Vorschriften über die Instandhaltung[8] und die Benutzung der von Görlitz über Zittau nach Böhmen führenden Gabler Straße fest: Jedem, der die Zollstelle umfährt, soll zur Strafe ein Rad vom Wagen abgenommen werden.

Die Straßen blieben bis in das 18. Jahrhundert meist einfach gespurte Erdwege, die keinen Unterbau aufwiesen und deren Begeh- und Befahrbarkeit stark vom Wetter abhängig war. Wo der Boden feucht oder tief ausgefahren war, behalf man sich mit Zweig- oder Bohlenlagen, warf Erde von den Hängen der oft mehrere Meter tief ausgefahrenen Hohlwege in die Fahrbahn oder stach den Mittelsteg zwischen den Radspuren ab. Wie der Pecheimer oder der Hemmschuh zum Bremsen an Berghängen gehörte eine Schaufel zur Grundausrüstung eines Wagens. Höchst selten war eine Schotterung, nur in den Städten und auf den wichtigsten Verkehrswegen bei besonders exponierten Stellen wurden teilweise Steinpflasterungen verlegt. 1392 wurden der Stadt Zittau testamentarisch Gelder zum Bau der Gabler Straße vermacht. Die Stadt verpflichtete sich, den Spendern zu Ehren ein Steinkreuz zu setzen.

Erste längere, aber keineswegs durchgehende Baumaßnahmen sind mit dem Entstehen der Poststraßen im 17. Jahrhundert verbunden. So gab es hier einfache Schotterungen und Straßengräben. Mit dem modernen Wegebau des 19. Jahrhunderts, insbesondere dem Chausseebau, der durch den napoleonischen Kunststraßenbau mit seinen Baumalleen befördert wurde, der Innovation der Eisenbahn und des modernen Lastschiffbetriebs, war das Ende der Altstraßenentwicklung erreicht.

Entstehung und Verlauf der via regia in Mittelalter und Neuzeit

Das Gebiet des heutigen Freistaates Sachsen, den die mittelalterlich-neuzeitliche via regia in seiner Nordhälfte durchquerte, war auch in ur- und frühgeschichtlicher Zeit eine Durchgangslandschaft. Dabei treten insbesondere drei nord-süd-ausgerichtete Verkehrskorridore hervor: der Korridor durch das Vogtland, der Kulm-Nollendorfer Passkorridor im Osterzgebirge und die Zittau-Lückendorfer Passverbindung.[9] So deutlich fassbar werden die ost-west-ausgerichteten Verkehrsbahnen erst im Zuge des Landesausbaus, wenngleich vor allem in der Bronzezeit bereits auch eine diesbezügliche Verkehrsrichtung anzunehmen ist (Rauhe Furt bei Diesbar-Seußlitz). Münz- und Schatzfunde der römischen Kaiserzeit und des Frühen Mittelalters[10] belegen ebenfalls Verkehrsbeziehungen, ohne dass sich daraus jedoch ein konkreter Weg ableiten ließe (s. Kat.-Nr. 2|11–2|13).

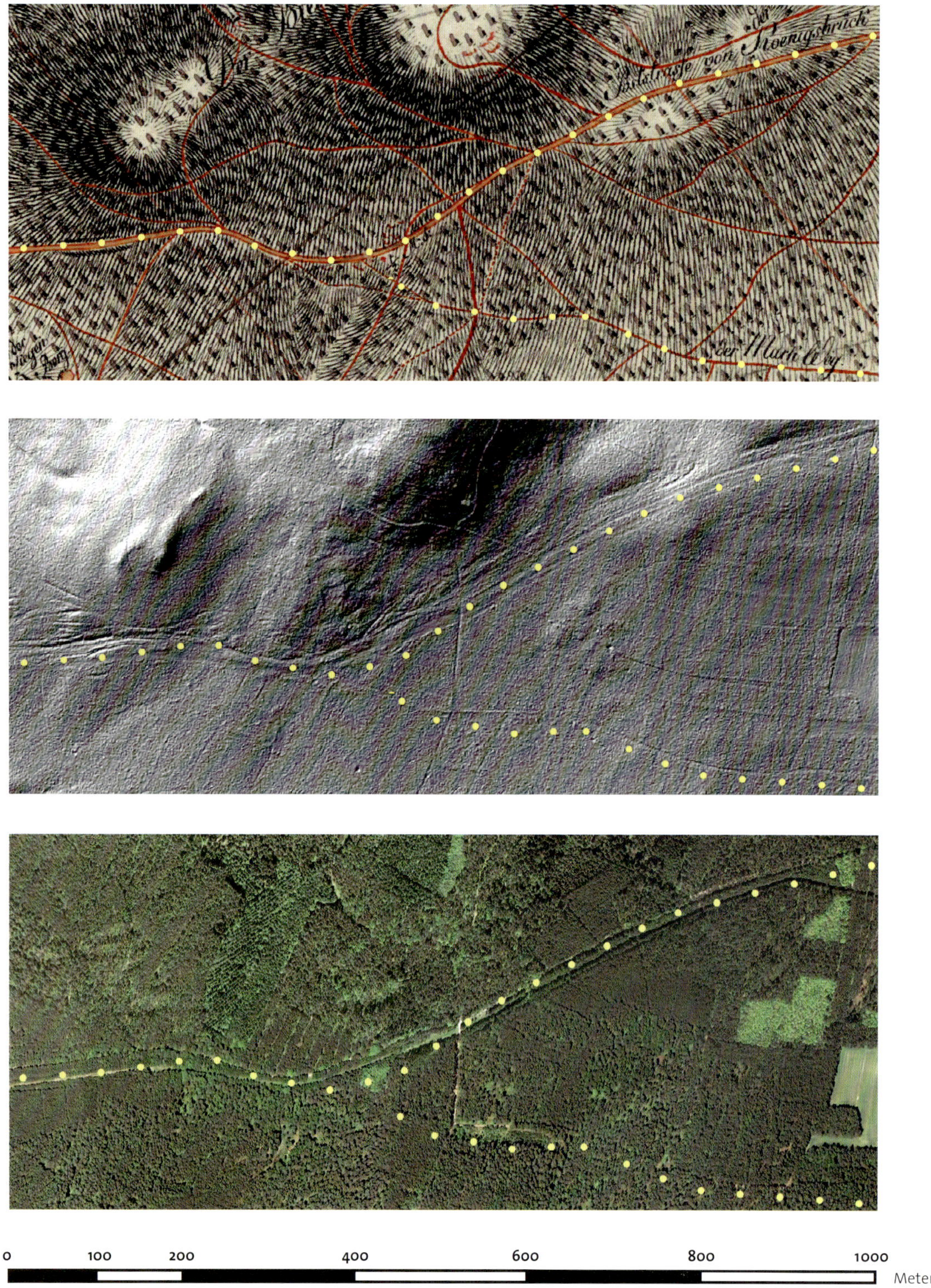

Abb. 1–3
Poststraße Königsbrück – Kamenz mit Abzweig Marktweg (Verlauf gekennzeichnet), südwestlich von Schwosdorf und südlich vom Breitenberg im Landkreis Bautzen

Abb. 1: Ausschnitt aus den Sächsischen Meilenblättern (um 1800), Berliner Exemplar, 1780–1806, Friedrich Ludwig Alster, Staatsbibliothek zu Berlin – Preußischer Kulturbesitz
Abb. 2: Ausschnitt aus dem Digitalen Geländemodell (2010) mit deutlich erkennbaren Hohlweg-Bündeln unterhalb der beiden Bergkuppen, ATKIS® – DGM2 © Staatsbetrieb Geobasisinformation und Vermessung Sachsen 2011
Abb. 3: Ausschnitt aus den Digitalen Orthofotos (2008), ATKIS® – DOP © Staatsbetrieb Geobasisinformation und Vermessung Sachsen 2011

Die via regia gehörte zu den wichtigsten ost-west-orientierten Verkehrsverbindungen Mitteleuropas. Sie war a priori keine Fernstraße, sondern wuchs aus jüngeren und älteren Teilstrecken zusammen, beginnend im 10. und 12. bis zum 14. Jahrhundert. Bis zur Herausbildung der gebauten Poststraße nach dem Dreißigjährigen Krieg kam es noch zu lokalen Verschiebungen im Rahmen eines Korridors. Keineswegs ist die via regia jedoch mit dem in der populärwissenschaftlichen jüngeren Literatur genannten Jakobsweg als Pilgerstraße von Kiew über Paris bis Santiago de Compostela gleichzusetzen. Hier vermischt sich moderne Sehnsucht nach Ursprünglichkeit mit touristischen Marketingüberlegungen.

Der Begriff »via regia« – der Name steht für »Weg« und »königlich« – verweist, ebenso wie der in der Neuzeit übliche Name »Hohe Straße«, auf die herausgehobene rechtliche Stellung dieser Verkehrsverbindung, die unter dem Schutz des Königs stand. In den Schriftquellen tritt uns die Bezeichnung das erste Mal 1252 entgegen. Markgraf Heinrich der Erlauchte (1218–1288) garantierte dem Bischof von Meißen bestimmte Rechte in seiner Diözese: »ceterum stratam regiam et thelonia« (s. Kat.-Nr. 1|1).[11] Mit diesem Namen wird in etwa das Kerngebiet bezeichnet, welches sich aus älteren und jüngeren Teilstücken mit unterschiedlichen lokalen Führungen gerade herausgebildet hatte: der Streckenabschnitt zwischen Erfurt, Naumburg, Leipzig, Großenhain, Kamenz, Bautzen, Görlitz, Lauban, Bunzlau und Liegnitz bis Breslau.

Zu den älteren, aber gleichwohl alternierenden Teilstrecken gehört die Verbindung etwa von Leipzig bis Strehla/Boritz. Gleiches gilt für den Abschnitt Kamenz–Bautzen–Görlitz. Als spätere Verbindungen des 11. Jahrhunderts sind die zwischen Strehla und Kamenz bzw. Dresden–Königsbruck–Kamenz und die von Görlitz in östliche Richtung führenden Strecken zu sehen.

Über Leipzig führte die Straße über Wurzen und Dahlen nach Strehla, wo sie die Elbe querte. Strehla, wohl der nördlichste und älteste Elbübergang der Hohen Straße, wurde erstmals 1002 im Zusammenhang mit den Polenkriegen bei Thietmar von Merseburg erwähnt. Das Vorgehen von Bolesław gegen die Burg Strehla schloss sich unmittelbar an die Eroberung Bautzens an. Eine Verkehrsverbindung zwischen beiden Burgen ist sehr wahrscheinlich. Sie wurde auch 1241 in der Oberlausitzer Grenzurkunde erstmals erwähnt. Der Übergang in Strehla verlor wohl im 14. Jahrhundert seine Bedeutung. Durch die Führung über Oschatz ergab sich dann der Elbübergang Boritz/Merschwitz. 1460/62 wurde der Verlauf der Hohen Straße im Sinne des Geleitwesens von Großenhain nach Oschatz und weiter nach Eilenburg oder Grimma festgelegt.

Zwischen Königsbrück und Kamenz zeichnen sich zwei Trassen ab, wobei die südliche Variante entlang der Flurgrenze zwischen Bischheim und Schwosdorf verläuft. Sie lässt sich anhand von Hohlwegen gut im Gelände verfolgen und wurde später auch als Poststraße weitergenutzt und abschnittsweise befestigt. Die heutige Luftbildarchäologie ermöglicht zudem die abschnittsweise Rekonstruktion einzelner Trassen auch im bewaldeten oder beackerten Gelände (Abb. 1–3).

Mitte des 15. Jahrhunderts verkündete eines der vielen Mandate folgende Anlauforte als verbindlich: von Leipzig über Eilenburg oder Grimma auf Oschatz, (Großen-)Hain, Königsbrück, Kamenz, Bautzen, Görlitz, Lauban, Naumburg/Schlesien, Bunzlau, Liegnitz, Neumarkt und Breslau. Bis in das 18. Jahrhundert gab es immer wieder Streit um den vorgeschriebenen Straßenverlauf. Zwischen diesen Fixpunkten wechselte die Straßenführung im Sinne eines Verkehrskorridors, in dem zeitlich versetzt einzelne Verkehrstrassen dominierten. So zeichnen sich zwei Führungen von Kamenz nach Bautzen ab. Die südliche Trasse über Panschwitz-Kuckau mit dem Kloster St. Marienstern gewann seit dem Spätmittelalter an Bedeutung. Im Bereich der Chaussee zwischen Siebitz und Lehndorf kennzeichnen Hohlwege den Altstraßenverlauf. Die nördliche Führung war Ende des 15. Jahrhunderts bei Crostwitz so tief ausgefahren, dass es zu einer kleinräumigen Verlegung kam.

Mehrere Trassen liefen von Bautzen in östlicher Richtung auf die slawischen Burgwälle Schöps zu. Das Burgenpaar sicherte den Übergang über den Schwarzen Schöps. Der Verkehrskorridor ist im Norden etwa mit Weißenberg und im Süden mit Kittlitz zu fassen. Die nördliche Variante, gekennzeichnet durch die slawischen Wehranlagen von Rackel, Belgern und Gröditz, scheint älter zu sein als die südlich von Weißenberg über Wasser und Rothkretscham führende Route.[12] Die Linie über Löbau ist jüngerer Natur. Die Stadt lag ursprünglich an der Straße von Bautzen nach Zittau. Über Reichenbach und Markersdorf erreichte die Hohe Straße Görlitz.

Bei Görlitz querte die via regia nicht nur die Neiße, sondern kreuzte sich auch mit einer Nord-Süd-Verbindung, die den Ostseebereich über Prag mit Venedig verband. Über Rothenburg, Muskau, Forst und Guben strebte diese dem Fluss folgend nach Norden. Südlich von Zittau teilte sie sich, nach Prag zielend, in die Leipaer und die Gabler Straße und verlor ihren flussbegleitenden Charakter. Wie das Beispiel Görlitz zeigt, war die Kombination von zwei sich kreuzenden wichtigen Verkehrsadern mit einem günstigen Flussübergang die entscheidende Voraussetzung für die Herausbildung eines seit dem 13./14. Jahrhundert im mitteleuropäischen Raum bedeutsamen Standorts. Der Schutz der Straßen und des Flussübergangs war sicher auch eine Aufgabe der jüngerslawischen Wehranlage und der späteren Burg auf der Landeskrone, die vermutlich mit der »magna urbs businc« von 1015 identisch ist. Auf einen beachtlichen Fernhandel deutet die Erhebung des Pfefferzinses, den 1413 drei Gärtner in der Lunitz entrichteten. Der Pfeffer konnte nur von Fernhändlern bezogen werden. Der Verlauf der Fernstraßen vor der Stadtentstehung lässt sich hypothetisch rekonstruieren, wobei die Nord-Süd-Verbindung am deutlichsten erscheint.

Die Zunahme von Handel und Verkehr im Laufe des 14. bis 16. Jahrhunderts ließ den Stellenwert der Verkehrsverbindungen für territoriale Interessen weiter anwachsen. Die Auseinandersetzungen um Zoll und Geleit und den rechten Verlauf der Verkehrswege belegen eindrucksvoll die Vielzahl von Urkunden, Privilegien, Mandaten und Verordnungen zur »Hohen Straße« und deren Aufwertung gegenüber ihrem Pendent, der Niederen Straße, als zweite Ost-West-Verbindung zwischen Leipzig und Breslau (s. Kat.-Nr. 1|2).

Ausblick

Zukünftig dürfte diese alte Ost-West-Verbindung, wie sie die via regia darstellte, erneut an Bedeutung gewinnen – jetzt als Autobahn A4, Erfurt mit Dresden und Wrocław verbindend. Nachdem die Grenzen offen, die »Eisernen Vorhänge« gefallen sind und die Länder entlang der via regia ohne größere Probleme bereist werden können, wird diese Straße zunehmend wieder als Lebensader funktionieren. Die Straße spiegelt im Kleinen die moderne Globalisierung wider. Straßen stehen für Wege, auf denen sowohl materielle als auch immaterielle Dinge transportiert werden. Ideen, Ansichten, Erfindungen erfahren ebenso eine Ortsveränderung wie Waren oder Personen. Dieses uralte Prinzip ist heute ebenso aktuell wie vor Hunderten von Jahren, nur die räumlichen und zeitlichen Dimensionen sowie die Geschwindigkeiten haben sich geändert.

Verweise

1 Einen guten Überblick zum Stand der Altwege- und Altstraßenforschung bietet der Tagungsband des Kolloquiums zur Wegeforschung, Münster 2000, s. Pingel 2002. | **2** Aurig 1997. | **3** Der Chronist Helmold von Bosau schildert deren Aufgabe während des sogenannten Wendenkreuzzuges 1147 so: »Saumtiere, die genügend Lebensmittel tragen sollten, um das Heer zu versorgen«, s. Helmold 1963, Kap. 100, S. 347. | **4** Denecke 2007. | **5** Klecker 1997. | **6** Aurig 2010. | **7** Ganz den praktischen Bedürfnissen entsprechend, regelt das sächsische Landrecht die Ordnung im Straßenverkehr: Der Fußgänger weicht dem Reiter aus, dieser dem Fuhrwerk, und das beladene Fuhrwerk hat das Vorrecht vor dem unbeladenen, vgl. Ebel 1999, Landrecht, 2. Buch, S. 108, LIX. | **8** So sollte das Gebüsch auf Steinwurfweite vom Weg ausgerodet werden. | **9** An bedeutenden Wegen orientierten sich in vormittelalterlicher Zeit offensichtlich auch Grabanlagen und andere Kultstätten, vgl. Simon/Hauswald 1995. | **10** Vgl. Ausst.-Kat. Kamenz 2004. | **11** CDS II, 1, Urkunden des Hochstifts Meißen I, S. 139, Nr. 165. | **12** Herzog 1997.

Die via regia war einst eine bedeutende Handelsstraße, die Thüringen und Sachsen im Westen über die Oberlausitz mit Schlesien und Polen im Osten verband. Wörtlich übersetzt heißt die via regia »Königsweg«, weil sie unter königlichem Schutz stand. In einer Urkunde von 1252 wird sie zum ersten Mal als »strata regia« erwähnt, obwohl sie vermutlich älter ist. In der Folgezeit sind auch Bezeichnungen wie »Hohe Straße« oder »Hohe Heerstraße« bekannt. Die via regia verlief zwischen Frankfurt am Main und Krakau, sie passierte dabei Erfurt, Leipzig, Großenhain, Königsbrück, Kamenz, Bautzen und Görlitz sowie Lauban, Bunzlau, Neumarkt, Breslau und Brieg. Der genaue Verlauf und die Beschaffenheit der via regia haben sich zwischen dem 13. und dem 19. Jahrhundert durch wechselnde herrschaftliche und territoriale Interessen und die fortschreitenden technischen Entwicklungen immer wieder geändert. Straßen- und Geleitsgebühren, Maut und Zölle machten eine Straße wie die via regia zu einer lukrativen Einnahmequelle. An ihr entwickelten sich neue Städte sowie eine Infrastruktur, die das Reisen erleichterte und den Transport beschleunigte. Das, was wir heute als Straße kennen, ein Bauwerk mit Pflasterung, entwickelte sich erst mit dem zunehmenden Verkehr im 18. Jahrhundert.

Die via regia war eine Lebensader, die den Austausch förderte, die Neues gedeihen ließ und auf der sich Menschen, Waren, Kunst und Ideen unaufhörlich bewegten. Durch diese Straße entwickelte sich Görlitz zu einer Handelsmetropole. Zudem war die via regia in ein weitgespanntes Straßennetz eingebunden, das die Stadt nicht nur mit den benachbarten Regionen, sondern mit Städten in ganz Europa verband.

In der Mitte des 19. Jahrhunderts schließlich endete die Geschichte der via regia als Weg für Fußgänger und Pferdekutschen. Der Eisenbahnbau zog neue Wege und bildete ein neues, anderes Netzwerk. Erst nach der Wiedervereinigung geriet die Straße wieder ins Blickfeld: Zahlreiche Initiativen schlossen sich zusammen, um die historischen Beziehungen zwischen West und Ost wieder aufleben zu lassen. Im Zuge des europäischen Einigungsprozesses gilt für die »VIA REGIA – Kulturstraße des Europarates« nun eine Verbindung zwischen Santiago de Compostela in Spanien, über Frankreich, Deutschland und Polen bis Kiew in der Ukraine.

1|1

Urkunde Markgraf Heinrichs des Erlauchten für das Bistum Meißen – Ersterwähnung der »strata regia«

Meißen, 22. Mai 1252
Handschrift auf Pergament, vier Siegel an roten und weißen Seidenfäden;
1.: Markgraf Heinrich von Meißen (Fragment),
2.: Erzbischof Wilbrand von Magdeburg,
3.: Bischof Dietrich (II.) von Naumburg,
4.: Bischof Heinrich (II.) von Merseburg
31×34 cm
Sächsisches Staatsarchiv – Hauptstaatsarchiv Dresden, Inv.-Nr. 10001 (Ältere Urkunden), Nr. 508

Mit dem Untergang der Staufer und der schwindenden Präsenz der Reichsgewalt in Mitteldeutschland ging die Macht zunehmend an die Fürsten über, die danach streben, die volle Landeshoheit zu gewinnen. Markgraf Heinrich der Erlauchte geriet dabei mit Bischof Konrad I. von Meißen (1240–1258/59) in Konflikt um Recht und Besitz des Bistums, der schließlich zugunsten des Bischofs entschieden wurde. Mit der am 22. Mai 1252 in Meißen ausgestellten Urkunde verpflichtete sich der Markgraf gegenüber der Meißner Kirche, von seinem Eigengut in der Niederlausitz den Zehnten zu entrichten und auch die anderen dort begüterten Grundherren dazu anzuhalten.

1|1

Heinrich der Erlauchte garantierte dem Meißner Klerus außerdem den kirchlichen Gerichtsstand und die geistliche Gerichtsbarkeit und versprach, von Leuten des Bischofs oder des Diözesanklerus weder Abgaben noch Dienste zu verlangen. Auch wurde ihnen Zollfreiheit beim Einkauf von Waren des eigenen Bedarfs gewährt. Darüber hinaus bestätigte der Wettiner das Recht des Bischofs an der Königsstraße (»strata regia«) sowie die damit verbundenen Zolleinnahmen »gemäß alter Gewohnheit« (»secundum consuetudinem antiquam«).
Es ist dies die erste schriftliche Erwähnung der via regia, die zugleich auf die große wirtschaftliche Bedeutung der Straße als Handelsroute und die Rolle des Bischofs als Schutzherr für Reisende und Kaufleute in diesem Bereich verweist. Das Geleit auf öffentlichen Straßen war ein königliches Recht, das Friedrich II. 1231 an die Fürsten delegiert hatte und das sich seitdem zu einem hervorstechenden Merkmal der Landesherrschaft weiterentwickelte. Für den Markgrafen stellten der Verzicht auf das Recht an der Königsstraße und die Anerkennung landesherrlicher Rechte des Bischofs insbesondere in den Gebieten um Stolpen, Wurzen und Mügeln eine empfindliche Niederlage dar, sodass der Konflikt neu entbrannte. Erst nach der Reformation gelang es den Wettinern, ihre Landeshoheit auch in den umstrittenen Gebieten durchzusetzen. M.Kä.

Lit.: CDLS, Bd. 1 (1856), Anhang: Urkunden des Bistums Meissen, S. 70–72, Nr. LIV; CDSR, Bd. II/1, Urkundenbuch des Hochstifts Meißen 1 (1864), S. 139 f., Nr. 165; Schlesinger 1962, S. 87–90; Rittenbach/Seifert 1965, S. 151–153; Lutz 1977, S. 285–287; Urkundenbuch Naumburg 2000, S. 278 f., Nr. 258 (Auszug); Wejwoda 2007, S. 30–32, 57–67.

1 | 2

Darstellung der Hohen und Niederen Straße

unbekannter Zeichner
nach 1592
Papier, Feder; eingebunden in Aktenfaszikel
32 × 38 cm
Sächsisches Staatsarchiv – Hauptstaatsarchiv Dresden, Sign. 10024 Geheimer Rat (Geheimes Archiv), Loc. 10511/1, Bl. 6–7

In den Akten des kursächsischen Geheimen Rats findet sich mehrfach diese mit einfachsten Mitteln gestaltete räumliche Visualisierung der Hohen und der Niederen Straße zwischen Leipzig und Breslau in Form einer nach Osten ausgerichteten »kognitiven Karte«. Die beiden Straßen werden durch die Namen größerer Orte markiert, während der Verlauf von Bober und Queis und die Kette von Erzgebirge, Zittauer Gebirge, Iser- und Riesengebirge (»Böhmisches Gebirge«) durch schematische Grafiken in ihrer ungefähren Lage angedeutet sind. P.W.

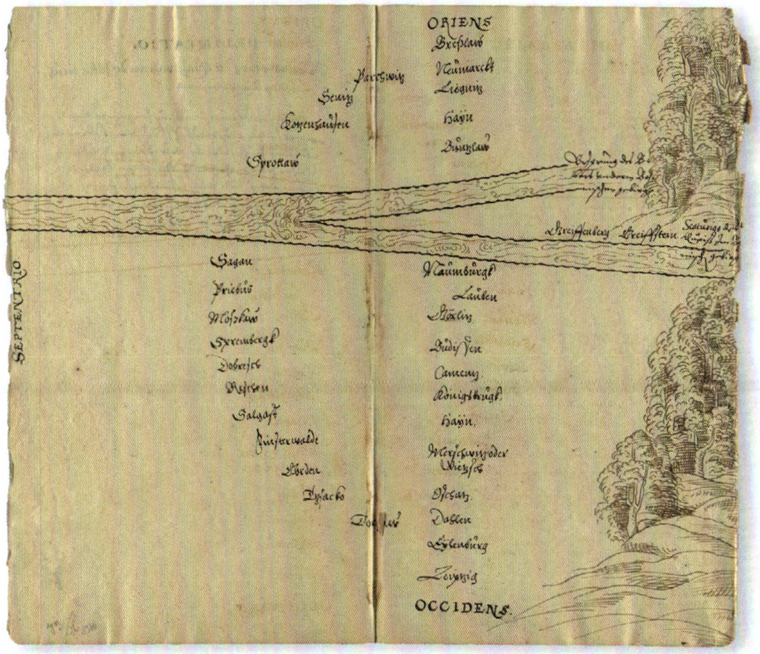

1 | 2

1 | 3

Mandat über die Nutzung der Hohen Straße

Dresden, 1581
Druck auf Papier, eingebunden, aufgeklebtes Papiersiegel; 34,5 × 38 cm
Sächsisches Staatsarchiv – Hauptstaatsarchiv Dresden, Sign. Bestand 10024, Loc. 10512/3, Bl. 53

Kurfürst August (1526–1586) erneuerte mit diesem Mandat die Bestimmungen aus dem Jahr 1568, in denen bereits die Benutzung und der Streckenverlauf der »hohen Landstrasse aus Polen und Schlesien« festgeschrieben und veröffentlicht worden waren. Man hatte festgestellt, dass die Kauf- und Fuhrleute »allerley bey und umbwege suchen«, weswegen die Hohe Straße »verwüstet wirdt / und liegen bleibet«. Und nicht zuletzt wurden damit auch die Zoll- und Geleitsstellen umgangen – was die Einnahmen des Landesherrn und der Städte schmälerte. Der Kurfürst betonte deswegen nochmals den Zwang der Nutzung dieser Straße und erläuterte deren Verlauf: Von Leipzig fuhr man über Eilenburg oder Grimma nach Oschatz und Großenhain (Hain), von dort verlief die Strecke über Königsbrück, Bautzen, Görlitz, Lauban, Bunzlau, Liegnitz und Neumarkt weiter nach Breslau. Er wies die

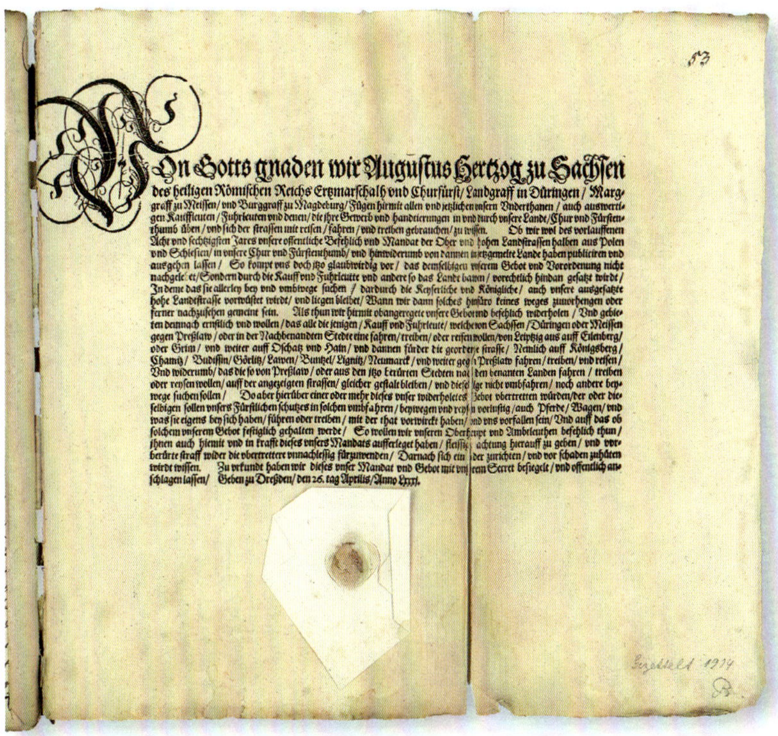
53

Von Gotts gnaden wir Augustus Hertzog zu Sachssen des heiligen Römischen Reichs Ertzmarschalh vnd Churfürst/ Landgraff in Düringen/ Marggraff zu Meissen/ vnd Burggraff zu Magdeburg/ Fügen hirmit allen vnd jetzlichen vnsern Vnderthanen/ auch auswertigen Kauffleuten/ Fuhrleuten vnd denen/ die jhre Gewerb vnd handtierungen in vnd durch vnsere Landt/ Chur vnd Fürstenthumb üben/ vnd sich der strassen mit reisen/ fahren/ vnd treiben gebrauchen/ zu wissen. Ob wir wol des vorlauffenen Acht vnd sechtzigsten Jares vnsere offentliche Befehlich vnd Mandat der Ober vnd hohen Landstrassen halben aus Polen vnd Schlesien/ in vnsere Chur vnd Fürstenthumb/ vnd hinwiderumb von dannen in jetzgemelte Lande haben publiciren vnd ausgehen lassen/ So kompt vns doch jtzo glaubwirdig vor/ das demselbigen vnserem Gebot vnd Verordenung nicht nachgele[…]et/ Sondern durch die Kauff vnd Fuhrleutte vnd andere so das Landt bawen/ verechtlich hindan gesatzt wirdt/ In deme das sie allerley bey vnd vmbwege suchen/ dardurch die Keyserliche vnd Königliche/ auch vnsere ausgesatzte hohe Landtstrasse vorwüstet wirdt/ vnd liegen bleibet/ Wann wir dann solches hinfüro keines weges zuvorhengen oder ferner nachzusehen gemeint sein. Als thun wir hirmit obangeregete vnsere Gebot vnd befehlich widerholen/ Vnd gebieten demnach ernstlich vnd wollen/ das alle die jenigen/ Kauff vnd Fuhrleute/ welche von Sachssen/ Düringen oder Meissen gegen Preßlaw/ oder in der Nachbenandten Stedte eine fahren/ treiben/ oder reisen wollen/ von Leiptzig aus auff Eilenberg/ oder Grim/ vnd weiter auff Oschatz vnd Hain/ vnd dannen fürder die geordente strasse/ Nemlich auff Königsberg/ Chamitz/ Budissin/ Görlitz/ Lawen/ Buntzel/ Lignitz/ Neumarck/ vnd weiter gegen Preßlaw fahren/ treiben/ vnd reisen/ Vnd widerumb/ das die so von Preßlaw/ oder aus den jtzo berürten Stedten na[…] den benanten Landen fahren/ treiben oder reysen wollen/ auff der angezeigten strassen/ gleicher gestalt bleiben/ vnd diese[…]ige nicht vmbfahren/ noch andere beywege suchen sollen/ Do aber hierüber einer oder mehr dieses vnser widerholetes Gebot vbertretten würden/ der oder dieselbigen sollen vnsers Fürstlichen schutzes in solchen vmbfahren/ beywegen vnd rey[…]n verlustig/ auch Pferde/ Wagen/ vnd was sie eigens bey sich haben/ führen oder treiben/ mit der that vorwirckt haben/ vnd vns vorfallen sein/ Vnd auff das ob solchem vnserem Gebot festiglich gehalten werde/ So wollen wir vnseren Oberhaupt vnd Ambtleuthen befehlich thun/ jhnen auch hiemit vnd in krafft dieses vnsers Mandats aufferleget haben/ fleissig achtung hierauff zu geben/ vnd vorberürte straff wider die vbertrettere vnnachlessig fürzuwenden/ Darnach sich ein[…]der zurichten/ vnd vor schaden zuhüten wirdt wissen. Zu vrkundt haben wir dieses vnser Mandat vnd Gebot mit vn[…]rem Secret besiegelt/ vnd offentlich anschlagen lassen/ Geben zu Dreßden/ den 26. tag Aprilis/ Anno Lxxxi.

1 | 3

Amtsleute an, auf die Einhaltung dieser Stecke zu achten und jedes Abweichen zu bestrafen. Allerdings blieb das Problem, dass Kauf- und Fuhrleute die vorgeschriebene Route verließen und damit die Geleitsstellen umgingen, auch in den folgenden Jahren bestehen: Allein in dem hier ausgestellten Aktenband finden sich in den Jahren 1590, 1592 und 1594 Erneuerungen dieses Mandats. S.St.

1|4

»Viam Regiam Lvsatiae Svperioris«

Zeichner: Johann Friedrich Schwartz
Kupferstecher: Johann Daniel de Montalegre (Zittau 1697 – 1787 Zittau)
Zittau, 1732
Kupferstich, koloriert
28,2 × 54 cm; Blatt: 31,6 × 55,4 cm
bez. u. l.: »Schwartz delineavit«,
u. r.: »I.D.de Montalegre Sculpsit Zittoviae«
Sächsische Landesbibliothek – Staats- und Universitätsbibliothek Dresden, Sign. Hist.Sax.F.80 / Universität Leipzig, Bibliotheca Albertina, Sign. Hist.Sax.755
s. auch Abb. → Seite 26/27

1|4

Die erste nachweisbare Karte, die die via regia explizit in ihrem gesamten Streckenverlauf zwischen Breslau und Leipzig zeigt, findet sich in der juristischen Dissertation des aus Lauban stammenden Johann Friedrich Schwartz. Er promovierte 1732 an der Universität Wittenberg bei dem berühmten Rechtsgelehrten Augustin Reichsfreiherr von Leyser (1683–1752). Inhalt der Arbeit ist die historische Entwicklung der rechtlichen Grundlagen des Zoll- und Geleitwesens seit dem Mittelalter und ihre Anwendung auf die »Hohe Straße« bis in das 16. Jahrhundert hinein. In dieser auf Latein verfassten Dissertation, die einige Zitate in deutscher Sprache aufweist, kommt in der Neuzeit die Bezeichnung via regia wieder auf, im Gegensatz zur gebräuchlichen »Hohen Straße«.

Die querformatige Karte wurde von Johann Friedrich Schwartz gezeichnet und von Johann Daniel de Montalegre aus Zittau in Kupfer gestochen; sie basierte auf den Vorarbeiten von Martin Lucius und Adam Friedrich Zürner. Der Verlauf der via regia ist von

Hand rot koloriert. Die Karte zeigt weitere Straßenverbindungen und Flüsse zwischen Berlin im Norden, Breslau im Osten, Schweidnitz im Süden und Saalfeld im Westen. Durch eine Strichlinie ist die Oberlausitz markiert. Die Ausrichtung nach Nord wird mittels einer Kompassrose links angezeigt, der Maßstab (»Drey Meilen«) in ovaler Kartusche rechts. Die Inschrift mit Schmuckrahmen oben rechts erläutert, wie die via regia 1341 vom Kaiser »geboren und befohlen, und nachgehends durch wiederholte Befehle vielfältig confirmiret worden« ist, gefolgt von der Auflistung der verschiedenen auf der Karte mit Buchstaben eingetragenen Nebenstraßen. Erwähnt wird auch die mit K bezeichnete Straße, auf der man über Sprottau, Sagan und Spremberg unter Vermeidung der Zollgebühren die Oberlausitz umfahren konnte. R.E.

Lit.: Schwartz 1732.

1 | 5

1 | 5

Hohe Straße aus Polen und Schlesien nach Leipzig

Martin Lucius; Kartograf: Adam Friedrich Zürner (Marieney 1679 – 1742 Dresden)
Vorlage: nach 1709; Ausführung: um 1730
Papier, Feder, Aquarell; 53,5 × 86 cm;
Maßstab: 8 deutsche Meilen = 11,4 cm
Sächsisches Staatsarchiv – Hauptstaatsarchiv Dresden, Sign. 12884 Karten und Risse, Schr. 9, F. 4, Nr. 18

Die Karte, die auf eine Vorlage des Obergeleitsinspektors und Akzisekommissars Martin Lucius – um 1700 einer der führenden Köpfe der kursächsischen Straßenbauverwaltung – zurückgeht, wurde vom Kartografen Adam Friedrich Zürner (vgl. Kat.-Nr. 4 | 64) auf der Grundlage exakter Streckenmessungen neu gezeichnet. Besonders hervor-

gehoben sind die Nebenstrecken der »Hohen Heerstraße«, auf denen der Warenverkehr die sächsischen Geleits- und Zollstellen umgehen konnte. Diesem »Misbrauch« des Wegezwangs suchte die Straßenbauverwaltung seit 1706 verstärkt durch die bauliche Verbesserung der Hohen Straße entgegenzutreten. P.W.

Lit.: Gränitz 2006, S. 52–55, 149 f., 169–171.

1|6

1|6

VIA REGIA – Kulturstraße des Europarates

Straßbourg, 2006
Urkunde auf Papier, handschriftliche Einträge; 29,7 × 42 cm
Europäisches Kultur- und Informationszentrum in Thüringen, Erfurt

Mit dem Fall des Eisernen Vorhangs 1989/90 gründeten sich zunächst in Deutschland und Polen verschiedene Initiativen, um die kulturellen, religiösen, wirtschaftlichen und touristischen Beziehungen über eine ganz Europa verbindende Straße in Ost-West-Richtung zu erforschen, sichtbar zu machen und zu revitalisieren. Im Jahre 2004 begannen mehrere dieser Akteure ihre Arbeit in dem Netzwerk VIA REGIA zusammenzuführen, das im Jahre 2006 als »Kulturstraße des Europarates« ausgezeichnet wurde. Damit wurde die große Bedeutung dieser VIA REGIA-Aktivitäten für die Einigung Europas anerkannt. Die Urkunde wurde am 26. September 2006 von Terry Davis, dem Generalsekretär des Europarates der Jahre 2004 bis 2009, unterzeichnet. Geschmückt wird sie von einem Astrolabium als Sinnbild für die ewige Bewegung der Welt.

Der Arbeit des Netzwerkes liegt ein erweitertes Verständnis von der via regia zugrunde: Es schließt an den namengebenden Streckenabschnitt in Mitteldeutschland an und setzt sich nach Kiew und bis Brügge als Handelsweg bzw. nach Santiago de Compostela als Pilgerweg fort. Dabei handelt es sich um unterschiedliche Straßensysteme, die in sehr verschiedener Weise ineinander griffen. Im kontinentalen Maßstab weisen sie jedoch Merkmale einer relativ konstanten Wegeführung auf, über die sich viele Jahrhunderte lang Hauptformen des europäischen Ost-West-Austausches vollzogen. K.F.

Die »VIA REGIA – Kulturstraße des Europarates« als Bestandteil eines Netzwerkes europäischer Kulturstraßen führt auf 4500 Kilometern quer durch Europa und verbindet Spanien im Westen mit der Ukraine im Osten des Kontinents. Mit der Kulturstraße lässt sich symbolisch der Gedanke der europäischen Integration und des ungehinderten Austausches von Waren wie von Werten assoziieren.

Von Juni bis Oktober 2010 war das Via Mobil als rollender Botschafter von Santiago de Compostela bis Kiew unterwegs, um für die 3. Sächsische Landesausstellung zu werben, Menschen und Institutionen an der Strecke zu besuchen, Geschichten über die heutige Bedeutung der Straße zu sammeln und um die Erlebnisse zu dokumentieren.

Unterwegs auf der VIA REGIA –
Kulturstraße des Europarates –

Spanien · 2010

Buch, Kamera, Regie: Marina Caba Rall
Schnitt: Lorna Hoeffler Steffen
Musik: Lucía Martínez
Dokumentarfilm · 13:19 Min.

An der Kathedrale von Santiago de Compostela (Spanien)

Pilger auf der Puente la Reina (Spanien)

Frankreich · 2010

Buch, Kamera, Regie: Sébastien Trulès
Schnitt: Damian Archundia Camargo
Dokumentarfilm · 11:44 Min.

Patrice, der Poet aus Metz (Frankreich)

Das Via Mobil in Paris (Arc de Triomphe, Frankreich)

Für jedes der fünf durchreisten Länder entstand ein kurzer Dokumentarfilm, durch den die Besucher der Ausstellung die Reise des Via Mobils nachvollziehen können. Die Filmemacher, die das Via Mobil begleiteten, haben einen starken persönlichen oder kulturellen Bezug zu dem Land, in dem sie unterwegs waren.

Die Filme sind ein intensives und persönliches Porträt der Menschen und Orte sowie auch der Reise des Via Mobils und seiner Begleiter. Sie stellen im Kontext der 3. Sächsischen Landesausstellung eine zeitgenössische Auseinandersetzung mit den Themen Reisen, Europa, Kulturtransfer, kulturelle Identität und Kommunikation dar. C.Q.

Deutschland · 2010

Buch, Kamera, Regie, Schnitt:
Sebastián Barahona und Uwe Teske
Dokumentarfilm · 22:35 Min.

Historischer Straßenbelag via regia (Deutschland)
Steinau an der Straße

Kilometerstein zwischen Erfurt und Gotha (Deutschland)

Dr. Jürgen Fischer, Initiator der VIA REGIA – Kulturstraße des Europarates in Erfurt (Deutschland)

Polen · 2010

Buch, Kamera, Regie, Schnitt:
Jacob Dammas
Dokumentarfilm · 15:00 Min.

Das Via Mobil in Bolesławiec (Polen)

Rathaus in Wrocław (Polen)

Bogusław Smoczek von der Kooperative »Feniks« in Wrocław (Polen)

Ukraine · 2010

Buch, Kamera, Regie, Schnitt:
Dmytro Oleksandrovych Tiazhlov
Dokumentarfilm · 18:54 Min.

Ankommen in Kiew (Ukraine)

Einladung zum Mittagessen bei ukrainischen Bauern (Ukraine)

Fundament

INES ANDERS

Die via regia und die Anfänge der Stadt Görlitz

Als die Stadt Görlitz im Jahre 1303 von ihrem Landesherrn, dem Markgrafen Hermann von Brandenburg, das Magdeburger Stadtrecht mit einer Urkunde verliehen bekam, bildete diese Privilegierung den Abschluss eines über Generationen andauernden Entstehungs- und Ausbauprozesses des städtischen Gemeinwesens. Den Ablauf der Stadtwerdung versuchten Historiker im 19. und frühen 20. Jahrhundert hauptsächlich anhand von schriftlichen Quellen zu rekonstruieren.[1] Diese sind jedoch vor der Anlegung des ersten Görlitzer Stadtbuches 1305 nur sehr spärlich überliefert. Der sächsische Landeshistoriker Karlheinz Blaschke versuchte durch Vergleich der Städte untereinander, der Stadtgrundrisse und der Kirchenpatrozinien auf Analogien zu schließen.[2] Vor allem die in den Orten an der via regia häufig vorkommenden Nikolaikirchen ließen ihn interessante Schlüsse auch für Görlitz ziehen. Neue Kenntnisse durch archäologische Forschungen sind in den letzten Jahren durch einige kleinere Grabungen[3] im dicht bebauten Stadtgebiet hinzugekommen. So kann keineswegs ein endgültiges und vollständiges Bild der frühen Stadt und des Verlaufs der via regia – seit dem 14. Jahrhundert auch Hohe Straße genannt – gezeichnet werden.

Die erste schriftliche Erwähnung des Namens Görlitz findet sich bereits in einer Urkunde aus dem Jahr 1071. Die »villa gorelic« im Gau »milska«, dem Land der slawischen Milzener, war ursprünglich das Lehen eines gewissen Ozer. Diese »villa gorelic« wurde mit acht Königshufen (etwa 400 Hektar) vom deutschen König Heinrich IV. dem Bistum Meißen geschenkt. Neben dieser Fläche, darunter Bauplätze, Gebäude und Ackerland, werden auch Hörige erwähnt, die die Ländereien bewirtschafteten. Die Lage der »villa gorelic« verortete man früher an der Kleinen und Großen Wallstraße, wo man die Form eines Rundlings als slawische Siedlung zu erkennen glaubte.[4] Heute wird durch Vergleiche mit anderen slawischen Dörfern eher der Bereich des südlichen Plateaus, das Gebiet um den Karpfengrund und die Nikolaistraße, angenommen.

Ebenfalls im 11. Jahrhundert wurden in den Chroniken des Bischofs Thietmar von Merseburg militärische Offensiven des Ottonischen Reiches beschrieben. Er erwähnt 1015 eine »magna urbs businc« – wohl auf der Landeskrone –, die der böhmische Herzog eroberte. Archäologische Grabungen bestätigen das Vorhandensein eines großen Bollwerks mit Handwerkersiedlung. Doch hat sich die Burganlage von der Eroberung kaum erholt. Die Bedeutung dieser Burg schwand, während im Ortsteilnamen Biesnitz die Bezeichnung weiterzuleben scheint.[5]

In den Mittelpunkt der späteren städtischen Entwicklung trat jedoch die hoch über der Lunitz und der Neiße gelegene Burganlage auf dem Felsplateau, die in böhmischen Annalen der Jahre 1126 und 1131 Erwähnung fand. Herzog Soběslav I. ließ eine landesherrliche Burg »Yzhorelic« am Fluss »nisnam« erneuern und verstärken. Dieser Ausbau zeigte die gewachsene Bedeutung des Gaues Milska für das Böhmische Reich. Seit 1158 war die »terra budissinae«, das Budissiner Land, dann fest in böhmischer Hand. Mit Ausnahme der Jahre 1253 bis 1319 gehörte die Oberlausitz bis 1635 als Kronnebenland zum Königreich Böhmen. Der Name Oberlausitz oder »Lusatia superior« wurde jedoch erst Ende des 15. Jahrhunderts üblich.

Das Suburbium der Burg, das heute noch durch unregelmäßige Straßenanordnung erkennbar ist, umfasste neben dem Karpfengrund und der Nikolaigasse auch die Krebsgasse, Bei der Peterskirche und Teile der Petersgasse, es ging wahrscheinlich sogar bis zum Rand des Untermarktes. Zur Burganlage gehörte vermutlich eine Kapelle, die der Burgbesatzung und den Einwohnern der Vorburg als Gotteshaus diente. Aus dieser Kapelle sollte sich die Kirche zu St. Peter und Paul entwickeln, die heute als spätgotische Hallenkirche als Wahrzeichen der Stadt gilt. Von der spätromanischen Kirche, die erstmals 1298 erwähnt wurde, stammen noch Teile der Westfassade und des reich geschmückten Westportals. Die nun landesherrliche Burg beschützte eine Furt des Ost-West-Handelsweges über die Neiße, die beim ehemaligen Kuttelhof gelegen haben könnte. Vielleicht handelt es sich aber auch um die Stelle am Vorwerk Tischbrücke[6] weiter flussabwärts, wo in Niedrigwasserzeiten ein Übergang über den Fluss möglich war. Dieser kam auch in späteren Jahrhunderten zum Einsatz, wenn Feuer, Hochwasser oder Eisgang die Stadtbrücke zerstört hatten. Von der alten Burganlage haben sich keine Reste erhalten. Als zeitweiliger Sitz des Vogtes war sie Verwaltungsmittelpunkt, verlor aber im 14. und 15. Jahrhundert an Bedeutung, sodass kaum mehr als Ruinen übrig waren. Im 16. Jahrhundert gelangte der gesamte Bereich in städtischen Besitz und wurde bis in das 19. Jahrhundert mehrfach baulich überformt.

Wahrscheinlich schon um die Mitte des 12. Jahrhunderts hatten Fernkaufleute eine kleine Siedlung in der Niederung des Bächleins Lunitz gegründet, die unmittelbar an der immer stärker durch Handel frequentierten Trasse lag. Rohstoffe kamen aus dem Osten, Luxusgüter und andere Fertigwaren aus dem Westen. Die Niederlassung der Siedler wird am Steinweg vermutet. Heute noch lassen die schmalen, tiefen Grundstücke und die zur Straße giebelseitigen Häuser an eine städtische Siedlung denken.[7] Entlang der via regia errichteten Kaufleute in ihren Siedlungen Kirchen, die sie ihrem Schutzpatron, dem hl. Nikolaus widmeten – östlich von Görlitz in Lauban, Löwenberg, Goldberg, Liegnitz und Breslau, westlich unter anderem in Löbau, Bautzen, Grimma und Leipzig. Auch in der Görlitzer Kaufmannssiedlung entstand eine Nikolaikirche, die als älteste Kirchengründung der Stadt gilt und bis ins 14. Jahrhundert hinein die Hauptpfarrkirche von Görlitz war.

Um 1200 gab es auf dem späteren Stadtgebiet neben dem Dorf Gorelic eine Kaufmannssiedlung und auf dem Bergsporn eine böhmische Burg. In der Umgebung hatte schon vor dem Jahr 1200[8] ein allmählicher Zuzug von bäuerlichen Siedlern eingesetzt, unterstützt durch die Politik des böhmischen Königs Otakar II. Wälder wurden gerodet, Flussauen bewohnbar gemacht, alte Dörfer erweiterte man, neue Dörfer wurden gegründet. Etappenweise hatte sich die Landnahme von West nach Ost durchgesetzt. Neben Bauern aus dem Altsiedelland waren am Landesausbau auch die hier ansässigen Slawen beteiligt. Mit den neuen Anbaumethoden der Dreifelderwirtschaft und modernen Werkzeugen für den Ackerbau konnten Überschüsse in der Agrarwirtschaft erreicht werden, die es ermöglichten, mehr Menschen zu ernähren. Gefördert wurde auch die Entstehung von Märkten und Städten. Entlang der via regia entstanden im Abstand von jeweils einer Tagesreise städtische Siedlungen.

Zum Ausgangspunkt der Stadt Görlitz wurde aber nicht die Kaufmannssiedlung, sondern der südliche Vorbereich der landesherrlichen Burg, in deren Schutz sich immer mehr Handwerker und Kaufleute niederließen. Die Siedlung könnte sich bis an die heutige Jakob-Böhme-Straße ausgedehnt haben.[9] Mittelpunkt wurde der Untermarkt, der sich an die Hauptachse der Petersgasse anschloss. Zwischen den Häusern der Handwerker und Händler hatten böhmische Burgmannen ihre Freihöfe. Der »Ebirhartts Hof« an der Stelle des späteren Waidhauses wurde noch im 14. Jahrhundert erwähnt. Die Konsequenz für die Kaufleute in der kleinen Lunitzsiedlung am alten Verlauf der via regia war, dass sie ebenfalls in die entstehende Stadt in den Schutz der Burg umzogen.[10] Die Anlage mit bewaffneter Besatzung ermöglichte den wirtschaftlichen Aufstieg von Görlitz an der Kreuzung der zwei wichtigen Handelswege, der von Ost nach West verlaufenden Hohen Straße und der vom böhmischen Herrschaftszentrum Prag an die Ostsee nach Norden führenden Handelsstraße.

Unterhalb des Grauwackefelsens ein Stück flussaufwärts entstand wohl spätestens um die Mitte des 13. Jahrhunderts die Brücke über die Neiße. Als Erbauer kommen die städtischen Bewohner, aber auch die Burgherren in Frage. Für die Erfüllung ihrer militärischen Pflichten musste die Burgbesatzung zügig auf das andere Ufer wechseln können.[11] Die Existenz der Brücke wiederum bedingte, dass sich die Gassen der Siedlung zu ihr hinwandten, wie es im Falle der Neißgasse beobachtet werden kann. Nach dem Bau der Brücke verlagerte sich der Frachtverkehr schnell von der alten Trasse der via regia zur Brücke hin. Erstmals schriftlich erwähnt wurde die Brücke 1376, nachdem bereits 1264 das Neißehospital in einer Urkunde genannt wurde. Dessen Lage am östlichen Ufer direkt am Brückenkopf lässt bei seiner Entstehung das Vorhandensein des Übergangs vermuten.

Die gesamte Brückenanlage war über Jahrhunderte wichtiger städtischer Besitz.[12] Sie wurde gepflegt und immer wieder erneuert, denn hier überquerte die via regia den Fluss. Auf der ältesten Görlitzer Stadtansicht von 1565 ist die Brücke zum ersten Mal im Bild dargestellt, auch die Wehranlagen, die zu ihrer Verteidigung im Kriegsfall dienten (Abb. 1). Spätestens seit der Stadterweiterung etwa um 1250/70 wurde die via regia mit ihrem Ost-West-Verlauf die prägende Achse im Stadtplan. Am Reichenbacher Tor erreichte die Hohe Straße die Stadtgrenze, verlief entlang des Obermarktes und der Brüdergasse, erreichte den Untermarkt und verließ ihn auf der Neißgasse in einem Bogen zur Neiße hin, wo die Brücke erreicht wurde.

Auf den Fluren des wahrscheinlich 1234 gegründeten Franziskanerklosters wurde schon wenige Jahre später die Stadt nach Westen erweitert. Damit verdoppelte sich die Grundfläche des Stadtgebiets. Den Mittelpunkt bildete ein großer freier Platz, der Neumarkt. Mit etwa 50 × 250 Metern Ausdehnung bot er genügend Raum für Handelstätigkeiten. Das rechtwinklige Raster der Straßenfluchten im Stadtgrundriss beweist die planmäßige Erweiterung. Nach dem Ausbau umfasste das innerstädtische Gebiet 25,5 Hektar. Über 600 Jahre lang – bis zur Mitte des 19. Jahrhunderts – sollte sich daran nichts ändern.

1253 war die Oberlausitz als Pfand an die Brandenburger Markgrafen gefallen, die den Landesausbau massiv fortsetzten. Aus dynastischen Gründen und zu Verwaltungszwecken teilten sie das Gebiet der Oberlausitz im Jahr 1268 in das Land Bautzen und das Land Görlitz. Damit wurde Görlitz der alten und bedeutenden Siedlung Bautzen gleichgestellt und gewann so enorm an Bedeutung als Verwaltungs- und Gerichtsstandort. Ein villicus (1264 advocatus), ein markgräflicher Beamter, nahm seinen Sitz in der landesherrlichen Burg, jetzt Vogtshof. Er war zuständig für den gesamten östlichen Landesteil. Wahrscheinlich hatte diese Maßnahme einen wirtschaftlichen Aufschwung der Stadt und weiteren Zuzug von Siedlern befördert, so dass die räumliche Erweiterung nach Westen notwendig geworden war.

Die Siedler emanzipierten sich schon bald von der herrschaftlichen Burg. Ihre oberste Behörde wurde der Görlitzer Rat. Er verwaltete das städtische Vermögen, sicherte die Ordnung und führte Verhandlungen mit dem Landesherrn. Als »rector civium« wurde der Bürgermeister bezeichnet, der aus dem Kreis der zwölf »consules« oder »Ratmänner« jährlich neu gewählt wurde. Vier Schöppen oder »scabini« regelten unter dem Vorsitz des Richters die freiwillige Gerichtsbarkeit wie Käufe und Testamente. Das städtische Gericht der Vier Bänke konnte auch Mord, Raub, Brandschatzung und Diebstahl ahnden.

Um 1300 war die Stadtentwicklung so weit konsolidiert, dass sich die Bürger vom Landesherrn das Magdeburger Stadtrecht bestätigen ließen. Diese Rechtsfamilie setzte sich in der Oberlausitz, Schlesien und in großen Teilen Ostmitteleuropas durch. Das mittelalterliche Recht umfasste zum einen die Privilegien, welche die Bürger von ihren Stadtherren erwarben, zum anderen das Willkürrecht, eine Übereinkunft aller Bürger über die Organisation des städtischen Lebens. Mit Eiden waren die Bürger an Rechte und Pflichten gebunden, die alle Lebensbereiche durchdrangen. Sie erhielten Rechte wie die persönliche Freiheit, die Möglichkeit der Vererbung von Besitz und den Schutz durch den Rat. Ihre Pflichten waren Gehorsam und

Abb. 1
Ansicht der Stadt Görlitz vom östlichen Neißeufer aus
Josef Metzker, Georg Scharffenbergk · 1566 · Nachdruck von originalen Druckstöcken im 18. Jh., Holzschnitt, koloriert · Kulturhistorisches Museum Görlitz

Treue zum gewählten Rat, das Zahlen von Steuern und die Teilnahme an der Stadtverteidigung. Zu den Privilegien, die vom Landesherrn vergeben werden konnten, gehörten das Zollrecht und das Marktrecht. So hatte Heinrich vom Dorfe das Marktrecht gekauft und vermachte es in seinem Testament 1298 der Stadt.[13] Die damit verbundene Aufhebung des Marktzolls erleichterte den städtischen Handel.

Als 1319 das Geschlecht der brandenburgischen Askanier ausstarb, fiel der größte Teil der Oberlausitz an Böhmen. Görlitz verblieb für zehn Jahre beim schlesischen Herzog Heinrich von Jauer und Fürstenberg, erst dann konnte der böhmische König Johann die gesamte Oberlausitz wieder unter seiner Herrschaft vereinigen. Mit der Verleihung des Freihandels in allen böhmischen Landen an die Görlitzer Kaufleute 1330 setzte ein enormer wirtschaftlicher Aufschwung ein. Das Recht der Einnahme von Durchgangszoll auf mitgeführte Waren auf der via regia erwarb die Stadt spätestens 1356.[14] Zölle sollten bis ins 19. Jahrhundert eine wichtige Einnahmequelle für die Stadt bleiben. 1330 kauften die Bürger auch das Münzregal, das bis dahin der Landesherr verpachtet hatte. So bildeten die weitsichtigen Erwerbungen von landesherrlichen Privilegien der frühen Stadtbürger das wirtschaftliche Rückgrat bis in die Neuzeit.

Die Bevölkerung der Stadt hatte sich aus der Burgbesatzung, den böhmischen Ministerialen, ansässigen und zugezogenen Handwerkern sowie Kaufleuten zusammengesetzt. Im Laufe des 13. und 14. Jahrhunderts verschmolzen die Familien der Fernhändler und der Adeligen miteinander und bildeten die ratsfähigen Geschlechter. Seit der Stadtgründung spielten die Kaufleute eine besondere Rolle. Ihnen gelang es, wichtige Vorrechte zu erwerben, darunter das Brauprivileg, das seit dem 14. Jahrhundert an besondere Grundstücke bzw. Häuser gebunden war und deren Inhaber keinem Handwerk nachgehen durften.[15] Zu Beginn des 14. Jahrhunderts sicherten sich die Kaufleute auch die Einnahmen aus dem Görlitzer Tuchgewerbe. 1301 bemächtigten sie sich des Gewandschnittes. Damit verloren die Tuchmacher das Verkaufsrecht an ihrem Produkt für den überregionalen Markt. Tuchmacher hatten sich seit der Stadtgründung in großer Zahl niedergelassen. Hier an der via regia existierten günstige Bedingungen, um die Rohstoffe zur Tuchproduktion zu erwerben, und es ergaben sich zugleich gute Absatzchancen im Fernhandel. Die Tuchmacher waren in der Lage, hervorragendes, für den Export geeignetes Tuch herzustellen. Neben der Wolle von Schafen aus der Oberlausitz und Schlesien bot das aus Thüringen stammende Färbemittel Waid, mit dem auf der Hohen Straße gehandelt wurde, allerbeste Voraussetzungen. Nachdem sich Görlitz im Jahre 1339 das Waidstapelrecht bestätigen ließ, konnte sich die Stadt zum bedeutendsten Umschlagplatz im Osten für die Färbepflanze entwickeln. Verbunden mit dem Stapelrecht war der Straßenzwang, der die Kaufleute zur Benutzung der via regia nötigte. Für einzelne Kaufleute und den Görlitzer Rat warf dieses Privileg hohe Gewinne ab. Ähnliches gilt für das 1347 von König Karl I. erworbene Salzprivileg.

Zum Schutz der Stadt hatten die Görlitzer Bürger Gräben und Wälle errichtet, die sie nach und nach durch steinerne Mauern, Tore, Türme und Bastionen ersetzten. Vier Tore, jedes verbunden mit einem Turm, sicherten die Eingänge in die Stadt

aus den vier Himmelsrichtungen. Im Süden erreichte die Handelsstraße aus Prag das Frauentor mit dem Dicken Turm. Über die Steingasse und die Breite Gasse verließ sie die Stadt am Nikolaiturm und führte weiter über die Rothenburger Gasse nach Norden. Wesentlich bedeutender war jedoch die via regia, die sich von Westen der Stadt näherte und in fast gerader Linie den Fluss erreichte. Ihr weiterer Verlauf über die Laubaner Gasse scheint einen Anschluss an die alte Furt einbezogen zu haben. Die Tore und Türme wurden im Lauf der Jahrhunderte baulich immer wieder verändert. Ein doppelter Mauerring mit zahlreichen Bastionen, umfangreichen Toranlagen und massiven Wehrtürmen war entstanden. Als letzte Wehranlage wurde ab 1490 das »Rondel vor dem Budissiner Tore« als Kanonenbastei der westlichen Stadt vorgebaut. Auf dem weiten Platz vor dem Rondell erreichten die Kaufmannswagen auf der via regia die Stadt. Hier boten die Radmacher ihre Dienste an und gaben über Jahrhunderte dem Platz seinen Namen – Rademarkt. In angrenzenden Gasthöfen wie der heute noch bestehenden »Goldenen Sonne« wurden Pferde und Wagen eingestellt.

Nachdem es in den ersten Jahrzehnten des 14. Jahrhunderts vermehrt zu Übergriffen sächsischer und böhmischer Adeliger gegen die Oberlausitzer Städte gekommen war, schlossen sich Bautzen, Kamenz, Görlitz, Löbau, Lauban und Zittau zu einem Städtebund zusammen.[16] Mit Billigung des Landvogtes verfolgten und bestraften sie die Übeltäter. Da es dem König selbst nicht gelungen war, den für Handel und Gewerbe so wichtigen Frieden zu sichern, erlaubte König Karl IV. 1355 den Städten ausdrücklich, im Namen des Königs Recht und Frieden zu schützen. Für lange Zeit sollte der Sechsstädtebund die Entwicklung in der Oberlausitz prägen. Sein wichtigstes Ziel galt dem Landfrieden. Er griff aber auch in Konflikte der Städte untereinander und in Streitigkeiten mit anderen Städten ein. Der Städtebund übernahm die Aufgaben und Funktionen des Königs und seines Vogtes.[17]

Die Stadt Görlitz war im 13. Jahrhundert an der Kreuzung der Europa von Ost nach West durchziehenden Hohen Straße mit dem Nord-Süd-Handelsweg zwischen Ostsee und Prag entstanden. In den folgenden 100 Jahren erwarb das Gemeinwesen landesherrliche Privilegien, die für die Wirtschaftsentwicklung ausschlaggebend waren. Der Fleiß der Handwerker ließ Produkte entstehen, die weit über den regionalen Markt hinaus begehrt waren. Die kluge und vorausschauende städtische Verwaltung durch den Görlitzer Rat bereitete die Blüte der Handelsstraße via regia vor. Die Hohe Straße war zum bedeutendsten deutschen Handelsweg des späten Mittelalters geworden.[18]

Verweise

1 Köhler 1840; Jecht 1922–1926. | **2** Blaschke 2000, S. 211–225. | **3** Richthofen 2004. | **4** Blaschke 2000, S. 213; Blaschke glaubt auch im früheren Namen Brandgasse einen Hinweis zu finden. | **5** Richthofen 2003, S. 269. | **6** So schreibt Johannes Hass in seinen Annalen »hat man beim gerichte durch den furt zu s. Nicklesthur jn die stat faren mussen«, in: SRL, Bd. 4 (1870), S. 298. | **7** Blaschke 2000, S. 212; Ein weiterer Hinweis für den Verlauf der via regia in der Lunitzniederung ist, dass noch 1413 drei Gärtner an der Lunitz Pfefferzins zu entrichten hatten. Pfefferzinse lassen sich oftmals für Grundstücke an Fernstraßen nachweisen, da nur in der Nähe der Transportwege dieses wertvolle Gewürz von durchreisenden Kaufleuten erworben werden konnte. | **8** Ridder 2006. | **9** Richthofen 2004, S. 28, Abb. 7. | **10** Blaschke 2000, S. 224; Blaschke führt u. a. als Vergleich die Städte Breslau und Weißenfels an. | **11** Ebd., S. 222; Blaschke vertritt die Meinung, die Brücke sei bereits vor der eigentlichen Stadt vorhanden gewesen. | **12** Anders 2004. | **13** Jecht 1894 a. | **14** Jecht 1927–1934, S. 46. | **15** Lemper 1996 a. | **16** CDLS, Bd. 1 (1856), S. 377 f. | **17** Kersken 2004. | **18** Straube 2004.

Die Oberlausitz war immer eine Transitregion, wie archäologische Funde aus entfernt liegenden Gegenden Europas von der Bronzezeit bis ins erste nachchristliche Jahrtausend zeigen. Allerdings sind Siedlungsorte und damit zwangsläufig auch Verbindungswege zwischen ihnen erst mit der slawischen Besiedlung ab dem 8. Jahrhundert n. Chr. nachweisbar. Ab dem 10. Jahrhundert wurde von Meißen aus systematisch der Landesausbau betrieben; neben neuen landwirtschaftlichen Techniken und der deutschen Sprache bedeutete dies für die slawische Bevölkerung auch eine zwangsweise Christianisierung. Noch bis in das 12. Jahrhundert hinein gab es Aufstände und Unterwerfungen.

Aus vielen slawischen Siedlungen gingen Dörfer und Städte hervor – so auch Görlitz, das im Jahre 1071 erstmals als »villa gorelic« erwähnt wurde. Mit der Verstädterung wanderte das Gewohnheitsrecht des Sachsenspiegels nach Osten, ebenso das sogenannte Magdeburger Recht, das besonders für Städte mit Marktrecht von hoher Bedeutung war. Görlitz erhielt 1309 dieses Magdeburger Recht. 1329 geriet die Oberlausitz unter böhmische Herrschaft, als Kronnebenland wurde sie nun von Prag aus verwaltet. Die wirtschaftliche Potenz der lausitzischen Städte durch Handel aber war groß, 1346 schlossen sich Bautzen, Görlitz, Kamenz, Lauban, Löbau und Zittau zum mächtigen Sechsstädtebund zusammen. Neben Bautzen profitierte Görlitz am meisten von dieser weitgehend selbstständigen Machtbefugnis. Der Handel mit Schlesien – wie die Lausitz Nebenland der böhmischen Krone – sowie mit dem hinter Königsbrück beginnenden Sachsen nahm stetig zu.

Die Entwicklung von Görlitz steht stellvertretend für die Entwicklung von Städten entlang der via regia. Kurz nach 1500 war Görlitz mit 10 000 Einwohnern die größte und wichtigste Stadt zwischen Leipzig und Breslau. Ihre Geschichte war mit der Geschichte der via regia aufs Engste verwoben. Sie brachte Waren und Wohlstand, aber auch Leid und Zerstörung. So auch während des Dreißigjährigen Krieges im Jahre 1641: Über die Straße kamen die Soldaten der kaiserlichen und sächsischen Truppen, die das von den Schweden besetzte Görlitz belagerten. Allerdings ohne Erfolg, die festen Mauern der Stadt »trotzten« den Angriffen – davon zeugt heute der Name »Kaisertrutz«.

2 | 1

Kreuzgrabstein aus Crostwitz

11./12. Jh. (?);
Fundort: Crostwitz, Kreis Bautzen;
Funddatum: 2004
Granit; 160 × 70 × 25 cm; Gewicht: 543 kg
Landesamt für Archäologie, Dresden,
Inv.-Nr. CO-03/1/1
s. auch Abb. → Seite 42

Der Grabstein wurde, zusammen mit drei weiteren Steinen, 2004 in Crostwitz beim Abriss eines Gebäudes aus dem Fundament geborgen. Es handelt sich um eine längliche Granitplatte, deren Seiten teilweise grob behauen sind. In die leicht gewölbte, natürlich verwitterte Oberseite sind vier Symbole grob eingepickt. Deutlich erkennbar sind ein geschäftetes gleichschenkliges Kreuz, ein Kreis, ein Beil sowie unterhalb der Beilklinge ein Winkel. Kreuz und Kreis sind eindeutig christliche Symbole, das Beil könnte als Attribut eines Handwerkers angesehen werden und würde damit einen Hinweis auf den Beruf des Bestatteten geben. Unklar ist die Deutung des Winkels. Geschäftete Kreuze tragen auch die anderen Steine aus Crostwitz, von denen einer zudem sechs Näpfchen zeigt und ein weiterer, der als Bruchstück erhalten geblieben ist, ein fragmentarisch erhaltenes Symbol. Damit gehören sie zu den frühesten Zeugnissen der Werksteinbearbeitung.

Die vier Grabplatten sind aufschlussreiche Zeugnisse der Besiedlung und des frühen Christentums in der Oberlausitz. Ähnliche Platten sind von zwei Friedhöfen aus dem Dresdner Raum bekannt, wo sie einzelne Gräber des 11./12. bzw. des 12./13. Jahrhunderts bedeckten. Die Crostwitzer Platten dürften ebenfalls von einem Friedhof stammen, vermutlich demjenigen, der sich um die dem Fundort benachbart liegende Kirche gruppierte. Das Gebiet um Crostwitz wurde wahrscheinlich im 11./12. Jahrhundert aufgesiedelt, gehört mithin nicht zu dem Altsiedelland, das die slawischen Milzener vom 8. bis in das 10. Jahrhundert aufsiedelten. Baudaten für die Kirche liegen nicht vor, mit den Grabsteinen ist jedoch eine Besiedlung ab dem 12. Jahrhundert wahrscheinlich. T.W.

Lit.: Spehr 1994.

2 | 1

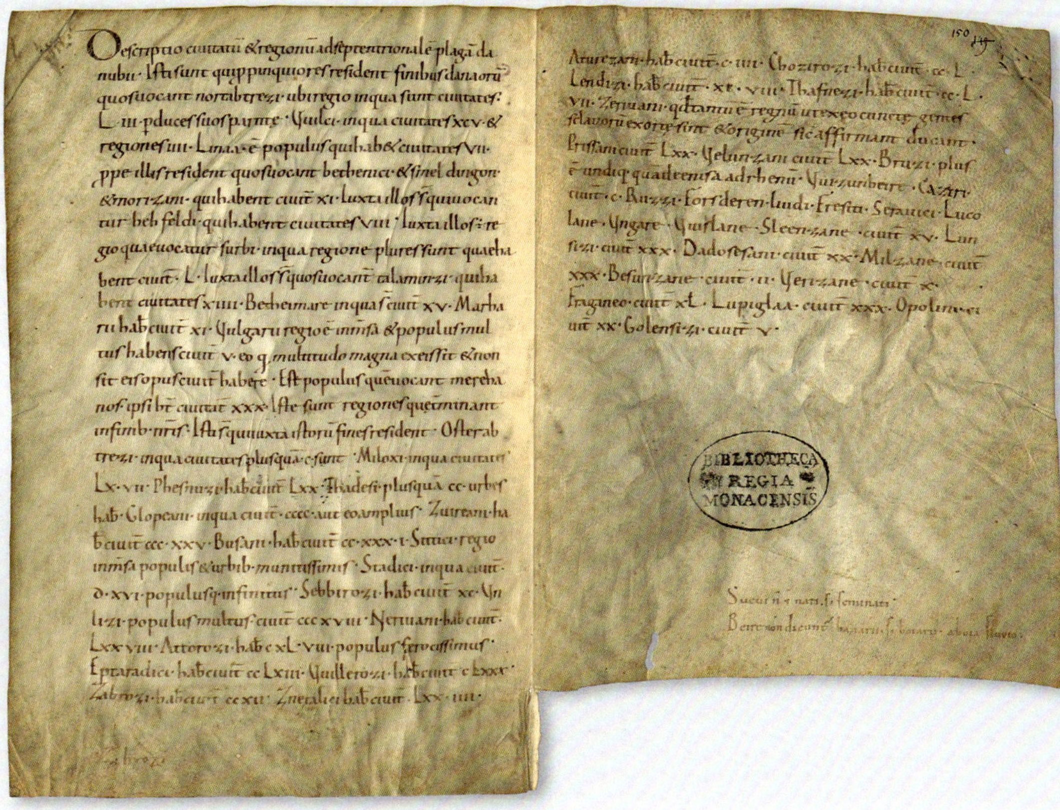

2 | 2

Slawen

2 | 2

Völkertafel des Bayrischen Geografen

vermutlich Bodenseeraum, zwischen 850 und 900
Handschrift auf Pergament, 2 Bl. (Faksimile); eingebunden in eine Sammelschrift mit astronomischen und mathematischen Handschriften, 1+151 Bl.; 19,5×14,3 cm
Bayerische Staatsbibliothek München, Sign. Hss Clm 560, Bl. 149v/150r

Die als Völkertafel bezeichnete Handschrift entstand vermutlich in einem Scriptorium eines Klosters der Bodenseeregion zwischen 850 und 900. Diese Abschrift, eine zwei Seiten umfassende Liste, ist von den schriftlichen Aufzeichnungen eines unbekannten Autors erhalten geblieben, den man als »Bayrischen Geografen« bezeichnet. Es ist die wichtigste Quelle zur Frühzeit der westslawischen Stämme. Aufgezählt werden die slawischen Stämme von der Ostsee über Böhmen und Mähren bis nach Ungarn. In den letzten Teilen wird die slawische Besiedlung in Schlesien und der Lausitz erwähnt. Es werden die einzelnen Stämme benannt sowie die Zahl ihrer Siedlungen. Aufgeführt werden die »Milzane civitates XXX, Besunzane civitates II« und die »Lunsizi civitates XXX«, ebenso die Sorben mit »Surbi civitates L«.
Die Deutung der Stammesnamen bereitet Schwierigkeiten, da ihre Herkunft weder aus dem Germanischen noch aus dem Slawischen belegt werden kann. Die ersten Slawen dürften sich nicht vor 700 in der Oberlausitz niedergelassen haben. Die Milzane und die Besunzane siedelten in der Oberlausitz, die Lunsizi, von denen sich die Bezeichnung »Lausitz« ableitet, in der Niederlausitz. Die Surbi werden zwischen Saale und Elbe an der unteren Mulde lokalisiert. Auch die gewählte Bezeichnung civitates (Städte) sowie deren hohe Zahl ist problematisch, da um die vermutete Zeit der Niederschrift der Völkertafel, also vor dem Jahr 900, so viele befestigte Siedlungen nicht nachweisbar sind.

Lit.: Halm/Laubmann 1892, S. 112; Hessing 1968, Billig 1995; Ausst.-Kat. Görlitz 2004, S. 7–11.

2 | 3

2 | 4

2 | 5

2 | 3

Kiewer Ei

11.–12. Jh.; Fundort: Giecz, Lesefund
Keramik, glasiert; Höhe: 4,6 cm; Durchmesser: 3,3 cm
Muzeum Archeologiczne w Poznaniu, MAP
Inv.-Nr. 1948:477

Das sogenannte Kiewer Ei wurde auf dem Burggelände in Giecz gefunden. Das kleine Ei ist sehr sorgfältig aus hellem Ton ausgearbeitet und wurde wahrscheinlich mithilfe eines Formkerns in einem Wachsausschmelzverfahren gebildet. Die Öffnung, die bei der Herstellung zurückblieb – sie diente auch zum Halten des Eis während des Glasierens –, wurde vollständig geschlossen. Die vermutliche Bleiglasur, die für die Außenfläche benutzt wurde, war mit Eisenoxid gefärbt. In den grünen Untergrund der Glasur wurden braun-rötliche Fäden eingeschmolzen, die das Motiv von Spiralen und Schleifen bilden. Nach dem dezenten Geräusch zu urteilen, das das Ei beim Schütteln ertönen lässt, kann angenommen werden, dass sich im Inneren eine kleine Tonkugel befindet, was die Funktion einer Klapper nahelegt.
In der Fachliteratur wird einvernehmlich eine zeremonielle und magische Funktion der Eier angenommen und ein Zusammenhang mit apotropäischen Handlungen und dem Totenkult vermutet, da viele solcher Gegenstände in Begräbnisfeldern gefunden wurden. Es wird angenommen, dass der besprochene Gegenstand in die Burg von Giecz durch den Handelsaustausch mit der Kiewer Rus gelangte, wo Töpfer und Erzeuger glasierter Spielzeuge solche Eier herstellten. A.S.

Lit.: Hilczerówna 1950/53; Kostrzewski 1978; Kaczmarek 1998.

2 | 4

Kiewer Ei

11./12. Jh.; Fundort: Meißen, Heinrichplatz 6;
Funddatum: 1998; Ton, glasiert;
Höhe: 3,5 cm; Durchmesser: 3 cm
Landesamt für Archäologie, Dresden,
Inv.-Nr. M-73/Bef. 1155

Von der heimischen Keramik auffällig in Farbigkeit und Form unterschieden ist das Bruchstück eines Kiewer Ostereis, das 1998 am Meißner Neumarkt gefunden wurde. Das nahe der Triebisch gelegene Areal wurde um 1020 bebaut. Den Funden nach zu urteilen, waren hier Handwerker und Händler ansässig. Kiewer Ostereier sind aus Ost- und Ostmitteleuropa mit Schwerpunkten in der Ukraine und Polen bekannt. Die Westgrenze ihrer Verbreitung wird mit Meißen und Brandenburg erreicht, im Norden kommen sie an den wikingerzeitlichen Handelsplätzen an der südlichen Ostsee vor. Durch ihre Glasur und die zweifarbige Linienzier, die häufig senkrecht auseinandergezogen ist, wirken sie in den westslawischen Keramikspektren ausgesprochen exotisch. Vollständige Eier sind hohl und klappern durch die eingeschlossenen Tonkugeln. Ihre Herkunft aus der heutigen Ukraine wird durch den dort bekannten hohen, durch das byzantinische Reich vermittelten technologischen Entwicklungsstand nahegelegt.
Die aus Siedlungen und als Grabbeigaben bekannten Kiewer Eier werden mit einem von Byzanz ausgehenden Christentum in Verbindung gebracht. Wie die heutigen sorbischen Ostereier symbolisieren sie Auferstehung und ewiges Leben und sind damit, wie das Meißner Ei, ein früher Beleg für die beginnende Christianisierung der bis in das 11. Jahrhundert paganen Westslawen. T.W.

Lit.: Gabriel 2000.

2 | 5

Schwertortband von Nimschütz

10./11. Jh.; Fundort: Nimschütz b. Bautzen;
Funddatum: 1973
Bronze; 6,6 × 3,9 × 1,45 cm
Landesamt für Archäologie, Dresden,
Inv.-Nr. D 252/83

Vor der Flutung der Talsperre Bautzen wurden Reste einer slawischen Siedlung des 10./11. Jahrhunderts bei Nimschütz untersucht. Aus einer der unscheinbaren Siedlungsgruben stammt das bronzene Ortband, das ursprünglich die Spitze einer hölzernen Schwertscheide verstärkte. Auffällig ist die Verzierung des Ortbandes. Vorder- und Rückseite zeigen das Gesicht eines Bärtigen, das in einem Flechtwerk, wohl die Pranken eines Drachens, verstrickt zu sein scheint. Die vier Füße des Ungeheuers sind an den Krallen am Rand des Frieses erkennbar, der Kopf schließt das Ortband nach oben hin ab. Der Stil ist unschwer als skandinavischer Tierstil des 10. Jahrhunderts zu identifizieren. Damit gehört das Nimschützer Stück zu den Exoten der sächsischen Archäologica und fehlt seit seiner Auffindung in keiner einschlägigen Publikation.
Als Herkunftsgebiet des Ortbandes kommen sowohl die skandinavischen Zentren der Wikingerzeit als auch diejenigen der ebenfalls skandinavischen Waräger am mittleren Dnjepr in Betracht, wo zumindest ein sehr ähnliches Vergleichsstück gefunden wurde. Ob unser Stück als Bestandteil einer Waffengarnitur, als dekoratives Einzelstück in Zweitnutzung oder schlicht als Altmetall in die Oberlausitz gelangte, lässt sich nicht rekonstruieren. T.W.

Lit.: Coblenz 1985.

2 | 6

2 | 6

»Taschengott«

10./11. Jh.; Fundort: Schwedt (Burgwall), Kreis Uckermark, Brandenburg
Bronze, gegossen; Höhe: 5,5 cm
Staatliche Museen zu Berlin – Preußischer Kulturbesitz, Museum für Vor- und Frühgeschichte, Inv.-Nr. If 8110

Die vollplastische Figur wurde bei einem an der Oder gelegenen spätslawischen Burgwall gefunden. Sie zählt zu einer kleinen Gruppe metallener Miniaturstatuetten, deren Verbreitungsgebiet im slawischen und skandinavischen Raum liegt. Typische, Kraft und Würde verleihende Merkmale sind die spitze Mütze, der kräftige Schnauzbart und die in die Hüften gestemmten Arme. Diesen Figuren steht eine ebenso kleine Gruppe hölzerner Miniaturstatuetten nahe.
Schriftquellen der Missionszeit (Ebo, Vita Ottonis III,1) bestätigen den heidnischen Charakter dieser Bildwerke. Es handelt sich demnach wohl um handliche Nachahmungen der größeren Holzfiguren aus den öffentlichen Kult- und Tempelbezirken, die der privaten Kultpraxis dienten und als Amulett am Körper getragen wurden oder auch im häuslichen Bereich aufgestellt waren. M.B.

Lit.: Gabriel 1988, S. 182–189, 193, 275; Kirsch 2004, S. 38, 196, 483.

2 | 7

Stilus

Ende 10./1. Hälfte 11. Jh., deutsche Werkstatt; Fundort: Giecz, Ausgrabungsstätte 4
Bronze, gegossen; Länge: 11 cm; Durchmesser: 0,5 cm
Muzeum Pierwszych Piastów na Lednicy, Oddział w Gieczu, Inv.-Nr. MPP/Gz/31:3697

Der Schaft des Stilus ist leicht gebogen und fast auf seiner ganzen Länge achteckig. Sein oberer Teil endet mit einer »Manschette« in Form von zwei Rippen mit einem Flechtband dazwischen und Abdrücken von Punkten in dessen Windungen. Der Kopf des Griffels hat die Form einer modellierten Hand, die ein gebrochenes Plättchen zum Wegwischen der Schrift hält.
Stili oder Werkzeuge, die zum Schreiben auf Wachstafeln dienen, sind seit dem Altertum bekannt, die ihnen zugeschriebenen Funktionen gehen über das Schreiben selbst hinaus. Sie werden als kultische, magische Gegenstände, Schmuckstücke, chirurgische Werkzeuge und sogar Waffen bezeichnet. Auf polnischem Boden tauchten sie im 10. Jahrhundert auf. Die auf dem Stilus modellierte Hand symbolisiert Segen und Lehren, die Geste ist aber auch das Zeichen von Gelübde und Schwur. Handdarstellungen mit Segnungsgesten sind charakteristisch für zahlreiche Darstellungstypen, die mit der christlichen Religion und verschiedenen Sphären der von Gott kommenden weltlichen Macht im Zusammenhang stehen.
Der Stilus aus Giecz ist ein besonderer Fund auf polnischem Boden, worauf seine vollkommene Form sowie seine symbolische Aussage hindeuten. Im Römisch-Germanischen Museum in Köln befindet sich ein Stilus aus Bronze mit eingravierten Zeichen, die als die Buchstaben Alfa und Omega gelesen werden können, darunter jeweils ein Kreuz – möglicherweise christliche Symbole. Beide Stili verbindet die Ähnlichkeit der Form und der Symbolik: Sie sind das Zeugnis von Kulturkontakten, die die Länder verbanden. E.I.

Lit.: Niesiołowska-Wędzka 1972; Dieckhoff 1985; Kluckert 1996; Indycka 2005.

2 | 8

Sklavenfessel

11. Jh.; Fundort: Breest, Landkreis Demmin, Fundplatz 1
Eisen; Länge: etwa 50 cm
Landesamt für Kultur und Denkmalpflege, Archäologisches Landesmuseum Mecklenburg-Vorpommern, Schwerin, Inv.-Nr. ALM Wa IV/87/449

Diese eiserne Sklavenfessel wurde 1987 bei Baggerarbeiten in einer Flussniederung in Breest, Landkreis Demmin, entdeckt. Es sind beide Beinringe erhalten, die durch eine mehrgliedrige Kette miteinander verbunden sind. An einem Ring befindet sich das Schloss mit vierfacher Pressfeder. Zeitgenössische Berichte und der Fund von Sklavenfesseln belegen, dass der Verkauf von Gefangenen in die Sklaverei weit verbreitet war. H.v.S.

Lit.: Roesdahl 1998, S. 53 ff.

2 | 9

Klappwaage

2. Hälfte 10. Jh./1. Hälfte 11. Jh.; Fundort: Sowinki, Fundstelle 23a, Grab Nr. 70
Bronze, Eisen, Silber; Faden (ergänzt)
Balken: Länge 11,4 cm; Dicke 1,5/2,9–2,5 cm; Schalen: Durchmesser 6/6,3 cm; Höhe 1,65/1,7 cm; Gesamtgewicht: 64 g
Muzeum Archeologiczne w Poznaniu, Inv.-Nr. 1998:57

Die Waage wurde aus Bronze gegossen, der Zeiger ist aus Eisen, eines der kleinen Elemente aus Silber. Die einzelnen Teile sind mit Bronzenieten verbunden. Die beiden Waagschalen aus dünnem Bronzeblech sind auf den Innenseiten mit zwei konzentrischen, eingravierten Kreisen verziert. Die Schalen wurden mit Leinenpechdraht an die beweglichen Seitenarme gehängt. Die Enden des Balkens sind mit Einkerbungen, das Mittelteil und die Achse mit sogenannten Wolfszahn-Ornamenten verziert. Die Waage wurde in einem Birkenkästchen einem jugendlich Verstorbenen als Grabbeilage auf die rechte Brustseite gelegt. Die Konstruktion und die benutzten Materialien qualifizieren die Waage als eine frühe Variante (datiert auf die zweite Hälfte des 10. Jahrhunderts) dieses Typus von Klappwaagen. Sie sind aus Burgen und frühstädtischen Siedlungen bekannt und werden mit Wanderkaufleuten in Verbindung gebracht, denen sie zum Wiegen vor allem von Silber und Münzgeld dienten. Anfänglich nutzten sie gerüstete Ritter und Herrscher, später infolge der Feudalisierungs-

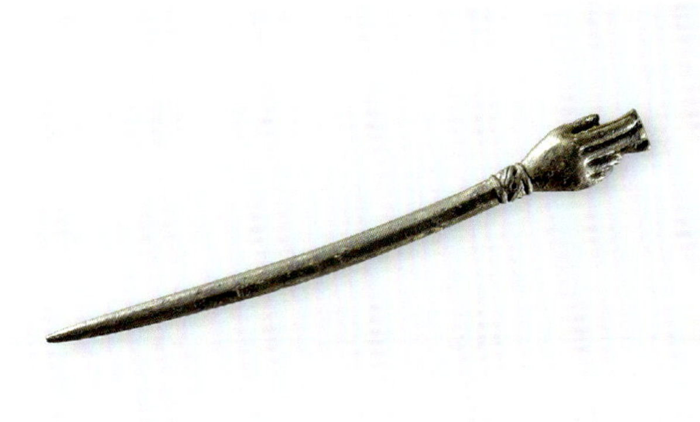

2 | 7

2 | 8

2 | 9 + 10

prozesse professionelle Kaufleute. In den frühpiastischen Gebieten waren diese Kaufleute meist germanischer, jüdischer oder romanisch-fränkischer Herkunft, was schriftliche Erwähnungen sowie numismatische Analysen bezeugen. A.Kr.

2 | 10

Gewichtssatz

2. Hälfte 10. Jh./1. Hälfte 11. Jh.; Fundort: Sowinki, Fundstelle 23a, Grab Nr. 70
Eisen, geschmiedet und mit Bronzeblech plattiert, Bronze, Blei, gegossen, Stein
Gewichte mit Eisenkern: Durchmesser 1,55–2,27 cm; Höhe 1,2–1,7 cm
Bleigewichte: Durchmesser 0,52–1,32 cm; Höhe 0,32–0,9 cm
Steingewicht: Durchmesser 1,3–1,49 cm; Höhe 1,03 cm
Muzeum Archeologiczne w Poznaniu, Inv.-Nr. 1998:57

Die Gewichte wurden in einem Beutel aus Rehleder zusammen mit der Waage im Grab des jungen Mannes gefunden. Sechs Gewichte mit Eisenkern und dem höchsten Nominalwert (von 40,2 g bis 11,2 g) sind kugelförmig, oben und unten abgeflacht; auf den Abflachungen sind Prüfzeichen zu sehen. Weitere zwölf Exemplare mit kleinerem Nominalwert (von 9,8 bis 0,7 Gramm) und unterschiedlichen Formen wurden aus Blei hergestellt. Da die Eisengewichte zusammen mit den Bleigewichten lagerten, konnte man die Funktion der Letzteren eindeutig als Gewichte bestimmen. Der kleine Kieselstein (2,7 g), der zwischen den Gewichten gefunden wurde, erfüllte eine ähnliche Funktion oder konnte auch zum Tarieren der Waage dienen. Die Gewichte mit Eisenkern repräsentieren eine Maßeinheit mit einem Gewicht von 4,5 bis 5,0 Gramm aus der Zeit vom Ende des 10. bis Mitte des 11. Jahrhunderts und spiegeln die Anwendung des westlichen Messsystems auf dem Gebiet des frühpiastischen Staates. Möglicherweise handelt es sich bei dem Bestatteten um einen jungen Kaufmann. A.Kr.

Lit.: Krzyszowski 1992; Krzyszowski 1995; Krzyszowski 1996; Krzyszowski 1997; Ausst.-Kat. Stuttgart 2000, S. 124.

2 | 11

2 | 12

2 | 11

Schatzfund von Meschwitz: Hacksilberschatz

spätes 10. Jh.;
Fundort: Meschwitz b. Bautzen
Silber, zerhackt
Kulturhistorisches Museum Görlitz,
Inv.-Nr. Hk 23809–23810

2 | 12

Schatzfund von Mahnau: Hacksilberschatz mit Leinenbeutel

Mitte 11. Jh.;
Fundort: Mahnau b. Glogau
Silber, Keramik, Leinenstoff
Kulturhistorisches Museum Görlitz,
Inv.-Nr. Hk 23803, Hk 23804, Hk 23811–23815

2 | 13

In Meschwitz bei Bautzen wurde 1878 ein sogenannter Hacksilberschatz entdeckt. In zwei Gefäßen fand man zerkleinerte arabische Münzen, geprägt u. a. in Samarkand und Buchara im heutigen Usbekistan. Darunter befanden sich nur wenige westeuropäische Prägungen. Die arabischen Münzen, sogenannte Dirhams, belegen Fernhandelsverbindungen in der Oberlausitz, noch lange bevor die via regia zur wichtigsten Handelsstraße wurde. Außerdem kam zerhackter Schmuck sowie ein vollständiger silberner Halsring zum Vorschein. Der Meschwitzer Fund wurde vermutlich kurz vor dem Jahr 1000 vergraben.
Auch im schlesischen Mahnau bei Glogau trat 1894 ein solcher Schatz zutage. In zwölf Leinenbeuteln, die in einem Gefäß deponiert waren, fanden sich etwa 1500 Münzen und diverse Schmuckstücke. Besonders auffällig sind darunter die typisch polnischen Silberperlen. Im Schatz von Glogau fehlen arabische Münzen. Es überwiegen böhmische Prägungen, die die Vergrabung des Fundes in die Zeit um 1050 datieren.
Die einstigen Besitzer der Silberschätze hatten offensichtlich keine Gelegenheit, ihr Eigentum zu bergen. Im slawischen Raum gab es zu dieser Zeit keine bekannten Vorkommen des u. a. für die Schmuckherstellung begehrten Silbers. Seit etwa dem Jahr 850 deckten die Menschen den Bedarf durch arabische Dirhams. Beim Geldverkehr kam es offenkundig nicht auf den eigentlichen Münzwert, sondern einzig auf die Silbermenge an. Man spricht daher von einer Gewichtsgeldwirtschaft. Münzen und Schmuck wurden je nach Bedarf zerteilt. Gegen 1000 endete der asiatisch-arabische Zustrom an Silber. Die Dirhams wurden nach und nach durch westeuropäische, deutsche, polnische oder böhmische Prägungen ersetzt. In bescheidenem Umfang entwickelte sich auch im slawischen Siedlungsraum eine echte Geldwirtschaft. J.v.R.

Lit.: Feyerabend 1894; Gandert 1930; Richthofen 2007.

2 | 13

Hacksilberfund von Cortnitz

vor 1050;
Fundort: Cortnitz b. Bautzen;
Funddatum: 2005
Silber; 1519 Teile, Gesamtgewicht: 931,24 g
davon 1352 Münzen, Gewicht: 830,89 g;
167 Silberteile, Gewicht: 100,35 g
Landesamt für Archäologie, Dresden,
Inv.-Nr. CCT-01/1-1336, CCT-02/1-113,
CCT-03/1-49, CCT-04/1-31

2005 gelang mit über 1500 Einzelobjekten – Münzen und Schmuckstücke – der größte Hacksilberfund in Sachsen. Das Fehlen größerer Schmuck- und Barrenstücke, die für ähnliche Silberdeponierungen typisch sind, lässt sich nur durch das Auflesen der wertvollen Stücke während der Beackerung der vergangenen Jahrhunderte erklären. Die Prägungen stammen nicht nur aus dem sächsischen Kernland, sondern auch aus Skandinavien, dem heutigen Iran, Usbekistan und Afghanistan, also aus einem über 10 000 Kilometer vom Fundort entfernt liegenden Einzugsgebiet. Damit weitreichende Handelsbeziehungen von der Oberlausitz bis nach Zentralasien zu konstruieren, entspricht sicher nicht den historischen Tatsachen, denn ähnliche Funde sind in großer Zahl aus dem südlichen Ostseeraum und den Siedlungsgebieten der Westslawen geläufig.
Hacksilberfunde stehen für eine im 12. Jahrhundert aufgegebene Form des wirtschaftlichen Austausches. In Osteuropa war nicht die Münze mit ihrem definierten Gehalt Wertäquivalent für bestimmte Waren, sondern allein das Gewicht silberner Gegenstände, die je nach Bedarf portioniert, eben zerhackt, wurden. Man spricht daher auch von der »Gewichtsgeldwirtschaft auf Silberbasis«.
Wer den Schatz von Cortnitz um die Mitte des 11. Jahrhunderts vergrub, ist ebenso unbekannt wie die Gründe der Thesaurierung des nicht geringen Vermögens. Vielleicht gibt es einen Zusammenhang zu der nahegelegenen Wallanlage von Gröditz. Die Wirtschaftsweise der Milzener wird sich nicht wesentlich von derjenigen ihrer Nachbarn unterschieden haben. Eine intensive Waldnutzung, Pelztierjagd, Ackerbau und Viehzucht sowie der Handel mit Tuchen und Sklaven werden hinlängliche Erträge abgeworfen haben. Die vier bislang bekannten Hacksilberfunde aus der Oberlausitz zeigen, dass es zumindest Eliten möglich war, Reichtümer in Form von Edelmetall zu erwerben und aufzubewahren. T.W.

Lit.: Friedland/Hollstein 2008.

2 | 14

2 | 15

2 | 14

Klappsichel mit Hornfassung

11. Jh.; Fundort: Gniezno, Fundstelle 16
Eisen, geschmiedet, Geweih; Länge: 28,4 cm; Breite: 2,33 cm; Dicke: 0,2 cm
Muzeum Archeologiczne w Poznaniu, MAP/MW Inv.-Nr. 1936:338

Die Klinge der Sichel ist aus Eisen gefertigt, ihre Schneidkante ist gezähnt. Die obere Partie der Sichel ist in eine s-förmige Öse eingezogen und mit einem Eisenring verbunden, mit dem man das Werkzeug am Gurt befestigen konnte. Die Klinge dreht sich auf einer Eisenachse, die beidseitig mit Metallplättchen verstärkt ist. Die Fassung wurde aus einem Stück Geweih hergestellt. Die quer zum Gehäuse verlaufende Verzierung besteht aus mehreren parallel eingeschnitzten Linien (je 3 bis 7), die vereinzelt durch Reihen von mithilfe eines Zirkels gefertigten Kreisen unterbrochen werden. Unter diesem Muster sind Motive hängender Dreiecke, bestehend aus drei bis vier »Kreisaugen«, angebracht. Die Sichelklinge passt genau in die gebogene Geweihfassung und wird dort in einen ausgehöhlten Schlitz gesteckt.
Werkzeuge dieser Art findet man auf polnischem Gebiet – insbesondere in Großpolen – hauptsächlich in Siedlungen und Burgen, obwohl Fragmente einzelner Exemplare auch aus England, Mecklenburg und Böhmen bekannt sind. Ähnliche Exemplare wurden auch im Gebiet der Kiewer Rus, in der Ukraine und im Wolgagebiet gefunden. Mit solchen Sicheln wurden Gräser und Schilf geschnitten. In der Literatur wird angenommen, sie könnten zur Ausstattung von Kriegern (Sammeln von Pferdefutter) gehört oder für religiöse Zeremonien gedient haben. Die Art der Ausführung des Werkzeugs zeugt von der hohen Kunstfertigkeit des Herstellers und der Zugehörigkeit zu exklusiven Erzeugnissen, was auch dem Rang eines solchen Zentrums wie Gnesen entspricht. A.S.

Lit.: Rajewski 1936; Ausst.-Kat. Gniezno 1995, S. 98; Ausst.-Kat. Budapest/Kraków/Berlin 2000, S. 162; Ausst.-Kat. Poznań 2009, S. 55, Abb. 73 f.

2 | 15

Messerscheidenbeschlag

11./12. Jh.; Fundort: Schirmenitz, Kreis Nordsachsen; Funddatum: 1969/70
Bronze; 6,4 × 2,6 cm
Landesamt für Archäologie, Dresden, Inv.-Nr. S.: 28/76

Unter den zahlreichen bronzenen Messerscheidenbeschlägen Mitteleuropas ist der Schirmenitzer Beschlag sowohl wegen der Machart als auch wegen der Verzierung ein Unikat. Zwei pantoffelartig geschnittene Bronzeplatten sind mittels angenieteter Bronzestreifen auf einer Lederscheide befestigt, deren seitliche Naht ebenfalls genietet war. Anhand der in der Beckenregion einer bestatteten 41 bis 50 Jahre alten Frau aufgefundenen Nieten lässt sich die Länge der Messerscheide auf 26 Zentimeter rekonstruieren. Eine auf die Schauseite punzierte Menschengestalt wird als Adorant gedeutet, was angesichts der einfach eingetriebenen Punktreihen nicht nachvollziehbar ist. Menschendarstellungen des 11./12. Jahrhunderts sind in Sachsen allerdings eine Seltenheit und dies unterstreicht die Besonderheit des Schirmenitzer Fundes.
Der Fund gehört zu einem spätslawischen Körperfriedhof, der in Teilen etwa 400 Meter westlich der heutigen Kirche archäologisch untersucht wurde. Außer dem Beschlag wurden nur wenige weitere Beigaben gefunden. Dank der erhaltenen Knochen konnte das durchschnittliche Sterbealter untersucht werden, das für Männern bei 34,5, für Frauen etwas darunter bei 30,7 Jahren lag. Die schon durch den Messerscheidenbeschlag sozial gehoben erscheinende Frau war demnach auch überdurchschnittlich alt geworden. Insgesamt vermittelt die Schirmenitzer Population den Eindruck einer gewöhnlichen bäuerlichen Gruppe, deren materieller Wohlstand bescheiden war. Nur so lässt sich erklären, dass das wertvolle Messer der Bestatteten entweder nicht mitgegeben oder nach der Grablegung entfernt wurde – die Messerscheide war leer. T.W.

Lit.: Baumann 1977; Simon 1982.

2 | 16

2 | 16

Topf

10. Jh.; Fundort: Brohna, Kreis Bautzen; Funddatum: 1949/51
Keramik; Höhe: 23 cm; Durchmesser: 25 cm
Landesamt für Archäologie, Dresden, Inv.-Nr. S.: 3592/52

Mit etwa 60 Burganlagen des 9. bis 11. Jahrhunderts zählt das Bautzener Gefilde als Kernland der slawischen Milzener zu den burgenreichsten Landschaften Deutschlands. Die Sumpfschanze von Brohna ist dabei eine typische Vertreterin der kleinen Burgen. Größere archäologische Grabungen fanden zwischen 1949 und 1951 statt, als deutlich wurde, dass der bereits damals nur noch in Resten erhaltene Wall zur Trockenlegung der umgebenen feuchten Niederungen weiter abgegraben werden sollte. Mit einer runden oder ovalen Nutzfläche von nur 25 Metern im Durchmesser gehört die Burg, die nach Ausweis der datierbaren Kleinfunde im 9. und 10. Jahrhundert genutzt wurde, zu den kleineren Exemplaren in der Oberlausitz. Weitere während der Grabung beobachtete architektonische Details betrafen den Wallaufbau, die Torsituation und einen kleinen Ausschnitt des Vorburggeländes mit einem Holzbrunnen.
Unter den Funden dominiert bei Weitem die Keramik, die im Gegensatz zur slawischen Keramik Westsachsens gedrungenere Gefäßkörper aufweist. Zusammen mit den Hacksilberfunden (s. Kat.-Nr. 2 | 11–13) lässt sich mit der Gebrauchskeramik eine weitere regionale Besonderheit festmachen, die die Oberlausitz als sich unabhängig von Westsachsen entwickelnde Landschaft erscheinen lässt. T.W.

Lit.: Coblenz 1969.

2 | 17

2 | 17

Tongefäß mit Bodenloch zur Pechgewinnung

9./10. Jh.; Fundort: Burgwall Penzig bei Görlitz; Funddatum: 1859
Ton; Höhe: 11,2 cm; Durchmesser Mündung: 15–17,8 cm; Durchmesser Bauch: 16–18,4 cm
Kulturhistorisches Museum Görlitz, Inv.-Nr. HK 2242

Die Machart slawischer Keramik veränderte sich im Verlauf der Zeit. Anfänglich wurden Tongefäße von Hand aufgebaut und blieben meist unverziert. Nach 700 drehte man die Gefäße auf langsam rotierenden Töpferscheiben nach. Dies zeigen Abdrücke der Töpferscheibenachse und andere Zeichen an den Gefäßböden. Eine langsame Rotation bezeugen auch horizontal gezogene oder kurz gewellte Ritzverzierungen, die mit Kämmen aufgebracht wurden. Die Verwendung von Töpferscheiben sowie verbesserte Brenntechniken lassen auf eine professionelle Produktion schließen. Noch vor der Jahrtausendwende kamen schnell rotierende Scheiben zum Einsatz. Die Gefäße erhielten dadurch eine gleichmäßigere Gestalt. Als Verzierung dominieren horizontale Rillen und lang gezogene Wellenbänder. Der beschränkte Formenschatz slawischer Keramik lässt vermuten, dass ein großer Teil der verwendeten Behältnisse aus Holz hergestellt wurde.
Tongefäße mit Löchern im Boden verweisen auf die Herstellung von Pech. Diesen Universalklebstoff, der auch als Dichtungsmittel Verwendung fand, gewann man aus Baumrinden in Schwelmeilern. Die Pechproduktion war ein wichtiger Zweig der slawischen Waldwirtschaft. Noch bis weit in die Neuzeit wurde in den Lausitzer Wäldern intensiv Pech geschwelt. J.v.R.

Lit.: Oettel 1987; Voß 1989; Ausst.-Kat. Budapest/Kraków/Berlin 2000, S. 114–120; Biermann 2000.

2 | 18

2 | 18

Pflugschar eines Hakenpflugs

10./11. Jh.; Fundort: Döbschütz, Burgberg, Ausgrabung 1909 durch Ludwig Feyerabend
Eisen; 9,2 × 7,3 cm
Kulturhistorisches Museum Görlitz, Inv.-Nr. HK 2273

Roggen war unter den Getreidesorten der slawischen Bauern bis ins 11. Jahrhundert besonders wichtig. Außerdem wurden Saatweizen, Gerste, Hafer und Hirse angebaut. Dazu kamen Hülsenfrüchte wie Erbsen, Linsen und Ackerbohnen. Ergänzt wurde die Nahrung durch Obst und Gemüse wie etwa Möhren, Rüben oder Gurken. Als Öl- und Faserpflanzen waren Lein und Hanf bekannt. Üblich war die Feld-Gras-Wirtschaft, bei der auf eine mehrjährige Ackernutzung eine mehrjährige Brache folgte. In Tornow in der Niederlausitz lassen Getreidefunde sogar bereits auf eine geregelte Fruchtfolge schließen.
Für die Feldbestellung sind Pflüge, Straucheggen, Pflanzstöcke und eiserne Sicheln überliefert. Das Umbrechen des Ackerbodens erfolgte mittels eines Hakenpfluges, der das Erdreich in einer Furche aufriss. Solche Pflüge waren zunächst mit einer hölzernen und seit dem 9. Jahrhundert mit eiserner Schar bewehrt. Eine Pflugschar der Zeit um 1000 trat bei Ausgrabungen in der Burg von Döbschütz zutage. J.v.R.

Lit.: Ausst.-Kat. Budapest/Kraków/Berlin 2000, S. 97–103; Ausst.-Kat. Görlitz 2004, S. 7–27.

Landesausbau

2|20

2|21

2|19

2|19

Pflugschar und Sech eines Beetpflugs

13./14. Jh.; Fundort: Klein Biesnitz (Landeskrone), Görlitz; Funddatum: 1968
Eisen; Pflugschar: 36,5 × 22 cm;
Länge Sech: 46 cm
Kulturhistorisches Museum Görlitz,
Inv.-Nr. EK 10-1968/1–2

Seit dem 12. Jahrhundert wurden der effektivere Beetpflug mit eisernem Sech, Pflugschar und hölzernem Streichbrett ebenso wie die sehr viel ertragreichere Dreifelderwirtschaft mit geregelter Fruchtfolge in Dreijahreszyklen von deutschen Siedlern in der Oberlausitz eingeführt. Das am hölzernen Pflug voranlaufende, messerartige Sech zerschnitt den Boden vertikal, die nachlaufende Pflugschar löste die Scholle horizontal und das folgende Streichbrett wendete diese schließlich um. Der ungewollte Bewuchs wurde so vergraben. Von der Landeskrone bei Görlitz stammt der Fund einer eisernen Pflugschar mit Sech. Sie datieren in das 13. oder 14. Jahrhundert und kamen am Fuß der damals bereits verfallenen slawischen Befestigung zum Vorschein. Offenbar wurde der Pflug am Rand eines bis an den Burgwall reichenden Ackers zurückgelassen. J.v.R.

Lit.: Rennebach 1969.

2|20

Zwei Messerfragmente

10./11. Jh.; Fundort: Meißen, Burgberg, Graben I; Funddatum: 1959
Eisen; Länge: 12,3/14,8 cm
Landesamt für Archäologie, Dresden,
Inv.-Nr. M-62/00086715

Beide Klingen wurden 1959 während der ersten Kampagne der vom Landesmuseum für Vorgeschichte durchgeführten Grabung auf dem Meißner Burgberg »im Abraum« gefunden. Es spricht nichts dagegen, dass sie aus einem Fundzusammenhang stammen. Bereits 1959 wurden sowohl der Hauptbohlenweg als auch die ihn begleitenden Holzhäuser des 10. und 11. Jahrhunderts freigelegt. Abgesehen von der unterschiedlich starken Korrosion ähneln sich die Klingenfragmente sehr. Mit ihrem geraden Rücken und der langen Spitze zählen sie zu den Universalmessern des 10./11. Jahrhunderts, die in den Burgen, Siedlungen und Friedhöfen Mitteleuropas weit verbreitet waren. Von den 123 vollständig erhaltenen Klingen des Burgwalls in Berlin-Spandau gehören über 20 Prozent zu diesem Messertyp.
Das Besondere der Meißner Klingen ist ihre Schmiedetechnik, die sie als ausgesprochene Qualitätsprodukte ausweist. Zwar wurden für die Meißner Klingen keine materialkundlichen Untersuchungen durchgeführt, die Ergebnisse an ähnlichen Spandauer Klingen werden sich aber sicherlich auch auf die sächsischen Beispiele übertragen lassen. Der

Rückenteil der Klingen besteht demnach aus kohlenstoffarmem Weicheisen, während die Schneide durch wiederholtes Ausschmieden aus härterem kohlenstoffreichem Eisen gefertigt wurde. Die stabile Verbindung der beiden Bahnen wird durch die schmale mittlere Zahnbahn erreicht. T.W.

Lit.: Westphal 1999.

2 | 21

Messer mit Beingriff

13. Jh.; Fundort: Bytom
Eisen, Bein, Messing, Blei
Gesamtlänge: 20,3 cm; Länge Griff: 9 cm; Länge Schaft: 11,3 cm
Muzeum Górnośląskie w Bytomiu, Inv.-Nr. B. 1207:36

Das Eisenmesser hat einen über den Schaft geschobenen, reich mit romanischen Ornamenten verzierten Beingriff. Der Schaft steht geringfügig über den aus zwei Teilen bestehenden Griff hervor. Zwischen ihnen, wie auch an den Enden des Griffes, befinden sich jeweils zwei kleine Metallplättchen aus Messing und Blei. D.P.

Lit.: Rocznik 1966, S. 85; Szydłowski 1966; Tomczak 2005, S. 122 f.

2 | 22

Wachstafel mit Stilus (?)

14. Jh.; Fundort: Bytom
Holz, Blei, gegossen; Tafel: 9 × 4,2 cm; Länge Stilus: 7,6 cm
Muzeum Górnośląskie w Bytomiu, Inv.-Nr. MGB/A/2/170:2001, MGB/A/2/170a:2001

Bei dem Holztafelfragment handelt es sich wohl um eine kleine Schreibtafel. Das nur vier Millimeter dicke Brettchen hat ein einseitig ausgehöhltes Feld, das in einer Dicke von einem Millimeter mit Wachs bedeckt werden kann. Der umlaufende Rahmen hat eine Breite von neun Millimetern. Auf einer Seite sind unregelmäßige Kerben zu sehen. Die Tafel hat Risse, das Wachs ist nicht erhalten.
Der dazugehörige Gegenstand in Form eines Tannenbaumzweiges kann als ein Schreibutensil (Stilus) gesehen werden. Das aus Blei gegossene Stück schließt mit einem abgeflachten Kopfstück ab. Der Schaft ist flach, mit zweiseitigen Zweigen in einer Länge von einem Zentimeter. Nur der letzte Grat ist etwas länger. Mit diesem konnte man in die Wachstafel einritzen. D.P.

Lit.: Podyma 2000; Tomczak 2005, S. 122 f.

2 | 22

2 | 23

2 | 24

2 | 23

Schreibgriffel (?)

2. Hälfte 10. bis 11. Jh.; Fundort: Meißen, Burgberg; Funddatum: 1959
Knochen; Länge: 12,8 cm
Landesamt für Archäologie, Dresden, Inv.-Nr. S. 1208/65

Das 10. und 11. Jahrhundert war östlich der Saale eine weitgehend schriftlose Zeit. Ein wichtiger Einschnitt war die 968 erfolgte Gründung der Missionsbistümer Zeitz, Merseburg und Meißen, in denen schon aus liturgischen Gründen die Schriftlichkeit gepflegt wurde. Es ist kein Zufall, dass Thietmar von Merseburg, der wichtigste Chronist des frühen 11. Jahrhunderts, Bischof von Merseburg war und in dieser Funktion auch in Meißen agierte. Als 1959 ein länglicher Knochengegenstand in Meißen gefunden wurde, war dem Ausgräber klar, dass es sich dabei um einen Knochengriffel handeln müsse. Das Stück ist aus einem Beinknochen gesägt und poliert, die Außenseite ist zudem durch geometrische bzw. anthropomorphe Ritzungen verziert. Während das eine Ende flach abgesägt ist, ist das andere abgesetzt, um in einem länglichen, sich leicht verjüngenden Schaft zu enden, dessen Ende nicht abgebrochen, sondern eindeutig abgesägt ist. Damit fehlt die für einen Griffel wichtige Spitze, mit der man Notizen und Anderes in Wachsplättchen ritzte. Ob die seit 1960 als Schreibgriffel vorgestellte Beinplatte tatsächlich Schreibzwecken diente, muss daher offen bleiben. Auf jeden Fall gehört sie zu den wenigen verzierten Knochengeräten des 10. und 11. Jahrhunderts, die bislang aus Sachsen bekannt geworden sind. T.W.

Lit.: Coblenz 1960; Krüger 2002.

2 | 24

Knochenbeschläge

2. Hälfte 10. Jh.; Fundort: Meißen, Burgberg; Funddatum: 1965
Knochen (Geweih?); 7,8 × 1,9 cm/9,8 × 2 cm
Landesamt für Archäologie, Dresden, Inv.-Nr. S.: 1206/65 und S.: 1207/65

Die beiden Beschlagplättchen wurden 1965 bei Ausgrabungen auf dem Meißner Burgberg in Fundschichten der zweiten Hälfte des 10. Jahrhunderts gefunden. Sie sind aus Knochen, vermutlich Geweih, gefertigt. Die kleinere Platte hat zwei Befestigungslöcher in der Mittelachse. Die Verzierungen aus Kreisaugen und -bögen sowie Linien und Kerben wurden mit einfachem Werkzeug wie Nadeln, Zirkeln und Bohrern eingraviert. Es dürfte sich nicht um Messergriffschalen handeln, wie bisher vermutet. Messer mit breiter Griffplatte, auf welche zwei Griffschalen beidseitig aufgenietet wurden, kamen nicht vor dem 13. Jahrhundert auf. Messerklingen aus slawischer Zeit wurden durchweg mit einer schmalen Griffangel in den Vollgriff aus Holz oder Knochen eingesteckt.
Vielleicht war das kürzere der beiden Stücke Teil eines Dreilagenkammes oder eines zugehörigen Kammfutterals. Für den längeren der beiden Beschläge mit seinem schrägen Abschluss kann immerhin als wahrscheinlich gelten, dass es sich um einen Zierbeschlag eines Holzkästchens handelt, wie sie in sehr ähnlicher Form mehrfach in Schleswig gefunden wurden. J.Be.

Lit.: Coblenz 1979; Ulbricht 1984; Ausst.-Kat. Görlitz 2004.

2 | 25

Böhmische Brakteaten in der Oberlausitz

2 | 25

2 | 25

Land Bautzen unter Böhmen, König Vladislav II. Přemysl (reg. 1158–1172)
Münzstätte Bautzen
Silber; Durchmesser: 18,8 mm;
Gewicht: 0,77 g
»+ L[oder V ?]ATII[?]L[seitenverkehrt] AVS REX« über Mauer mit Tor; darüber Hüftbilder des Königs mit Lilienzepter und der Königin mit Körbchen, einander zugewandt; links und rechts ein Turm; oben zwei Sterne und zwei Punkte
Provenienz: Münzfund Rodewitz
Staatliche Kunstsammlungen Dresden, Münzkabinett, Inv.-Nr. AFB3620

Land Bautzen unter Böhmen, Herzog Soběslav II. (reg. 1173–1179)
Münzstätte Bautzen
Silber; Durchmesser: 29,8 mm;
Gewicht: 0,77 g
»+ OS + SVAB SOB[....]«; sitzender Herzog mit Fahne und Schild; links im Feld eine Ranke, rechts ein Kreuz
Provenienz: Münzfund Rodewitz
Staatliche Kunstsammlungen Dresden, Münzkabinett, Inv.-Nr. E379

2 | 25

2 | 25

2 | 25

2 | 25

2 | 25

Land Bautzen unter Böhmen,
König Otakar I. Přemysl (reg. 1198–1230)
Münzstätte Bautzen
Silber; Durchmesser: 40,5 mm;
Gewicht: 0,94 g
frontal sitzender König mit Schwert
und Fahne
Provenienz: Münzfund Grünroda
Staatliche Kunstsammlungen Dresden,
Münzkabinett, Inv.-Nr. AFB2322

Land Bautzen unter Böhmen,
König Václav I. (reg. 1228/30–1253)
Münzstätte Bautzen
Silber; Durchmesser: 39,4 mm;
Gewicht: 0,78 g
frontal sitzender König mit Schwert
und Fahne
Staatliche Kunstsammlungen Dresden,
Münzkabinett, Inv.-Nr. AFB2347

Land Zittau unter Böhmen,
König Otakar II. Přemysl (reg. 1253–1278)
Münzstätte Zittau
Silber; Durchmesser: 39,2 mm;
Gewicht: 0,77 g
»O T C V L H«; gekrönter Kopf von vorn
in Zackeneinfassung
Provenienz: Münzfund Reutnitz
Staatliche Kunstsammlungen Dresden,
Münzkabinett, Inv.-Nr. AFB2468

Land Görlitz unter Brandenburg,
Markgraf Albrecht III. (reg. 1269–1300),
Brakteat; Münzstätte Görlitz
Silber; Durchmesser: 38,2 mm;
Gewicht: 0,85 g
»A V A V A V«; Topfhelm von links mit
gesträubtem Adlerflug als Helmschmuck
Staatliche Kunstsammlungen Dresden,
Münzkabinett, Inv.-Nr. AFB2451

Land Bautzen oder Görlitz unter
Brandenburg, unbestimmter Markgraf
(3. Drittel 13. Jh.)
Münzstätte Bautzen oder Görlitz
Silber; Durchmesser: 41,8 mm; Gewicht: 0,92 g
nach links schreitender Hahn
Staatliche Kunstsammlungen Dresden,
Münzkabinett, Inv.-Nr. AFB2389

1158 belehnte Kaiser Friedrich I. Barbarossa (1152/55–1190) Herzog Vladislav II. von Böhmen (1140/58–1172) mit dem Land Bautzen und erhob ihn zum König. Als erster Přemyslide prägte er Brakteaten in der Münzstätte Bautzen, ihm folgten die Herzöge Soběslav II. (1173–1178), Václav II. (1191) und Vladislav III. (1197) sowie die Könige Přemysl Otakar I. (1198–1230) und Václav I. (1228/30–1253). Etwa einhundert Jahre später, um 1253, ging das Land Bautzen als Pfand an die askanischen Markgrafen von Brandenburg über. Lediglich das Land Zittau verblieb bei Böhmen. Daraufhin errichtete König Přemysl Otakar II. (1253–1278) wohl schon um 1255 in Zittau eine neue Münzstätte, die um 1300 bei Einführung der Prager Groschenwährung im Zuge der Zentralisierung der Münzprägung durch König Václav II. (1278–1305) nach Kuttenberg (Kutná Hora) verlegt wurde. Demgegenüber übernahmen die brandenburgischen Markgrafen die Münzstätte in Bautzen und eröffneten nach der Landesteilung von 1268 eine weitere in Görlitz.
Die böhmischen und brandenburgischen Brakteaten folgen im 13. Jahrhundert in Stil und äußerer Beschaffenheit den markgräflich-meißnischen. Beiden ist eine glatte, glänzende Oberfläche eigen. Als Münzbilder verwendeten die böhmischen Könige zumeist den sitzenden gekrönten Landesherrn mit unterschiedlichen Attributen in den

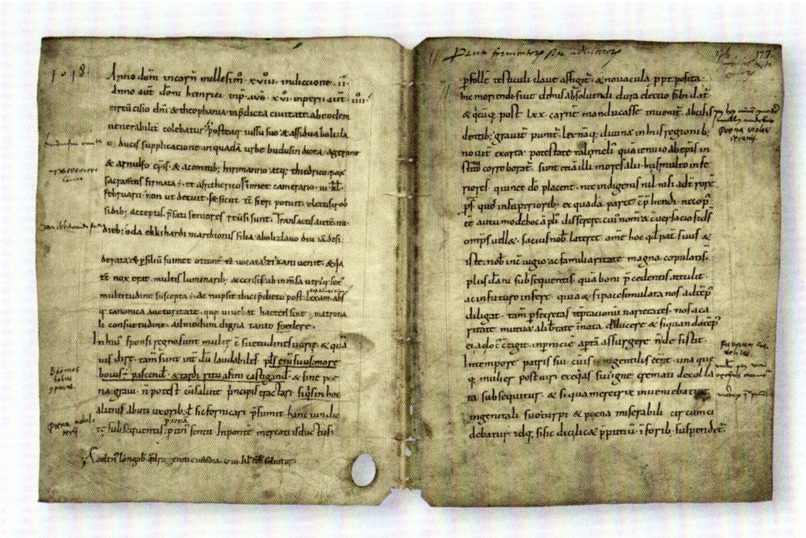

2 | 26

Rechtsprechung

Händen, aber auch nur den Kopf eines Königs. Die brandenburgischen Brakteaten zeigen Wappenbilder – Adlerflug, Hahn, Helm, Halbmond, Sterne und Pflanzen. W.H.

Lit.: Schwinkowski 1909; Buchenau/Pick 1928; Haupt 1951; Haupt 1954.

2 | 26

Chronik des Thietmar von Merseburg

Thietmar von Merseburg (975/976–1018)
Merseburg, 1012–1018
Original: Pergament, ursprünglich 207 Bl.; stark beschädigt; 22 × 18,5 cm
Sächsische Landesbibliothek – Staats- und Universitätsbibliothek Dresden, Sign. Mscr.Dresd.R.147
Kopie nach dem Faksimile: Dresden 1905; 27,5 × 21,3 cm
Sächsische Landesbibliothek – Staats- und Universitätsbibliothek Dresden, Sign. Hist.Germ.univ.119-1/2, Bl. 176b/177a

Als dritter Sohn von Graf Siegfried von Walbeck und Kunigunde, geb. Gräfin von Stade, am 25. Juli 975/76 geboren, wurde Thietmar in Quedlinburg und Magdeburg (Kloster Berge; Domschule) ausgebildet. 1002 erlangte er, inzwischen Magdeburger Domherr, die Propstei des Familienstiftes in Walbeck. Nachdem er 1004 durch Erzbischof Tagino von Magdeburg in Anwesenheit König Heinrichs II. die Priesterweihe empfangen hatte, wurde ihm 1009 von den beiden das 1004 wiedergegründete Bistum Merseburg anvertraut.

Thietmars Chronik, für die er auf schriftliche und mündliche Überlieferung sowie auf eigene Erkenntnisse zurückgriff, entstand von 1012 bis zu seinem Tod am 1. Dezember 1018. Äußerlich ist sie eine Geschichte der liudolfingischen Könige, gleichzeitig wird die Geschichte Merseburgs erzählt. Die Chronik ist zudem ein Memorialwerk für Thietmar, seine Familie sowie weitere ihm verbundene Personen. Auf den aufgeschlagenen Seiten des in Faksimile ausgestellten Autografs (Bl. 176 b/177 a) geht Thietmar kurz auf den ihn nicht zufriedenstellenden Frieden von Bautzen 1018 zwischen Heinrich II. und Bolesław Chrobry, dem Thietmar feindselig gegenüberstand, ein. Anschließend beschreibt er drastisch die polnischen Strafen bei Vergehen gegen die Fastengebote und bei Ehebruch, die er mitunter als sinnvoll ansieht. So verweist er auf die in der Bibel vorgesehene Steinigung bei Ehebruch (Lev 20,10), ohne auf die Abmilderung derartiger Strafen durch Jesus einzugehen (Joh 8,3–7). Thietmar benutzt dabei für die seit Mieszko I. christlichen Polen die immer noch abfälligen Bezeichnungen »Rinderherde« und »störrische Esel«, die sonst auch für Heiden verwendet wurden. U.S.

Lit.: Edition: Chronicon 1935; Schneider 1954; Lippelt 1973; Dickerhof 1978; Ausst.-Kat. Merseburg 2004, Kat.-Nr. I.12, S. 49–51, Abb. I.12 a, I.12 b, S. 50; Fraesdorf 2005; Hess 2006; Siewert 2011.

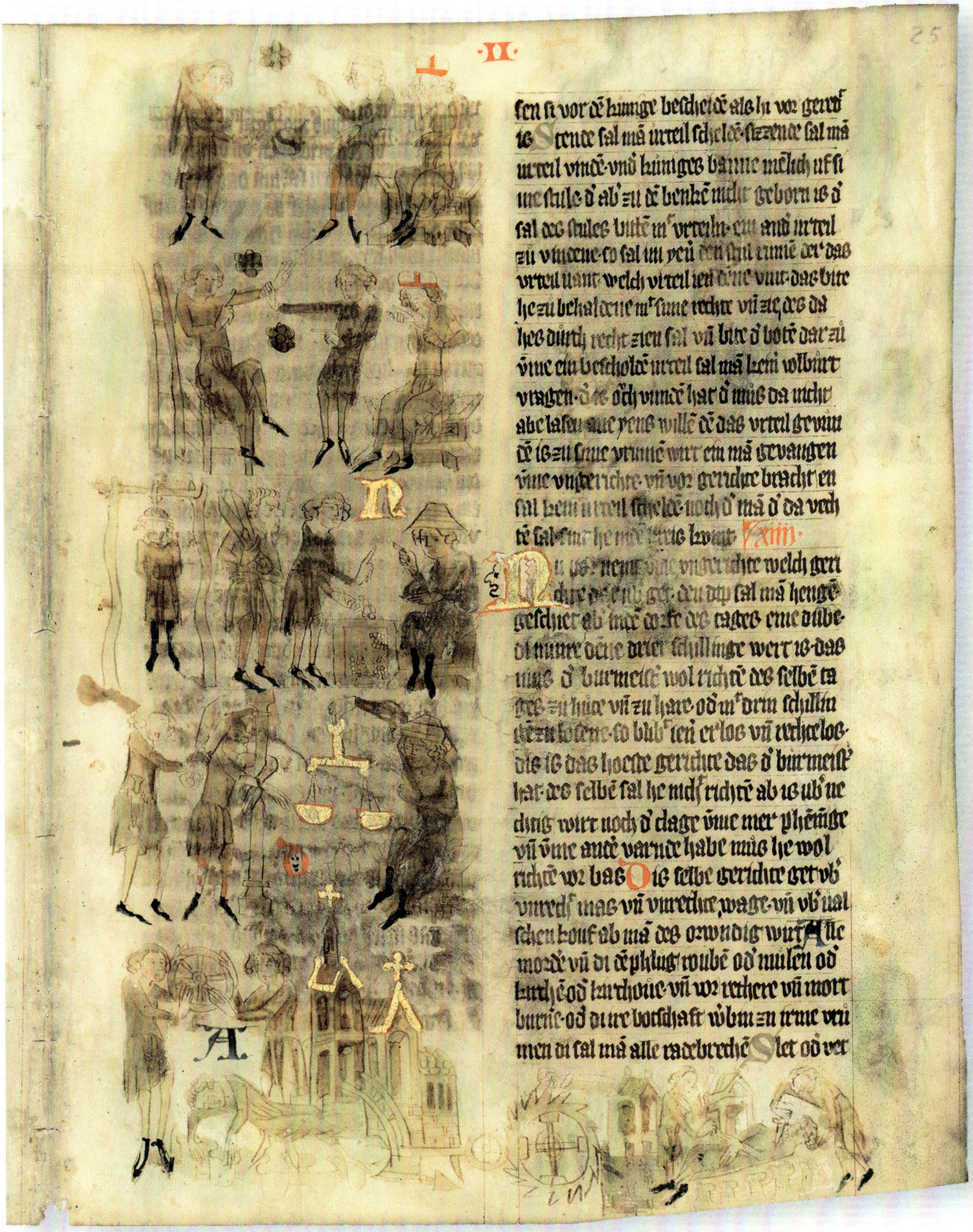

2 | 27

2 | 27

Sachsenspiegel – Dresdener Bilderhandschrift

Eike von Repgow (Reppichau b. Köthen um 1180 – nach 1233)
Raum Meißen, um 1350
Handschrift auf Pergament, 92 Bl., 924 Bildstreifen; 33,5 × 26 cm
Sächsische Landesbibliothek – Staats- und Universitätsbibliothek Dresden, Sign. Msc. Dresd. M 32, Bl. 25 r / Sign. S.B. 6000-1

Der Sachsenspiegel ist das bedeutendste Rechtsbuch des Mittelalters. Er entstand zwischen den Jahren 1220 und 1235 im östlichen Harzvorland. Anders als bei anderen Rechtsbüchern ist mit Eike von Repgow der Autor bekannt. Aus seiner praktischen Erfahrung als juristischer Berater, Urteiler und Lehnsmann heraus hielt er das herrschende Gewohnheitsrecht schriftlich fest; danach übertrug er die Texte aus dem Lateinischen ins Deutsche. Es ist in das Landrecht und das Lehnrecht geteilt. Das Landrecht umfasst den bäuerlich-adeligen Lebensraum und behandelt nach heutigen Kategorien Privat-, Straf-, Prozess- und Staatsrecht, das städtische Recht ist ausgeklammert. Das Lehnrecht beschäftigt sich mit dem Lehnwesen und den Ständen.
Die eigenhändige Urfassung ist nicht überliefert; es existieren aber rund 470, oft unvollständige Abschriften, die von der großen Wirkung dieses Werkes im deutschen Sprachraum und weit darüber hinaus zeugen. Aus diesen ragen die vier illustrierten Handschriften hervor, die heute nach ihrem Aufbewahrungsort benannt sind: die Heidelberger (1295 – 1304), die Oldenburger (1336), die Dresdener (um 1350) und die Wolfenbütteler Bilderhandschrift (etwa 1350 – 1371). Das Dresdner Exemplar galt bis zur fast vollständigen Zerstörung im Zweiten Weltkrieg als das künstlerisch wertvollste; es verfügt mit 924 Bildstreifen auf 92 Blatt über die meisten Illustrationen. Die farbigen, oft vergoldeten Bildstreifen ordnen sich streng links und rechts sowie unter den jeweils etwa 30 Zeilen an, kleine Buchstaben verweisen auf die entsprechenden Textpassagen. Fast 4000 Figuren, durch Attribute charakterisiert, spiegeln das gesamte menschliche Spektrum der Zeit um 1350 in verschiedensten Lebenssituationen mit zahllosen Alltagsgegenständen wider. 2002 konnte nach zehnjähriger Restaurierung der Sachsenspiegel erstmals wieder präsentiert werden.
Der Text des Sachsenspiegels wurde im Lauf der Zeit immer wieder verändert und erweitert, was Ausdruck der Verfestigung des hier fixierten Rechts ist. Um 1325 führte der Rechtsgelehrte Johannes von Buch die Glosse in den Sachsenspiegel ein, sodass Vergleiche mit dem römischen Recht gezogen, aber auch Kommentare eingefügt werden konnten. Damit wurde der Text zwar unveränderlich und zur Norm, öffnete aber das Feld für wissenschaftliche Auslegungen und vor allem regionale Rezeptionen und Anwendungen. R.E.

Lit.: Lück 2002; Lück 2005; Lück 2006; Lück 2009; Lück 2011.

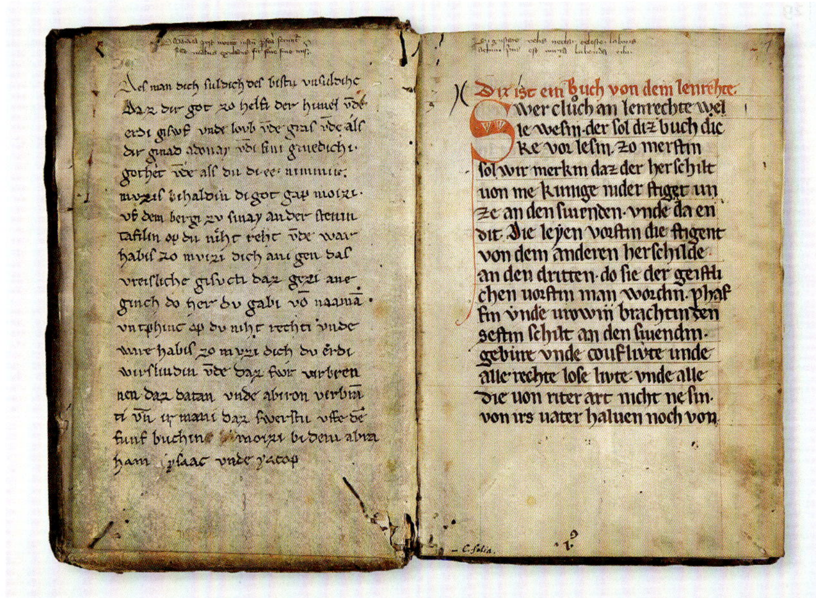

2 | 28

2 | 28

Görlitzer Lehnsrechtsbuch

um 1300
Handschrift auf Pergament, 103 Bl.; hölzerne Buchdeckel mit geprägtem Leder; ursprünglich zwei Schließen, beide verloren; 23 × 16 cm
Ratsarchiv Görlitz, Inv.-Nr. Varia 8

Die Görlitzer Gerichtsbarkeit entfaltete sich in ihrer administrativen Fülle bereits Ende des 13. Jahrhunderts, als die Rechtsprechung über die Bürger gänzlich vom Gericht im Vogtshof auf die städtischen Schöppen überging. Mit der Verleihung des Magdeburger Stadtrechts 1303 dehnte sich die richterliche Befugnis auch auf das später so bezeichnete »territorium Gorlitz« aus, welches das Oberlausitzer Gebiet zwischen Löbauer Wasser und Queiß und somit knapp 1000 Quadratkilometer und 250 Ortschaften umfasste. Somit erhielten die städtischen Schöppen weitreichende Befugnisse auch über Landadel und Bauern. 1304 erbaten sich die Görlitzer Bürger von Magdeburg die Rechtsstatuten, deren Original leider verschollen ist. Dazu kommt die Anlage des ersten Stadtbuches, das die Rechtssprüche und Prozessbeschreibungen beinhaltet. Zu diesen schriftlichen Nachweisen der Gerichtsbarkeit zählt auch das Görlitzer Lehnsrechtsbuch, das sich paläografisch auf die Zeit um 1300 datieren lässt. Für die praktische Rechtsprechung hatte es eine große Bedeutung. In seinem Inhalt entspricht es mehr dem Sächsischen Lehnsrecht, das nur in zwei neuzeitlichen Drucken überliefert ist, und weniger dem Lehnsrecht des Sachsenspiegels. Obwohl sie nur etwa 55 Blatt des Gesamtwerkes umfasst, erhält diese Görlitzer Abschrift als mögliche älteste Überlieferung des Sächsischen Lehnsrechts eine große Bedeutung über die Görlitzer Rechtgeschichte hinaus. Neben dem Lehnsrechtsbuch enthält die Handschrift auch noch das sogenannte Landrechtsbuch, eine Teilabschrift des Sachsenspiegels. A.So.

Lit.: SRL 1841, Bd. 2, S. 459 – 495; Jecht 1906; Jecht 1922 – 1926; Behrisch 2005.

2 | 29

Porzadek sądów y Spraw Mieyskich Prawa Magdeburskiego

[Die Gerichte und städtischen Rechtssachen des Magdeburger Rechts]
Bartłomiej Groicki (um 1519 – 1605)
Kraków: Łazarz Andrysowic, 1562
Enthält außerdem: Artikel des Magdeburger Rechts, genannt Speculum Saxonum, Kraków: Łazarz Andrysowic, 1559;
Register zur den Gerichten und zu den Artikeln des Magdeburger und Kaiserlichen Rechts, 1567;
Gerichtsverfahren im Falle von Todesstrafen, Kraków: Łazarz Andrysowic, 1559;
Gesetz über die Gerichtsgebühren nach dem Magdeburger Recht, Kraków: Łazarz Andrysowic, 1559.
Buchdruck, 349 S.; Holzschnitte: Wappen Leliwa Jan Tarnowskis, Wappen Justa von Ludwik Decjusz, königlicher Sekretär; zwei Drucksiegel von Łazarz Andrysowic (gest. um 1577); Einband: Pappe, Halbpergament, 19. Jh.; 19 × 15,5 × 4,5 cm
Muzeum Narodowe w Krakowie, Dział starych druków i rękopisów,
Inv.-Nr. MNK. VIII–XVI. 452–456

Das Konvolut enthält mit fünf Traktaten die ersten Schriften zum Stadtrecht in polnischer Sprache. Sie wurden von Bartłomiej Groicki erarbeitet, einem Juristen, Dichter und Schreiber des Obersten Stadtgerichts in Krakau. Groicki stützte sich auf die Rechtsvorschriften des Sachsenspiegels, des Constitutio Criminalis Carolina sowie auf die Gerichtspraxis der polnischen Städte und schuf so ein an die polnischen Bedingungen angepasstes Kompendium des Stadtrechts. Er forderte sogar, man solle dieses Magdeburger Recht aufgrund seiner Verschiedenheit vom deutschen Vorbild als Ius Municipale Polonicum bezeichnen. Die Sammlung wurde in den Jahren 1559 bis 1760 immer wieder neu aufgelegt und stellte zusammen mit den Werken von Paweł Szczerbic (1552–1609) das Muster einer vereinheitlichten Praxis der städtischen Gerichtsbarkeit dar. Sie ersetzte die in Lateinisch herausgegebene Stadtrechtsammlung von Jan Łaski (1506) und Mikołaj Jaskier (1535). I.D.

Lit.: Budzyk 1951; Estreicher 1977, Bd. XVII, S. 403; Bardach/Leśniodorski/Pietrzak 1985, S. 227 f.; Ausst.-Kat. Schallaburg 1986, S. 464 f.

2 | 29

2 | 30

2 | 30

Speculum Saxonum:

Albo Prawo Sáskie y Mágdeburskie porzadkiem obiecádłá z Lácinskich y Niemieckich exemplarzow zebráne á ná Polski iezyk [...] przelozone [Sachsenspiegel: Oder Sächsisches und Magdeburger Recht, aus Lateinischen und Deutschen Drucken gesammelt und ins Polnische übersetzt]
Paweł Szczerbic (1552–1609); Lwów, 1581
Buchdruck, [4 Bl.], 536 S.,[3 Bl.], 215 S., [7] Bl, [Angeb.: Jus municipale]; 31 × 24 cm
Oberlausitzische Bibliothek der Wissenschaften, Görlitz, Sign. J I 102

Die von dem Lemberger Syndikus und Advokaten Paweł Szczerbic angefertigte Übertragung des Sachsenspiegels, der bedeutendsten und ältesten Sammlung deutschen Gewohnheitsrechts, sowie des Magdeburger Rechts in die polnische Sprache folgt der ersten Übersetzung von Bartłomiej Groicki von 1559. In Polen herrschte, neben anderen Rechtssystemen wie Kirchen-, Stadt- oder Dorfrecht, polnisches Gewohnheitsrecht. Dennoch wurde die Rechtsprechung des Sachsenspiegels rezipiert. Besondere Anwendung fand das Magdeburger Recht, das besser die Bedürfnisse einer sich entwickelnden städtischen Wirtschaft berücksichtigte. So erhielt Krakau bei der Neugründung im Jahre 1257 das Breslauer Recht, wie es von Magdeburg dorthin verliehen worden war. Es gab in Polen zahlreiche Abschriften zum sächsisch-magdeburgischen Recht. Sie wurden im Laufe der Zeit verändert und entwickelten sich zu einem eigenständigen polnischen Recht. 1535 übertrug der Krakauer Stadtschreiber Mikołaj Jaskier (1504–1539) den Sachsenspiegel und das Magdeburger Recht in die polnische Amtssprache Latein. Auf diese Ausgabe stützte sich Szczerbic bei seiner Übersetzung.
Der von Szczerbic selbst besorgte Druck ist mit einem prächtigen Titelholzschnitt geziert. Die Titelinschrift wird von einer phantasievollen Architektur gerahmt, der untere Rand wird von dem polnischen Adler geschmückt, am oberen erwehrt sich das polnische Reiterheer den türkischen Angriffen. Szczerbic wurde bei der Ausgabe von Jan Zamoyski (1542–1605), Kanzler am Hof des polnischen Königs Stefan Batory (1533–1586), unterstützt. Das Verdienst von Szczerbic besteht darin, dass er für die Übersetzung verschiedene Textausgaben miteinander verglichen hat, tradierte Fehler korrigierte und den Text in eine alphabetische Ordnung brachte. M.W./R.E.

Lit.: Estreicher 1931; Willoweit 1980; Biedrzycka 2007; Eichler/Lück 2008.

2 | 31

Markgraf Hermann von Brandenburg verleiht der Stadt Görlitz das Magdeburger Stadtrecht

1303, Abschrift Bunzlau 1483
Handschrift auf Pergament; 27 × 37 cm;
Durchmesser Siegel: 5 cm
Ratsarchiv Görlitz, Inv.-Nr. Selecta 4/2

Das Magdeburger Stadtrecht entwickelte sich aus dem Sächsischen Landrecht, das auf dem von Eike von Repkow volkssprachlich verfassten Sachsenspiegel basierte. Abschriften des Sachsenspiegels fanden sich in vielen städtischen Kanzleien. Das Stadtrecht unterscheidet sich vom Landrecht insofern, dass auf die städtischen Gegebenheiten wie den Handel eingegangen wird. So stellte man die beweglichen den festen Besitztümern gleich. Mit dem Magdeburger Recht erhielt eine Stadt das Magdeburger Privatrecht und die Verfassung. Der Magdeburger Schöffenstuhl galt in der Folge dann als Oberhof für alle Rechtsentscheidungen; bei Anfrage entsandte er die sogenannten Schöppensprüche. Das Magdeburger Recht verbreitete sich über Halle in das obersächsische Gebiet und Thüringen, bis hin nach Polen, Ungarn und sogar Russland.
Mit der Verleihung des Magdeburger Stadtrechts an die noch junge Stadt Görlitz durch den brandenburgischen Markgraf Hermann (um 1273–1308) wurde die Strafgerichtsbarkeit entscheidend verändert. Die städtische Obergerichtsbarkeit verlagerte sich von dem Vogt oder Echteding auf das ausschließlich von Görlitzer Bürgern besetzte Schöppengericht der »Vier Bänke«. In der Folge konnte es nun über die »Sechs Stücke«, Schwerverbrechen wie Raub, Mord und Vergewaltigung, richten. Die Gerichtsbarkeit der Stadt reichte über die Stadtgrenzen, auch auf den Landadel und Untertanen in den umliegenden Gebieten, hinaus. Auf dieser richterlichen Zuständigkeit im »territorium Gorlitz« begründete sich auch das Weichbild der Stadt. 1329 wurde das Stadtrecht von König Johann (1296–1346) mit allem Privilegien bestätigt. A.So.

Lit.: CDLS 1 (1856), S. 174; Jecht 1906; Jecht 1922–1926; Behrisch 2005; Marquart 2009.

2 | 32

Johann von Böhmen, Markgraf zu Brandenburg und Herzog zu Görlitz, bestätigt der Stadt Görlitz alle Privilegien und das Magdeburger Stadtrecht

Prag, 27. Januar 1377
Handschrift auf Pergament; 18 × 35 cm;
Durchmesser Siegel: 6,5 cm
Ratsarchiv Görlitz, Inv.-Nr. Selecta 97/69

Die Integration der Nebenländer an die böhmische Krone blieb das politische Ziel von König Karl IV. bis zu seinem Tode. Diesem Zweck diente auch die Schaffung des Görlitzer Herzogtums für seinen minderjährigen Sohn Johann (1370–1396) im Jahre 1377 und dessen Ausgliederung aus der Oberlausitz als selbständiges Herrschaftsgebiet. In diesem Jahr bekam der Görlitzer Rat alle Privilegien bestätigt. Allerdings behielt sich Herzog Johann »alles oberst Gericht und Herrschaft vor, beides auf dem Lande und in der Stadt zu Görlitz, das der Vogt richten soll«. Diese Festlegung stärkte die Position des Vogtes. Hintergrund dieser Verfügung war, dass der Adel im Weichbild der Stadt bis dahin unter die Stadtgerichtsbarkeit fiel, was zu Konflikten führte. Zudem waren die Erträge aus der Gerichtsbarkeit nicht unerheblich.
1391 versetzte Herzog Johann aber »das Landgericht und Stadtgericht daselbst, hohes und niederes« auf ein Jahr an die Stadt Görlitz. Der Rat war fortan für die gesamte Gerichtsbarkeit im Herzogtum zuständig und profitierte von den Einnahmen. Der Vogt wurde so aus der Rechtsprechung ausgeschaltet. Auch der gegen eine zentrale Verwaltung opponierende Adel wurde geschwächt. Im Resultat verschärfte sich der Konflikt zwischen Stadt und Adel einerseits und Adel und Herzog andererseits. 1391 konnte der Landvogt Anselm von Ronow Herzog Johann bewegen, die Versetzung der Gerichte zurückzunehmen, sodass kein Adeliger von den Städtern gerichtet werden konnte. Rechtssachen des Adels wurden nun im Landgericht verhandelt. Es stand unter dem Vorsitz des Landvogts und hier saßen keine bürgerlichen Schöppen. Der Konflikt zwischen dem Rat und dem Adel des Görlitzer Weichbildes blieb aber bis zum Pönfall im Jahre 1547 latent bestehen. S.H.

Lit.: Gelbe 1883; Hoche 2007.

2 | 31

2 | 32

2 | 33

2 | 34

2 | 33

Fragment eines jüdischen Grabsteins

um 1300; Fundort: Meißen, Talstraße 92, Bergung aus dem Abbruchmaterial; Funddatum: 1995
Sandstein, Kalkmörtelspuren, zweizeilige, hebräische Inschrift, Spuren der Sekundärnutzung(en)
etwa 35 × etwa 62 × etwa 24 cm
Provenienz: 2001 vom Denkmalamt der Stadt Meißen an das Stadtmuseum Meißen übergeben
Stadtmuseum Meißen, Inv.-Nr. 83/10

Dieses Grabsteinfragment ist eines von sieben seiner Art, die in Meißen von 1994 an bei Bauarbeiten im Zuge der Stadtsanierung und -erneuerung entdeckt wurden. Seit dem 1829 von dem Bibliothekar und Archäologen Karl Preusker (1786–1871) erwähnten hebräischen Inschriftfragment war kein materieller Beleg für jüdisches Leben im mittelalterlichen Meißen mehr aufgetaucht. Während fünf Fragmente sich noch bis heute als Mauersteine in den jeweiligen Baukörpern befinden, wurden zwei dieser Bruchstücke beim Abbruch von Gebäuden geborgen. Das ausgestellte Fragment stammt aus dem Hinterhaus Talstraße 92. Das Gebäude, in dem der aufgefundene Stein vermauert war, befand sich auf vorstädtischer Flur als Bestandteil der zweiten Mühle am Jüdenberg, also unmittelbar am Fuße des jüdischen Bestattungsplatzes. Noch 1860 wird der gesamte Bergsporn als Jüdenberg bezeichnet, dessen Name sich von dem im hohen Mittelalter darauf befindlichen jüdischen Friedhof ableitet. Nach dem Progrom von 1349 und der Vertreibung der Juden aus Meißen wurde offenbar das Steinmaterial des Friedhofs zur baulichen Verwertung freigegeben. Eventuell legt der andere, ältere Flurname »Steinberg« von dieser Situation Zeugnis ab, denn der Jüdenberg hat weder Felsvorsprünge noch Klippen. So liegt die Vermutung nahe, bei den Steinen in diesem Flurnamen handele es sich um eben jene jüdischen Grabsteine des »Judenkirchhofes«. Die formelartige Inschrift lautet: »dieser Stein (wurde errichtet)/zum Haupt von [Frau] Segal«. S.F.

Lit.: Christl 1996, S. 53–57; Christl 2000; Donath 2004, S. 476 f., Nr. 7.

2 | 34

Der Leipziger Markt

Ausschnitt der Marktoberfläche
spätes 13. Jh.; Fundort: Leipzig, Markt; Funddatum: 2004/05
86 × 85,5 cm; Höhe: 16 cm
Landesamt für Archäologie, Dresden, Inv.-Nr. L-120/Bef.6

Mit zunehmender Bedeutung Leipzigs verdichtete sich die Bebauung im 13. Jahrhundert. Die älteste Ansiedlung im Nordosten des spätmittelalterlichen Stadtkerns wuchs nach Osten und Süden, im Osten war die Nikolaikirche ein weiterer Kristallisationspunkt der Stadtwerdung. Ziemlich genau in der geografischen Mitte der jungen Stadt wurde spätestens im 13. Jahrhundert der große rechteckige Marktplatz abgesteckt. Bei 2004/05 durchgeführten archäologischen Untersuchungen in Randbereichen des Marktes, dessen größter Teil 1924/25 beim Bau der Untergrundmessehalle bzw. deren 1986/88 erfolgter Erweiterung zerstört wurde, zeigte sich, dass das große Gelände im Zentrum der Stadt vor Anlage des Marktes unbebaut war. Bald nach der Absteckung wurde der Mutterboden flächig abgegraben und stattdessen grobkörniger Kies aufgeschüttet. Größere Steine in der Rollierung können als Unterlagen für Marktbuden oder Behältnisse wie Körbe oder Fässer genutzt worden sein. Die zahlreichen Kleinfunde, die aus den ältesten Marktschichten geborgen wurden, vermitteln ein authentisches Bild des Markttreibens, das keineswegs nur bunt war. Eisenschlacken, Abfälle eines Knochenschnitzers, Buntmetallreste und Schlachtabfälle belegen verschiedene Handwerke, die an Markttagen hier tätig waren. Auffällig häufig sind Spielwürfel. Markttypische Verlustfunde, wie Hufeisennägel, Gürtelschnallen, Messerklingen, Kämme und verschiedene Zierbeschläge runden das Bild ab. T.W.

Lit.: Winkler 1998.

2 | 35 (ohne Abb.)

Fragmente der Inschrifttafel von der »Baderbrücke« in Königsbrück

1558
Sandstein, Ergänzungen aus Gips
152 × 147 cm
Stadt Königsbrück / Privatbesitz Dresden

In der Stadt Königsbrück in der Oberlausitz wurde im Jahre 1558 die Brücke über die Pulsnitz neu errichtet. Der Verlauf des Flusses von südöstlicher in nordwestliche Richtung bildete bis 1635 die Grenze zwischen der Mark Meißen und der Oberlausitz, die mit dem 1248 erstmals urkundlich erwähnten Königsbrück als Nebenland zur böhmischen Krone gehörte.
Die dreibogige Steinbrücke diente sicher auch den Reisenden der via regia zum einfachen Überqueren des Flusses, obwohl der Flussbogen hier die Stadt auf der Südseite umfließt und nicht auf der Westseite von Großenhain aus. Es wird von einer Zollstation berichtet; vermutlich war auch die Überfahrt über die Brücke kostenpflichtig. An der Brücke, zwischen dem ersten und zweiten Bogen, wurde eine Inschrifttafel eingelassen. Sie benennt als Erbauer den Grafen Christoph von Dohna, Herr auf Königsbrück und Landvogt des Markgraftums Oberlausitz, der mit seinen eigenen Händen den Grundstein am Montag, dem 11. Juli 1558, gelegt hat.
Im Zweiten Weltkrieg wurde die Brücke von deutschen Soldaten gesprengt. Die Fragmente der Tafel konnten bis auf ein Teil gesichert werden. Dabei stellte sich heraus, dass die Tafel aus Steinen zusammengesetzt war, die auf den Rückseiten kunstvoll im Stil der Renaissance bearbeitet waren, möglicherweise waren es Fensterrahmungen. Um 1975 ging bei Umlagerungsarbeiten der bekrönende runde Stein, der das Wappen derer zu Dohna mit den gekreuzten Geweihstangen trägt, verlustig. Er befindet sich heute, getrennt von den anderen Stücken, in Dresdner Privatbesitz. Seit 2008 ist an der Brücke eine Kopie der Tafel angebracht. R.E.

2 | 36

Gründungsurkunde des Lausitzer Sechsstädtebundes

1346
Kamenzer Ausfertigung für Görlitz
Handschrift auf Pergament
19,3–20,2 × 31,1–32,2 cm; Durchmesser Siegel: 6 cm
Ratsarchiv Görlitz, Inv.-Nr. Selecta 47/30

Die ersten Hinweise auf eine aktive Beteiligung der Oberlausitzer Städte an der Herstellung des Landfriedens gab es bereits seit dem Anfang des 14. Jahrhunderts. Innerböhmische politische Unwägbarkeiten sowie die Lage an der Peripherie entzogen die Oberlausitz der Aufmerksamkeit des böhmischen Königs Johann (1296–1346). Raubritter gefährdeten den Landfrieden und die wichtigen Handelsrouten. 1339 schlossen neun Oberlausitzer Städte das erste Bündnis zur Verfolgung von Rechts- und Friedensbrechern, das der böhmische König darauf bestätigte. Unter dem neuen böhmischen König Karl IV. (1316–1378) kamen am 12. August 1346 Vertreter der sechs Städte Görlitz, Löbau, Zittau, Lauban, Kamenz und Bautzen in Löbau auf Anregung des Landvogts Hans von Worganowitz zusammen und versicherten sich gegenseitig ihrer Unterstützung. Dieses Abkommen besiegelte man mit Urkunden, wobei jede Stadt für jede der fünf anderen entsprechende Dokumente ausfertigte. 1350 wurde dieser Bund in Bautzen erneuert. Das Bündnis wurde zwar zu Ehren des Königs gegründet, jedoch hatten weder Johann noch sein Sohn Karl es veranlasst. Der Sechsstädtebund, der Jahrhunderte überdauern sollte, entwickelte sich zu einer mächtigen, auch gegen den Landesherrn agierenden selbstständigen Institution, die bald der Lausitz den Titel »Sechsstädteland« einbrachte. Die Sicherung und Erhaltung des Landfriedens blieb aber nicht im Mittelpunkt des Bündnisses. So unterdrückten die Sechsstädte konkurrierende Handelsstraßen, wie etwa die Niedere Straße, um ihre eigenen Vorrechte, wie etwa das Görlitzer Waidstapelrecht, durchzusetzen. Der Bund ging auch aktiv gegen aufständische Zünfte innerhalb der Partnerstädte vor. A.So.

Lit.: CDLS, 1 (1856), Bd. 1, S. 377; Blaschke 1997; Czok 1997; Hermann 1997; Kersken 2004.

2 | 37

Sechsstädtebundpokal

Nordböhmen (Nový Bor/Haida?), um 1680;
Fuß: letztes Viertel 19. Jh.
Waldglas, mundgeblasen, emailliert;
Holz, gedrechselt, geschnitzt
Höhe: 50 cm; Durchmesser Kuppa: 11,6 cm
Oberlausitzer Sechsstädtebund- und Handwerksmuseum – Stadtmuseum Löbau,
Inv.-Nr. V 78 B/8673/51

Die leicht kelchartige Gefäßwandung des hellgrünen Glases ist mit weißen Emailpunktlinien in insgesamt sechs Felder aufgeteilt. Diese Felder sind jeweils rechts oben nummeriert. In der oberen Reihe 1 bis 3, in der unteren 4 bis 6. Die einzelnen Felder tragen die reich dekorierten farbigen Stadtwappen der Städte des Sechsstädtebundes. Die Nummerierung bezeichnet gleichzeitig die Rangordnung des Besprechungsablaufes der Sechsstädte bei ihren Versammlungen. Oben sind Bautzen, Görlitz und Zittaw (Zittau), darunter Lauben (Lauban), Kamitz (Kamenz) und Lieba (Löbau) abgebildet.
Die Anfertigung des Pokals wurde 1679 beschlossen. Auch nach über drei Jahrhunderten war der 1346 geschlossene Sechsstädtebund noch existent, auch wenn sich der Zusammenhalt der Städte untereinander geändert hatte und die Oberlausitz seit 1635 mit dem sächsischen Kurfürsten einen neuen Landesherrn besaß. Dieser aufwendige Emailpokal diente den Städtevertretern zum abschließenden Umtrunk ihrer Tagungen. Im September 1814 fand die letzte Sitzung statt. Nach dem Wiener Kongress 1815 löste sich der Bund auf, als Lauban und Görlitz nun zur preußischen Provinz Schlesien gehörten. In diesen Jahren soll der ursprüngliche Glasfuß abgebrochen sein, der Ende des 19. Jahrhundert durch einen aus Holz ersetzt wurde.
R.W.

Lit.: Müller 1921, S. 65; Löbauer Journal, 6 (1996), S. 50; Ausst.-Kat. Marienstern 1998, S. 265 f., Nr. 4.7.

2 | 36

2 | 37

Görlitz

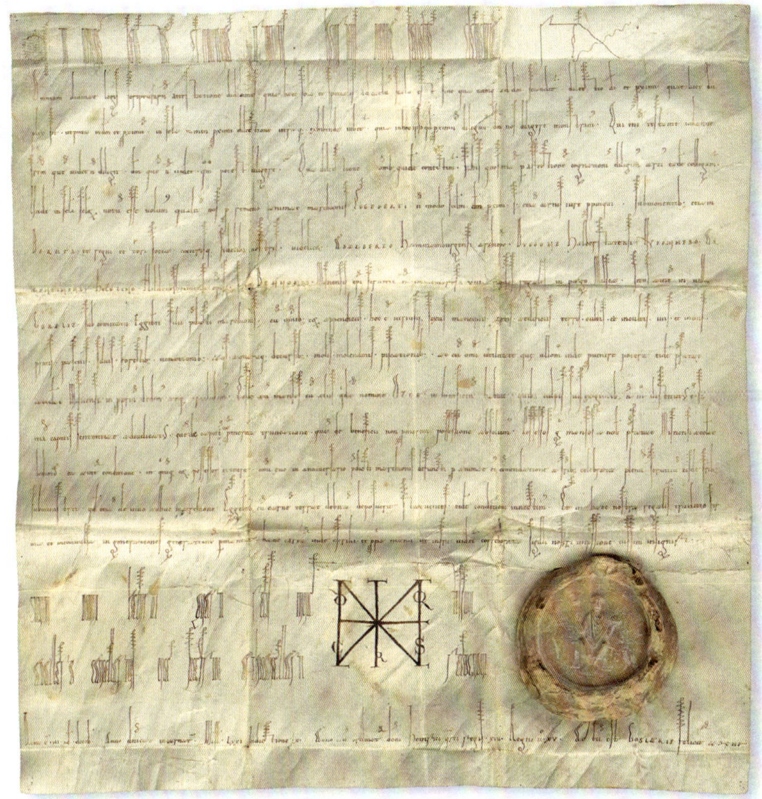

2 | 38

2 | 38

Schenkungsurkunde König Heinrichs IV. über acht Königshufen in der »villa goreliz« an das Stift Meißen

Goslar, 11. Dezember 1071
Handschrift auf Pergament, Siegel;
57,5 × 55,5 cm
Sächsisches Staatsarchiv – Hauptstaatsarchiv Dresden, Sign. 12856 Domkapitel Meißen (Dep.), Nr. 6

Für die Geschichte der Stadt Görlitz ist diese lateinisch abgefasste Urkunde von besonderer Bedeutung, denn hier taucht erstmalig der Name Goreliz im Gau Milska, im Land der Milzener, auf. Erwähnung findet ein Dorf mit einer Landfläche von acht Königshufen, das zuvor einem gewissen Ozer, der vermutlich ein Slawe war, als Lehen gehörte. Dieser hatte sich eines Vergehens schuldig gemacht und verlor seinen Besitz. Der Görlitzer Stadthistoriker Richard Jecht glaubte die etwa 400 Hektar großen Fluren nördlich der Heilige-Grab-Straße und der Nikolaikirche identifizieren zu können.
Neuer Besitzer der Ländereien war der Bischof zu Meißen, der sie zum eigenen Gebrauch erhielt. Zum Besitz gehörten Hörige beiderlei Geschlechts, Bauplätze, Gebäude, bebautes und unbebautes Land, Wege und unwegsame Stellen, Wiesen, Weiden, Wälder, Forste, Jagden, Gewässer und Wasserläufe, Mühlen, Mahlorte, Fischereien und alle Erträge daraus. Das erwähnte Dorf Goreliz wurde lange Zeit in der Lunitzniederung an der Kleinen und Großen Wallgasse vermutet. Neuere Forschungen verlegen die slawische Siedlung in das Gelände um den Karpfengrund und die Krebsgasse, in die unmittelbare Nähe einer erstmals 1131 schriftlich erwähnten Burganlage. I.A.

Lit.: CDLS, 1 (1856), S. 11–13; Jecht 1894 b; Jecht 1922–1926, S. 5 f.

2 | 39

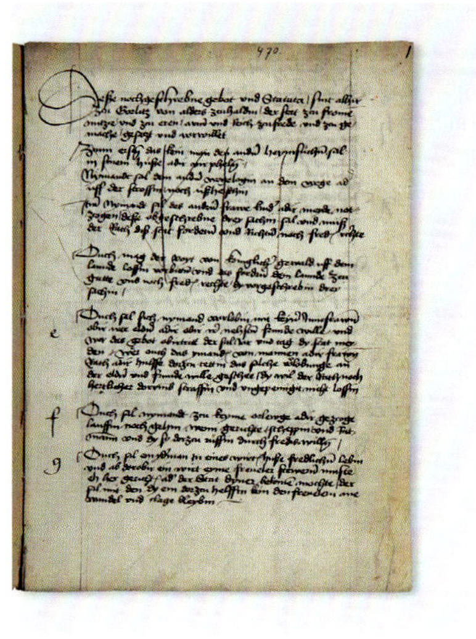

2 | 40

2 | 40

Älteste Ratsverfassung der Stadt Görlitz

1434
Handschrift auf Papier, 14 Bl.; 21 × 14 cm
Ratsarchiv Görlitz,
Inv.-Nr. Varia 18, Bl. 5v/6r

Das Erlassen und Modifizieren der städtischen Verfassung oblag im 15. Jahrhundert allein der Spitze des Rates, den »Ältesten Herrn« oder »Vier Fürsten«, bestehend aus dem amtierenden Bürgermeister und seinen jeweiligen Vorgängern. Um Mitglied des Rates zu werden, musste man das Brau- und Schankrecht genießen. Die Ältesten Herren behielten sich außerdem Rechte vor, wie Ernennungen oder die Ergänzung der Schöppenbank. So muss man wohl davon ausgehen, dass auch der Erlass der ältesten noch erhaltenen Görlitzer Ratsverfassung von 1434 in der Hand dieser vier Amtspersonen lag. Es war Tradition, diese Statuten jeweils einige Wochen nach der Ratswahl der Bevölkerung vorzutragen, wobei man eine genaue Hierarchie verfolgte. Die vier Ältesten verlasen sie zunächst den Ratsmitgliedern, dann den Zunftvorstehern und schließlich der restlichen Bürgerschaft. Diese Statuten regelten die wichtigsten Belange einer Stadt und waren somit von Bedeutung für jeden, der sich in der Stadt aufhielt, Bürger wie durchreisender Händler. So findet man in dieser Verfassung bereits unter dem vierten Punkt ein allgemeines Glücksspielverbot mit Androhung von Geldbußen oder Gefängnis bei Zuwiderhandlung. Außerdem wird vorgeschrieben, dass jeder, der sich in der Stadt niederlassen und Handel treiben will, zuerst

2 | 39

König Johann von Böhmen verleibt die Stadt Görlitz für immer der Krone Böhmens ein

Görlitz, 19. Mai 1329; Abschrift 1424, beglaubigt durch Bischof Rudolf von Meißen
Handschrift auf Pergament
12 × 38 cm; Durchmesser Siegel: 6,5 cm
Ratsarchiv Görlitz, Inv.-Nr. Selecta 20/14

Mit dem Tod Markgraf Woldemars im Jahre 1319 und dem damit verbundenen Erlöschen des askanischen Geschlechts gelangten das Land Bautzen und die Stadt Kamenz wieder unter böhmische Landesherrschaft. Die Länder und Städte Görlitz und Zittau sowie die Burgen Oybin und Rohnau wurden durch den böhmischen König Johann von Luxemburg dessen Schwager, dem schlesischen Piastenherzog Heinrich von Jauer und Fürstenberg, überlassen. Ab dem Jahre 1327 begaben sich zahlreiche schlesische Herzogtümer unter die böhmische Krone, die sich von einer starken Landesherrschaft wirtschaftliche Vorteile versprachen. Auch die Görlitzer wandten sich an dessen Sohn und designierten Nachfolger, den späteren Kaiser Karl IV., mit der Bitte um Rückkehr unter die böhmische Krongewalt.

Auf dem Breslauer Fürstentag am 3. Mai 1329 gingen Stadt und Land Görlitz wieder an die böhmische Krone über. Trotz hoher Steuerbelastungen profitierten Stadt, Handel und Gewerbe von der böhmischen Herrschaft und den mit ihr verbundenen Privilegien. In der während der Anwesenheit des neuen Landesherrn in Görlitz ausgestellten Urkunde vom 19. Mai 1329 wurde die Stadt nicht nur für immer der Krone Böhmens einverleibt. Schon in einem am Vortag ausgestellten Privileg erhielt Görlitz die lukrative Befreiung von Zöllen und Geleitsabgaben in den böhmischen Ländern. Zudem konnten die Bürger nach Stadtbränden das Holz zum Wiederaufbau der landesherrlichen Provinzialheide entnehmen. Sehr bedeutsam erscheint auch die Bestätigung des Magdeburger Stadtrechts für die Wahrung der Rechtssicherheit der Bürger. Auch der Schutz der Juden lag nun allein in den Händen des Görlitzer Rates. Diese Privilegien beförderten ganz wesentlich den wirtschaftlichen Aufschwung von Görlitz. S.H.

Lit.: CDLS, 1 (1856), S. 278 – 280; Jecht 1922 – 1926, S. 60 – 63.

das Bürgerrecht erwerben muss (Punkt 27). Weiter finden sich in der Ratsverfassung Kleiderordnungen, Entsorgungs-, Feuer- und Brauvorschriften sowie Regeln des rechtmäßigen Ehevollzugs. A.So.

Lit.: SRL 1839, S. 384–418; Jecht 1909; Jecht 1922–1926; Behrisch 2005; Fröde 2008.

2 | 41

Ältestes Siegel der Stadt Görlitz

vom Testament des Heinrich vom Dorf
1298
Wachs; Durchmesser: 8,5 cm
Umschrift: »SIGILLUM+CIVITATIS+GORLITZ«
Ratsarchiv Görlitz, Inv.-Nr. Selecta 2/2

Das große Wachssiegel am Testament des Görlitzer Bürgers Henrici dicti de villa, Heinrich genannt vom Dorfe, ist das älteste erhaltene Görlitzer Stadtsiegel. Es zeigt zwei Türme an gezinnten Mauern, die ein Tor mit gewölbtem Torbogen flankieren. Bemerkenswert ist der Detailreichtum der Darstellung, jedoch war es sehr gebräuchlich, die Wehranlagen als charakteristisches Merkmal der Stadt eindrucksvoll auf dem Siegel zu präsentieren. So unterstrich man die Wehrhaftigkeit und Eigenständigkeit. Weiter sind ein Topfhelm mit dem »Adlerfluge«, einer markanten Federdekoration, und ein heraldisch rechts geneigtes Wappenschild mit einem einköpfigen Adler abgebildet. Beide Elemente spiegeln das Wappen der Mark Brandenburg wider, die zu dieser Zeit mit Markgraf Hermann die Herrschaft über Görlitz innehatte. Gerahmt wird das Siegelbild von der Umschrift »SIGILLUM + CIVITATIS + GORLITZ«, wobei mit civitatis noch einmal die Bedeutung der Stadt deutlich hervorgehoben wird.
Eine Änderung der Landesherrschaft hatte eine Abwandlung des Siegels zur Folge: Auf dem nächstältesten Görlitzer Stadtsiegel von 1364 wurde der Adler durch den böhmischen Löwen ersetzt. Nach dem Aussterben der askanischen Linie der Markgrafen von Brandenburg 1319 und einer kurzen Zugehörigkeit zum schlesischen Herzogtum Jauer fiel Görlitz 1339 wieder an Böhmen. So stellt auch dieses Schild zusammen mit dem gefiederten Topfhelm das Wappen des Landesherrn dar. A.So.

Lit.: Heinrich 1891; Blaschke 1960; Leisering 2000.

2 | 41

2 | 42

2 | 43

2 | 42

Siegel der Stadt Görlitz

nach 1329
Messing, gegossen, geschnitten
Durchmesser: 8,1 cm; Dicke: 0,6 cm
Umschrift: »Sigillum civitates Gorliz«
Provenienz: vermutlich 1873 vom Görlitzer Rat an das Museum für Altertum und Kunst übergeben
Kulturhistorisches Museum Görlitz, Inv.-Nr. 2-65

1253 war die Oberlausitz als Pfand an die Markgrafen von Brandenburg aus dem Geschlecht der Askanier gekommen. Sie förderten wie die Böhmen vor ihnen den Ausbau des Landes und privilegierten die heranwachsenden Städte. Doch 1319 war das Adelsgeschlecht im Mannesstamm ausgestorben und die Oberlausitz fiel wieder an die böhmischen Könige zurück. Der östliche Teil der Oberlausitz mit Görlitz wurde vom schlesischen Herzog Heinrich von Jauer und Fürstenberg beansprucht, bis es 1329 König Johann von Böhmen aus dem Hause Luxemburg gelang, die Oberlausitz unter seiner Herrschaft wieder zu vereinigen. Seine engagierte Territorialpolitik brachte der Stadt Görlitz große Vorteile, so ab 1329 die Zollfreiheit in allen böhmischen Landen. Das neue Stadtsiegel, das wie sein Vorgänger zwei Türme und eine Mauer als Symbole zeigte, hatte im schräg gestellten Schild den zweischwänzigen böhmischen Löwen und die Umschrift »Sigillum civitates Gorliz«. König Johann von Böhmen bestätigte den Görlitzern auch das Recht des Waidstapels und zwang damit die Erfurter Händler zur Benutzung der via regia. I.A.

Lit.: Heinrich 1891.

2 | 43

Siegelstock mit Wappen der Stadt Görlitz

nach 1433
Stahl, geschnitten; Höhe: 3,6 cm;
Durchmesser: 4,3 cm
Umschrift: »Secretum civitatis Görlitz«
Provenienz: 1873 vom Ratsarchiv an das Museum für Altertum und Kunst übergeben
Kulturhistorisches Museum Görlitz, Inv.-Nr. 83-89

Auch der böhmische König Sigismund aus dem Geschlecht der Luxemburger, seit 1433 römisch-deutscher Kaiser, wusste die wirtschaftliche und politische Macht der Städte in der Oberlausitz für sich zu nutzen. Nach dem Tod des tschechischen Reformators Jan Hus hatten sich die Zustände in Böhmen zugespitzt. Die Böhmen lehnten Sigismund als neuen König ab und forderten Kirchenreformen. Sigismund organisierte Kreuzzüge gegen die Aufrührer. Zwischen 1429 und 1433 führten wiederum hussitische Kämpfer Heereszüge durch, von denen auch die Oberlausitz stark betroffen war. 1429, 1431 und 1433 belagerten die Böhmen Görlitz, konnten die Stadt jedoch nicht einnehmen. An den Kämpfen hatten sich die Görlitzer mit bewaffneten Mannschaften beteiligt, sogar Männer aus den führenden Geschlechtern hatten an den Kämpfen teilgenommen. Für ihre Treue zu Sigismund erhielten die Görlitzer eine goldene Bulle mit einem kaiserlichen Wappen verliehen. Dieses Wappen führte im Schild gleichberechtigt den böhmischen Löwen und den doppelköpfigen Reichsadler, die gemeinsam eine Krone halten. Die Umschrift lautet: »Secretum civitatis Görlitz«. I.A.

Lit.: Heinrich 1891.

2 | 44

Richtschwert der Stadt Görlitz

deutsch, Ende 16./Anfang 17. Jh.
Schwert: Messing, Holz, Kupferdraht, Messing; Scheide: Leder, Messing
Länge: 108 cm; linsenförmige Klinge: 84 × 4,8 cm
sign. am Knauf mit kupfernem Wolfszeichen; Initiale »HB«
Provenienz: 1873 vom Görlitzer Rat an das Museum für Altertum und Kunst übergeben
Kulturhistorisches Museum Görlitz, Inv.-Nr. Kult I 1813

Die Stadt Görlitz erwarb dieses Schwert wahrscheinlich am Ende des 16. Jahrhunderts als Zeichen wiedergewonnener Macht. 1547 hatten die Oberlausitzer Städte durch den Pönfall alle ihre städtischen Rechte verloren, auch die oberste Gerichtsbarkeit, die Görlitz über einige Jahrhunderte ausgeübt hatte. Erst am 12. März 1562 trat eine neue landesherrliche Ordnung in Kraft. Görlitz erhielt das Gericht über die Bürger und die städtischen Güter zurück, nicht aber über den Adel. Fortan war das Appellationsge-

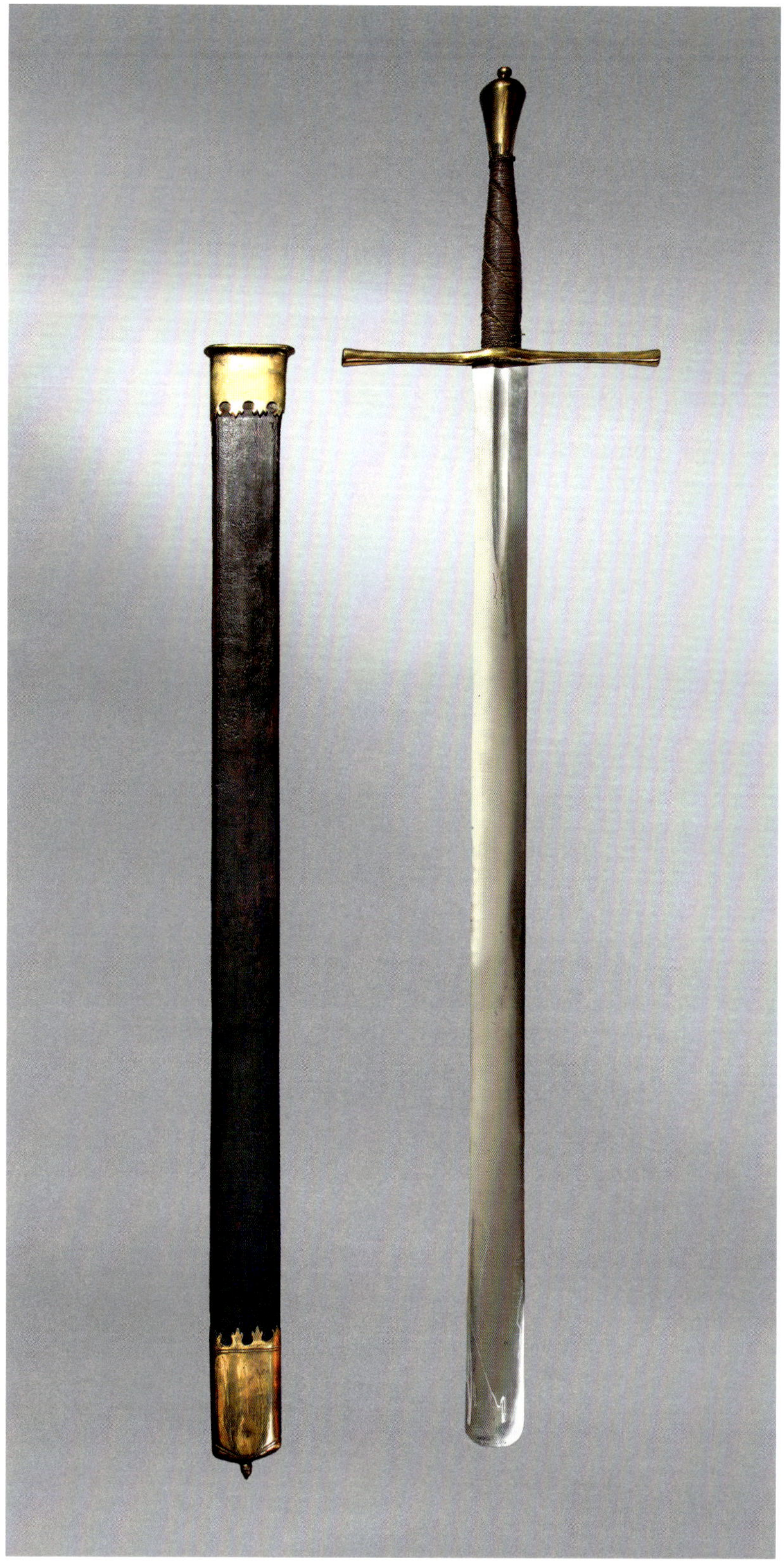

2 | 44

richt in Prag die oberste Behörde. Vielleicht war dies der Anlass für den Kauf des Richtschwertes durch die Stadt Görlitz.
In der zweiten Hälfte des 16. Jahrhunderts hatte sich auf dem Waffenmarkt ein neuer Klingentypus durchgesetzt, dessen Herausbildung im Zusammenhang mit der nun häufigeren Benutzung des Schwertes als Hinrichtungsinstrument steht. Ob dieses Schwert allerdings jemals für Hinrichtungen benutzt wurde – immerhin weist es vier tiefe Scharten auf – ist unklar. Vielleicht wurde es auch lediglich dem Richter als Zeichen seiner Befugnisse und Würde vorangetragen, was die prächtige Ausstattung unterstreichen würde. I.A.

Lit.: Müller/Kölling 1982.

2 | 45

Kleiner Henkeltopf

13./14. Jh.; Fundort: Görlitz, Neißstraße 30; Funddatum: 1991/92
graublaue Ware/graue Irdenware; Höhe: 12,7 cm; Durchmesser Mündung: 9,6 cm
Kulturhistorisches Museum Görlitz, Inv.-Nr. EK 130-1998/10

2 | 46

Topf mit Töpferrädchenverzierung

13./14. Jh.; Fundort: Görlitz, Neißstraße 30; Funddatum: 1991/92
graublaue Ware/graue Irdenware; Höhe: 18,2 cm; Durchmesser Mündung: 12,3 cm
Kulturhistorisches Museum Görlitz, Inv.-Nr. EK 130-1998/15

Bei Bauarbeiten im Bereich des hinteren Kellerabgangs des Barockhauses Neißstraße 30 stießen Archäologen auf eine Grube unbekannter Funktion. In der Verfüllung traten mehrere Gefäße der harten Grauware zutage. Diese weit verbreitete Keramik wird auch als blaugraue Ware oder graue Irdenware bezeichnet. Es handelt sich dabei um eine Warenart, die unter Luftabschluss reduzierend gebrannt wurde. Die natürlichen Eisenanteile des Tons oxydierten beim Brand nicht, sodass die Gefäße eine graue bis metallisch glänzend schwarze Oberfläche erhielten.
In Görlitz ist diese schlichte Gebrauchskeramik für die Zeit etwa zwischen dem 13. und 14. Jahrhundert kennzeichnend und wurde lokal hergestellt. Töpfereien waren in Görlitz aufgrund der mit dem Gewerbe einherge-

2 | 47

2 | 45 + 46

henden Brandgefahr außerhalb der Altstadt auf dem »Töpferberg« östlich der Altstadtbrücke (heute Plac Pocztowy in Zgorzelec) sowie vor dem Frauentor unweit des heutigen Görlitzer Postplatzes ansässig. Der Vertrieb einheimischer Grauware blieb auf das erweiterte Umfeld der Stadt beschränkt. Gefäße aus Steinzeug wurden hingegen als Handelsgut etwa aus dem für seine Töpferwaren bekannten sächsischen Waldenburg eingeführt. Auch in Muskau, Triebel oder im schlesischen Bunzlau entstanden bedeutende Produktionszentren für Steinzeug. Seit dem 16. Jahrhundert stellte man auch in Görlitz Steinzeuggefäße her. Ob sich die Töpfer aber auf die Herstellung profanen Steinzeugs beschränkten oder auch für den Export sowie den Görlitzer Markt geeignete höherwertige Keramiken herstellten, ist nicht genau erforscht. Unter Görlitzer Patriziern erfreuten sich jedenfalls um 1600 reich mit figürlichen Reliefs verzierte und mit Zinnapplikationen versehene Schank- und Trankgefäße aus salzglasiertem Steinzeug größter Beliebtheit. J.v.R.

Lit.: Mechelk 1970; Richthofen/Krabath 2007; Richthofen/Krabath 2010.

2 | 47

Mariä Verkündigung

Schlusssteinrelief aus der Görlitzer Hospitalkirche St. Jakob
unbekannter Bildhauer; um 1460
Sandstein mit Fassungsresten
Durchmesser: 57 cm
Kulturhistorisches Museum Görlitz,
Inv.-Nr. 58-95

Die kreisrunde Reliefplatte, die einst als Verzierung an einem Gewölbeschlussstein angebracht war, zeigt die Darstellung der Verkündigung des Erzengels Gabriel an Maria. Der Engel tritt an die vor einem Betpult kniende Jungfrau heran und verkündet ihr, dass sie auserwählt wurde, den Gottessohn zur Welt zu bringen. Ein Schriftband deutet die Worte Gabriels im Bild an. Ursprünglich gehörte das Relief zur bauplastischen Ausstattung der Kirche des Görlitzer St.-Jakobs-Hospitals, das südwestlich vor der Stadtmauer im Bereich der heutigen Jakobstraße lag. Es gehörte zu den ältesten karitativen Einrichtungen der Neißestadt. 1298 fand es erstmals Erwähnung als Siechenhaus für Leprakranke. Darüber hinaus diente es als Herberge für Jakobspilger auf dem Weg nach Santiago de Compostela, die von Görlitz über Zittau und Prag, wo weitere Jakobshospitäler existierten, ihre Reiseroute nahmen. Um 1400 wurde neben dem Hospital eine Kirche errichtet, die durch Spenden im Laufe des 15. Jahrhunderts ausgestattet wurde. Stilistisch findet das Relief seine nächsten Parallelen in den um 1460 entstandenen Schlusssteinen des Chorgewölbes der Görlitzer Frauenkirche und wurde vermutlich von einem der dort tätigen Bildhauer geschaffen. K.W.

2 | 48

Terrakottaplatte mit Blattrelief

Prag, 1526–1534
Terrakotta, Reste des Oberflächenüberzugs (Kalkanstrich, Stuckschichten)
19,5 × 25 × 7,8 cm/11,5 × 22,3 × 7,5 cm
Skirby Pražského hradu, Praha,
Inv.-Nr. HS 23661, HS 23628

Die Platte in zwei Fragmenten hat eine fast quadratische Form und ist mit einem Blattrelief verziert. Sie gehört zu einer Kollektion mit Frührenaissance-Reliefs aus der Prager Burg. Alle Teile und Fragmente wurden hier seit den 30er Jahren des 20. Jahrhunderts gefunden, teils in Aufschüttungen, teils in Mauerwerk wiederverwendet. Es war lange Zeit schwer, mit Sicherheit zu beurteilen, an welchem Bau sie ursprünglich als Verzierung gedient haben. Diese Frage konnte mithilfe von neueren Befunden beantwortet werden, als bei archäologischen Grabungen am St.-Georg-Platz im Jahre 1986 Teile von Portalgewänden gefunden wurden. Ihr Fundort half bei der Beurteilung des ursprünglichen Baus – wahrscheinlich war es das Haus »In der Ecke«. Dieses stand an der Nordostecke des Platzes nahe dem St.-Georgskloster und gehörte in der Zeit zwischen 1526 und 1534 den Herren von Pernštejn. Die Verwendung von Terrakotten war bei Bauten dieses Geschlechts im 16. Jahrhundert charakteristisch, Formsteine aus dem Haus »In der Ecke« stellen offenbar die ältesten Beispiele dar. Ursprünglich waren die Terrakotta-Formsteine in den Verputz der Fassade eingefügt und an der Oberfläche mit einem Kalkanstrich bzw. einer Stuckschicht überzogen. P.Ch.

Lit.: Chotěbor 1995; Chotěbor 2001.

2 | 49

Pilasterkapitell (?)

Prag, 1526–1534
Terrakotta, Reste des Oberflächenüberzugs (Kalkanstrich, Stuckschichten)
12 × 29 × 15,5 cm
Skirby Pražského hradu, Praha,
Inv.-Nr. HS 23599

Diese Friesplatte wurde in der Form eines Quaders hergestellt und ist an drei Seiten mit einem Pflanzen- und Blumenrelief im Stil der Renaissance geschmückt. Davon kann man die ursprüngliche Verwendung ableiten – sie könnte als Kapitell eines Pilasters oder Halbpfeilers gedient haben oder als eine Konsole unter einem Bogen. Die Oberfläche wurde ursprünglich oder erst zusätzlich mit einem Kalkanstrich bzw. einer Stuckschicht überzogen. Damit wurde die Reliefverzierung der Fassade betont, die Materialität jedoch verdeckt, sodass der Eindruck eines Stuckreliefs erweckt wurde.
Die Friesplatte wurde im östlichen Teil der Prager Burg nahe dem Benediktinerkloster St. Georg gefunden. Sie stammt vermutlich aus dem Haus »In der Ecke«. P.Ch.

Lit.: Chotěbor 1995; Chotěbor 2001.

2 | 50

Formstein mit Rankenmotiv

Ambrosius Lose (nachweisbar 1492–1540)
Görlitz, um 1530
Terrakotta; 14 × 29,3 × 13,5 cm
Kulturhistorisches Museum Görlitz,
Inv.-Nr. 11/1-95

2 | 51

Zierkachel mit Blattmotiv

Ambrosius Lose (nachweisbar 1492–1540)
Görlitz, um 1530
Terrakotta; 26 × 26 × 9 cm
Kulturhistorisches Museum Görlitz,
Inv.-Nr. 462-2002

Beim Abbruch des Görlitzer Hauses Peterstraße 11 wurden 1955 zahlreiche Formsteine aus Terrakotta gefunden. Dazu gehören Elemente für Fassadengliederungen wie Gesimsteile, Fenster- und Türgewände sowie quadratische Zierplatten mit verschiedenen Ornamenten. Das Haus war nach dem verheerenden Stadtbrand von 1525, dem mehr als 180 Gebäude zum Opfer fielen, wieder aufgebaut worden. Es gehörte zu dieser Zeit dem Stadtschreiber und späteren Bürgermeister Johannes Hass, der es in den neu-

2 | 48

2 | 49

2 | 50

2 | 51

artigen Formen der Renaissance gestalten ließ. Die dafür verwendeten Terrakottasteine wurden vermutlich vom Ratsziegelstreicher Ambrosius Lose hergestellt. Er stammte aus Leipzig und war 1511 in die Dienste des Görlitzer Rates getreten. Von einem Ziegelstreicher aus Prag, der 1525 nach Görlitz gekommen war, um beim Wiederaufbau zu helfen, dürfte Lose in der Herstellung der Terrakottasteine unterrichtet worden sein. Wie herkömmliche Mauerziegel entstanden sie in kastenartigen Holzmodeln, wobei die Ornamente mithilfe einer Matrize ausgeformt wurden. Der innovative Charakter dieser vorgefertigten Bauelemente liegt jedoch weniger in der Technologie, die in der Oberlausitz seit dem 13. Jahrhundert praktiziert wurde, als vielmehr in den Renaissanceverzierungen, die sich z. T. auf druckgrafische Vorlagen zurückführen lassen, sowie in den Anwendungsmöglichkeiten. Wie mit einem Baukasten ließen sich aus den Formsteinen zeitgemäße Fassadengestaltungen zusammensetzen. Auf der Prager Burg wurden bei Restaurierungsarbeiten im 20. Jahrhundert Formsteine gefunden, die fast identisch mit den Görlitzer Stücken sind. Man kann daher annehmen, dass der Meister, der 1525 aus der böhmischen Metropole in die Neißestadt kam, aus jener Werkstatt stammte, in der die auf der Prager Burg gefundenen Steine hergestellt wurden. K.W.

Lit.: Wenzel 2005; Wenzel 2007.

2 | 52

Platte mit Inschrift zur Erinnerung an den Neubau des Rektoratsgebäudes des Görlitzer Gymnasiums

unbekannter Steinmetz; 1717
Sandstein; 83 × 137 × 17 cm
Kulturhistorisches Museum Görlitz,
Inv.-Nr. 47-95

1565 wurde die traditionsreiche Görlitzer Ratsschule zum Gymnasium erhoben und in den Gebäuden des zwei Jahre zuvor in die Obhut der Stadtregierung übergegangenen ehemaligen Franziskanerklosters am Obermarkt untergebracht. Innerhalb weniger Jahrzehnte entwickelte sich das Gymnasium zu einer überregional bedeutenden Bildungseinrichtung. Um die früheren Klostergebäude den Bedürfnissen des Schulbetriebs anzupassen, wurden immer wieder Umbauten vorgenommen. So entstand 1717 ein neues Rektoratsgebäude, von dem die Inschriftentafel stammt. Sie erinnert an den

2 | 52

Neubau und gleichzeitig an das 200-jährige Jubiläum der lutherischen Reformation. Der lateinische Inschriftentext wurde von Samuel Grosser (1664–1736) verfasst, der zu dieser Zeit als Rektor das Gymnasium leitete (s. Kat.-Nr. 4 | 44). Grosser gehörte zu den bedeutendsten intellektuellen Persönlichkeiten im frühneuzeitlichen Görlitz und war gleichermaßen als Historiker und Dichter anerkannt. So stammen von ihm die 1714 erschienenen »Lausitzischen Merkwürdigkeiten«, eine Landesgeschichte der Ober- und Niederlausitz (s. Kat.-Nr. 5 | 61). Als das Rektoratsgebäude 1836 dem bis heute bestehenden Neubau des Gymnasiums weichen musste, wurde die Inschriftenplatte aufbewahrt und gelangte später in das Görlitzer Museum. K.W.

Lit.: Wallis 1911/12, S. 128.

2 | 53

Ansicht der Stadt Görlitz vom östlichen Neißeufer aus

Josef Metzker, Georg Scharffenbergk
1566, Nachdruck von originalen Druckstöcken im 18. Jh.
Holzschnitt aus zwölf Druckstöcken, koloriert, auf Leinwand übertragen, alte Montage; 58,5 × 228 cm
bez. in Banderole oben: »Abcontrafeitung der Stadt Görlitz im 1565 Jar«
Kulturhistorisches Museum Görlitz, Inv.-Nr. 70-60
Abb. → Seite 46/47

1565 fertigte der Formschneider Georg Scharffenbergk die »Abcontrafeitung« im Auftrag des Görlitzer Rates. Die zeichnerischen Vorlagen lieferte der Goldschmied Josef Metzker, wofür er ein Honorar von 29 Schock erhielt. Die Ansicht, die sich aus zwölf Holzstöcken zusammensetzt, zeigt die Stadt Görlitz von Osten aus. Man sieht die Umgebung von Görlitz von der Landeskrone im Süden bis zu den Tuchrahmen im Norden. Von der Neißbrücke im Osten bis zum großen Rondell im Westen erscheinen alle wichtigen Gebäude und Einrichtungen, auch wenn sie vom Standpunkt des Zeichners aus gar nicht sichtbar waren. Der Holzschnitt präsentiert eine mächtige mittelalterliche Stadt mit doppeltem Mauerring und steinernen Türmen. Die Kirchen, allen voran die Kirche zu St. Peter und Paul, stehen für den rechten Glauben ihrer Bürger. Das Rathaus am Untermarkt als Machtsymbol des Rates bürgt für Recht und Ordnung. Die via regia, die sich von Osten der Stadt nähert, führt mit einer überdachten Brücke über den Fluss, wo sich Bürger zu Waffenübungen für die Verteidigung ihrer Stadt treffen.
Solch große Stadtansichten waren im 16. Jahrhundert beliebt: Lübeck, Erfurt, Köln und Braunschweig schmückten sich damit. Görlitz stellte sich bewusst mit ihnen in eine Reihe. Die »Abcontrafeitung« wurde auf Leinwand geklebt und gerollt zu Messen und Märkten, sozusagen als Werbeträger für die Stadt Görlitz mitgenommen. I.A.

Lit.: Reuther 1958.

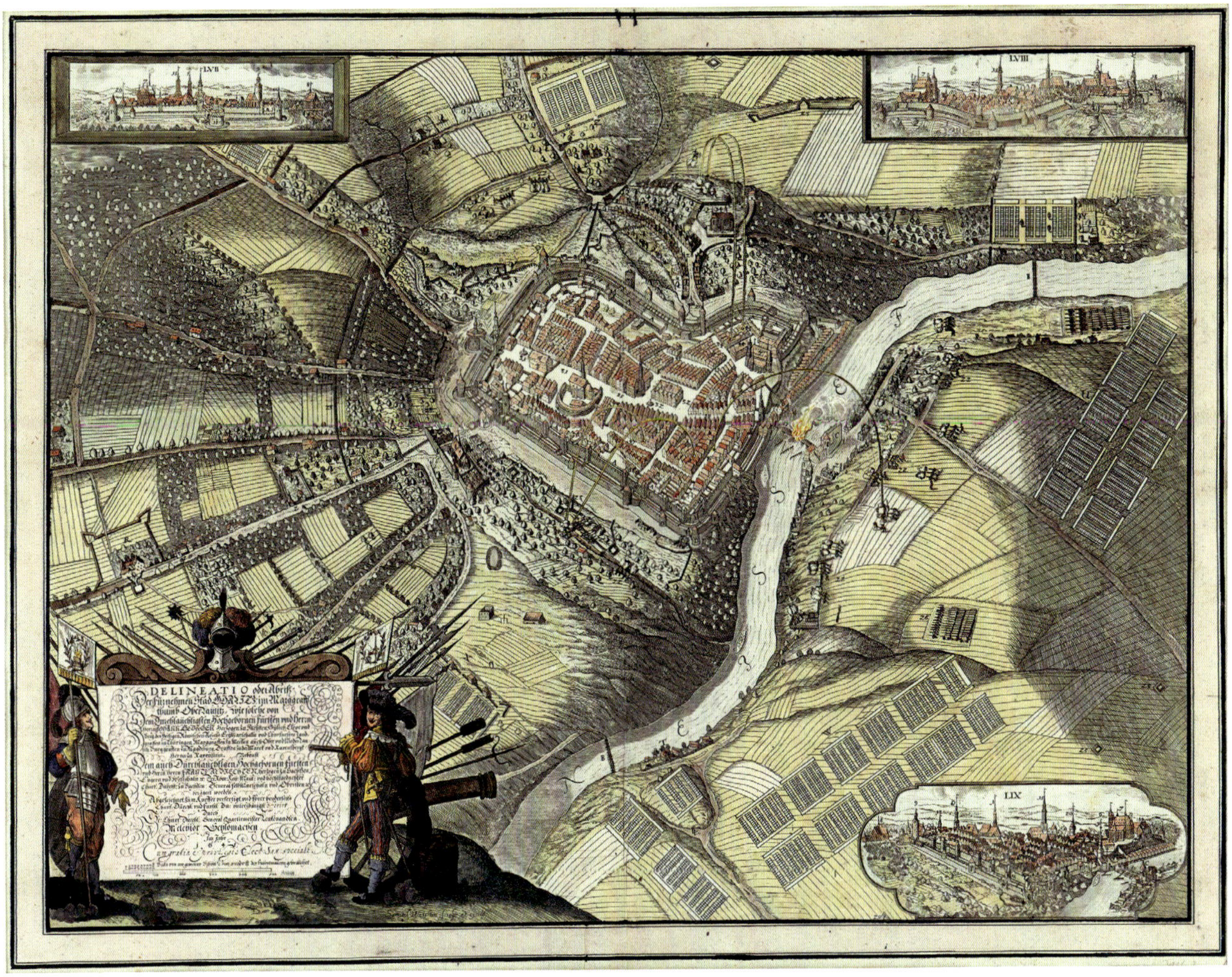

2 | 54

2 | 54

Delineatio oder Abriß Der fürnehmen Stad Görlitz, im Marggraffthumb Ober Lausitz

Zeichner: Melchior von Schlomach;
Kupferstecher: Samuel Weishun
(tätig 1640 in Prag – nach 1676)
1641
Kupferstich, koloriert; 43 × 59 cm,
Maßstab etwa 1 : 5000
Sächsische Landesbibliothek – Staats- und Universitätsbibliothek Dresden,
Sign. KS A14403

Der kolorierte Kupferstich zeigt die Stadt Görlitz aus der Vogelperspektive von Südosten während der Belagerung durch die kaiserlichen Truppen unter Fürst Franz Andrechs und die sächsischen unter Johann Georg I. im Jahre 1641. Von allen Seiten sind Kanonen auf die Stadt gerichtet, deutlich sichtbar sind die Flugbahnen der mit Mörsern verschossenen, feuerbringenden Kugeln. Die Neißebrücke steht im Flammen, die Häuser vor der Stadt sind verwüstet. Die runde Kanonenbastei auf der Westseite der Stadt erhielt in diesen Kämpfen den Namen Kaisertrutz, da sie den Angreifern »trotzte«. Der Kaisertrutz ist auch in den beiden kleinen Stadtansichten in den oberen Ecken zu erkennen, auf der linken der Blick von West, auf der rechten von Nord. Die Ansicht unten rechts zeigt die Stadt vom Neißeufer. Das Dargestellte erläutert der Text links unten in der Kartusche, die von Waffen und zwei Soldaten gehalten wird. Diese Karte wurde nach einer Zeichnung des kurfürstlich-sächsischen Generalquartiermeisters Leutnant Melchior von Schlomach von dem Goldschmied und Stecher Samuel Weishun in Kupfer gestochen.

1777 erscheint in Görlitz ein Buch, das zwei schriftliche Erläuterungen der Belagerung – eine aus Dresdner Sicht von 1641 und eine aus Görlitzer Sicht von 1741 – in zwei Spalten synoptisch gegenübergestellt. Beide Texte nehmen Bezug auf die Karte und nutzen zur Erläuterung der Geschehnisse die Schlomachsche Legende. Die originale Kupfertafel befand sich 1777 in der Milichschen Bibliothek in Görlitz; heute ist sie Teil der Sammlung des Kulturhistorischen Museums Görlitz. R.E.

Lit.: Nachrichten 1777.

2 | 55

Ansicht vom Kaisertrutz in Görlitz

Johann Gottfried Schultz
(Görlitz 1734 – 1819 Niesky)
Görlitz, 1759/95
Federzeichnung; 7 × 10,6 cm
bez.: »Das Reichenbacher Thor und der Thurm nebst dem Rondell gez. d. 20. May 1759 Retouch. Im Dec. 1795. Der Thurm ist nach dem Muster des über den Ohlauschen Thore zu Breslau stehenden erbauet worden. Das sogenannte Rondel ist eine Art Citadelle mit 7 Ellen dicken Mauer, und einem Chemin a Maspeantis aus der alten spanischen Forificationskunst, ingleichen einem von Grund auf freystehenden Thurme. Der Bau dieses Rondel hat von 1490 bis 1541 gedauert. Bey der Belagerung von Görlitz i. J. 1641 nannten es die darin liegenden Schweden Trotz-Kayser. Zwischen beyden ragt der Frauenthurm hervor.«
Eingeklebt in: Johann Gottfried Schultz, Die Sammlung von Ober-Lausitzischen, Schlesischen, Sächsischen und Böhmischen Alterthümer und Denckmäler, 2. Teil, Buch, in braunes Leder gebunden, 211 Bl.; 34,2 × 22,2 cm
Kulturhistorisches Museum Görlitz,
Inv.-Nr. 1501-2011/2

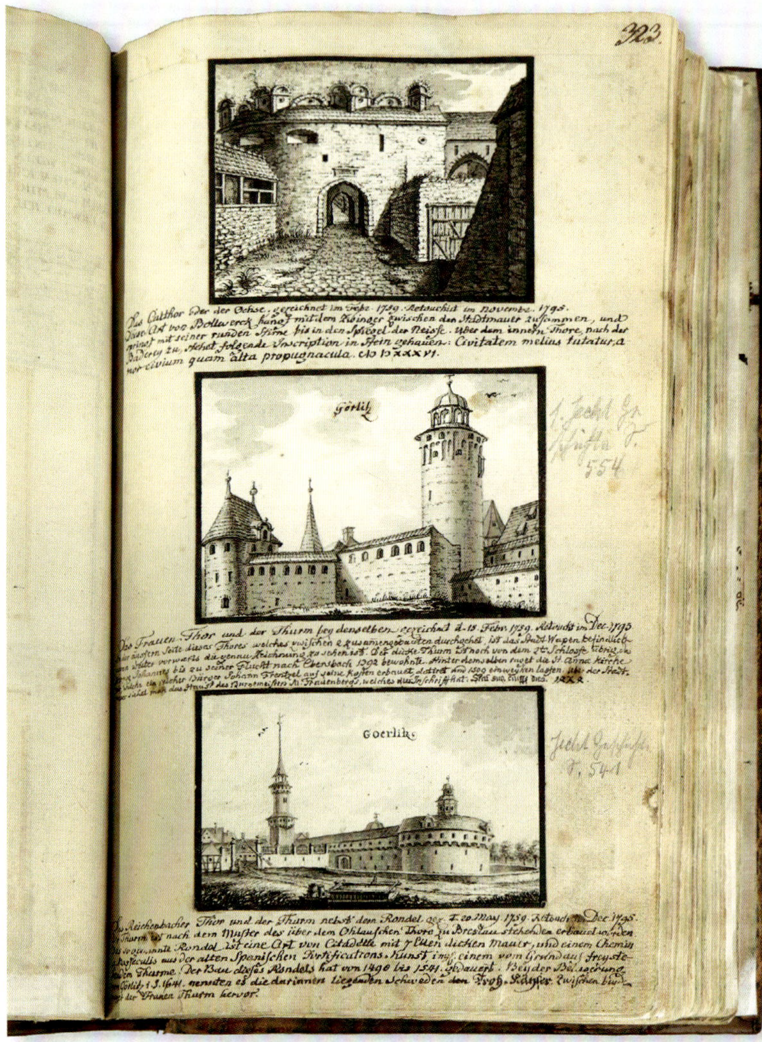

2 | 55

Der Zeichner Johann Gottfried Schultz interessierte sich schon als Kind für die Dorfkirchen des Umlandes, Grabsteine und Relikte der Genealogie. Zeit seines Lebens entstanden etwa 2000 naturgetreue Zeichnungen von Schlössern, Städten, einzelnen Gebäuden und Landschaftspanoramen aus der Görlitzer Umgebung. Er bezeichnete sie akribisch und sammelte sie sorgfältig in eigenen Bänden. Am Ende seines langen Lebens wurde ihm bewusst, dass viele Denkmale schon nicht mehr existierten. So übergab er testamentarisch sein aus zwei Klebebänden bestehendes Altertümerwerk sowie über 50 weitere Sammel- und Zeichnungsbände der 1779 gegründeten Oberlausitzischen Gesellschaft der Wissenschaften.

Die Seite enthält drei mit Feder und Pinsel gezeichnete Abbildungen von Görlitzer Befestigungswerken, die alle 1759 entstanden waren und von Schultz 1795 überarbeitet wurden. Die Ansicht unten zeigt den Kaisertrutz, wie er sich dem von Westen auf der via regia Herannahenden darbot. Das Untergeschoss des Befestigungswerkes war hinter Wällen zum Vorplatz hin fast nicht sichtbar. Auf dem Dach sind die im Stil der Renaissance gestalteten Dachfenster zu erkennen. Der Eingang zur Stadt führte durch die Toranlage, die von den Stadtsoldaten an einem Schlagbaum kontrolliert wurde.

Das obere Bild zeigt das Ochsentor, ein Vorstadttor unmittelbar an der Neiße. Heute sind Teile davon noch überliefert. Die mittlere Ansicht zeigt den Frauenturm mit der vorgelagerten Toranlage, durch die Reisende aus Zittau und Prag die Stadt betreten konnten. Zu sehen sind die äußere Stadtmauer und der höhere innere Mauerring, von dem aus man die Görlitzer Stadttürme betreten konnte. I.A.

Lit.: Lemper 1995; Ausst.-Kat. Görlitz 2005 b.

2 | 56

2 | 56

Görlitz. Ansicht des Kaisertrutzes und des Reichenbacher Tores / Grundriss des Kaisertrutzes

Karl Friedrich Schinkel
(Neuruppin 1781 – 1841 Berlin); 1832
Federzeichnungen auf Papier
13 × 22 cm/11 × 14 cm
beschr.: »Das Reichenbacher Tor
in Görlitz nach der in Vorschlag gebrachten Abänderung«
Staatliche Museen zu Berlin – Preußischer Kulturbesitz, Kupferstichkabinett,
Inv.-Nr. SM 11.8 b/11.8 c

Als Direktor der Oberbaudeputation in Berlin unternahm der Beamte und Architekt Karl Friedrich Schinkel zahlreiche Dienstreisen in die preußischen Provinzen. Vom 17. Juni bis zum 11. August 1832 bereiste er Schlesien: Über Görlitz fuhr er nach Bunzlau, Hirschberg bis Glatz, über Gleiwitz, Oppeln, Brieg und Breslau zurück nach Berlin. Schinkel inspizierte öffentliche Bauten, Kirchen und Schlösser und fertigte denkmalpflegerische Gutachten und Entwürfe für Um- und Neubauten an.

Am 27. Juni 1832 war er in Görlitz und notierte in seinem Tagebuch: »Besichtigung des Reichenbacher Tores behufs einer Verlegung der Einfahrt [...]. Der jetzige Weg [...] über die schmale Brücke nach dem inneren Torhof ist höchst unbequem und gefährlich für Wagen und Fußgänger.« Der Kaisertrutz wurde in dieser Zeit bereits als Garnisonswache genutzt. Schinkel schlug an der Nordseite einen Durchbruch der seitlichen Befestigungsmauer und die Errichtung einer Rampe vor, die den Weg bequemer mache und den Anblick dieser »altertümlichen, schönen Toranlage« nicht störe. Schinkel hielt seinen Vorschlag auf kleinen Federzeichnungen fest. Im Nachlass des Künstlers haben sich drei kleine Blätter erhalten, eine Ansicht und ein Grundriss (Inv.-Nr. SM 11.8 c) sind auf einem Blatt aufgelegt. Erst in den 1840er Jahren wurde die Stadtmauer auf Initiative des Görlitzer Bürgermeisters Gottlob Ludwig Demiani niedergelegt. Seitdem ist der Kaisertrutz von dem ursprünglich mit ihm verbundenen Reichenbacher Turm getrennt. R.E.

Lit.: Silesia 1841, Taf. nach S. 206, S. 207; Fritsch 1893; Grundmann 1941, S. 235; Strecke 1995.

Das Reichenbacher Thor nebst Rondel.
vom Reichenbacher Thurm herab aufgenommen im Jahr 1841.
a, Das Rondel b, das äussere Thor c, Wohnung des Thorcontrolleurs d, Wohnung des Thorhüters und Wächterhaus (von hinten)
e, Stadtgraben, f, Wasserleitungsröhren g, Brücke über den Stadtgraben h, Läden i, Eingang in den Zwinger k, Haus No. 508
dem Schmiede Keltmann gehörig l, die Häuser vor dem Reichb. Thore No. 502–506 m, Meilensäule n, Röhrbütte o, Wohnung des Bau-Verwalters
Hiermit ist der Weg bezeichnet, welcher als Fahr- und Fussweg zum Thore hinaus dient.

2 | 57

Lith. Anst. v. E. Sachse, Görlitz.
Die Eisenbahnbrücke bei Görlitz.
Die Brücke ist 1500 F. lang u. 120 F. hoch. Sie besteht aus 30 Bogen, deren grösste u. höchste 60–70 F., die kleinern aber
30–40 F. Spannung haben. Die mächtigsten Pfeiler sind an 20 F. stark.

2 | 58

2 | 57

Das Reichenbacher Thor nebst Rondell

Friedrich Thieme
(Görlitz 1790 – 1869 Görlitz)
Federzeichnung; 24,5 × 35,5 cm;
Blatt: 31 × 42,5 cm
bez.: »Das Reichenbacher Thor nebst Rondel. Vom Reichenbacher Thurm herab aufgenommen im Jahr 1841.
a) das Rondel b) das äußere Thor
c) Wohnung des ThorControlleurs
d) Wohnung des Thorhüters und Wächterhaus von hinten e) der Stadtgraben
f) Wasserleitungsröhren g) Brücke über den Stadtgraben h) Läden i) Eingang in den Zwinger k) Haus No 508 dem Schmiede Kettmann gehörig l) die Häuser vor dem Reichenbacher Thore No 502 -506
m) Meilensäule n) Rohrbütte o) Wohnung des Bauverwalters = Hiermit ist der Weg gekennzeichnet, welcher als Fahr und Fussweg zum Thor hinaus dient«
Kulturhistorisches Museum Görlitz,
Inv.-Nr. 62-49

Wahrscheinlich im Auftrag des Görlitzer Rates fertigte der Zeichner Friedrich Thieme eine ganze Kollektion von Blättern mit Ansichten der Görlitzer Wehranlagen. Um Raum für neue Verkehrswege zu schaffen, war ein großzügiger Abriss der Tore und Mauern schon länger geplant. 1836 musste der Neißturm als erste Befestigungsanlage weichen. Am Kaisertrutz, der ab 1490 zum Schutz der via regia der westlichen Stadtanlage vorgebaut worden war, sollten diese Veränderungen des 19. Jahrhunderts besonders markant ausfallen. Auf dem Blatt sieht man vom Reichenbacher Turm auf den Kaisertrutz mit vier Etagen. Die drei unteren dienten als Kanonenbastei zum fortifikatorischen Schutz. Die oberste Etage mit dem Wehrgang konnte mit Handfeuerwaffen verteidigt werden. Vom Innenturm aus erhielten die Kanoniere ihre Zielangaben. Zwei Zwingmauern verbanden das Rondell mit der äußeren Stadtmauer. Von hier war auch die Begehung des Kaisertrutzes im Kriegsfalle möglich. Für die Einbringung der Waffen diente ein breites Tor im Erdgeschoss von der Stadt aus. Seinen Namen erhielt das Gebäude im Dreißigjährigen Krieg, als die Stadt 1641 – von den Schweden besetzt – den sächsischen und kaiserlichen Truppen »trotzte«. I.A.

Lit.: Lemper 1995.

2 | 58

Das Neißeviadukt in Görlitz

um 1850
Lithografie; 15,9 × 23,8 cm; Blatt: 27 × 35 cm
bez.: »Lith. Anst. v. E. Sachse i. Görlitz.
Die Eisenbahnbrücke bei Görlitz. Die Brücke ist 1500 f. lang und 120 f. hoch. Sie besteht aus 30 Bogen, deren grösste und höchste 60 – 70 f., die kleinern aber 30 – 40 f. Spannung haben. Die mächtigsten Pfeiler sind 20 f. stark«
Kulturhistorisches Museum Görlitz,
Inv.-Nr. 366-54

Erst der Bau des Görlitzer Viaduktes über die Neiße 1847 hatte die Zusammenführung der beiden Eisenbahnlinien von Sachsen und Preußen in Görlitz möglich gemacht. Seit in Folge des Wiener Kongresses 1815 die Oberlausitz geteilt war, befand sich Görlitz nun an der Peripherie der preußischen Provinz Schlesien. Doch der Görlitzer Bürgermeister Gottlob Ludwig Demiani (1786 – 1846) hatte erkannt, dass nur Orte mit Anschluss an die moderne Infrastruktur eine Chance zur Modernisierung erhielten. Ein sächsisch-preußischer Staatsvertrag regelte den Verlauf und den Bau der Eisenbahnstrecke. Ein großes Problem stellte die Überquerung der Neiße dar. Der Görlitzer Maurermeister und Bauunternehmer Gustav Kießler (1807 – 1883) übernahm den Auftrag. Als Baumaterial diente Lausitzer Granit vom Limasberg und anderen Steinbrüchen bei Königshain. Königshainer Bauern brachten in Lohnfuhren die Steine zur Neiße. Der Bau des Neißeviadukts stellte eine ingenieurtechnische und logistische Meisterleistung dar. Am 26. August 1847 befuhr der erste Zug die Brücke. Der Reisende konnte nun von Dresden über Görlitz und Kohlfurt nach Breslau fahren. I.A.

Lit.: Rettig 1987.

Markt

SUSANNE SCHÖTZ

Leipzig im Schnittpunkt von via regia und via imperii

Über Bedeutung und Akteure des Messehandels

Entlang der via regia veranstalteten verschiedene Städte im Laufe der Frühen Neuzeit größere Märkte, die alljährlich zu festen Terminen stattfanden und am kirchlichen Kalender ausgerichtet waren. Paul Jacob Marperger (1656–1730) gibt in seiner »Beschreibung der Messen und Jahr-Märckte« für die Zeit um 1700 in der Kernzone der via regia für folgende Orte periodisch wiederkehrende Jahrmärkte an: Frankfurt am Main (2), Hanau (4), Eisenach (4), Erfurt (6), Naumburg (2), Weißenfels (2), Leipzig (3), Grimma (3), Eilenburg (3), Großenhain (3), Bautzen (3), Löbau (2), Görlitz (2), Breslau (4). Für Görlitz nennt er beispielsweise einen ersten Jahrmarkt, der auf Sonntag nach Trinitatis (erster Sonntag nach Pfingsten) fiel, und einen zweiten, der am Sonntag nach Mariä Himmelfahrt (15. August) stattfand.[1]

Obwohl wir über die meisten dieser Marktveranstaltungen bislang nur wenig wissen, ist wohl davon auszugehen, dass es sich zumeist um Märkte handelte, die den Austausch zwischen Stadt und Umland kanalisierten. Während jede Stadt über in der Regel zweimal wöchentlich stattfindende Wochenmärkte zur Befriedigung des Bedarfs an Lebensmitteln verfügte, stellten Jahrmärkte ein größeres Warensortiment bereit und dienten vor allem dem breiteren regionalen Austausch gewerblicher Erzeugnisse. Es konnte sich dabei aber auch um spezifische Produktmärkte oder Viehmärkte mit größerem Einzugsbereich handeln. Auf Jahrmärkten begegneten sich folglich Produzenten und Kunden im direkten Austausch. Hier waren aber auch Kaufleute und Händler anzutreffen, die bestimmte regionale Produkte zum Weiterverkauf aufkauften oder die von anderen Marktplätzen herkommend, etwa den großen Messen, gewerbliche Produkte zum Absatz heranführten. Auf Jahrmärkten konzentrierte sich so für kurze Zeit die Kaufkraft einer Region; ihr Besuch war durch das dann und nur dann vorhandene Warensortiment lukrativ – daneben sorgten Schaustellungen und Volksbelustigungen aller Art für Abwechslung im Alltagsleben und rundeten den Marktbesuch ab.

Unter den oben genannten, an der via regia gelegenen Städten bescheinigt Marperger nur Frankfurt am Main und Leipzig eine gänzlich andere Qualität von Marktveranstaltungen. Die für Frankfurt am Main und Leipzig genannten Jahrmärkte, seit dem 18. Jahrhundert immer häufiger als Messen bezeichnet, boten ein wesentlich breiteres, den lokalen und regionalen Rahmen bei Weitem überschreitendes Angebot von Waren. Sie waren in hohem Maße, jedoch nicht ausschließlich durch den Austausch von Kaufmann zu Kaufmann geprägt. Ihre ökonomische Kernfunktion bestand in der Vermittlung großer Warenmengen über weite Entfernungen;[2] sie waren Relaisstationen des vorindustriellen Groß- und Fernhandels. Als periodisch wiederkehrende Treffpunkte überregional agierender Kaufmannsnetzwerke wurden sie zudem zu überregionalen Knotenpunkten des Zahlungsverkehrs, insbesondere des bargeldlosen Wechselverkehrs.[3] Darüber hinaus stellten sie Zentren von Kommunikation, Information und kulturellem Transfer dar.

Indem Messen jedoch den überregionalen Warenverkehr entscheidend vermittelten, bewirkten sie Austausch und Arbeitsteilung zwischen unterschiedlich strukturierten und spezialisierten Wirtschaftsräumen. Frankfurt am Main hatte sich im Spätmittelalter zur Drehscheibe des Fernhandels mit England, Frankreich und den Niederlanden sowie des oberdeutschen Handels mit dem Westen, Norden und Nordosten entwickelt.[4] Leipzig gewann spätestens seit dem 15. Jahrhundert immer stärkere Bedeutung im Handel mit Ostmitteleuropa, Ost- und Südosteuropa.[5] Als Marperger seine »Beschreibung [...]« im Jahre 1711 verfasste, befand sich Leipzig gerade auf dem Sprung zur führenden deutschen Warenmesse an Frankfurt am Main vorbei.

Dabei lässt sich nicht eindeutig feststellen, seit wann die ersten beiden großen Leipziger Jahrmärkte, der Jubilate- oder Oster- und der Michaelismarkt, abgehalten wurden. Den dritten, den Neujahrsmarkt, verlieh Kurfürst Friedrich II. von Sachsen der Stadt im Jahre 1458, dabei ausdrücklich bekräftigend, dass die beiden bisherigen Märkte beibehalten werden sollten. 1466 und 1469 erhielt der Neujahrsmarkt als erster der drei Leipziger Märkte die kaiserliche Bestätigung durch Friedrich III. 1497 wurden dann alle drei Märkte durch Maximilian I. erneut bestätigt und unter den Schutz des Reiches gestellt. Das 1507 folgende Privileg von Maximilian I. ergänzte und krönte das bisher Erreichte: Es bestätigte den Leipzigern das Recht, Niederlage und Stapel mit großer und kleiner Ware zu halten – damit mussten sämtliche Kaufleute, die nach Leipzig kamen, hier ihre Waren niederlegen, also auspacken, und stapeln, das heißt einige Tage zum Verkauf anbieten (s. Kat.-Nr. 3 | 108). Zudem dehnte das Privileg die Bannmeile für den Handel auf 15 Meilen (etwa 112 km) im Umkreis der Stadt aus. Innerhalb dieses Bereiches sollten fortan weder Jahrmärkte stattfinden noch Niederlagen von Waren erfolgen, die den Leipziger Jahrmärkten und dem Handelsplatz Leipzig schaden könnten.[6]

Abb. 1
Der Markt-Platz in Leipzig um 1800 · Christian Gottfried Heinrich Geißler (Stecher)
Radierung, koloriert · Stadtgeschichtliches Museum Leipzig

Auch wenn sich der Leipziger Rat diese Privilegien im Laufe der Zeit immer wieder bestätigen ließ und sie zum Teil sehr geschickt in Auseinandersetzungen mit unliebsamen Konkurrenten einsetzte,[7] muss doch ihre rigorose Durchsetzung bezweifelt werden. Es hätte sonst wohl einige der von Marperger für 1700 angegebenen Jahrmärkte in der Nähe Leipzigs nicht geben dürfen.

Überblickt man die Faktoren, die den enormen Aufschwung der Leipziger Messen seit dem 15. Jahrhundert bewirkten, waren wohl verschiedene Punkte entscheidend. Einige seien hervorgehoben: Zunächst einmal profitierte Leipzig von seiner zentralen Lage am Schnittpunkt zweier bedeutender mittelalterlicher Handelsstraßen, der via regia (Königs- oder Hohe Straße) in West-Ost-Richtung und der via imperii (Reichsstraße) in Nord-Süd-Richtung. Damit diese Straßen auch in Richtung Leipzig genutzt wurden, sicherte Markgraf Dietrich von Landsberg bereits 1268 allen Kaufleuten auf dem Weg von und nach Leipzig ungefährdetes Reisen zu, selbst wenn er sich mit ihren Herren in Fehde befinden sollte (s. Kat.-Nr. 3 | 121). Um diesen Schutz gewähren zu können, wurde der Straßenzwang eingeführt und über ein feinmaschiges landesherrliches Geleitsystem kontrolliert und durchgesetzt. Straßenzwang bedeutete die Verpflichtung, mit Kaufmannsgut nur bestimmte, »rechte« Straßen zu benutzen. Aus dem Jahr 1471 liegt ein gedruckter Leipziger Ratsvermerk vor, der Aufschluss über den Straßenverlauf in Richtung Leipzig gibt. An erster Stelle standen die Straßen nach und von Osten und Nordosten: so von Leipzig nach Breslau auf der via regia über Eilenburg oder Grimma, Oschatz, Großenhain, Königsbrück, Kamenz, Bautzen, Görlitz, Lauban; so von Leipzig nach Berlin, Polen oder Posen über Eilenburg, Torgau, Herzberg, Frankfurt (Oder); schließlich von Leipzig »in das Reich« auf der via imperii über Borna, Altenburg, Zwickau, Plauen oder Oelsnitz, Hof, Nürnberg oder Bamberg und Augsburg.[8] Diese Kombination aus Straßenzwang, dem Leipziger Niederlage- und Stapelrecht und den festen, regelmäßig wiederkehrenden Terminen der jeweils drei Wochen dauernden Leipziger Jahrmärkte trieb viele Handelsgüter im mitteldeutschen Raum förmlich auf Leipzig zu und machte die Stadt zu einem ganz besonderen Knotenpunkt an der via regia (Abb. 1).

Zweitens waren die Leipziger Messen frühzeitig, mindestens aber seit dem frühen 15. Jahrhundert, dezidiert auf den Handel mit Mittelost- und Osteuropa ausgerichtet. Diese West-Ost-Orientierung behielten sie bei und vertieften sie, was sie immer interessanter für den Absatz handwerklicher Erzeugnisse sowie neuer, im Verlagssystem hergestellter Massenprodukte Westeuropas, aber auch aus Westfalen, Nürnberg, der Schweiz, dem sächsisch-thüringischen, schlesischen und böhmischen Raum in Richtung Osten werden ließ. Dabei spielten Textilprodukte jahrhundertelang die überragende Rolle; Leipzig wurde zum weit nach Osten vorgeschobenen Haupthandelsplatz für die west- und mitteleuropäische Textilproduktion. Bereits 1499 wurden an 255 Verkaufsständen Tuche aus Amsterdam, Brüssel, Gent, Aachen, Ypern und Brabant, aber auch aus Gera, Meiningen, Schmalkalden, Zwickau, Kamenz und Bautzen verkauft.[9]

Abb. 2
Apfelverkäuferin · Johann Salomo(n) Richter (Radierer) · 1789/91
Radierung, koloriert · aus: Leipziger Nationaltrachten, Nr. 6
Stadtgeschichtliches Museum Leipzig

Drittens kam Leipzigs Messen im 15. und 16. Jahrhundert die Intensivierung des Nürnberger Osthandels, der nun kaum noch den Weg über Prag nahm, aber auch der Aufschwung des erzgebirgischen Silberbergbaus und des Mansfelder Kupferabbaus zugute. Die Versorgung der neu entstandenen Gewerberegionen mit Rohstoffen sowie die ihrer Lohnarbeiter mit Lebensmitteln, Bekleidung und Arbeitsgeräten gaben der Verflechtung von mittel- und nordosteuropäischen Regionen einen Schub. Das widerspiegelt sich auf den Leipziger Messen, wo Tuche, Leinwand, Leder, Felle, Häute, Fisch, Wachs, Honig, Talg, Unschlitt, Wolle, Waid und Metalle verkauft wurden. Die Messen entwickelten sich im 16. Jahrhundert darüber hinaus zu einem Silberhandelsplatz von überregionaler Bedeutung und zum Finanzplatz der Kurfürsten von Sachsen.[10]

Viertens gingen von der Zuwanderung vor allem fränkischer, rheinischer und niederländischer Kaufleute zwischen 1470 und 1650 nach Leipzig bedeutende Impulse für die Messen und den Handelsstandort Leipzig aus.[11] Die eingewanderten Kaufleute versprachen sich für ihre Handelsgeschäfte mit dem Osten dank Leipzigs Messen besondere Vorteile. Einige von ihnen engagierten sich im erzgebirgischen und Mansfelder Bergbau, andere betätigten sich als Manufakturgründer. Später waren es nach Leipzig eingewanderte hugenottische réfugiés wie die Dufours, die im Zusammenspiel mit jüdischen Kaufleuten den Absatz Lyoner Seidenwaren nach Ost- und Südosteuropa vermittelten und so den Messestandort Leipzig stärkten.[12]

Fünftens gelang es der Leipziger Kaufmannschaft letztlich immer wieder, auch dank landesherrlicher Unterstützung, notwendige strukturelle Neuerungen auf den Weg zu bringen und so fremden Kaufleuten ein hohes Maß an Handelsfreiheit, Rechtssicherheit sowie an auf internationalen Handelsplätzen üblichen kommerziellen Standards zu gewähren. Dem dienten zum Beispiel die Errichtung der Handelsbörse 1678/87, die Einführung der Leipziger Wechselordnung und der Neuen Leipziger Handelsgerichtsordnung von 1682. Oft geschah dies allerdings in zäher Auseinandersetzung mit der Leipziger Kramerinnung als Vertretung des lokalen Kleinhandels.

Wenn die Leipziger Warenmessen schließlich im 18. Jahrhundert den Vorrang gegenüber den Frankfurter Messen errangen und den Zeitgenossen als Marktplatz Europas galten, dann weil sie nun eindeutig den West-Ost-Handel dominierten und dieser große Potenziale versprach. Immer mehr Kaufleute hielten das Leipziger Warenangebot inhaltlich und mengenmäßig für umfassender als das Frankfurter, ob es sich nun um Rauchwaren, um den Vertrieb von Seidenwaren und Luxusartikeln aus Italien, Frankreich und Brabant oder um den Absatz von englischen Erzeugnissen und Kolonialwaren handelte.[13] Was die Leipziger im Vergleich mit den Frankfurter Messen in der zweiten Hälfte des 18. Jahrhunderts aber einzigartig machte, das war die nur hier zu findende Präsenz von Messegästen aus Südosteuropa, Polen und Russland (Abb. 3).[14] Unter ihnen befanden sich viele jüdische Kaufleute, deren Messebeteiligung in der zweiten Hälfte des 18. Jahrhunderts stark zunahm.[15]

Darüber hinaus waren Leipzigs Messen für die exportorientierten Gewerberegionen des sächsisch-thüringischen Raums, Schlesiens und Böhmens zum Hauptabsatzgebiet geworden. An erster Stelle standen mit weitem Abstand noch immer Textilprodukte. Neben die traditionellen Erzeugnisse traten nun aber auch sächsische Manufakturwaren wie Porzellan, Seidenstoffe, Damast, Tapeten, Kattun und Wollwaren. Hinzu kam der Buchhandel, der Leipzig zum führenden Buchmarkt machte.

Mit der Erschließung neuer Absatzwege an den Messen vorbei – so durch die Entsendung von Musterreisenden seit dem letzten Drittel des 18. Jahrhunderts – geriet die alte Warenmesse allmählich in eine Krise. Der Beitritt Sachsens zum Deutschen Zollverein und der Ausbau Leipzigs zu einem Eisenbahnverkehrsknotenpunkt konnten ihr zwar nach 1834 noch einmal Auftrieb verleihen, doch war dies vor allem ein Aufschwung des Binnenhandels. Ihre traditionelle Rolle als Vermittler westeuropäischer Gewerbeprodukte für Mittel-, Ost- und Südosteuropa büßten die Leipziger Messen infolge von Veränderungen in der Absatzorganisation sowie von Zollprotektionismus nun ein.[16] Zudem wurde immer deutlicher, dass sich die in der industriellen Produktionsweise erzeugten Warenvolumen des 19. Jahrhunderts nicht mehr über die traditionelle Warenmesse abwickeln ließen. Für die Zukunft der Leipziger Messen wurde der Übergang zu neuen Organisations-

Abb. 3
Kaufmannstracht in Russland, Moskau und Polen · Holzschnitt, koloriert
aus: Hans Weigel, Habitus praecipuorum populorum, Nürnberg 1577, Tafel 168
Sächsische Landesbibliothek – Staats- und Universitätsbibliothek Dresden

und Präsentationsformen der Messe, zur Mustermesse und zu Branchenmessen, verbunden mit einer völlig neuen Messearchitektur, entscheidend. Damit trat am Ende des 19. Jahrhunderts die alte Handelsfunktion der Messen zurück, stärker dagegen wurde ihre Orientierungs-, Informations- und Kommunikationsfunktion.

Nimmt man Messen lediglich in ihrer ökonomischen Hauptfunktion als Großmärkte von Kaufleuten in den Blick, dann erfasst man nur die Spitze der Pyramide. Betrachtet man aber die ungeheure Beteiligung der Bevölkerung oder, um im Bild zu bleiben, den Pyramidenstumpf,[17] dann erschließen sich weitere Bedeutungsebenen der Messen: Da wären zunächst einmal die Fuhrleute und Knechte, die den Transport der Waren bewältigten, dann die vielen Menschen, die entlang der via regia und anderer Handelsstraßen für deren Passierbarkeit sorgten oder das Geleitssystem in Gang hielten oder auch unterwegs in Herbergen und Ausspannen Unterkunft für Fuhrleute und Versorgung für Zugtiere anboten.

Das gilt für Leipzig ebenso, wo Gastwirte unterschiedlicher Couleur ganz wesentlich vom Messebesuch der Fremden lebten. Des Weiteren sehen wir in Leipzig die Torschreiber, die jeden Messegast mehr oder weniger sorgfältig registrierten, sowie das zahlreiche städtische Personal, das mit dem Wiegen der ankommenden und abgehenden Güter, mit der Vergabe von Mess-Budenständen auf den einzelnen Handelsplätzen, mit dem Budenauf- und -abbau befasst war. Oder die unzähligen Tagelöhner, die beim Verpacken und Verladen der Waren halfen, die Abort- und Abfallgruben leerten, die Straßen und Plätze fegten. Daneben Wanderärzte, Wunderheiler, Zahnbrecher, Gaukler und Schausteller aller Art, Musiker und Harfenmädchen sowie Frauen, die an Ständen und auf mobilen Tischen Obst und Selbstgebackenes anboten oder wie die sogenannten Speckleute und Kochweiber Gebratenes zum raschen Verzehr verkauften (Abb. 2). Zu denken ist an die vielen Leipziger Bürger, die in ihren Häusern nahezu alles, bis zum letzten verfügbaren Zimmer und zum letzten nutzbaren Speicherplatz, zur Vermietung an Messegäste freigaben und die dazu häufig gleich noch die Beköstigung der Gäste übernahmen.

In den Blick geraten neben den Kaufleuten als Akteuren des Großhandels aber auch die Mitglieder der Leipziger Kramerinnung. Sie verfügten bis zur Einführung der Gewerbefreiheit im Jahre 1861 über das fast ausschließliche Recht zum Detailhandel außerhalb der Messen. In ihrer Hand war damit der Absatz nahezu sämtlicher Waren in kleinen Mengen an Endverbraucher. Dieses Recht war während der Messen außer Kraft gesetzt, denn dann galt die grundsätzlich jedem Menschen zustehende »Messefreiheit«, die, wie es hieß, »unumschränkte Freyheit des Handels und Wandels, insonderheit des Verkauffs aller und jeder Waaren«.[18] Messen bedeuteten insofern ein Stück zeitlich befristete Handels- und Gewerbefreiheit lange vor der Abschaffung des Zunftssystems und der Liberalisierung des Wirtschaftslebens. Für die Kramer hatte das zur Folge, dass sie während der Messen mit vielen anderen Händlern konkurrieren mussten. Doch auch sie machten sich die Messen zunutze, indem sie einerseits ihre Waren abzusetzen versuchten, andererseits aber ihr Sortiment durch gezielte Einkäufe aufbesserten. Das trifft auch auf die Putzmacherinnen und Modewarenhändlerinnen zu, eine seit den 1830er Jahren allmählich wachsende Gruppe von Gewerbetreibenden auf der Basis persönlicher Konzessionserteilungen. Sie nutzten die Messen, um sich über die neuesten Modetrends in Frankreich zu informieren oder um französische Modewaren als Modelle zu erwerben und dann nachzuarbeiten. Mitunter kauften sie auch fremde Sortimente auf, um sie dann nach den Messen als eigene Erzeugnisse auszugeben und weiterzuverkaufen – was natürlich streng verboten war und von der Schneider-, Kürschner- und Kramerinnung gleichermaßen verfolgt wurde.

Während der Messen konnten auch die zahlreichen Händlerinnen des Leipziger Wochenmarkts auf guten Absatz hoffen, galt es doch, die Versorgung der Messebesucher mit frischen Lebensmitteln sicherzustellen – was auch für die Landwirte der Umgebung einen Anreiz ihrer Produktion bot. Daneben machten auch die Trödler und Trödlerinnen sowie die Hausierer und Hausiererinnen ihr Messegeschäft, denn die Messe zog auch das ärmere Landvolk aus den umgebenden Dörfern magisch an, sei es um Arbeit zu finden, sei es um sich mit billigen Waren einzudecken oder um an Messevergnügungen teilzuhaben. Messe-Hausiererinnen verkauften diverse Erzeugnisse im Auftrag von Leipziger Kramern, von einheimischen oder fremden Produzenten. Und sie setzten alte, getragene Sachen ab, die ihnen Leipziger Bürger zum Verkauf anvertrauten.

Selbstverständlich hatten auch die Leipziger Zunfthandwerker am Messehandel teil, wie die Messen ebenso von den Mitgliedern fremder Handwerksinnungen besucht wurden. So von den Großenhainer Tuchmachern, von Gürtlern aus Zerbst und Langensalza oder Messerschmieden aus Halle, Gera oder Suhl. Große Teile des Handwerks über den sächsisch-thüringischen Raum hinaus produzierten messeorientiert und nutzten die Handelsfreiheit der Leipziger Messen dreimal jährlich als großen Absatz- und Einkaufsmarkt.

Das Recht der Messefreiheit nahmen schließlich auch jene Personen wahr, denen es aus den unterschiedlichsten Gründen nicht gelungen war, Aufnahme in eine Innung zu finden und die als sogenannte Pfuscher und Pfuscherinnen bzw. Störer und Störerinnen in der Schattenökonomie ihr Dasein fristeten. Sie bewegten sich am Rand der offiziellen gewerblichen Produktion zwischen Duldung und Repression. Die zeitlich befristete Handelsfreiheit während der Messen gewährte ihnen einen kurzen Freiraum zum legitimen Absatz ihrer Erzeugnisse.

Am Messehandel nahmen Männer und Frauen teil. Die Zahl der selbstständig, auf eigene Rechnung teilnehmenden fremden Kauffrauen, zumeist Kaufmannswitwen, war gering, aber es gab sie durch die Jahrhunderte hindurch, und dies fand im Handelsrecht seinen Niederschlag. Frauen waren in Handelsunternehmen vor allem dadurch präsent, dass sie als Ehefrauen Kapital und verwandtschaftliche Geschäftsbeziehungen einbrachten, denn Kaufleute heirateten sehr häufig Kaufmannstöchter. Und Frauen waren als mithelfende Familienangehörige von immenser Bedeutung. Vor allem diese waren auch während der Messen zu allen Zeiten vertreten. Von Ehefrauen und Töchtern, Schwestern und Nichten als Handeltreibenden ist in den »Meßbudenangelegenheiten« des Leipziger Rates immer wieder die Rede. Die familienwirtschaftliche Betreibung von Handelsgeschäften blieb in unteren und mittleren Schichten des Handelsstandes jahrhundertelang die kostengünstigste Form kaufmännischer Geschäftstätigkeit. Das bürgerliche Frauenideal der Gattin, Hausfrau und Mutter befand sich hier in ständigem Widerstreit mit der in breiten Volksschichten unumgänglichen Orientierung an der (Mit-) Arbeit der Frau.

Das Erscheinungsbild der Leipziger Messen war bunt und vielgestaltig, nahezu alle Bevölkerungsschichten nutzten die dann herrschende Handelsfreiheit. So liefen in Leipzig auf kleinstem Raum Groß-, Klein- und Kleinsthandelsgeschäfte nebeneinander ab. Sie wurden in vornehmen Bürgerhäusern, in den Gewölben des prachtvollen Rathauses und in Handelshöfen, in Messebuden, Gasthöfen und Wohnquartieren, an aufgestellten Tischen oder auf den Straßen beim Hausierhandel abgeschlossen. Solange keine Gewerbefreiheit bestand, mussten die Messen für die verschiedenartigen Händler und Händlerinnen auch eine sehr unterschiedliche Bedeutung besitzen. Für diejenigen, die außerhalb der Messen über keine oder nur eingeschränkte legitime Zugänge zu Märkten verfügten, erlangte die Teilnahme am Messehandel oftmals existenzielle Bedeutung – für arme Familien, alte Menschen, verlassene, kranke oder gebrechliche Frauen und ihre Kinder sowie für unzählige nichtzünftige Produzenten männlichen und weiblichen Geschlechts. Die Messen durchbrachen zeitlich begrenzt das Zunftsystem. Sie wirkten wie ein Ventil und trugen doch gleichzeitig zur Verlängerung und Verschärfung überlebter Produktionsverhältnisse bei. Vordenker der politischen Ökonomie kritisierten Messen deshalb seit dem ausgehenden 17. Jahrhundert als Bremsklotz einer generellen Freisetzung des wirtschaftlichen Potenzials.[19]

Verweise

1 Marperger 1711. | **2** Kaufhold 1996, S. 243. | **3** Denzel 1999. | **4** North 2005, S. 159. | **5** Straube 1995. | **6** Straube 1995, S. 83 f.; Zwahr 1999, S. 21. | **7** Held 1999. | **8** Straube 1999, S. 125–132. | **9** Straube 1999, S. 128 f. | **10** Schirmer 1999. | **11** Fischer 1929. | **12** Sammler 1999. | **13** Beyer 1999. | **14** Lendenmann 1999, S. 411, sowie Brübach 1994, S. 580 f. | **15** Reinhold 1994. | **16** Ludwig 1999. | **17** Braudel 1987, S. 89 f. | **18** Zit. n. Schötz 2004, S. 411. | **19** Homburg 1999.

Marktplätze lagen meist im Zentrum einer Stadt, waren Orte des Austauschs von Waren und Informationen. Was aber wurde transportiert, was wurde gehandelt? Neben Metallen – Silber, Kupfer, Zinn und Eisen – wurde Steinzeug, Porzellan und Glas über die via regia verhandelt. Aus Halle, aber auch aus dem polnischen Wieliczka stammte das überaus wertvolle Salz, das »weiße Gold«, das beispielsweise in Görlitz verkauft werden durfte. Aus der anderen Richtung, dem Thüringer Becken um Erfurt, kam das Färbemittel Waid in die Textilregion Oberlausitz-Schlesien-Böhmen – die hier hergestellten Stoffe wurden gefärbt, bedruckt und weitergehandelt. Und nicht zuletzt kamen über die via regia große Herden Lebendvieh aus Russland und Polen, die entweder bis nach Thüringen getrieben oder lokal verkauft und verarbeitet wurden.

Der Handel war stets von bestimmten Rahmenbedingungen abhängig, frühzeitig wurden Warenströme gelenkt oder gar unterbunden. Dies geschah mittels Privilegien: Denn nur mit einer Erlaubnis der Obrigkeit durften Märkte und Messen abgehalten oder bestimmte Waren gehandelt werden. Hinzu kam der Straßenzwang, der Kaufleuten und Fuhrmännern gegen Geldzahlungen auf festgelegten Wegen Schutz bot, gleichzeitig aber den Landesherren neben den Zöllen zusätzliche Einnahmen bescherte. Die Regularien zur Handhabung der verschiedenen Währungen, Maße und Gewichte verliehen dem Handel Stabilität und Sicherheit. Hier galt es den Überblick über die Vielfalt zu wahren, insbesondere Kaufleute und Händler mussten über entsprechende Kenntnisse und Fähigkeiten verfügen.

Doch ohne die Infrastruktur an der Straße wären Handel und Mobilität nicht möglich gewesen: In den Orten an der via regia boten Handwerker ihre Dienste an, Böttger stellten Fässer zum Transport her und Wagner reparierten Räder. In den Herbergen und Gasthöfen konnten Kaufleute und Händler übernachten und sich für die Reise stärken. Gleiches galt für die Fuhrmänner, die dort ihre Pferde versorgten. Das Leben auf der via regia war somit auch bestimmt durch das Leben an der via regia – viele Menschen verdienten ihren Lebensunterhalt mit der Bewegung auf der Straße.

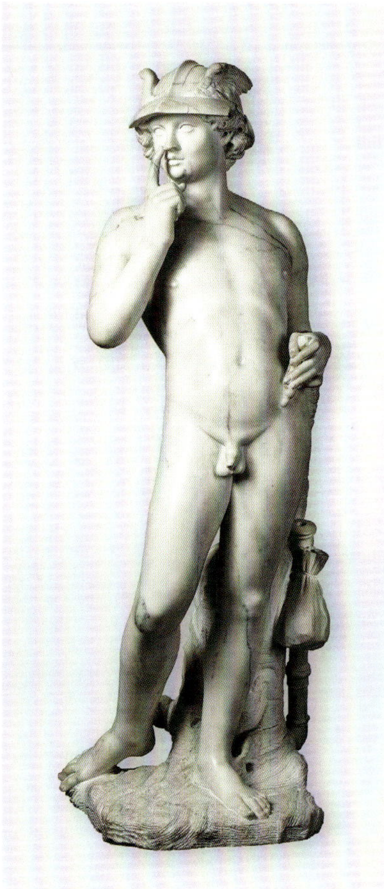

3 | 1

3 | 1

Merkur

Paul Heermann
(Weigmannsdorf 1673 – 1732 Dresden)
1729
Marmor; Höhe: 96 cm
bez. auf der Vorderseite des Baumstamms: »PH« (ligiert)
Stadtgeschichtliches Museum Leipzig,
Inv.-Nr. Pl. 1001
s. auch Abb. → Seite 85

Der Bildhauer Paul Heermann, der mit Balthasar Permoser (1651–1732) in Dresden am Zwinger arbeitete, schuf auch Skulpturen für die Leipziger Bürgergärten. Der geflügelte Bote Merkur, römischer Gott des Handels, war im 18. Jahrhundert zu einem Wahrzeichen Leipzigs geworden und zierte Häuser und Gärten ebenso wie Stadtansichten und Firmenembleme. Apoll, Gott des Geistigen und Schönen, wurde ihm oft zur Seite gestellt, um die angestrebte Verbindung zwischen wirtschaftlichem Erfolg und den Künsten zu symbolisieren. Auch zu diesem Merkur gehört ein Apoll von gleicher Größe. In seinen Spätwerken, zu denen die beiden Figuren zählen, verband der Hofbildhauer Heermann eine antikisierende Figurenauffassung mit spätbarockem Formenausdruck zu einem neuen, bereits den Klassizismus ankündigenden Stil. Die beiden Figuren gehörten bis 1911 zum Kunstbestand der Leipziger Stadtbibliothek und haben sich im Stadtgeschichtlichen Museum Leipzig erhalten. U.D.

Lit.: Gleisberg 1989, S. 349; Ausst.-Kat. Leipzig 2006, S. 163 f.

3 | 2

Allegorie des Handels: Aigentliche abbildung des gantzen gewerbs der Kauffmannschaft […]

nach Jost Ammann
(Zürich 1539 – 1591 Nürnberg)
Formschneider: Monogrammist W+S
19. Jh., nach der Ausgabe Augsburg, 1610
Verleger: Wilhelm Petter Zimmermann;
Drucker: Johann Schultes
Holzschnitt von sechs Stöcken;
108 × 76,1 cm (Blatt)
Staatliche Kunstsammlungen Dresden,
Kupferstich-Kabinett, Inv.-Nr. A 4414a
(New Hollstein 271 d, Variante b)

19. Jh., nach der Ausgabe Augsburg:
Michael Manger, 1585
Holzschnitt von sechs Stöcken;
94,6 × 62 cm (Blatt)
Staatliche Kunstsammlungen Dresden,
Kupferstich-Kabinett, Inv.-Nr. A 4414
(New Hollstein 271 d)

Die sogenannte Allegorie des Handels zeigt in einer nicht zu überbietenden Fülle das Wirtschaftsleben in der Zeit um 1600. Viele kleine Szenen, ergänzt durch Sinnsprüche und Erläuterungen, spiegeln stark verdichtet die komplexen Aufgaben, aber auch Pflichten des Groß- und Fernhändlers wider. Im unteren Teil wird der Alltag des Kaufmanns von der Buchhaltung über das Wiegen bis zum Verpacken der Ware gezeigt. Im Mittelteil repräsentiert der große Brunnen das fließende Kapital. Die Glücksgöttin Fortuna auf der Brunnensäule steht auf einem dicken »Zornal« (Journal), in dem die Handelsvorgänge dokumentiert werden. Zu beiden Seiten des Brunnens öffnet sich der Blick in die Landschaft, wo der Transport der Güter zu Lande thematisiert wird. Auf der linken werden u. a. die Gefahren, auf der rechten die Vorteile des geregelten Verkehrs illustriert. Alle Wagenladungen laufen auf die Stadt Antwerpen am Ufer der Schelde zu. Über diese Stadt wickelten viele, auch die meisten deutschen Kaufleute ihren Fernhandel ab. Im oberen Teil schließlich erscheint im Rund Merkur als Gott des Handels. Er hält die große Balkenwaage, die die Ausgewogenheit im Geldgeschäft zwischen »DEBITOR« (Schuldner) und »CREDITOR« (Gläubiger) verdeutlichen soll. 171 Stadtwappen, die nach Monaten sortiert sind, benennen die zahlreichen Markt- und Messeplätze. Das große, aus sechs Holzstöcken gedruckte Blatt entstand in der Werkstatt von Jost Ammann. Laut einem Eintrag im Katalog zur Frankfurter Fastenmesse 1585 wurde es von dem Nürnberger Schreib- und Rechenmeister Johann Neudörffer (1497–1563) entworfen, dann durch den Augsburger Rechenmeister Caspar Brinner bearbeitet. Der Holzschneider hat sich mit seinem Monogramm auf dem Kreuz neben dem Brunnen verewigt. Nach der Erstauflage in Nürnberg bei Michael Manger 1585 gab es zu Beginn des 17. Jahrhunderts weitere, sich in den Texten unterscheidende Drucke. Von den Originalholzstöcken wurden im 19. Jahrhundert noch Editionen herausgegeben. R.E.

Lit.: Pilz 1974/75; New Hollstein, Bd. 4 (2001), Amman Bd. 2, Nr. 271.

Eigentliche Abbildung deß ganzen Gewerbs der löblichen Kaufmannschafft/ samt etlich der nahmhafft- und fürnehmsten Handelstädt Signatur und Wappen/ darinnen zum Theil fürnehmlich die Märckt und Messen begriffen seyn/ so deß Jahrs über in jedem Monath einfallen/ auch hin und wider in Europa zu unterschidlichen Zeiten gehalten/ und von fürnehmen und geringen Gewerbs- und Handelsleuthen/ aus allerley Nationen besucht und gebauet werden; wie durch derselben mancherley Schild und Wappen hie unten und zum Eingang bey dem Mercurio angezeigt ist. Samt der löblichen schönen uralten Kunst deß Buchhaltens/ dardurch alle Kaufmanns-Gewerb schleunig und richtig unterhalten werden; Neben andern wolgemeinten Erinnerungen/ welche den Handelsleuthen nothwendig zu wissen und zu beobachten sind.

Infrastruktur

3|3

3|3

Sargschild der Breslauer Böttcherinnung

Breslau, 1587
Schildbezug aus Atlasseide in Bordeauxrot, auf Leinenstoff, Applikationen aufgestickt mit Silber- und vergoldetem Silberfaden (Seidengarnumflechtung), Embleme: Fass und Messer; Füllung mit Wollwerg, Rückseite aus imprägniertem Leinen
Durchmesser: 44 cm
Muzeum Narodowe we Wrocławiu, Inv.-Nr. XV-658

Auf dem runden Schild, das von einem gewölbten Lorbeerkranz mit silbernen Früchten umrahmt wird, sind auf der vertikalen Achse vierblättrige Rosetten aufgenäht, auf der horizontalen Achse Zierbänder. Im Schildfeld stellt eine Spätrenaissance-Wappenkartusche mit Emblemen das Wappen der Breslauer Böttcherinnung dar, das sich aus den typischen Werkzeugen zusammensetzt: in der Mitte ein Zirkel mit den Schenkeln nach unten, zwischen ihnen ein Fass, an den Seiten oben Böttcherhämmer (rechts mit dem Kopf nach unten), links unten ein Fassdaubenmesser, rechts eine Daubenkanne. Das Kartuschenfeld ist mit einem spiralen Pflanzenrankornament verziert, an seinen Seiten befindet sich das Datum »15–87«. An der Rückseite ist horizontal ein doppeltes Band zum Aufhängen des Schildes befestigt. Das Schild wurde zusammen mit einem passenden zweiten Schild, das leider verschollen ist, 1859 der Sammlung des Museums schlesischer Altertümer in Breslau geschenkt. T.F.

Lit.: Verzeichnis 1863, S. 30, Nr. 796; Schlesiens Vorzeit in Bild und Schrift, Breslau Bd. 1 (1870), S. 21–42, Nr. D/90; Ausst.-Kat. Wrocław 2002, S. 235 f., Nr. 1.

3 | 4

3 | 4

Innungsschrein der Görlitzer Büttnerzunft

Görlitz, 1764
Eiche, geschnitzt, intarsiert;
74 × 82 × 20,5 cm
1911 vom Rentier Louis Werner an das Kaiser-Friedrich-Museum übergeben
Kulturhistorisches Museum Görlitz, Inv.-Nr. Kult 2532

Im Ratsarchiv der Stadt Görlitz ist ein Verzeichnis der Görlitzer Handwerksmeister im Jahr 1600 überliefert. Danach verteilten sich 800 Meister auf 25 Zünfte. Mit 197 Meistern bildeten die Tuchmacher die größte Handwerkervereinigung, gefolgt von insgesamt 100 Weiß- und Rotgerbern und 60 Leinewebern. Die Büttner, auch Böttcher oder Bender genannt, stellten mit 23 Meistern eine mittelgroße Zunft dar, ähnlich den Schmieden, Maurern und Schlossern. 1664, 20 Jahre nach dem Ende des Dreißigjährigen Krieges, ließen sie sich einen Zunftschrein in Form eines mittelalterlichen Klappaltars fertigen. Die geschlossene Lade zeigt zwei Fässer als Relief. Das Innere ist als Intarsienbild gestaltet und von zwei Säulen gerahmt. Die Ähnlichkeiten zum Schrein der Tuchknappen aus dem gleichen Jahr drängen sich auf. Zwei Büttner, mit Kniehosen, langen Schürzen, Mützen und Holzpantinen bekleidet, schlagen einen Fassreifen auf. Fässer und Bottiche in allen Größen waren bis ins 19. Jahrhundert wichtige Aufbewahrungs- und Transportgefäße. Nicht nur Flüssigkeiten ließen sich verlustfrei transportieren. Fässer wurden für lebende Fische ebenso gebraucht wie für Bücher und Waid, das als Pulver im Fass von Erfurt nach Görlitz gebracht wurde. Bis heute erinnert der Name Büttnergasse in Görlitz an diesen alten Beruf. I.A.

Lit.: Wenzel 1996.

3 | 5

Fassdeckel

Frankfurt a. M., 1767
Eichenholz, geschnitzt; 41 × 31,5 cm
Historisches Museum Frankfurt, Frankfurt a. M., Inv.-Nr. X 21479

Fässer waren die wichtigsten Lager-, Verpackungs- und Transportmittel in der Frühen Neuzeit. Man transportierte darin Lebensmittel, flüssige Waren wie Wein und Bier, auch feste Güter wie Bücher und Textilien sowie Rohstoffe wie Metalle und Salpeter. Ihre runde bis ovale Form war platzsparend in der Lagerung und leicht im Transport. Man konnte sie mit einem Kran von Schiffen und Fuhrwerken heben und auf langen Strecken rollen. Sie waren die bevorzugten Transport-

3 | 5

behälter auf Märkten und Messen, insbesondere auf den beiden internationalen Frankfurter Frühjahrs- und Herbstmessen. Die Fässer wurden in unterschiedlichen Größen hergestellt und vertrieben. Die in der Frankfurter Bendergasse ansässige Benderzunft gehört zu den größten Zünften der Stadt und ist bereits 1355 archivalisch nachweisbar.
Der kleine Fassdeckel ist aufwendig geschnitzt. Über der Datierung 1767 und den Buchstaben »HP: STF. 8 MAN« erhebt sich eine reliefierte Blattkartusche. Sie zeigt die Herstellung, die sogenannte Aufrichtung des Fasses. Zwei Bender treiben mit Schlegeln Eisenbänder um das hölzerne Fass. Darüber präsentieren zwei aufsteigende Löwen die wichtigen Werkzeuge der Zunft: Haken und Schlegel. Über diesen schwebt eine fünfzackige Krone, die auf die Privilegierung der Benderzunft von Kaiser Leopold I. von 1659 anspielt. Vermutlich ist der Fassboden ein Meisterstück gewesen, da die Zunftordnung vorschrieb, dass die Bendergesellen innerhalb von sechs Tagen ein »Sauber-Stück-Faß aus Rauhem Holtz mit einer Thür und fünff gleichen Band [...]« herstellen mussten, um das Frankfurter Meister- und Bürgerrecht zu erlangen. P.S.

Lit.: Grünn 1968, S. 68 ff.; Lerner 1987 a; Lerner 1987 b; Lerner 1987 c; Ausst.-Kat. Frankfurt a. M. 1991, S. 278 f.

3 | 6

Kombinationswerkzeug

um 1500; Fundort: Frankfurt (Oder);
Funddatum: 1962
Eisen; 9,7 × 25,5 cm
Museum Viadrina, Frankfurt (Oder),
Inv.-Nr. V/MA-1171

Das für verschiedene Anwendungen gefertigte Werkzeug wurde in Frankfurt (Oder) beim Ausheben von Lichtmasten 1962 in einer Abfallgrube gefunden. In dieser befanden sich sowohl Reste aus dem 16. und 17. Jahrhundert als auch jüngere Funde. Das Werkzeug aus Eisen, das Beil, Hammer und Nagelheber in einem ist, entstand vermutlich um 1500. Es wurde zum Öffnen und Schließen der Warenfässer genutzt, die über den Hansehandel zwischen Breslau und Stettin nach Frankfurt (Oder) gelangten. Die Hansestadt Frankfurt (Oder) nahm eine Schlüsselstellung im Warenaustausch zwischen Westeuropa und Polen ein, der durch verschiedene Faktoren gefördert wurde: den bis Frankfurt (Oder) schiffbaren Fluss, den günstig gelegenen Oderübergang, Wegezwang, politisches Kalkül, Niederlagegerechtigkeit und die erfolgreiche Integration in Hanse und Städtebünde. S.M.

Lit.: Kusch 2003, S. 30.

3 | 7 (ohne Abb.)

Fuhrmannsbild

Johann Samuel Erler
Colmnitz, 1872
Aquarellmalerei auf Papier; 44,5 × 83,5 cm
sign., dat.: »Johann Samuel Erler, Colmnitz, 1872«; beschr.: »Mein Fuhrwerk geh mit Gottes-Hand/ Wenn Flachs fahr über Land«
Staatliche Kunstsammlungen Dresden,
Museum für Sächsische Volkskunst,
Inv.-Nr. D 623

In Colmnitz, einem kleinen Dorf an der via regia zwischen Riesa und Großenhain, hatte sich der Maler Johann Samuel Erler ab der Mitte des 19. Jahrhunderts auf das Porträtieren von Fuhrwerken mit ihren stolzen Besitzern spezialisiert. Das Museum für Sächsische Volkskunst besitzt nicht weniger als zehn solcher Fuhrmannsbilder. Sie folgen alle in etwa dem gleichen Schema: Die Fahrt geht stets nach links. Das wohl beladene Fuhrwerk selbst ist als teures Produktionsmittel des Fuhrunternehmers das detailreich geschilderte Hauptmotiv. Zedlers Universallexikon beleuchtet unter dem Begriff »Fuhrleute« dessen Bedeutung: »Der Fuhrleute Profession belangend, müssen sie mit gutem Geschirr, das ist, mit guten Wagen und Pferden, der Kauffleute Güter wohl durchs Land zu bringen, versehen seyn, auch die Waaren wohl aufzuladen, wohl zu verschnüren, mit Stroh oder grober Leinewand zu bedecken [...] wissen.« Erler zeigt, wie der solchermaßen als professionell ausgewiesene Fuhrmann mit der Peitsche neben den Pferden herläuft oder von einem Wirt auf die abenteuerliche Fahrt in die Fremde verabschiedet wird. I.A.J.

3 | 8

Fuhrmannsbild

Johann Samuel Erler
Colmnitz, 1856
Aquarellmalerei auf Papier; 36 × 94 cm
sign., dat.: »Johann Samuel Erler,
Colmnitz, 1856«
Staatliche Kunstsammlungen Dresden,
Museum für Sächsische Volkskunst,
Inv.-Nr. D 6

In der Reihe der Fuhrmannsbilder von Johann Samuel Erler zeigt nur dieses Aquarell das Beladen eines Lastwagens mit Flachs. Was sonst unter einer kunstvoll geflochtenen Strohmatte und einer Leinwandplane wettergeschützt verdeckt ist, liegt hier noch unverzurrt offen: im vorderen Teil des Wagens unter dichtem Flechtwerk Körbe und Fässer, im hinteren Teil fest gestopfte große Säcke mit Flachs, deutlich mit den Zeichen ihrer Besitzer versehen. Der blau bemalte Wagen hat nur über den Rädern vertikale Sprossen. So kann die Ladung zwischen den Rädern wie auch hinten weit ausbauchen. Deutlich sind die Ketten zum Sichern der Ladung zu sehen. Die drei Pferde tragen repräsentativ-aufwendiges Geschirr und zeigen jeweils auf der linken Seite einen kräftig roten Warnlappen. I.A.J.

3 | 6

3 | 8

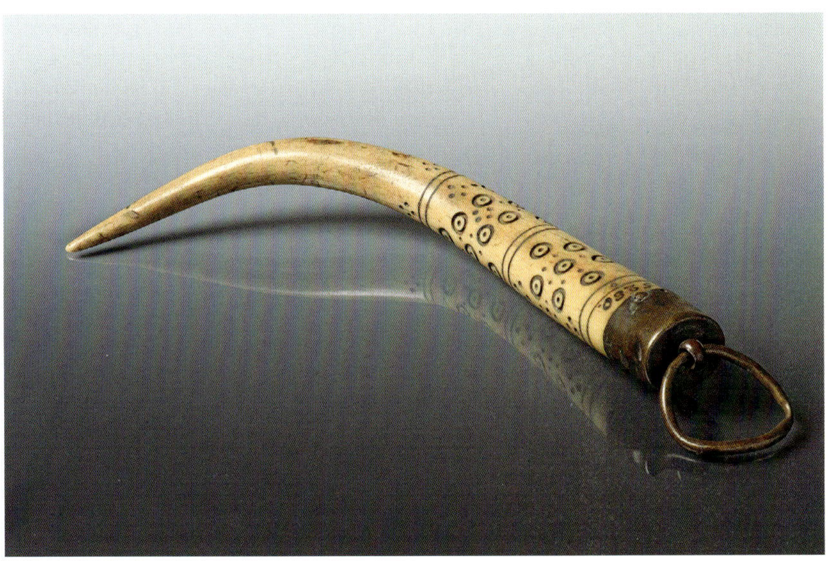

3 | 9

3 | 9

Knotendorn

Sachsen, 19. Jh.
Horn, mit Bohrer verziert
Länge: etwa 37 cm
Staatliche Kunstsammlungen Dresden,
Museum für Sächsische Volkskunst,
Inv.-Nr. A 134

Der Knotendorn oder Knotenlöser diente zum Lösen fester Seilknoten. Er gehörte zu den Gerätschaften der Fuhrleute, die ihre Ladung so sicher und fest verschnüren mussten, dass sie auf den holprigen Wegen keinen Schaden nahm. Er hatte deshalb neben der praktischen Funktion auch eine symbolische Bedeutung und stand für die Pack- und Sicherungskunst des Fuhrmanns. Verziert wurde dieser Dorn aber nicht etwa unterwegs mit dem Taschenmesser, sondern vom Hersteller, einem Knopf- und Perlenmacher. Die kreisrunden Muster sind die Spuren eines nur leicht eingebohrten Perlenbohrers, mit dem man – beidseitig angesetzt – aus Horn- oder Elfenbeinplatten Perlen bohren konnte. I.A.J.

3 | 10 (ohne Abb.)

Kummet

Sachsen, Mitte 19. Jh.
Holz, Leder, Messing; 93 × 45 × 30 cm
Staatliche Kunstsammlungen Dresden,
Museum für Sächsische Volkskunst,
Inv.-Nr. B 870

Wie die Aquarelle von Johann Samuel Erler aus dem dritten Viertel des 19. Jahrhunderts zeigen, stammt das Spitzkumt oder Kummet vom Geschirr eines Lastwagengespanns. Es besteht aus gepolsterten Ringsegmenten. Der Unterbau aus Holz ist dick ausgepolstert und mit Leder bezogen. Alle Beschläge sind aus Messing, das sich gut polieren ließ. Das rote Tuch durfte bei solchen Gespannen nicht fehlen. Es wurde vom ersten Pferd oder von allen auf der linken Seite getragen und diente der Warnung. I.A.J.

3 | 11

Aushängeschild eines Wirtshauses

unbekannter Maler
Zittau, 1. Hälfte 18. Jh.
Öl auf Holz, Schnitzwerk; 57×48 cm
Ankauf 1897
Städtische Museen Zittau,
Inv.-Nr. 2718/2205

Das ovale Aushängeschild, zu dem noch ein Ausleger gehörte, stammt aus einem Haus in der Breiten Straße in Zittau. Ein Kranz aus mit einem Band umwundenen Akanthusblättern umgibt die auf beiden Seiten gemalten Wirtshausszenen. Eine Darstellung zeigt vier gut gekleidete Männer an einem Tisch, lebhaft mit dem Kartenspiel beschäftigt. Auf dem Tisch stehen ein Weinkrug und ein Teller mit Münzen. Auf dem zweiten Bild sind drei Pfeife rauchende Männer abgebildet, der vierte von ihnen trinkt gerade. Seine lange weiße Tonpfeife liegt auf dem Tisch, auf dem auch ein Bierkrug und -glas sowie ein Teller stehen. Die Gewohnheit des Tabakrauchens brachten englische Soldaten während des Dreißigjährigen Krieges mit, die 1620 im nahe gelegenen Olbersdorf einquartiert waren. M.R.

Lit.: Pescheck 1834/37, Bd. 2, S. 558.

3 | 11

3 | 12

3 | 12

Wirtshausschild »Zum Goldenen Strauß«

1756
Holz, bemalt, ehemals teilvergoldet
99×71 cm
bez.: »J G Petermann 1765«
1911 vom Geschäftsführer der Firma Kaufhaus Louis Friedländer an das Kaiser-Friedrich-Museum übergeben
Kulturhistorisches Museum Görlitz,
Inv.-Nr. 18-61

Das Wirtshaus »Zum Goldenen Strauß« lag vor dem Frauentor an der Ausfallstraße nach Zittau und weiter nach Prag. Schon 1717 hatte der Tuchmacher Gottfried Sieber in der Hoffnung auf gute Gewinne die Gastwirtschaft eingerichtet. Ab 1765 gehörte sie Johann Gottlob Petermann, der auch das Wirtshausschild anbringen ließ. Im Hintergrund des stark nachgedunkelten Holzbildes ist ein vierspänniger, hoch beladener Wagen zu erkennen, sicherlich als Hinweis für Fuhrleute, dass sie hier ein Nachtquartier finden konnten. Die übergroße Darstellung des Straußes mit Hufeisen im Schnabel war früher vergoldet und glänzte einladend. Dahinter ist das Gastwirtschaftsgebäude detailreich abgebildet. Das barocke Gebäude mit Mittelgiebel und mächtigem Einfahrtstor war um die Mitte des 19. Jahrhunderts von mehreren Künstlern abgebildet worden. Auch nach dem Abriss der Toranlagen und dem Zuschütten des Stadtgrabens in den Jahren 1847/48 blieb die Herberge bestehen. Trotz wechselnder Besitzer behielt das Haus den Namen »Goldener Strauß«. 1913 entstand unter Einbeziehung der Nachbargrundstücke hier das große Görlitzer Warenhaus des Textilhändlers Louis Friedländer. Vom Abriss der alten Gebäude blieb das verwitterte Schild und fand seinen Weg ins Museum. I.A.

Lit.: Jecht 1927–1934, S. 626; Lemper 2011.

3 | 13

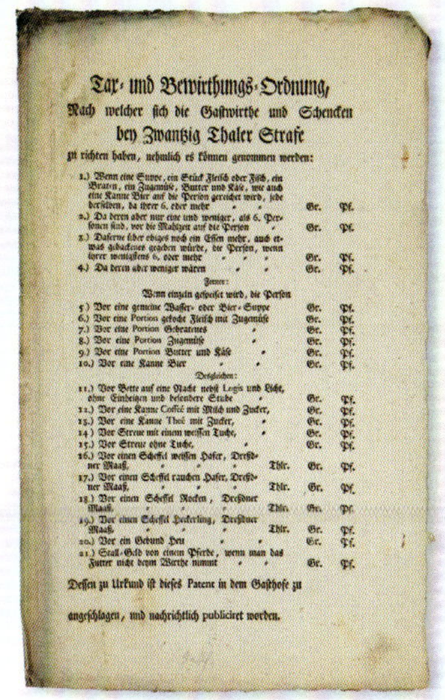

Tax- und Bewirthungs-Ordnung,
Nach welcher sich die Gastwirthe und Schencken
bey Zwantzig Thaler Strafe
zu richten haben, nehmlich es können genommen werden:

1.) Wenn eine Suppe, ein Stück Fleisch oder Fisch, ein Braten, ein Zugemüse, Butter und Käse, wie auch eine Kanne Bier auf die Person gereichet wird, jede derselben, da ihrer 6. oder mehr . . . Gr. Pf.
2.) Da deren aber nur eine und weniger, als 6. Personen sind, vor die Mahlzeit auf die Person . Gr. Pf.
3.) Daferne über obiges noch ein Essen mehr, auch etwas gebackenes gegeben würde, die Person, wenn ihrer wenigstens 6. oder mehr . . . Gr. Pf.
4.) Da deren aber weniger wären . . Gr. Pf.

Ferner:
Wenn einzeln gespeiset wird, die Person
5.) Vor eine gemeine Wasser- oder Bier-Suppe Gr. Pf.
6.) Vor eine Portion gekocht Fleisch mit Zugemüse Gr. Pf.
7.) Vor eine Portion Gebratenes . Gr. Pf.
8.) Vor eine Portion Zugemüse . Gr. Pf.
9.) Vor eine Portion Butter und Käse . Gr. Pf.
10.) Vor eine Kanne Bier . . Gr. Pf.

Desgleichen:
11.) Vor Bette auf eine Nacht nebst Logis und Licht, ohne Einheitzen und besondere Stube . Gr. Pf.
12.) Vor eine Kanne Coffée mit Milch und Zucker, Gr. Pf.
13.) Vor eine Kanne Thee mit Zucker, . Gr. Pf.
14.) Vor Streue mit einem weissen Tuche, . Gr. Pf.
15.) Vor Streue ohne Tuche, . Gr. Pf.
16.) Vor einen Scheffel weissen Hafer, Dreßdner Maaß, . . . Thlr. Gr. Pf.
17.) Vor einen Scheffel rauchen Hafer, Dreßdner Maaß, . . . Thlr. Gr. Pf.
18.) Vor einen Scheffel Rocken, Dreßdner Maaß. . . . Thlr. Gr. Pf.
19.) Vor einen Scheffel Heckerling, Dreßdner Maaß . . . Thlr. Gr. Pf.
20.) Vor ein Gebund Heu . . Gr. Pf.
21.) Stall-Geld von einem Pferde, wenn man das Futter nicht beym Wirthe nimmt . . Gr. Pf.

Dessen zu Urkund ist dieses Patent in dem Gasthofe zu

angeschlagen, und nachrichtlich publiciret worden.

3 | 14

3 | 13

Ansicht des Görlitzer Rademarktes mit der Frauenkirche

um 1825, um 1870 zum Oval geschnitten
Öl auf Pappe; 26 × 35 cm
1906 von Frau Oberingenieur Soudermann dem Kaiser-Friedrich-Museum geschenkt
Kulturhistorisches Museum Görlitz, Inv.-Nr. 17-61

Etwa 20 Jahre vor dem Abriss der Görlitzer Stadtmauer entstand dieses Bild, das den Eindruck eines idyllischen Vorstadtlebens erweckt. Fuhrleute halten mit ihren schwer beladenen Wagen vor dem Wirtshaus »Zum Goldenen Strauß«. Auch eine der wichtigen Rohrbütten, die von hölzernen Wasserleitungen gespeist der öffentlichen Wasserversorgung dienten, befand sich am Rademarkt. Die gesamte Südseite des heutigen Demianiplatzes war von Häusern umstanden, die allesamt Laubengänge besaßen. So konnte man von der Bautzner Straße bis zur Zittauer Landstraße an der Frauenkirche trockenen Fußes gelangen. Der Name »Rademarkt« rührte von den hier ansässigen Radmachern und Schmieden her, die Reparaturen an den ankommenden Fuhrwerken erledigten. Um die Mitte des 18. Jahrhunderts hatten die Kürschner in Jahrmarktzeiten hier ihre Verkaufsstellen. Ab 1835 wurden die ehemals aus Lehm und Holz gebauten Häuschen mit Giebeln zum Rademarkt durch steinerne Bauten ersetzt. 1846 erhielt der Platz seinen neuen Namen nach dem ersten Görlitzer Oberbürgermeister Gottlob Ludwig Demiani (1786–1846), der sich um die Modernisierung der Stadt verdient gemacht hatte. I.A.

Lit.: Gemäldesammlung 1956, S. 100.

3 | 14

Görlitzer Tax- und Bewirtungsordnung

um 1730
Druck auf Papier; 35 × 25 cm
Ratsarchiv Görlitz, Inv.-Nr. Aktenrep. II, S. 300 v, Nr. 119

Die begrenzte Zahl der bevorrechteten Gastwirte und das Fehlen einer gesunden Konkurrenz führten immer wieder zu Missbräuchen, unter denen die Reisenden auf der via regia zu leiden hatten. Dies wiederum lag nicht im Sinne der Obrigkeit, ob Landesherr oder Rat. Von einem florierenden Handel, von länger in der Stadt verbleibenden und zahlenden Reisenden profitierten, wie heute auch, die Stadtkommune und der Staat.
Im Jahre 1708 müssen die Zustände in den Gasthöfen so schlecht gewesen sein, dass sich die sächsische Landesherrschaft am 28. Juli zum strengen Eingreifen per Mandat genötigt sah. Darin heißt es, »daß nicht nur die auf gedachter hoher Land-Straße befindlichen Gast-Höfe und Wirths-Häuser schlecht versehen und die Reisenden […] von denen Gast-Wirthen und Schencken […] unmäßig übertheuert oder wohl gar übel tractieret würden«. Man befahl deshalb »ernstlich« die »üble Bewirth- und Übertheuerung derer Reisenden« den Gastwirten zu untersagen, und sie zu »mehre Reinligkeit in Betten, Geräthe und sonsten anzuhalten«. Die Städte und Grundherren sollten Herbergsordnungen erlassen und unter Kontrolle durchsetzen. Darin sollten die Preise für die Übernachtung, die Speisen und Getränke sowie das Futter für die Pferde festgelegt werden. Allerdings sollte auch gegen nicht genehmigte »Winkelherbergen« vorgegangen werden. So erließ der Görlitzer Rat in den Folgejahren immer neue Tax- und Bewirtungsordnungen. Die vorliegende entstand um das Jahr 1730. Sie musste bei Strafe von 20 Talern an den Gasthöfen angeschlagen werden. S.Ho.

Lit.: Lindenau 2007.

Bodenschätze

3 | 15

Bienenkorbkrug

Waldenburg, Anfang 17. Jh.
Steinzeug, oxidierend gebrannt, gemodelte Reliefauflagen, goldbraune Salzglasur; Zinnmontierung; 23 × 15 × 14 cm; Durchmesser Fuß: 13,2 cm
unsign.; im Dekor Reichswappen mit Doppeladler, sächsisch-thüringisches (?) Wappen und kursächsisches Wappen
1983 Ankauf Sammlung Josef Horschik, Dresden
Staatliche Kunstsammlungen Dresden, Kunstgewerbemuseum, Inv.-Nr. 47639

3 | 15

3 | 16

Birnkrug

Dippoldiswalde, Ende 17. Jh.
Steinzeug, gemodelte Reliefauflagen, salzglasierte Braunsteinengobe, farbige Email- und Goldbemalung; Zinnmontierung
25,2 × 15,4 cm; Durchmesser Fußring: 10,5 cm
unsign.; im Dekor unspezifischer reitender Kaiser oder König mit Reichsapfel
15. 3. 1934 aus dem Vermächtnis Dr. Paul Heiland, Potsdam
Staatliche Kunstsammlungen Dresden, Kunstgewerbemuseum, Inv.-Nr. 34927

3 | 16

3 | 17

Kaffeekanne

Bunzlau, 2. Hälfte 18. Jh.
Steinzeug, außen braune Lehmglasur, gemodelte weißgraue Reliefauflagen mit Kaltbemalung, innen dünne Transparentglasur
23,9 × 14,3 × 14 cm; Durchmesser Fuß: 8 cm
unsign.; im Reliefdekor bekrönter preußischer Adler mit ligiertem Monogramm »FR« [Fridericus Rex]
16. 8. 1887 Ankauf von Antiquar Zieschang, München
Staatliche Kunstsammlungen Dresden, Kunstgewerbemuseum, Inv.-Nr. 18966

3 | 17

Steinzeug zeichnet sich im Gegensatz zur einfachen Irdenware durch seinen wasserdicht versinterten Scherben und seine Beständigkeit gegen Säure und Öl aus; darin aufbewahrte Getränke oder Arzneien bleiben geschmacksneutral. Diese Qualitäten und die Seltenheit von zum Brennen von Steinzeug geeigneten Tonlagerstätten machten Steinzeuggefäße bis zur Erfindung des europäischen Porzellans zu begehrten Trink- und Vorratsgefäßen.

Das sächsische Waldenburg etablierte sich im 15. Jahrhundert neben rheinischen Anbietern als ein wichtiger Steinzeugproduzent. Die Erzeugnisse fanden über Fernhändler und die Hanse weite Verbreitung in Mittel- und Osteuropa und im Ostseegebiet. Archivalisch gut belegt sind Bestellungen von Waldenburger Gefäßen durch den kursächsischen Hof, der sie als repräsentative Geschenke an benachbarte und verwandte Herrschaften versendete. Von Waldenburg aus soll die Sitte verbreitet worden sein, Bier aus großen Steinzeugkrügen zu trinken.
Die im erzgebirgischen Dippoldiswalde hergestellten dünnwandigen, mit leuchtenden Emailfarben und Goldstaffagen in der Art der höfischen Emailgläser sorgfältig bemalten Krüge und Humpen mit aufwendig ziselierten und gravierten Zinnmontierungen gehören zu den repräsentativsten Steinzeuggefäßen des 17. Jahrhunderts. Für 1634 konnte ein ansässiger, aus dem böhmischen Glashüttenort Platten stammender Glasmaler nachgewiesen werden, obwohl es keine Glashütte in der Umgebung von Dippoldiswalde gab.
Im schlesischen Bunzlau konnte sich, begünstigt vom aufkommenden Konsum neuer exotischer Getränke wie Kaffee und Schokolade, die Produktion von neuartig geformten, die Tüllenkannen verdrängenden Schnauzenkannen als preisgünstige Alternative zum 1710 erfundenen europäischen Porzellan noch bis Anfang des 19. Jahrhunderts halten.
Herrscher- und Wappendarstellungen auf den Gefäßen ziehen sich durch den gesamten Produktionszeitraum und zeigen zunächst wohl den herrschaftlichen Auftraggeber des autorisierten Töpfers an, schon bald ist aber das Bestreben erkennbar, sie als allgemein beliebte, mitunter auch beziehungslos zusammengestellte Dekorationsmittel zur Kundengewinnung einzusetzen.
K.L.

Lit.: StADD, Loc. 8534. Hz. Albrecht zu Bayern Gemahl Schreiben 1571–1985, fol. 32; Berling 1934, S. 12–24; Horschik 1978; Becke 1993, S. 105; Richter 2000; Spindler 2005, S. 21; Scheidemantel 2006, S. 170.

3 | 18

3 | 19

3 | 20

3 | 18

Humpen

Zöblitz, 1. Viertel 17. Jh.
grünbrauner Granatserpentinit, gedrechselt, Außenseite poliert; ziselierter Reliefzinnguss; 16,2 × 15 × 12,2 cm
1911 aus dem Vermächtnis Demiani
Staatliche Kunstsammlungen Dresden, Kunstgewerbemuseum, Inv.-Nr. 30378

3 | 19

Dose (ehemals Krug)

Zöblitz, Mitte 17. Jh.
dunkelgrüner Granatserpentinit, gedrechselt, Außenseite poliert; Zinnmontierung sowie Spuren eines ehemaligen Henkels mit Gurten; 14,7 × 9,7 × 7,6 cm
Staatliche Kunstsammlungen Dresden, Kunstgewerbemuseum, Inv.-Nr. 46635

3 | 20

Dreiteiliges Tabakfässchen

Zöblitz, 2. Hälfte 18. Jh.
dunkelgrün geaderter Granatserpentinit, gedrechselt, Schauseiten poliert
Höhe: 16,2 cm; größter Durchmesser: 13,2 cm
aus der Apotheke in Stolpen; 1973 Ankauf aus dem Kunsthandel
Staatliche Kunstsammlungen Dresden, Kunstgewerbemuseum, Inv.-Nr. 41848

Die Verarbeitung des relativ weichen, wie Holz zu bearbeitenden Serpentinsteins aus dem erzgebirgischen Zöblitz reicht bis ins 15. Jahrhundert zurück und besteht noch heute. Der nach seiner Maserung benannte »Schlangenstein« war zudem wegen seiner ihm zugeschriebenen magischen, giftabweisenden Wirkung begehrt. Im Ergebnis der von Giovanni Maria Nosseni (1544–1620) durchgeführten mineralogischen Exkursion, einer vom sächsischen Kurfürsten August 1575 gezielt angeordneten Suche nach einheimischen Schmuck- und Dekorationssteinen, nahm die Serpentinverarbeitung einen glanzvollen Aufschwung. In Zöblitz entstand die einzige Serpentindrechselinnung Europas. Zunächst zierten die zart gedrechselten, kostbar gefassten Gefäße die kursächsische Tafel und Kunstkammer, doch schon bald wurden sie in großer Zahl exportiert oder als Repräsentationsgeschenke verwendet. Sie wurden Bestandteil fast aller bedeutenden fürstlichen und kirchlichen Schatzkammern Europas. Auch die in den Metallmontierungen eingeschlagenen Stadt- und Meister-

marken spiegeln ihre enorme Verbreitung und Wertschätzung wider; zahlreiche Zöblitzer Krüge des 17. Jahrhunderts tragen Marken berühmter Zinngießer aus Augsburg, Maastricht, Wien oder Konstanz.
Im 18. Jahrhundert schwand das fürstliche Interesse an diesem Material; mit der Umstellung auf ein bürgerliches, vorwiegend auf Export ausgerichtetes Sortiment, dem der Käufer selbst die Zinnmontierung hinzufügen konnte, gelang es aber, die Produktion zu erweitern. Es bestand aus einer Vielfalt von Gebrauchsgeräten wie Schenkkannen für Tee, Kaffee und Schokolade, Aufbewahrungsgefäßen wie Schraubflaschen, Fässchen und Dosen für Küche und Apotheke, unterschiedlichsten Schreibzeugen, aber auch preiswerten Kleinerzeugnissen wie Seifenschalen, Fingerhüten, Hemdenknöpfen, Pfeifen und Würfeln. Um 1750, auf dem Höhepunkt der Zöblitzer Serpentindrechselei, vertrieben etwa zehn Serpentinhändler die Ware von 69 ansässigen Meistern aus 29 aufgeschlossenen Brüchen. Laut zeitgenössischen Quellen gelangten sie nach »Moscau, Schweden, Holl- und Engelland«; aber auch nach Böhmen, Schlesien, Frankreich, Italien und in die Ostseeländer reisten die Fernhändler. Sie richteten feste Niederlassungen in großen Handelsstädten ein und waren auf den Messen in Leipzig und Nürnberg vertreten. K.L.

Lit.: Ausst.-Kat. Leipzig 1996, S. 76–78, 92–98.

3 | 21

3 | 22

3 | 21

Walzenkrug mit Facettenschliff

Meißen, um 1712–1715
Böttgersteinzeug, geschliffen
Höhe: 18,7 cm; Durchmesser: 11,7 cm
ohne Marke
Staatliche Kunstsammlungen Dresden, Porzellansammlung, Inv.-Nr. P.E. 2365 a-b

3 | 22

Walzenkrug

Meißen, um 1712–1715
Böttgersteinzeug, poliert; Montierung: Silber vergoldet
Höhe: 19,6 cm; Durchmesser: 10,8 cm
ohne Marke
Staatliche Kunstsammlungen Dresden, Porzellansammlung, Inv.-Nr. P.E. 2247 a-b

3 | 23 (ohne Abb.)

Walzenkrug

Meißen, um 1712–1715
Böttgersteinzeug, teilweise poliert
Höhe: 16,6 cm; Durchmesser: 11,7 cm
ohne Marke
Staatliche Kunstsammlungen Dresden, Porzellansammlung, Inv.-Nr. PE 2357

In der Leipziger Zeitung vom 4. Mai 1710 wurden zur Ostermesse »Tisch-Krüge« angekündigt. Diese einfachen Bierhumpen oder auch Walzenkrüge wurden seit langem aus den verschiedensten Materialien hergestellt. Der Krug war ein vielgebrauchtes Gefäß und die Herstellungsweise den Töpfern vertraut. So konnte auch an dieser Form das neue Material der gerade gegründeten Porzellan-Manufaktur in Meißen ausprobiert werden.
Böttgersteinzeug wurde schon im Mai 1710 »eckigt und facet geschliffen« zum Kauf angeboten. Die Facettierung erfolgte durch ein großes Schleifrad. Ab 1711 kommt dafür der Ausdruck »gemuschelt« in den Akten vor, was synonym für geschliffen oder facettiert steht. Erstmals übertrug man in so vollendeter Perfektion die mechanische Veredelung von Edelsteinen und Glas auf die Keramik. Auch deshalb wurde das so bearbeitete Steinzeug, wegen seiner Härte und seines Aussehens, nach dem gleichnamigen Edelstein als »Jaspisporcellain« bezeichnet.
Die Wandung und der Deckel des einen »Tisch-Kruges« (3 | 21) sind facettenartig geschliffen und reflektieren auf interessante Weise das auffallende Licht. Eine Verbindung beider Teile war vorgesehen. Darauf verweisen die Löcher im Henkel und im Deckel, welche die Montierung halten sollten. Die so vorbereiteten Stücke wurden vermutlich meist zu Dresdner Goldschmieden gesandt, um dort die Montierung anbringen zu lassen. Erst so komplettiert konnten die Krüge auf den Messen zum Verkauf angeboten werden. Der zweite Krug (3 | 22) zeichnet sich durch eine glatte, makellos polierte Wandung aus. Im vergoldeten Silberdeckel ist ein Braunschweigisch-Lüneburgischer Reichstaler von 1695 eingelassen. Ähnlich verhält es sich mit dem dritten Krug (3 | 23), der jedoch nur im unteren Bereich der Wandung poliert wurde und deutlich die Spuren des Schleif- oder Polierrades auf dem matten Steinzeug erkennen lässt. Warum der Arbeitsschritt des Polierens nicht zu Ende geführt worden ist, bleibt im Dunklen. A.L.

Lit.: Menzhausen 1982; Sonnemann/Wächtler 1982; Ausst.-Kat. Dresden 1998 b, S. 117, 119.

3 | 24

3 | 25

3 | 26

3 | 24

Deckelpokal mit Wappen der holländischen Stadt Hoorn (?) und Allegorie der Klugheit

Schlesien, um 1730
farbloses Glas, geschliffen, geschnitten; Deckel als Flakon (Schraubgewinde am Knauf); 24,3 × 8,1 × 7,6 cm
Staatliche Kunstsammlungen Dresden, Kunstgewerbemuseum, Inv.-Nr. 3425

3 | 25

Pokal mit Ansicht von Mechelen und Porträt des Kaufmanns Frans Hendrick

Hirschberger Tal, um 1740
farbloses Glas, geschliffen, geschnitten, vergoldet; Schaft mit Metallmanschette repariert
Höhe: 21 cm; Durchmesser: 10,5 cm
bez.: »FHR«; »Frans Hendrick«; »de Toren von Mechelen«
Schlesisches Museum zu Görlitz, Inv.-Nr. SMG 2004/0673

3 | 26

Deckelpokal

Warmbrunn, 1740/50
farbloses Glas, geschliffen, geschnitten
Höhe: 23,6 cm; Durchmesser: 8,4 cm
bez.: »Ist dir / ein Tropffen Blutt, / Mein Engel nicht getreu, / So stosse dieser Trunck, / Mein falsches Hertz / entzwey.«
Staatliche Kunstsammlungen Dresden, Kunstgewerbemuseum, Inv.-Nr. 17767

In Schlesien, wo der Glashandel nachweislich schon seit dem 14. Jahrhundert existierte, bildete sich um 1725 das Hirschberger Tal u. a. mit dem Kurort Warmbrunn zu einem Zentrum des Glasschnitts heraus. Während in Böhmen, bedingt durch den kommerziellen Erfolg der Glashändler und der daraus resultierenden großen Nachfrage, der Schwerpunkt auf der Herstellung von anspruchsvollem Gebrauchsglas mit Schliffveredlung lag, fand im Hirschberger Tal eine Entwicklung zum luxuriösen Einzelstück mit herausragender Glasschnittqualität statt; hier stellte also im Spätbarock und Rokoko die Schnittveredlung den eigentlichen Wirtschaftsfaktor dar. Das für den Glasschnitt benötigte Kristallglas wurde jedoch hauptsächlich aus Böhmen bezogen, so aus der 1712 gegründeten, in Grenznähe gelegenen Glashütte Neuwelt. Schlesische Glashütten waren zu dieser Zeit nicht in der Lage, die zahlreichen Glasschneider zu versorgen.

Der wichtigste Wirtschaftszweig des Hirschberger Tales zu Beginn des 18. Jahrhunderts war allerdings die Leinenproduktion. Die diesbezüglichen Handelsverbindungen (u. a. durch niederländische Händler, aber auch Niederlassungen einheimischer Händler im Ausland) wirkten sich zweifellos positiv auf den Handel mit geschnittenem Luxusglas aus. So wurden die kostbaren Gläser u. a. nach Venedig und in die Niederlande exportiert, wie der Pokal mit Ansicht der niederländischen Stadt Mechelen und dem Bildnis eines Kaufmanns als Empfänger hier sehr anschaulich belegt. Ein weiterer Pokal mit einem Sinnspruch auf die Treue und rokokotypischem Palmettendekor ist exemplarisch für die Freundschafts- und Erinnerungsgläser, die wohl besonders gern von den wohlhabenden Gästen der Kurorte im Hirschberger Tal erworben wurden. Nach der Annexion Schlesiens durch Preußen 1742, in deren Folge das Gebiet vom Habsburgerreich und damit auch von Böhmen abgetrennt wurde, ließen die Lieferungen böhmischen Glases nach Schlesien nach, was zu einem allmählichen Rückgang des Glasschnittgewerbes führte. F.G.

Lit.: Haase 1984, Nr. 69; Ausst.-Kat. Dresden 1998 a, Nr. 190.

3 | 27

3 | 28

3 | 29

3 | 27

Deckelpokal

Südböhmen, 1690/1700
farbloses Glas, eingeschmolzene Rubinfäden, geschliffen, geschnitten
Höhe: 26,8 cm; Durchmesser: 10 cm
Staatliche Kunstsammlungen Dresden, Kunstgewerbemuseum, Inv.-Nr. 20899

3 | 28

Pokal

Nordböhmen, 1733/40
farbloses Glas bzw. Doppelwandglas (Kuppa), geschliffen, radierte Goldfolie
Höhe: 21 cm; Durchmesser: 9,8 cm
bez.: bekröntes ligiertes »FAR«-Monogramm, bekröntes sächsisch-polnisches Wappen
Staatliche Kunstsammlungen Dresden, Kunstgewerbemuseum, Inv.-Nr. 27566

3 | 29

Deckelbecher

Nordböhmen, 2. Viertel 18. Jh.
farbloses Doppelwandglas, geschliffen, radierte Goldfolie, Boden innen rot lackiert
Höhe: 15,2 cm; Durchmesser: 8,6 cm
Staatliche Kunstsammlungen Dresden, Kunstgewerbemuseum, Inv.-Nr. 25794

Das Glashüttenwesen war in Böhmen über Jahrhunderte einer der bedeutendsten Produktions- und Handelszweige. Im letzten Viertel des 17. Jahrhunderts gelang ein wichtiger technologischer Sprung, die Herstellung von Kristallglas, das durch die von der Steinbearbeitung übernommenen Techniken des Schnitts und Schliffs veredelt wurde. Das Beispiel eines Balusterpokals zeigt den für die frühen südböhmischen Gläser typischen flachen Schnittdekor. Venezianisches Glas war für solche Veredlungstechniken ungeeignet, weshalb böhmisches Glas im 18. Jahrhundert u. a. bis nach Italien exportiert wurde. Böhmische Glashändler bzw. Handelsgesellschaften, die den europa- und weltweiten Vertrieb organisierten sowie regelmäßig auf den Leipziger Messen vertreten waren, spielten dabei eine entscheidende Rolle.

Kristallglas als Material und Glasschliff als Technik waren auch Voraussetzung für den Erfolg eines in Nordböhmen produzierten spätbarocken Luxusartikels, des Zwischengoldglases. Vor 1720 entwickelt, erfolgte die in Bezug auf die Form fast serienmäßige Herstellung in großer Stückzahl bis zum Ende des 18. Jahrhunderts. Sie blieb auf die Glashütte Neuwelt im Riesengebirge sowie deren hochspezialisiertes Umfeld von Glasschleifern, Malern und Radierern beschränkt. So erforderte die komplizierte Technik des Ineinandersteckens von zwei Gläsern eine enge Zusammenarbeit von Glasbläsern und -schleifern. Der Dekor aus Metallfolie, Radierung und Kaltbemalung verweist auf die Herkunft aus der böhmischen Hinterglasmalerei. Der ausgestellte Deckelbecher mit Grotesken-Dekor im Stil der Régence ist typischerweise auch im Deckel doppelwandig. Auch diese Zwischengoldgläser wurden nachweislich bis nach Italien und in die Niederlande exportiert. Der Pokal mit bekröntem »FAR«-Monogramm für König August III. (reg. 1733–1763) und sächsisch-polnischem Wappen war dagegen für den Dresdner Hof bestimmt. F.G.

Lit.: Haase 1984, Kat.-Nr. 47, 86; Ausst.-Kat. Dresden 1998 a, Kat.-Nr. 188; Spiegl 2004.

3 | 30

Flöte mit Spitzendekor

Glashütte Dresden, 1720/25
farbloses Glas, geschliffen, geschnitten
Höhe: 28,2 cm; Durchmesser: 10,7 cm
Staatliche Kunstsammlungen Dresden,
Kunstgewerbemuseum, Inv.-Nr. 37155

3 | 31

Deckelpokal mit Tierkampfdarstellung

Glashütte Dresden, 1730/31
farbloses Glas, geschliffen, geschnitten
Höhe: 41 cm; Durchmesser: 13,1 cm
Staatliche Kunstsammlungen Dresden,
Kunstgewerbemuseum, Inv.-Nr. 37143

3 | 32

Pokal mit Festondekor

Glashütte Dresden, 1730/35
farbloses Glas, geschliffen, geschnitten
Höhe: 27,3 cm; Durchmesser: 12,3 cm
Staatliche Kunstsammlungen Dresden,
Kunstgewerbemuseum, Inv.-Nr. 37139

Die seit dem letzten Viertel des 17. Jahrhunderts im Sinne merkantilistischer Wirtschaftspolitik von den sächsischen Landesherren geförderte Gründung zahlreicher Manufakturen führte im Bereich der seit dem Mittelalter im Erzgebirge konzentrierten Glasherstellung zu einer Zäsur. Einzig die Heidelbacher Hütte lieferte im 18. Jahrhundert noch große Mengen Gebrauchsglas an den Dresdner Hof. Unter Johann Georg IV. wurde 1692 in Pretzsch die erste sächsische Glashütte außerhalb des Erzgebirges gegründet. Maßgeblich beteiligt an der Gründung dieser sowie der späteren Glashütten Dresden und Glücksburg war der Naturwissenschaftler Ehrenfried Walther von Tschirnhaus, der sich damit zugleich eigene wissenschaftliche Forschungen ermöglichte, so das Gießen von Glasblöcken zur Herstellung von großen Brennspiegeln. Seine vielfältigen technologischen und unternehmerischen Bemühungen kamen wiederum der Glasqualität sowie der Leistungsfähigkeit der Glashütten zugute. Unter August dem Starken erfolgte 1699/1700 die Gründung der kurfürstlich-königlichen Glasfabrik Dresden, wo neben dem Glasguss ab 1702, wie beabsichtigt, luxuriöses Hohlglas hergestellt wurde. Für die Herstellung einfachen Gebrauchsglases fand zur gleichen Zeit die Gründung der Glashütte Glücksburg statt.

3 | 30

3 | 31

3 | 32

Die ausgezeichnete Glasqualität sowie herausragende Glasschneider verhalfen der Dresdner Hütte zu Produkten, die sowohl für das königliche Tafelzeremoniell als auch für Staatsgeschenke in höchstem Maße geeignet waren. Von den ausgestellten Gläsern verkörpert dieses hohe Niveau am stärksten der Pokal mit den geschnittenen Tierkampfszenen. Neben der Belieferung der eigenen Residenzen (auch Warschau) wurde Glas aus Pretzsch, Dresden und Glücksburg auf den Leipziger Messen angeboten und z. B. nach Holland und Frankreich exportiert. Tschirnhaus hatte bezüglich Holland 1699 und 1701 vor Ort Kontakte geknüpft, die Nachfrage war sehr groß. Der spätere allmähliche Niedergang der Dresdner Hütte führte nach 1750 zu ihrer Schließung. F.G.

Lit.: Haase 1975, Kat.-Nr. 84, 108; Haase 1988, Kat.-Nr. 123, 168, 175; Für Sachsen erworben 2000, S. 13.

3 | 33

Silber – Ag (»Silbernes Kreuz«)

Bergkappe-Fundgrube am Widdersberg, Schneeberg-Neustädtel, Erzgebirge, Sachsen
17,5 × 7 × 19,5 cm; Gewicht: 323 g (mit Sockel)
1623 in die Kunstkammer überwiesen
Senckenberg Naturhistorische Sammlungen Dresden, Museum für Mineralogie und Geologie, Mineralogische Sammlung, Inv.-Nr. Min 7657 Sa (MMG Dresden)

Die erste Beschreibung dieser außergewöhnlichen Silberstufe in Form eines »Silbernen Kreuzes« stammt von dem Augsburger Philipp Hainhofer, der 1629 die Dresdner Kunstkammer besuchte: »So ist auch vnder andern ain schönes gewächs von gedigenem Silber, so noch in kain feuer kommen, wie ain baum mit seiner wurzel, vnd oben wie ain creuz, darumb sich aine schlange hatte gewunden, mit verwunderung zu sehen.« Diese Silberstufe gehörte seit der Zeit zu den viel bewunderten Stücken dieser Sammlung. Sie kam auf Befehl von Kurfürst Johann Georg I. (reg. 1611–1656) im Jahr 1623 aus dem Nachlass seiner Mutter, der Kurfürstenwitwe Sophie (1568–1622) mit anderen Silberstufen und wertvollen Handsteinen an die Kunstkammer. Diese außergewöhnliche Silberstufe könnte in ihrer christlichen Symbolik zu Lebzeiten der Kurfürstin in ihren Gemächern auf einem Hausaltar gestanden haben.
Um 1640 finden wir das »Silberne Kreuz« mit anderen wertvollen Stücken unter einer verglasten »Tresur« in der Kunstkammer. Theodosius Häsel beschreibt die Silberstufe im Inventar von 1640 als »1 Schön gewachßener Stock von Silber, darauf in der mitten ein Zahn, welcher sich in drey spitzen theilet«. Tobias Beutel erwähnt 1683 dasselbe Stück als »ein silbern Creutz von Natur also formirt«, und bei Christian Ernst Birkhan findet sich im Silberstufenkatalog von 1763 auch die Angabe des Fundortes: »Von der Bergkappe-Fundgrube am Widdersberge«, einer der berühmten Neustädtler Silbergruben. Das Jahr des Fundes ist leider nicht überliefert, jedoch wurde die Grube Bergkappe im Jahr 1513 das erste Mal erwähnt. Beim »Silbernen Kreuz« handelt es sich um eine der ältesten noch heute erhaltenen Silberstufen aus dem Erzgebirge. K.T.

Lit.: Inventar Kunstkammer 1640, fol. 402 v; Beutel 1683; Silberstufenkatalog 1763, Bd. I, S. 47 f., Nr. 183; Katalog Mineralienkabinett 1846, Bd. III, S. 423 f., Nr. 92; Generalkatalog Mineralogisches Museum 1868, S. 178, Nr. 92; Fischer 1939, S. 35, 37, 46, 121, Anm. 117; Ausst.-Kat. Bonn 2005, Kat.-Nr. 2/38, Abb. S. 99; Thalheim 2009.

3 | 34

Chlorargyrit (Chlorsilber, Hornsilber, Hornerz) – AgCl auf Akanthit (Argentit, Silberglanz, Glaserz) – Ag_2S

Grube Katharina und Elisabeth am Oberen Fastenberg, Johanngeorgenstadt, Erzgebirge, Sachsen
6,5 × 5,5 × 5 cm; Gewicht: 525 g
Senckenberg Naturhistorische Sammlungen Dresden, Museum für Mineralogie und Geologie, Mineralogische Sammlung, Inv.-Nr. Min 4219 Sa (MMG Dresden)

3 | 35

Akanthit (Argentit, Silberglanz, Glaserz) – Ag_2S mit Nickelskutterudit (Chloanthit) – $(Ni,Co)As_3$

Freiberg, Erzgebirge, Sachsen
11,5 × 9 × 7 cm; Gewicht: 1710 g
Senckenberg Naturhistorische Sammlungen Dresden, Museum für Mineralogie und Geologie, Mineralogische Sammlung, Inv.-Nr. Min 3218 Sa (MMG Dresden)

3 | 33

3 | 34

3 | 35

3 | 36

3 | 37

3 | 36

Akanthit (Argentit, Silberglanz, Glaserz) – Ag_2S in Gneis

Freiberg, Erzgebirge, Sachsen
10 × 5 × 3 cm; Gewicht: 252 g
Senckenberg Naturhistorische Sammlungen Dresden, Museum für Mineralogie und Geologie, Mineralogische Sammlung, Inv.-Nr. Min 16579 Sa (MMG Dresden)

3 | 37

Proustit (Arsensilberblende, Lichtes Rotgültigerz) – Ag_3AsS_3

Marienberg, Erzgebirge, Sachsen
9 × 6 × 2,5 cm; Gewicht: 229 g
Senckenberg Naturhistorische Sammlungen Dresden, Museum für Mineralogie und Geologie, Mineralogische Sammlung, Inv.-Nr. Min 15416 Sa (MMG Dresden)

Der Silberbergbau hat das sächsische Erzgebirge berühmt gemacht. Nachdem im Jahre 1168 in Freiberg Silbererze gefunden wurden, folgten mit Schneeberg (um 1470), Annaberg (um 1491), Marienberg (um 1519) und Johanngeorgenstadt (um 1662) weitere Erzreviere. Zuerst wurden die oberflächennahen Bereiche der Erzlagerstätten mit der sogenannten Oxidations- und Zementationszone gewonnen. In diesen Reicherzzonen waren der Chlorargyrit (Chlorsilber), das gediegene

Silber sowie der Akanthit (Glaserz) die Silberträger. So enthalten gediegen Silber bis 100 Prozent, Chlorargyrit bis 75 Prozent und Akanthit bis 87 Prozent Silber.
Später drang man in tiefere Bereiche vor, wobei hier die primäre Lagerstätte mit den steil stehenden Gängen abgebaut wurde. Aus heißen wässrigen Lösungen, den Hydrothermen, haben sich nach der Faltung und Heraushebung des Erzgebirges auf diesen Gängen, die meist im Nebengestein Gneis aufgerissen waren, die Erze der Elemente Silber, Kobalt, Nickel, Wismut, Kupfer, Blei und Zink sowie die Nichterzminerale (Gangarten) abgeschieden. Dabei ist eine gesetzmäßige Abfolge der Minerale vom Rand eines Ganges bis in die Mitte zu beobachten. Zu den Silbererzen dieser Gänge zählen wiederum gediegen Silber, Akanthit, aber auch Proustit (Lichtes Rotgültigerz), Pyrargyrit (Dunkles Rotgültigerz), Freibergit (Silberfahlerz) und Stephanit. Hinzu kam in Freiberg der silberhaltige Sphalerit (Zinkblende), der früher als »verglaste« Blende bezeichnet wurde, und der Galenit (Bleiglanz) mit bis zu einem Prozent Silbergehalt.
Das Silber war in der Vergangenheit ein wichtiges Münzmetall. Aber auch die anderen Erze hatten für den Bergbau im Erzgebirge eine große Bedeutung. Wismut wurde schon im 15. Jahrhundert als Letternmetall, eine Legierung aus Zinn, Wismut und Blei, für den Buchdruck benötigt. Nach der Entwicklung der Blaufarben (Kobaltblau) um das Jahr 1520 erreichte der Kobaltbergbau einen Aufschwung. Nickel war nach der Erfindung des Argentans (Neusilber) um 1823 ein begehrtes Legierungsmetall. K.T.

Lit.: Wagenbreth/Wächtler 1986; Wagenbreth/Wächtler 1990; Baumann/Kuschka/Seifert 2000; Thalheim 2008, S. 40 f.

3 | 38

Bergmannsfiguren

Freiberg (?), Anfang 17. Jh.
Holz, geschnitzt, farbig gefasst,
Partikel von Mineralien
Höhe Figur mit Hut: 34 cm;
Höhe Figur mit Gugel: 36 cm
Stadt- und Bergbaumuseum Freiberg,
Inv.-Nr. 76/139, 76/140

Wohl zu Beginn des 17. Jahrhunderts entstanden in Freiberg zwei kleine Bergmannsskulpturen von der Hand eines professionellen Bildschnitzers. Die weiße Farbfassung entsprach der damals üblichen Kleidungsfarbe der Bergleute. Während die Kleinplastik mit Gugel einen Berghäuer darstellt, verkörpert die Bergmannsfigur mit Hut, Hals-

3 | 38

3 | 40

krause und gut gearbeiteter Jacke den Typus einer höher gestellten Persönlichkeit, etwa eines Bergbeamten oder eines Gewerken. Vielleicht kann man in ihr auch einen Bergschreier sehen.
Die Zweiergruppe reiht sich ein in eine Folge von bergmännischen Skulpturen in Sachsen, dessen ältester Vertreter nach der Überlieferung die auf 1546 datierte Skulptur im Freiberger Dom ist. Von dieser unterscheidet sich das jüngere Schnitzwerk durch die innere Dynamik der Figuren sowie ihre besondere Armhaltung und Beinstellung. Das Gesicht der Bergmannsstatuette mit Hut blickt frontal zum Betrachter. Aus der tänzerisch wirkenden Bewegtheit der Figur sprechen Ernst und Stolz zugleich. Man kann das Standesbewusstsein mit dem Spruch beschreiben: »Seht, ich bin Bergmann, wer ist mehr!« Vom Finderglück kündet die kleine Statue des Berghäuers, dessen Blick auf den hoch erhobenen Arm mit der Erzstufe in der Hand gerichtet ist. In der Entstehungszeit des Paares, in der sich die Silberausbeute in Freiberg trotz Rückläufigkeit noch auf einem hohen Niveau bewegte, reflektierten diese Statuetten jedenfalls den Stolz des Auftraggebers auf den blühenden Bergbau. Über Genese, Auftraggeber und ursprüngliche Verwendung der Kleinplastiken ist nichts bekannt. Möglicherweise gehörten sie zum Zierrat eines Schaubuffets, einer Schaustufe oder eines Schaubergwerks im fürstlichen oder aber großbürgerlichen Bereich. Denkbar wäre ebenso der Gebrauch als Repräsentationsgegenstand der Bergknappschaft. U.T.

Lit.: Spamer 1954, S. 68; Wilsdorf 1988, S. 19, 21; Slotta 1990, S. 310 f.; Kammel 2010, S. 30, 35.

3 | 39

Bergbauliche Miniaturmodelle: Erzwäsche, Krummofen, Zehntner

Freiberg (?), 1678
Holz, teilweise farbig gefasst, teilweise geschnitzt, Partikel von Mineralien
Größtes Maß (Zehntner):
etwa 14,5 × etwa 16 × etwa 10 cm
Stadt- und Bergbaumuseum Freiberg, Inv.-Nr. 53/305, 53/310, 53/303

Im Juli 1678 besuchte der sächsische Kurfürst Johann Georg II. die Stadt Freiberg, um sich über den Stand des Bergbaus zu informieren. Der Fürst war sich dessen Stellenwert als wichtige Einnahmequelle bewusst, was er erst im Februar bei einem großen Fest am Hofe demonstriert hatte. Die Wiederherstellung der Leistungsfähigkeit der Montanwirtschaft, die durch den Dreißigjährigen Krieg in größte Mitleidenschaft gezogen worden war, besaß für ihn hohe Priorität.

3 | 39 Erzwäsche

3 | 39 Zehntner

Im Freiberger Ratssaal fand zu Ehren des Kurfürsten ein Gastmahl statt. Bei der Nachspeise platzierte man zwischen das Marzipan 18 kleine, plastisch gestaltete Szenen montanistischen Inhalts als Schauobjekte. Sie waren schlicht gestaltet und auf charakteristische Merkmale reduziert. Die Modelle, insbesondere die geschnitzten Figuren, fertigte ein professioneller Schnitzer. Die Miniaturprojektionen klug ausgewählter Schwerpunktbereiche umfassten die Erkundung einer Erzlagerstätte, die Vermessung eines Grubenfeldes, die bergbaulichen Arbeitsschritte, die Erzaufbereitung, die metallurgischen Prozesse und die Ablieferung des Silbers beim Zehntner. Sie führten den Gästen das breite Spektrum der notwendigen technologischen Schritte vor Augen und unterstrichen damit die Bedeutung des Kurfürsten als dem obersten Bergherrn.
Für die Ausstellung wurden von den 15 erhaltenen Szenen Erzwäsche, Krummofen und Zehntner ausgewählt. Die Modelle gelten heute als älteste plastische Bildwerke mit einer solch breit angelegten Wiedergabe des Montanwesens. U.T.

Lit.: Benseler 1853, S. 1055–1057; Kunze 1980, S. 2–6; Bachmann 1990; Thiel 2005, S. 150 f.; Kammel 2010, S. 33.

3 | 40

Schaukasten eines Bergwerks »Stufenwerk«

Sachsen (?), vor 1728
Holz, Glas, verschiedene Mineralien (z. B. Sulfide, Oxide, Carbonate, Phosphate), Schnecken, Muscheln, Korallenteile, Pflanzenteile; 52,2 × 41,5 × 24,5 cm
Thüringer Landesmuseum Heidecksburg, Rudolstadt, Inv.-Nr. Kg 1634

Dieser Schaukasten, vermutlich als Auftragswerk im sächsischen Erzgebirge hergestellt, dokumentiert in Miniaturform verschiedenste bergmännische Tätigkeiten. Auf vier Ebenen verdeutlichen Erzträger, Truhenläufer und ein Hüttenmann den Abbau, die Erzwäsche und das Probeschmelzen an einem Ofen. Weitere Bergleute suchen mit einer Wünschelrute nach Erz oder sind mit dem Abbau und Abpumpen des eindringenden Wassers beschäftigt. Ein Zimmerer und ein Haspelknecht widmen sich ihrer Arbeit. Neben einer barocken Kapelle für die Segnung der Grube, eine reiche Ausbeute und das Seelenheil der Bergleute steht ein Kruzifix auf einem angedeuteten Berggipfel. Zwei Kurbeln an der Außenseite des Kästchens ermöglichen das Bewegen einiger Figuren und demonstrieren den Abtransport der gewonnenen Produkte mit einem Aufzug.
Das in dieser Form seltene Schaukästchen gehörte zur Sammlung der Fürstin Anna Sophie von Schwarzburg-Rudolstadt (1670–1728). Als geborene Herzogin von Sachsen-Gotha war sie am Hof ihres kulturell und naturwissenschaftlich interessierten Großvaters Herzog Ernst I. von Sachsen-Gotha-Altenburg (1601–1675) erzogen worden. Neben einem Raritätenkabinett ließ sie das Spiegelkabinett der Heidecksburg einrichten, in dem der Bergwerkkasten zusammen mit Porzellanen, Fayencen und Gläsern Aufstellung fand. D.W.

Lit.: Weigel 1721; Rost 1831; Huber 1995; Winker 2003.

3 | 41 + 42 + 43

3 | 41

Froschlampe

Sachsen, um 1800
Eisen; 26 × 11 × 14 cm
TU Bergakademie Freiberg, Sammlung Bergbaukunde, Inv.-Nr. T III A1p

3 | 42

Eisen und Schlegel

Sachsen, um 1800
Eisen, Holz; Länge: je 30 cm
TU Bergakademie Freiberg, Sammlung Bergbaukunde, Inv.-Nr. T III A1h, T III A1l

3 | 43

Riemen mit zwölf Ersatzeisen

Sachsen, um 1800
Eisen; 40 × 35 × 4 cm
TU Bergakademie Freiberg, Sammlung Bergbaukunde, Inv.-Nr. T IX Aa9

Schlegel und Bergeisen waren im Mittelalter die Standardwerkzeuge des Hauers (Bergmanns). In Form eines Andreaskreuzes angeordnet, wurden sie zum Symbol des Bergbaus. Das Eisen setzte der Hauer auf den Fels und trieb es mit dem Schlegel. Das Eisen wurde dabei schnell stumpf, daher trug jeder Hauer einen Riemen mit Ersatzeisen bei sich. Nach der Schicht wurden die stumpfen Eisen in der Bergschmiede abgegeben und dort neu in Form gebracht. Außerdem gehörte ein persönliches Geleucht zur Ausrüstung jedes Bergmanns. Eine weit verbreitete Lampenform im mitteleuropäischen Bergbau war die sogenannte Froschlampe. Als Brennstoff diente Unschlitt, ein aus Schlachtabfällen gewonnenes Fett. J.Z.

3 | 44

Galenit (Bleiglanz) – PbS mit Sphalerit (Zinkblende, Schalenblende) – ZnS und Pyrit (Schwefelkies) – FeS_2

Olkusz, Małopolskie, Polen
9 × 5,5 × 5 cm; Gewicht: 679 g
Senckenberg Naturhistorische Sammlungen Dresden, Museum für Mineralogie und Geologie, Mineralogische Sammlung, Inv.-Nr. Min 17794 Sy (MMG Dresden)

Die Blei-Zink-Lagerstätten um Beuthen und Olkusz in Oberschlesien und Kleinpolen gehören zu den größten Vorkommen in Europa. Die Dolomite der Trias (Muschelkalk) sind schichtförmig mit Galenit (Bleiglanz) und Sphalerit (Zinkblende) mineralisiert. Der Haupterzhorizont ist etwa vier Meter mächtig mit Gehalten bis zu 15 Prozent Zink und drei Prozent Blei. Die angeschliffene Probe zeigt den lagenförmigen Aufbau von innen nach außen mit der typischen Schalenblende (Sphalerit), Galenit und Pyrit.
Das Blei-Zink-Revier von Oberschlesien war bis zum Anfang des 20. Jahrhunderts der größte Zinkproduzent der Welt. Das Zink wurde in dieser Zeit vor allem aus dem Erz Galmei, einem Gemenge aus dem Zinkkarbonat Smithsonit (Zinkspat) und dem Zinksilikat Hemimorphit (Kieselzinkerz) gewonnen. Noch heute werden in diesem Revier etwa 185 000 Tonnen Zink und 69 000 Tonnen Blei jährlich erzeugt.
Zink ist der Rohstoff für die Legierung Messing, die aus Kupfer und Zink besteht. Seit Beginn des 19. Jahrhunderts wurden verzinkte Bleche zu Dach- und Fassadenverkleidungen, zu Dachrinnen und Fallrohren sowie zu Wannen und anderen Gegenständen verarbeitet. Heute spielt Zink eine große Rolle im Korrosionsschutz.
Blei ist eines der ältesten Gebrauchsmetalle. Es wurde zu Bleirohren und Bleiblechen verarbeitet. Mit der Erfindung des Buchdrucks erlangte es Bedeutung bei der Herstellung der Bleilettern. Heute findet es vor allem in der Elektroindustrie seinen Einsatz. K.T.

Lit.: Schneiderhöhn 1941, S. 573–579; Schneiderhöhn 1962, S. 144–146; Sass-Gustkiewicz/Kucha 2005.

3 | 45

Zinnmarkentafel der Görlitzer Zinngießerzunft

1586
Blei, gewalzt; 19 × 10 × 0,3 cm
Ankauf aus der Berndtschen Altertümer-Sammlung in Löbau 1931
Städtische Museen Zittau, Inv.-Nr. 7502/722

Mit der Bestätigung ihrer neuen Ordnung durch den Görlitzer Rat 1586 legte die Zinngießerzunft diese Markentafel an. Sie gilt als älteste erhaltene Zinnmarkentafel Deutschlands und ist damit von herausragender Bedeutung. Bis 1825 blieb sie in Gebrauch. Im Laufe von 240 Jahren wurden auf ihr 55 Meisterzeichen eingeschlagen. Durch diese Zeichen ließ sich das damit gekennzeichnete Zinn exakt einem Meister und einer Stadt zuordnen. Gleichzeitig war es ein Qualitätssiegel. Bei den Marken der Tafel gibt es sieben Wiederholungen, entweder buchstabengleich, aber verschiedener Größe, oder völlig identisch. 33 der Marken sind Görlitzer Meistern zuzuordnen. Dazu gehören auch veränderte Zeicheneisen nach dem Tod des Meisters, wenn die Witwe die Werkstatt weiterführte. Von Einzelmeistern umliegender Kleinstädte (Löbau, Sagan, Marklissa, Seidenberg), die sich wohl der Görlitzer Zunft anschließen durften, sind acht Marken vertreten. Sieben sind nicht identifiziert. M.R.

Lit.: Müller 1933.

3 | 44

3 | 45

3 | 46

3 | 46

Zinnfahne mit Zinnzeichen »St: Marienberg 1616–1825«

Marienberg, Erzgebirge, Sachsen, um 1825
Zinn, gegossen
41 × 30 × 0,5 cm; Gewicht: 885 g
Senckenberg Naturhistorische Sammlungen Dresden, Museum für Mineralogie und Geologie, Mineralogische Sammlung, Inv.-Nr. Min 18187 Sa (MMG Dresden)

Neben den großen Zinnerzrevieren von Altenberg und Zinnwald im Osterzgebirge und Ehrenfriedersdorf im mittleren Erzgebirge ging etwa ab 1526 auch in der Gegend um Pobershau bei Marienberg intensiver Zinnbergbau auf mit Kassiterit (Zinnstein) mineralisierte Gänge um. In nahe gelegenen Hütten wurde das flüssige Zinn gitterförmig auf Bleche gegossen, zu Ballen gerollt und für den Transport in Fässern verpackt. Zugleich wurde die Zinnfeder, ein federähnlicher flacher Zinnstreifen, gegossen und mit dem Stempel der Schmelzhütte versehen. Sie galt als Qualitätsprobe für das Zinn, das in den Handel kam.

Zinn hatte eine große Bedeutung für die Gießerei von Gebrauchs- und Ziergegenständen. Ab 1536 wurde es auch verstärkt in der Weißblechherstellung, der Verzinnung von Eisenblech, eingesetzt. Hausgerätschaften aus Weißblech aus dem Erzgebirge beherrschten aufgrund ihrer Qualität lange Zeit den europäischen Markt. Zinnamalgam wurde zur Herstellung der berühmten venezianischen Spiegel benötigt. Als Legierung von Kupfer und Zinn hat Bronze bis heute eine große Bedeutung.

Die Zinnfahne oder Zinnfeder trägt einen Stempel mit dem Wappen von Marienberg mit der Darstellung von St. Marien sowie Schlegel und Eisen und der umlaufenden Schrift »St: Marienberg 1616–1825«. Diese Jahresangabe symbolisiert wohl die Betriebszeit der Zinnschmelzhütte oder des gesamten Reviers. Um 1622 erließ der Rat der Stadt Marienberg eine neue Hüttenordnung, nachdem der Zinnbergbau seit 1600 einen großen Aufschwung genommen hatte. Zum Beginn des 19. Jahrhunderts war dann das Zinnausbringen im Marienberger Revier rückläufig. In Pobershau wurde der Zinnbergbau nach 1860 eingestellt. Vom 16. bis zum 19. Jahrhundert wurden im Marienberger Revier insgesamt 4000 Tonnen Zinn gewonnen. K.T.

Lit.: Barsch 1988; Wagenbreth/Wächtler 1990; Baumann/Kuschka/Seifert 2000; Reinheckel 2003.

3 | 47

Schlesische Schleifkanne

Schlesien (Breslau?), 1491
Zinn, gegossen, getrieben, graviert
Höhe: 36 cm
Schlesisches Museum zu Görlitz, Inv.-Nr. 2008/0119, Leihgabe der Ostdeutschen Sparkassenstiftung gemeinsam mit der Sparkasse Oberlausitz-Niederschlesien

Die spätgotische Zinnkanne mit Deckel und Henkel weist einen konischen Korpus mit siebenfach facettierter Wandung auf. Auf ihr sind fünf bekrönte Heilige dargestellt: Neben Maria mit dem Jesuskind die hl. Dorothea mit einem Rosenzweig, die hl. Barbara mit dem Turm und die hl. Apollonia mit der Zange. Die fünfte Heilige ist nicht zu identifizieren. Tierfiguren, Blätter, ein Wappen mit der Jahreszahl 1491 und Lilien füllen die Maßwerkornamentik unterhalb und über den Heiligenfiguren. Sitzende Löwen betonen die drei Standfüße der Kanne und bekrönen ihren Deckel.

Die schlesischen Facettenkannen stellen einen unverwechselbaren Gefäßtyp dar. In die Wandung der Kannen sind plane Flächen eingetrieben, die als Bildfelder für eingravierte Heiligendarstellungen dienen. Der Typus bildete sich in den letzten Jahren des 15. Jahrhunderts in Schlesien aus, vermutlich in Breslau. Nur wenige Gefäße dieser Art, die bis zum ersten Viertel des 16. Jahrhunderts entstanden, sind erhalten. Wenig später wurde der Typus durch runde, zylindrische Gefäßformen verdrängt.

Kannen dieser Art wurden bei Festgelagen der Zünfte benutzt. Die historische Bezeichnung »Schleifkanne« ist nicht sicher gedeutet. Eine Erklärung ist, dass die gefüllten Kannen durch das hohe Gewicht nur auf dem Tisch gezogen (geschleift) werden konnten. Vielleicht rührt der Name aber auch von der Tradition her, den Gesellen nach seiner Prüfung zu traktieren, zu »schleifen«. Zu diesem Brauch musste er auch den Inhalt der Kanne, das Bier oder den Wein, stiften.

3 | 47

3 | 48

Tintenfass

Chemnitz (?), um 1600
Blei mit Zinnanteil, gegossen
Höhe: 7,7 cm; Durchmesser: 10,2 cm
GRASSI Museum für Angewandte Kunst Leipzig, Inv.-Nr. 1909.24 a, b

Dieses zylindrische Tintenfass hat einen losen Deckel, der breite Standring, die Wandung und der Deckel sind mit einem Eierstab-Fries verziert. Das Fass hat einen seitlich angebrachten, röhrenförmigen Halter für die Schreibfeder, auf dem Deckel dient ein Meerweibchen, dessen Kopf fehlt, als Griff. Auf der Wandung sind in Arkaden fünf Musenfiguren dargestellt, die Polyhymnia, Euterpe, Tersichore, Erato und Thalia (?) zeigen und Gesang, Tonkunst, Tanz, Liebesdichtung und die Komödie verkörpern. Bis auf die Figur der Thalia hatten diese flachen Reliefs eine Folge von Musendarstellungen auf Plaketten zum Vorbild, die wohl von einem Nürnberger Meister in der zweiten Hälfte des 16. Jahrhunderts geschaffen wurden. Neben dem Exemplar in Leipzig sind heute noch vier weitere solcher Tintenfässer nachweisbar.
Schreibgeräte waren und sind verschiedenen Lebens- und Arbeitsbereichen zuzuordnen. Neben dem persönlichen Bedarf gehörten solche Tintenfässer zum Handwerkszeug jener Personen, die in Kirchen und Klöstern, Ratsstuben, Zünften und im Handel tätig waren und bei denen die Niederschrift von Verordnungen, das Abfassen von Korrespondenzen oder das Dokumentieren von Geschäftsgängen eine alltägliche Arbeit bedeuteten.

Lit.: Best.-Kat. Leipzig 1996, S. 111; Reinheckel 2003, S. 84, Nr. 47, Abb. 58, S. 238, Nr. [49].

3 | 49

Taufschale

Elias Schossbeck
(Meister in Görlitz 1633 – 1677 Görlitz)
Görlitz, 1674
Zinn, gegossen, gelötet, graviert
Durchmesser: 45,2 cm
markiert: 1 Stadtmarke Görlitz, 2 Meistermarken
Staatliche Kunstsammlungen Dresden, Kunstgewerbemuseum, Inv.-Nr. 30 079

Das reine Zinn – je nach Art der Gewinnung als Berg-, Seifen-, oder Waschzinn bezeichnet – gelangte vor allem in Form von Platten, Stäben oder Barren in den Handel. Aufgrund seines relativ niedrigen Schmelzpunktes eignete sich das silberglänzende Metall beson-

ders zum Gießen. Bis weit ins Mittelalter hinein belieferte Cornwall das europäische Festland mit dem begehrten Rohstoff. Ab dem 14. Jahrhundert entwickelte sich der Abbau von Zinn im Erzgebirge. Herzog Georg der Bärtige richtete 1498 eine »Gesellschaft des Zinnhandels« ein. Kaufleute aus dem gesamten deutschsprachigen Raum investierten in den Zinnbergbau. Besonders in den wachsenden Städten mit ihrem zahlungsfähigen Bürgertum stieg die Nachfrage nach zinnernem Hausrat. Nach dem Dreißigjährigen Krieg waren es vor allem die Kirchen, deren Silbergerät oftmals konfisziert und eingeschmolzen wurde, die Leuchter und Taufschalen aus dem preiswerteren Zinn anfertigen ließen. In kleineren Gemeinden ist der Gebrauch von Zinngerät bis in die heutige Zeit üblich.
Die Taufschale des Görlitzer Zunftmeisters Elias Schossbeck ist mit ihrer tief gewölbten kugeligen Mitte und der glatten breiten Fahne sehr schlicht gehalten. Diese Form des sogenannten Kardinalshutes war in dieser Zeit in ganz Europa weit verbreitet und erhielt ihren Namen aufgrund ihrer Ähnlichkeit mit den Kopfbedeckungen der päpstlichen Kardinäle. Verziert wurde die Taufschale lediglich mit zwei gegenüberliegenden, noch nicht zugeordneten Wappenpaaren – evtl. der Stifterfamilien – in runden Blattkränzen. Seitlich befindet sich jeweils ein kleiner Klappgriff mit profilierter Öse. Die Jahreszahl 1674 ist unter einem Wappen, die Stadt- und Meistermarken sind unter einem Klappgriff eingraviert. K.S.

Lit.: www.prinz-albert-von-sachsen.de/historie [20. 3. 2011]; Reinheckel 2003.

3 | 48

3 | 49

3 | 50

Wandbrunnen

Johann Christoph Korpisch (1667–1738)
Schweidnitz, 1709
Höhe: 26 cm; Breite gesamt: 33 cm;
Durchmesser Wasserspender: 14 cm;
Absperrhahn fehlt
Oberseite des Deckels gemarkt: je eine Meistermarke und Stadtmarke Schweidnitz
im Museumsbestand seit vor 1926
Städtische Museen Zittau, Inv.-Nr. 7179/722

Wasserspender aus Zinn, zu denen immer auch ein Wasserbecken gehörte, gab es vom 16. bis 18. Jahrhundert in fast jedem Haushalt. Besonders in Räumen, in denen gespeist wurde, dienten sie zum Händewaschen. Die Kugelform war dafür gebräuchlich und gehörte bei vielen Zinngießerzünften zu den geforderten Probestücken zur Erlangung des Meisterrechts. Diese Wasser-

3 | 50

3 | 51

blase hat eine Öse an der Rückseite und konnte damit an der Wand aufgehängt werden. Die abnehmbaren Flügel an den Seiten der Kugel sollen an die geflügelte Kugel der Fortuna als Sinnbild der Wandelbarkeit erinnern und sind zugleich dekoratives Element. Die Auslaufröhre ist mit einem Tierkopf (Seeungeheuer?) geschmückt, in dessen Maul der Verschlusshahn eingelassen ist. Auf der Vorderseite der Kugel befinden sich als einfache Gravur in einem Blattkranz die Initialen »A·R ¥ B 1709«. Gefertigt wurde der Wandbrunnen von Johann Christoph Korpisch, der 1699 das Meisterrecht erlangte und 1725 Oberältester der Schweidnitzer Zinngießerzunft war. M.R.

Lit.: Hintze 1921–1931, Bd. 4, S. 307 f.; Haedecke 1983, S. 293 f.; Glanz 2001, S. 138.

3 | 51

Gestaltgefäß der Schmiede

unbekannter Meister, ohne Marke, 1739
Zinn; 26 × 16,5 × 9 cm
Ankauf 1989
Städtische Museen Zittau,
Inv.-Nr. 13.720/722

Im Brauchtum der Zünfte war es oft üblich, zinnerne Gefäße zu fertigen, aus deren Form und Aussehen auf das Gewerk zu schließen war. Bei den Schmieden war das Sinnbild dafür meist das Hufeisen. Derartige Behältnisse dienten als Trink- oder Schenkgefäß. Dieses Gestaltgefäß trägt die gravierte Inschrift »JOHANN MICHAEL VOGEL 1739«. Vogel (1723–1769) war der Sohn eines Zittauer Huf- und Waffenschmieds. Wahrscheinlich erlernte auch er zunächst diesen Beruf und stiftete das Gestaltgefäß aus einem besonderen Anlass seiner Zunft. Er starb in Zittau als Branntweinbrenner. M.R.

Lit.: Nadolski 1986, S. 131–138; Pröwig 1989.

3 | 52

3 | 52

Chrysokoll (Kieselkupfer)

Schlesien (Kupferberg/Miedzianka
bei Hirschberg?)
8,5 × 5,5 × 4,5 cm; Gewicht: 212 g
Senckenberg Museum für Naturkunde
Görlitz, Inv.-Nr. 00088

Chrysokoll ($CuSiO_3 + n\ H_2O$) ist ein wasserführendes Kupfersilikat, das sich in niedrigtraubigen Krusten entwickelt und keine sichtbaren Kristalle bildet. Er entsteht bei der Verwitterung von primären Kupfererzen an der Erdoberfläche und wird z. T. als Kupfererz gewonnen. Weiterhin findet er auch als Schmuckstein als sogenannter weicher Bruder des Türkis Verwendung.
Das ausgestellte Stück stammt aus der Sammlung der 1823 gegründeten Naturforschenden Gesellschaft zu Görlitz, aus der das Naturkundemuseum Görlitz hervorging. In der zweiten Hälfte des 19. Jahrhunderts legte die Gesellschaft eine regionale Mineraliensammlung mit Objekten aus Schlesischen Bergwerken an, die durch eine im Gesellschaftsauftrag durchgeführte geologische Kartierung durch Ernst Friedrich Glocker, Professor für Mineralogie und Direktor des Mineralogischen Kabinetts der Universität Breslau, 1857 angeregt wurde. Die Objekte, die Kenntnislücken in der Topografie schlesischer Minerale schließen sollten, gelangten auf der via regia nach Görlitz. Die genaue Fundortangabe für das Objekt ist leider verloren gegangen, jedoch ist anzunehmen, dass es aus Niederschlesien stammt. Als bekannte Lokalitäten mit Chrysokollvorkommen sind hier Kupferberg (Miedzianka) bei Hirschberg, das Bober-Katzbachgebirge und das Zobten-Massiv zu nennen. O.T.

Lit.: Tietz/Berner 1996, S. 21–34; Völkel 2002; Mierzejewski/Sachanbiński/Wierzbicki 2003, S. 13–43; www.mindat.org/min-1040.html [5. 1. 2011].

3 | 53

3 | 53

Chalkopyrit (Kupferkies)

Kupfererzgrube Maximilian bei Görlitz
8 × 6,5 × 5 cm; Gewicht: 430 g
Senckenberg Museum für Naturkunde
Görlitz, Inv.-Nr. 00585

Charakteristisch für Chalkopyrit ($CuFeS_2$) sind die goldgelbe, metallisch glänzende Farbe und die intensiven rot, lila und blauen Anlauffarben. Das Eisen-Kupfer-Sulfid bildet eines der bedeutendsten Kupfererze; weniger wegen des Kupfergehalts, der nur bei etwa 33 Prozent liegt, als vielmehr wegen seines häufigen Vorkommens. Das ausgestellte Stück wird von weißen Quarzgängen durchsetzt, die als nicht nutzbare Gangart die Vererzung begleiten. Die Mineralisation ist auf heiße hydrothermale Erzlösungen zurückzuführen, die aus dem Erdinneren in Gesteinsrissen aufdrangen und im Zuge der Abkühlung zur Mineralbildung führten.
Die Herkunft des Objektes lässt sich auf die Kupfererzgrube »Maximilian« bei Ludwigsdorf nördlich von Görlitz zurückführen. Hier wurde Kupfererz im Tiefbau bis 150 Meter unter der Erdoberfläche zwischen 1872 und 1879 sowie 1902 und 1905 gewonnen. Das ausgestellte Stück lässt sich der ersten Bergbauphase zuordnen. Die durchschnittlichen Kupfergehalte von nur drei bis acht Prozent des geförderten Roherzes und eine geringe Ausdehnung der Lagerstätte mit 25 Metern Länge im Zentralbereich führten zu einer schnellen Einstellung des Abbaus. O.T.

Lit.: Petrascheck/Herr 1934; Rösler 1981.

3 | 54

3 | 55

3 | 54

Kurfürstliches Wappen der Saigerhütte Grünthal

vermutlich 1937, wohl nach historischen Vorbildern 1. Hälfte 17. Jh.
kupferblechartiges Material, geschnitten, getrieben, gedrückt und vernietet, partiell oxidiert; 155 × 120 × 1 cm
Stadtverwaltung Olbernhau, Museum Saigerhütte, Inv.-Nr. 177

Das große Schild aus Kupfer mit dem kurfürstlich-sächsischen Wappen stammt aus der Saigerhütte Grünthal, die im erzgebirgischen Olbernhau liegt. Hier wurden bereits seit Beginn des 16. Jahrhunderts Metalle gefördert und verhüttet. Mit dem Saigerverfahren wurden hochwertige Metalle wie Kupfer oder Silber von anderen, minderwertigen Stoffen getrennt. Eigentümer dieser Hütte war der aus dem schlesischen Löwenberg stammende Christoph Uthmann (1507–1553), der an vielen Hütten in Sachsen und Böhmen beteiligt und im Bereich der Kupferförderung sehr erfolgreich war. Von dessen Witwe, der im Erzgebirge überaus bekannten Verlegerin Barbara Uthmann (1514–1573), erwarb der sächsische Kurfürst August (1526–1586) im Jahr 1567 die Grünthaler Hütte, in der neben Kupfer auch Silber gefördert wurde. So sicherte sich der Kurfürst eine stattliche finanzielle Einnahmequelle. Bis 1873 blieb die Hütte, die zu den wichtigsten im sächsischen Erzgebirge zählte, im Besitz der Wettiner.
Die im Erzgebirge genauso wie im schlesischen Riesengebirge zutage gebrachten Erze wie Eisen, Zinn, Kupfer und Silber wurden vor Ort so bearbeitet, dass sie als Rohstoff zur via regia und von dort weiter in viele Richtungen vertrieben werden konnten. Während Silber und Teile von Kupfer in die herrschaftlichen Münzstätten kamen und zu Geld geprägt wurden, gelangten die anderen Materialien schnell zu den verarbeitenden Werkstätten. Das herrschaftliche Zeichen aus Olbernhau wurde vermutlich anlässlich der 400-Jahr-Feier 1937 aus heimischem Kupfer gefertigt. R.E.

Lit.: Kasper 1993, S. 35.

3 | 55

Werkstattschild eines Breslauer Kesselschmieds

Breslau, 1764
Kupfer, ausgeschnitten, geschmiedet, kalt geschmiedet; Stange: 44,2 cm; Kuchenform: 14 × 9,1 × 4,3 cm; Wasserkessel: Höhe 8,5 cm, Durchmesser 9,4 cm
Muzeum Narodowe we Wrocławiu, Inv.-Nr. XV-296

Das Werkstattschild besteht aus einer länglichen, rechteckigen Stange mit drei Haken, an denen die Erzeugnisse des Kesselschmieds hängen: eine Kuchenform, ein Wasserkessel, der dritte Gegenstand (ein Kessel) ist verschollen. Auf der Stange sind folgende Inschriften eingeschlagen: »GEGRÜNDET 1764. O.S.«, »S.K.«, »P.M. ERNEUERT 1886. S. W. O. M. T. S.« T.F.

Lit.: Schlesiens Vorzeit in Bild und Schrift, Breslau N.F. 4 (1912), S. 230; Ausst.-Kat. Wrocław 2002, S. 409 f., Nr. 26.

3 | 56

Flaschenkühler

Sachsen, Ende 17. Jh.
Kupfer, getrieben, punziert, ziseliert, gelötet, innen verzinnt und zwei Tragegriffe, Eisen, genietet
Höhe: 30,2 cm; Durchmesser: 32,4 cm
bez.: »9.« Gekreuzte Schwerter »1783.« (nachträgliche Inv.-Nr.)
Staatliche Kunstsammlungen Dresden, Kunstgewerbemuseum, Inv.-Nr. 39775

3 | 57

Drei Back- oder Geleeformen

Sachsen, 18. Jh.
Kupfer, getrieben, innen verzinnt
38634: Höhe 7,2 cm, Durchmesser 8 cm;
38653: 3,1 × 8,8 × 5,5 cm;
38647-1: Höhe 4,9 cm, Durchmesser 6,1 cm
bez.: bekröntes ligiertes »FAR«-Monogramm, bei 38634 zusätzlich »17« und bei 38647-1 »8«
Staatliche Kunstsammlungen Dresden, Kunstgewerbemuseum, Inv.-Nr. 38634, 38653, 38647-1

Kupferhaltige Erze wurden auch im sächsischen Erzgebirge abgebaut; die Vorkommen waren allerdings wesentlich geringer als beispielsweise die des Mansfelder Reviers. Nach der Verhüttung des Erzes wurde das Garkupfer entweder für Legierungen wie Messing und Bronze (letzteres z. B. für Geschützrohre) verwendet oder unlegiert in Hammerwerken (im 19. Jahrhundert durch Walzwerke verdrängt) zu Kupferblech weiterverarbeitet. Die seit 1567 kurfürstliche, später königlich-sächsische Saigerhütte Grünthal bei Olbernhau, ein wirtschaftlich sehr erfolgreiches Hüttenunternehmen, wo von 1537 bis zum Ende des 18. Jahrhunderts gesaigert wurde (Trennen des begehrten Silbers vom Kupfer), war mit den zugehörigen Hammerwerken

3 | 56

3 | 57

zugleich ein Zentrum der Kupferverarbeitung in Sachsen, so für die Herstellung von Dachkupfer. Von dort wurde der vielfältige Bedarf des sächsischen Hofes an Gar- oder bereits verarbeitetem Kupfer gedeckt, auch kam das Material als Münzmetall zum Einsatz. Was den außerhöfischen Bereich betrifft, so wurde zum einen direkt an sächsische Kupferschmiede verkauft, die mit ihren Erzeugnissen – z. B. Gebrauchsgerät in Form von Gefäßen – dann selbst Handel trieben. Zum anderen wurde erzgebirgisches Kupfer auf den Leipziger Messen abgesetzt.
Die ausgestellten Objekte stellen Beispiele der Verwendung von Kupfergerät am Dresdner Hof dar und gehörten ursprünglich zum Inventar verschiedener Hofämter, wie der ehemaligen Hofküche bzw. Hofkonditorei. Sie deuten den großen Formenreichtum an, den die in Kupfermodeln hergestellten Backwaren oder gelierten Kaltspeisen aufwiesen. Der vermutlich aus der Hofsilberkammer stammende Flaschenkühler verweist andererseits darauf, dass Kupfer sogar als höfisches Tafelgerät, wenn auch nur in Bereichen des niedrigeren Tafelzeremoniells, Verwendung fand. F.G.

Lit.: Ausst.-Kat. Dresden 1990, Kat.-Nr. 629, 631.

3 | 58

Magnetit (Magneteisenerz) – Fe_3O_4

Berggießhübel, Elbtalschiefergebirge, Sachsen
12,5 × 9,5 × 3 cm; Gewicht: 747 g
Senckenberg Naturhistorische Sammlungen Dresden, Museum für Mineralogie und Geologie, Mineralogische Sammlung, Inv.-Nr. Min 5081 Sa (MMG Dresden)

3 | 59

Hämatit (Faseriges Roteisenerz) – Fe_2O_3

Grube Segen Gottes, Schellerhau, Erzgebirge, Sachsen
9 × 9 × 6 cm; Gewicht: 1089 g
Senckenberg Naturhistorische Sammlungen Dresden, Museum für Mineralogie und Geologie, Mineralogische Sammlung, Inv.-Nr. Min 282 Sa (MMG Dresden)

Hämatit (Roteisenerz) war auf den hydrothermalen Eisenerzgängen im Erzgebirge das wichtigste Eisenerz mit etwa 70 Prozent Eisengehalt. Solche Roteisengänge wurden bei Johanngeorgenstadt und Eibenstock im Westerzgebirge sowie bei Schellerhau im Osterzgebirge abgebaut. Sie bildeten die Grundlage, um die lokalen Hammerwerke zu betreiben. Wahrscheinlich hat der Eisenbergbau im Erzgebirge noch früher als der Silber- und Zinnbergbau begonnen, benötigte man doch für den Bergbau selbst Werkzeuge aus Eisen.
Neben Hämatit war Magnetit ein wichtiges Eisenerz in Sachsen. Magnetit trägt seinen Namen aufgrund der ausgeprägten magnetischen Eigenschaften. Im Raum Berggießhübel kam Magnetit in mehreren steil einfallenden Magnetit-Sulfiderzlagern vor, welche in die Gesteine des Elbtalschiefergebirges eingeschaltet sind. Primär durch den untermeerischen Vulkanismus im Devon gebildet, wurden diese Vererzungen während der variszischen Gebirgsbildung metamorph überprägt, gefaltet und steilgestellt. Um 1388 soll der Bergbau auf Eisenerze um Berggießhübel begonnen haben, welcher vor allem die Hammerwerke im Bahratal mit Rohstoffen beliefert hat. Im 16. Jahrhundert wurde dann das »Pirnische Eisen« aus dem Revier Berggießhübel zu einem Begriff.

3 | 58

3 | 59

Erzlager mit Magnetit wurden auch in der Umgebung von Schwarzenberg und Breitenbrunn im Westerzgebirge abgebaut. Hier treten die Magnetit-Sulfiderzlager in Gesteinen des Kambriums auf. Der Bergbau ging hier in der Zeit zwischen 1567 und 1941 um. K.T.

Lit.: Fischer 1965; Baumann/Kuschka/Seifert 2000; Schmidt 2004a; Thalheim 2008.

3 | 60

3 | 60

Ofenplatte »Zwei Landsknechtspaare und Bergmann vor Ort«

Gießer: Hans Rabe;
Schnitzer: Gregor Hörczel
Berggießhübel, um 1525;
Fundort: Pirna, Schössergasse 2
Eisenkunstguss; 54 × 81 cm
Stadtmuseum Pirna, Inv.-Nr. IV/70/1113

Die Ofenplatte gehört zu den ältesten Zeugnissen des Eisenkunstgusses in Sachsen. Der Guss wird Hans Rabe zugeschrieben, der als wohl erster Eisengießer in Obersachsen von etwa 1520 bis 1541 seine Hütte bei Berggießhübel (Giesenstein) betrieb. Rabes Bestallungsurkunde ist im Sächsischen Hauptstaatsarchiv erhalten geblieben. Aus ihr wird geschlussfolgert, dass er seine Ausbildung in einer westdeutschen Gießhütte erhalten haben muss, eventuell in der Eifel.

Der als Hersteller der Model geltende Schnitzer Gregor Hörczel erwarb im Jahre 1517 das Pirnaer Bürgerrecht. Er arbeitete vor allem an Altarfiguren. Die Ofenplatte zeigt jedoch beispielhaft eine deutliche Hinwendung zu profanen Motiven. Der arbeitende Bergmann mit Kapuze und Arschleder erinnert an den um 1525 noch bedeutenden sächsischen Bergbau. Vielleicht weist er sogar auf die Knappen des Berggießhübler Reviers hin, die das Eisenerz förderten, das in der Rabeschen Hütte verarbeitet wurde. Eigentlich vertrieb zwischen 1472 und 1686 ausschließlich die Kurfürstliche Eisenkammer mit Sitz in Pirna das »Pirnische Eisen« als Halbzeug. Hans Rabe genoss jedoch Privilegien: Er hatte dem Herzog alle benötigten Eisenwaren für einen Vorzugspreis zu liefern und vom frei Verkauften eine Abgabe zu leisten. Hergestellt wurden in erster Linie Erzeugnisse für Militär und Hof sowie für den Bergbau. Ofenplatten waren ein Nebenprodukt aus seiner Gießhütte. Das Motiv des arbeitenden Bergmannes findet sich noch auf einer weiteren, dreigeteilten Platte aus der Rabeschen Werkstatt, die ebenfalls um 1525 entstand. Sie befindet sich heute im Besitz des Nationalmuseums Prag. S.H.

Lit.: Hentschel 1955, S. 25–43;
Schmidt 1984 S. 55 f.

3 | 61

3 | 62

3 | 61

Hufeisen

14. Jh.
Fundort: Leipzig, Wilhelm-Leuschner-Platz
Funddatum: 2004
Eisen; 12,3 × 10,3 × 0,5 cm
Landesamt für Archäologie, Dresden,
Inv.-Nr. L-124/176/SF 20

Im Vorfeld der Errichtung eines unterirdischen Haltepunktes des Leipziger Citytunnels wurden 2004 im Bereich des Wilhelm-Leuschner-Platzes archäologische Ausgrabungen durchgeführt. Zu den archäologischen Hinterlassenschaften, die Informationen zum Alltag von Stadtbewohnern und Straßennutzern liefern, gehört auch ein Hufeisen. Dieses war wahrscheinlich im Straßenschlamm verloren gegangen und hat deutlich verbreiterte, sichelförmige Schenkel und ausgeprägte Stollen. Je Hufseite gibt es drei Nägel. Die Modellierung des Eisens passte sich der Form des Hufes besser an als ältere Modelle. Durch die Stollen hatte das Pferd sicheren Tritt auf glatten und harten Wegen, was besonders für Zugpferde von Bedeutung war. Dieser Hufeisentyp wurde bis ins 16./17. Jahrhundert verwendet. J.Wo.

Lit.: Kenzler 2001, S. 148–150;
Heege 2002, S. 117 f.

3 | 62

Halit (Steinsalz) – NaCl

Wieliczka b. Krakau
16 × 12 × 3 cm; Gewicht: 1016 g
Senckenberg Naturhistorische Sammlungen Dresden, Museum für Mineralogie und Geologie, Mineralogische Sammlung,
Inv.-Nr. Min 2418 Sy (MMG Dresden)

Das Salzbergwerk von Wieliczka in Polen ist mit über 700 Jahren Geschichte eines der bekanntesten Bergwerke der Welt. Es gehört heute zum UNESCO Weltkultur- und Naturerbe. Nachdem die Salzquellen an der Oberfläche erschöpft waren, teufte man Ende des 13. Jahrhunderts Schächte zum Abbau der primären Lagerstätte. Das Salz wurde in unterirdischen Kammern gebrochen und in Form großer Salzblöcke (Balvane) oder als Bruchsalz zutage gefördert. Bis 1570 stieß man in größere Tiefen vor und erweiterte das horizontale Streckennetz. Im Jahr 1600 wurde eine Jahresproduktion von 25 000 Tonnen Steinsalz erreicht.
Salz als wichtigster Bodenschatz unterlag dem königlichen Salzmonopol. Der Salzhandel bescherte der Region Reichtum, wovon besonders das nahe Krakau profitierte. Im 18. Jahrhundert wurden die Salzbergwerke durch den sächsischen Bergrat Johann Gottfried Borlach (1687–1768) organisatorisch und technisch auf den neuesten Stand gebracht. Im Jahr 1964 wurde die Steinsalzförderung in Wieliczka eingestellt.
Halit oder Steinsalz ist meist farblos, transparent und kristallisiert in Würfelform. Es hat auch eine würfelige Spaltbarkeit. Salzgestein mit körniger Struktur besteht aus miteinander verwachsenen Halitkristallen und besitzt eine weiße bis graue Farbe. Aufgrund der leichten Löslichkeit in Wasser wird Halit schon bei erhöhter Luftfeuchtigkeit angegriffen. Die exakt ausgebildeten Würfelflächen werden angelöst, wie dies an der Halitprobe von Wieliczka zu sehen ist.
Steinsalz gehört als »Weißes Gold« zu den ältesten von der Menschheit genutzten mineralischen Rohstoffen. Es diente seit alters zur Konservierung von Lebensmitteln und ist Bestandteil der Nahrung. Heute ist es ein wichtiger Grundstoff für die chemische Industrie. K.T.

Lit.: Piotrowicz 1984; Ausst.-Kat. Salzburg 1994; Ausst.-Kat. Augsburg 1995; Podlecki/Duda 2006.

3 | 63

Karl I. verleiht der Stadt Görlitz den Salzmarkt

Prag, 14. September 1347
Handschrift auf Pergament; 17,5 × 27,5 cm;
Siegel ergänzt, Durchmesser: 10 cm
Ratsarchiv Görlitz, Inv.-Nr. Selecta 49/32

Salz gehörte nicht nur für den Menschen zu den wichtigsten Nährstoffen, sondern auch für zahlreiche Nutztiere. Zugleich war es ein wesentliches Mittel zur Haltbarmachung von Fleisch oder Fisch. Besonders in der Fastenzeit gehörten bedeutende Mengen mit preiswerten, gesalzenen und getrockneten Heringen zu den »Grundnahrungsmitteln«. Insofern zählte die sichere Versorgung der Görlitzer Bürger und der Bewohner der umliegenden Dörfer mit finanziell erschwinglichem Salz zu den wichtigsten Aufgaben des Rates. Das wohl bereits im Jahre 1306 erlangte und im Jahre 1347 durch Karl I. (1316–1378) bestätigte Privileg des Salzschankes sorgte jedoch auch für erhebliche städtische Einnahmen: Der Görlitzer Rat besaß seit jener Zeit nicht nur das Monopol für den Verkauf des Salzes in der Stadt, in den Stadtdörfern und auf den Landsassengütern, sondern setzte auch die Preise dafür fest.
Im Jahre 1407 errichtete man auf dem Obermarkt die Salzkammer oder das später sogenannte Salzhaus, in welchem das wertvolle Handelsgut gelagert und verkauft wurde. Das Salz wurde über die via regia von Halle, ab dem 18. Jahrhundert aber auch aus dem polnischen Wieliczka bei Krakau und besonders von der Niederlage in Bad Dürrenberg bei Leipzig in die Oberlausitz transportiert. S.Ho.

Lit.: Jecht 1916, S. 14.

3 | 64

Zwei kleine Salzschalen

Schliff: Freiburg oder Waldkirch im Breisgau; Fassung: vielleicht Breisgau; 2. Hälfte 16. Jh.
Bergkristall, Silber, vergoldet, Metallstift
Höhe: 8,8 cm
Staatliche Kunstsammlungen Dresden, Grünes Gewölbe, Inv.-Nr. V 226 und V 230

Bereits im Inventar der Schatzkammer im Dresdner Schloss von 1586/87 (Bl. 85) sind »2 Christalin schelichen zum Salz zu gebrauchen« verzeichnet. Allerdings muss diese Beschreibung nicht zwingend auf diese beiden Schälchen zutreffen, die im Inventar der Pretiosen des Grünen Gewölbes von 1725 als »Zwey cristallne achteckichte Salz-Fäßer« dokumentiert sind. Zur Aufbewahrung von Salz, das schon auf der höfischen Tafel des Mittelalters als besondere Kostbarkeit galt und zumeist in aufwendig gestalteten Gefäßen präsentiert wurde, sind diese Bergkristallschälchen jedoch niemals benutzt worden. Dessen ungeachtet bleibt diese hypothetische Zweckbestimmung durch die Inventarbeschreibung verbürgt.
Im Boden der beiden Kristallschalen befinden sich winzige, antikisierend gestaltete Münzen, die jeweils das Brustbild eines römischen Kriegers zeigen. Die facettiert geschliffenen, leicht gewölbten Standflächen der Schalen bergen hingegen identische Miniaturmünzen mit dem Bildnis eines lorbeerumkränzten römischen Kaisers und der Umschrift »HECTOR«. J.K.

Lit.: Ausst.-Kat. Freiburg 1997, Kat.-Nr. 49, 50, 55, vgl. S. 58 f., 61, 177–179; Ausst.-Kat. Idar-Oberstein/Berlin/Dresden 1998, Kat.-Nr. 23, 24; Kappel/Weinhold 2007, S. 77.

3 | 63

3 | 64

3 | 65

3 | 65

Hallorenglas

1716
farbloses Glas mit polychromer Emailmalerei und Goldradierung
Höhe: 31,7 cm; Durchmesser Rand: 11,2 cm, Durchmesser Fuß: 13,7 cm
beschr. am Fuß: »VIVANT DIE BRÜDER IM THALE«; dat. am Korpus: »ANNO 1716«
aus der Sammlung Reuß, Gera
Technisches Halloren- und Salinemuseum, Halle, Inv.-Nr. 1453

Eine besondere Stellung innerhalb des bemalten Glases nehmen die Hallorengläser ein, die in engem Zusammenhang zur Kulturgeschichte der halleschen Salinen und der Salzwirker-Brüderschaft im Thale zu Halle stehen. Hallorengläser wurden zu verschiedensten Gelegenheiten von der Salzwirker-Brüderschaft verschenkt, an den Landesherrn sowie an den hallischen Salzgrafen. Sie stehen für die repräsentativen Verpflichtungen der Brüderschaft. Gleichzeitig weist ihre Bemalung auf die Arbeits- und Festkleidung der Salzwirker.

Das Hallorenglas hat einen breiten Fuß mit eingestochenem Boden und Abriss und hohem konischen Korpus. Dieser weist eine Bemalung in drei Zonen auf: die untere zeigt Männer mit Umhang, halblangem Rock, Kniebundhose und dunklen Strümpfen sowie weißen Schuhen. Die Haartracht – der fast kahl geschorene Kopf mit Haarbüschel an den Seiten – kennzeichnet die Dargestellten als Salzwirker. In der mittleren Zone sind zwei wappenhaltende Salzwirker in weißen, knielangen Kothhemden zu erkennen. Sie halten in einer Hand eine Salzschaufel, mit der anderen Hand das Wappen der Salzwirker-Brüderschaft mit gefülltem Salzkorb. Beidseitig der Helmzier sind gekreuzte Salzschaufeln und gekreuzte Pfannhaken dargestellt. Die Datierung »ANNO 1716« befindet sich neben den Köpfen der Salzwirker. Die Gegenseite zeigt den Fähnrich mit schwarzem Rock, Degen, weißer Schärpe sowie schwarzem Hut. Die über der rechten Schulter getragene Fahne weist einen schwarzen, gekrönten preußischen Adler auf. Die obere Zone nimmt eine Stadtansicht in Goldradierung auf. R.J.

Lit.: Ausst.-Kat. Bochum 2003, S. 258, 266 f.

3 | 66

3 | 66

Die Salzgewinnung

in: Friedrich Hondorff: Das Saltz-Werck zu Halle in Sachsen befindlich, Halle: Fick, 1670
Kupferstich; 29,6 × 37,8 cm
Technisches Halloren- und Salinemuseum, Halle, Inv.-Nr. 1416

Im »Thal zu Halle« entstand bei den Solequellen bereits im Mittelalter ein leistungsfähiges Salzwerk. Ab dem 11. Jahrhundert kam dem Salzhandel im überregionalen Warenaustausch der Stadt eine bedeutende Rolle zu. Etwa 110 Siedehütten drängten sich bereits während der ersten wirtschaftlichen Blütezeit der Saline bis in die zweite Hälfte des 18. Jahrhunderts hinein auf engstem Raum um die Brunnen im Tal. Sie wurden als einfache Fachwerkbauten mit Stroh gedeckt und bis Anfang des 18. Jahrhunderts ohne Schornstein errichtet. Abgeleitet von »Kate« (= kleines Haus) wurden sie auch als »Siedekothe« bezeichnet. Im Inneren befanden sich die Feuerungsstätte mit Herd und darüber aufgehängter Siedepfanne, der für die Stroh- und Holzlagerung sowie der zur Salztrocknung genutzte Bereich.

Neben der Ansicht von Halle und dem Wahrzeichen »Esel, der auf Rosen geht« sind auf dem Kupferstich die mit der Salzgewinnung im »Thale zu Halle« verbundenen Tätigkeiten dargestellt: Förderung der Sole an den Solebrunnen, Versiedung der Sole im Siedekoth und Ausschlagen des Salzes aus der Siedepfanne in Körbe sowie Aufladen und Verpacken des Salzes. Diese Ansicht entstammt einer umfassenden Beschreibung der Saline zu Halle, die der Jurist Friedrich Hondorff (1628–1694), seit 1660 Salzgraf, 1670 veröffentlichte. R.J.

3 | 67

3 | 67

Das Salzbergwerk zu Wieliczka bei Krakau

Vorlage: Johann Benjamin Müller
(Dresden 1719 – 1789 Dresden ?)
Kupferstecher: Johannes Esaias Nilson
(Augsburg 1721 – 1788 Augsburg)
1760
Kupferstich; 57,3 × 88,7 cm (Platte)
sign. u. l.: »JB Müllers, Pict. Reg. delin«
sign. u. r.: »J.E. Nilson, SS El. Palat. P. et Sculps. A.V.«
beschr. o. l.: »Salisfodinae Cracoviensis Regis. Poloniarum Augusti. III. P II. Magnanimi. Pacifici. P.P. Admirabili. Providentia. in Tractv. Vielicensi Restauratae«
beschr. u. r.: »Illustrissimi S.R.I. Comitis Henrici de. Osciezyno. Bruhl Incredibili Prudentia Administratae MDCCLX«
Staatliche Kunstsammlungen Dresden, Kupferstich-Kabinett, Inv.-Nr. 136596

Mit der Krönung Friedrich Augusts I. zum polnischen König 1697 kam das alte Salzbergwerk von Wieliczka bei Krakau unter sächsische Verwaltung. Der große Kupferstich gibt einen detaillierten Einblick in den technischen Ablauf der Salzgewinnung um das Jahr 1760. Links oben vor der großen Inschrifttafel sitzen zwei Polen, einer mit königlichen Insignien ausgestattet, vor ihnen liegen große Steinsalzkristalle. Vor ihnen öffnet sich der Blick in ein zweigeschossiges Bergwerk, in den Gewölben gehen zahlreiche Arbeiter den verschiedenen Tätigkeiten beim Grubenausbau und dem Salzabbau nach. Gezeigt werden der Auftrieb der Pferde durch Seilzug und Rampen, der Bau eines Schachtes mit Grubenholzlager, das Pump- und Göpelwerk oben, unten der Pferdestall, der Fassbau und das Herausschlagen der Salzblöcke. Es werden auch Schachteinstürze, eine Kapelle, der Speiseraum und die wichtigen Vermessungsarbeiten geschildert. Rechts unten führt ein Steigschacht in die Tiefe, der die Aufschrift »Borlach 1719« trägt. Mit dem hier die Treppe hinaufsteigenden Mann ist möglicherweise jener Johann Gottfried Borlach (1687–1768) porträtiert, der seit 1718 als Geometer in Wieliczka tätig war. Als sächsischer Beamter brachte er zahlreiche technische Neuerungen in den Salzbergbau ein.

Auf Borlach soll auch dieser eindrucksvolle Stich zurückgehen; die Vorlage dazu schuf der Dresdner Maler Johann Benjamin Müller, die von dem Augsburger Johannes Esaias Nilson in Kupfer gestochen wurde. Nilson fertigte 1766 vier weitere große Ansichten aus Wieliczka. Bereits im Jahre 1645 hatte der in Polen lebende Kupferstecher Willem Hondius eine Serie mit fünf Blättern zu Wieliczka vorgelegt. Diese waren Borlach mit Sicherheit bekannt. R.E.

Lit.: Schuster 1936, S. 104 f., Nr. 259; Mager 1990, S. 14–16; 29 f.; Ausst.-Kat. Dresden 1997/98, S. 146 f., Nr. 156; Helke 2005.

Handelswaren

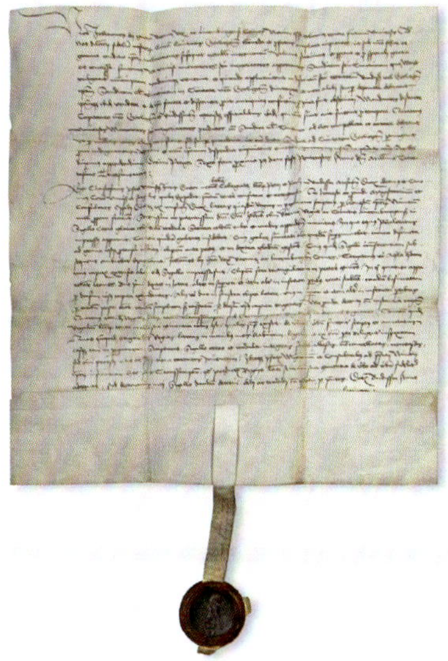

3 | 68

3 | 68

König Johann von Böhmen verleiht der Stadt Görlitz das Waidstapelrecht

Prag, 21. Mai 1339
Handschrift auf Pergament
35 × 31,5 cm; Durchmesser Siegel: 5 cm
Ratsarchiv Görlitz, Inv.-Nr. Selecta 35/23

Die Tuchmacherei entwickelte sich im Verlauf des 14. Jahrhunderts zum bedeutendsten Exportgewerbe der Stadt Görlitz. Die sichere und preisgünstige Versorgung mit der Färbepflanze Waid aus den Thüringer Anbaugebieten gehörte zu den wichtigsten Voraussetzungen für die Prosperität der Stadt. Mit der Urkunde König Johanns erfuhren Verhältnisse, die sich gewohnheitsrechtlich herausgebildet hatten, eine formelle landesherrliche Anerkennung. Der Rat besaß das Recht, das Waid der fremden Händler zu prüfen und Verkaufspreise festzusetzen. Die Waidhändler oder Waidgäste mussten ursprünglich sechs Wochen in der Stadt verbleiben und exklusiv hier die Färbepflanze feilbieten.
Die gesamte Versorgung Schlesiens und der Oberlausitz mit Waid erfolgte bis dahin über den Markt in Görlitz. Mit der Entwicklung der Tuchmacherei in jenen Gebieten wuchsen dort aber die Bestrebungen, eigene Niederlagen zu gründen und das Görlitzer Monopol zu brechen, wie etwa in Schweidnitz im Jahre 1335.
Mit dem landesherrlichen Privileg aus dem Jahre 1339 hoffte der Görlitzer Rat Rechtssicherheit zu erlangen und somit auch konkurrierende neue Märkte unmöglich zu machen oder sie zu beseitigen. Der Stadt Zittau gelang es erst nach harten Auseinandersetzungen, von König Johann wenigstens das Recht zu erhalten, den Waidbedarf der eigenen Tuchmacher zu decken. S.Ho.

Lit.: Schmidt-Händel 2004, S. 182 f.; Jecht 1923.

3 | 69 (ohne Abb.)

Waidmandat für die Stadt Hain

Dresden, 1607
Druck auf Papier, aufgeklebtes Papiersiegel; eingebunden; 33 × 39 cm
Sächsisches Staatsarchiv – Hauptstaatsarchiv Dresden, Sign. Bestand 10036, Loc. 33446, Hain Nr. 9, Bl. 15b/16a

Das Mandat von 1607 weist auf den bestehenden Waidstapelzwang in Großenhain (Hain) hin. Bereits 1477 hatten die Brüder Ernst (1441–1486) und Albrecht III. (1443–1500), die zu diesem Zeitpunkt Sachsen noch gemeinsam regierten, der Stadt das Waidstapelrecht erteilt. Damit wurde vor allem der Görlitzer Waidniederlage geschadet: Die Erteilung dieses Rechts richtete sich gegen den ungarischen König Matthias Corvinus (1443–1490), der zu diesem Zeitpunkt Lehnsherr der Oberlausitz war. Der nunmehr bestehende Zwang, das aus Thüringen kommende Waid im sächsischen Großenhain zu stapeln und dort zum Verkauf anzubieten, hatte unmittelbare Folgen – von Juli 1477 bis Juli 1478 erreichte kein Waidwagen die Stadt Görlitz; alle an Verkauf, Handel und Verarbeitung des Färbstoffs Beteiligten erlitten heftige Einbußen. Mitglieder des Görlitzer Rates, unter ihnen beispielsweise Georg Em(m)erich, traten daraufhin in Verhandlung mit den sächsischen Herrschern. Gegen eine Geldzahlung verzichteten diese für zehn Jahre auf die Einrichtung der Waidniederlage in Großenhain.
1490 erhielt Großenhain erneut das Waidstapelrecht, immer wieder aber wurde dieser Stapelzwang missachtet. Davon zeugt die Erneuerung des Mandats aus dem Jahr 1607: »Kauff / Handels unnd Fuhrleute« würden »den Waid nicht in die Stadt Hain führen / sondern denselben an andere ort durchschleiffen«, womit auch die Hohe Straße umgangen wurde. Allerdings zeigten Mandate wie dieses und die damit verbundenen Strafen offensichtlich nur begrenzte Wirkung – sie finden sich immer wieder in den Akten, schon 1623 musste ein gleichlautendes Schreiben veröffentlicht werden. S.St.

Lit.: Jecht 1907; Jecht 1923, S. 81–98.

3 | 70

3 | 70

Schlussstein mit dem Wappen der Färber

Meister i (tätig in Erfurt 1405 – 1422)
Erfurt, um 1420
Sandstein; 96 × 70 × etwa 40 cm
aus dem siebenten Gewölbe des südlichen Seitenschiffs der Barfüßerkirche zu Erfurt; seit 1978 Leihgabe der in der Predigergemeinde aufgegangenen evangelischen Barfüßergemeinde an das Angermuseum Erfurt, Inv.-Nr. L 47

In dem schildförmigen Schlussstein ist das Wappen der Färberzunft dargestellt: Vier mit knielangen Röcken bekleidete Färber stehen um einen großen Bottich herum, in dem sie mit langen Holzstäben rühren. Der Mann auf der rechten Seite ist durch den Pelzbesatz auf seiner Kleidung als Meister bezeichnet. In der linken oberen Ecke befindet sich die Signatur des Bildhauers. Der Meister des Schlusssteins ist zwischen 1405 und 1422 in Erfurt nachweisbar und signierte seine Werke mit der Minuskel »i«. Diese befindet sich auf vier weiteren Schlusssteinen der Barfüßerkirche. Die Stiftung der Steinmetzen, ein Netzgewölbe mit fünf Schlusssteinen im südlichen Seitenschiff, dürfte auf seine Anregung zurückgehen. Mit seiner Werkstatt beeinflusste er die Entwicklung der Erfurter Plastik im beginnenden 15. Jahrhundert maßgebend.
Die Färberinnung stiftete um 1420 offenbar noch ein zweites Gewölbe für die Barfüßerkirche, da der Schlussstein des elften Gewölbes im südlichen Seitenschiff einen Färber mit Garnwinde am Bottich zeigt. Darüber hinaus verfügte die wirtschaftlich erfolgreiche Zunft auch den Färberaltar mit dem Wappen der Färber auf der rechten Flügelaußenseite sowie die Glasmalereien für ein Fenster, von dem nur das Feld mit der Darstellung des Färberwappens erhalten ist.
K.H.

Lit.: Overmann 1912, S. XXIV, S. 78, Nr. 81 d; Haetge 1931, S. 168, Abb. 164; Ausst.-Kat. Frankfurt a. M. 1990, S. 217, Nr. N.7.2.; Ausst.-Kat. Mühlhausen 2008, S. 307, Kat.-Nr. 31.

3 | 71

Siegelstempel der Görlitzer Färbermeister

1616
Holz, Stahl, geschnitten
Höhe: 8 cm; Durchmesser: 4,8 cm
bez.: »1616«; Umschrift: »Sigel der Verber / Gerlitsche Meister«
vermutlich von der Innung an das Museum für Altertum und Kunst übergeben
Kulturhistorisches Museum Görlitz, Inv.-Nr. 88-89

In der Görlitzer Textilproduktion spielten die Färber eine große Rolle. Nach dem Weben und Walken wurden die Tuchbahnen gefärbt. Mit Waid, dem Hauptfärbemittel, konnten verschiedene Blautöne und Schwarz erzeugt werden. Diese gedeckten Farben waren praktisch, denn die teuren Tuche wurden über viele Jahre benutzt und sogar oft vererbt. In der Auflistung der Görlitzer Zünfte im Jahr 1600 werden die Färber jedoch nicht separat erwähnt. Wir wissen, dass die Zunft der Tuchmacher ein eigenes Färbehaus an der Hothergasse 2 unterhielt. Schönfärber pachteten über Generationen das Gebäude mit seinen Werkstätten. Sie erledigten für die Zunft die Färbearbeiten als Lohnarbeit. Auf der Stadtansicht von 1565 (S. 48/49) sieht man an fast allen Häusern zur Wasserseite Hebekräne, um Lasten in die Neiße einzubringen. Mehrfach wurden die Tuchbahnen zum Ausspülen der überflüssigen Farbe in den Fluss gelegt. Spätestens 1616 hatten die Färber sich von der Tuchmacherzunft emanzipiert und eine eigene Vereinigung gebil-

3 | 71

det. Ihr Siegelstempel zeigt als Wappen der Färber einen Mann vor einem Tisch mit überhängendem Stoffstück, zwischen zwei Hörnern eine Figur mit einem Schwert in der linken Hand und der Jahreszahl 1616, Umschrift: »Sigel der Verber / Gerlitsche Meister«. I.A.

3 | 72

Waidproben von 1585

aus: Erfurts Waidhandel, Gärtnerei, Saflor- und Anisbau, etc. (Aktenfaszikel des Erfurter Stadtrates, 1477–1827)
Papier, Aktenfaszikel, fadengeheftet, 136 Bl.; Einband: graublauer Karton; 22,5 × 16,5 cm
Bl. 22 r: Waidproben, 1585;
beschr. o.: »Anno [15]85 Hans muß [Name des vereidigten Waidmeisters?] Anno [15]85«; Blattecke r. o., ursprünglich rückseitig gefaltet, Prägezeichen mit bürgerlichen Wappen und den Versalien »M H«, Wappen und Name (Initialen) eines Waidaufkäufers (?); Schriftvermerk o. l.: »Dye weit ist gewach[s]enn Anno [15]85«; darunter: »Dye weite sint gewach[s]en Anno [15]85«; darunter: »Anno [15]85 habe ich 2 kiwell weite zum hoffe gefuret vnd hawen gelart bey junckher Wolff Weser«
Stadtarchiv Erfurt, Sign. 1–1/VIII A–1 a.

3 | 72

Bei dem Aktenfaszikel handelt es sich um eine Sammlung von amtlichen Quellen und Nachrichten des Erfurter Stadtrats insbesondere zum Waidanbau und zum Waidhandel aus den Jahren 1477 bis 1827. Dies zeigt die lange Tradition und Bedeutung des Waidhandels für Erfurt. Mit den Proben wurde penibel die Qualität dieses wichtigen Exportprodukts überwacht.
Bereits im Mittelalter und in der Frühen Neuzeit zählte die Stadt mit ihrem umfangreichen Landgebiet neben Arnstadt, Gotha, Langensalza, Tennstedt und Weißensee zu den bedeutendsten Waidstädten im thüringisch-sächsischen Raum. Im Jahr 1579 hatten 1774 Waidbauern in 49 Dörfern des Erfurter Landgebietes 4857 Acker (Erfurter Acker = 0,2642 Hektar) mit dem Färberwaid (Isatis tinctoria) bestellt. Nachdem die Bauern den Ballenwaid als Halbfabrikat in Erfurt auf den Waidanger gebracht hatten und im folgenden Kaufgeschäft eine Qualitätsprobe auf Papier oder Stein gezogen wurde, kauften ihn die Erfurter Waidgroßhändler auf. Durch Fermentierung des Ballenwaides gewannen sie das begehrte Blaufärbemittel.
Den überwiegenden Teil des in Erfurt hergestellten Färberwaides führten Erfurter Waidgroßhändler in die europäischen Zentren der Tuchherstellung aus. Der Erfurter Waidexport in die Oberlausitzer Tuchregion mit dem Handelszentrum Görlitz führte über die via regia. So registrierte die Geleitsstation Eilenburg für den Zeitraum von Walpurgis (30. April) 1524 bis Walpurgis 1525 die Durchfahrt von 344 Waidwagen in Richtung Osten mit dem Anlaufpunkt Görlitz. Zahlreiche Quellen belegen für die Zeit um 1500 einen intensiven Handel mit Waid zwischen Erfurter Waidjunkern und Görlitzer Bürgern. W.B.

Lit.: Zschiesche 1896, S. 19; Rach 1959; Majer 1979; Wiegand 1979; Schmidt-Händel 2004.

3 | 73

Von Mayen aus Löbau selbst angefärbte Garn-Proben

1765
gefärbtes Garn, mit Faden auf Papier fixiert, Handschrift auf Papier, geheftet
aufgeschlagene Akte: 35,5 × 44 cm
Sächsisches Staatsarchiv – Hauptstaatsarchiv Dresden, Sign. Bestand 10078, Nr. 1491, Bl. 7

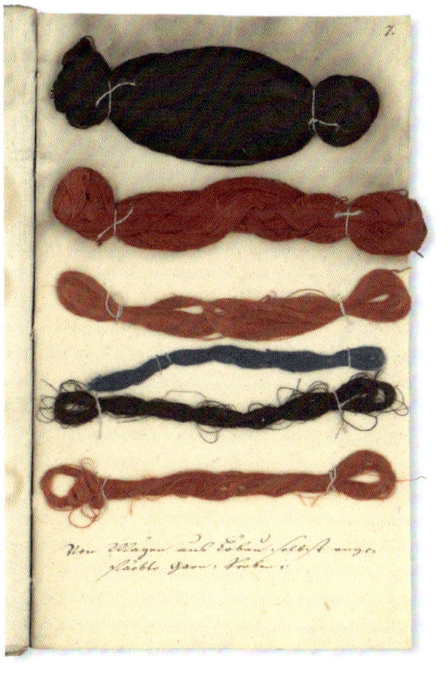

3 | 73

Der Löbauer Leinwandfabrikant Johann Gottfried May hatte sich – nachdem ihm der Rat der Stadt untersagt hatte, auf die von ihm erfundene Art zu färben – am 17. Juli 1765 mit einem Schreiben direkt an den sächsischen Kurfürsten gewendet und diesen um Beistand gebeten. Schließlich war ihm bei Strafe auferlegt worden, mit Essig aus Löbau oder Reichenbach zu färben, wie dies andere Färber im Ort auch taten. May hatte aber einen eigenen Essig entwickelt, der »die Farbe tief in das Garn setzt, daß sie beym Auswinden nicht gehen lässt, sondern das bloße Wasser abläuft«. Der bei diesem für das Färben mit Waid oder Indigo gebräuchlichen Arbeitsgang erzielte Effekt konnte laut May aber mit dem normalen Löbauer Essig nicht erzielt werden. Um die Erlaubnis zu erhalten, mit seinem eigenen Essig zu färben, schickte May dem Kurfürst diese sechs Garnproben, die noch heute von der starken Farbigkeit zeugen. S.St.

3 | 74 (ohne Abb.)

Druckmodel für Stoffe

19. Jh.
Eichenholz, Messingdraht; 33,3 × 20 × 4,4 cm
aus der Umgebung von Lauban, 1948 von der Stadtverwaltung Lubań übernommen
Muzeum Narodowe we Wrocławiu,
Inv.-Nr. E-673

Zu den ältesten Stoffdrucktechniken gehört die manuelle Übertragung eines Druckmusters auf den Stoff mithilfe von Stempeln und Platten aus hartem Holz (später auch aus Metall) mit vorstehenden Druckelementen. Der präsentierte Holzmodel hat ein Muster mit pflanzlich-geometrischen Motiven und die Form eines Rechtecks mit leicht abgeschrägten Rändern. Die dekorativen Formen der Blüten, Blätter und Zweige werden durch Mäandermotive und kleine Spiralen ergänzt. Die tief eingesetzten Stifte erlauben Schatten- und Lichteffekte, die an die Malerei erinnern. Die Vorderseite des Models sowie seine Seitenränder sind von mehreren Farbschichten in Gelb, Hellbraun und Schwarz bedeckt.
Die Weberei, die zu den ältesten Handwerken gehört, erfreute sich langer und reicher Traditionen im lausitzisch-schlesischen Grenzgebiet. Die Bewohner dieser Region betrieben jahrhundertelang die Herstellung von Tuch und Leinwand. Die Industrialisierung und Mechanisierung der Weberei seit der zweiten Hälfte des 19. Jahrhunderts verdrängte die Heimwerkstätten. Zu jener Zeit wurde auch Lauban zu einem wichtigen Zentrum der Textilindustrie. Die alten Methoden der Herstellung und Verarbeitung von Stoffen überdauerten in der Volksweberei noch bis zur Mitte des 20. Jahrhunderts.

Lit.: Sztuka drewna 2005, S. 327, Nr. 142.

3 | 75 + 76 + 77

3 | 75

Blaudruckmodel

Dresdner Gegend, Ende 18. Jh.
Metallstifte und -stege in Holz; 6 × 31 × 11 cm
Staatliche Kunstsammlungen Dresden,
Museum für Sächsische Volkskunst,
Inv.-Nr. G 7598

3 | 76

Blaudruckmodel

Lausitz, Mitte 19. Jh.
Holzschnitzarbeit mit Metallstiften und -stegen; 4,5 × 19 × 18 cm
Staatliche Kunstsammlungen Dresden,
Museum für Sächsische Volkskunst,
Inv.-Nr. G 2517

3 | 77

Blaudruckmodel

Lausitz, 19. Jh.
Holzschnitzarbeit; 4,5 × 18 × 15 cm
Staatliche Kunstsammlungen Dresden,
Museum für Sächsische Volkskunst,
Inv.-Nr. G 2355

Durch die Niederländisch-Ostindische Kompanie gelangten Anfang des 17. Jahrhunderts indische Baumwolldrucke nach Europa. Bis zum Ende des 17. Jahrhunderts beherrschten auch in Deutschland ansässige Färber die preisgünstige Reservedrucktechnik. Blaudrucker oder besser Blaufärber – es handelt sich eigentlich mehr um eine Färbe- als um eine Drucktechnik – mussten neben der Textilbearbeitung auch das Schnitzhandwerk zur Herstellung der Druckstempel der Model beherrschen. Um feinere Muster drucken zu können, setzten sie ab dem letzten Drittel des 18. Jahrhunderts zusätzlich Metallstifte ein. Von Anfang an druckten sie, wie es die eingeführte Ware vorgab, auf Kattun, und die Manufakturen des 18. und 19. Jahrhunderts blieben dabei. Die ländliche Bevölkerung nutzte dagegen einheimische Leinengewebe. Einen deutlichen Aufschwung erhielt der Blaudruck durch die napoleonische Kontinentalsperre 1806. In deren Folge stieg der Absatz dieser Waren in Sachsen enorm an, sodass floral-geometrische Muster der Biedermeierzeit, wie auf Model 3 | 76, das Bild des Blaudrucks bis in die heutige Zeit prägen. Der für die blaue Farbe notwendige Farbstoff wurde aus dem in Europa heimischen Waid gewonnen. Dessen Hauptanbaugebiet Thüringen führte mit Sachsen über die via regia einen regen Handel mit der Färbepflanze. Später wurde der Waid durch das Indigo aus der indischen Indigopflanze ersetzt. Model 3 | 77 steht stellvertretend für großflächige Blumendessins, mit denen Decken, Vorhänge und Kleidungsstücke verziert wurden. Für die Lausitz waren Webmusterimitationen der dort ansässigen Damastweberei typisch. Beliebt waren auch, wie Model 3 | 75 aus Dresden erkennen lässt, nachgeahmte Spitzenkanten. E.S.-W.

Lit.: Bachmann/Reitz 1961, S. 14; Müllers 1977, S. 24 f.; Goerschel 1982, S. 39; Koch 1984, S. 61 f., 95.

3 | 78

3 | 79

3 | 78

Schablone zur Kennzeichnung von Woll- und Stoffballen aus Breslau

Breslau, 1584
Eisenblech, ausgeschnitten
17 × 14,3 × 0,7 cm
Muzeum Narodowe we Wrocławiu,
Inv.-Nr. XV-500

Die Schablone diente der Kennzeichnung von Woll- und Stoffballen, die in der Breslauer Großen Waage (vielleicht auch in der Kleinen Waage) gewogen wurden. Die rechteckige Schablone mit nach innen gebogenen Rändern weist in der Mitte die ausgeschnittene Initiale »W« für Wratislaviae und rechts, etwas kleiner, den Buchstaben »C« (für Centum [Hundert] oder Civitas [Stadt]?) auf, darüber eine Krone mit drei dreiblättrigen Zacken, darunter das Datum »1584«. Auf der linken Seite ist eine Vorrichtung für die Befestigung der Schablone an einem Holzgriff angenietet. Die Große und die Kleine Waage verbanden sich mit dem 1273 eingeführten »Wiegerecht«, nach dem alle in Breslau verkauften Waren gewogen werden mussten. Die Große Waage diente zum Wiegen von Waren, deren Gewicht zehn Zentner überschritt (1 Zentner = 53,49 kg). Geringere Mengen bis zu zehn Zentner wurden auf der Kleinen Waage gewogen. 1571 wurde auf der Westseite des Breslauer Marktes das neue, freistehende Gebäude der Großen Waage errichtet.
1928 übergab der Magistrat von Breslau sechs historische Schablonen aus den Jahren 1583 bis 1602, die auf dem Dachboden des Rathauses gefunden worden waren, an das Schlesische Museum für Kunstgewerbe und Altertümer Breslau; heute befinden sich alle in den Sammlungen des MNWr. T.F.

Lit.: Ausst.-Kat. Frankfurt a. M. 1991, Bd. III, Nr. I.22.34, S. 158.

3 | 79

Brettchen zum Spulen von Garn

Bremberg, Kreis Jauer, 1780
Laubholz, Form ausgeschnitten, beschnitzt, Durchbrucharbeit, bemalt;
36,5 × 9,3 cm
am Griff eingeritztes Datum: »1780«
Schenkung aus dem Jahr 1978
Muzeum Narodowe we Wrocławiu,
Inv.-Nr. E-7408

Das flache, rechteckige Werkzeug mit einem trapezförmigen Griff ist mit reliefartigen und durchbrochenen Verzierungen mit stilisierten pflanzlich-geometrischen Formen geschmückt. Die durchbrochenen Ausschnitte nehmen fast die ganze Fläche des Objekts ein – der obere hat die Form eines Kreises, der mittlere ist rund und hat das Motiv einer sechsblättrigen Rosette, der untere ist quadratisch und mit einer stilisierten Lilie verziert (teilweise abgebrochen). Die Ränder des Brettchens sind abgeschrägt. Entlang der Seitenränder verläuft eine Reihe runder Öffnungen. Die Oberfläche ist schwarz bemalt.

Lit.: Sztuka drewna 2005, S. 343 f., Nr. 196.

3 | 80

3 | 80

Tuchstreicher mit Kardendisteln

18. Jh.
Holz, Kardendisteln; 12 × 23 cm
Kulturhistorisches Museum Görlitz,
Inv.-Nr. 1616-2008

Nach dem Färben und Walken wurden die Tuchbahnen zum Trocknen auf Tuchrahmen gespannt. Die von der Innung unterhaltenen Rahmen waren in der Mitte des 16. Jahrhunderts in der Nähe des städtischen Kuttelhofs (Schlachthof) aufgestellt, später findet man sie im Frauenzwinger bzw. vor der Stadtmauer beim Frauentor. Die getrockneten Stoffbahnen waren verfilzt und steif. Um sie wieder geschmeidig zu machen, waren Meister und Gesellen beschäftigt, den Stoff von beiden Seiten von oben nach unten, von links nach rechts, von schräg oben nach schräg unten und jeweils andersherum zu streichen. Die billigste und einfachste Art der Anfertigung von Tuchstreichern war die Verwendung von Kardendisteln, auch Weber- oder Tuchkarde genannt. Waren die getrockneten Blütendolden verbraucht, wurden sie einfach durch neue ersetzt, die zwischen zwei Brettchen gespannt wurden. Unser Exemplar zeigt starke Gebrauchsspuren, was nicht verwundert, wurden doch Werkzeuge über Jahrzehnte benutzt und sogar an Nachfahren vererbt. I.A.

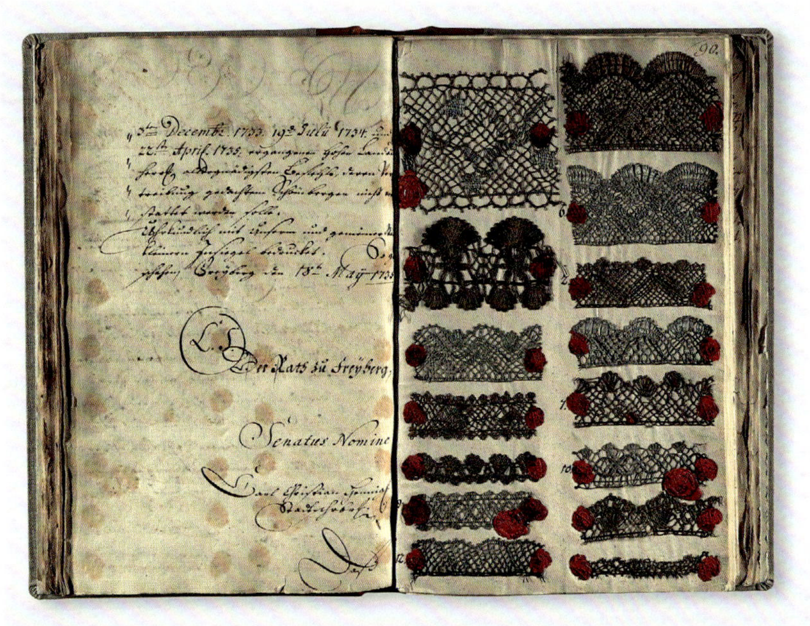

3 | 81

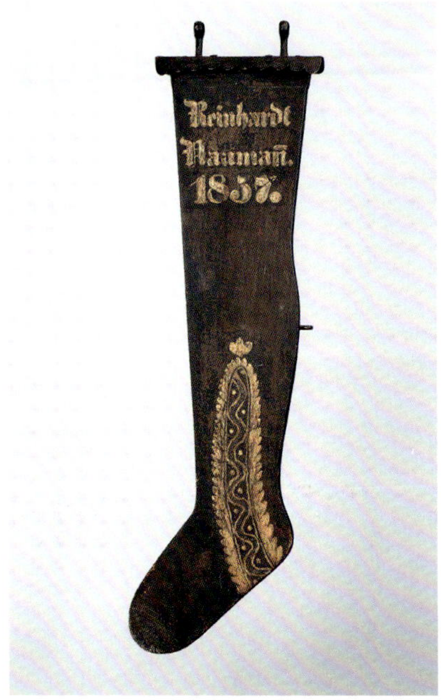

3 | 82

3 | 81

Christoph Thiele und Consorten contra Johann George Schönbergen wegen Verkaufs von Leonischen Spitzen auf der Leipziger Messe

1734
Handschrift auf Papier, Spitzen mit Siegellack fixiert; 34 × 46 cm
Stadtarchiv Leipzig, Sign. II. Sekt. T (F) 410, Bl. 90

Christoph Thiele und Thomas Weber, Kauf- und Handelsleute aus Freiberg, klagten im September 1734 beim Rat der Stadt Leipzig gegen Johann Georg Schönberger, Bürger und Posamentierer in Freiberg. Sie beschuldigten ihn des Eingriffs in ihr kurfürstliches Privileg zum alleinigen Verkauf leonischer Spitzenwaren auf der Leipziger Messe. Zur Beweisführung ließ Thiele Gutachten u. a. in Annaberg, Marienberg und Wolkenstein erstellen, die beweisen sollten, welche Sorten der von Schönberger vertriebenen Spitzen von ihm selbst gefertigte Posamentierarbeiten waren oder aber geklöppelt wurden. Die dazugehörigen Musterkarten mit den per Siegel aufgebrachten Spitzen wurden als Beleg in die Ratsakte aufgenommen.

Das Blatt 90 zeigt eine solche Musterkarte mit Sorten verschiedener Spitzen. Nach Attest des Rates der Stadt Freiberg wurden die Spitzen unter Nr. 1, 9 und 10 nicht von den Posamentierern auf ihren Stühlen gefertigt, sondern von anderen Personen geklöppelt. Dies bestätigte der Dresdner Notar Johann Poenitz mit seinem Privatsiegel. Der Verkauf solcher geklöppelten Spitzen war Schönberger nicht gestattet. Die nach der spanischen Stadt Leon benannten Spitzen waren ein beliebter Modeartikel des 17. und 18. Jahrhunderts. Leon wurde oft mit der französischen Stadt Lyon verwechselt und die Ware deshalb oftmals fälschlicherweise als Lyoner Spitzen bezeichnet. C.C.

3 | 82

Handwerkszeichen des Bautzner Strumpf- und Barettmachers Gustav Reinhardt Naumann

Bautzen, 1857
Holz, farbig gefasst, Goldmalerei; Eisen, handgeschmiedet, geschwärzt
87,3 × 23,5 × 5,5 cm
bez.: »Reinhardt | Naumañ | 1857.«
aus der Sammlung Oskar Roesger, 1868–1910
Museum Bautzen, Inv.-Nr. R 5823

Die Vereinigung der Strumpf-, Handschuh- und Barettmacher entwickelte sich in der zweiten Hälfte des 18. Jahrhunderts zur stärksten Innung von Bautzen. Die älteste Nachricht von der Arbeit ihrer Meister datiert in das Jahr 1635. Zur Organisation des Handwerks erhielt die Innung 1662 eine neue Ordnung. Zu dieser Zeit gehörten ihr acht Bautzner, zwei Kamenzer, vier Löbauer, sieben Königsbrücker und je ein Cottbuser, Sorauer, Reichenbacher und Küstriner Meister an. Für ihre Meisterprüfung fertigten sie aus gesponnener Schafwolle ein spanisches Barett, ein Barett für Frauen, ein Hemd und ein Paar lange Männerstrümpfe an. Um die Wende zum 18. Jahrhundert setzte sich in Bautzen die Herstellung von »Kastor-Strümpfen« aus Kammgarn durch, die ungelernte Frauen in Heimarbeit strickten. In der Stadt arbeiteten 1769 rund 90 Meister. Durch den Einsatz von mechanischen Wirkstühlen steigerten sie ihre Produktion zum Ende des Jahrhunderts erheblich, vor allem für den überregionalen Markt. Die fabrikmäßige Herstellung verdrängte ihr kleinbetrieblich strukturiertes Handwerk schon vor der Mitte des 19. Jahrhunderts zusehends. Zu den noch traditionell arbeitenden Meistern gehörte Gustav Reinhardt Naumann (gest. 1895), der 1857 das Meisterrecht erwarb. Die Kunden seiner Werkstatt machte er mit einem Handwerkszeichen in Strumpfform auf sich aufmerksam, wie es auch andere Meister in Gebrauch hatten. Neben Naumann arbeiteten 1857 in Bautzen 44 Strumpf- und Barettmacher. 1896 gab es in der Stadt neben 20 Meistern 13 Wollwarenfabrikanten und -handlungen. Zwischen 1635 und 1909 erlangten hier 429 Meister das Meisterrecht. H.S.

Lit.: Reymann 1902, S. 676–679; Aubin 1919; Baumgärtel [o. J.], S. 36–38.

3 | 83

Siegelstempel der Tuchmacherzunft Erfurt

Erfurt, 14. Jh. (?)
(Siegel der Herren Tuchmacher in Erfurt);
Messing, Rückseite schmaler Steg mit Öse;
Höhe: 1 cm; Durchmesser: 4,8 cm
Stempel: Wappenschild mit Tuchschere, flankiert von zwei Kardendisteln;
zwischen zwei Perlstäben Umschrift:
»S.MAGISTRI.TEXTHORUM.I.ERFORD+«
Stadtmuseum Erfurt – »Haus zum Stockfisch«, Inv.-Nr. 06/758

Im 13./14. Jahrhundert erfolgte in Erfurt und Thüringen der zunftmäßige Zusammenschluss der Wollweber, die zu den ältesten und angesehensten Zünften der Stadt zählten. Sie benutzten das aus der Schafwolle gesponnene Garn als Grundmaterial für ihr Gewebe, das durch Walken, Rauhen und Scheren zu Tuch veredelt wurde. Für die Arbeitsgänge des Rauhens und Scherens waren die Kardendisteln und die Tuchschere signifikante Hilfsmittel. Der technische Fortschritt mit der Mechanisierung der Arbeitsgänge im 19. Jahrhundert bedeutete das Ende dieses Handwerks. 1919 löste sich die Tuchmacherinnung auf und übergab den Stempel dem Städtischen Museum Erfurt. Noch heute künden in Erfurt die Webergasse und die Walkmühlenstraße von der einst großen Bedeutung der Tuchmacherei: Immerhin waren 28,7 Prozent der berufsausübenden Erfurter in der Textilbranche beschäftigt. G.N.

3 | 83

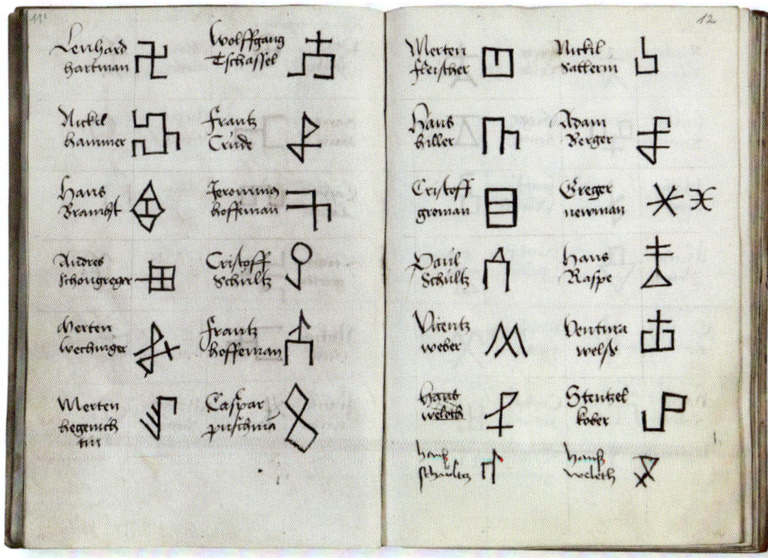

3 | 84

3 | 84

Görlitzer Tuchmacherartikel

1527
Handschrift auf Pergament, in Holzdeckel mit Lederrücken eingebunden, metallene Schließe; 22,5 × 15,5 cm
Ratsarchiv Görlitz, Inv.-Nr. Varia 160

1527 erhoben sich die Görlitzer Tuchmacher und andere Zünfte gegen die Allmacht der herrschenden Ratsoligarchie der Kaufleute und Brauhofbesitzer. Nachdem um 1500 die Görlitzer Tuchmacherei ihren Höhepunkt erreicht hatte, verfügte mancher Meister über ein beachtliches Vermögen. Dem gebildeten Alexander Bolze, dem »Kopf des Aufstandes«, gehörte eine Meisterei, d. h. andere Tuchmachermeister waren für ihn in Lohnarbeit tätig. Auf die Stadtpolitik hatten die Handwerker jedoch kaum Einfluss. Sie forderten deshalb die Präsenz von Vertretern der wichtigsten Zünfte im Rat, die Kontrolle der städtischen Finanzen und das Recht, auf der Schöppenbank zu sitzen sowie die ungehinderte Predigt des Evangeliums.
Der Aufstand wurde jedoch durch den Rat unter Johannes Hass kompromisslos niedergeschlagen. Sicher trugen die gerade blutig beendeten Bauernerhebungen und die aufkeimende Reformation dazu bei, dass so hart durchgegriffen wurde. Die unterlegenen Tuchmacher verloren in der Folge wichtige Privilegien. Bereits am 7. Dezember 1527 diktierte der Rat den Tuchmachern eine neue Ordnung. Darin wurden Versammlungen ohne Wissen und Willen des Rates sowie Verbindungen mit anderen Innungen unter Androhung hoher Strafen verboten. Jeder Meister wurde auf die neuen Artikel verpflichtet und mit seinem Zeichen in dem Buch eingetragen. Die Bedeutung der Tuchmacherartikel wird schon an den Formalien überdeutlich: Auf teurem Pergament geschrieben, in Holzdeckel mit Lederrücken gebunden und von einer prächtigen Schließe verschlossen. S.Ho.

Lit.: Jecht 1909, S. 167; Wenzel 1999.

3 | 85

Zunftschild der Breslauer Leineweber

Breslau (?), 17. Jh.
Holz, bemalt, vergoldet; 79 × 64 cm
1939 für das Schlesische Museum für Kunstgewerbe und Altertümer in Breslau gekauft
Muzeum Narodowe we Wrocławiu, Inv.-Nr. XV-2040

Das Zunftschild der Breslauer Leineweber hat die Form eines rechteckigen Schildes. Im oberen Feld ist ein Engel zu sehen, der in seinen ausgebreiteten Händen eine Wappenkartusche in Form eines Rollwerks hält. Dieses wird an den Seiten von zwei auf den Hinterbeinen stehenden Löwen gehalten, die den Betrachter anblicken. Im Schildfeld ist das Wappen der Leineweberzunft abgebildet, das sich aus drei Weberschiffchen, die ein Dreieck bilden, zusammensetzt. In der Mitte waren zwei Weberkämme platziert, von denen einer fehlt. T.F.

Lit.: Nahlik 1978, S. 25; Ausst.-Kat. Wrocław 2002, S. 421 f., Nr. 48.

3 | 85

3 | 86

3 | 86

Tuchmacherkrone der Stadt Pößneck

Pößneck, 1784
Messing, ursprünglich teilweise versilbert, Glas; Höhe: 34 cm; Durchmesser: 32 cm
Stadtmuseum Pößneck, Leihgabe des Museums Burg Ranis

Diese Krone wurde 1784 von den Obermeistern der Pößnecker Tuchmacherinnung in Auftrag gegeben. Als Vorbild diente die 1602 angefertigte Krone Kaiser Rudolfs II. Neben der Krone ließen sie auch ein Zepter anfertigen; zusammen präsentierten sie diese Insignien öffentlich bei Festlichkeiten und Umzügen. Das Zepter ging schon vor langer Zeit verloren. Die Krone ist, soweit bekannt, deutschlandweit das einzige Stück dieser Art.
Die Tuchmacherkrone wurde aus Messing gefertigt und einige Teile einer Feuerversilberung unterzogen. Die dünne Silberschicht war durch Putzen bald abgetragen. Alle Teile, die heute kupferfarben sind, waren ursprünglich versilbert. In Anlehnung an das herrschaftliche Vorbild besteht die Tuchmacherkrone aus einem Kronreif, aus dem acht Lilien und acht Zacken hervorragen. Um die doppelte Höhe überragt ihn ein breiter Kronbügel, flankiert von den beiden Schilden einer Mitra, der Kopfbedeckung der Bischöfe. Der Bügel ist von einem Reichsapfel bekrönt. Mehrere Wülste, Perlstäbe, Rhomben und Akanthusblätter sind durch Treiben bzw. Ziselieren aus dem Material plastisch herausgearbeitet, zwei große Blumen sind aufgenietet. 26 Schmucksteine aus Bergkristall im Hexagonalschliff sind zur Zierde angebracht. Eine Sage erzählte, dass ein Heer von deutschen Tuchmachern 1535 Kaiser Karl V. in Tunesien und Burgund zu Siegen verholfen haben soll. In Anerkennung ihres tapferen Einsatzes habe er den Tuchmachern erlaubt, die herrschaftlichen Insignien als Zeichen zu tragen. C.Z.

3 | 87

Tuchschere

Bautzen, 17./18. Jh.
Eisen, geschmiedet, mit mehreren Löchern in den Scherblättern zum Anbringen hölzerner Griffe; 134 × 53 cm
aus der Sammlung Fröhlich, 1903 von Martin Ephraim dem Kaiser-Friedrich-Museum geschenkt
Kulturhistorisches Museum Görlitz, Inv.-Nr. Kult 568/2

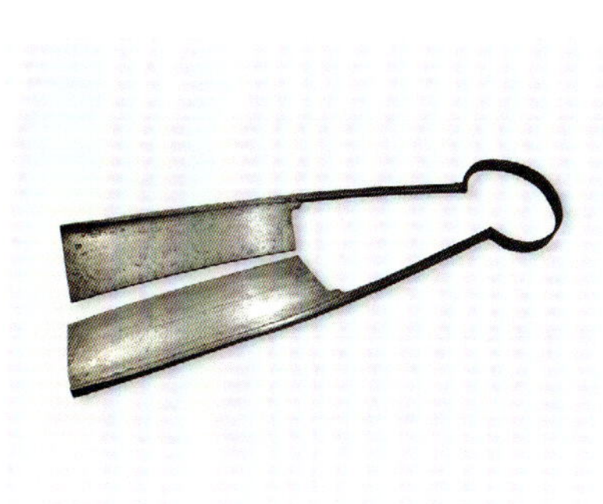

3 | 87

3 | 88

3 | 89

Die Tuchschere gilt als Synonym schlechthin für das Handwerk der Tuchmacher. Oftmals waren gar die Wohnhäuser mit diesen Symbolen geschmückt. Dabei ist der Gebrauch der Tuchschere als Werkzeug heute fast unbekannt. Nach dem Weben, Färben und Walken des Wollstoffs wurde er auf Tuchrahmen getrocknet. In Görlitz befanden sich diese in der Nähe des mittelalterlichen Schlachthofs an der Neiße, später im Zwinger am Frauenturm. Um das Gewebe wieder weich und geschmeidig zu machen, wurden die Flächen von beiden Seiten mit Karden aufgeraut. Der letzte Arbeitsgang in der Tuchherstellung war das Scheren. Die Stoffbahn wurde über einen gepolsterten Tisch gespannt und mit eisernen Haken befestigt. Der Tuchscherer stellte sich vor den Tisch und legte ein Scherblatt an seinen Bauch und zog das gegenüberliegende vorsichtig auf sich zu. Fusseln und vorstehende Fasern wurden abgeschnitten. Der Vorgang des Tuchscherens erforderte äußerste Sorgfalt, Geschick, Erfahrung und Kraft. Nachdem die abschließende Qualitätsprüfung durch die Zunftmeister und Vertreter des Rates stattgefunden hatte, wurde der Stoff entweder gepresst, um eine glänzende Oberfläche zu erhalten, oder für den Transport in Ballen verpackt. I.A.

Lit.: Azzola/Krüger 1985.

3 | 88

Streicher zum Aufrauen des Tuches

19. Jh.
Holz, Metall; 22,3 × 27,7 cm
Kulturhistorisches Museum Görlitz,
Inv.-Nr. 1617-2008

Zum Weich- und Geschmeidigmachen des Tuches kamen bereits in der Neuzeit mit Metallhäkchen versehene Streicher zum Einsatz. Diese waren wesentlich langlebiger als die mit Disteln bestückten Werkzeuge. Das Griffholz ist von der häufigen Benutzung schon weich und abgerundet. Immer wieder wurde das Streichbrett mit neuen aufgenagelten Aufsätzen versehen. Dieser Aufsatz bestand aus mehreren Stofflagen; darin waren nach oben offene Metallschlaufen in Hakenform eingebracht. Bei diesem Streicher aus dem 19. Jahrhundert scheinen die Metallhaken bereits mit maschineller Hilfe angebracht zu sein. Da die Tuchmacher über Jahrhunderte die personell stärkste Zunft bildeten, ist anzunehmen, dass ihre Werkzeuge in Görlitz gefertigt wurden. In diesem Fall waren es vielleicht die Nagelschmiede. I.A.

3 | 89

Gedenktuch/Serviette »August der Starke und die Stadt Krakau«

Großschönau, 1697
Leinendamast, weiß; 90 × 64 cm
Inschriften: »GROSMÄCHTIGER KÖNIG IN POLEN FRIEDRICH AUGUST« / »DIE STADT KRAKAU«
Staatliche Kunstsammlungen Dresden, Kunstgewerbemuseum, Inv.-Nr. 50468

Axialsymmetrisch gespiegelt zeigt sich das Motiv dieses Tuches anlässlich der Krönung Friedrich Augusts I. zum polnischen König 1697: Über den Mauern und Türmen Krakaus erhebt sich ein Zeltlager mit Kanonier und einer Kanone, darüber thront August der Starke auf einem steigenden Pferd mit Krone und Zepter. Die Inschriften, die zwischen den Darstellungen verlaufen – »GROSMÄCHTIGER KÖNIG IN POLEN FRIEDRICH AUGUST« und »DIE STADT KRAKAU« – lassen keinen Zweifel, dass das Motiv anlässlich dieses historischen Ereignisses bzw. kurz danach gewebt wurde. Repräsentationstücher solcher Art wurden oft in größerer Zahl gewebt, um sie dann zu eigenem Ruhm im größeren Umfang zu verteilen.
Schon zur Zeit der Krönung Augusts des Starken zum polnischen König waren Damaste aus Großschönau europaweit bekannt und erfolgreich, obwohl der erste Damast-Webstuhl nur einige Jahrzehnte zuvor, im Jahre 1666, durch die Brüder Christian und Friedrich Lange aus Flandern nach Großschönau in die Oberlausitz gebracht worden war. Ein Grund für den Erfolg war u. a. die hohe Qualität des Leinens aus der Oberlausitz, das bereits vor der Einführung der neuen Webtechnik in Sachsen als Rohmaterial nach Haarlem, einem der niederländischen Leinwebzentren, ausgeführt wurde. I.S.

Lit.: vgl. Tietzel 1988, S. 219 – 232; vgl. Raetzer 2003, Bd. 2, S. 198 f., Abb. 64.

3 | 90 (ohne Abb.)

Zwölf Servietten »August III.«

Großschönau, 1743
Leinendamast, weiß; je 106 × 84 cm
»A.R.3 / 1743«
Staatliche Kunstsammlungen Dresden,
Kunstgewerbemuseum,
Inv.-Nr. 40346 a – f, j – m, p, u

Die mit filigranem Muster gewebten Servietten zeigen im Mittelfeld das sächsisch-polnische Doppelwappen mit einer Krone – links das polnische Wappen mit den gekrönten Adlern und den Reitern, rechts das sächsische Kurwappen mit Balken und gekreuzten Schwertern. Palmen- und Lorbeerzweige umspielen das Ensemble. Unterhalb der Wappen, zwischen zwei Girlanden, befindet sich der Weiße Adlerorden, der 1705 von August dem Starken gegründet wurde. Der umlaufende Rand mit Blumen, Früchten, Lorbeer gefüllten Füllhörnern, Blumenbuketts und Palmenzweigen wird in den vier Ecken vom Herrschermonogramm Augusts III., König von Polen, »A.R.3« mit Krone unterbrochen. Die Jahreszahl 1743 ist darunter eingewebt.
Neben dem politischen Hintergrund sollten die Wappen- und Monogramm-Motive vor allem den Besitzer und Auftraggeber bezeichnen und waren somit, wie auch Damasttischwäsche im Allgemeinen, ein wichtiges Repräsentationsmittel. Nicht nur die kursächsische Hofsilberkammer wurde in großen Mengen mit Oberlausitzer Damasten beliefert, sondern auch andere bedeutende Herrscherhäuser u. a. in England, Russland, Österreich, Polen und Preußen. Handelten anfänglich die Leinewebereien z. T. noch selbst ihre Produkte, übernahmen bald Textilhändler diese Aufgabe. Großschönauer Damaste wurden in Zittau, Görlitz und Dresden vertrieben, aber auch auf überterritorial bedeutenden Märkten wie z. B. der Leipziger Messe. I.S.

Lit.: vgl. Raetzer 2003, Bd. 1, S. 162 – 164, Bd. 2, S. 198 f., Abb. 64.

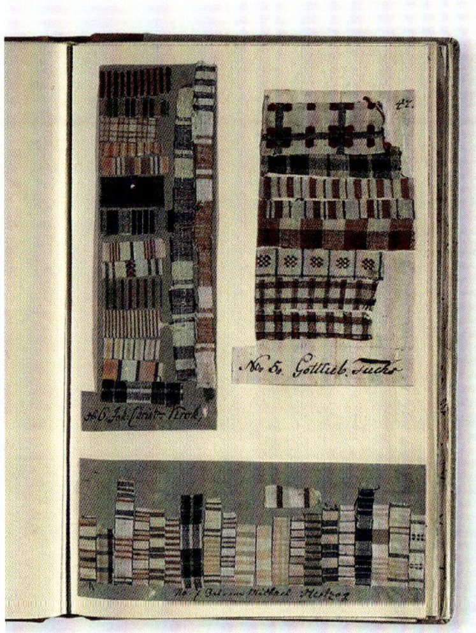

3 | 91

3 | 91

Beschwerden von Leinwandfabrikanten aus der Oberlausitz und dem Meißnischen Kreis

1791
Stoff auf Papier, geklebt, handschriftliche Eintragungen; 34 × 22,5 cm
Stadtarchiv Leipzig,
Sign. II. Sekt. L (F) 631, Bl. 47

Am 25. Mai 1791 bevollmächtigten die oberlausitzer Leinwandfabrikanten den Advokaten Johann Christian Neubert mit der Vertretung ihrer Interessen gegen die Leipziger Leineweberinnung. Sie wendeten sich gegen das Verbot, ihre Ware auch in der Zahlwoche – das ist die der eigentlichen Messewoche folgende Woche – in Leipzig zu verkaufen. Die Obermeister der Leipziger Leineweberinnung hatten ihnen diesen Stückverkauf mit Verweis auf die Privilegien der Innung von 1663 und 1695 untersagt, und als sie dieser Aufforderung nicht nachkamen, ihnen Scheren und Ellen abgenommen.
Dass es sich bei ihnen um wirkliche Fabrikanten mit 128 Webstühlen bei 82 Webern handelte und nicht um bloße Leinwandhändler, denen der Verkauf außerhalb der Messewoche verboten war, wurde u. a. vom Domstift St. Petri in Bautzen bestätigt. Zum Beweis der hohen Qualität und Vielfalt ihrer Tuche reichten die Leinwandfabrikanten Muster ihrer fabrizierten Waren beim Rat der Stadt Leipzig ein. C.C.

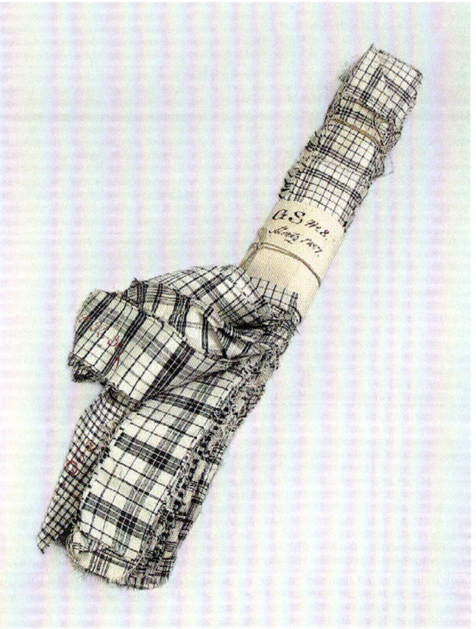

3 | 92

3 | 92

Sechs Leinestrazzen mit englischer Beschriftung

1784 – 1788
bedrucktes Leinentuch, Umschlag aus Papier mit handschriftlicher Eintragung
3,5 × 40 × 5 cm; 3 × 45 × 4,5 cm;
0,5 × 56 × 6 cm; 3 × 40 × 5 cm; 2 × 50 × 5,5 cm;
2 × 44 × 6 cm
Abraham Dürninger & Co. GmbH, Herrnhut, Musterpäckchen, GS No 4, 17. September 1785; GS No 12, 3. April 1785; GS Nr. 6. Mai 1786; GS No 10, Februarius 1784;
GS N. 12, 1788; GS No 5 April 1786

Die Herstellung und der Handel mit Leinentüchern war bis in das frühe 19. Jahrhundert der wichtigste Erwerbszweig der Region Oberlausitz-Schlesien. Die Herstellung erfolgte in mehreren Arbeitsschritten, die von Verlegern wie Abraham Dürninger in Herrnhut organisiert wurden: Er belieferte die Spinner in der Region mit Baumwolle, nahm diesen das Garn ab und lieferte es den Webern. Deren Tuche, die ab 1752 in einer eigenen Kattunmanufaktur mit Druckerei und Bleiche in Herrnhut bedruckt wurden, handelte Dürninger dann über den Leipziger Markt ›in alle Welt‹. Insbesondere in Nord- und Südamerika fanden die Oberlausitzer Tuche große Abnahme. Dieser Handel wurde meist über Vertreter organisiert, die mit sogenannten Leinestrazzen als Muster ausgestattet die entsprechenden Produkte anbieten und in ihrer Qualität auch deutlich machen konnten. Der im 18. Jahrhundert gebräuchliche Begriff Strazze leitete sich vom italienischen stracciare (zerreißen) ab. S.St.

Lit.: Homburg 1996; Ludwig 1998; Kröger 2006.

3 | 93

Zunftschrein der Görlitzer Metzgerinnung

unbekannter Künstler
1593
Holz, farbig gefasst, spätere Übermalungen; an den Seitenwänden Scharnierschlitze und Handgriffe aus Metall für den Transport des Schreins; 145 × 99 × 27,5 cm
auf der oberen Simsleiste die Inschrift mit schwarzer Farbe »Fleischer-Innung-Görlitz«; auf der Rückseite des giebelförmigen Daches die Inschriften, v. o. n. u.:
»Restauriert / von / A.Langer. 1930«,
»Fecit: Graetz / Tischler Meister / 1799«,
»Neu / Staffirt / von / G.Schirach / 1853«
Muzeum Narodowe we Wrocławiu,
Inv.-Nr. XII-1158

Im Zentrum des rechteckigen Schrankes ist die Schlachtung eines Stieres dargestellt. Gerahmt wird diese Szene mit Säulen und Gebälk sowie einem Bogen; illusionistische Malerei setzt den Raum scheinbar fort. Die Zwickel des Bogens sind mit Fruchtbündeln im Flachrelief gefüllt, im Schlussstein befindet sich eine Kartusche mit dem Wappen der Metzgerinnung (gekreuzte Eingeweidemesser) und dem Datum »15 ⚔ 93«. Der Schrein, ursprünglich der mittlere Teil des Zeremonialschreins der Metzgerinnung in Görlitz, gehörte zur Ausstattung der Innungsstube. Das Öffnen der heute nicht mehr existierenden Seitenflügel war ein Zeichen für die Eröffnung der Zunftversammlungen. Das Steife und Schematische der Komposition und die sparsame, aber ausdrucksstarke Modellierung – ohne die für den niederländischen Kreis typische Figurenstilisierung – zeugen davon, dass der Schrein vermutlich das Werk eines unter dem Einfluss der Dresdner Bildhauerkunst stehenden Künstlers war.
Der Schrein wurde 1970 von der Breslauer Bischofskurie an das MNWr übergeben. Seit 1989 wird er in der ständigen Ausstellung »Schlesische Kunst des 16. bis 18. Jahrhunderts. Aus der Sammlung des Nationalmuseums Breslau« im Muzeum Piastów Śląskich in Brzeg (Brieg) gezeigt. R.N.

Lit.: Eichler 1935, S. 19; Ausst.-Kat. Brzeg 1990, S. 25; Rzeźba śląska 1994, S. 47, Kat.-Nr. 10; Ausst.-Kat. Wrocław 2002, S. 428–430.

3 | 93

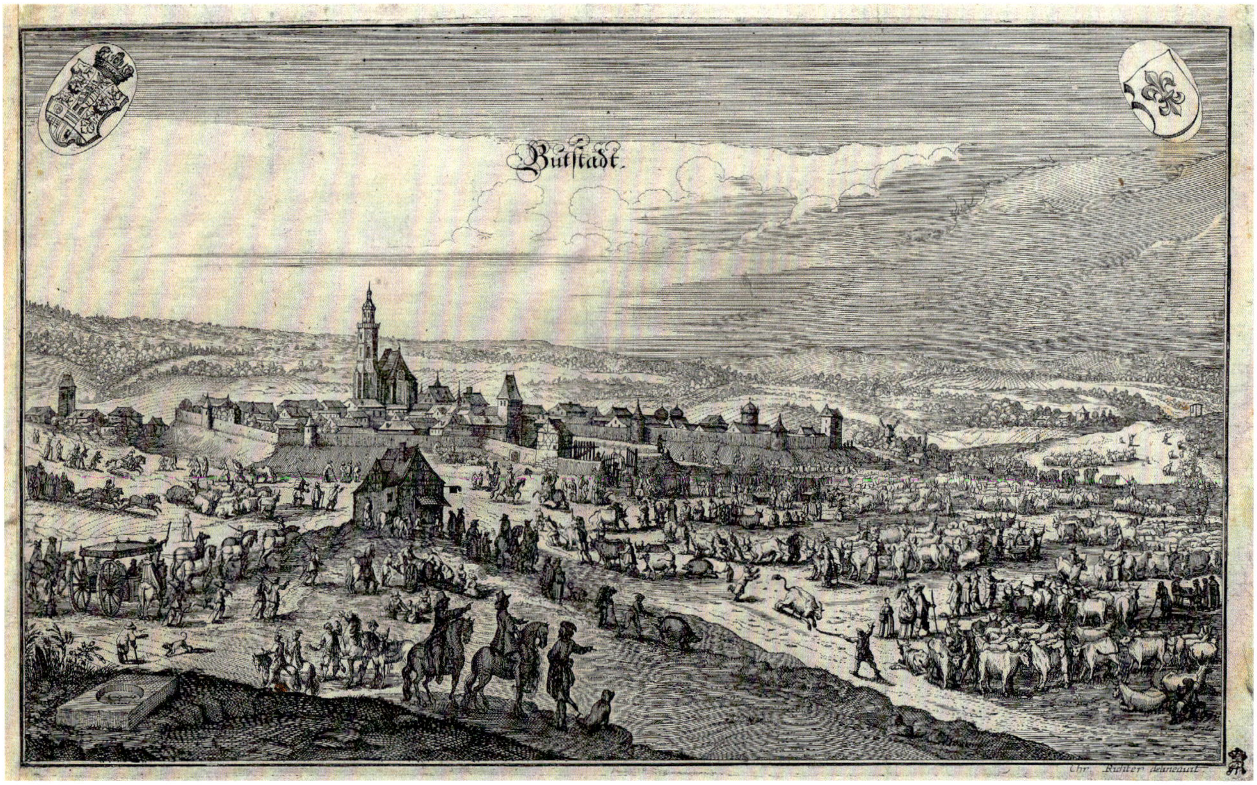

3 | 94

3 | 94

Viehmarkt vor den Toren von Buttstädt

Christian Richter
(Altenburg? – 1667 Weimar)
1630
Kupferstich; 21,2 × 35,2 cm (Platte)
bez. u. r.: »Chr. Richter delineavit«;
beschr. o. Mitte: »Butstadt«, zwei Wappen in den oberen Ecken
Staatliche Kunstsammlungen Dresden, Kupferstich-Kabinett, Inv.-Nr. A 130422 / Sächsische Landesbibliothek – Staats- und Universitätsbibliothek Dresden, Sign. KS B 2132

Der Kupferstich zeigt den Viehmarkt im thüringischen Buttstädt, einem kleinen Ort an der via regia zwischen Naumburg und Erfurt. 1513 erhielt Graf Ernst zu Mansfeld von Kaiser Maximilian I. die Erlaubnis, 14 Tage vor Michaelis, also Mitte September, einen Ochsenmarkt abzuhalten. In der Folge entwickelten sich in Buttstädt vier Jahrmärkte von überregionaler Bedeutung, die Kunden und Lieferanten von weit außerhalb der Grenzen des Herzogtums von Sachsen-Weimar anzogen. Traditionell wurde ein Großteil der Tiere als Lebendvieh aus Polen, Ungarn und Russland über die via regia getrieben und verhandelt.

Der Stich zeigt im Mittelgrund das befestigte Buttstädt mit der großen, detailgetreu wiedergegebenen Stadtkirche. Der eigentliche Markt findet außerhalb der Stadt, auf der Ostseite statt. Im Vordergrund auf der rechten Seite ziehen die großen Rinderherden auf die Stadt zu, während auf der linken die Käufer und Händler in Kutschen oder zu Fuß dem Markt entgegeneilen. Dieses Geschehen zieht auch Schaulustige an; das freistehende Haus könnte eine Schenke sein. Die Vorlage dieser Ansicht schuf der Weimarer Maler Christian Richter (I.) um 1630. Sie wurde als Kupferstich in die Folge der Topographia Germaniae von Matthäus Merian d. Ä. aufgenommen, die 1650 in Frankfurt am Main als 12. Band erschien und Sachsen, Thüringen, Meißen und die Lausitz zum Inhalt hatte. Hier findet sich noch die schriftliche Information, dass Buttstädt wegen der »Polnischen Viehmärkte« berühmt sei. Obwohl der Viehhandel eine große wirtschaftliche Bedeutung hatte und die kontinuierliche Fleischversorgung sicherstellte, finden sich davon – ähnlich wie bei dem Viehmarkt im schlesischen Brieg – kaum bildliche Dokumente. R.E.

3 | 95

Gürtel mit Wetzstahl der Fleischhauer

Sachsen, 1773
Leder, Messing, Eisen; Länge gesamt: 83 cm;
Länge Gürtel: 71,5 cm; Länge Lederscheide: 11,5 cm; Länge Wetzstahl: 23,5 cm
Städtische Museen Zittau,
Inv.-Nr. 10.196/2208, Alter Museumsbestand

Der geschmückte Gürtel mit Wetzstahl ist dem Zunftgebrauch der Fleischhauer zuzuordnen. Eine Herkunft aus Zittau ist nicht endgültig belegt. In der zweiten Hälfte des 18. Jahrhunderts wurden die ersten, seit 1584 geltenden Zunftartikel der Zeit angepasst. So wurde die Zahl der Fleischermeister in Zittau auf 28 begrenzt, und neben den Berufsanforderungen auch Abläufe und Bräuche bei den Zusammenkünften geregelt. 1726 veranstalteten die Zittauer Fleischhauer im Rahmen der Fastnachtsspiele einen Umzug durch die Stadt – mit einer Riesenbratwurst. Das Ereignis wurde in einem Gemälde festgehalten (heute in den Städtischen Museen Zittau). Diese öffentlichen Auftritte sowie die feierliche Ausübung der Zunftgebräuche, zu denen u. a. das Lossprechen der Lehrlinge und die Aufnahme eines neuen Meisters gehörten, waren Anlässe, durch besondere Accessoires die Zugehörigkeit zur Zunft und den eigenen Status zu demonstrieren.
Auf dem ledernen Gürtel ist ein Lederband befestigt, an dem sich 24 (ursprünglich 26) bewegliche siebenzackige Sternanhänger aus Messing befinden. Die Messingschließe besteht aus Haken und Öse. Die sieben Messinganhänger unter der Schließe sind herzförmig. Einer davon hat auf der Rückseite drei unkenntliche Punzzeichen. Links von der Schließe befindet sich die Lederscheide für den Wetzstahl. Sie hat ein einfaches Prägemuster verschieden angeordneter Striche. Der Messinggriff des Wetzstahls ist beidseitig mit Gravuren versehen: Ochsenkopf mit gekreuzten Äxten, sächsisches Wappen, Pflanzen- und Phantasiemuster. Am Griff befinden sich die Datierung 1773 und die Initialen »JGA«. M.R.

Lit.: Pescheck 1834/37, Bd. 2, S. 56 f.; Zittauer Geschichtsblätter, 4 (1927), S. 13.

3 | 95

3 | 96 + 97 + 98

3 | 96

Linker, halbhoher Schuh eines Kindes (?)

13.–16. Jh.; Fundort: Frankfurt (Oder), Wollenweberstraße
Rindleder, halbhoch, mit Schlaufen und Riemen, Reparaturen (?); 12 × 14,7 × 6,5 cm
Museum Viadrina, Frankfurt (Oder),
Inv.-Nr. V/MA-1189, a

3 | 97

Rechter Halbschuh eines Erwachsenen

13.–16. Jh.; Fundort: Frankfurt (Oder); Funddatum: 1959
Rindleder, spitz zulaufend, geschlitzt
8,8 × 28,5 × 9,2 cm
Museum Viadrina, Frankfurt (Oder),
Inv.-Nr. V/MA-1121, a

3 | 98

Linker Halbschuh eines Mannes (?)

13.–16. Jh.; Fundort: Frankfurt (Oder); Funddatum: 1959
Rindleder, mit Lederriemen, wirkt übergroß und breit, Reparaturen (?); 11,1 × 27,5 × 9,8 cm
Museum Viadrina, Frankfurt (Oder),
Inv.-Nr. V/MA-1121, q

Der Kinderschuh wurde zusammen mit Scherben, Lederresten und einer Axt in einem Brunnen in Frankfurt (Oder) gefunden. Ob es sich tatsächlich um einen Kinderschuh handelt ist unsicher, da in vergleichbaren Fundkomplexen auffallend viele kleine Schuhe gefunden wurden, was darauf hindeuten kann, dass die Füße der Menschen eher klein waren und die Schuhe damals sehr enganliegend getragen wurden. Möglich ist auch, dass die Lagerung im feuchten Milieu eine Schrumpfung des Leders zur Folge hatte. An-

derseits wurde in Paderborn eine große Anzahl hohe bzw. halbhohe Exemplare gefunden, die durchaus als Kinderschuhe angesehen werden können, da nur diese dem kleinen Fuß entsprechenden Halt zu geben vermochten.
Die beiden Lederschuhe wurden bei Ausschachtungsarbeiten im Jahre 1959 in Frankfurt (Oder) gefunden. Sie wurden aus Lederresten, die bei archäologischen Ausgrabungen entdeckt wurden, rekonstruiert – in welcher Art und in welchem Umfang ist unsicher. Deshalb ist eine zeitliche Einordnung nicht ohne Weiteres möglich. Alle drei Schuhe entstammen Siedlungsschichten des 13. bis frühen 16. Jahrhunderts. Es handelt sich vermutlich nicht durchgängig um Abfallstücke eines Schusters, sondern um gebrauchte, abgetragene und anschließend weggeworfene Schuhe. Nach einer süddeutschen Schusterordnung aus dem 15. Jahrhundert trugen insbesondere ärmere soziale Schichten Schuhe mit Riemen, während Wohlhabende kostbarere mit Schnallen bevorzugten. Das Fundbild in Frankfurt spiegelt jedoch nicht ausgesprochen modische Schuhformen wider – es handelt sich eher um alltäglich getragene Schuhe der einfachen Bevölkerung der Stadt. Erschwinglich waren sie jedoch nicht für jedermann, denn eine Armenstiftung der Schuhmacher in Frankfurt (Oder) aus dem Jahre 1463 besagt, dass die Schuster jährlich 30 Paar Männer- als auch dieselbe Anzahl Frauenschuhe aus hochwertigem Rindleder herzustellen hatten. Bei den in Frankfurt (Oder) gefundenen Exemplaren konnte nachgewiesen werden, dass die Sohlen aus mehreren Schichten aufgebaut und so wasserdicht und haltbar waren. S.M.

Lit.: Huth 1975; Loschek 1988; Gaertner-Krohn/Spiong 2008, S. 65–72.

3 | 99

Kaffeekanne

Johann Gottfried Rothe (geb. in Altenburg, 1736 Meister in Leipzig, gest. 1789 in Leipzig)
Leipzig, 1736/89
Zinn, gegossen, gelötet, graviert
Höhe: 25,2 cm
Innenboden 3 Stempel: 1 Stadtmarke Leipzig, 2 Meistermarken
Staatliche Kunstsammlungen Dresden, Kunstgewerbemuseum, Inv.-Nr. 30 647

3 | 99

3 | 100

3 | 102

Die am weitesten verbreitete und auch verbindliche Form der Kaffeekanne war seit dem beginnenden 18. Jahrhundert die Birnenform, mit ihrem hohen kuppelartigen Deckel auch als »Türkenkanne« bezeichnet. Mögen die glänzenden Silberkannen, die farbig bemalten Porzellan- oder Steinzeugkannen auch wesentlich eleganter ausgesehen haben, so hatte man doch bald erkannt, dass Heißgetränke in Zinnkannen besonders lange die Temperatur halten. Die Henkel der Kannen wurden zum Schutz der Hand häufig mit Bast oder Weidenrinde umwickelt. Die etwas rohe Bearbeitung des geschwungenen Bandhenkels dieser Kanne lässt ebenfalls auf eine ehemalige Umwicklung schließen. Die Wandung der Kaffeekanne ist mit geflecheltem Blattwerk und Wellenbändern verziert, einer Dekorationsform, die sich besonders bei einem so weichen Metall anbietet. K.S.

Lit.: Nadolski 1983.

3 | 100

Mokkatasse mit Untertasse und Reisefutteral

Gottlob Samuel Mohn
(Niederklobikau 1762 – 1815 Merseburg)
1810
Tasse: Porzellan, Lippenrand, unterer Rand und Handhabe goldverziert
Durchmesser 6 cm, Höhe 6,3 cm
Untertasse: Porzellan, Goldrand, im Spiegel ein floraler Kranz in Gold
Durchmesser 12,3 cm, Höhe 2,6 cm
Futteral: Holz, goldgeprägtes Leder, innen mit Seide ausgeschlagen, Scharniere, Haken und Ösen aus Messing, Boden durch ein goldenes, geprägtes »P« bezeichnet
Durchmesser 14,8 cm, Höhe 10,5 cm
Inschrift Tasse: »Freude hat mir Gott gegeben«, Signatur auf dem Boden: »S. Mohn 1810«, ohne Marke;
Inschrift Untertasse: »Meinem / guten Weibe / am 24 = Februar / 1810«
Stadtgeschichtliches Museum Leipzig, Inv.-Nr. V/624/2006; V/625/2006; V/623/2006

Die Mokkatasse, die von dem Glas- und Porzellanmaler Samuel Mohn gestaltet wurde, zeigt auf der Wandung drei Scherenschnittsilhouetten: Dargestellt sind ein Mann und zwei Kinder. Jede Silhouette ist von einem goldenen floralen Kranz umgeben, überdies trägt die Tasse die Aufschrift »Freude hat mir Gott gegeben«. Zusammen mit der Untertasse und dem Futteral dokumentiert sie die Kultur des Kaffeegenusses im späten 18. und frühen 19. Jahrhundert, die dem gehobenen Bürgertum vorbehalten war und durch solche hochwertigen, mithin transportablen Statussymbole noch einmal aufgewertet wurde. Die Aufschrift der Untertasse »Meinem / guten Weibe / am 24 = Februar / 1810« deutet auf das Geschenk eines Ehemanns, der möglicherweise mit den beiden Kindern auf der Tasse selbst dargestellt ist. Diese Form der Personalisierung von Gegenständen des alltäglichen Gebrauchs ist hinsichtlich der Gestaltung durch Samuel Mohn für weitere Stücke nachweisbar. S.St.

Lit.: Lichtenberg 2009.

3 | 101

Drei Zahlmarken zu 1/8, 1/4 und 1/2 Mark aus Richters Kaffeehaus

Leipzig, 1760
Messing; Durchmesser: 1,7 cm; 2 cm; 2,4 cm
Stadtgeschichtliches Museum Leipzig, Inv.-Nr. MS/18/2008; MS/17/2008; MS/20/2008

Die Zahlmarken sind einseitig geprägt und haben einen Wert von 1/8, 1/4 und 1/2 Mark. Die Aufschrift »Zur Bequemlichkeit« deutet darauf hin, dass die Zahlmarken aufgrund der vielen verschiedenen Währungen, die in Leipzig vor allem zu Messezeiten kursierten, an einem zentralen Punkt im Richterschen Kaffeehaus erworben und dann zum Bezahlen verwendet wurden. Auf diese Weise musste das Personal keine langwierigen Umrechnungen vornehmen. S.St.

3 | 102

Gründliche und sichere Nachricht vom Cafee= und Cafee=Baum

welche Mons. La Roque, Aus denen Briefen und mündlichen Nachrichten des Mons. De Merveille [...] verfertiget
Leipzig: Johann Theodor Boetius, 1717
Buchdruck, [1] Bl., 69 S., 2 Kupferstiche
20 × 17 cm
Universität Leipzig, Bibliotheca Albertina, Sign. Botan.776-m

Dieser kleine Band enthielt die ersten botanisch exakten Darstellungen eines Kaffeebaums und seiner Früchte, die auf Beschreibungen eines Reisenden und Kapitäns de Mervielle basieren sollen. Neben einer histo-

3 | 101 1/8

3 | 101 1/4

3 | 101 1/2

rischen Darstellung des Kaffeekonsums finden sich zudem ein deutsches und ein französisches Huldigungsgedicht auf den Kaffee. Der Autor Jean de La Roque (1661–1745) war selbst Reisender und hatte 1711 bis 1713 auf einer Arabien-Expedition die Stadt Moka im Yemen besucht. 1716 erschien in Paris sein umfangreicher Reisebericht, in dem er in einem Teil auch über den Kaffee berichtete. Johann Theodor Boetius verlegte es 1717 in der deutschen Übersetzung.

Lit.: Ausst.-Kat. Leipzig 2009, S. 310.

3 | 103 (ohne Abb.)

Entdecktes Geheimniß von siebzehn inländischen Kaffee-Surrogaten

wodurch der ausländische Kaffee entbehrlich gemacht und aus Deutschland ganz verbannt werden kann: nebst Anweisung fünferley Schokolaten zu verfertigen / von einem deutschen Patrioten
Leipzig, 1806
Buchdruck, 88 S.; 17 × 12 cm
Stadtgeschichtliches Museum Leipzig, Bibliothek, Sign. I V 480

Kaffee kam als Kolonialware aus Mittel- und Südamerika auf die europäischen Märkte und hatte nicht zuletzt aufgrund des weiten Transportweges einen hohen Preis. Daher suchte man frühzeitig nach preiswerten Alternativen, die in der heimischen Landwirtschaft angebaut werden konnten. Schon am Ende des 18. Jahrhunderts nutzte man die Wurzel der gemeinen Wegwarte, die auch als Zichorie bekannt ist, als Kaffee-Ersatzstoff, der entweder dem Bohnenkaffee beigegeben wurde oder diesen ganz ersetzte. Das Buch stellt gleich 17 solcher Ersatzstoffe vor und erläutert zudem die preiswerte Herstellung eines weiteren Kolonialprodukts: der Schokolade. Der Verfasser, ein »deutscher Patriot«, wollte damit die Unabhängigkeit des deutschen Wirtschaftsraums von Importen befördern. Allerdings setzte im Erscheinungsjahr 1806 auch die von Napoleon verhängte Kontinentalsperre ein, die den Handel mit englischen Waren – und damit auch mit Waren aus deren Kolonien – bis zu ihrer Aufhebung 1814 erheblich behindern sollte. Insofern könnte es sich bei diesem kleinen Buch auch um eine Reaktion auf die Bedürfnisse der an den Kaffeekonsum gewöhnten Leipziger Bürger handeln. S.St.

Märkte

3 | 104

Marktrechtshut

Glogau, 17./18. Jh.
Eisenblech, überfalzt, verzinkt, schwarz gestrichen; 41,8 × 40,4 × 17,3 cm (ohne Ring)
Muzeum Narodowe we Wrocławiu, Inv.-Nr. XV-426

Der Hut ist aus Eisenblech gefertigt und hat eine breite, ovale, wellenartig gebogene Krempe vorn und hinten. Die Hutkrone ist hoch, abgerundet und nach oben hin verengt. Auf der oberen Seite ist ein runder Ring befestigt, in den ein zweigliedriges Querstück zum Aufhängen eingesetzt ist. Der ganze Hut ist schwarz gestrichen, an der Hutkrone befindet sich die gelb gemalte Aufschrift »MARKTRECHTS-HUT«. Die Aufschrift wurde später übermalt und trägt stilistische Merkmale vom Anfang des 19. Jahrhunderts.
Der Hut ist ein einzigartiges historisches Zeugnis des alten Marktrechts. Er wurde an einem Arm des Marktkreuzes aufgehängt und diente als Zeichen dafür, dass der stattfindende Markt vom Herrscher genehmigt wurde. Mit der Zeit begann man, sich des Hutes als einfachem Marktzeichen zu bedienen, ähnlich wie anderer Symbole, beispielsweise Fahnen, Wimpel oder Strohbündel. Wenn man ihn aus dem Rathausgebäude oder an eine dafür bestimmte Marktsäule hängte, war dies ein Signal, dass die Markthändler, Höker und Krämer, d. h. die ihre Waren feilbietenden Marktschreier, nun den Einkauf zuließen. Das sicherte die Interessen der einfachen Stadtbewohner, die sich die Waren bereits vor dem Herausstellen des Zeichens direkt beim Hersteller beschaffen konnten. Nach Lucae war der Brauch, während der Wochenmärkte den Hut auszustellen, in jeder Stadt in Schlesien bekannt. Maisel behauptet, dass die Vorschrift über das Heraushängen von Marktzeichen in dem Gebiet bekannt war, wo das Sächsisch-Magdeburger und das Kulmer Recht galten; in Großstädten wie Krakau, Breslau, Elbing, Kulm, Schweidnitz und Glogau nutzte man dazu den Hut. T.F.

Lit.: Lucae 1689, Bd. 2, S. 1965; Schlesiens Vorzeit in Bild und Schrift, Breslau 5 (1894), S. 118; Maisel 1982, S. 309, Abb. 50; Ausst.-Kat. Frankfurt a. M. 1991, Bd. III, Nr. I. 6.15, S. 51.

3 | 104

3 | 105

3 | 106 + 107

3 | 105

Meißner Ratselle

Ende 15. Jh.
Stahl, geschmiedet, rote Farbspuren
Gesamtlänge: etwa 57,3 cm
Stadtmuseum Meißen, Inv.-Nr. 569

Die aus einem Stück geschmiedete Elle mit zwei Kettengliedern hat einen Griff aus gedreht geschmiedeten Bändern mit beidseitigen Kniffstellen für den Daumen. Die Maßleiste ist ebenfalls auf beiden Seiten mit Kerbstellen versehen. Die Spitze ist vermutlich abgebrochen. Die Maße von der Kniffstelle bis zu den Kerben betragen a) 3,4, b) 6,9, c) 14,1 und d) 28 Zentimeter (Bruchstelle) sowie auf der Rückseite: a) 3,5, b) 7,1, c) 14,15 und d) 28,05 Zentimeter. Trotz der vermutlich abgebrochenen zweiten Hälfte der Maßleiste lässt sich aus dem vorhandenen Stück die Länge von 56,0 bis 56,1 Zentimetern errechnen. Damit entspricht die Meißner Ratselle im sächsischen Raum am ehesten der Dresdner Elle mit 56,53 Zentimetern, wie sie bis zum ersten Drittel des 19. Jahrhunderts gebräuchlich war. Im gesamten mitteldeutschen Raum kommt sie der Sondershausner Elle mit 56,17 Zentimetern Länge am nächsten. Daraus wäre zu folgern, dass diese lokale Elle lange vor der Vereinheitlichung der Maßeinheiten im sächsischen Territorialstaat angewendet wurde. Die Elle wurde als verbindliches Maß des lokalen Marktes angewendet und gehörte vermutlich schon seit der Erbauung des Meißner Rathauses (1471–1481) zur Ausstattung, wie das Inventarium von 1726 dieses wichtige Instrument der Marktgerechtigkeit erwähnt: »Vor der Rathaus-Tür: Ein Hals-Eisen, eine eiserne Elle, an ein Kettchen angemacht«. Am Rathaus in Celle, wo sich eine Replik der historischen Elle in ähnlicher Situation befindet, steht das Motto: »Ein ehrlich Bürger hier er misst, was eine Elle wirklich ist«. S.F.

Lit.: Loose 1904; Kahnt/Knorr 1986; Trapp 1998, S. 299 f.

3 | 106

Fischmaß

1. Viertel 18. Jh.
Eisen; Länge: 17 cm (ohne Kette)
Stadtgeschichtliches Museum Leipzig,
Inv.-Nr. A.F. V

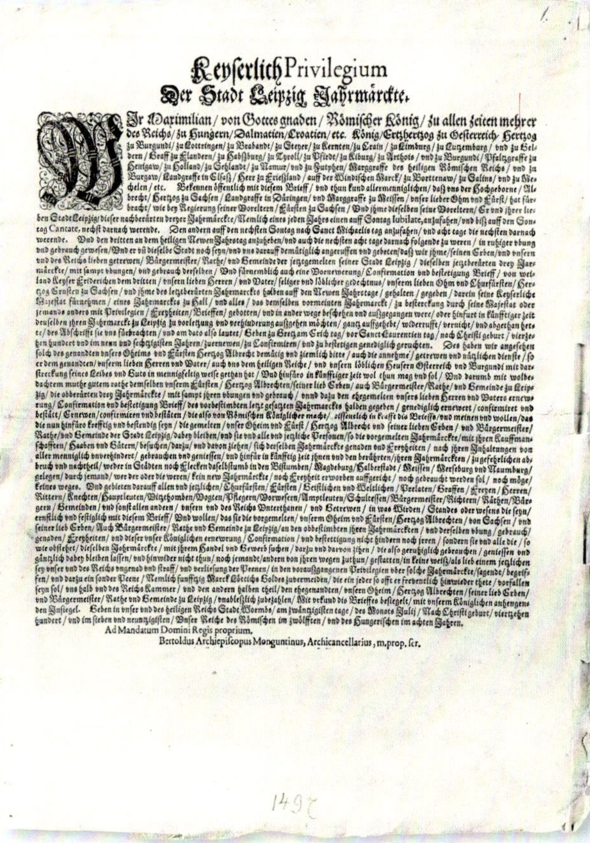

Keyserlich Privilegium
Der Stadt Leipzig Jahrmärckte.

Ad Mandatum Domini Regis proprium.
Bertoldus Archiepiscopus Moguntinus, Archicancellarius, m.prop. fcr.

3 | 108

3 | 109

3 | 107

Krebsmaß

1. Viertel 18. Jh.
Eisen; Länge: 9 cm (ohne Kette)
Stadtgeschichtliches Museum Leipzig,
Inv.-Nr. A.F.VII

Der Rat der Stadt Leipzig hatte 1711 eine Fischordnung erlassen, die auch die Größen der zum Verkauf angebotenen Fische und Krebse vorgab – auf dem Leipziger Markt durfte kein Tier verkauft werden, das kleiner war als diese Maße. Zur Kontrolle der Fisch- und Krebsgrößen hatte man die Maße an Ketten im Rathausdurchgang angebracht und damit für jeden zugänglich gemacht. Diese Normierung hatte wirtschaftliche Gründe: Sie diente der Schonung des Nachwuchses und damit der Erhaltung des Bestandes. Eine Teichwirtschaft und entsprechende Teichordnungen waren bereits im späten Mittelalter verbreitet. K.S.

Lit.: Ausst.-Kat. Leipzig 1997, S. 190, 240; Ausst.-Kat. Leipzig 2006, S. 199.

3 | 108

Reichsmesseprivileg von 1497

Leipzig, 1497
Druck (Faksimile); 43 × 34 cm
Stadtgeschichtliches Museum Leipzig,
Inv.-Nr. Bibl. Verordnungen

Bei diesem Druck handelt es sich vermutlich um einen öffentlichen Anschlag, der die Bevölkerung von Leipzig über die Verleihung des Messeprivilegs durch den »römischen König« Maximilian I. (1459–1519) informieren sollte. Der Leipziger Rat hatte zuvor einen Vertreter nach Innsbruck entsandt, der die Privilegierung der eigenen Märkte und damit deren Schutz erwirken sollte. Gegen eine Geldzahlung kam Maximilian I. dem Wunsch der Stadt auch nach, auf dem Reichstag in Worms 1497 verkündete er das Reichsmesseprivileg und machte es rechtskräftig. Damit wurden nicht nur die drei bestehenden Leipziger Jahrmärkte bestätigt. Vielmehr wurde auch die Neugründung von Märkten in den Bistümern Magdeburg, Halberstadt, Meißen, Merseburg und Naumburg bei Geldstrafe verboten, auch die Aufhebung des Marktes in Halle wurde damit bestätigt.

1507 erließ Maximilian I. dann ein zweites Reichsmesseprivileg, das seine Festlegungen aus dem Jahr 1497 bestätigte und überdies zum ersten Mal den Begriff »Messe« für Leipzig verwendete. Zudem wurde der Radius um Leipzig, in dem keine neuen Märkte entstehen durften, auf 15 Meilen (etwa 112 Kilometer) erweitert – und umfasste damit auch Erfurt und Magdeburg. Gleichzeitig sollten alle Straßen des Reiches für die Warenzüge nach Leipzig offengehalten werden, die Beschlagnahme von Gütern oder das Sperren von Straßen wurde wie Landfriedensbruch geahndet.
Diese beiden Privilegien, die 1514 durch den Papst bestätigt wurden, legten den Grundstein für die Dominanz des Handelsplatzes Leipzig in den folgenden Jahrhunderten.

Lit.: Ausst.-Kat. Leipzig 1997, S. 176–178.

3 | 109

Vierglärige Sanduhr auf Uhrenbrett

Christian Heining
(tätig in Leipzig um 1668)
Leipzig, um 1665
Fichtenholz, mit Kupferstichen beklebt,
4 Gläser; 69 × 23 × 10,5 cm
beim Zifferblatt bez.: »CHRISTIANUS HEINING THÜRM: ZU ST. THOM. IN LEIPZIG«
1880 von der Universitätsbibliothek dem Historischen Museum geschenkt
Historisches Museum Basel,
Inv.-Nr. 1880.190.

Die vier Gläser stehen in einem Holzgestell, das vor einem Brett hängt und um die eigene Achse gedreht werden kann. Auf jedem Glas ist oben und unten in roter Farbe die Stundenangabe ¼, ²⁄₄, ¾ und ⁴⁄₄ aufgemalt. Kupferstiche verzieren die sichtbaren Bretteile. Oben ist das Brett in drei Felder eingeteilt. Im obersten Feld sind zwei Engel mit Trompete und Zink dargestellt. Die Mitte nimmt ein von stehenden Löwen gehaltenes Zifferblatt mit einer Ansicht von Leipzig ein. Im dritten Feld liegt ein nackter Genius mit Totenschädel, Stundenglas, Seifenblasen und Blumen als Sinnbild der Vergänglichkeit. Den unteren Abschluss des Brettes bildet ein runder Kalender mit zwei Ringen. Auf dem äußeren Ring sind die Monate bezeichnet, auf dem inneren erscheinen die Zahlen 1 bis 31. Mit einem Holzzapfen (fehlt) markierte man den Monat, ein Zeiger (fehlt) gab den Tag an. In der Mitte der Ringe findet sich wiederum eine Ansicht von Leipzig. Nachdem die Sanduhr eine Stunde gezählt hatte, drehte man das Holzgestell um. Dabei rückte der Zeiger mechanisch um eine Stunde weiter. Die Drehbewegung wurde mit zwei Scheiben und einer Schnur übertragen. Die Mechanik liegt in der Rückwand unter einer dünnen Holzplatte verborgen. Diese Sanduhr eignete sich also zum Messen mehrerer Stunden.

Rund drei Dutzend Sanduhren dieses Typs haben sich erhalten. Alle wurden in Leipzig hergestellt. Schöpfer dieser Sanduhr war Christian Heining, Turmwächter der Thomaskirche zu Leipzig, jener Kirche, an der Johann Sebastian Bach von 1723 bis 1750 Kantor war. Von Heining – er wirkte um 1660 in Leipzig – kennt man drei Exemplare. Es ist nicht bekannt, wie die Sanduhr nach Basel gelangte. F.E.

Lit.: Hasselmeyer 2001; Gutmann 2003; Stolt 2003.

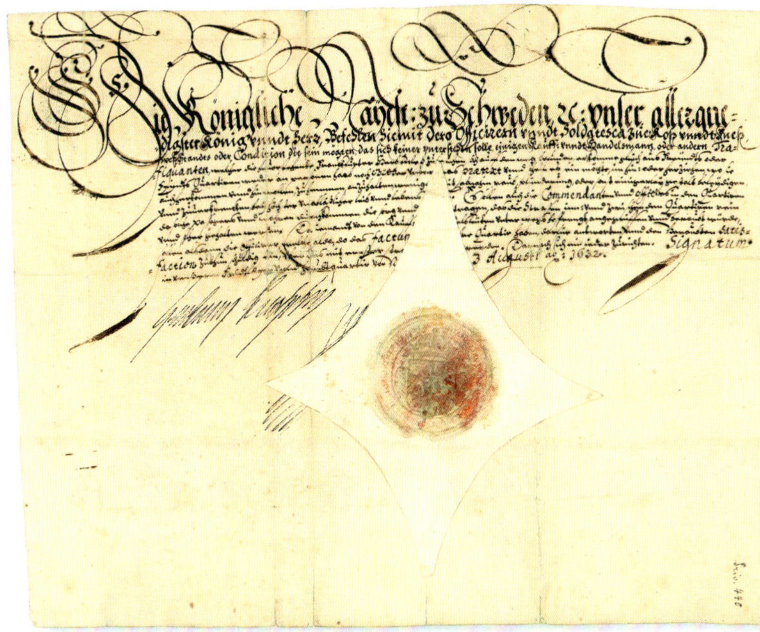
Königliche Maÿt: zu Schweden ꝛc. vnser allergnä...

3 | 110

Von Gottes genaden / Wir Georg Rudolph / Hertzog in Schlesien / zur Lignitz / Brig vnd Goldberg / ꝛc. Röm: Käyſ: auch zu Hungarn vnd Böhaimb Kön: May: geheimer Rath / Cämerer vnnd Verwalter der Oberhauptmanschafft in Ober vnd Nieder Schlesien.

3 | 112

3 | 110

König Gustav II. Adolf von Schweden stellt die Besucher der Frankfurter Herbstmesse unter seinen Schutz

Königliche Kanzlei, Feldlager und Hauptquartier vor Nürnberg, 3. August 1632
Papier, aufgedrücktes königliches Siegel (Papier auf rotem Wachs)
24,7 × 31,5 cm; Durchmesser Siegel: 4,8 cm
Institut für Stadtgeschichte, Stadtarchiv, Frankfurt a. M., Sign. Privilegien 440

Mitten im Dreißigjährigen Krieg ließ König Gustav II. Adolf von Schweden (1594–1632) für Frankfurt am Main folgende, eigenhändig unterschriebene Urkunde ausstellen: Allen Offizieren und Soldaten wird verboten, die Besucher der kommenden Herbstmesse auf dem Hin- und Rückweg aufzuhalten, zu berauben oder zu beleidigen. Die Kommandanten und Offiziere an den Handelswegen sollen für deren Sicherheit sorgen. Falls Kaufleute unterwegs angegriffen und beraubt werden, sind die zuständigen Offiziere zu Schadenersatz verpflichtet.
Die beiden Handelsmessen im Herbst (seit Mitte des 12. Jahrhunderts) und Frühjahr (seit 1330) waren die wirtschaftliche Lebensgrundlage der Reichs-, Wahl- und Krönungsstadt Frankfurt. Der Rat der Stadt versuchte zunächst, die Messen durch eine neutrale Haltung zu schützen, musste sich aber 1622 dem kaiserlichen Lager anschließen. Nach dem Siegeszug der Schweden schloss er Ende November 1631, wenn auch nur zögernd, mit Gustav Adolf ein Schutz- und Verteidigungsbündnis, worauf schwedische Truppen die Stadt bis Mitte August 1635 besetzten. Schweden hatte 1630 in den Dreißigjährigen Krieg eingegriffen, um seine Vormachtstellung im Ostseeraum gegen kaiserliche Vorstöße zu verteidigen. Frankfurt hatte mit seiner Mainbrücke strategische Bedeutung und diente als Geldquelle (Kontributionen) für den kostspieligen Krieg. Auch konnten hier Kriegsgüter beschafft und über die Messen Gustav Adolfs Handelspolitik – Verkauf des schwedischen Kupfers in Deutschland – umgesetzt werden. M.M.

Lit.: Bothe 1910; Traut 1933; Kapser 1991; Rieck 2005.

3 | 111

Verordnung gegen den Besuch der Leipziger Messe

Friedrich Wilhelm von Brandenburg (1620–1688)
Halle, 21. Januar 1681
Druck auf Papier; 29,2 × 18 cm
Martin-Luther-Universität Halle-Wittenberg, Universitäts- und Landesbibliothek Sachsen-Anhalt in Halle (Saale), Sign. an Pon Yd 444, 4º (115)

Friedrich Wilhelm von Brandenburg, genannt der Große Kurfürst, legte mit seiner Regierungspolitik den Grundstein für den späteren Aufstieg Brandenburg-Preußens zur Großmacht und der Hohenzollern zu einem der führenden deutschen Herrscherhäuser. Im Jahre 1681 erließ er eine Verordnung, nach der den Einwohnern des Herzogtums Magdeburg der Besuch auf der Leipziger Messe nicht gestattet sei. Die mit Leipzig konkurrierende Stadt Magdeburg war im Dreißigjährigen Krieg 1631 durch Tillys Truppen stärker als Leipzig zerstört, 1680/81 von der Pest heimgesucht und dadurch im Messegeschehen beeinträchtigt worden. Durch die Verordnung sollte verhindert werden, dass durch die Verlegung der Leipziger Neujahrsmesse auf den 6. Februar die Kaufleute dorthin gelockt und die erhofften Einnahmen aus der Magdeburger Messe (seit 1035 Messestadt) geschmälert würden. Zum anderen beeinträchtigte das sogenannte Stapelrecht Leipziger Händler Magdeburgs Konkurrenzfähigkeit in der sächsischen Handelsstadt. Dadurch flossen die Geldeinnahmen vorzugsweise nach Leipzig ab. Als Nebeneffekt sollte die Mobilitätseinschränkung einer Verbreitung der Pest, die 1680/81 in dieser Region grassierte, entgegenwirken. M.v.C.

Lit.: Steinmüller 1958, S. 81 f.

3 | 112

Patent von Georg Rudolf Herzog von Liegnitz-Brieg über die Besteuerung von Handel treibenden Juden in Schlesien

Parchwitz, 15. April 1628
Papier, papiergedecktes Kanzleisiegel mit dreifach behelmtem, vierfeldigem Wappen der Liegnitzer Herzöge aus der Linie der schlesischen Piasten, am äußeren Rand ein geknüpfter Ährenkranz als Einfassung
31,5 × 42 cm
beschr.: »// Von G[ottes] G[naden]·Geor[g] Rud[olph] Herzog in Schlesien z[u]·Lig[nitz] v[nd] Bri[eg]«
Stiftung Deutsches Historisches Museum, Berlin, Inv.-Nr. Do 2007/121

Als Oberlandeshauptmann von Schlesien verpflichtete Herzog Georg Rudolf (1595–1653) auch die nicht ansässigen Juden zur Zahlung einer Steuer (Contribution), wenn sie auf den Märkten des Landes Handel treiben oder einem anderen Gewerbe nachgehen wollten. Diese Abgabe in Höhe von zwei Dukaten war bei der zuständigen städtischen Obrigkeit in bar gegen Ausstellung eines Empfangsscheins zu entrichten. Bei Zuwiderhandlung oder Missbrauch mit gefälschten Bescheinigungen sollten Waren und Güter eingezogen, die gegen das Gesetz verstoßenden Juden sogar an Leib und Leben gestraft werden.
Vor dem Hintergrund des Dreißigjährigen Krieges, der Schlesien als Teil der habsburgischen Erblande stark getroffen hatte, reiht sich das Patent in eine Serie von Verordnungen zur Neuordnung und Stabilisierung der wirtschaftlichen Verhältnisse ein. Dazu gehören vor allem Bestimmungen zur Regelung des Warenverkehrs, zur Besteuerung und zur dauerhaften Ansiedlung von Handwerkern und Gewerbetreibenden aus dem Ausland. Die Landesherren bezogen aus der Erhebung von Zöllen, Mauten und Aufschlägen sowie aus der Gewährung von Schutzprivilegien einen Großteil ihrer Einkünfte, sodass speziell den Juden mit ihren weit gespannten Handelsbeziehungen (u. a. zu Polen-Litauen) im Wirtschaftsleben der schlesischen Städte und Gemeinden eine wachsende Rolle zukam. Ergänzend erließ Kaiser Ferdinand II. am 30. Juni 1628 ein Generalprivileg, das den Juden in Böhmen, Mähren und Schlesien volle Bewegungsfreiheit im Land sowie Gewerbe- und Handelsfreiheit gewährte. V.K.

Lit.: Aubin/Perty/Schlenger 1988, S. 167; Agethen 1990; Heitmann/Lucas 1992, S. 18, 60 f.; Zimmermann 2007, S. 26–32, 59.

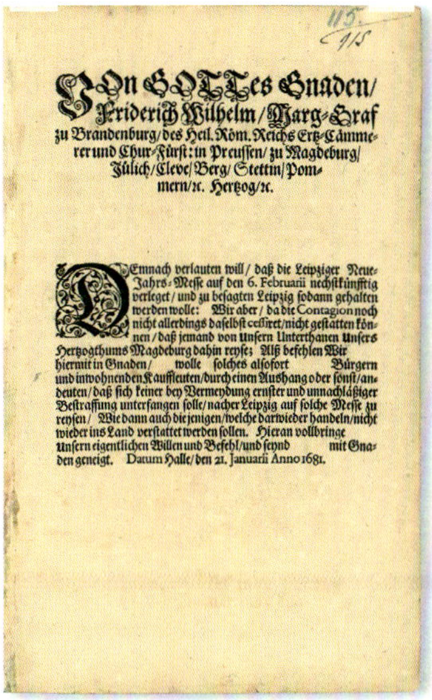
Von GOTTes Gnaden/ Friderich Wilhelm/ Marg-Graf zu Brandenburg/ des Heil. Röm. Reichs Ertz-Cämmerer und Chur-Fürst: in Preussen/ zu Magdeburg/ Jülich/ Cleve/ Berg/ Stettin/ Pommern/ rc. Hertzog/ rc.

DEmnach verlauten will/ daß die Leipziger Neue-Jahrs-Messe auf den 6. Februarii nechstkünfftig verleget/ und zu besagten Leipzig sodann gehalten werden wolle: Wir aber/ da die Contagion noch nicht allerdings daselbst cessiret/ nicht gestatten können/ daß jemand von Unsern Unterthanen Unsers Hertzogthums Magdeburg dahin reyse; Alß befehlen Wir hiermit in Gnaden/ wolle solches alsofort Bürgern und inwohnenden Kauffleuten/ durch einen Aushang oder sonst/ andeuten/ daß sich keiner bey Vermeydung ernster und unnachläßiger Bestraffung unterfangen solle/ nacher Leipzig auf solche Messe zu reysen/ Wie dann auch diejenigen/ welche darwieder handeln/ nicht wieder ins Land verstattet werden sollen. Hieran vollbringe Unsern eigentlichen Willen und Befehl/ und seynd mit Gnaden geneigt. Datum Halle/ den 21. Januarii Anno 1681.

3 | 111

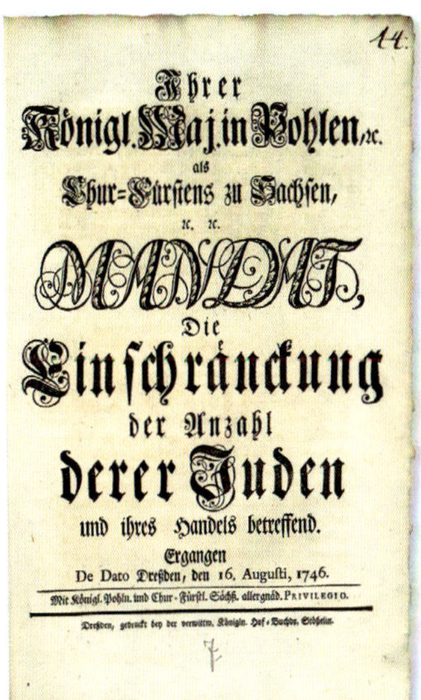
Ihrer Königl. Maj. in Pohlen, rc. als Chur-Fürstens zu Sachsen, rc. rc.

MANDAT, Die Einschränckung der Anzahl derer Juden und ihres Handels betreffend.

Ergangen De Dato Dreßden, den 16. Augusti, 1746.

Mit Königl. Pohln. und Chur-Fürstl. Sächß. allergnäd. PRIVILEGIO.

Dreßden, gedruckt bey der verwittw. Königl. Hof-Buchdr. Stößelin.

3 | 113

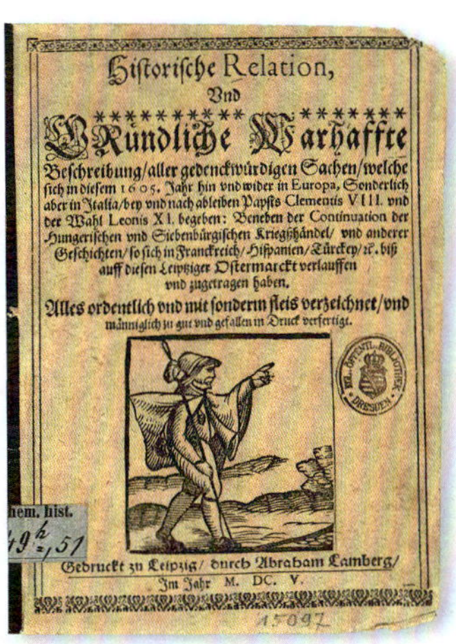
Historische Relation, Und Gründliche Warhaffte Beschreibung/ aller gedenckwürdigen Sachen/ welche sich in diesem 1605. Jahr hin und wider in Europa, Sonderlich aber in Italia/ bey und nach ableiben Papsts Clementis VIII. und der Wahl Leonis XI. begeben: Beneben der Continuation der Hungerischen und Siebenbürgischen Kriegßhändel/ und anderer Geschichten/ so sich in Franckreich/ Hispanien/ Türckey/ rc. biß auff diesen Leiptziger Ostermarckt verlauffen und zugetragen haben.

Alles ordentlich und mit sonderm fleis verzeichnet/ und männiglich zu gut und gefallen in Druck verfertigt.

Gedruckt zu Leipzig/ durch Abraham Lamberg/ Im Jahr M. DC. V.

3 | 114

3 | 113

Mandat, die Einschränckung der Anzahl derer Juden und ihres Handels betreffend

Dresden: Stößel, 1746
Buchdruck, 8 S.; 33,5 × 23,7 × 5 cm
Sächsische Landesbibliothek – Staats- und Universitätsbibliothek Dresden,
Sign. Hist.Sax.K.17-5, misc.7 /
Sign. Hist.Sax.K.21, misc.37

Der sächsische Kurfürst Friedrich August II. (1696–1763) erließ im Jahr 1747 ein Mandat, das Juden erstmals seit ihrer Vertreibung im 14. und 15. Jahrhundert die Erlangung einer Wohnberechtigung in Sachsen ermöglichte. Generell waren Juden im Verlaufe des 16. Jahrhunderts wieder verstärkt auf den Leipziger Märkten präsent gewesen, hatten allerdings ein gesondertes »Judengeld« zu entrichten. Auch eine 1682 erlassene Judenordnung, die erhöhte Abgaben für Zoll und Geleitswesen vorsah und die Verpflichtung enthielt, während des Aufenthaltes auf der Leipziger Messe ein Stück gelbes Tuch zu tragen, hatte sie nicht davon abgehalten, in Leipzig Handel zu treiben. 1687 hatte man ihnen gar verboten, offene Kaufgewölbe zu mieten. Zudem durften sie das Kurfürstentum nur bereisen, wenn sie einen sogenannten Freipass besaßen. Dieser ermöglichte etwa ausländischen Juden die Reise zu den Leipziger oder Naumburger Messen. Überdies wurden »Münzjuden« geschützt, die mit Edelmetallen handelten und alte Münzen aufkauften.

Mit der Erlaubnis der Ansiedelung von 1746, die zuerst auf Dresden beschränkt und später auf Leipzig erweitert wurde, begann jedoch ein neues Kapitel der jüdischen Geschichte in Sachsen. Schließlich folgten ihm weitere Erleichterungen, die der Stadtrat in den 1760er Jahren den Juden gegenüber erließ. Diese führten zu einem massiven Anstieg der Zahl jüdischer Kaufleute auf den Leipziger Messen. Weiter trugen sie zur Belebung des Ost-West-Handels bei, der am Beginn der 1790er Jahre einen neuen Höhepunkt erreichte: Von den mehr als 18 000 polnischen Kaufleuten, die zwischen 1766 und 1800 die Leipziger Messen besuchten, waren über 85 Prozent Juden. S.St.

Lit.: Czok 1990, S. 102, 131; Albrecht 2007.

3 | 114

Historische Relation

Und Gründliche Warhaffte Beschreibung/ aller gedenckwürdigen Sachen [...] biß auff diesen Leiptziger Ostermarckt verlauffen und zugetragen haben
Abraham Lamberg: Leipzig, 1605
Buchdruck, 43 S.; 18 × 13,2 cm
Sächsische Landesbibliothek – Staats- und Universitätsbibliothek Dresden,
Sign. Eph.hist.249.h,51

3 | 115 (ohne Abb.)

Jacobi Franci Relationis Historicae Continuatio

Oder Warhafftige Beschreibunge aller fürnemen und gedenckwürdigen Historien [...] von nechstverschiener Franckfurter Fastenmeß biß auff diese Herbstmeß dieses 1605. Jhars verlauffen und zugetragen
Erffordt: Johann Beck, 1605
Buchdruck, 88 S.; 19,5 × 17 cm
Sächsische Landesbibliothek – Staats- und Universitätsbibliothek Dresden,
Sign. 32.8.3367,angeb.2

Die sogenannten Messrelationen kamen in Frankfurt am Main im Jahre 1583 auf, seit 1591 erschienen sie regelmäßig zweimal pro Jahr. Diese im Schnitt nicht mehr als 100 Seiten starken Drucke enthielten Informationen über verschiedenste Ereignisse in Europa im vergangenen halben Jahr – eben seit der letzten Messe. Es handelt sich dabei um eine eigenständige Medienform, die durch ihr periodisches Erscheinen, den Anspruch auf Seriosität und nicht zuletzt durch eine kompakte Berichterstattung geprägt war. Gleichzeitig dokumentierte sie fortlaufend das Zeitgeschehen: Neben Nachrichten über politische und militärische Entwicklungen fanden sich darin auch Berichte über Naturkatastrophen und Unwetter, gelegentlich wurde über Wunder oder Sensationen berichtet. Die Relationen erfreuten sich großer Popularität, zeitgleich mit dem Aufkommen in Frankfurt erschienen auch in Köln, Straßburg und Magdeburg solche Schriften. 1599 kam auch Leipzig hinzu. Die Schriften waren fester Bestandteil der Messen bzw. des Messeangebots. Infolge des Nachdrucks, etwa in Dresden oder Erfurt, wurden die Leipziger Relationen im Jahr 1607 gar durch ein kurfürstliches Privileg geschützt. Im Verlauf des 18. Jahrhunderts konnten sich die Messrelationen allerdings immer weniger gegen das sich zunehmend erweiternde Angebot

Fleischmann sc. Norimbergæ.

3 | 117

an Zeitschriften behaupten: Zur Michaelismesse 1730 erschien in Leipzig die letzte Relation, 1806 wurde die letzte Frankfurter Messrelation publiziert. S.St.

Lit.: Bender 1984; Glüer 2000; Rosseaux 2003; Rosseaux 2004.

3 | 116

Jeton auf die Messestadt Leipzig

1696
Bronze; Durchmesser: 29 mm
Aufschrift Vs.: »ARTES MERCESQUE RECENSET / LIPSIA MERCURIALIS«,
Aufschrift Rs.: »EMPORIUM DUPLEX PHILUREAE SORTE TRIBUTUM; ARTES IPSA FOVET MERCIBUS IPSA FAVET. MDCXCVI.«
Stadtgeschichtliches Museum Leipzig, Inv.-Nr. MS/4093/2005

Der Jeton aus dem Jahr 1696 zeigt auf der Vorderseite Merkur, den Gott der Händler, der laut der Aufschrift die Künste und die Waren »durchmustert«: Er zeigt auf Handelswaren in Form von zwei Ballen und einem Fass. Zudem deutet er mit seinem Stab (Caduceus) auf Bücher, einen Zirkel, ein sogenanntes Rutenbündel (fascis) und zwei gekreuzte Zepter, die für verschiedene Wissenschaftsdisziplinen (Mathematik, Recht, Geschichte) stehen.
Die genaue Bedeutung dieses Jetons ist nicht gesichert. Vermutlich steht er aber im Kontext des 200. Jubiläums des kaiserlichen Messeprivilegs von 1497 und wurde als eine Art Gedenkmedaille an Aussteller und Besucher verteilt. Diese Vermutung wird durch die Aufschrift auf der Rückseite gestützt, da dort der Leipzig – hier als PHILUREA, als Lindenstadt bezeichnet – zweifach zugeteilte Markt erwähnt wird. Damit könnten die kaiserlichen Privilegien aus den Jahren 1497 und 1507 gemeint sein, die die Dominanz der Leipziger Messen im mitteldeutschen Raum über mehrere Jahrhunderte begründeten und die nicht zuletzt zum Besten der Stadt selbst wirkten. Sie ermöglichen noch immer, so heißt es auf der Rückseite weiter, dass die Messestadt Leipzig den Handel begünstigt sowie Wissenschaften und Künste fördert. S.St./W.H.

Lit.: Sammlung Merseburger 1894, S. 108; Ausst.-Kat. Leipzig 1997, S. 176 f.

3 | 116

3 | 117

Leipziger Kauffman(n)s Boerse (Die Börse inmitten anderer europäischer Börsen)

August Christian Fleischmann (tätig 1704/32)
Nürnberg, um 1720
Kupferstich; 32 × 22,9 cm
bez. u. M.: »Fleischmann sc. Norimbergae«;
beschr. M.: »Leipziger Kauffman(n)s Böerse«; o. l.: »Banco in Venedig stabilirt Ao 1587«, darüber: »N.1. der Platz Rialto N.2. Die höhe wo die Bando abgelesen wird N.3. Der Stein so man gewöhnlich den Gobbo nennt N.4. Die Banco worinen die Wechsel geschriben werden N.5. wo die Teutschen Kauffleute N.6. wo die Juden N.7. wo die Grichen Armenier stehen N.8. Seule von S. Iacob.«; o. r.: »Banco in Nürnberg stabilirt Ao. 1622«, darüber: »1 S. Sebalder Kirche a. Prediger Kirch. 2 Das Rathhaus b. das Schloß oder Vestung 3 Platz wo die Kauffleute stehen od. Marck Herrn 4 Wo die handlungs Sachen debattiret werden 5 der große Marck«;
u. l.: »Die Amsterdamer Böerse Banco in Amsterdam stabilirt Ao. 1609 a: Wo das Allmosen gegeben wird«;
u. r.: »Die Hamburger Böerse Banco in Hamburg. Stabilirt Ao. 1612.«
Stadtgeschichtliches Museum Leipzig, Inv.-Nr. Mü. XXI/33

Die Bezeichnung Börse als Ort für Geschäftsabschlüsse der Kaufleute geht auf das Haus der Patrizierfamilie van der Burse in Brügge zurück. In Leipzig ließ der Rat ab 1678 ein entsprechendes Versammlungsgebäude für die Kaufleute errichten. Die Räumlichkeiten wurden erstmalig zur Michaelismesse 1679 genutzt, das Gebäude aber erst 1687 im Inneren endgültig fertiggestellt. Dem Bau lag wahrscheinlich ein Entwurf des Dresdner Oberlandbaumeisters Johann Georg Starcke (1630–1695) zugrunde. Die Mitte des Stichs nimmt eine Frontansicht der Alten Börse auf dem Naschmarkt ein, flankiert von Ansichten der Städte Leipzig (l.) und Nürnberg (r.). Mit den Börsen von Venedig (o. l.), Nürnberg (o. r.), Amsterdam (u. l.) und Hamburg (u. r.) sind die wichtigsten europäischen Handelsplätze dieser Zeit abgebildet. K.S.

Lit.: Ausst.-Kat. Leipzig 2006, S. 148 f.

3 | 118

Richters Caffée Haus in Leipzig

Johann Jakob Wagner; um 1790
Kupferstich; 25 × 26,5 cm; Blatt: 29,1 × 35 cm
beschr. u.: »Richters Caffée Haus / in Leipzig«
Stadtgeschichtliches Museum Leipzig, Inv.-Nr. K/556/2006

Dieser Kupferstich zeigt das Innere des berühmten Café-Hauses von Enoch Richter in der Leipziger Katharinenstraße. Er ist ein Zeugnis der städtischen Kaffeehauskultur, die einerseits Teil des gesellschaftlichen Lebens des gehobenen Bürgertums war: Die Menschen tranken Kaffee, rauchten Tabak und spielten Karten; zur Unterhaltung wurde musiziert. Andererseits waren die Kaffeehäuser vor allem zur Messezeit Treffpunkt – hier wurden Geschäfte besprochen und Neuigkeiten ausgetauscht. Einige der Gäste dieser Darstellung sind bekannt: Der weißhaarige Kaffeewirt Richter am linken Bildrand ist ins Gespräch mit dem Mozart- und Salieri-Librettisten Christoph Friedrich Bretzner vertieft. Der kleinwüchsige, elegante Herr in der Bildmitte ist der jüdische Arzt Salomon Burgheim. Auch Friedrich Schiller soll im Hintergrund zu erkennen sein. U.D.

3 | 118

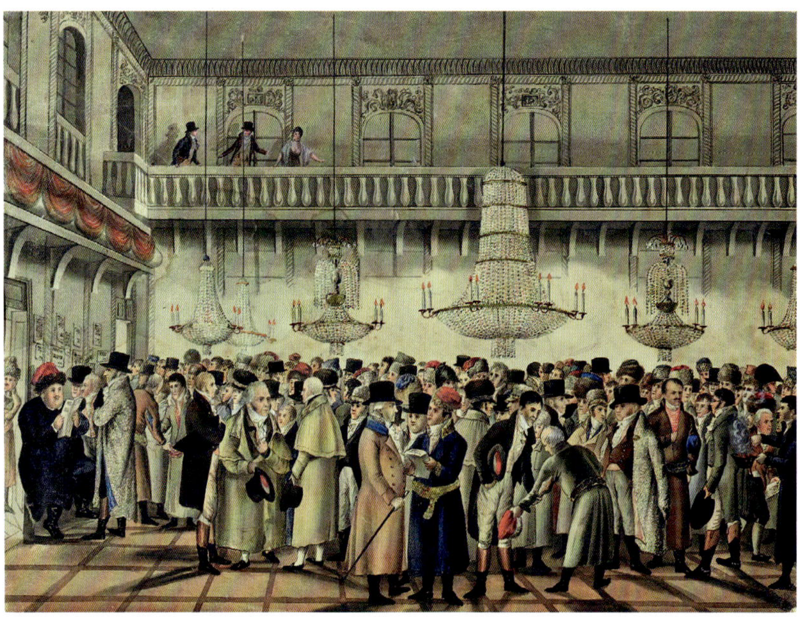

3 | 119

3 | 119

»Kontrakte«, Messe in Lemberg

Franciszek Ksawery Gerstenberger
Lwów, 1806
Gouache; 45,5 × 35,5 cm
aus der Sammlung Viktor Baworowski; Übergabe an das Museum der Fürsten Lubomirski; 1940 an das Historische Museum übergeben
Istoričnij Muzej Lviv, Inv.-Nr. G – 16414

Die Gouache zeigt ein wichtiges Ereignis in Lemberg am Anfang des 19. Jahrhunderts, das sowohl wirtschaftlichen, als auch gesellschaftlichen Charakter hatte: die Kontrakte-Messe. Viele Kaufleute kamen in die Stadt, um Handel zu treiben und ihre Geldgeschäfte abzuwickeln. Nicht nur aus Galizien, sondern auch aus Ostpreußen und Russland kamen die Händler. Ursprünglich begann die Messe am 6. Januar (Heilige Drei Könige) und dauerte drei Wochen. Ab 1798 wurde der Messebeginn auf den 1. Februar verlegt. Während der Messe wurden tagsüber Verträge (Kontrakte) ausgehandelt, abends fanden Bälle statt. Die angesehenen und reichen Angehörigen des Adels kümmerten sich nicht nur um ihre wirtschaftlichen Belange: Für ihre Kinder, die jungen Männer und Frauen, waren diese Abende auch eine Heiratsbörse.

Der große Saal ist mit Kaufleuten gefüllt, die der wohlhabenden Schicht angehören. Sie diskutieren miteinander, einige halten Papiere in der Hand. Sie sind in der Mode der Zeit gekleidet, wie an der Kleidung, den Accessoires, Schuhen und der Haarmode zu erkennen ist. Opulent ist auch die Innenausstattung des Messesaals. Oben sieht man an den Wänden eine Balkongalerie, der Balkon über dem Eingang ist mit Gardinen geziert. Von der Decke hängen große Kerzenleuchter im Empire-Stil.

Über den Autor Franciszek Ksawery (Franz Xaver) Gerstenberger ist wenig bekannt. Er kam nach der ersten polnischen Teilung als Militärbeamter 1789 nach Lemberg – Hauptstadt des von Österreich verwalteten Königreiches Galizien und Lodomerien – und lebte hier bis 1809. Fünf Gouachen und Aquarelle von ihm, die Ansichten der Stadt und Szenen des Alltags darstellen, sind im Besitz des Historischen Museums Lemberg überliefert.
S.Ch.

Lit.: Ausst.-Kat. Lwów 1925, S. 36; Ausst.-Kat. Lviv 1960, S. 70; Wissenschaftliche Reihe Lviv 2008, S. 328.

3 | 120

Die französischen Soldaten untersuchen im Tor, ob keine englischen Waren herausgebracht werden

Christian Gottfried Heinrich Geißler
(Leipzig 1770 – 1840 Leipzig)
Leipzig, 1807
Radierung, koloriert; 25,2 × 21,5 cm
Stadtgeschichtliches Museum Leipzig,
Inv.-Nr. VS 828

Unter dem Titel »Leipziger Kriegs-Scenen« veröffentlichte Christian Gottfried Heinrich Geißler in Leipzig volkstümliche Darstellungen aus den Jahren der französischen Militärverwaltung vor der Völkerschlacht. Häufiges Motiv sind die humoresk wiedergegebenen Begegnungen mit den fremden Soldaten. Die Szene vor dem Leipziger Stadttor bezieht sich auf die Kontinentalsperre Napoleons, die seit 1806 den Handel mit englischen Waren verbot. Strenge Kontrollen an den Toren zur Stadt waren die Folge. In der Messestadt Leipzig waren zu Beginn der französischen Besetzung englische Waren im Wert von neun Millionen Francs beschlagnahmt worden. U.D.

Lit.: Ausst.-Kat. Leipzig 2003, S. 55.

3 | 120

3 | 121

Geleitsbrief des Markgrafen Dietrich von Landsberg

Dietrich von Landsberg (1242 – 1285)
Leipzig, 1. März 1268
Handschrift auf Pergament,
Schnüre von gelber und roter Seide
18 × 18,5 cm, mit vollständig ausgelegten
Siegelschnüren: 42 × 18,5 cm
Stadtarchiv Leipzig, Sign. Urk.-K. 7,1

Markgraf Dietrich versprach den nach Leipzig kommenden Kaufleuten Sicherheit für ihre Person und Güter, auch wenn ihre Landesherren mit dem Markgrafen von Landsberg in Fehde lagen. Die Urkunde belegt damit für das 13. Jahrhundert einen überregionalen Handel mit Leipzig als zentraler Stadt. Nach dem im Stadtbrief bestätigten Marktrecht der Stadt Leipzig bildet die Urkunde den Auftakt der über mehrere Jahrhunderte im Stadtarchiv Leipzig vorliegenden Messeprivilegien der Landesherren, Kaiser und Päpste für die Leipziger Messe. Das

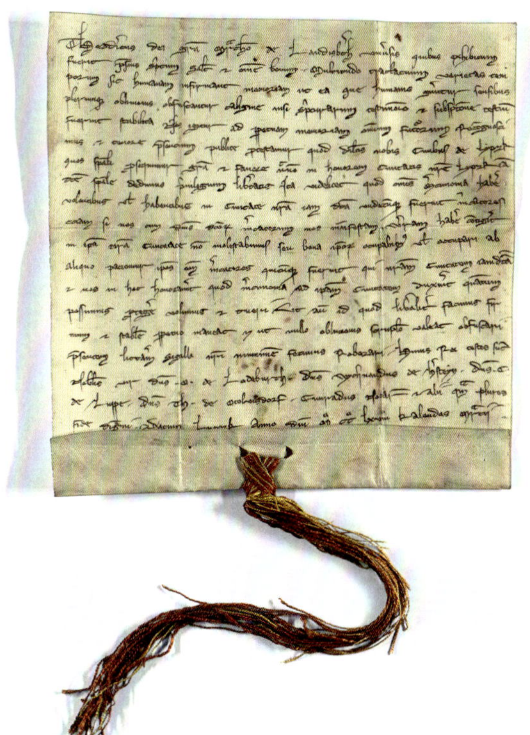

3 | 121

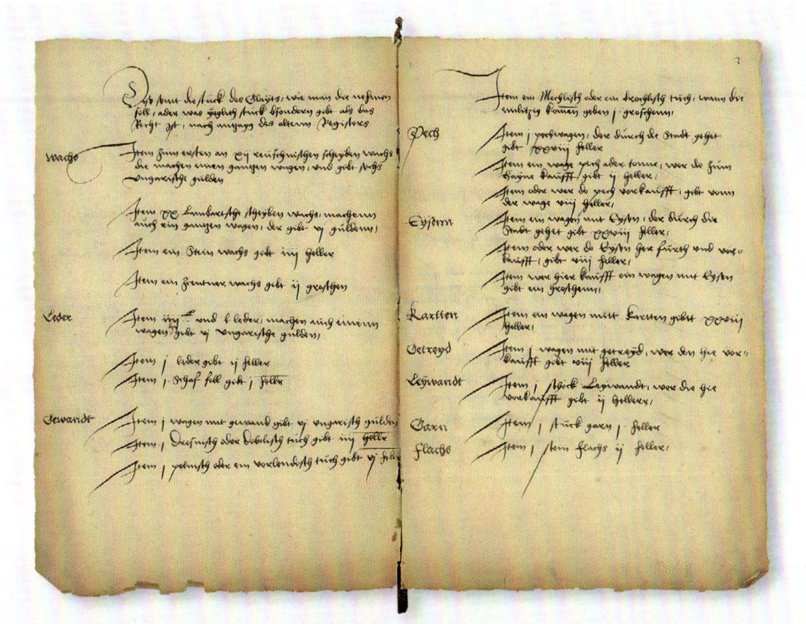

3 | 122

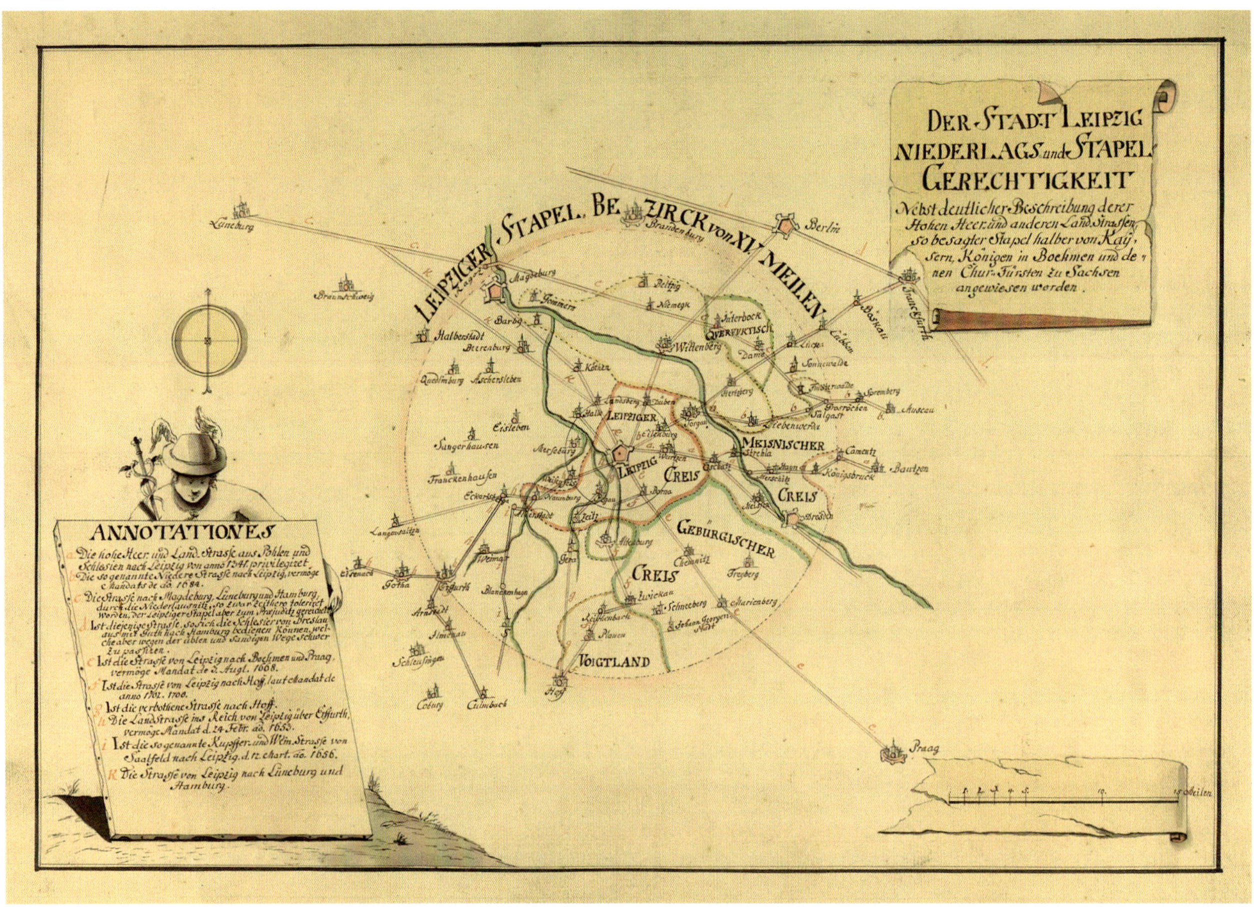
DER STADT LEIPZIG NIEDERLAGS und STAPEL GERECHTIGKEIT
Nebst deutlicher Beschreibung derer Hohen Heer. und anderen Land.Strassen, so besagter Stapel halber von Kaysern, Königen in Boehmen und denen Chur-Fürsten zu Sachsen angewiesen worden.
LEIPZIGER STAPEL BEZIRCK von XV MEILEN
ANNOTATIONES
a Die hohe Heer. und Land. Strasse aus Pohlen und Schlesien nach Leipzig von anno 1341 privilegiret
b Die so genannte Niedere Strasse nach Leipzig, vermöge Mandats de aō. 1684.
c Die Strasse nach Magdeburg, Lüneburg und Hamburg, durch die Niederlausnitz, so zwar zeithero toleriret worden, der Leipziger Stapel aber zum Praejuditz gereichet
d Ist diejenige Strasse, so sich die Schlesier von Breslau aus mit Guth nach Hamburg bedienen Können, welche aber wegen der üblen und Sandigen Wege schwer zu passiren.
e Ist die Strasse von Leipzig nach Boehmen und Praag, vermöge Mandat de 3. Augt. 1668.
f Ist die Strasse von Leipzig nach Hoff, laut Mandat de anno 1701. 1708.
g Ist die verbothene Strasse nach Hoff.
h Die Land Strasse ins Reich von Leipzig über Erffurth, vermöge Mandat d. 24 Febr. aō. 1653.
i Ist die so genannte Kupffer- und Wein Strasse von Saalfeld nach Leipzig. d. 12. Mart. aō. 1656.
K Die Strasse von Leipzig nach Lüneburg und Hamburg.
LEIPZIGER CREIS
MEISNISCHER CREIS
GEBURGISCHER CREIS
VOIGTLAND
LEIPZIG
Berlin
Praag
Lüneburg
Magdeburg
Halberstadt
Wittenberg
Bautzen
Dresden

3 | 124

Siegel an der in lateinischer Sprache verfassten Pergamenturkunde ist abgefallen und nicht erhalten. An der Urkunde befinden sich noch die roten und gelben Seidenschnüre zur Siegelbefestigung. C.C.

3 | 122

Sächsisches Zollregister

1462
Handschrift auf Papier, gebunden;
13 Bl. beidseitig beschrieben, eingebunden
35 × 47 cm
Sächsisches Staatsarchiv – Hauptstaatsarchiv Dresden, Sign. Geheimer Rat (Geheimes Archiv), Loc. 10511/15, Bl. 1 – 2

Dieses Register, das die Geleitsabgaben (Gleyt) für Waren und Warenmengen festlegte, spiegelt die Warenfülle, die in der Mitte des 15. Jahrhunderts auf der via regia unterwegs war: Zu finden sind Leder, Textilien (Gewandt), Pech, Eisen (Eysen), Getreide (Getreyd), Leinwand (Leywandt), Garn, Flachs, Tonnengut – Fisch und Honig –, Kupfer und Gold, Wachs, Talg und Wagenschmiere, ebenso Waid aus Thüringen. Unter dem Begriff Cramerey wurden Gewürze wie Pfeffer, Knoblauch, Ingwer oder Safran angeführt, auch Mandeln und Reis. Schafe, Pferde, Kühe und Ochsen wurden mit Abgaben belegt, ebenso wie Wolle, Hüte, Gürtel, Messer und Sensen. Angegeben waren verschiedene Mengen und das dafür zu erhebende Geleitsgeld, vom ganzen Wagen bis zu Einzelstücken. Darüber hinaus wird der Straßenzwang von Bautzen aus beschrieben – einmal über die Frankenstraße nach Dresden und Chemnitz, zum anderen über die via regia nach Leipzig und Thüringen.
Diese Zusammenstellung wurde nach einem älteren Register erstellt – was darauf hindeutet, dass der sächsische Kurfürst Friedrich II. (1412 – 1464), der als Urheber dieser Zusammenstellung genannt wird, bestehendes Recht noch einmal festschrieb bzw. zusammenfasste. Dies hatte zwei Gründe: Zum einen hatte der böhmische König Georg von Podiebrad (1420 – 1471) 1462 die Verbindung Königsbrück – Kamenz – Bautzen – Görlitz – Lauban als verbindliche Strecke festgelegt, Friedrich II. bestätigte dies kurz darauf. Zum anderen war der Handel für den Oberlausitzer Sechsstädtebund und dessen Mitglieder so bedeutsam geworden, dass sie mit dem sächsischen Kurfürsten in Verhandlung traten. Das Ergebnis war das hier gezeigte Zollregister, das auch in den folgenden Jahrhunderten immer wieder als Grundlage herangezogen wurde. S.St.

Lit.: Falke 1868/69, S. 124; Karl 2009, S. 44.

3 | 123 (ohne Abb.)

Mandat über die Nutzung der Hohen Straße

Dresden, 1623
Druck auf Papier, eingebunden; 35 × 43 cm
Sächsisches Staatsarchiv – Hauptstaatsarchiv Dresden, Sign. Geheimer Rat (Geheimes Archiv), Loc. 10512/8, Bl. 11

Der sächsische Kurfürst Johann Georg I. (1585 – 1656) erneuerte mit diesem Mandat eine Bestimmung aus dem Jahr 1607, die die Nutzung der Hohen Straße vorschrieb. Anlass hierzu waren Berichte, nach denen »Fuhrleute welche aus Schlesien uff Leipzick« kommen, bei Kamenz die via regia verließen und über Schwepnitz und Ortrand »und von dannen uff die Dörfer« fahren. Und dies taten sie »ihres vortheils halben«, umgingen sie doch so die Geleitsstellen in Oschatz und Großenhain (Hain) und sparten die Abgaben. Der Kurfürst erteilte deswegen die Anweisung, diese Bestimmung zum Zwang auf die Streckenführung »an den gewöhnlichen Gleits- und Zollstädten« wie auch in den Herbergen öffentlich auszuhängen und sie generell »den Fuhrleuten/Viehtreibern und Reisenden Personen« kenntlich zu machen. Insbesondere sollte auf die Strafen hingewiesen werden, die mit dem Verlassen der Hohen Straße verbunden waren. Überdies, so hieß es in einem Anschreiben zu diesem Mandat, sollten die Bestimmungen alle halbe Jahre erneut öffentlich angeschlagen werden. S.St.

3 | 124

Der Stadt Leipzig Niederlags- und Stapelgerechtigkeit

Nebst deutlicher Beschreibung derer Hohen Heer- und anderen Landstrassen, so besagter Stapel halber von Kaysern, Königen in Boehmen und denen Chur-Fürsten zu Sachsen angewiesen worden
Leipzig: 2. Hälfte 18. Jh./1. Hälfte 19. Jh.
Federzeichnung, koloriert; 34 × 48 cm
Stadtarchiv Leipzig, Sign. RRA (F) 282a

Im Stapelbezirk galt das Stapelrecht, auch Stapelgerechtigkeit. Es verkörperte das Recht eines Marktherrn oder einer Stadt, wonach alle durch den Stapelbezirk transportierten Waren am Ort des Stapelrechts gewogen und eine bestimmte Zeit feilgeboten werden mussten. Der Besitz einer Stapelgerechtigkeit war somit Ausdruck der besonderen Privilegierung gegenüber anderen Handelsplätzen. Zunächst war der Stapel ein Gewohnheitsrecht. Der Leipziger Stadtbrief um 1165 gewährte den Leipziger Jahrmärkten dann das Meilenprivileg. Späterer Ausdruck der herausragenden Stellung der Leipziger Messen war das erste große Messeprivileg Maximilians I. von 1497, das u. a. die Einrichtung neuer Jahrmärkte in den Bistümern Magdeburg, Halberstadt, Meißen, Merseburg und Naumburg verbot. 1507 wurde das zweite große Messeprivileg ausgestellt, das u. a. das Stapelrecht bewilligte. Die Festsetzung auf einen Umkreis von 15 Meilen (etwa 112 Kilometer) war deswegen so bedeutsam für Leipzig, weil die Städte Magdeburg, Erfurt und Naumburg im Stapelbezirk lagen und somit als Messekonkurrenten ausgeschaltet wurden. Der vorliegende Plan spiegelt die Bestimmungen dieser Urkunde wider, die, wie alle drei genannten Privilegien, bis heute im Stadtarchiv Leipzig verwahrt werden. Die sorgfältige Überlieferung der Privilegien über Jahrhunderte zeugt von der gelungenen Sicherung der Rechtsverhältnisse für den Fortbestand der Messen. Dies schließt die Verteidigung der Stapelgerechtigkeit mit ein. A.Mü.

3 | 125

Plombiergerät zum Kennzeichnen der Farbqualität Thorner Tuche

Thorn, 1608
Eisen, geschmiedet, graviert
Gesamtlänge: 66,5 cm;
Höhe Hauptsiegeleinsatz: 7,8 cm;
1. Siegeleinsatz: Höhe 7,7 cm,
Durchmesser 4,7 cm;
2. Siegeleinsatz: Höhe 8 cm,
Durchmesser 4,3 cm;
3. Siegeleinsatz: Höhe 7,3 cm,
Durchmesser 4,9 cm
Muzeum Okręgowe w Toruniu,
Inv.-Nr. MT/HT/63/1-5

Das Plombiergerät in Form einer Zange besteht aus zwei s-förmig gebogenen Armen. In der Mitte werden sie durch einen beweglichen Schaft verbunden, der mithilfe eines Eisenkeils bewegt wird. Jeder Arm endet in einer quadratischen Öffnung, in die austauschbare Siegeleinsätze eingeschoben werden. Auf dem Hauptsiegeleinsatz befindet sich ein ovaler Schild mit dem Thorner Wappen, das von zwei stehenden Engeln gehalten wird. Die drei übrigen Siegeleinsätze unterscheiden sich voneinander durch die Inschriften: 1. »ANDERT / HALB STAEL / DER KONIGLICH / STAT THORN / 1608«; 2. »ENKEL / STAEL DER / KONIGLICHN / STAT

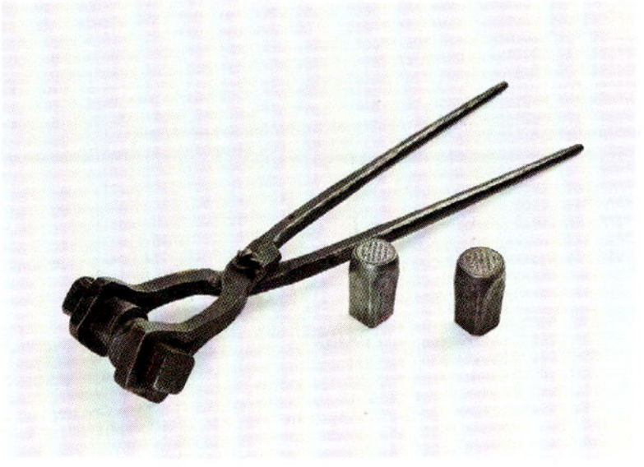

3 | 125

THORN / 1608«; 3. »DOBBELT / STAEL DER / KONIGLICHN / STAT THORN / 1608«. Die Siegeleinsätze wurden in Siegellack gedrückt und waren dazu bestimmt, die Qualität der gefärbten Tuche zu kennzeichnen. Jedes von ihnen kennzeichnete vermutlich einen kleineren oder größeren Grad der Farbbeständigkeit und somit die Qualität des verkauften Tuches. A.M.

Lit.: Vossberg 1845, S. 3; Gumowski 1934, S. 12; Musiałowski 1985; Ausst.-Kat. Kraków 1995, S. 113.

3 | 126

Tuchplombe mit Geweberesten

16./17. Jh.; Fundort: Freiberg, Theaterquartier; Funddatum: 1996/97
Blei, Wolle; 5,6 × 7,9 cm
Landesamt für Archäologie, Dresden, Inv.-Nr. FG-07/301

Bei archäologischen Untersuchungen im Freiberger Theaterquartier wurde 1996/97 ein Wollrest mit einem geprägten Gütesiegel aus Blei entdeckt. Diese sogenannten Tuchplomben galten seit dem 13. Jahrhundert als »Garantiezeichen« für Qualität und Herkunft und wurden von Tuchmachern und Webern an den zu verhandelnden Stoffballen angebracht. Die Freiberger Tuchplombe ist beidseitig geprägt. Auf der leicht beschädigten Rückseite sind zwei gekreuzte Hämmer mit einem zentralen Stern sowie die fragmentarische Umschrift des Herstellungsortes [FREI-]»BERG« zu sehen. Das Siegel der Vorderseite ist nahezu unleserlich und bisher noch nicht identifiziert.
Seit dem Ende des Hochmittelalters wurden in vielen Städten Sachsens Woll- und Leinenstoffe über den eigenen Bedarf hinaus produziert und verhandelt. Jeder Tuchmacher war verpflichtet, qualitätvolle Waren herzustellen, die Qualität der Stoffe unterlag strengsten Kontrollen. Die Tuchmacher- und

3 | 126

Weberzünfte nahmen daher die Siegelungen mit den Tuchplomben bei den sogenannten ›Schauen‹ vor. In Freiberg erlangte die 1350 gegründete Tuchmacherinnung schnell an Bedeutung, bis sie im 16. Jahrhundert angesichts des wachsenden Konkurrenzdrucks der Tuchmacher innerhalb Sachsens verarmte. Historisch ist die Klage überliefert, dass Tuche aus Freiberg wegen der überhöhten Qualitätsforderungen der eigenen Innung zu teuer und demnach schwer absetzbar gewesen seien. C.R.

Lit.: Niederfeilner 2005; Rupp 2007; Hittinger 2009.

3 | 127

Dienstanweisungs- und Protokollbuch eines Görlitzer Zollpostens

»Beylagen zur Instruction den Stadt-Zoll betr. / Zoll-Gebühren und Rats-Dekrete, den Brücken-Zoll betr. 1715–1785«
Papier; 20,6 × 13,8 cm
Kulturhistorisches Museum Görlitz, Inv.-Nr. 538-2010

Das Buch gehörte im 18. Jahrhundert zur Ausstattung der Dienststube eines Görlitzer Zollpostens, vermutlich jenes am Neißtor. Durch dieses Stadttor, das 1841 abgebrochen wurde, gelangte der von Osten über die Neißebrücke führende Verkehr der via regia nach Görlitz hinein. Zahlreiche Gebrauchsspuren deuten darauf hin, dass das Buch regelmäßig benutzt wurde. Sein handschriftlicher Inhalt ist in vier Teilen aufgebaut. Zunächst findet sich eine sogenannte Zolltafel, in der für verschiedene Waren die jeweilige Zollgebühr verzeichnet wurde. Aus dieser Tabelle, die von A wie Aale bis Z wie Zugemüse reicht, ist ersichtlich, welche Waren regelmäßig nach Görlitz ein- und ausgeführt wurden. Danach folgt ein Teil, der 16 Dienstanweisungen an die Zollbeamten enthält. Der daran anschließende umfangreichste Abschnitt enthält wiederum verschiedene Anweisungen und Entscheidungen des Görlitzer Rates zum Zollwesen aus den Jahren 1677 bis 1786. Diese Eintragungen wurden tagebuchartig niedergeschrieben, sodass vermutet werden kann, dass es sich um Präzedenzfälle handelte, die für die spätere Zollpraxis von Bedeutung waren. Der vierte Teil des Buches enthält die Abschrift eines Ratserlasses über die Zollhöhen aus dem Jahr 1713. K.W.

3 | 128

Sperrzeichen für zwei Pferde

1780–1806
einseitige Marke, Messing, rund
Durchmesser: 35 mm
beschr. im Perlkreis:
»4 BATZEN/ SPERR/ FÜR/ 2 PFERDE«
einseitige Marke, Messing, quadratisch
46 × 46 mm
Laubkranz, beschr. in einer Raute mit Fadenrahmen: »4/ BATZEN/ SPERR FÜR/ 2/ PFERDE/ [Frankfurter Adler]«
Historisches Museum Frankfurt, Frankfurt a. M., Münzkabinett, Inv.-Nr. MJF 1714, MJF 1715

Diese Sperrzeichen waren in Frankfurt am Main in der Zeit von etwa 1780 bis 1806 in Gebrauch. Die Gültigkeit für zwei Pferde bezog sich auf ein Pferdefuhrwerk. Die Sperr-, Auslass-, Einlass- oder Torzeichen dienten zum freien Durchgang der Stadttore nach deren abendlicher Absperrung. Sperrerhebungen befanden sich am Bockenheimer-, am Friedberger und am Affentor. Diese drei Tore verbanden die maßgeblichen innerstädtischen Durchfahrtsstraßen. Die Zeichen mussten beim städtischen Rechneiarat bei Vorlage eines Berechtigungsnachweises erworben werden. Sie waren den Torwächtern beim Einlass am Tor vorzulegen und mussten beim Verlassen der Stadt abgegeben werden. Innerhalb der Stadtmauern durften sich die Fuhrwerke frei bewegen, mussten aber auf Anfrage das Sperrzeichen vorzeigen können. Die Gebühr von vier Batzen, die 16 Kreuzern entsprechen, kann als recht hoch eingeschätzt werden. F.B.

Lit.: Joseph/Fellner 1896, S. 550, Nr. 1414, 1715; Stahl 2004, S. 114 f., Nr. 14, 15.

3 | 127

3 | 128

WIR Rahtmanne der Kaiser- und Königlichen Stadt Breßlau bekennen und thun kund hiemit vor Männiglich daß Vorweiser dieses Caspar Speer, fuhrmann von Lemberg, mit einem Knecht und zwey wagen, — — —

von hierauß/allwo/Gott Lob/annoch frische und gesunde Lufft/ und kein Merckmahl einiger Contagion sich befindet/nacher Budißen mit zwey Fass Garn der gethanen Ansage nach/reiset. Deßwegen geschicht nun hiemit Unser gebührendes Ansuchen / diese Personen ungehindert dahin pasiren zulassen. Zu Uhrkund mit Unserm und der Stadt Insiegel bekräfftiget. Geben Breßlau den 19den Aprilis im Jahr 1680.

hier gepackt worden

3 | 129

3 | 129

Gesundheitsattest eines Lemberger Fuhrmanns

1680
Druck auf Papier, handschriftliche Eintragungen; 20 × 32,4 cm
Archivverbund Bautzen, Stadtarchiv, Bestand 62000, Altes Archiv Rep. gen. III. M. lfd. Nr. 1, Bd. 2

Als der Lemberger Fuhrmann Caspar Speer Mitte des Jahres 1680 von Breslau kommend die Stadt Budissin, die seit 1868 Bautzen heißt, erreichte, hatte er eine lange Reise auf der via regia hinter sich. Mit ihm fuhren ein Knecht und zwei Wagen. Um in die Stadt einreisen zu dürfen, musste er ein behördliches Attest vorweisen, das ihm bescheinigte, aus einer Stadt zu kommen, in der die Luft »frisch und gesund« war. Für die Menschen des ausgehenden 17. Jahrhunderts war das ein Beweis dafür, dass der Reisende keine Infektion in sich trug, mit der er die seit dem Mittelalter immer wieder grassierende Pest einschleppen könnte. Ein weiterer wichtiger Aspekt für das Passieren der auch wegen der Seuche gut bewachten Stadttore war außerdem der Vermerk, dass zwei Fässer Garn bereits in Breslau – einem zu diesem Zeitpunkt »nicht infizierten Ort« – gepackt und bisher an keinem anderen Ort verkauft worden waren. Das ersparte ihm die Quarantäne vor den Stadttoren, die ein 1679 erlassenes Mandat des Oberamtes Budissin mit Instruktionen gegen die Pest insbesondere für Fuhr- und Kaufleute vorsah.
Dieser Vordruck ist Bestandteil einer Akte aus dem Stadtarchiv Bautzen: Unter der Signatur M für Medizinalsachen finden sich zwei Aktenbände mit dem Titel »Infektionen«, die über die Vorkehrungen gegen die 1679 in Böhmen und insbesondere in Prag um sich greifende Pestepidemie Auskunft geben. Scheinbar exemplarisch sind den Konvoluten einige Atteste sowohl in formloser Art als auch als Vordruck beigeheftet.
G.R.-L.

3 | 130 (ohne Abb.)

Vier Zollquittungen

Chemnitz, 1746; Bunzlau, 1768;
Leipzig, 1768; Sebnitz, 1775
gedruckte Formulare,
mit handschriftlichen Eintragungen;
7,5 × 10,2 cm; 10,5 × 10,2 cm; 10,8 × 9,2 cm;
19,8 × 10,2 cm
Unitätsarchiv, Herrnhut, Inv.-Nr. ADC 257,
Nr. 2, 6, 8, 9

Diese Quittungen dienten der Nachweisführung, dass man den auf Menge und Ware berechneten Zoll bzw. die Steuern, die Akzise, entrichtet hatte. Diese Abgaben wirkten dabei in zwei Richtungen: Einmal wurden sie lokal erhoben, wovon die jeweiligen Städte profitierten. Zudem musste für den Weitertransport aus einer Stadt ebenfalls eine Gebühr entrichtet werden, von der beispielsweise die sächsischen Kurfursten als territoriale Herrscher profitierten. Dabei dokumentieren diese Formulare neben der Menge auch die Herkunft und das Ziel der Ware, das bei den hier ausgestellten Exponaten immer das Handelshaus Abraham Dürninger & Co. in Herrnhut war. So wurde im September 1768 beispielsweise in Leipzig Tabak verzollt, im November 1768 zahlte man in Bunzlau die Abgabe für Nadeln, und im Juni 1775 machte sich in Sebnitz blaue und bunte Leinwand auf den Weg nach Herrnhut. S.St.

3 | 131 (ohne Abb.)

Vier Waagescheine

Leipzig, 1757, 1768; Lüneburg, 1768
gedruckte Formulare,
mit handschriftlichen Eintragungen;
10,7 × 18 cm; 6,3 × 18 cm; 7 × 19,2 cm;
8,7 × 17,4 cm
Unitätsarchiv, Herrnhut, Inv.-Nr. ADC 258,
Nr. 1, 3, 4, 5

Die Bestimmung der Masse einer Handelsware war Voraussetzung für deren weiteren Verkauf: Nach Ankunft in einer Stadt mussten Fuhr- und Kaufleute ihre Waren wiegen lassen; erst nachdem die daraus abgeleitete Abgabe gezahlt war, war die Ware freigegeben zum Verkauf oder Weitertransport. Die Waagescheine zeigen auch die mögliche Vielfalt der Maßeinheiten: Der am 8. Juli 1768 in der Leipziger Waage bestimmte »Rhein-Wein« für den Grafen von Reuss wurde mit 7⅞ »Eymer« nach dem »Dreßdner Maaß« angegeben, wobei jeder Eimer mit einem Taler zu besteuern war. S.St.

Maße

3 | 132

Des Churfürsten und hertzog Georgen zu Sachssen usw. Muntz Ordenung

1534
Druck auf Papier; 21,5 × 15,5 cm
Sächsisches Staatsarchiv – Hauptstaatsarchiv Dresden, Sign. Bestand 12883, 1534,
Bl. 149

Diese von Georg dem Bärtigen (1471–1539) und Johann Friedrich I. (1503–1554) im Jahr 1534 erlassene sächsische Münzordnung führte kurzzeitig zur Einführung eines einheitlichen Münzwesens in Sachsen – seit der Leipziger Teilung von 1485 hatte es immer wieder Differenzen zwischen Albertinern und Ernestinern gegeben, die sich im Streit um die Benutzung der Hohen und der Niederen Straßen genauso niederschlugen wie in Fragen einer einheitlichen Währung. Die Ordnung regelte in zwölf Punkten die Herstellung von Geld sowie deren Überwachung und die Strafen bei Nichteinhaltung. Auf dem Titel wird die Arbeit in einer Münze gezeigt: Zwei Münzschläger sitzen auf Schemeln in einem Raum mit Balkendecke vor einem Tisch, das herzoglich-sächsische Wappen an der Wand im Hintergrund verdeutlicht dabei den landesherrlichen Bezug, der sich nicht zuletzt auf den Münzen mit ihren Herrscherdarstellungen wiederfand. Die Schläger sitzen vor einem Amboss, in den der Unterstempel der Münze eingelassen war, und halten den Oberstempel in der Hand. Allerdings müsste der zur Münze zu prägende Rohling (Schrötling) zwischen diesen Stempeln liegen, nur so konnte eine zweiseitige Münze entstehen. In der Darstellung schlagen die Schläger die Münze aber fälschlicherweise nur auf den Oberstempel. S.St.

Lit.: Ausst.-Kat. Leipzig 1997, S. 197;
Ausst.-Kat. Torgau 2004, S. 308.

3 | 132

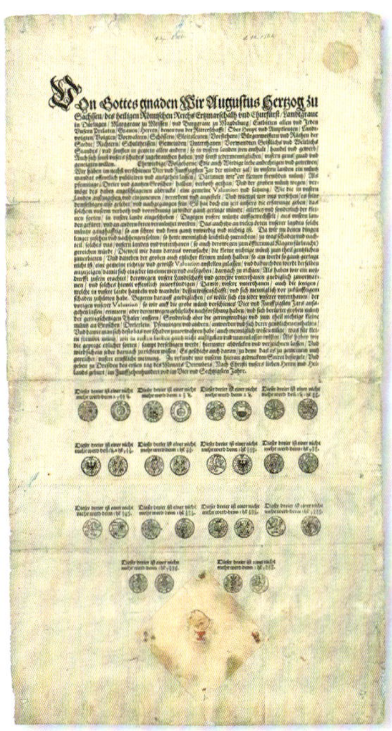

3 | 133

3 | 133

Mandat des sächsischen Kurfürsten August über Münzwerte

1564
Druck auf Papier, aufgeklebtes Papiersiegel
85 × 37 cm
Staatliche Kunstsammlungen Dresden,
Münzkabinett, ohne Inv.-Nr.

Kurfürst August von Sachsen (1526–1586) wies in diesem Mandat von 1564 auf die weitere Gültigkeit eines Mandates aus dem Jahr 1554 hin, das die Annahme von »kleinen frembden müntz« – etwa Pfennigen, Dreiern oder Groschen – verboten hatte. Diese Geldstücke mit geringerem Wert und vor allem geringerem Metallgehalt waren gegen sächsische Münzen eingewechselt, dann »aus unsern landen gefüret« und danach »an anders örten vermützet worden«. Der Landesherr von Sachsen wollte dieser Verbreitung von minderwertigen Münzen, die trotz des Verbotes aus dem Jahr 1554 noch immer anhielt, Einhalt gebieten – wurde doch auf diesem Wege das in Sachsen umlaufende Geld regelrecht entwertet. Zudem schädigte das Einwechseln dieser Münzen die Untertanen selbst. Dieses Mandat wurde an Bürgermeister und Geleitsleute verschickt und sollte als Warnung und Information öffentlich ausgehangen werden. Zum besseren Verständnis waren im unteren Bereich des Dokuments jene Münzen mit geringerem Wert bildlich dargestellt, zudem wurde der reale Umtauschwert aufgeführt. S.St.

3 | 134

Edikt des sächsischen Kurfürsten Johann Georg I. vom 31. Juli 1623

Druck auf Papier; 113,5 × 45 cm
Staatliche Kunstsammlungen Dresden,
Münzkabinett, ohne Inv.-Nr.

Das vom sächsischen Kurfürsten Johann Georg I. am 31. Juli 1623 vergleichsweise spät erlassene Edikt hatte zum Ziel, »die Confusion im Müntzwesen«, d. h. die sogenannte Kipper- und Wipperzeit, zu beenden. Er erklärte, sich bei der Ausprägung der Münzen an der Reichsmünzordnung von 1559 orientieren zu wollen, und hoffte, »es werde solche Müntz-Reduction zu mercklicher Beförderung der Commercien, und nächst Göttlicher Hülffe zu Abwendung der eingerissenen Theurung gereichen«. Auch regelte das Edikt zum nochmaligen Vorteil der Gläubiger die Rückzahlung von Schulden, die ehemals in schlechtem Geld aufgenommen worden waren. Festgelegt wurde, dass ein minderwertiger Taler einem guthaltigen Taler entsprechen sollte.
Die nicht nach Reichsmünzfuß ausgegebenen Münzen wurden schließlich an den staatlichen Kassen zu einem stark reduzierten Kurs abgegeben, weswegen besonders Kaufleute, Handwerker, Bauern und Arbeiter große Verluste hinnehmen mussten. In der Dresdner Münzstätte wurde das minderwertige Geld eingeschmolzen, aus der Schmelze Feinsilber gewonnen und nach den gesetzlichen Vorgaben in gutem Geld ausgeprägt. W.H.

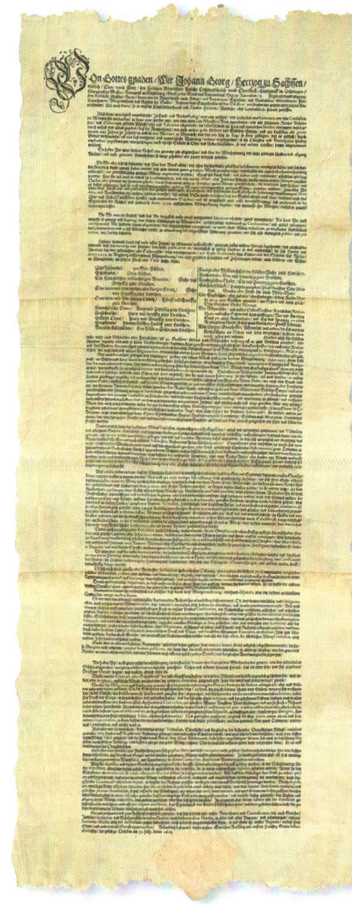

3 | 134

Lit.: Haupt 1978; Gaettens 1982; Schneider 1995.

3 | 135

Kipper- (K) und Wippermünzen (W)

W 1
Frankfurt, Freie Reichsstadt, Taler 1620
Münzmeister Caspar Ayrer
Silber; Durchmesser: 41,1 mm;
Gewicht: 28,15 g
Vs.: »[Rosette] MONETA NOVA REBVP FRANCOFVRTENSIS«; Kreuz mit Frankfurter Stadtwappen im Zentrum
Rs.: »FERDINANDVS II D G ROM IMP SEMP AVGVS 1620 AE [ligiert]«; [Kratzeisen] bekrönter doppelköpfiger Adler mit Reichsapfel auf der Brust
Staatliche Kunstsammlungen Dresden, Münzkabinett, Inv.-Nr. ANB3212

K 1
Erfurt, Stadt, Kipper – 12 Pfennige 1622
Kupfer; Durchmesser: 21,2 mm;
Gewicht: 2,99 g
Vs.: Stadtwappen
Rs.: »12 PFENNIGE 1622«
Staatliche Kunstsammlungen Dresden, Münzkabinett, Inv.-Nr. ARC11132

W 2
Erfurt, Stadt, Groschen 1622
Silber; Durchmesser: 22,6 mm;
Gewicht: 1,70 g
Vs.: »(Rad) MON ARG CIVI ERFFORD 1622«; behelmtes Stadtwappen, links und rechts davon je ein alchimistisches Zeichen
Rs.: »(Rosette) NACH DEN ALTEN SCHROT V KORN«; Stadtwappen, darüber »2 – 4«
Staatliche Kunstsammlungen Dresden, Münzkabinett Inv.-Nr. ARB10282

K 2
Sachsen, Kurfürst Johann Georg I. (reg. 1615–1656), Kipper – 20 Groschen 1621
Münzmeister Friedrich Ulm
Münzstätte Naumburg
Silber; Durchmesser: 37,5 mm;
Gewicht: 11,60 g
Vs.: »[Rosette] IOHAN GEORG D G [20 gr] DVX SAX IVL CL ET M«; Engel hält Kurwappen
Rs.: »[Herz] SACRI ROMANI IMPER ARCHIMARS ET EL«; zwei zueinander gekehrte Engel und drei Wappen, darüber »1621«, darunter »N«
Staatliche Kunstsammlungen Dresden, Münzkabinett, Inv.-Nr. AGB8190

K 3
Sachsen, Kurfürst Johann Georg I. (reg. 1615–1656), Kipper – 60 Groschen 1622
Münzmeister Erich Jäger
Münzstätte Leipzig
Silber; Durchmesser: 42,7 mm;
Gewicht: 22,41 g
Vs.: »[Rosette] IOHAN GEORG D G [60 gr] DVX SA IV CL ET«; Engel hält Kurwappen
Rs.: »SA ROMANI IMPE [ineinander gestelltes Monogramm SL] ARCHIMAR ET EL [Jagdhorn zwischen Hirschstangen]«; zwei zueinander gekehrte Engel und drei Wappen, darüber 1622
Staatliche Kunstsammlungen Dresden, Münzkabinett, Inv.-Nr. AGB8106

W 3
Sachsen, Kurfürst Johann Georg I. (reg. 1615–1656), Taler 1623
Münzmeister Heinrich von Rehnen
Münzstätte Dresden
Silber; Durchmesser: 43,9 mm;
Gewicht: 28,88 g
Vs.: »[Reichsapfel] IOHAN GEORG D G DVX SAX IVL CLIV ET MONTI«; geharnischtes Hüftbild des Kurfürsten mit geschultertem Schwert nach rechts, davor Helm
Rs.: »23 SA ROM IMP ARCHIM ET ELECT [Schwan] 16«; sechsfach behelmtes sächsisches Gesamtwappen
Staatliche Kunstsammlungen Dresden, Münzkabinett, Inv.-Nr. AGB6741

K 4
Sachsen, Kurfürst Johann Georg I. (reg. 1615–1656), Kipper – 30 Kreuzer 1621
Münzmeister Marcus Brun
Münzstätte Großenhain
Silber; Durchmesser: 29 mm;
Gewicht: 5,34 g
Vs.: »[Stachelrosette] IO GE D G DVX SAX I C ET M«; Engel hält Kurwappen
Rs.: »[Reichsapfel mit 30] SA ROM IMPE [Stachelrosette] AR MA ET EL«; drei Wappen, links und rechts vom oberen Wappen »16 – 21«
Staatliche Kunstsammlungen Dresden, Münzkabinett, Inv.-Nr. AGB8007

K 5
Kamenz, Stadt, Kipper – 3 Pfennig
Kupfer; Durchmesser: 15,4 mm;
Gewicht: 0,53 g
Vs.: Adlerflügel mit Kleeblatt; darunter »3 PF«
Rs.: »BONO PVBL CAM 1622«; oben Stern
Staatliche Kunstsammlungen Dresden, Münzkabinett, Inv.-Nr. ARC3044

K 6
Görlitz, Stadt, Kipper – 3 Kreuzer 1622
Silber; Durchmesser: 29 mm;
Gewicht: 3,96 g
Vs.: »[Kreuz] MON NO GORLIC 1622«;
Stadtwappen
Rs.: »[Krone] FERD II D G ROM IMP«;
Doppeladler mit 3 auf der Brust
Staatliche Kunstsammlungen Dresden,
Münzkabinett, Inv.-Nr. AJB15678

K 7
Liegnitz-Brieg, Herzog Georg Rudolf (reg. 1602–1653), Kipper – 24 Kreuzer 1622
unbestimmte Münzstätte
Silber; Durchmesser: 29,6 mm;
Gewicht: 3,55 g
Vs.: »[Reichsapfel] D G GEO RVD DVX [24] SIL LIG BRI ET G«; geharnischtes Brustbild des Herzogs nach rechts
Rs.: »MONETA NOVA ARGENTEA 1622«;
bekröntes vierfeldiges Wappen
Staatliche Kunstsammlungen Dresden,
Münzkabinett, Inv.-Nr. AJB2158

W 4
Liegnitz-Brieg, Herzöge Johann Christian und Georg Rudolf (reg. 1602–1621), Taler 1609
Münzverwalter Christoph Tuchmann
Münzstätte Reichenstein
Silber; Durchmesser: 41,7 mm;
Gewicht: 28,83 g
Vs.: »[Reichsapfel] D G IOHAN CHRIST ET GEORG RVD FRAU«; geharnischte Brustbilder der Herzöge einander zugewandt
Rs.: »DVC SIL LIG ET BREG 609 [ineinander gestelltes Monogramm CT]«; dreifach behelmtes vierfeldiges Wappen
Staatliche Kunstsammlungen Dresden,
Münzkabinett, Inv.-Nr. AJB2189

K 8
Breslau, Bischof Karl, Erzherzog von Österreich (reg. 1608–1624), seit 1619 Hochmeister des Deutschen Ordens, Kipper – 24 Kreuzer 1622
Münzstätte Neisse
Silber; Durchmesser: 30 mm;
Gewicht: 5,50 g
Vs.: »CAROL D G ARCHI [24] DVX AVSTRI ADM«; drapiertes Brustbild des Erzherzogs nach rechts, darunter 1623
Rs.: »M GEN PRVS M ORD TEV EPV BRE«;
bekröntes mehrfeldiges Wappen
Staatliche Kunstsammlungen Dresden,
Münzkabinett, Inv.-Nr. AJB11530

W 5
Breslau, Bischof Karl, Erzherzog von Österreich (reg. 1608–1624), ½ Taler 1618
Münzmeister Valentin Janus
Münzstätte Breslau
Silber; Durchmesser: 36,5 mm;
Gewicht: 14,46 g
Vs.: »CARO D G ARCH AVST DVX BVR COM TIR [Monogramm]«; drapiertes Brustbild des Erzherzogs nach rechts
Rs.: »EPVS BRIX ET WRATISLAVIENS [gekreuzte Zainhaken mit zwei Sternen] 1618«; bekröntes mehrfeldiges Wappen, flankiert von zwei mit Bischofsinsignien bekrönten vierfeldigen Wappen
Staatliche Kunstsammlungen Dresden,
Münzkabinett, Inv.-Nr. AJB2070

K 9
Römisch-Deutsches Reich, Kaiser Ferdinand II. (reg. 1619–1637), Kipper – 24 Kreuzer 1623
Münzmeister Balthasar Zwirner,
Wardein Hans Tuchmann
Münzstätte Breslau
Silber; Durchmesser: 29 mm;
Gewicht: 3,96 g
Vs.: »[Rosette] FERD D G ROM IM [24] S A G H B REX D SI«; drapiertes, gepanzertes und belorbeertes Brustbild des Kaisers nach rechts
Rs.: »ARCHID AVS DVX BVR MA MO HT [ligiert] 1623«; bekrönter Doppeladler mit bekröntem österreichischem Wappen auf der Brust; links und rechts der Flügel »B – Z«
Staatliche Kunstsammlungen Dresden,
Münzkabinett, Inv.-Nr. AJB1741

K 10
Oppeln-Ratibor, Fürst Gabriel Bethlen von Siebenbürgen (reg. 1622–1623), Kipper – 24 Kreuzer 1623
Münzmeister Balthasar Zwirner
Münzstätte Oppeln
Silber; Durchmesser: 28,7 mm;
Gewicht: 3,15 g
Vs.: »[Kreuzrosette] GABRIEL D G SAC [24] RO IM ET TRA PRP«; geharnischtes und drapiertes Brustbild des Fürsten nach rechts
Rs.: »REG HV DN SI CO AC OP RA DVX 1623«;
gekröntes mehrfeldiges Wappen, links und rechts davon »B – Z«
Staatliche Kunstsammlungen Dresden,
Münzkabinett, Inv.-Nr. AJB6052

Der seit der zweiten Hälfte des 16. Jahrhunderts steigende Silberpreis machte es vielen Münzständen unmöglich, den in der Reichsmünzordnung von 1559 fixierten hohen Silberanteil der Kleinmünzen (Groschen, Kreuzer, Pfennige) aufrechtzuerhalten. Nur deren unterwertige Ausbringung konnte die Prägekosten decken und Gewinn einbringen. Münzstände in fast allen Reichskreisen des Heiligen Römischen Reiches Deutscher Nation, aber auch in Polen und Böhmen, gingen dazu über, stark kupferhaltige Münzen in Umlauf zu bringen.
Nach der Entfachung einer politischen Krise durch den Dreißigjährigen Krieg (1618–1648) wuchs sich die vorausgegangene stetige Geldentwertung schließlich zu einer galoppierenden Inflation aus. Hatte in Dresden zwischen 1600 und 1620 ein Scheffel Weizen noch 2 Reichstaler 15 Groschen gekostet, so waren es 1621 bereits 5 Reichstaler 13 Groschen und ein Jahr später gar 11 Reichstaler 5 Groschen.
Schlechtes Geld prägte man jetzt nicht nur in regulären Münzstätten, sondern auch in neu eingerichteten und verpachteten Heckenmünzstätten – im Kurfürstentum Sachsen etwa an der Münzstätte Dresden sowie an etwa 30 weiteren Orten. In riesigen Mengen wurden hier minderwertige Münzen geschlagen, die das guthaltige Geld immer mehr dem Geldumlauf entzogen. Vor allem zwei Gründe sind dafür verantwortlich zu machen: Einerseits wurde gutes Geld von der Bevölkerung bewusst zurückbehalten, andererseits von Aufkäufern, den sogenannten Kippern und Wippern, mit Schnellwaagen (Wippen) aussortiert (gekippt) und gegen umgeprägtes schlechtes (Kipper-)Geld eingewechselt.
Die Münzübel der Kipper- und Wipperzeit (1618–1623) wurden in politischen, ökonomischen, juristischen und theologischen Traktaten, Schmähschriften und Spottgedichten vielfach beschrieben. Die Autoren prangerten die Methoden der Münzer und Geldhändler an und warfen ihnen die sozialen und wirtschaftlichen Folgen ihres Tuns vor. Erst als 1623 der Zusammenbruch von Wirtschaft und Handel bevorstand, waren die meisten Landesherren bestrebt, zu geordneten Verhältnissen zurückzukehren. W.H.

Lit.: Haupt 1974; Gaettens 1982; Schneider 1995.

3 | 136

3 | 137

3 | 138

3 | 136

Vierfache Erfurter Mark

14. Jh. (?)
Messing; Höhe: 3,8 cm; größter Durchmesser: 6,5 cm; Gewicht: 917 g
Marke: oben zwei mal 6-speichiges Rad (Erfurter Stadtmarke)
Stadtmuseum Erfurt – »Haus zum Stockfisch«, Inv.-Nr. 10/19

Die Gewichtsmark ist ein seltenes Zeugnis des Erfurter Markt- und Geldwesens. Denn Gewicht und Bedeutung der zahlreichen lokalen Marken schwankten: So wog die Erfurter Mark 235,4 Gramm, die Kölner Mark 233,856 Gramm und die Nürnberger Mark 237,52 Gramm. Auf dem 917 Gramm schweren Gewicht weisen die eingeschlagenen Stadtmarken eindeutig die Erfurter Provenienz aus, obwohl es erstaunlicherweise über 20 Gramm zu leicht ist. Im Verlauf der Zeit setzte sich die Kölner Mark als Edelmetallgewicht durch und wurde durch Reichsmünzordnungen auch die Basis der Währungseinteilung. G.N.

3 | 137

Münzgewicht

Nürnberg, 1579
Messing; 1,4 × 4,3 × 4,3 cm; Gewicht: 230 g
Staatliche Kunstsammlungen Dresden, Mathematisch-Physikalischer Salon, Inv.-Nr. MPS B I 25

Im 16. Jahrhundert war die Kölnisch-Erfurtische Mark Grundlage des Münz- und Gewichtswesens sowie des Gold- und Silberhandels. Eine Mark Silber war dasselbe wie ein halbes Pfund oder 16 Lot Silber, etwa 230 Gramm. Die frühere deutsche Währung »Mark« bekam ihren Namen von diesem alten Münzgewicht.
Das vorliegende Standardgewicht kam 1832 aus der kursächsischen Kunstkammer in den Mathematisch-Physikalischen Salon. Ursprünglich wurde es zusammen mit fünf anderen, nicht mehr vorhandenen quaderförmigen Gewichten – $\frac{1}{2}$, $\frac{1}{4}$, $\frac{1}{8}$, $\frac{1}{16}$ und $\frac{1}{32}$ Mark – in einem Kästchen aufbewahrt. Auf den vier Schmalseiten des Gewichts sind Umrechnungstabellen graviert, auf seiner Oberseite befindet sich folgender umlaufender Text: »EIN ERFURTISCH ODER KOLNISCH MARK HAT 16 LOT GET GOLTT AUF DIE MARK WY VOLGET[: /] HAT 67 UNGERISCH DUCATEN [/] HAT 70 KRONENN [/] HAT 72 REINISCH GULDEN«. M.K.

Lit.: MPS-Inventar 1828, Bl. 33 v.

3 | 138

Vier Mark-Gewichte im Etui

Kraków, 1636
graviertes Messing, Blei (?); Etui: Eichenholz
Krakauer Mark:
27×30×30 mm; Gewicht: 189,68 g;
bez.: »*I*MR:CRA; / 16 36 / CS (?)«
54 Dukaten:
27×30×31 mm; Gewicht: 181,39 g;
bez.: »*I*MR:ZVM / DVC:AVFZIN. / 54.STVC. /16 36 / CS (?)«
Münzmark der Polnischen Krone:
27×30×30 mm; Gewicht: 187,89 g;
bez.: »*I*MVNZ.MARK / DER.KRON.POH / *LEN* / 16 . 36 / CS (?)«
Preußische Mark:
30×25×31 mm; Gewicht: 182,98 g;
bez.: »1 MR:PREUSCH / NACH.DER GOLD-SCHMIEDWERK / MR.GEEICHT / 1636 / CS (?)«
Etui: 9×8,7×4,8 cm
Muzeum Narodowe w Krakowie,
Inv.-Nr. MNK-IV-IPP-85 a/1-4, b

Das quaderförmige Etui aus Eichenholz ist innen in vier Gewichtskammern unterteilt. Es ist abschließbar, der Deckel lässt sich herausschieben. Im Inneren finden sich vier Gewichte von je einer Krakauer Mark, einem Dukaten, einer polnischen und einer preußischen Mark. Sie haben eine kubische Form, und alle sind sie mit geprägten Buchstaben und Zahlen markiert. A.K.

Lit.: Ausst.-Kat. Kraków 1995, S. 114 f., Nr. VII.39; Ausst.-Kat. Świdnica 2005, S. 102 f., Nr. IV.19; Ausst.-Kat. Kraków 2007, S. 338, Nr. VI.3.

3 | 139

3 | 139

Gewichtssatz

Albert (Albrecht) Weinman
Nürnberg, 1583
Messing, gegossen, ziseliert, graviert
Höhe ohne Henkel: 30,5 cm
Staatliche Kunstsammlungen Dresden,
Kunstgewerbemuseum, Inv.-Nr. 3865

Der Niedergang des Römischen Reiches brachte das Ende eines kontrollierten Maße- und Gewichtssystems. Die Bemühungen in nachfolgenden Jahrhunderten um eine Vereinheitlichung blieben ohne dauerhaften Erfolg. Mit der Verleihung von Marktprivilegien erhielten Städte das Recht, eigene Maße und Gewichte zu führen. Die sich daraus ergebende verwirrende Vielzahl von Hohl- und Längenmaßen erschwerte den Handel beträchtlich. Auch Kurfürst August von Sachsen, in dessen Regierungszeit die Herstellung dieses Gewichtssatzes fällt, scheiterte

3 | 140

mit seinem Versuch, Maße und Gewichte in seinem Land zu vereinheitlichen.
Das Dresdner Kunstgewerbemuseum besitzt zwei außergewöhnliche Einsatzgewichte aus dem Dresdner Hauptzeughaus. Die Grundform des Hauptkörpers des Gewichtssatzes zeigt die bei derartigen Geräten übliche Form eines umgekehrten, abgeschnittenen Kegels, hier noch mit acht eingekerbten Versteifungen versehen. Körper und Deckel, die zu jeweils 60 Teilen aus Kupfer und 40 Teilen aus Zink bestehen, wurden auf einer Drehbank abgedreht, der in Lehmformen gegossene, mit Stichel und Punzen überarbeitete einzelteilige figürliche Schmuck anschließend angenietet. Das Kursächsische Wappen demonstriert die Hoheit des Kurfürsten über die Maße und Gewichte seines Landes. Die auf dem Deckel eingestempelten Angaben wurden zu Gewichtsvergleichen verwendet.
Der Gewichtssatz wurde 1934 vom Staatlichen Haupteichamt in Dresden geprüft. Die Gesamtschwere eines jeden Gewichtes wurde nach dem Wägeverfahren von Borda bestimmt, die Einsätze dagegen nur ausgewogen. Es ergab sich ein Gesamtgewicht von 59 738,193 Gramm. K.S.

Lit.: Berling 1915; Arnold 1981.

3 | 140

Schatulle mit Münzwaage und Gewichten

Engel Bechem (tätig Mitte des 17. Jh.)
Köln, 1652
Holz, Messing, Eisen, geschmiedet, gegossen; 2,8 × 12,3 × 7 cm
bez. handschriftlich auf der Deckelinnenseite: »ENGEL BERHEM«
GRASSI Museum für Angewandte Kunst Leipzig, Inv.-Nr. 1918.146

Die rechteckige Holzschatulle ist mit einem Brandstempeldekor verziert, auf dem Deckel finden sich zwei Brandstempel mit den Initialen »GF«. Im Inneren sind Aussparungen ausgestemmt, die Platz für die eiserne Balkenwaage mit runder und gemarkter (»TB«) dreieckiger Waagschale bieten. Zudem enthält die Schatulle fünf quadratische Gewichte aus Messing mit eingeschlagenen Münzbildern und handschriftlichen Bezeichnungen. Unter einem kleinen Schieber finden sich vier Teilgewichte aus Messingblech, ein weiterer Schieber im Deckel enthält acht ebenfalls mit Münzbildern versehene Gewichte, die teils jüngeren Datums sind. Auf dem Deckelrand ist die Datierung »MDCLII« aufgebracht.
Dieses kleine Ensemble dokumentiert das alltägliche Geschäft von Kaufleuten und Geldwechslern im Mittelalter und in der Frühen Neuzeit, entsprach doch in dieser Zeit der Wert einer Münze noch dem Wert des Metalls, aus dem sie gefertigt war. Dies erleichterte zwar die Umrechnung in einen Gegenwert. Gleichzeitig musste man den Metallgehalt der Münze bestimmen können, um keinem Falschgeld aufzusitzen – wozu beispielsweise solche handlichen und vor allem transportablen Münzwaagen benutzt wurden.

Lit.: Best.-Kat. Leipzig 1996, S. 32.

3 | 141

Rechenbrett

deutsch, Nachbau um 1965
Holz; 56,7 × 38 × 2,2 cm
Staatliche Kunstsammlungen Dresden, Mathematisch-Physikalischer Salon, Inv.-Nr. A II 6a

3 | 142

Rechenpfennige

deutsch, 16.–18. Jh.
42 Pfennige aus Kupfer und Messing; Aufbewahrungsbüchse aus vergoldetem Messing
Durchmesser Münzen: 2,2–2,7 cm
Staatliche Kunstsammlungen Dresden, Mathematisch-Physikalischer Salon, Inv.-Nr. MPS A II 6

Auf dem Brett sind vier waagerechte, parallele Linien aufgetragen. Diese markieren, von unten nach oben, die Dezimalstellen 1, 10, 100 und 1000; die drei Zwischenräume besitzen jeweils den halben Wert der nächsthöheren Linie, stellen also die Zahlen 5, 50 und 500 dar. Zahl- oder Rechenmarken, sogenannte Rechenpfennige, werden auf einem solch linierten Brett oder Tuch als Rechenhilfsmittel verwendet. Ihre Anzahl auf einer Linie (oder in einem Zwischenraum) liefert die Ziffer der entsprechenden Dezimalstelle einer darzustellenden Zahl.
Ein Beispiel mag die Methode der bis ins 16. Jahrhundert weit verbreiteten »Rechnung auf den Linien« illustrieren: Es soll die Summe 17 + 18 gebildet werden. Zuerst werden die beiden Summanden auf der linken Hälfte des Bretts gelegt, und zwar 17 als (1 × 10) + (1 × 5) + (2 × 1) – siehe die Gruppe von 1, 1 und 2 Rechenpfennigen ganz links im Bild – und 18 als (1 × 10) + (1 × 5) + (3 × 1) daneben. Die vertikale Linie funktioniert als ein Gleichheitszeichen. Um die Summe zu bilden, werden alle Rechenpfennige links dieser vertikalen Linie auf ihren jeweiligen horizontalen Linien nach rechts geschoben; die Summe 17 + 18 enthält daher 1 + 1 Zehner, 1 + 1 Fünfer und 2 + 3 Einsen, so wie in der ersten Gruppe rechts der Linie zu sehen ist. Also ist 17 + 18 = (2 × 10) + (2 × 5) + (5 × 1). Ersetzt man nun die 5 Einsen durch 1 Fünfer und die dann entstandenen 3 Fünfen durch 1 Zehner und 1 Fünfer, ergibt sich die Antwort: 17 + 18 = (3 × 10) + (1 × 5) = 35, wie rechts im Bild zu sehen ist.
Die diversen Prägungen dieser Rechenpfennige reichen von Besitz- und Herstellermarken bis zur Darstellung eines magischen Quadrates oder eines Rechenmeisters; es finden sich darunter auch moralisierende Sprüche wie dieser aus dem Jahre 1579: »ICH WEIS DAS GOTS GNAD UND HULD WEIT UBERTRIFT ALL MEIN SUND UND SCHULD«. M.K.

Lit: Schillinger 2000, S. 29.

3 | 143

Geldwechslerbeutel

deutsch, 1. Hälfte 16. Jh.
Sämischleder, Kalbslederbesatz mit Firnis, Metallfaden, Seide, Glasperlen; 13 × 19 cm
Deutsches Ledermuseum Schuhmuseum Offenbach, Inv.-Nr. 18931

Der kleine Beutel setzt sich aus sechs Segmenten mit sechs Vortäschchen zusammen. Der Korpus aus Sämischleder wird durch braune Lederstreifen mit Metall- und Textilfaden-Umwicklung strukturiert. Die Zugbänder sind mit Bommeln in Paramenten-Manier und Seidenquasten besetzt, der Beutelzug mit zwei kleinen roten und einer größeren Klarsicht-Glasperle. R.Ne.

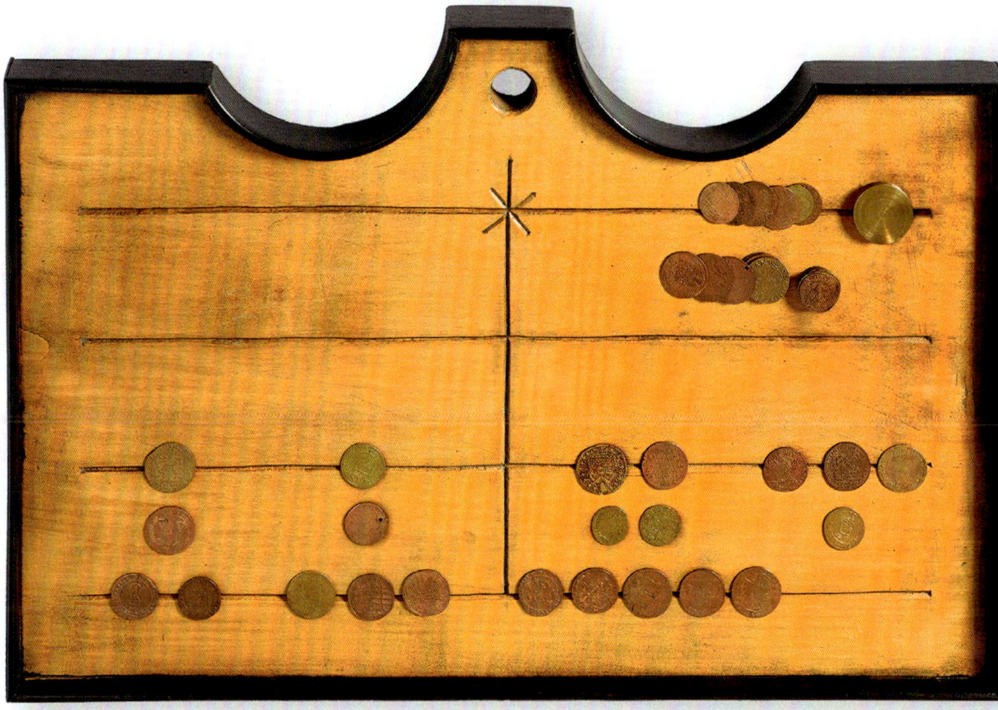

3 | 141 + 142

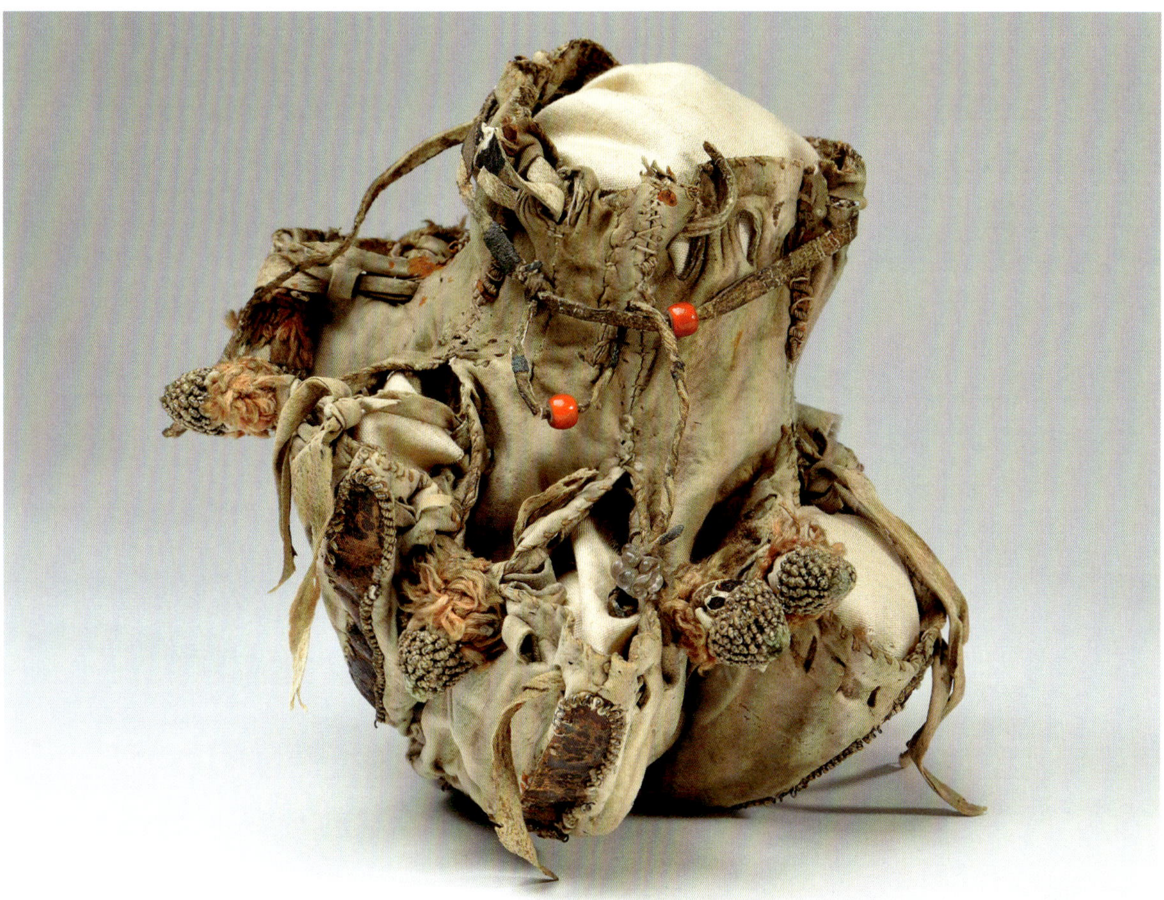

3 | 143

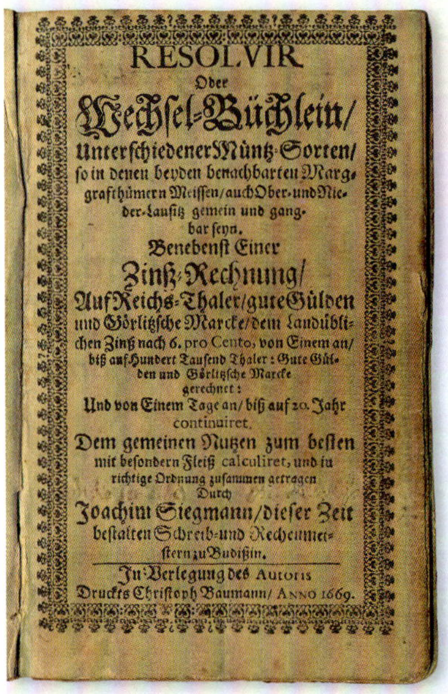

3 | 144

3 | 144

RESOLVIR
Oder Wechsel=Büchlein

Unterschiedener Müntz=Sorten, so in denen beyden benachbarten Marggrafthümern Meissen auch Ober= und Nieder= Lausitz gemein und gangbar seyn […]
Joachim Siegmann (1614–1694)
Bautzen: Joachim Siegmann
[Drucker: Christoph Baumann], 1669
Buchdruck, [1] Bl., 218 S., [1] Bl., 171 [+1] Tabellen; einfacher Pergamenteinband, Buchblock vergoldet, Titel mit Randleisten bedruckt; 16,4 × 10,4 cm
aus der Sammlung Oskar Roesger, 1868–1910
Museum Bautzen, Inv.-Nr. R 14945

Im 17. Jahrhundert herrschte in der Oberlausitz »Münzverwirrung«, da hier zahllose auswärtige Münzsorten im Umlauf waren. Für den Zahlungsverkehr war es erforderlich, sie durch Umrechnungen in die jeweilige Landeswährung zu übertragen. Um Beamten und Kaufleuten den Geschäftsverkehr zu erleichtern, gab man Resolvier- oder Wechselbücher heraus. Mit Friedrich Wolffs »Resolvirungs Büchlein« erschien 1608 in Bautzen ein erstes Wechselbuch im Druck. Ein Jahr später veröffentlichte hier Gideon Hoffmann mit seinem »Wechsel-Büchlein« das bekannteste Buch dieser Art in der Region. Zu den weit verbreiteten Handreichungen zählte das 1669 edierte »Resolvir Oder Wechsel-Büchlein« von Joachim Siegmann. Der Band enthält Tabellen zur Umrechnung der in Kursachsen und der Ober- und Niederlausitz gebräuchlichen Währungen. Im ersten Teil wird der Wechsel von Reichstalern, Schock, guten Gulden und Görlitzer Mark erläutert. Der zweite Teil beinhaltet Zinsrechnungen für diese Sorten und Meißnische Gulden zu fünf und sechs Prozent. Obgleich das Buch das Umrechnen erheblich vereinfachte, war es nur bedingt einsetzbar. In der Oberlausitz dienten noch veraltete Geldsorten als Zähl- und Rechnungsmünzen, die nicht allen bekannt waren. Zudem mussten Abgaben, Strafgelder und Zinsen teilweise in alten Währungen beglichen werden, deren genaue Bestimmung selbst den Behörden und Juristen nicht immer möglich war. Der Schreib- und Rechenmeister Joachim Siegmann gehörte in Bautzen seit 1644 zu den »Stuhlschreibern oder -haltern«, die Knaben in »deutschen oder Winkelschulen« im Lesen, Schreiben und Rechnen unterrichteten. Seine Edition erlebte 1703 eine revidierte und erweiterte Nachauflage. H.S.

Lit.: Wagner 1697, S. 218, Nr. 324, S. 393, Nr. 547; Otto 1803, Bd. 3, S. 290; Haupt 1974, S. 140–144.

3 | 145 (ohne Abb.)

Vier Kurszettel mit Versicherungswerten

Altona, 1751; Amsterdam, Frankfurt a. M., Leipzig, 1825
gedruckte Formulare, mit handschriftlichen Eintragungen; 12,2 × 7,5 cm; 14,7 × 7,1 cm; 19,7 × 8,9 cm; 19,5 × 12,2 cm
Unitätsarchiv, Herrnhut, Inv.-Nr. ADC 255, Nr. 1, 3, 10, 13

Für den überregionalen Handel waren genaue Kenntnisse der Währungssysteme und der dazugehörigen Umrechnungskurse unentbehrlich. Insbesondere zu Messezeiten wurden deshalb Kurszettel mit aktuellen Wechselkursen verbreitet, die die Umrechnung des Warenwertes in eine andere Währung erleichterten. Diese bilden auch die wichtigen Handels- und Umschlagplätze ab: Auf einem am 21. Mai 1751 in Altona ausgestellten Kurszettel finden sich Orte wie Amsterdam, Breslau, Leipzig, Wien und Venedig. Daneben wurde auch der Versicherungswert von Waren, die »Assurantz-Premie«, für eingehende und auslaufende Waren vermerkt. Diese Art der Warenversicherung war im Seehandel seit der zweiten Hälfte des 16. Jahrhunderts gebräuchlich – ähnlich dem Geleit erhielt der Kaufmann bei Verlust der Ware eine Entschädigung, musste für diese Garantie aber eine Gebühr bezahlen. S.St.

Lit.: Ausst.-Kat. Leipzig 1997, S. 200.

3 | 146

Münzgewichtsbesteck

Johann Lehmann
Freiberg, 1722
Holz, Bein, Messing, Eisen; 28 × 7,5 × 7,5 cm
bez.: »Richt Pf. u. Prob. Gew«
Stadtgeschichtliches Museum Leipzig, Inv.-Nr. CN, IV, 1-14

Das Münzgewichtsbesteck wurde ursprünglich in der Einnehmerstube des Leipziger Rathauses, im 18. Jahrhundert Bestandteil der Kämmerei, verwahrt. Sie bearbeitete u. a. sämtliche Einnahmen der durch den Rat unterhaltenen Waagen und beschäftigte hierzu beispielsweise Messassistenten, Waagschreiber und einen Waagrevisor. Für den Gebrauch der Waagen wurden Gewichtssätze wie diese vorgehalten. In dem zierlichen Kästchen in Form einer schlanken Pyramide finden sich Sätze an Lot-, Karat- und Pfenniggewichten. Sie dienten zur Bestimmung fremder Gold- bzw. Silbermünzen. »Mark« bezeichnete im 18. Jahrhundert auch eine Masse-Einheit. Dabei war 1 Silbermark = 16 Loth = 64 Quentchen = 256 Pfennig = 65 536 Richtpfennig bzw. 1 Goldmark = 24 Karat. S.P.

3 | 147

Besteck europäischer Pfundgewichte

Leipzig und verschiedene europäische Metropolen, 1719
Holz, Messing, Eisen, Blei
unterer Kasten: 48 × 33,5 × 11 cm;
oberer Kasten: 44,5 × 32 × 11,5 cm
Stadtgeschichtliches Museum Leipzig, Inv.-Nr. CN, II

Als Maßeinheit für die Masse war das Pfund zwar seit dem Mittelalter in ganz Europa verbreitet, sein Gewicht unterschied sich freilich von Stadt zu Stadt. Um einen reibungslosen und korrekten Umgang mit den aus allen Regionen des Kontinents nach Leipzig strömenden Waren zu sichern, ließ der Rat der Stadt 1719 in verschiedenen Handelsmetropolen Europas exakte Duplikate der dort gültigen Pfundgewichte anfertigen. In Leipzig standen sie dann für die genaue Quantifizierung der jeweiligen Warenmengen zur Verfügung. Die von Aachen bis Zürich, von Konstantinopel bis Lissabon, von Riga bis Málaga zusammengetragenen Gewichte geben nicht nur Auskunft über die in den verschiedenen europäischen Handelsstädten zu Beginn des 18. Jahrhunderts gültigen Pfundgewichte, sie eröffnen auch ei-

3 | 146

3 | 146

3 | 147

3 | 147

3 | 148

3 | 150

nen Blick auf das weitverzweigte Handelsnetz, in dem einst die Leipziger Messe ein Zentrum markierte. Unter metrologischen Gesichtspunkten ist die Sammlung eine Rarität ersten Ranges. In diesem Umfang – erhalten sind noch insgesamt 61 Gewichte – ist kein vergleichbarer Satz aus dem frühen 18. Jahrhundert in Europa bekannt. S.P.

Lit.: Brandt 1933.

3 | 148

Normalgewichte

Glashütte Friedrichsthal, Lausitz, um 1815
blaues Glas, gegossen und geschliffen
Maße (größtes und kleinstes Gewicht):
4-Pfund-Gewicht: Höhe 12,8 cm,
Durchmesser unten 9 cm, oben 7,95 cm;
¼-Pfund-Gewicht: Höhe 5 cm,
Durchmesser unten 3,6 cm, oben 3,15 cm
Staatliche Kunstsammlungen Dresden,
Mathematisch-Physikalischer Salon,
Inv.-Nr. B I 31

Die gläsernen Gewichte stammen aus dem Nachlass des sächsischen Geheimen Legationsrats Georg Wilhelm Sigismund Beigel (1753–1837). Beigel, der früh die Vorteile des in der französischen Revolution eingeführten metrischen Systems erkannt hatte, verfasste für die sächsischen Stände 1805 die Denkschrift »Gedanken und Vorschläge über die Maß- und Gewichtswesen im Kurfürstentum Sachsen«. Angesichts der verwirrenden Vielfalt der zu seiner Zeit noch regional spezifischen und nicht normierten Maße in Sachsen beginnt diese Denkschrift mit einer Feststellung: »Richtige Maße und Gewichte und sorgfältige Erhaltung der für sie festgesetzten Verhältnisse sind immer ein vorzüglicher Gegenstand der Aufmerksamkeit einer jeden Regierung. Sie sollten es mindestens sein.« Beigels Ziel, die Vereinheitlichung und Normierung der sächsischen Maße, wurde allerdings erst 1858, also zwei Jahrzehnte nach seinem Tod, realisiert.
Auf der oberen Fläche jedes Gewichts ist die Aufschrift »KOEN[IGLICH]:SAECHS[ISCHES] NORM[AL]:GEW[ICHT]« aufgebracht. Oben ist auch das jeweilige Gewicht in Pfund (»lb.« als Abkürzung für das lateinische »libra«) ablesbar. Die Kombination von 4-, 2-, 1-, ½- und zweimal ¼ lb. Einheiten erlaubt die Zusammenstellung aller Gewichte in Viertelpfundeinheiten von ¼ lb. bis 8 lb.; 5 ¾ lb. lässt sich z. B. als 4 lb. + 1 lb. + ½ lb. + ¼ lb. bilden. Das 4-lb.-Gewicht wiegt 1868 g, damit wäre also 1 lb. = 467 g, im Einklang mit der 1858 eingeführten Norm. M.K.

Lit.: Brandt 1933; Alberti 1957.

3 | 149

Messwaage

Peter Dehrer; Schlesien (?), 1709
Stahl, geschmiedet; Höhe: 76 cm;
Länge Arm: 130 cm
beschr.: »Anno 1709 Peter Dehrer«, Punzen in Adlerform und kleine Kreuze
Muzeum Dawnego Kupiectwa, Świdnica,
Inv.-Nr. M-1456

Die gleicharmige, hängende Balkenwaage besteht aus einem Hebel, einer Stützschneide, einem Zeiger und den Schalenhaken. Im mittleren Teil des Hebels ist ein Widerstandmesser aus Stahl eingeschlagen, auf den mithilfe von Lagerschalen ein Bügel gelegt wurde, der im unteren Teil eine Zierschale hat. Die Waage hat am Bügel einen runden Griff. Auf beiden Seiten des Hebels wurden Gehänge an den verzierten Doppelhaken angebracht. R.S.

Lit.: Ausst.-Kat. Świdnica 2005, S. 98.

3 | 150

Steingewicht

Schlesien (?), 16. Jh.
Sandstein, Eisen, Blei; Höhe: 24,5 cm;
Durchmesser: 28 cm; Gewicht: etwa 26 kg
Muzeum Dawnego Kupiectwa, Świdnica,
Inv.-Nr. M-1471

Das Steingewicht in Walzenform verfügt über einen mit Bleikorken befestigten Griff. An der Seitenoberfläche sind zwei Zahlen eingemeißelt, die von ihrer Form her an die arabische 6 erinnern – 66. Der Stein hat ein Gewicht von 26 Kilogramm, daher scheint es, dass er in 66 Libra geeicht wurde: Ein Breslauer Pfund entsprach einer Libra = 0,4 Kilogramm, also 26,4 Kilogramm. R.S.

Lit.: Ausst.-Kat. Świdnica 2005, S. 103.

3 | 151

Tuchelle des David Kühnel aus Seifhennersdorf

1789
Holz, geschnitzt; Ecken aus Messing
Länge: 56,2 cm; Breite: 2 cm am Rand,
3 cm in der Mitte; Tiefe: 3,5 cm am Rand,
1,2 cm in der Mitte
bez. vorn: »MEISTER DAVID KÜHNEL FABRICANT IN SEIFHENNERSDORF BEY RUMBURG 1789«, hinten: »VICTORIA DER SIEG IST DA«
Karasek-Museum Seifhennersdorf,
Inv.-Nr. V 771 H

Diese Elle, die laut der geschnitzten Aufschrift dem Meister und »FABRICANT IN SEIFHENNERSDORF« David Kühnel zugeordnet werden kann, ist auf das Jahr 1789 datiert. Diese Jahreszahl und der auf der Rückseite aufgebrachte Schriftzug »VICTORIA DER SIEG IST DA« deuten dabei auf die Französische Revolution und deren Rezeption in der Oberlausitz hin: Nachdem es am 14. Juli 1789

ANNO 1700

3 | 149

MEISTER·DAVID·KUHNEL·FABRICANT·IN·SEIFHENNERSDORF·BEY
VICTORIA·DER·SIEG·IST·DA

3 | 151

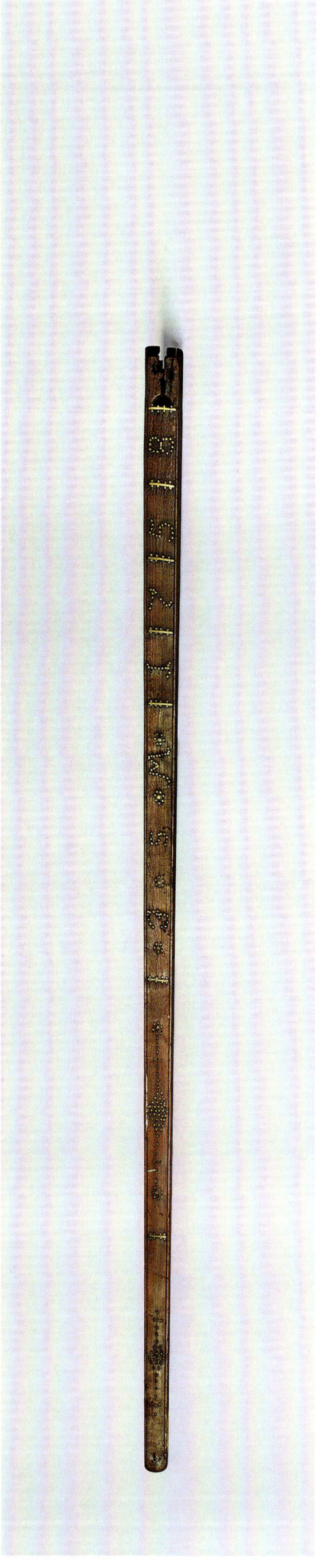

3 | 152

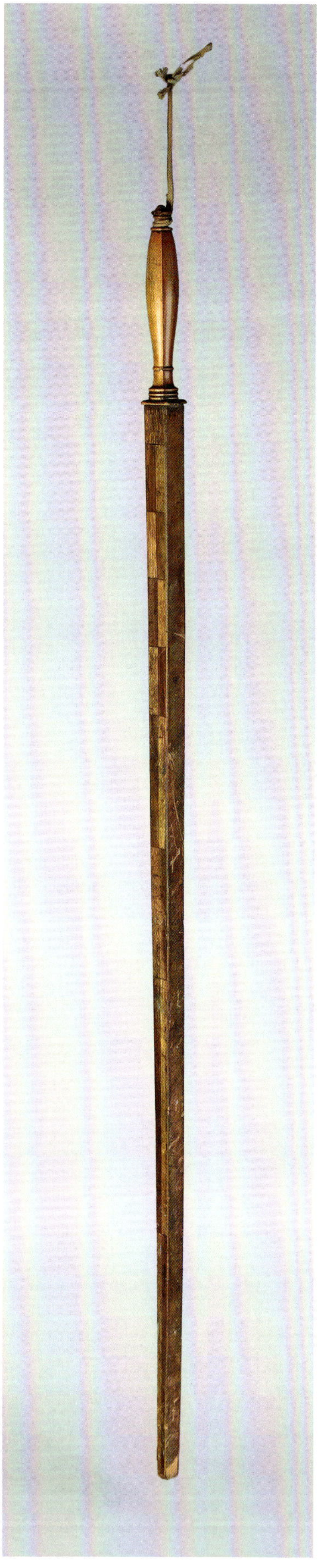

3 | 153

in Paris zum Sturm auf die Bastille gekommen war, brachen in ganz Frankreich Unruhen aus. Insbesondere die fehlenden Mitbestimmungsrechte, aber auch bürgerliche Freiheitsrechte und die Not der einfachen Bevölkerung bildeten die Triebkraft des Protestes gegen König Ludwig XVI. In der Folge kam es zur Abschaffung feudaler Prinzipien wie der Leibeigenschaft und zur Ausarbeitung einer neuen Verfassung; der Staat wandelte sich zur konstitutionellen Monarchie. Aller Wahrscheinlichkeit nach handelt es sich bei dieser Elle aber dennoch um ein Arbeitsgerät zum Messen von Stoffbahnen. Die Elle kam durch den 1870 in Seifhennersdorf gegründeten Humboldtverein in Besitz des Museums. S.St.

3 | 152

Leipziger Elle

1785
Holz, gekerbt; Länge: 59 cm
Stadtgeschichtliches Museum Leipzig,
Inv.-Nr. A,VI,2

3 | 153

Tuchelle aus Görlitz

2. Hälfte 19. Jh.; Fund beim Abbruch von Peterstraße 11
Holz, intarsiert; Länge: 81 cm
Kulturhistorisches Museum Görlitz,
Inv.-Nr. 14-55

Die Elle war nicht nur ein Längenmaß zum Vermessen von Stoffen, sondern auch das Messgerät trug diesen Namen. Als Maß war sie von der Länge des Unterarmes abgeleitet. Die alte Görlitzer Elle betrug wenig mehr als 50 Zentimeter. Die Leipziger Elle, auch als Dresdner oder Sächsische Elle bezeichnet, wurde 1743 in Görlitz und 1755 im gesamten Markgraftum Oberlausitz eingeführt. Sie betrug 56,5 Zentimeter. Die ausgestellte Leipziger Elle ist sechskantig gearbeitet und weist zahlreiche Markierungen auf. Diese sind Stadt- und Landesnamen zugeordnet, den jeweiligen Geltungsbereichen der Längenangaben. Auch die Görlitzer Elle trägt verschiedene Längenangaben, auf ihr sind zwei Schuh, vier Viertel und 24 Zoll zu finden, wobei jeder Zoll dem zwölften Teil des rheinischen Fußes mit 31,4 Zentimetern entsprach.

In vielen Städten waren die ortsüblichen Maße am Rathaus angebracht. In Görlitz war dies nicht der Fall. Hier wurden die Vergleichsmaße in der Stadtwaage aufbewahrt. Nachdem der östliche Teil der Oberlausitz

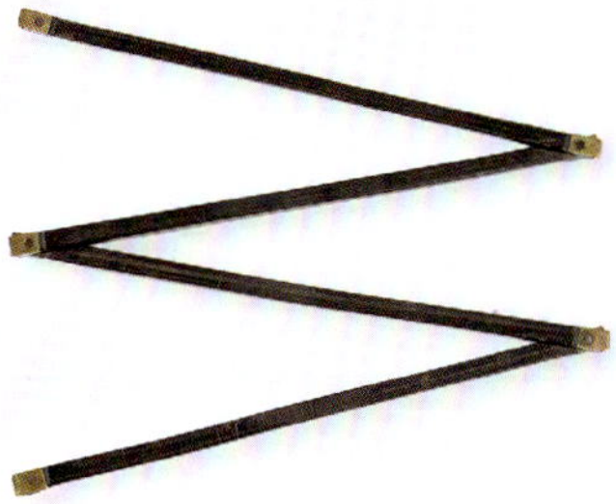

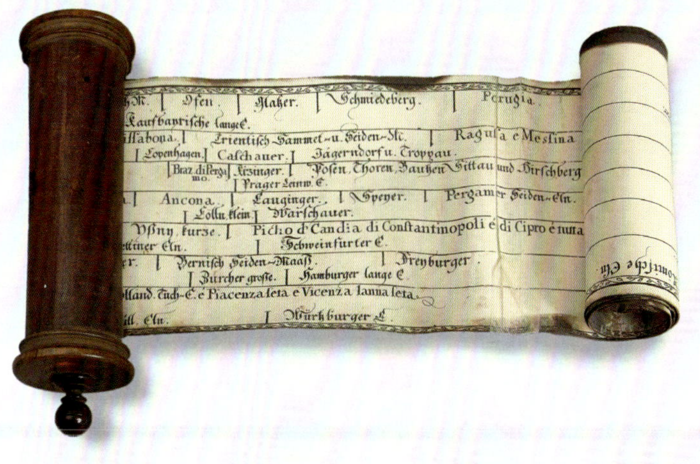

3 | 154

3 | 155

1815 an Preußen gekommen war, wurde 1816 die preußische Maß- und Gewichtsordnung eingeführt und verbindlich. 13 sächsische Ellen entsprachen elf preußischen. Danach maß die preußische Elle 66,69 Zentimeter. Im Görlitzer Museum ist eine Elle überliefert, die noch mit beiden Angaben, der sächsischen und der preußischen Maßeinheit, aufwartet, während die hier abgebildete auf einer Seite das preußische Maß und auf der anderen Seite schon das metrische Maß, das seit 1872 in Deutschland gesetzlich eingeführt wurde, als Skala zeigt. I.A./K.S./S.St.

Lit.: Jecht 1916, S. 38; Ausst.-Kat. Leipzig 1997, S. 190.

3 | 154

Krakauer Elle

Anfang 19. Jh.
Fischbein, Messing; Länge: 63,3 cm
Muzeum Historyczne Miasta Krakowa,
Inv.-Nr. IMHK 442/III

Die Elle besteht aus vier aus Fischbein geschnittenen Teilen mit einer Länge von je 16,7 cm. Ihre Enden sind mit Messingplättchen beschlagen und mithilfe von drei Metallbolzen verbunden. Jedes Viertel ist wiederum quer mit Messingstäbchen in sechs Einzelabschnitte unterteilt.
In den Jahren 1507, 1565 und 1569 kam es in Polen zu einer Vereinheitlichung der Maßeinheiten; die Länge der Krakauer Elle wurde auf 58,62 Zentimeter festgelegt. Jedoch blieben weiterhin lokale Ellen in Gebrauch. 1764 wurde die Länge der gesamtpolnischen Elle, die in Polen und Litauen galt, auf 59,55 Zentimeter festgelegt. Im Jahre 1836, in der Zeit der Freien Stadt Krakau, wurde die Krakauer Elle mit einer Länge von 59,6 Zentimetern eingeführt, die auch nach der Annexion der Freien Stadt Krakau durch die österreichische Teilungsmacht (Galizien) ihre Gültigkeit behielt. Ab 1857 wurde in ganz Galizien die Wiener Elle eingeführt (77,92 Zentimeter). Als die österreichischen Behörden 1876 das metrische Maß einführten, wurde das Ellenmaß endgültig verdrängt. J.T.N.

Lit.: Ausst.-Kat. Kraków 1995, Kat.-Nr. VII/53.

3 | 155

Accurates Verzeichnis der gewöhnlichsten Ellen, Brazzen, Palmen von denen berühmtesten Orten in Europa

Nebst deren Vergleichungen mehrentheils nach Pariser Eln, Zu finden bei Joh. Gottf. Haltaus Caligrapho in Leipzig
nicht datiert
beidseitiger Druck auf Papier, Gehäuse aus Holz; Gehäuse: 14,8 × 4,2 cm; entrollt: 10,5 × 124 cm
Abraham Dürninger & Co. GmbH, Herrnhut, ohne Inv.-Nr.

Auf diesem aufrollbaren Universalmaß sind die Textillängeneinheiten zahlreicher europäischer Handelsplätze verzeichnet – in Mitteleuropa war die Bezeichnung Elle gebräuchlich, die im Titel genannten Brazzen wurden in Norditalien und Tirol als Längenbezeichnung verwendet, als Palme oder Palm wurde ein Maß bezeichnet, das sich an der Handfläche orientierte und im Mittelmeerraum verbreitet war. Über einen alphabetischen Index sind den jeweiligen Orten Längen zugeordnet, die sich auf dem Maßband in sieben Spalten abbilden. Neben bedeutenden Märkten wie Venedig, Amsterdam oder Nürnberg finden sich mit Frankfurt am Main, Leipzig, Bautzen und Breslau auch Orte entlang der via regia. Das Maßband, das aufgrund der handlichen Form leicht in der Rocktasche verstaut werden konnte, verzeichnet nicht weniger als 96 verschiedene, örtlich gebundene Längeneinheiten. S.St.

3 | 156

Getreidemaß aus der Görlitzer Stadtwaage

1683
Sandstein, achteckig auf rundem Fuß
Höhe: 58 cm; Durchmesser: 58 cm
bez.: »1683 J. F. K. P. L. L. 21. Oct.«
Kulturhistorisches Museum Görlitz,
Inv.-Nr. 278-2005

Im Jahr 1384 hatte Johann, der einzige Herzog des zwischen 1377 und 1396 kurzlebigen Herzogtums Görlitz, der Stadt Görlitz das Privilegium der Stadtwaage verliehen. Als Ort der Waage galt zunächst das Rathaus, wo 1398 eine Waagekammer erwähnt wurde. Wenig später scheint bereits ein eigenes Gebäude an der Zeile des Untermarktes entstanden zu sein. Dort hatte man einen steinernen Scheffel aufgestellt. Die Waage war aber auch als Ort der Verkündigung von Ratsbeschlüssen wichtig für die Görlitzer Bürger. Nachdem Bartholomäus Scultetus 1599 die Aufsicht über die Waage übernommen hatte, entstand ein neues Gebäude nach dem Entwurf von Jonas Roßkopf. Sein

3 | 156

3 | 157

3 | 158

Porträt aus Stein sowie das des Maurermeisters Elias Ebermann und des Waagemeisters Andreas Alert schmücken die Konsolen an der Fassade. Dem Waagemeister, der vom Rat berufen wurde, oblag die Kontrolle der Einhaltung der gültigen Maße und Gewichte. 1615 war außen am Gebäude ein steinernes Maß angebracht worden, das jedoch bereits 1622 zersprungen war. 1683 wurde wahrscheinlich im Innenraum das überlieferte Getreidemaß aufgestellt. Es entsprach einem alten Görlitzer Scheffel. Die am Boden solcher Gefäße üblicherweise angebrachten Ausflüsse mit Stöpsel, die das Ausgießen des gemessenen Schüttgutes erleichtern sollten, fehlen beim Görlitzer Exemplar. 1715 wurde vom sächsischen Oberamt ein Mandat zur Einführung des Dresdner Maßes erlassen. Danach entsprachen 64 Scheffel Altgörlitzer Maß 55 Scheffel Dresdner Maß. Der neue Dresdner Scheffel betrug 103,8 Liter. I.A.

Lit.: Neumann 1850, S. 61 f., 632 f.; Jecht 1916, S. 38; Jecht 1927–1934, S. 338; Kahnt/Knorr 1986.

3 | 157

Breslauer Scheffel

Breslau, Schlesien, 1790
Stahl, geschmiedet, Kiefernholz, Eichenbaumrinde gebogen
Höhe: 24,8 cm; Durchmesser: 61 cm; Fassungsvermögen: 74,5 Liter
Muzeum Dawnego Kupiectwa, Świdnica, Inv.-Nr. M-1029

Das Schüttmaß ist im Breslauer Scheffel geeicht, wofür zum einen seine Maße sprechen, die dem von Johann Ephraim Scheibel (1736–1809) 1778 beschriebenen Metalleichmaß nahe kommen, zum anderen aber auch die Signatur »W«, das heißt der erste Buchstabe der Stadt Wratislavia/Breslau. Es handelt sich um ein auf polnischem Gebiet sehr selten erhaltenes Gebrauchsexemplar. Das Maß wurde in Übereinstimmung mit den Edikten aus den Jahren 1796 und 1806 hergestellt. Die Mantelfläche besteht aus Eichenrinde, die mithilfe von Stahlnieten verbunden wurde; danach hat man den oberen und unteren Rand mit zwei Eisenbändern umfasst. Vom oberen Band gehen sechs eiserne Böttcherbeschläge ab, die sich strahlenförmig mit der Basis des Behälters an der Stelle verbinden, wo ein kleiner Stützpfosten angebracht wurde, der den Stab für das Abstreichmesser hält. An der Mantelfläche sind zwei große Handgriffe befestigt. Auch hier wurden zwei Eichstempel eingebrannt: der staatliche in Gestalt des preußischen Adlers und der städtische in Form des Buchstabens »W« sowie zwei Jahresstempel: 1790 und 1802. Der Boden ist aus Kiefernholz gefertigt. Auf dem Boden sind die Stempel der Jahreseichung eingebrannt: 1790 sowie zweimal 1802. R.S.

Lit.: Ausst.-Kat. Świdnica 2005, S. 106.

3 | 158

Streicher für Getreideschüttmaß

Philipp Breiler
Zindel, Schlesien, 1667
Holz, geschnitzt; 58 × max. 7,8 × 1,5 cm
Muzeum Piastów Śląskich w Brzegu,
Inv.-Nr. MPŚl/H-3196,

Der sogenannte Streicher dient zum Geradeziehen des Schüttgutes, z. B. Getreide, in den entsprechenden Maßen. Das Brettchen ist für die bessere Handhabung im mittleren Teil ausgebaucht. Es ist mit Inschriften auf beiden Seiten versehen – auf der Vorderseite: »ANNO 1667 PB + # [= vermutlich Eigentumszeichen] WASS DV THVST DASS THVE WEISSLICH VNDT BEDENCKE DAS ENDE + /«; auf der Rückseite: »CK (S ?)/EBEN MIT DEM MAS DA IHR MESSET SOL EVCH WIEDER GEMESSEN WERDEN«. Die Inschriften sind mit doppelten (auf der Wölbung mit dreifachen) Rändern umgeben: einem Linienrand und einem Rand aus Miniaturdreiecken. A.T.

Lit.: W.R. 1916; Wolański 1959.

3 | 159

Löbauer »Gute Dreier Maß«

1719
Zinn; Höhe: 10,8 cm; Durchmesser: 7,5 cm
Gravur eines auf den Hinterpfoten stehenden Löwen aus dem Löbauer Stadtwappen, darüber der Schriftzug »LÖBAU« sowie links und rechts der Hinterpfoten des Löwen die Jahreszahl 1719 in zwei Teilen (»17« und »19«), ungemarkt
Oberlausitzer Sechsstädtebund- und Handwerksmuseum – Stadtmuseum Löbau,
Inv.-Nr. V 6077

Schankkannen aus Metall gehörten seit dem 16. Jahrhundert zum festen Inventar der Gasthöfe und waren den städtischen Regularien unterworfen: In Brauordnungen wurde die Herstellung des Bieres vorgegeben, und in Bierschankordnungen legte der Stadtrat die Menge und die dafür zu erhebenden Preise fest. Der Bierpreis änderte sich dabei häufig, war er doch von den Preisen für Braugetreide abhängig. Das »Gute Dreier Maß« aus Löbau deutet dabei in seiner Bezeichnung genau dieses Verhältnis an, bekam man doch für einen »guten Dreier« eine solche Kanne Bier serviert. Die auf den Preis hindeutende Bezeichnung war dabei keineswegs ungewöhnlich, in der Görlitzer Schankordnung von 1560 finden sich beispielsweise die »Groschekanne« und die »Achthellerkanne«. Ob es sich bei der Löbauer Kanne tatsächlich um eine Schankkanne handelt, ist nicht gesichert. Möglicherweise ist das Löbauer Maß ein sogenanntes Eichmaß, mit dem die ausgeschenkten Mengen gemäß den Vorgaben der Stadtoberen geprüft werden konnten. Schließlich hatte der Gastwirt nicht nur für den Ausschank unverfälschter Getränke, sondern auch für das Benutzen der richtigen Maße zu sorgen. S.St.

Lit.: Lindenau 2007, S. 32–36, 144–151, 164–182.

3 | 159

Caspar Dornavius · August der Starke

Lorenz Heugel · Clara Heugel · Georg Em(m)eric

Johann Leisentrit · Napoleon Bonaparte

Nikolaus Ludwig Graf von Zinzendorf · Wenceslau

Maximilian Speck v

Valten Leis

Christian Gotthelf Tietzen · Heinri

Tobias Möller · Johann Traugott Adolph · Friedema

Samuel von Sebisch · Johann Samuel Nagel · Mo

Christian Fürchtegott Gellert · Johann Ma

Johann Gabriel Mol

August der Starke · Johannes Crato von Kraffthei

Clara Heugel · Jacob Böhme · Johann Gundelfinge

Johann Leisentrit · Napoleon Bonaparte · Adam Friedr

Nikolaus Ludwig Graf von Zinzendorf · Wenceslaus Buh

Philipp Erasmus Reich · Maximilian Speck v

Charlotte Speck von Sternbur

Valten Leise · Petrus Vincentius · Caspar Dornav

Christian Gotthelf Tietzen · Heinrich von Metzrad

Tobias Möller · Johann Traugott Adolph · Friedemann A

Samuel von Sebisch · Johann Samuel Nagel · Moritz Ge

Johann Martin Bernigeroth · Johann Friedrich Mülle

ohann Gundelfinger · Johannes Crato von Krafftheim ·

acob Böhme · Anna Gundelfinger, geborene von Kohlo ·

dam Friedrich Zürner · Abraham Dürninger ·

uhl · Christian Gottlob Frege · Philipp Erasmus Reich

ernburg · Charlotte Speck von Sternburg · Agnes Finger

etrus Vincentius · Caspar Dornavius · Martin Moller

on Metzradt · Johann Wagner · Samuel Grosser ·

dolf Besser · Gottlob August Wollmann

org Weidemann d.J. · Jean-Pierre Blanchard ·

nigeroth · Johann Friedrich Müller

hann Pesinger · Heinrich Müller · Georg Em(m)erich

Lorenz Heugel · Napoleon Bonaparte

nna Gundelfinger, geborene von Kohlo

irner · Abraham Dürninger

Menschen

ristian Gottlob Frege

ernburg

an-Pierre Blanchard

Martin Moller · Samuel Grosser · Agnes Finger

hann Wagner

sser · Gottlob August Wollmann

idemann d.J. · Christian Fürchtegott Gellert

ann Gabriel Molz · Johann Pesinger · Heinrich Müller

WINFRIED MÜLLER

Die Menschen auf der via regia

Dass die via regia als die bedeutendste Ost-West-Verbindung der Vormoderne in den Quellen lange Zeit kaum unter dieser Bezeichnung auftaucht, dass vielmehr zumeist von der Hohen Straße die Rede ist, sagt viel über die Verquickung naturräumlicher und rechtlicher Rahmenbedingungen bei der Entwicklung des europäischen Altstraßensystems.

Die Bezeichnung eines Verkehrswegs als Hohe Straße war eine typische Charakterisierung für einen auf einem Geländekamm geführten Straßenverlauf. Der Abstieg ins Tal war freilich unvermeidlich, wenn es einen Fluss zu überqueren galt. Lange Zeit bestimmten deshalb Furten, an denen ein Gewässer zu Fuß und mit Fahrzeugen durchquert werden konnte, den Verlauf von Handelswegen und das Siedlungsgeschehen; Erfurt ist im Umfeld der via regia das sprechendste Beispiel.

Die Geländegängigkeit war freilich nur ein Aspekt der Straßenentwicklung. Ein anderer war die rechtliche Rahmung, wie sie im Begriff der via regia zum Ausdruck kam. »Via regia«: das verweist auf einen besonderen Rang, auf eine Straße, die unter dem Schutz des Königs stand bzw. von diesem genutzt wurde. Im Falle der im Mittelpunkt der 3. Sächsischen Landesausstellung stehenden via regia hatte die Zurückdrängung des Königtums allerdings dazu geführt, dass aus ihr im Laufe des Spätmittelalters eine landesherrliche Straße geworden war, auf der verschiedene Territorialgewalten konkurrierten. Der böhmische Landesherr war es beispielsweise, der 1339 der Stadt Görlitz das Stapelrecht für den Blaufärbestoff Waid verlieh, das heißt, die Händler waren gezwungen, die Route über Görlitz zu nehmen und dort ihre Ware zum Verkauf anzubieten, ehe sie weitertransportiert werden durfte. In der Oberlausitz war es seit 1346 der Sechsstädtebund, der sich als Ordnungsmacht etablierte, und im heute thüringisch-sächsischen Raum waren es die Wettiner, die einerseits Schutz auf den Straßen zusicherten, andererseits dafür Gebühren erhoben, das sogenannte Geleit. Zugleich wurden an bestimmten Orten – Brücken, Städten usw. – sowohl vom Landesherrn als auch von den Kommunen Zölle erhoben. Es waren also politische Faktoren, die die Streckenführung und damit verbundene Normen hervorbrachten, die von den Reisenden zu beachten waren und sie zur Benutzung einer bestimmten Route veranlassten. Die solchermaßen gelenkte Bewegung erzeugte die Straße gewissermaßen erst, sowohl im technisch-materiellen als auch im institutionellen Sinn. Die Nutzer, die Menschen auf, aber auch an der Straße, ordneten sich wiederum den Mechanismen – Rechts- und Sicherheitsnormen, Zöllen und Gebühren – unter, weil sie ein Interesse am Funktionieren des Systems Straße hatten. In diesem Wechselspiel von Interessen der historischen Akteure konstituierte sich die Straße als sozialer Raum.

Dies ist eine durchaus neue Akzentuierung der räumlichen Dimension in der Geschichte, die von den Kulturwissenschaften in den zurückliegenden Jahren entwickelt wurde, nachdem die Dimension des Raumes im wissenschaftlichen Diskurs lange Zeit kaum eine Rolle gespielt hatte, ja nach 1945 regelrecht diskreditiert gewesen war. Hintergrund war hier natürlich die Instrumentalisierung des geografischen Raumes durch die politische Geografie des Nationalsozialismus. Damit ist nicht nur die Lebensraumideologie des Nationalsozialismus angesprochen, sondern auch der Missbrauch des ausgangs des 19. Jahrhunderts von Friedrich Ratzel entwickelten anthropogeografischen Ansatzes, der nach den Interdependenzen von Raum und Mensch bzw. nach der geografischen Bedingtheit menschlichen Handelns gefragt hatte. In der politischen Geografie der 1920er und 1930er Jahre wurde dieser Ansatz als »Wahlverwandtschaft« von Volk und Boden ideologisch aufgeladen und verstellte damit über Jahrzehnte nachhaltig die Beschäftigung mit geografischen Räumen als Rahmenbedingungen für menschliches Handeln. Der neue, sogleich mit dem Etikett eines »spatial turn« versehene kulturwissenschaftliche Blick auf den Raum hebt denn auch weniger auf Räume als abgeschlossene geografische Größen ab, sondern begreift Räume im bereits angedeuteten Sinn als sich aus dem Zusammenspiel von Menschen und ihren Interessen konstituierende soziale Konstrukte.[1]

Mit den eben angesprochenen Interessen der den sozialen Raum, das System Straße erzeugenden historischen Akteure sind natürlich zugleich auch die Motive angesprochen, die die Menschen zum Aufbruch und zum Unterwegssein veranlassten und die ganz unterschiedlicher Natur sein konnten. Damit soll gesagt sein, dass die via regia und mit ihr auch alle anderen großen Fernstraßen nicht auf ihre Funktion als Handelsweg reduziert werden sollten, auch wenn dieser die – wie in der Ausstellung unter anderem am Beispiel der Leipziger Kaufleute Christian Gottlob Frege, Philipp Erasmus Reich und Maximilian Speck von Sternburg gezeigt wird – primäre Bedeutung zukam. Vielmehr müssen – subsumiert unter das Schlagwort

O we dem man Jung vnbesindt. Und mer verthut dann er gewindt.
Muß darnach bleyben arm. Man vindt nit vill den es erbarmbt.

Das ich hie also nackent ston
Vnd in dem land müß betln gon
Das h[illegible] die Alchamey gethon
Die wolt ich mir nye weren lon

Do ich iung was ich sach nit an
Die straff/vnd kort mich nit daran
Vmb das ich nichts gelernet han
Des bin ich yetz ain bettel man

Vor zeiten do ich dienen solt
Was ich pfaffen vnd layen holt
Ain yeder fürt mich wo er wolt
Des nym ich yetz den betler solt

Mein vater schickt mich auß zu ler
Ich solte werden ain grosser herr
Ich hab verlassen nutz vnd er
Der betler wesen ich mich ner:

Ich bület ging hübschen frawen noch
Bis man mir als mein güt ab zoch
Des müß ich yetze leiden schmoch
Billich trag ich der betler roch

An allen diensten was ich treg
Faul vnd vngehorsam alweg
Meins mauls vñ diensts het ich nit pfleg
Des gang ich yetz den betler steg

Zü spilen stünd all mein begir
Würffel vnd karten/liebten mir
Es bringt mir kain nutz das ich spir
Groß armüt ligt mir vor der thir

Allweg man mir zün eren riet
Es halff an mir kain straff noch giet
Darumb ich yetz groß armüt nyet
Ich gang vnd sing der betler liedt

All zeit lag ich in allem braß
Wer wol huß hielt dem was ich ghaß
In mir gar nye kain sparen was
Yetz sitz ich an der betler gaß

Ich wolt bey allen meinen tagen
Vil fechten vnd mit yedem schlagen
Mit vbermüt groß lob eriagen
Des müß ich den betelsack tragen

Ich wolt allzeit in meinem hauß
Vol sein vnd leben in dem sauß
Vnd wolt die reichen zeren auß
Des beißt mich yetz die betel lauß

Ob ich schon betel das syndt nit wer
Ich habs ererbt von alter her
Darumb ist es mir nit so schwer
Als ob ich reich gewesen wer

Beschluß.

Das mancher vmbs almüsen got
Dar zü bringt in des hungers not
Es seyen frawen oder man
Sie wendt nit arges fahen an
Suchen narung durch gottes eer
Darumb so habt von mir die leer
Laßt euch beuolhen sein arm leüt
Wann got der her in dyser zeit

Ward arm geborn in die welt
Ain yeder kan nit haben geldt
Das er im kauff was er müß han
Ist er dan so ain frumer man
Ee das er args wöll vnder ston
So will er ee hie betlen gon
Vnd der ist warlich gerecht vnd güt
Der in ym hat ain solchen müt

Ee er sein nechsten über nam
Vil lieber er in armüt kam
Es stat geschriben sicherlich
Hab got lieb den nechsten als dich
Ir solt eüch über die armen
Hie in dyser zeit erbarmen
Wan ich halt das für wol gethan
Ee vnrecht thün/ee betlen gon.

Hanns Guldenmundt.

Darstellung von zwölf bettelnden Männern und Frauen (Vaganten)
Barthel Beham · um 1524 · Holzschnitte, koloriert mit typografischem Text
Stiftung Schloss Friedenstein Gotha

der Multifunktionalität – auch andere Aufgaben und Reisemotive in den Blick genommen werden. Dass die via regia beispielsweise auch als Große Heerstraße bezeichnet wurde, verweist auf ihre militärische Bedeutung etwa in der napoleonischen Ära. Aber auch in Friedenszeiten bewegte sich ein gewaltiger Tross durch die Oberlausitz, als August der Starke 1697 mit großem Gefolge und einer 8000 Mann starken Armee nach Görlitz und weiter über Breslau nach Krakau reiste, um sich dort in Polen zum König krönen zu lassen. Gleichzeitig war die Straße, auf der sich Boten bewegten und die von der Post genutzt wurde, ein Ort der Kommunikation. Pilger reisten auf ihr zu den Wallfahrtsorten in nah und fern; die Jerusalem-Fahrt des Görlitzer Kaufmanns Georg Em(m)erich im 15. Jahrhundert ist hier nur ein prominentes Beispiel. Künstler, wie etwa der Bildhauer Veit Stoß oder der rastlose Maler Michael Willmann, aber auch Musiker und Architekten waren unterwegs zu ihren Auftraggebern und sorgten so für den Transfer von Ideen. Theatertruppen und Schausteller mit ihren Attraktionen zogen von Stadt zu Stadt. Studenten und Scholaren suchten die für sie attraktiven Bildungsstätten auf, in der Ausstellung mit der überregional bedeutenden Schule des Gymnasium Augustum in Görlitz und der Universität Leipzig exemplarisch angerissen. Aber auch die Arbeitsmigranten, die Hausier- und Wanderhändler sind zu bedenken, ebenso wie die Vaganten und Bettler, die aus sozialer Not auf die Straße gezwungen wurden. Und nicht vergessen werden darf der politische Zwang, der beispielsweise seit den 1620er Jahren vor dem Hintergrund der habsburgischen Rekatholisierungspolitik die Protestanten Schlesiens und Böhmens zu Exulanten machte, die in Kursachsen und in der Oberlausitz eine neue Heimat fanden.

In dem die 3. Sächsische Landesausstellung »via regia – 800 Jahre Bewegung und Begegnung« begleitenden Essayband »Menschen unterwegs«[2] wurden diese Personen und Gruppen, die alle auf die angesprochene Multifunktionalität einer jeden Straße verweisen, unter Aspekten wie Handel und Wandel, Kommunikation, Zwang und Freiwilligkeit systematisiert. Hinter diesem Konzept und im Kapitel »Menschen« in der 3. Sächsischen Landesausstellung steht die Prämisse, dass das Artefakt Straße selbst ja stumm ist. Alle bislang angesprochenen Aspekte – räumliche Dimension und Verkehrsknotenpunkte, Technik und Zeichensysteme, der auf Grenzen und Recht abhebende institutionelle Rahmen des Unterwegsseins, der Transfer von Waren und Ideen – können für Leser wie Ausstellungsbesucher eben nur dann zum Sprechen gebracht werden, wenn man die auf der Straße handelnden und wandelnden Personen in den Blick nimmt und dabei zugleich auch die an oder nahe der Straße lebenden Menschen berücksichtigt, die als Dienstleister – etwa im Gastungs- und Herbergswesen – von ihr profitierten. Über die Individual- oder Gruppenbiografie kann anschaulich gemacht werden, wie dieses Ensemble der »Menschen unterwegs« die Straße im angesprochenen Sinn als sozialen Raum konstituierte. Zugleich stehen solche Einzelbeispiele, so interessant sie jeweils auch sein mögen, nicht nur für sich selbst, sondern in ihnen bilden sich übergeordnete Kontexte und Zusammenhänge ab: Warenwelten, Kulturtransfer, Migrationsprozesse, technischer Wandel, politische und gesellschaftliche Transformationsprozesse.

Letztere wiederum eröffnen eine vergleichende Perspektive, erlauben es beispielsweise, aktuelle Erfahrungshorizonte in Relation zu jenen der Vormoderne zu setzen. So ist für die »Kernzone« der 3. Sächsischen Landesausstellung – cum grano salis ist das Sachsen mit der Oberlausitz sowie Schlesien – die aktuelle Raumerfahrung geprägt vom Wegfall der im 19. und 20. Jahrhundert im Zuge der Nationenbildung und als Folge zweier Weltkriege gezogenen Grenzen. Regionen, die nach dem Zweiten Weltkrieg »auf die Rückseite Europas geraten waren«, wurden seit den 1990er Jahren im Zuge der Neuordnung des europäischen Raumes in grenzüberschreitenden Euro-Regionen zusammengefasst, rücken in die Mitte Europas, »alte Kraftlinien« und ehemalige Metropolen wurden bzw. werden nach wie vor revitalisiert.[3]

Diese neue Offenheit steht nicht nur im Kontrast zu den Erfahrungen des 20. Jahrhunderts, sondern sie lässt vielfach auch signifikante Unterschiede zur Vormoderne des pränationalen Europas des 16., 17. und 18. Jahrhunderts vergessen. So wird sicher mancher Besucher der 3. Sächsischen Landesausstellung über die kleinteilige Struktur des Alten Reiches bzw. des Europas der Vormoderne überrascht sein. Denn nicht einmal für das heutige Sachsen darf der Ausstellungsbesucher bei seiner virtuellen Reise auf der via regia in aktuellen politisch-geografischen Kategorien denken, führte die Straße doch durch die Mark Meißen bzw. Kursachsen und die bis 1635 als Nebenland der böhmischen Krone firmierende Oberlausitz – also verschiedenen Landesherren unterstellte, politisch unterschiedlich strukturierte und konkurrierende Territorien mit eigenen Rechts- und Währungssystemen. Selbst nachdem das Markgraftum Oberlausitz 1635 an Sachsen gelangt war, gab es in Währungsfragen noch Schwierigkeiten, weil die Oberlausitzer Stände sich gegen Münzen mit den Insignien der Kurwürde (Kurhut/-schwert) in ihrem Territorium verwahrten, da die Wettiner nicht als Kurfürsten, sondern nur als Markgrafen Herren der Oberlausitz waren.[4]

Aktuelle und historische Raumerfahrung lassen sich aber auch noch ganz anders in Relation zueinander setzen, wenn man beispielsweise in Betracht zieht, dass Handel und Kommunikation früher noch in viel stärkerem Maße als heute an physische Präsenz, persönliches Reisen und Kommunizieren gebunden waren. Boten und Postreiter, die Nachrichten überbringen, der Kaufmann, der sich selbst zu den bedeutenden, an der via regia gelegenen Handelsplätzen begibt, prägten das Bild einer Straße in der Vormoderne. Persönliche Präsenz und face-to-face-Kommunikation sind natürlich auch heute nicht aufgehoben, aber insgesamt trifft auf unsere Gegenwart doch eher das Schlagwort vom »rasenden Stillstand« zu: Ohne den Zwang zum Unterwegssein ist mittels moderner Telekommunikation die Beherrschung von Raum und Zeit, die globale und simultane Teilhabe an allen Märkten dieser Welt möglich. Vor allem aber hat sich die Geschwindigkeit des Reisens und der Nachrichtenübermittlung grundlegend verändert. Wenn ein Bote, der im 16. oder 17. Jahrhundert zu Fuß unterwegs war, am Tag 60 Kilometer zurücklegte, so war das ein absoluter Spitzenwert, und im günstigen Fall konnten zwischen Görlitz und Bautzen oder Schweidnitz Nachrichten in zwei Tagen übermittelt werden. Der in den 1990er Jahren modern gewordene Begriff der »Datenautobahn« auf der einen und das Forschungsparadigma der »Kommunikation und Vergesellschaftung unter Anwesenden«[5] auf der anderen Seite bringen diese Differenz zwischen Moderne und Vormoderne einprägsam auf den Punkt.

Und wenn von Transformationsprozessen, vom historischen Wandel die Rede ist, dann darf neben dem Kommunikationssektor das Zusammenspiel von Verkehrsträger und Verkehrsmittel auf keinen Fall außer Acht gelassen werden. Lange Zeit, im Grunde die gesamte »Kernzeit« der 3. Sächsischen Landesausstellung, war der technische Wandel im Straßenverkehr ausgesprochen innovationsarm: Fußmarsch, Karren, Wagen, Reit- und Zugtier sowie Fähren und Furten anstelle von Brücken bestimmen das Bild einer nahezu unbefestigten, den Unbilden der Jahreszeiten ausgelieferten Straße; seit dem 18. Jahrhundert wurde dann der Bau sogenannter Kunststraßen forciert. Aber erst das 19. Jahrhundert brachte im Prozess der Industrialisierung mit der Eisenbahn die große verkehrstechnische Zäsur, durch die der Transport auf der Straße durch jenen auf der Schiene marginalisiert wurde. Der in der Vormoderne von der via regia geprägte Transitraum wurde damit neu geordnet, die alte Handelsstraße büßte an Relevanz ein.

Dies führt zurück zum angesprochenen Forschungsparadigma der Straße als sozialem Raum, der durch das Zusammenspiel von Menschen und materiellen wie immateriellen Gütern konstruiert wird. Wenn sich in diesem Koordinatensystem entscheidende Faktoren – politische Grenzen, Fortbewegungs- und Kommunikationstechniken – ändern und die Menschen und die von ihnen bewegten Güter und Ideen ausbleiben, dann zeigt sich, dass Straßen Konstrukte auf Zeit sind. Die via regia zeigt aber auch, dass große Fernstraßen, die in der Vergangenheit Menschen und Länder verbunden haben, nach Ablauf einer historischen »Kernzeit« als Erinnerungsorte im kulturellen Gedächtnis weiterleben. Und die im Gedächtnis abgespeicherte via regia konnte im Übergang vom 20. zum 21. Jahrhundert nach einer erneuten, durch die nach 1989 eingeleiteten politischen Transformationsprozesse gravierenden Veränderung des Koordinatensystems revitalisiert werden. Damit ist weniger der heute unter anderem Erfurt, Görlitz/Zgorzelec und Wrocław durch die Autobahn A 4 bzw. Europastraße E 40 verbindende Transitraum gemeint. Vielmehr erhielt die altehrwürdige via regia im europapolitischen Diskurs eine ganz neue Wertigkeit. Sie wurde zur Metapher für einen europäischen Einigungsprozess, und als »Königsweg nach Europa« erhielt sie 2006 im Rahmen der Feierlichkeiten zum 20. Jahrestag des Kulturstraßenprogramms die Anerkennungsurkunde als »Major Cultural Route of the Council of Europe«. Diese ist zwar nicht mit der historischen via regia identisch, aber dem alten Begriff wurde auf diese Weise ein neuer Inhalt gegeben.

Verweise

1 Vgl. Löw 2001; Schlögel 2003. | **2** Vgl. Müller/Steinberg 2011. | **3** Schlögel 2003, S. 28. | **4** Vgl. Ausst.-Kat. Kamenz 2004. | **5** Vgl. Schlögl 2008.

Auf der via regia handelten und wandelten unterschiedliche Gruppen und Personen. So gab es viele individuelle Motive, die die Menschen zum Handeln, zum Bewegen und zum Aufbruch veranlassten. Händler und Fuhrleute waren mehr und mehr gezwungen, die via regia als wichtige Verbindung in Mitteleuropa zwischen West und Ost zu nutzen. Entlang der Straße entwickelten sich Herbergen, Schmieden, Radmachereien, Kirchen und Hospitäler, die das Unterwegssein sicherer und bequemer machten. Zugleich wurden zwischen den vielen Nah- und Fernreisenden die neuesten Informationen ausgetauscht. Die via regia wurde nicht nur von Kaufleuten benutzt, sondern auch von Königen, Kriegsherren, Soldaten, Boten, Postbediensteten, Pilgern, Exulanten, Studenten, Handwerkern, Bettlern, Schaustellern, fahrendem Volk und Personen, die nicht sesshaft waren. Darüber hinaus verbreiteten sich auch ungewollt Mitreisende wie Krankheitserreger über die via regia.

Die Menschen waren schon im Mittelalter sehr mobil, wie Pilgerreisen nach Santiago, Studien in Italien und der Handel mit orientalischen Gewürzen zeigen. War dieses Unterwegssein freiwillig, ökonomisch begründet oder dem Bildungsdrang geschuldet, so waren auf der via regia auch Menschen anzutreffen, die aus sozialer Not oder religiösen Gründen vertrieben wurden. So gab und gibt es viele unterschiedliche, individuelle Motive, aus denen heraus jeder Mensch handelt, sich bewegt und zu neuen Ufern aufbricht.

Folgen Sie dem sächsischen Kurfürsten Friedrich August I. nach Krakau zu seiner Krönung zum polnischen König August II. Spüren Sie den Versuchen Crato von Krafftheims aus Breslau nach, die Pest einzudämmen. Gehen Sie mit dem Görlitzer Georg Em(m)erich auf Pilgerreise. Vermessen Sie Sachsen mit Adam Friedrich Zürner aus Großenhain. Handeln Sie mit Maximilian Speck von Sternburg aus Leipzig. Legen Sie Hand an wie ein Geselle aus Grimma, und immatrikulieren Sie sich als Student an der Universität Leipzig. Oder lassen Sie einfach einen Ballon steigen wie Jean-Pierre Blanchard in Frankfurt am Main.

August der Starke

Dresden 12. Mai 1670 – 1. Februar 1733 Warschau
Kurfürst Friedrich August I. von Sachsen ab 1694,
als August II. König in Polen ab 1697
König

König Friedrich August wurde am 12. Mai 1670 in Dresden geboren. Seit seiner Jugend war der Wettiner ein viel reisender Herrscher. Bereits seine Kavalierstour, Familien- und Freundschaftsbesuche sowie Feldzüge gegen die Osmanen und Frankreich führten ihn durch weite Gebiete und an prominente Höfe Europas. Die Reise zu seiner polnischen Königskrönung 1697 in Krakau folgte der via regia. Wegen der zwiespältigen Wahl – auch der französische Kandidat, Louis-François de Bourbon Prinz Conti, beanspruchte den Sieg – musste er sich beeilen. In einer logistischen Meisterleistung gelang es in kürzester Zeit, seinen Hofstaat und die Armee samt Festausstattungen für die Krönungszeremonien, darunter 138 Leibpferde, Prunkreitzeuge aus der Rüstkammer und das »goldene Buffet«, etappenweise nach Krakau zu bringen. Die Leibgarde war zehn Tage unterwegs, die Möbel brauchten 15 Tage und die Leibpferde mit extra Ruhetagen 21 Tage. In Tarnowitz, hinter der schlesisch-polnischen Grenze, wurde August von der Großen polnischen Gesandtschaft empfangen. In Breslau nahm er erstmals öffentlich am katholischen Gottesdienst teil, in Lobskova erließ er das Mandat zur Religionsfreiheit in Sachsen.

Mit der sächsisch-polnischen Union regierte August der Starke zugleich in zwei Residenzen: in Dresden und in Warschau. August pendelte unentwegt zwischen Sachsen und Polen hin und her. Auch der Postverkehr und der Handel zwischen beiden Ländern nahmen stark zu. Auf der via regia zogen auch Soldaten der sächsisch-polnischen Armee in den Nordischen Krieg, der den Wettiner 1706 mit dem von Karl XII. von Schweden aufgezwungenen Frieden von Altranstädt zwischenzeitlich die polnische Krone kostete. Seine Rückkehr auf den polnischen Thron verdankte August seinem Freund und Verbündeten, Zar Peter I. von Russland. Im Februar 1733 starb August II. in Warschau. I.B.

Lit.: Gurlitt 1924; Ausst.-Kat. Warszawa 1997; Ausst.-Kat. Dresden 1997/98, S. 49–53; Bäumel 1997b.

4 | 1

Porträtbüste Augusts des Starken

Guillaume Coustou d. Ä.
(Lyon 1677 – 1746 Paris)
um 1705
Marmor, farbiger Sockel
64 × 41 × 27,5 cm, Höhe Sockel: 17 cm
sign. an der rechten Seite der Stütze:
»G. COVSTOV.F.«
seit 1726 in den Inventaren der Königlichen Sammlung nachweisbar
Staatliche Kunstsammlungen Dresden, Skulpturensammlung, Inv.-Nr. H4 1/5

Die Porträtbüste des französischen Bildhauers Coustou zeigt August den Starken in ungewöhnlicher Pose mit dynamisch zur Seite gedrehtem Kopf. Die Büstenform wurde auf einen dreieckigen Zuschnitt reduziert; der Kürass, das nicht näher bestimmte Ordensband und die Draperie des Mantels sind nur angedeutet. In hervorstechender Qualität führt Coustou dabei den von seinem Onkel und Lehrer Antoine Coysevox zunächst für Künstlerbildnisse entwickelten Typus fort, der das Gesamtbild des Porträts auf die individuelle Physiognomie konzentriert.
Dem aktuellen Wissensstand nach ist eine Zusammenkunft Coustous, der mehrere Jahre als Stipendiat in Rom lebte und ab 1735 Direktor der Pariser Académie Royale war, mit August dem Starken ausgeschlossen. Dem Bildhauer muss demnach eine bislang unbekannte Vorlage zur Verfügung gestanden haben. Trotzdem gelang es Coustou, nicht nur die charakteristischen Gesichtszüge des Kurfürsten, wie die Schrägstellung seiner Augen, die buschigen Brauen, die langgezogene Nase mit den geblähten Flügeln und die fleischigen Lippen, präzise herauszuarbeiten. In feinfühliger Weise erfasste er vor allem die Willensstärke Augusts ebenso wie seine aufbrausende und zugleich empfindsame Natur.
Auftragssituation und Entstehungsdatum der Porträtbüste sind bis heute nicht geklärt. Dennoch ist sie beredtes Zeugnis, nicht nur für die neue Vorrangstellung französischer Kunst gegenüber der römischen. Sie spiegelt auch den Zenit der Bildniskunst in Frankreich, die sich durch Coysevox' Einfluss zunehmend vom monumentalen Figurenstil löste und eine grazile Formensprache bevorzugte. V.S.

Lit.: Sponsel 1906, S. 60; Coolidge 1965, S. 12 f.; Souchel 1977, S. 150, Kat.-Nr. 81; Stephan 2001, S. 74.

4 | 1

4 | 2

4 | 2

Krone

Johann Friedrich Klemm (um 1648–1726)
Dresden, 1697
Silber, getrieben, ziseliert und vergoldet; 97 Schmucksteine als Edelstein- und Halbedelsteinimitat mit unterschiedlichen Schliffen in aufgeschraubten Kastenfassungen: gelber Quarz, Bergkristall, Tripletten von Bergkristall mit farbiger Klebeschicht, am Reifrand kleine Löcher zur Befestigung der Kronhaube
Höhe: 25 cm; Durchmesser: 20 cm; Umfang: 59 cm
am Reif die Meistermarke »FK« und die Dresdner Beschau »D«
am 10. Dezember 1697 aus dem Oberhofmarschallamt zur Rüstkammer, 1699 zur Krönungsfigur Augusts des Starken in der Pallienkammer; vgl. Rüstkammer, Inventar Pallienkammer 1688, Nachtrag von 1704 oder später
Staatliche Kunstsammlungen Dresden, Rüstkammer, Inv.-Nr. P 343

4 | 3

Futteral zur Krone

Sachsen, 1697 (?)
Holz; Bezug: Leder rotbraun, Goldprägung; Futter: Rauhleder rot; Beschläge: Messing
Höhe: 29,2 cm; Durchmesser: 27,8 cm
bekröntes Monogramm AR
Staatliche Kunstsammlungen Dresden, Rüstkammer, Inv.-Nr. P 343 a

Die Krone wurde nebst Zepter und Reichsapfel anlässlich der Krönung Augusts des Starken zum König in Polen in Dresden gefertigt. Wegen der zwiespältigen Königswahl wollte August der Starke offenbar mit eigenen Insignien für den Fall der Verweigerung der Originale vorsorgen. Es ist historisch verbürgt, dass August II. bei den Krönungszeremonien am 15. Oktober 1697 in der Kathedrale des hl. Stanislaus in Krakau mit den alten Regalien des Königreichs Polen gekrönt wurde. Diese wurden auf weißen Kissen, wie es der Weiheakt einer Krönung vorsah, präsentiert. Beim Gang vom königlichen Schloss in die Kathedrale war August der Starke in einen römisch-antikischen Herrscherornat gekleidet, der gleich bei Ankunft in der Kathedrale abgenommen wurde. Auf dem Weg dorthin wurden ihm Krone, Zepter und Reichsapfel – diesmal auf roten Kissen und vor allem ohne weitere königliche Symbole (Reichsschwert, Kronfahnen, Kronschwerter) – vorangetragen, was auf eine Verwendung der neu gefertigten Insignien schließen lässt. Den Ornat und die neuen Insignien ließ August bei seiner ersten Rückkehr nach Sachsen 1699 zum Zeichen seiner polnischen Königswürde in der Dresdner Rüstkammer repräsentativ als lebensgroße »Statua«, der 1704 das königliche Antlitz in Wachs beigefügt wurde, aufstellen. Das gezeigte Kronenfutteral diente als Aufbewahrungs- und Transportbehälter, eventuell bereits auf der Krönungsreise 1697, bestimmt aber bei den Auslagerungen im Siebenjährigen Krieg und in den Napoleonischen Kriegen. J.B.

Lit.: Ausst.-Kat. Warszawa 1997, S. 90, Nr. II 1; Ausst.-Kat. Dresden 1997/98, S. 380 f., Nr. 741–743; Bäumel 1997 a; Bäumel 1997 b, S. 124–133; Bäumel 1998/99; Ausst.-Kat. Berlin 2006 a, S. 278 f., Kat.-Nr. IV.36, S. 117 f., Kat.-Nr. 58–60.

4 | 3

4 | 4

4 | 4

Prunkreitzeug

Sachsen, 1693–1697
Seidensamt, karmesinrot; Leder; Beschläge: Messing, vergoldet, teils emailliert; Steinfassungen: Gold und Silber; Diamanten, Flussperlen, Milchopal, Perlmutter, Email; Tressen: Seide rot und Gold- und Silbergespinst; Quasten: Goldgespinst; Kandare: Eisen, vergoldet
Rüstkammer, Inventar Spießpagenkammer 1716, Bl. 123–124
Staatliche Kunstsammlungen Dresden, Rüstkammer, Inv.-Nr. L 8

Zu seiner Huldigung am 6./16. Oktober 1697 in Krakau war August II., der Starke, in polnischer Nationaltracht auf seinem hermelinfarbenen Leibpferd geritten. Das Prunkreitzeug mit »orientalischen« Diamanten und Perlen, das er dabei trug, war das kostbarste im Besitz eines sächsischen Kurfürsten überhaupt. Johann Georg IV. ließ es 1693 für einen Türkenaufzug zu Ritterspielen fertigen. Bei einer Restaurierung 1921 bis 1922 wurden an dem Reitzeug 661 Diamanten, 532 Perlen und 113 Perlmuttersteine gezählt. Zum Zeichen seines ritterlichen Status und verfügbaren Reichtums hatte August der Starke das Reitzeug bereits bei seinem Einzug am 2./12. September 1697 zusammen mit weiteren eigens aus der Dresdner Rüstkammer nach Krakau beorderten Prunkreitzeugen auf edlen Pferden in einer Parade durch die Stadt vorgeführt. J.B.

Lit.: Ausst.-Kat. Warszawa 1997, S. 94, Kat.-Nr. II 5; Ausst.-Kat. Dresden 1997/98, S. 383, Kat.-Nr. 756; Bäumel 1997 b, S. 93, 134–146, Abb. 52; Bäumel 1998, S. 142 f., 147, 201–205, Abb. 210–213; Ausst.-Kat. Jackson 2004, S. 245, Kat.-Nr. 7.13.

4 | 5

Herkules mit der Weltkugel

Goldschmied: Heinrich Mack (Nürnberg – 1626, Meister in Nürnberg 1612);
Graveur: Johann Hauer
(Nürnberg 1586 – 1660 Nürnberg)
Nürnberg, 1617
Silber, teilweise vergoldet, Reste von Kaltbemalung; Höhe: 85 cm
auf dem Globus sign.: »Ioh: Hauer fecit Norimb: Anno 1617«
Staatliche Kunstsammlungen Dresden, Grünes Gewölbe, Inv.-Nr. IV 292

Das Motiv des Globus tragenden Herkules geht auf eine Begebenheit aus der antiken Mythologie zurück. Der Sage nach nahm Herkules dem Titanen Atlas, der als Strafe des Göttervaters Zeus das Himmelsgewölbe auf seinen Schultern zu tragen hatte, seine schwere Last kurzzeitig ab, damit dieser für ihn die Äpfel der Hesperiden holen konnte. Erst auf den zweiten Blick erschließt sich der funktionale Aspekt der beeindruckenden Plastik. Nimmt man die obere Kalotte der Himmelskugel ab, so kann sie auch als Trinkgefäß verwendet werden, das auf der höfischen Tafel eine herausragende Rolle gespielt haben dürfte. Zugleich handelt es sich um ein typisches Sammelobjekt der fürstlichen Kunstkammer, denn eine außerordentlich kunstvolle Goldschmiedearbeit verbindet sich hier mit einem intellektuellen Anspruch, der sich nicht nur im Rückgriff auf die antike Mythologie, sondern auch im Bezug auf die aktuelle Kartografie äußert. Denn als Vorlage für seine fein gravierten Darstellungen der Sternbilder griff Johann Hauer auf einen 1601 publizierten Globus des Amsterdamer Kartografen und Kupferstechers Jodocus Hondius zurück, den er Segment für Segment auf die Silberkugel übertrug und somit die aktuellsten Kenntnisse der Astronomie vermittelte.
Auch im augusteischen Dresden genoss der prachtvolle Globuspokal noch hohe Wertschätzung, denn August der Starke ließ ihn 1697 anlässlich seiner Krönung zum König von Polen zusammen mit ausgewählten Werken seiner Schatzkammer nach Krakau bringen. Dort fand er auf dem Buffet Aufstellung, mit dem der Monarch versuchte, die polnischen Magnaten und den Klerus mit seinem Staatsschatz zu beeindrucken. U.W.

Lit.: Ausst.-Kat. New York/Hamburg 2004, S. 246, Nr. 129; Tebbe/Timann/Eser 2007, Bd. 1, S. 264, Nr. 545/08.

4 | 5

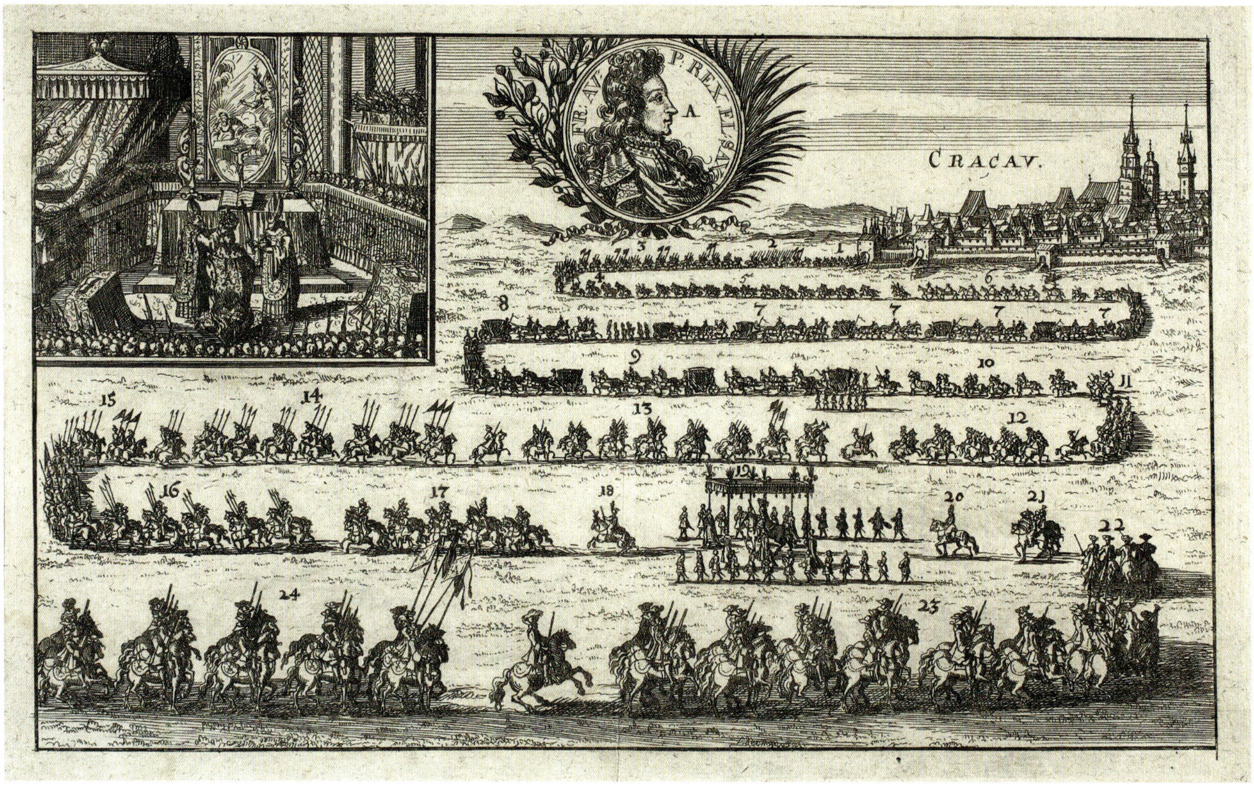

4 | 6

4 | 6

Einzug von Kurfürst Friedrich August I. zur Krönung nach Krakau

unbekannter Kupferstecher;
Drucker: Christian Sigmund Frober
Nürnberg, 1697
Kupferstich; 15,5 × 26,4 cm
Muzeum Narodowe w Warszawie,
Inv.-Nr. 62174

Die Grafik zeigt den feierlichen Einzug des sächsischen Kurfürsten Friedrich August nach Krakau anlässlich seiner Krönung zum polnischen König im September 1697. Sie stammt aus dem Bericht »Beschreibung des grossen Herzogs und Churfirsten zu Sachsen FRIDERICI AUGUSTI als Neu erwehlten Konigs in Pohlen [...]«, der noch im gleichen Jahr in Nürnberg gedruckt wurde und die Krönungsfeierlichkeiten vom September ausführlich erläutert; eine genaue Zuordnung erfolgt über die Nummerierung von 1 bis 24 bzw. von A bis D auf dem Stich. Prachtvoll ziehen die Angehörigen des Dresdner Hofes sowie deutsche und polnische Truppen in festlichen Uniformen und Trachten zu Fuß, auf Pferden, in Karossen und Kutschen auf die polnische Stadt Krakau zu. So sollte die große Macht des künftigen Königs demonstriert werden, mit der der polnische Klerus und Adel, der von der Wahl des Wettiners nicht überzeugt war, gewonnen werden sollte.

Der neue König August II. ist auf dem Blatt dreimal dargestellt: zentral oben im umkränzten Medaillon als Profilbild mit Inschrift: »FR [idericus] AU [gustus] P [olonorum] REX EL [ector] SAX [oniae]«, dann zu Pferd unter einem Baldachin in Begleitung von Krakauer Geistlichen und Beamten (Nr. 19). Oben links schließlich ist seine Krönung in der Krakauer Kathedrale Hl. Stanislaus auf dem Wawel dargestellt: Er empfängt gerade den Segen und die Kroninsignien von den Bischöfen von Kujau und Krakau. Um die Krone des Königreichs Polen zu erlangen, musste der Herrscher aus dem protestantischen Sachsen zum römisch-katholischen Glauben konvertieren. Diese Beschreibung entstand im Auftrag von höchster Stelle und war durch zahlreiche polnisch- und deutschsprachige Fassungen weit verbreitet. Ka.Z.

Lit.: Łomnicka-Żakowska 1997, S. 222, Nr. 93; Ausst.-Kat. Dresden 1997/98, Nr. 754, Abb. S. 377.

Johannes Crato von Krafftheim

Breslau 22. November 1519 – 19. Oktober 1585 Breslau
Arzt

Der Arzt und Humanist Johannes Crato von Krafftheim wurde als Johann Krafft 1519 in Breslau geboren. Er absolvierte seine schulische Ausbildung in den Gymnasien der Elisabeth- und der Maria-Magdalenen-Kirche. Mit finanzieller Unterstützung der Stadt nahm er 1535 das Studium der Theologie in Wittenberg auf. Dort lernte er Philipp Melanchton kennen und wohnte für sechs Jahre im Haus von Martin Luther. 1546 begann Crato in Padua ein Studium der Medizin bei Giovanni Battista Monte. 1550 wurde er zum zweiten Stadtarzt von Breslau ernannt. Ab 1560 stand er in Diensten von Kaiser Ferdinand I. 1564 wurde er Leibarzt von Kaiser Maximilian II. in Wien, der ihn 1567 adelte. Auch für dessen Nachfolger, Kaiser Rudolf II., war Crato zwischen 1578 und 1581 als Arzt in Prag tätig. Nach dem Tod seiner Frau, die an der Pest erkrankt war, verstarb Crato 1585 in Breslau und wurde in der Elisabeth-Kirche beigesetzt.

Berühmt wurde Crato mit seiner 1555 veröffentlichten Pestordnung. Bis in das 18. Jahrhundert hinein verbreitete sich diese meist tödlich verlaufende Epidemie auch über die via regia. Crato untersuchte wissenschaftlich den Verlauf der Ansteckung und machte Vorschläge, wie die Übertragung verhindert werden kann. Seine Ordnung wurde vielfach aufgelegt und war Vorbild für entsprechende Erlässe in vielen anderen Städten. Crato verfügte bis an sein Lebensende über ein weites Netz an persönlichen und beruflichen Kontakten in ganz Europa. Bereits zu seinen Lebzeiten empfing er hohe Ehrungen, bedingt durch seine Stellung am kaiserlichen Hof, aber auch durch seine Tätigkeit als Armenarzt in seiner Heimatstadt Breslau. R.E.

Lit.: Kundmann 1734, S. 285–308, Taf. I; Henschel o.J.; Vasold 1991.

4|7

Johannes Crato von Krafftheim

Martino Rota
(Sebenico um 1520? – um 1582 Wien)
nach 1567
Kupferstich; 20,7 × 15,6 cm; Blatt: 28 × 19 cm
sign. u. r.: »Martinus Rota S«; beschr.: »IMPP.CAESS.D.FERDINANDI.I. / ET.MAXIMILLIANI.II. AVGG. ETC. / CONS.ET.ARCHIATRVS / IOANNES.CRATO.A CRAFFTHAIM«
Biblioteka Uniwersytecka we Wrocławiu, Oddział Starych Druków, Inv.-Nr. 378

Auf dem Kupferstich ist der Breslauer Arzt Johannes Crato von Krafftheim im Dreiviertelprofil dargestellt; er blickt den Betrachter direkt an. Die Halskrause, der Schulterpelz, der Mantel und die umgehängte Medaille an einer Kette weisen ihn als eine hochstehende Persönlichkeit aus. Die Inschrifttafel im unteren Bildviertel benennt ihn als Berater und Arzt des Kaisers Ferdinand I. (1503–1564) und seines Nachfolgers Maximilian II. (1527–1576). Er begleitete sie auf ihren Reisen. Hinzu kamen die Fahrten zum Herrschaftssitz, erst nach Wien, später auch nach Prag, da Crato ab 1576 auch für den neuen Kaiser Rudolf II. (1552–1612) als Leibarzt tätig war.
Den Stich fertigte der in Dalmatien geborene Martino Rota. Der Kupferstecher, Zeichner, Maler und Bildhauer wirkte in Rom, Florenz und Venedig. Von 1568 bis zu seinem Tod war er kaiserlicher Maler und Bildhauer. Das Bildnis muss nach dem 18. September 1567 entstanden sein, als Johannes Crato den Adelstitel »von Krafftheim« erwarb, wie auf dem Kupferstich bereits vermerkt ist. Das Bildnis von Crato bildete die Grundlage für weitere Porträts des Breslauer Arztes. R.E.

Lit.: Oszczanowski/Gromadzki 1995, S. 63, Nr. 183; Ausst.-Kat. Legnica/Praha 2006, Nr. II.4.14.

4|7

4|8

Ordnung der Preservation

Johannes Crato (Breslau 1519 – 1585 Breslau)
Breslau: Crispin Scharffenberg, 1555
Buchdruck, 64 S.; 19,8 × 14,6 cm
Sächsische Landesbibliothek – Staats- und Universitätsbibliothek Dresden,
Sign. Path.spec.150

1555 veröffentlichte Johannes Crato seine Pestordnung, die er in seiner Tätigkeit als Stadtphysicus seiner Heimatstadt Breslau verfasst hatte. Wie er auf dem Titelblatt in Form eines lateinischen Gedichtes ausführt, bezieht sich Crato auf bedeutende Mediziner der Neuzeit wie Jean Fernel (1497–1558) und seinen Lehrer Giovanni Battista Monte (1498–1551). In drei Teilen erläutert er auf Deutsch, und nicht wie üblich bei medizinischen Traktaten dieser Zeit auf Latein, wie man sich vor der immer wieder grassierenden Pest schützen kann, wie man sie diagnostiziert und kuriert und schließlich wie die äußerlichen Symptome wie Geschwüre und Blattern versorgt werden können. So sei vor allem auf Reinlichkeit, aber auch auf Sauberkeit in den Städten zu achten. Er beschreibt detailliert den Krankheitsverlauf am Menschen und versucht, die Symptome zu systematisieren. Er gibt therapeutische und pharmazeutische Ratschläge, spricht sich aber gegen den übermäßigen Aderlass aus.
Mit der Theorie, die Ursache der Pest liege im göttlichen Willen und werde durch die Luft, die »üblen Dünste« übertragen, folgt Crato noch den tradierten Erklärungen. Er ist sich aber bewusst, dass unter dem Begriff Pest viele verschiedene Varianten, gar verschiedene Krankheiten zusammengefasst werden. Seine Schrift stellt einen wichtigen Schritt zur Bekämpfung der Seuche dar, zumal die Verhütung, die »preservation«, noch bis in das 19. Jahrhundert hinein das einzig wirksame Mittel gegen diese meist tödlich verlaufende Seuche war. Erst um 1900 wurden die Bakterien identifiziert, die über Flohstiche die Seuche auslösen. R.E.

Lit.: VD 16: C 5719.

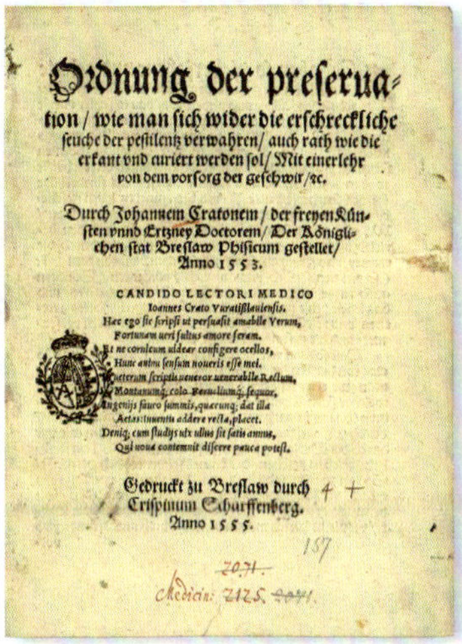
Ordnung der preseruation / wie man sich wider die erschreckliche seuche der pestilentz verwahren / auch rath wie die erkant und curiert werden sol / Mit einer lehr von dem vorsorg der geschwir / etc.

Durch Johannem Cratonem / der freyen Künsten unnd Ertzney Doctorem / Der Königlichen stat Breslaw Phisicum gesteller / Anno 1553.

CANDIDO LECTORI MEDICO
Ioannes Crato Vratislauiensis.
Hæc ego sic scripsi ut persuasit amabile Verum,
Fortunam veri fultus amore feram.
Et ne corniculum videar configere ocellos,
Hunc animi sensum noueris esse mei.
Ceterum scriptis ueneror uenerabile Reclum,
Montanumq; colo Fernelium q; sequor,
Ingenijs fauro summis, quærunq; dat illa
Aetas inuentis addere recta, placet.
Deniq; cum studijs uix ullus sit satis annus,
Qui noua contemnit discere pauca potest.

Gedruckt zu Breslaw durch Crispinum Scharffenberg. Anno 1555.

4 | 8

4 | 9

4 | 9

Medaille auf Johannes Crato von Krafftheim

Antonio Abondio d. J. (Riva 1538 – 1591 Wien)
um 1570
Silber, gegossen; 32,7 × 26,4 mm
Umschrift Vs.: »IO. CRATO A CRAFFTHEIM CONS: ET MED: CAES:«;
Umschrift Rs.: »IRAE MODERERIS ET ORI«
Kunsthistorisches Museum, Wien, Münzkabinett, Inv.-Nr. MK_013614bb

Johann Christian Kundmann schildert in seiner Publikation »Silesiis in nummis« nicht nur ausführlich das Leben und Wirken Johannes Cratos, sondern bildet auf zwei Tafeln auch vier verschiedene Medaillen auf den berühmten Breslauer Arzt ab. Dies zeigt die hohe Wertschätzung, die Crato zu Lebzeiten entgegengebracht wurde. Die künstlerisch herausragendste stammt von Antonio Abondio, der als Medailleur und Porträtmaler am Hofe der Kaiser Maximilian und Rudolf II. in Prag und Wien tätig war. Die ovale Silbermedaille zeigt auf dem Avers das Bildnis von Crato im Profil nach rechts; die Haare, der Bart und die Kleidung mit Schulterpelz sind ähnlich gestaltet wie auf dem grafischen Porträt von Martino Rota. In einer zweiten Version der Medaille ist Crato ohne Pelz dargestellt. Die Umschrift weist ihn namentlich als Berater und Arzt des Kaisers bzw. der Kaiser aus. Auf dem Revers ist ein kräftiger Mann dargestellt, der mit einem Löwen ringt. Oszczanowski deutete 2006 diese Figur als Samson im Kampf mit dem König der Tiere, gemäß dem alttestamentarischen Symbol von Macht und Kraft. Dieses dürfte nicht nur als Hinweis auf den Namen »Krafftheim« zu verstehen sein, sondern auch auf seinen Beruf, indem er als Arzt und Wissenschaftler über Krankheit und Übel obsiegt. R.E.

Lit.: Kundmann 1738, S. 385 – 398, Taf. 28, Nr. 85 – 87, Taf. 29, Nr. 88; Friedensburg/Seger 1901, Nr. 3837; Habich 1934, Nr. 3359; Dworschak 1958, S. 80; Schulz 1988, S. 6, 20, Nr. 5.5; Ausst.-Kat. Legnica/Praha 2006, Nr. II.4.15 (Variante).

4 | 10

Aderlass- und Planetenkalender

Johannes Wirdung von Haßfurt
(1463 – um 1540)
Leipzig, 1495
Buchdruck, Holzschnitt; 46 × 30 cm
Stadtgeschichtliches Museum Leipzig, Bibliothek, Sign. I K 1412

Der Kalender gehört zu den Leipziger Frühdrucken und ist ein Beispiel für astronomisch-astrologische Literatur, sogenannte Prognostica oder Practica, mit deren Hilfe man Voraussagen treffen konnte, die aus den Planetenkonstellationen und Himmelserscheinungen hervorgingen. Die meisten Kalender wurden in Latein verfasst, es gab sie aber zunehmend auch in deutscher Sprache. Sie waren als Verbrauchsliteratur und frühe »Massenware« für einen breiten Leserkreis gedacht. Bei dem hier gezeigten konnte man die günstigste Zeit für den Aderlass (Phlebotomie), d. h. für eine bis zur Frühen Neuzeit wichtige medizinische Therapie, feststellen. Mit der Erarbeitung dieser Schriften und der Berechnung von astronomischen Konstellationen waren meist Universitätsprofessoren befasst, wie in diesem Fall der Leipziger Humanist und Astrologe Johannes Wirdung von Haßfurt. Er lehrte nach seinem Studium im Jahr 1491 in Leipzig, ab 1492 in Heidelberg, wo er zum Doktor der Medizin promoviert und zum Astrologen des Kurfürsten Philipp von der Pfalz (1448 – 1508) ernannt wurde. Obwohl er mit Philipp Melanchthon und anderen Humanisten in enger Verbindung stand, blieb er Anhänger der römischen Kirche. Er verfasste eine große Zahl astrologischer Schriften, die auf meteorologischen Beobachtungen basierten.
Auf dem Holzschnitt steht links Christus als Herrscher der Welt, Sonne und Saturn halten den Himmelskreis mit den Tierkreiszeichen. Rechts fungiert als Wappenhalter ein sogenannter wilder Mann. Er hält das Leipziger Stadtwappen, was auf die Herstellung des Kalenders in Leipzig schließen lässt. D.M.

Lit.: Steinmetz 1981; Ausst.-Kat. Berlin 2006 b; Ausst.-Kat Leipzig 2006, S. 109 f.

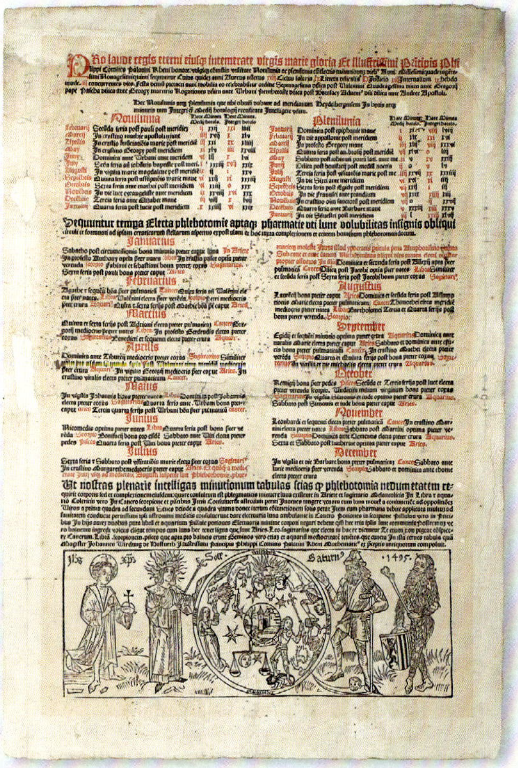

4 | 10

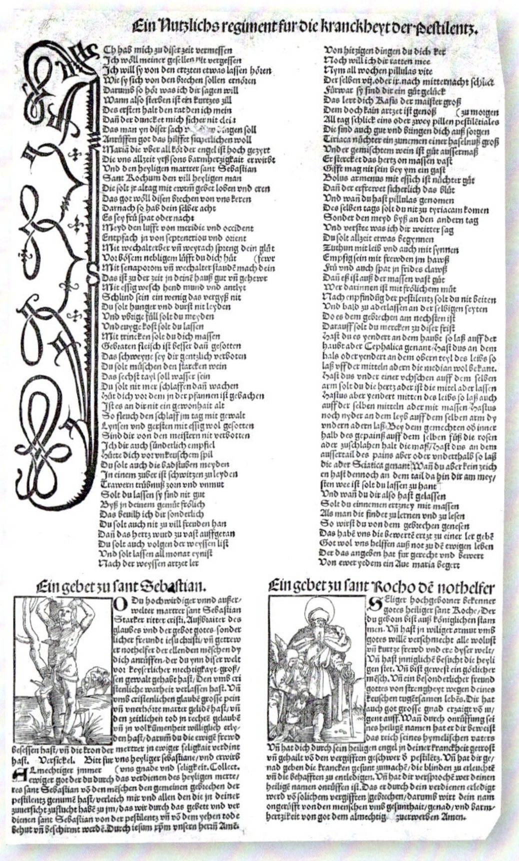

4 | 11

4 | 11

Ein Nutzlichs regiment fur die kranckheyt der Pestilentz

Johann Weißenburger (?)
(Nürnberg um 1465 – 1534 Passau)
Nürnberg, um 1520
Holzschnitt; 36 × 22,5 cm
Bayerische Staatsbibliothek München,
Sign. Einbl. I,54

Der Einblattholzschnitt widmet sich dem Schutz vor der Pest. Unter dem Titel gibt ein Gedicht in zwei Spalten verschiedene Ratschläge. Neben täglichem Gebet soll schlechte Luft gemieden werden: Zu dieser Zeit vermutete man hierin noch die Erreger. Das Reinigen der Hände und des Mundes sei mit Essig vorzunehmen. Regelmäßiger Schlaf und kein übermäßiges Essen, kein Schweinefleisch und wenig Alkohol förderten die Gesundheit. Auch zur regelmäßigen Einnahme von Medikamenten wird geraten. Diese eher allgemein-praktischen Hinweise – sicher von positiver Wirkung auf den Organismus – werden die Pest und wohl auch andere Seuchen kaum verhütet haben. Die moralisierenden Anweisungen, das Spiel, auch Trübnis, Zorn und Unmut zu vermeiden, zeigen, wie stark im ausgehenden Mittelalter noch die Ansicht verbreitet war, solche Epidemien seien Strafen Gottes und könnten mit keuschem Lebenswandel verhindert werden.

Im unteren Viertel finden sich zwei Gebete zum hl. Sebastian und zum hl. Rochus, die in zwei kleinen Holzschnitten mit den üblichen Attributen bildlich dargestellt sind. Sebastian ist an einen Baum gebunden und von Pfeilen getroffen. Sogenannte Sebastianspfeile trug man zum Schutz vor der Pest. Rochus ist mit Pilgerstab und einem Engel gezeigt, der auf die Pestbeule am Knie deutet. Er soll viele Menschen wundersam von der Pest geheilt haben.

Mit diesen oft illustrierten Einblattdrucken wandte man sich an ein leseunkundiges Publikum; oft wurden die Texte auch vorgelesen. Das Blatt wird dem Drucker Johann Weißenburger zugeschrieben; er wirkte in Nürnberg, Landshut und Passau. Er war streng katholisch und auch als Priester tätig, was die religiös motivierten Ermahnungen erklären würde. R.E.

Lit.: Schottenloher 1930, S. 2, 40, 42; Scribner 1981; Reske 2007, S. 506 f., 660 f., 769.

4 | 12

Catalogus medicamentorum

Die Richtigste Ordnung, ist ein jedes
an seinen Orth, Verhüttet viel Schaden und giebt gute Förderung. Ubi non ordo, ibi confusio [...]
Johann Büttner (Görlitz 1571 – 1634 Görlitz)
Görlitz: Johann Rhambau, 1629
Buchdruck, 79 Bl.; 17 × 19 cm
Oberlausitzische Bibliothek der Wissenschaften, Görlitz, Sign. L V 75.2,4

Der als Sohn des Apothekergehilfen Elias Büttner in Görlitz geborene Johann Büttner erwarb 1625 die Görlitzer Apotheke. Nachdem er 1612 ein kaiserliches Privileg zur Herstellung von »Confect und Präeparata Chemica« erhalten hatte, wurde dieses im Jahre 1627 umfassend bestätigt, da er sich auf dem Gebiet der Chemie besonders hervortat. Seine Arbeit als Apotheker in Görlitz fällt in die Zeit des Übergangs von der durch Paracelsus beeinflussten Chemiatrie zur präparativen Chemie des 17. Jahrhunderts. Dass er mit dem Gedankengut der Rosenkreuzer vertraut war und damit sympathisierte, könnte man aus dem von ihm selbst entworfenen Titelblatt seines »Catalogus« schließen: Das »C R« könnte für »Crux Rosarum = Christian Rosenkreutz« stehen. Daneben schmücken Abbildungen von Arzneipflanzen, Laborgeräten und die alchemistischen Zeichen das Titelblatt.
Der »Catalogus« verzeichnet die in einer Apotheke um 1630 vorrätig gehaltenen Substanzen; sie stammten teils aus entfernt liegenden Gegenden Europas und zeigen, was über Handel und berufliche Kontakte erworben werden konnte. Weiter enthält er eine Apothekerordnung, die die Pflichten des Apothekers und seiner Gehilfen festschreibt, sowie eine Arzneitaxe, die 1633 vom Landeshauptmann und 1638 vom Sächsischen Kurfürsten bestätigt wurden. M.W.

Lit.: VD 17: 23:634593F; Hickel 2001.

4 | 13

Consilium zu Praeservation und Curation Der Pest

mit dem Anhang einer Meditation Von des itzigen Pest-Giffts Geburt und Eigenschaft
Martin Heer (1643 – 1707)
Görlitz: [Zipper'sche Erben], 1680
Buchdruck, 34 Bl.; 17 × 20 cm
Oberlausitzische Bibliothek der Wissenschaften, Görlitz, Sign. L VIII 314.19

Die Erfahrung hatte die Menschen längst gelehrt, dass die Pest eine permanente Bedrohung war, von der sie unmittelbar betroffen waren. Immer wieder wurden Pestfälle aus angrenzenden Regionen oder aus der Ferne vermeldet. Nachdem 1679 in Wien die Seuche ausgebrochen war und im Frühjahr 1680 u. a. auch in Sachsen zu grassieren begann, darunter in den an der via regia gelegenen Städten Leipzig, Oschatz, Kamenz, reagierte man auch in Görlitz auf die Seuchenbedrohung. Im Juli 1680 befahl der Görlitzer Rat den Bäckern und Fleischern, dafür Sorge zu tragen, dass zur Versorgung der Stadtbewohner genügend Fleisch und Brot zur Verfügung steht. Darüber hinaus wurde den Trödelweibern unter Androhung von Strafe das Herumtragen und Verkaufen alter Kleidung verboten. Zudem stellte der Rat in Vorbereitung auf den Ernstfall einen Pestchirurgen sowie je drei Totenträger und -gräber ein.
Vor dem aktuellen Hintergrund der Pestgefahr legte der Görlitzer Physikus Martin Heer dem Rat seine Schrift zur Präservation und Kur der Pest vor, die Ratschläge zur Pestabwehr, aber auch für die Kur Erkrankter enthält. Unter Punkt XIIX [18] der Schrift geht Heer auf die Kleidung der Leute ein, die an infizierte Orte gehen müssen: Er empfiehlt, dabei die Instruktionen für die Pestärzte nachzuahmen und über der Kleidung einen Regenrock von »gewächster Leinwad / oder anderm glatten Zeuge / weil an so glattem Zeuge nicht sobald die Pest-Gifft einfällt / als an wöllinen rauen Tüchern oder Zeugen« zu tragen. E.S.

Lit.: VD 17: 14:692294H.

4 | 14

Pomander mit acht Fächern

deutsch, 16. Jh.
Silber, innen vergoldet, graviert; Durchmesser geschlossen: 2,5 cm; Höhe: 5 cm
Stiftung Deutsches Hygiene-Museum, Dresden, Sammlung Schwarzkopf, Inv.-Nr. SK 1073

Dieser kugelförmige Pomander auf rundem Standfuß hat einen Schraubenkopf, auf dem mittig eine Öse sitzt, an der eine Kette mit Ring befestigt ist. Vier Medaillons mit Vogelmotiven zieren die Außenwand. Durch Drehen des Kopfes öffnet er sich in acht vertikale Segmente, die an einer Mittelsäule auf Scharnieren sitzen und mit Schiebedeckeln verschlossen sind, wobei ein Deckel fehlt. Zur Handhabung sind die Deckel mit einem Knopf ausgestattet, zudem nummeriert und

Die Richtigste Ordnung/ist ein jedes an seinen Orth/ Verhüttet viel Schaden/und giebt gute Förderung. Ubi non ordo. Ibi confusio. M.DC.XXVIII

4 | 12

D. O. M. S.
CONSILIUM
Zu
PRÆSERVATION
und
CURATION
Der Pest.
Mit dem Anhang einer
MEDITATION
Von des itzigen Pest-Giffts Geburt und Eigenschaffe
Martini Heer/ M. D.
Physici Gorlic.
ANNO reparatæ Salutis, M. D. C. LXXX.

4 | 13

4 | 14

4 | 15

mit den Namen folgender Duftstoffe versehen: KANEL, ROSMARIN, MUSCAT, NEGELKEN, ROSEN, CITRON, LAVENDEL. Das in der Mittelsäule befindliche Fach dient der Aufbewahrung eines Löffels, der am abschraubbaren Standfuß befestigt ist.
Pomander – abgeleitet von den französischen Begriffen pomme (Apfel) und ambre (Ambra) – waren bis zum 18. Jahrhundert weit verbreitete Behälter für feste Duftstoffe. Sie wurden am Körper bzw. an der Kleidung getragen und auch als Bisam- oder Desmerapfel bezeichnet. Sowohl mit der Wahl der Apfelform als auch der Inhaltsstoffe wurden prophylaktische und heilende Zwecke verfolgt. Der Glaube an die magische Kraft der Pomander sowie die luftreinigende Wirkung der Düfte bezog sich sowohl auf die Abwehr von Seuchen als auch auf die Absicherung gegen unterschiedlichste Leiden. Zunächst waren die Behältnisse nur mit einer festen Duftsubstanz wie Moschus (Bisam) oder Ambra gefüllt. Dieser reich verzierte Bisamapfel gehört zu späteren Exemplaren aus dem 16. und 17. Jahrhundert, die in mehreren Fächern unterschiedliche Duftstoffe für eine differenzierte Verwendung bereithielten. Mit ihrem ausgeklügelten Aufbau und den faszinierenden Details zeugen diese Duftgefäße von einer Meisterschaft der Silber- und Goldschmiedekunst. S.R.

Lit.: Philippovich 1966, S. 264–266; Launert 1985, S. 16–25, Abb. S. 108; Ausst.-Kat. Dresden 1995, S. 155–160.

4 | 15

Anatomie einer schwangeren Frau

unbekannter Künstler
oberdeutsch, 17. Jh.
Holz (Buchs- oder Birnbaum?), Bein, geschnitzt; 28 × 6 cm
Heimatmuseum und Naturalienkabinett, Waldenburg, Inv.-Nr. NAT 140 L

Bei der fein gearbeiteten kleinen Holzskulptur einer Frau handelt es sich um ein anatomisches Modell. Entspannt und schlafend liegt sie entblößt auf einem Tuch. Die Brust- und Bauchdecke lässt sich abnehmen, die darunter liegenden Organe sind einzeln herausnehmbar, bis sie den Blick in die Gebärmutter offenbaren. Hier liegt ein kleiner, aus Bein (Zahn?) geschnitzter Fötus. Das Innere ist eher schematisch dargestellt; im 17. Jahrhundert, als dieses Modell entstand, gab es durch die seit dem frühen 16. Jahrhundert durchgeführten Sektionen bereits genauere

anatomische Kenntnisse. Sie hatten in medizinischen oder künstlerischen Vorlagenbüchern Verbreitung gefunden. Vergleichbare Stücke sind meist in Elfenbein gefertigt, Holzmodelle sind eher selten. Es ist möglich, dass diese Figur für ein privates Kunst- und naturwissenschaftliches Kabinett geschaffen wurde.
Seit dem 18. Jahrhundert ist das Modell in der Sammlung Linck in Leipzig nachweisbar, die 1671/72 von dem Apotheker Heinrich Linck gegründet und von den Nachfahren fortgeführt worden war. In dem Katalog von 1787 wird das Objekt als »Eine liegende hölzerne Figur eines Frauenzimmers, von einem sehr guten Meister« beschrieben. Auch wenn der Schnitzer bislang nicht bekannt ist und seine Herkunft nur in den oberdeutschen Raum verortet wird, so orientiert er sich doch an dem Motiv der »Schlafenden Frau«, die sich in verschiedenen mythologischen Zusammenhängen auch als Nymphe oder Venus in der Malerei und Plastik der Zeit um 1600 findet. Bei diesem Modell ist der Arm im Schultergelenk beweglich: Er kann sowohl am Körper vor der Scham, aber auch neben dem Kopf liegen. So sind auch bewegliche Gliederpuppen (z. B. GRASSI Museum für Angewandte Kunst, Leipzig) als Anregung zu nennen.
Die Sammlung Linck hat sich als rares Beispiel einer bürgerlichen Naturaliensammlung fast komplett in Waldenburg erhalten. R.E.

Lit.: Linck 1783–1787, Bd. 3 (1787), S. 110 f.; Philippovich 1960, S. 174, Abb. 3; Ausst.-Kat. Leipzig 2009, S. 401; Ausst.-Kat. Gotha 2010, S. 55–57, 103 f., Nr. 62.

4 | 16

4 | 16

Altarkelch, sogenannter Pestkelch

1632
Silber, vergoldet, graviert; Höhe: 14,4 cm
bez. am Nodus: »I H E S V S«; bez. am Fuß: »PRO:PESTE:INFECTIS:INTRA:MOENIA:LIPSIACA:Ao1632«, markiert mit dem Leipziger Wappen
Stadtgeschichtliches Museum Leipzig, Inv.-Nr. Me 117

Dieser gedrungene, silbervergoldete Altarkelch stammt von einem unbekannten Meister. In der Mitte finden sich sechs Nodi mit Rodeln und Renaissancemotiven, auf denen die Buchstaben IHESVS eingraviert sind. Am Fuß findet sich das Leipziger Wappen sowie die Gravur »PRO:PESTE: INFECTIS:INTRA:MOENIA:LIPSIACA:Ao1632«. Der Kelch steht im Zusammenhang mit dem Dreißigjährigen Krieg, der Leipzig 1631 erreichte und in dessen Folge die Pest in der Stadt ausbrach. Im Jahr der Stiftung des Kelches (1632) lassen sich in Leipzig 2789 Todesfälle nachweisen, davon waren 1390 Pesttote. Da die Pest auch in den folgenden Jahren in der Stadt grassierte, könnte der Kelch, über dessen Urheber und Anlass der Herstellung nichts überliefert ist, als Gabe für den göttlichen Schutz vor der Krankheit gedacht gewesen sein. S.St.

Lit.: Ausst.-Kat. Leipzig 1997, S. 88, 226, 314.

Lorenz Heugel

Nürnberg März 1449 – 29. Juni 1513 Breslau

Clara Heugel

geborene von Popplau
geboren in Breslau – nach 1512 Breslau

Eheleute

Lorenz Heugel wurde 1449 in Nürnberg in eine alteingesessene Patrizierfamilie geboren. Seit 1476 war er Bürger von Breslau und trat in die Breslauer Vertretung des Nürnberger Handelshauses von Bartholomäus Scheurl ein. Nach dessen Tod ehelichte er die Witwe Dorothea Scheurl und übernahm die Niederlassung. In zweiter Ehe heiratete er Clara Popplau, die aus einem sehr angesehenen Elternhaus stammte. Ihr Vater Caspar Popplau war Eigentümer eines großen und erfolgreichen Unternehmens in Liegnitz, das nach Krakau, Warschau, Thorn und ins ungarische Ofen Handelsbeziehungen unterhielt. 1433 verlegte er den Sitz nach Breslau. Das Gut Pologwitz in der Nähe von Breslau, das Clara in die Ehe einbrachte, verblieb bis zum Ende des 17. Jahrhunderts im Besitz der Familie.

Der Lebenslauf von Lorenz Heugel ist typisch für die Zeit um 1500, als für die Auswahl eines Mitarbeiters in Unternehmen die Familienzugehörigkeit oder die Herkunft aus der gleichen Heimatstadt entscheidende Kriterien waren. Auch stellte die Heirat mit Töchtern einer wirtschaftlich erfolgreichen Familie vor Ort ein durchaus übliches Mittel dar, die wirtschaftliche Macht zu vergrößern. Besonders Familien aus Nürnberg und Augsburg waren mit dieser Heiratspolitik sehr erfolgreich. Über diese engen Familienverbindungen wurde natürlich auch der Austausch von Wissen und Kultur über das jeweils andere Land verstärkt. R.E.

Lit.: Petry 1935; Pusch 1986–1991, Bd. 2 (1987), S. 199–202, Abb. 10, 11, Bd. 3 (1988), S. 252–270; Steinborn 1992, S. 24; Ausst.-Kat. Köln 2006, S. 110 f.; Malarstwo śląskie 2009, S. 69 f.

4 | 17

4 | 17

Bildnis der Clara Heugel

schlesischer Maler
um 1520
Öl auf Lindenholz; 53,4 × 41,4 cm
Muzeum Narodowe we Wrocławiu,
Inv.-Nr. VIII-1740

4 | 18

Bildnis des Lorenz Heugel

schlesischer Maler
um 1520
Öl auf Lindenholz; 53,5 × 41,7 cm
Muzeum Narodowe we Wrocławiu,
Inv.-Nr. VIII-1741

4 | 18

Beide Dargestellte stammten aus Familien, die durch Handel vermögend wurden. Der in Nürnberg geborene Lorenz Heugel wanderte nach Breslau aus und erhielt hier 1476 das Bürgerrecht. Er übernahm nach der Heirat mit Dorothea Mümmeler, der Witwe seines Landsmanns Bartholomäus Scheurl (vor 1426–1474), die Geschäftsführung der Breslauer Niederlassung dessen Handelshauses. Die zweite Frau von Lorenz wurde 1487 Clara Popplau, Tochter von Caspar Popplau (1436–1499), dem Eigentümer eines florierenden Unternehmens mit Sitz zuerst in Liegnitz und ab 1433 in Breslau, einem Ratsherrn, der als wichtigster Rechtsgelehrter Breslaus im Mittelalter gilt. Die Firma Popplau, die Gold- und Silbererzeugnisse, aber auch Tuch, Gewürze und Pelze verkaufte, hatte Handelskontakte mit Böhmen, Mähren, Österreich, Bayern und im Norden mit Stettin und Thorn.
Das junge Alter von Lorenz und Clara Heugel sowie ihre Kleidung zeugen davon, dass es frühere Bildnisse, vielleicht aus der Zeit der Verlobung, gegeben haben muss, die als Vorbild für die hier besprochenen dienten. Das Prestige beider Familien wird durch die auf jedem der Bilder untergebrachten zwei Wappenpaare betont: die der Eltern und der Großeltern. Als repräsentative Patrizierbildnisse stehen die Breslauer Bilder der Nürnberger Tradition nahe; an diesen Kreis, vor allem an die Werke von Peter Gaertner, erinnert auch die künstlerische Stilistik. E.Ho.

Lit.: Ausst.-Kat. Köln 2006, Kat.-Nr. 33 f.; Malarstwo śląskie 2009, Kat.-Nr. 1 f.

Jacob Böhme

Alt Seidenberg bei Görlitz 1574 – 17. November 1624 Görlitz
Philosoph, Theosoph und Mystiker

Der in eine Bauernfamilie geborene Jacob Böhme erlernte das Schuhmacherhandwerk. 1599 erwarb er in Görlitz das Meister- und Bürgerrecht und heiratete die Tochter eines Görlitzer Fleischermeisters. Als gläubiger Mensch las Böhme die Bibel und dachte intensiv über die Einheit von Mensch, Gott und Natur und die allen Verhältnissen zugrunde liegende Einheit von Gut und Böse nach. Nachdem er 1600 erste visionäre Erlebnisse gehabt hatte, schrieb er seine Erkenntnisse über den Grund aller Dinge in seinem ersten Manuskript »Morgenröthe im Aufgang« nieder. Böhmes Anschauungen wurden zuerst durch Abschriften in den Kreisen befreundeter schlesischer Edelleute verbreitet. Bald jedoch geriet er mit seinen Ideen in scharfen Widerspruch zur protestantischen Orthodoxie. Der Pastor Gregor Richter forderte den Rat der Stadt Görlitz auf, gegen die »ketzerische« Schriftstellerei des Schusters vorzugehen. Böhme wurde nach einem Verhör durch Bartholomäus Scultetus ermahnt und musste geloben, künftig nichts mehr zu schreiben. Sechs Jahre lang hielt sich Böhme daran. Ab 1619 jedoch schrieb er in rascher Folge 32 weitere philosophische Schriften nieder. Jacob Böhme starb im November 1624, verarmt und angefeindet, mit den Worten »Nun fahre ich hin ins Paradies«.

Auch wenn von Böhme selbst wenige Reisen dokumentiert sind, wanderten seine Schriften über die via regia nach Holland, wo 1682 die erste Gesamtausgabe verlegt wurde, und von dort in die ganze Welt. Als ein »Philosoph des Übergangs« ist Böhme ein Bindeglied in der Reihe der deutschen Denker vom Mittelalter bis zur Aufklärung, von Meister Eckhard über Nikolaus von Cues, Paracelsus und Luther hin zu Leibniz, Hegel und Schelling. Als erster nutzte Böhme die deutsche Sprache für die Darstellung komplexer philosophischer Sachverhalte. Daher nannte ihn Hegel den »ersten deutschen Philosophen«. Böhmes Menschenbild ist deshalb so anziehend für uns, weil er kein abstraktes, sondern ein mit den Widersprüchen in der Natur verbundenes Menschenbild zeigt. M.W.

Lit.: Lemper 1976; Dünnhaupt 1990; Böhme-Symposium 2000; Gauger 2000; Harmsen 2007.

4 | 19

Bildnis von Jacob Böhme

Christian Gottlob Glymann (?)
(Kamenz 1684 – 1730 Bautzen)
1. Hälfte 18. Jh.
Öl auf Holz; 38 × 36 cm
beschr. o.: »JAKOB BEHME«
Städtische Sammlungen Kamenz,
Inv.-Nr. L:V13Kl

Das älteste überlieferte Porträt von Jacob Böhme in Öl entstand postum nach Beschreibungen seines Biografen Abraham von Franckenberg, der Böhme jedoch erst in seinen letzten Lebensjahren kennenlernte, als er bereits von Krankheit gezeichnet war. Andere Porträts im Kupferstich aus dem 17. Jahrhundert zeigen Böhme als lebensfrohen, engagierten Philosophen und Denker.
Der in Altseidenberg geborene Jacob Böhme war von Beruf Schuhmacher. Seit 1599 war er Görlitzer Bürger und Meister seiner Zunft. Unzufrieden mit den Zuständen der Gesellschaft und der Kirche verfasste Jacob Böhme 1612 seine erste Schrift »Die Morgenröthe im Aufgang«, die massiven Anstoß beim lutherisch-orthodoxen Oberpfarrer Gregor Richter erregte. Ein Schreibverbot hielt Böhme bis 1618, dem Ausbruch des Dreißigjährigen Krieges, ein. Es folgte bis zu seinem Lebensende eine intensive Schaffensperiode, in der auf Anregung seiner Freunde und Förderer aus dem schlesischen Adel, aber auch von Ärzten und Apothekern, eine Vielzahl von Werken entstand. Diese fanden als Abschriften schnell weite Verbreitung. Aus der Kenntnis der Schriften von Paracelsus, Valentin Weigel, Caspar Schwenckfeld und anderen entwickelte Böhme seine Gedankenwelt. Er löste den Gottesbegriff aus der Theologie und machte ihn zum Gegenstand der Philosophie. Dabei entwickelte Böhme eine Dialektik, wonach der Kampf der Gegensätze die Quelle aller Entwicklung sei. Böhme wollte eine neue große Reformation zur Erneuerung des Denkens, der Religion und der Gesellschaft. Als »Philosophus teutonicus« sollte Böhme in die Geschichte eingehen. I.A.

Lit.: Lemper 1976.

4 | 19

4 | 20

4 | 20

Jacob Böhme

Nicolaus Häublin
(Wöhrd vor 1645 – 1687 Frankfurt a. M.)
1677
Kupferstich; 44,7 × 35,2 cm
bez. u. Mitte: »Lucinos a Lhibenau inv. 1675«, »Desid. Stierhort van Leiden delineavit«; u. r.: »Allardus Wekker Excudit Amsteld. 1677«, »N. van Werd fecit«
Herzog August Bibliothek Wolfenbüttel, Sign. Porträt III, 90.1

Im Jahre 1677 gelang dem Kupferstecher Nicolaus Häublin ein Stich, der nicht nur das Porträt von Jacob Böhme abbildet, sondern auch fast das gesamte Vokabular der um Böhme herum gebauten komplexen mystischen Ikonografie zusammenfasst. Im Zentrum ist ein Brustbild von Böhme mit vor der Brust gekreuzten Händen in einem Lilienkranz zu sehen. In einer verwirrenden Vielfalt werden um ihn herum detailreich verschiedene Zeichengebäude von Licht- und Schattenwelt, die Betonung der Siebenzahl, Augen-, Herz-, Dreieck- und Zeitsymbole in meist geometrischen Modellen vorgeführt. Zahlreiche Inschriften ergänzen die Versatzstücke der christlich-barocken Symbolik, hier im Namen der Böhmeschen Mystik uminterpretiert. Der symmetrische Bildaufbau in oben und unten bzw. links und rechts lässt die Darstellung aufeinander aufbauender Systeme und Gegenüberstellungen von Gut und Böse zu. Die Figur von Jacob Böhme im Mittelpunkt vermittelt zwischen all diesen mystischen Bildern.
Häublin, der nicht nur in Nürnberg, Leipzig und Frankfurt am Main tätig war, sondern auch in den Niederlanden, hat den Stich mit seinem Pseudonym »N. van Werd« signiert. Die anderen Personen, die das Thema erfunden, gezeichnet und verlegt haben sollen, sind bislang unbekannt. Häublin wird auch als Illustrator von Böhme-Ausgaben vermutet. Sein hier gezeigter Stich stellt den Versuch dar, die Motive Jacob Böhmes in eine Bildsprache zu übersetzen und verständlich zu machen. Die Wirkung dieser mystisch-okkulten Motive ist bis in das 20. Jahrhundert hinein zu verfolgen. R.E.

Lit.: Geissmar 1993, S. 49 – 51, Abb. S. 101.

4 | 21

Tabel von den Dreyen Principien

nach Jacob Böhme (Alt Seidenberg b. Görlitz 1574 – 1624 Görlitz)
Handschrift auf Papier, eingebunden in: Jakob Böhme, 5 Traktate, fragmentarische Abschriften, nach 1624, Nr. 4.
etwa 33 × 39 cm
Herzog August Bibliothek Wolfenbüttel, Sign. 66 Noviss. 4°, Bl. 70

Auf Veranlassung des Görlitzer Oberpfarrers Gregor Richter hatte Jacob Böhme am 30. Juli 1613 geloben müssen, keine Schriften über religiöse Fragen mehr zu verfassen. Sechs Jahre hat er sich an dieses Gelöbnis gehalten. In dieser Zeit war er vornehmlich als Garnhändler tätig. Seine geschäftlichen Reisen führten ihn zu Gelehrten, Ärzten, Humanisten und interessierten Adeligen, unter denen seine »Morgenröthe« bereits in Abschriften kursierte. Sie ermunterten ihn in seinem philosophischen Denken und ermöglichten ihm den Kontakt mit paracelsistischem und alchimistischem Gedankengut. 1618 entschloss sich Böhme im Vertrauen auf die Unterstützung seiner adeligen Unterstützer zum Bruch mit der Kirchenobrigkeit und begann mit der Niederschrift eines neuen Werkes »Von den drei Prinzipien«. In seinen Briefen berichtete er von seinem gefühlten inneren Drang dazu: »So ich schreibe, diktiert es mir der Geist in großer wunderlicher Erkenntnis« und »Es ist dies die Ursach: dass das brennende Feuer [...] geschwind antreibt, dem muß die Hand und Feder nacheilen. Denn es geht wie ein Platzregen; was es trifft, das trifft es.«
Die »Tabel von den Drey Prinzipien« kann dabei als ein Versuch gesehen werden, das hochkomplexe Gottes-, Welt- und Menschenbild Böhmes, um dessen adäquaten Ausdruck und Niederschrift er angestrengt rang, zu systematisieren. Die drei Tabellen »TETRAGRAMMATON«, »MACROCOSMOS« und »MICROCOMOS« enthalten vielfältige Elemente der jüdischen und christlichen Kabbala sowie der Alchemie, deren sich der Görlitzer Theosoph in eigener Deutung bedient. M.W.

Lit.: Peuckert 1957; Lemper 1976, S. 69 – 80; Rusterholz 2007.

4 | 22

Des Gottseeligen Hocherleuchteten Jacob Böhmens Teutonici Philosophie Alle Theosophische Wercken

Jacob Böhme (Alt Seidenberg b. Görlitz 1574 – 1624 Görlitz)
Amsterdam: [Johann Georg Gichtel, gedruckt von Lucas Bijsterius, unter Beteiligung von Andries und David (II) van Hoogenhuysen], 1682
Daraus Bd. 1: Morgenröte im Aufgang: Das ist: Die Wurtzel oder Mutter der Philosophiae, Astrologiae und Theologiae Aus rechtem Grunde. Oder Beschreibung der Natur
Buchdruck, [12] Bl., 260 S.; 10,5 × 15,5 cm
Oberlausitzische Bibliothek der Wissenschaften, Görlitz, Sign. 4.00.72

Jacob Böhme hinterließ neben 78 Sendbriefen an Freunde und Gönner 33 eigenständige philosophische Schriften. Nur eine einzige davon – Der Weg zu Christo – erschien 1624 noch zu seinen Lebzeiten im Druck. Die protestantische Orthodoxie in Sachsen machte eine Publikation seiner Werke in seiner Heimat unmöglich, denn er war zum »Anstoß und Ärgernüß der Dialectischen Schuhl-gelehrten und Metaphysischen Kirchen-Liechter« geworden. Erst nachdem seine Manuskripte den Weg in die Niederlande gefunden hatten, war eine Gesamtausgabe seiner Schriften möglich. Seine Erstlingsschrift »Morgenröthe im Aufgang« ist geprägt durch persönliche spirituelle Erfahrungen in den Jahren 1600 und 1610, die ihn veranlassten, seine Gesamtschau von Gott, Welt und Natur zu Papier zu bringen.
Der Amsterdamer Kaufmann Abraham Willemsz van Beyerland (d. Ä., 1586/87–1648) hatte unmittelbar nach Böhmes Tod – inspiriert und begeistert von seinen Ideen – eine umfangreiche Sammlung von Autografen und frühen Kopien der Werke des »Philosophus Teutonicus« zusammengetragen. Zahlreiche Schriften wurden durch ihn in die niederländische Sprache übersetzt und herausgegeben. Nach seinem Tod wurde die Sammlung 1680 von Willem Gozewijn Huygens (1648–1699), Bürgermeister von Arnheim, erworben. Sie diente als Grundlage für die Arbeit an der ersten kritischen Gesamtausgabe, die durch den deutschen protestantischen Mystiker Johann Georg Gichtel (1638–1710) von 1681 an betrieben wurde. Für die Finanzierung des umfangreichen Projektes hatte Huygens 6000 Taler für Druck und Verlagskosten zur Verfügung gestellt.

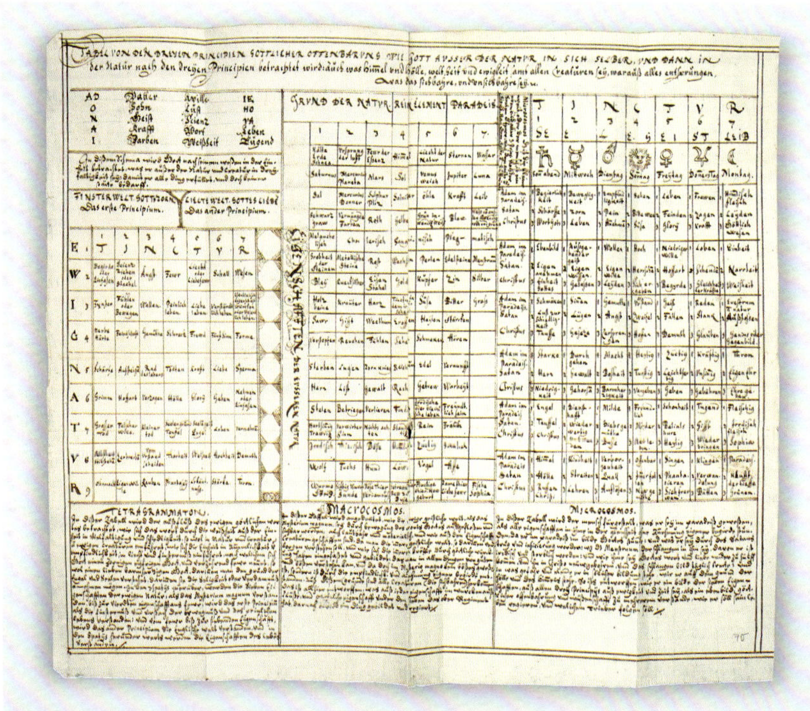

4 | 21

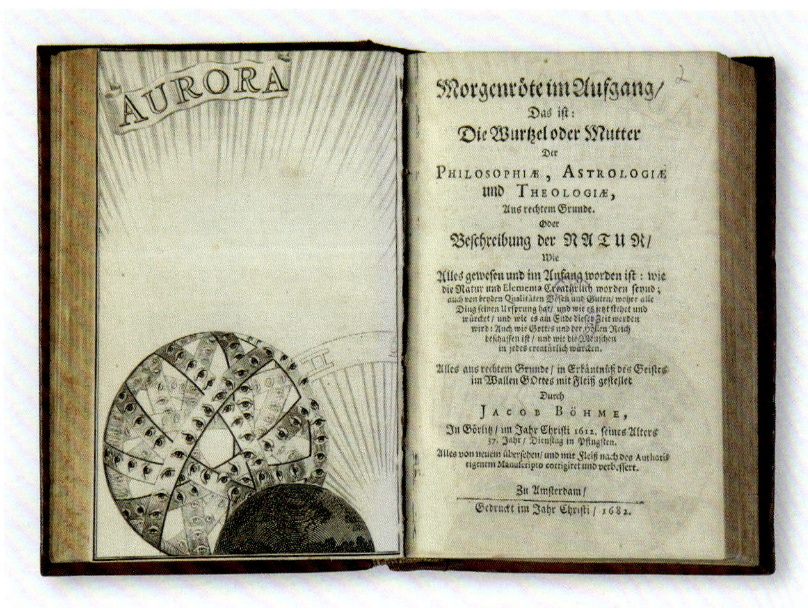

4 | 22

Die im Duodez-Format gedruckten insgesamt 15 Bände sind mit einem Gesamttitelblatt und 21 Illustrationen von der Hand des aus Riga stammenden Michael Andreae (etwa 1628–1720) ausgestattet. Seine Illustrationen voller komplexer Symbolik spielten für spätere esoterische Annäherung an Böhme eine wichtige Rolle. M.W.

Lit.: Buddecke 1957; Geissmar 1993; Harmsen 2007.

4 | 23

Theosophia Revelata

Das ist Alle göttlichen Schriften des Gottseligen und Hocherleuchteten Deutschen Theosophie Jacob Böhmens
Herausgeber: Johann Otto Glüsing (1676–1727)
Hamburg, 1715
Buchdruck, [4] Bl., 2174 Sp.; 23 × 33 cm
Oberlausitzische Bibliothek der Wissenschaften, Görlitz, Sign. 4.00.1a

91 Jahre nach Böhmes Tod und 33 Jahre nach der 1682 in Amsterdam erfolgten ersten Gesamtausgabe wurde diese zweite Gesamtausgabe durch den im Auftrag des Böhme-Anhängers Johann Wilhelm Überfeld (1659–1732) handelnden Johann Otto Glüsing in Altona bei Hamburg besorgt. Glüsing war ein Anhänger der von Johann Georg Gichtel (1638–1710) begründeten radikalpietistischen Gruppierung der »Engelsbrüder« und Oberhaupt dieser Gemeinschaft in Hamburg und Schleswig-Holstein. Er stellte die Texte auf der Basis der ersten Gesamtausgabe von 1682 zusammen und ergänzte sie durch neu aufgefundenes Handschriftenmaterial Böhmes und die Anmerkungen Gichtels, der sich als Herausgeber der ersten Gesamtausgabe der Werke Böhmes 1682 Verdienste erworben hatte. Außerdem wurde das Werk um ein Register und mehrere biografische Berichte ergänzt. Für das Frontispiz fand ein Böhme-Bildnis »von eines guten Künstlers Hand in Amsterdam, nach einer in Hamburg angetroffenen gar alten Schilderey« Verwendung.

Die Ausgabe ist in Hamburg erschienen und wurde dort von Hermann Heinrich Holle gedruckt. Der Druck begann im Dezember 1714 und dauerte sieben Monate. Ein reicher Hamburger Kaufmann namens Poppe soll die Kosten für das Unternehmen getragen und jedem Engelsbruder ein Exemplar geschenkt haben. Im Gegensatz zur früheren Ausgabe hat man eine große und gut lesbare Type verwendet. Der Druck in zwei Spalten und das große Format machen den Text übersichtlich und erleichtern die Benutzung.

Die Illustrationen des Michael Andreae (etwa 1628–1720), welche die erste Ausgabe bereichert hatten, fanden 1715 keine Verwendung mehr. M.W.

Lit.: Buddecke 1957; Harmsen 2007.

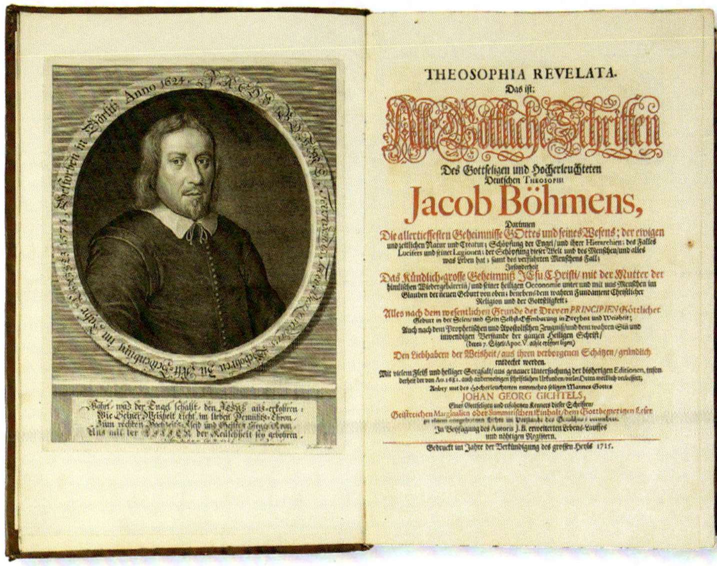

4 | 23

4 | 24

The works of Jacob Behmen, the Teutonic theosopher

To which is prefixed, the life of the author. With figures, illustrating his principles
Herausgeber: William Law (King's Cliffe, Northamptonshire 1686–1761 King's Cliffe, Northamptonshire)
London: Richardson, 1764–1781
Buchdruck, Bd. 3: 507, 37 S.: 3 Ill.; 23 × 28 cm
Oberlausitzische Bibliothek der Wissenschaften, Görlitz, Sign. 6.40.21

William Law war als Devotional-Schriftsteller und Mystikliebhaber mit den Schriften Jacob Böhmes in einer Übersetzung John Sparrows (1615–1670) bekannt geworden. Er beabsichtigte, Böhmes Werke in einer neuen Übersetzung herauszugeben. Dafür erlernte er die deutsche Sprache und las Böhme im Urtext; aber er starb, ohne sein Vorhaben ausgeführt zu haben. Mrs. Elizabeth Hutcheson, eine vertraute Freundin Laws, veranlasste seine Anhänger, die Ausgabe herzustellen und Law damit ein Denkmal zu setzen.
Um das Welt- und Menschenbild Böhmes in seiner metaphysischen Struktur anschaulich vorzuführen, sind jedem der vier Bände symbolische Figuren beigegeben. Sie stammen von Dionysius Andreas Freher (1649–1728). Dieser stammte aus Nürnberg und erlangte als Theologe, Mystiker und Alchimist durch seine über 30 Jahre währende Arbeit an der grafischen und textlichen Interpretation der Werke Böhmes einen herausragenden Ruf. Die aufwendigen Grafiken am Ende des dritten Bandes der »Law-Edition«, die aufklappbar die verschiedenen Sphären des Menschen kenntlich machen sollen, zählen zu seinen bekanntesten Arbeiten. Obwohl die Ausgabe unvollständig blieb, ist sie doch die einzige, die alle größeren Werke Böhmes zusammenfasst und daher im englischen Sprachkreis Verbreitung fand. Durch sie hat die englische Romantik, vor allem William Blake und Samuel Taylor Coleridge, den Görlitzer Theosophen kennengelernt. Auch geht die bis heute in England und Amerika übliche Namensform »Behmen« auf diese Auflage zurück. Sie gilt als letzter Höhepunkt der illustrierten Werke Böhmes. M.W.

Lit.: Buddecke 1957; Geissmar 1993.

4 | 24

Georg Em(m)erich

Glatz 1422 – 25. Januar 1507 Görlitz
Pilger

Der Kaufmann Georg Em(m)erich wurde im damals noch zu Böhmen gehörenden Glatz geboren. Seine Familie zog mit ihm nach Görlitz, wo es sein Vater schnell zu Wohlstand und Ansehen brachte und schließlich Bürgermeister wurde. Georg, der in Leipzig Jura studiert hatte, unterhielt ein Verhältnis mit der Tochter eines Görlitzer Ratsherrn, die er allerdings nicht heiraten wollte. Um seinen Ruf wiederherzustellen, entschied er sich für eine Bußwallfahrt und brach im April 1465 als Pilger nach Jerusalem auf. Eine Wallfahrt zu unternehmen war in jener Zeit eine weit verbreitete fromme Praxis. Die Pilgerziele waren Aachen, Rom oder Santiago de Compostela, aber auch näher liegende Wallfahrtsorte wie Haindorf in Böhmen oder das brandenburgische Wilsnack. Der genaue Weg des Görlitzer Bürgermeistersohns ist heute nicht mehr rekonstruierbar. Sicher ist jedoch, dass er am 11. Juli 1465 in Jerusalem zum Ritter des Heiligen Grabes geschlagen wurde und so einen ansehnlichen Ehrentitel mit nach Görlitz brachte.

Nach seiner Rückkehr betätigte sich Em(m)erich als Kaufmann, er handelte mit Wolle, Tuch, Silber, Wachs und Heringen. Wie groß sein Ansehen und Einfluss waren, zeigen seine 21-jährige Tätigkeit als Schöffe im Rat der Stadt, besonders aber seine sechsmalige Berufung als Görlitzer Bürgermeister. Em(m)erichs Wallfahrt hatte noch weitere Folgen für die Stadt: Er gab um 1480 in Görlitz einen Nachbau des Jerusalemer Heiligen Grabes in Auftrag. Wenngleich er sicher nicht der einzige Geldgeber für das gesamte Bauensemble aus Grabtempel, Salbhäuschen und Kreuzkapelle war, so darf er doch als Initiator dieses so beeindruckenden Beispiels vorreformatorischer Passionsfrömmigkeit angesehen werden. S.St./C.S.

Lit.: Jecht 1892; Speer 2009; Speer 2007/10.

4 | 25

Bildnis Georg Em(m)erichs

unbekannter Künstler; 17. Jh.
Öl auf Blech; 75 × 61 cm, oval
aus dem Heiligen Grab, früher Golgathakapelle
Evangelische Kulturstiftung Görlitz

Ein zeitgenössisches Porträt des im Jahre 1507 verstorbenen Georg Em(m)erich ist nicht überliefert. Dieses Ölbild wurde vermutlich in der Mitte des 17. Jahrhunderts, wahrscheinlich für die Ausschmückung des Heiligen Grabes in Görlitz gemalt; hier hing es bis in die 90er Jahre des 20. Jahrhunderts. Es entspricht sehr genau den Beschreibungen, die der Urenkel Hans Emmerich auf Nikrisch abgab: »Er ist von Person fast ein langer Mann gewesen, hat ein lang grau Haar getragen bis auf die Schultern. Seine Kleider waren eine Schaube oder pellitz von schwarzem Otternfutter mit großen Prüscheln, die Arme dadurch gesteckt und ein Leibröcklein mit übergolten Heftlin, ein schmal umblege um den Hals.«
Nach diesem Gemälde fertigte 1726 Johann Georg Mentzel (1677–1743) den folgenden Kupferstich, der in einer Variante Em(m)erich als Pilger zeigt. I.A./M.W.

Lit.: Ausst.-Kat. Görlitz 2005 a, S. 43 f., Nr. I.8.

4 | 26

Bildnis von Georg Em(m)erich als Pilger

Johann Georg Mentzel
(Leipzig 1677 – 1743 Leipzig)
1726
Kupferstich, z. T. koloriert, mit aufgeklebtem beweglichem Pilgermantel und Pilgerhut; 27,9 × 16,7 cm
bez. u. in der Kartusche: »Der Wohl Edle, Hochweise Herr / George Emmerich, / Ritter des Heiligen Grabes, auf Nieckrisch, Schön / berg, Heynersdorff, Lissa, Zodel, Hermsdorff usw. / Ist gebohren im Jahr 1422, gestorben den 21. / Januar Ao. 1507. Seines Alters 85. Jahr«
1904 als Geschenk der Naturforschenden Gesellschaft Görlitz an das Kaiser-Friedrich-Museum
Kulturhistorisches Museum Görlitz, Inv.-Nr. Hk 252

4 | 25

Der ursprüngliche Kupferstich mit dem Porträt Georg Em(m)erichs (1422–1507) entstand für die kurze »Eigentliche Beschreibung des Görlitzischen Heiligen Grabes« von 1726. Die Montage mit dem aufklappbaren Pilgerhut und Pilgermantel stellt eine Besonderheit dar. Unzweifelhaft hat die Pilgerreise von Georg Em(m)erich ins Heilige Land 1465/66 Einfluss auf die Entstehung des Görlitzer Heiligen Grabes mit umliegendem Landschaftspark bis zum Ende des 15. Jahrhunderts gehabt. Er soll sogar zum Ritter des Heiligen Grabes in Jerusalem geschlagen worden sein. Nach seiner Wallfahrt begann Georg Em(m)erich mit der Mitgift seiner Ehefrau einen erfolgreichen Handel mit Tuchen, Wachs, Heringen und Karpfen. Ihm gehörten Bergwerksanteile, und im Laufe der Jahre erwarb er 14 Dörfer oder Dorfanteile. Als Ratsmitglied und mehrfacher Bürgermeister setzte er sich 1477 bei Verhandlungen in Ofen mit dem böhmischen Landesherrn, dem ungarischen König Matthias Corvinus, für den Verbleib des Waidstapelrechtes in Görlitz ein. Em(m)erich galt als einer der reichsten Görlitzer Bürger. Als mildtätige Stiftung hinterließ er das Frauenhospital gegenüber der Frauenkirche, das für Pilger, fremde Lehrer und arme Schüler offenstand. I.A.

Lit.: Jecht 1892; Ausst.-Kat. Görlitz 2005 a, Nr. I. 9, III. 54.

4 | 26

4 | 27

4 | 27

Bildnis von Agnes Finger

Johann Georg Mentzel
(Leipzig 1677 – 1743 Leipzig)
um 1726
Kupferstich; 26,5 × 15,8 cm
bez. u. in Kartusche: »So war das Angesicht der Agnes Fingerin / die mit Herr Emrichen als eine Pilgramin / in Mönchs=Habit gereist nach dem gelobten Lande / Als sie sich auf der Reiß unweit von Ihm befande / Rufft sie Ihn nahmentlich: Da Er sie nicht gekant /In der verstellten Art biß sie sich Ihm genannt / Mit freudigem Gemüth. Nach ihrem wiederkomen / Hat das Agneten=Brodt hier seinen Grund genomen / das man dem Reisenden, der es begehrt gar leicht / Und ohne einiges Geld, auf dem Weinkeller reicht.«
Ankauf 1931
Kulturhistorisches Museum Görlitz,
Inv.-Nr. Hk 2382

Als einzige Frau im mittelalterlichen Görlitz tritt Agnes oder Agnete Finger (gestorben 1515) aus der Anonymität der Stadtgeschichte. Sie war als junge Frau nach kurzer Ehe mit einem älteren Tuchmachermeister 1465 Witwe geworden. Entgegen damaligen Gepflogenheiten führte sie selbst Handelsgeschäfte und heiratete nie wieder. 1471 stiftete sie für die Görlitzer Armen Brot und Salz, als »Agnetenbrot« wirkte die Stiftung bis 1563. Im Jahr 1476 begab sie sich auf eine Pilgerreise, die sie in ihrer Heimatstadt durch den Freikauf von allen Steuern vorbereitete. Wahrscheinlich mit der Reisegesellschaft von Herzog Albrecht von Sachsen zog sie 1476 nach Rom, von dort nach Venedig und mit dem Schiff ins Heilige Land. Über den Ablauf dieser Pilgerfahrt wissen wir durch die Reisebeschreibung des sächsischen Landrentmeisters Hans von Mergenthal gut Bescheid. Das Görlitzer Exemplar dieses Buches wurde von Bartholomäus Scultetus mit Bemerkungen in roter Tinte versehen, u. a. mit dem Namen der Agnete Fingerin. Diese kehrte heil von der abenteuerlichen Fahrt nach Hause zurück und tätigte weitere fromme Stiftungen. Die außergewöhnliche Frau wurde wegen ihres Mutes zum Gegenstand der Legendenbildung. Ihre angebliche Pilgerfahrt mit Georg Em(m)erich fand jedoch nie statt.
Auch der Kupferstich mit dem Porträt der Agnes Finger entstand für den Führer durch das Heilige Grab von 1726. Als Pendant zu der Montage von Em(m)erich mit aufklappbarem Pilgerhut und Pilgermantel existierte bis zu Beginn des 20. Jahrhunderts auch von ihr eine klappbare Version als Pilgerin; diese gilt aber heute als verschollen. I.A.

Lit.: Ausst.-Kat. Görlitz 2005a, Nr. I.2, I.15.

4 | 28

4 | 28

Pilgerflasche (Fiasca da pellegrino)

Faenza, 1. Hälfte 17. Jh.
Majolika; hellgelber Scherben mit opaker weißer Blei-Zinn-Glasur; unbemalt
22,2 × 17,8 × 11,8 cm
ehemals Königliche Porzellan- und Gefäße-sammlung Dresden, 1962 im Austausch von der Porzellansammlung
Staatliche Kunstsammlungen Dresden, Kunstgewerbemuseum, Inv.-Nr. 38225

Keramische christliche Pilgerflaschen sind spätestens seit dem 7. Jahrhundert aus Syrien bekannt, es waren zunächst kleinformatige Ampullen, die als Salbölbehälter dienten. Der Pilger trug sie am Gürtel oder umgehängt an einem Tragriemen. Ihre Form entstammt der aus zwei formgleichen Schalen zusammengesetzten Hirten- oder Feldflasche. Als Eulogien (griech.: »gutes Wort«, übertragene Bedeutung: »Segensspruch«) bezeichnet man verschiedene Pilgerandenken wie Öl, Kerzenwachs, Erde, Staub und Wasser, die der Wallfahrer mit nach Hause brachte. Sie hatten durch den unmittelbaren Kontakt mit dem Grab oder der Reliqiue des Heiligen ihre Segen und Heilung spendende Kraft erhalten.
Zur Tracht eines Pilgers gehörten der ärmellose Umhang, der breitkrempige Hut, der Pilgerstab mit der typischen Verdickung am Ende und gelegentlich die Pilgerflasche. Die Pilgerzeichen ließen erkennen, in welchen Gnadenorten er gewesen ist. Die Muschel stand zunächst für Santiago de Compostela mit dem Grab Jacobus d. Ä. Mit seiner Erwählung zum Schutzheiligen der Pilger entwickelte sie sich zum allgemeinen Pilgersymbol.
Die ausgestellte Flasche in Form einer Jakobsmuschel gehört zur Majolikagattung »Bianchi di Faenza«, einer schlicht weiß glasierten, nur auf Akzente wie virtuose Form, raffinierten Schattenwurf oder sparsame zarte Bemalung setzenden Irdenware aus Faenza, die stilistisch die flächige bunte Majolika-Istoriato-Malerei der Renaissance ablöste. K.L.

Lit.: Richter 2006, S. 107; Schneider 2006.

4 | 29

4 | 29

Hut eines Pilgers aus Santiago de Compostela

dicker schwarzer Wollfilz, schwarzes Futter aus Naturseide mit Satinbindung aus einem stark zu einem »S« gedrehten Garn; mit Baumwollgarn handgefertigte Stiche, Muscheln, Elfenbein, Holz, Gagat (?)
Durchmesser: 36,5 cm; Höhe: 14,5 cm; Breite Krempe: 9 cm
Muzeum Narodowe w Poznaniu, Inv.-Nr. MNP Eu 5689

Der Pilgerhut ist eines von zwei in Europa bekannten historischen Exemplaren dieses Typs. Er ist üppig verziert: symmetrisch verteilte Muscheln (Pecten Jacobaeus, Pecten Maximus, eine Reihe Filibranchia sowie Eulamellibranchia), aus Elfenbein gedrechselte Miniaturstäbe (Bordoncillos/bordones), die Pilgerstäbe und Flaschenkürbisse nachahmen, sowie vier geschnitzte und schwarz eingefärbte Holzelemente, die Azabaches imitieren, und schließlich aus Gagat gefertigte Darstellungen des hl. Jakobus d. Ä. Die Datierung ist höchst problematisch. Die formalen Merkmale und die Ähnlichkeit mit dem Exemplar aus dem Germanischen Nationalmuseum in Nürnberg legen eine Datierung auf das Ende des 16. Jahrhunderts nahe. Naturwissenschaftliche Untersuchungen (C-14 Methode) deuten jedoch auf die Wende des 17./18. Jahrhunderts oder gar auf die Jahre 1800 bis 1930, was auch der sehr gute Erhaltungszustand des Objekts zu bestätigen scheint. Unsicher ist auch die Herkunft des Exponats. Es wird mit Prof. Eugeniusz Frankowski (1884–1962) in Verbindung gebracht, der in der ersten Hälfte des 20. Jahrhunderts Forschungsarbeiten in Spanien durchführte und später mit dem Institut für Ethnographie an der Posener Universität verbunden war. Dort gründete er ein Museum, aus dessen Sammlung der dem Ethnographischen Museum des MNP übergebene Hut stammt. J.M.

Lit.: Llompart 1961; Ausst.-Kat. Gent 1985, S. 277, Nr. 126; Ausst.-Kat. Graz 1994, S. 305, Nr. 10/12; Ausst.-Kat. Essen 1997, S. 342, IV/169; Otero 1998, S. 109; Wyrwa 2007, S. 17, Abb. 21, 22; Minksztym 2010.

4|30

4 | 30

Bartholdus Gursalkawiz als alter Pilger

Elfenbein: unbekannter Künstler;
Juwelierarbeit: wohl Johann Christoph Neßler
Dresden, vor 1725
Elfenbein, farbig gefasst; Silber, vergoldet; Email, Edelsteinbesatz, großer Goldtopas
Höhe: 21,5 cm
Staatliche Kunstsammlungen Dresden, Grünes Gewölbe, Inv.-Nr. VI 31

Als Vorlage für die Figur des alten Pilgers mit Stab hat ein Blatt aus der populären Stichfolge »Il Callotto resuscitato« gedient, die um 1710 von Martin Engelbrecht in Augsburg herausgegeben wurde. Das anonyme und undatierte Werk, das im Dresdner Kupferstich-Kabinett auch in einem kolorierten Exemplar vorhanden ist, zeigt auf 50 Blättern Darstellungen grotesker Zwerge, die für Verkleidungen, wie etwa zur aufwendig inszenierten Zwergenmaskerade Augusts des Starken zum Karneval 1721 in Dresden, aber auch für Figuren aus Porzellan und Elfenbein als Vorbilder gedient haben. Der alte Pilger von skurriler Gestalt ist im Callotto (Bl. 29) mit Hohn und Spott bedacht: »Bartholdus Gursalkawiz aus Groß Pohlen gebürthig, Unwürdiger Waldtbruder auß Gallicien kommendt. Ey schauth den armen Man[n], der also alt und blindt/ Gleich wohl noch ohne hülff Ein jedes Wirtshauß findt/ […].«
Das aufwendig gestaltete Postament – recht sicher eine Arbeit des seit 1699 als Goldschmiedemeister in Dresden tätigen Johann Christoph Neßler – verleiht der erstmals 1725 im Pretioseninventar des Grünen Gewölbes erwähnten Pilgerstatuette aus Elfenbein ein zwar groteskes, aber nicht minder würdevolles Erscheinungsbild. J.K.

Lit.: Ausst.-Kat. Dresden 2000, Kat.-Nr. 208, vgl. Kat.-Nr. 199, 201 i, 207.

4 | 31

Pilgerstab mit Stoßklinge

deutsch, um 1500
Gratklinge, Schlagmarke, kupfertauschiert; Griff, Knauf und Klingenhülse Holz (Buche), schwarzbraun lackiert; Holzscheide alter Verlust; Länge: 122 cm; Klinge: Länge 97,5 cm, Breite 2,9 cm; Griff: Länge einschließlich Knauf und Klingenhülse 27 cm, Griffzone 22 cm; Gewicht: 982 g
1893 durch Kauf zusammen mit einer Pilgertasche und einer Pilgerflasche aus der Sammlung Richard Zschille, Großenhain, erworben
Staatliche Kunstsammlungen Dresden, Rüstkammer, Inv.-Nr. IV 228

Der Wanderstab mit Stoßklinge ist als Pilgerstab ausgelegt. Die nicht mehr vorhandene, gleich dem Griff als runder Stab gebildete Holzscheide wurde so in die als Knauf geformte Klingenhülse am Griff eingepasst, dass die Klinge ganz verborgen war. Der Griff zu zweien Händen und die Knäufe ermöglichen eine optimale Stütze beim Wandern sowie Ruhen im Sitzen und Stehen. Die Kombination eines Pilgerstabes mit einer Stoßklinge folgt der Idee, gegen die wechselvollen Gefahren einer durch fremde, teils feindliche Gebiete führenden Pilgerreise gewappnet zu sein. Gestalt und Gebrauch eines mittelalterlichen Pilgerstabes begegnen in Darstellungen des hl. Jakob in Gemälden und Drucken des 15. und 16. Jahrhunderts, worin auch die sogenannte Jakobsmuschel, die als Zeichen der Pilger am Hut befestigte Schellmuschel, erscheint. Der gezeigte Pilgerstab stammt ungefähr aus der Zeit, in der Kurfürst Friedrich der Weise von Sachsen und sein jüngerer Bruder Johann der Beständige 1493 gemeinsam in das Heilige Land pilgerten. J.B.

Lit.: Forrer [1893], Bd. I, S. 13, CXVII, Nr. 275, Bd. II, Taf. 117, Nr. 275.

4 | 31

4 | 32

Holzkrücke (Votivgabe mit Inschrift)

Sachsen, 1530
Holz, Schriftzug mit Resten roter und grüner Fassung auf Kreidegrund
123 × 6 cm
beschr. am Schaft mit eingekerbten Buchstaben: »KRUCK. DU. HAST. KLEIN. GLUCK./ KRUCK. DU. HAST. GROS. UNGLUCK./CZV. MEINEM. UNBLUCK. HAB. ICH. EIN. SCHON. KRUCK./ODHLATHL. INRI. 1530.«
Evangelisch-Lutherische Stiftskirchgemeinde Unserer lieben Frauen, Chemnitz-Ebersdorf

Da Pilgerfahrten in die weit entfernten Städte Rom, Jerusalem und Santiago de Compostela eher selten möglich waren, entstanden in Sachsen zahlreiche kleine regionale Wallfahrtsorte. So hatte sich im 15. Jahrhundert die Dorfkirche von Ebersdorf zu einer Stiftskirche entwickelt. Gefördert von den Wettinern, dem Adel und dem Patriziat von Chemnitz, verfügte das Stift über einen beträchtlichen Reichtum, wie zahlreiche Altarstiftungen und Votivgaben belegen. Solche Gaben wurden als Erflehung von Hilfe oder Dank für wundersame Heilungen den Wallfahrtskirchen übergeben. Diese alte Votivkrücke dürfte auf Heilung eines Lahmen anspielen, wie die Inschrift am Schaft nahelegt. Sie besteht aus einem vierseitigen, sich leicht verjüngenden Schaft, auf dessen oberes Ende ein einfacher Knauf gezapft ist. C.M.

Lit.: Magirius 1971, S. 1; Ausst.-Kat. Marienstern 1998, Nr. 1.67.

4 | 33

Pilgerplakette

Rom, 1. Hälfte 13. Jh.;
Fundort: Wrocław, Nowy Targ/ul. Kotlarska;
Funddatum: 1960/61
Blei; 3,7 ×3,1 cm
Uniwersytet Wrocławski,
Instytut Archeologii, Inv.-Nr. NT/1/60

Die aus Rom stammende rechteckige Plakette mit dem Bild des hl. Petrus und des hl. Paulus wurde nach 1199 hergestellt und bei den archäologischen Ausgrabungen unter der Leitung von Prof. J. Kaźmierczyk an der ul. Kotlarska/Kupferschmiedestraße in Wrocław gefunden. Außer den Attributen der Heiligen, Schlüssel und Schwert, trägt dieses Zeichen auch eine für diese römischen Pilgerzeichen typische Inschrift: »+SIGNA APOSTOLORUM [PE]TRI ET PAULI«. Die ergänzende Lesung erklärt sich durch eine Beschädigung des Zeichens, nicht durch eine abgekürzte Schreibweise. Die frühen römischen Pilgerzeichen sind in Europa relativ selten. Apostel Petrus mit Schlüssel und Paulus mit Schwert sind frontal dargestellt, tragen Tuniken und die Häupter sind von Scheibennimben umgeben. Die Pilgerplakette befindet sich im Besitz des Archäologischen Instituts an der Universität Wrocław. K.W.

Lit.: Kaźmierczyk/Lodowski 1963, S. 281, Taf. 6; Poklewski 1968, S. 132, Taf. 2; Wachowski 2005 a; 2005 b.

4 | 34

Pilgerzeichen

Mitte bis 2. Hälfte 14. Jh.;
Fundort: Delitzsch (DZ-29), Am Markt
Blei-Zinn-Legierung, gegossen
Durchmesser: 3,8 cm
beschr.: »+: signu godesburc ortus ano [M] CCCXXXII«
Landesamt für Archäologie, Dresden,
Inv.-Nr. DZ-29/Bef. 163

Das als Gitterguss ausgeführte Pilgerzeichen besteht aus einem runden Rahmen mit der umlaufenden plastischen Inschrift »+: signu godesburc ortus ano [M] CCCXXXII«. Eine Kreuzigungsdarstellung im Zentrum zeigt Jesus mit Nimbus. Zu seiner Linken steht Maria, zu seiner Rechten der Evangelist Johannes. Vier abgebrochene Ösen am Außenrand dienten zum Aufnähen des Zeichens an der Kleidung des Pilgers – vornehmlich am Hut. Die Legende ermöglicht eindeutig eine Zuweisung nach Gottsbüren. Der nordhessische Ort im Landkreis Kassel entwickelte sich zu einem überregional bedeutenden Wallfahrtsort, nachdem dort um 1330 eine blutende Hostie gefunden worden sein soll. Verehrt wurde in einer kleinen Wallfahrtskirche diese Bluthostie des unverwesten Leichnams Christi.
Bislang sind 46 Pilgerzeichen aus Gottsbüren als Bodenfunde, als Dekor auf Kirchenglocken oder an Zinngefäßen vornehmlich aus Mitteldeutschland, aber auch aus Schlesien, Skandinavien und Tirol bekannt. Die ursprünglich wohl farblich gefassten Zeichen wurden von Gläubigen als Dokument der erfolgten Pilgerfahrt getragen und in ihre Heimat mitgebracht. Der ursprüngliche Besitzer des Delitzscher Zeichens zählte wohl zu den vermögenden Bürgern der Stadt mit repräsentativem Besitz direkt am Marktplatz. Aus dem gleichen archäologischen Kontext stammt eine Spange mit der Auf-

4 | 33

4 | 34

4 | 35

schrift »AVE MARI[A]«. Beide Funde charakterisieren den Bürger als tiefgläubigen Menschen, der die Strapazen einer rund tausend Kilometer langen Pilgerreise auf sich genommen hatte. Verbindungen zwischen Gottsbüren und Sachsen lassen sich anhand weiterer Zeichen, z. B. an Kirchenglocken von Canitz im Landkreis Leipzig, ablesen. S.K.

Lit.: Köster 1961; Balfanz/Kraft 2003, S. 472–477, ebd. 475, Abb. 4.2; Kühne/Lambacher/Vanja 2008.

4 | 32

4 | 35

Pilgerzeichen

1464
Fundort: Leipzig, Ranstädter Steinweg;
Funddatum: 1951/52
Blei-Zinn-Legierung, Gitterguss
Höhe: 9,4 cm
Stadtgeschichtliches Museum Leipzig,
Inv.-Nr. Me B 34

Im Jahre 1951/52 fand Herbert Küas in den Baugruben am Ranstädter Steinweg (heute Jahnallee) das gut erhaltene Pilgerzeichen, das durch Darstellung und Schriftzeichen – »XIIII nothelfer by jhene« – dem Wallfahrtsort Vierzehnheiligen, heute zu Jena gehörig, zugewiesen werden kann. Als Massenprodukt wurde es aus einer Blei-Zinn-Legierung in einer flachen Form gegossen. Die Ösen am Rand ermöglichten die Befestigung des Zeichens an der Kleidung oder einer anderen Oberfläche. Im quadratischen Feld stehen in drei Reihen übereinander je vier Nothelfer, im Giebel Maria mit dem Kind und zwei weiteren Nothelfern. Unterhalb des Bildrahmens sind das sächsische Rauten- und das thüringische Löwenwappen angebracht. 1453 stiftete Herzog Wilhelm III. von Sachsen das thüringische Vierzehnheiligen nach seinem Vorgänger, dem später zu einer prächtigen Barockkirche ausgebauten fränkischen Vierzehnheiligen, wo 1445/46 nach Visionen eines Schäfers die Wallfahrt einsetzte.
Durch das Zeichen offenbarte sich der Träger als Teilnehmer einer im späten Mittelalter üblich gewordenen Wallfahrt. Die Anziehungskraft von Vierzehnheiligen, wo von den 14 Nothelfern Hilfe für nahezu alle Lebenslagen erhofft wurde, belegen auch die Abformungen von Pilgerzeichen auf den Glocken von Kulkwitz bei Leipzig und Laustädt bei Merseburg. T.W.

Lit.: Köster 1984; Ausst.-Kat. Torgau 2004, S. 203–223; Ausst.-Kat. Leipzig 2006.

4 | 36

4 | 36

Siegelring von Valten Leise aus Leipzig

Fingerring mit Siegel
deutsch(?), datiert 15(33?), 15(35?), 15(53?), 15(57?); Fundort: Leipzig, Petersstr. 28; Funddatum: 1996
Gold, Bergkristall, Folien, farbiger Lack
Durchmesser Bergkristallplatte: 1,15–1,3 cm; Gewicht: 16,8 g
Wappen und Besitzerinitialen »V L«
Landesamt für Archäologie, Dresden, Inv.-Nr. L-31/1

Bei Grabungen in Leipzig wurde 1996 dieser goldene Siegelring in einer Backsteinlatrine aufgefunden. Glücklicherweise reichten die Merkmale des Fingerschmucks aus, um den Ring Valten Leise (1504–1568) zuschreiben zu können.
Valten Leise stammte aus Alsenz bei Kaiserslautern und war als Kramwaren- und Metallhändler tätig. Als auswärtiger Geschäftsmann nach Leipzig gezogen, heiratete er 1548 Magdalena Straube, eine vermögende Witwe. Deren verstorbener Ehemann hatte die Straubische Saigerhandelsgesellschaft gegründet, zu deren Mitgesellschafter Leise berufen wurde. Das Montanunternehmen wird im Zusammenhang mit dem Mansfelder Kupferbergbau erstmals 1524 erwähnt. Die Beteiligung an Metallverhüttung und Handel versprach hohe Gewinne, war jedoch durch harte Konkurrenz, Spekulation mit Anteilsscheinen und eine noch unausgereifte Bergbautechnik mit Risiken verbunden.
Neben seiner Tätigkeit als Handelsherr engagierte sich Leise in der Kommunalpolitik und wurde 1556 in den Rat der Stadt Leipzig gewählt. Er führte bis zu seinem Tod das Amt des Kämmerers aus. Immobilien in und vor den Toren der Messestadt, darunter das Grundstück mit dem Fundort des Rings, belegen seinen Wohlstand. Das große Wirkungsfeld Valten Leises manifestiert sich auch im reichen Fundmaterial der Latrine mit dem Fingerschmuck, darunter luxuriöse Gläser à la façon de Venise. Solche Siegelringe wurden zur Kennzeichnung von Dokumenten und Briefen verwendet und gehörten zur Ausstattung eines Kaufmanns. D.S.

Lit.: Scheidemantel 2002.

4 | 37 (ohne Abb.)

Testament Georg Em(m)erichs

in: Liber resignationum 1488–1505, Bl. 213 a–215 b
Görlitz, 7. Januar 1500
Handschrift auf Papier; 32,2 × 21 × 7 cm
Ratsarchiv Görlitz, ohne Signatur

Die hier aufgeschlagene Seite eines Görlitzer Stadtbuches zeigt die Nachlassregelung des Georg Em(m)erich (gestorben am 25. Januar 1507), wie sie am 7. Januar 1500 vor dem Görlitzer Gericht niedergeschrieben worden war. Hier wird nur jener Teil des Vermögens behandelt, den Em(m)erichs zweite Ehefrau Klara, geb. Eschlauer, und sein jüngster Sohn Hans erhalten sollten, darunter 1000 Gulden in bar für Klara und die Dörfer Nikrisch (Hagenwerder) und Sercha sowie ein Haus, eine Scheune, einen Garten, eine Wiese und zwei Teiche für Hans. Am rechten unteren Blattrand ist ein nachträglicher Vermerk zu erkennen. In diesem Eintrag bestätigt die Witwe Klara Em(m)erich, die in der Nachlassregelung für sie bestimmten 1000 Gulden am 2. Mai 1515 erhalten zu haben.
Dieses »Testament« war weder die erste noch die letzte Nachlassregelung Em(m)erichs. Es folgte ein weiteres Testament im Jahr 1506, das aber nicht überliefert ist. Em(m)erichs Erben setzten sich nach dessen Tod über den letzten Willen des Testators hinweg und verhandelten die Aufteilung des Nachlasses erneut vor Gericht. Die damit verbundenen Prozesse dauerten bis 1517 und führten zu zahlreichen Streitigkeiten, die die Aufteilung der Erbmasse und die Auszahlungen verzögerten. Insgesamt gab es mehr als 13 000 Gulden Bargeld und 13 Dörfer bzw. Dorfanteile zu vergeben. C.S.

Lit.: Jecht 1892; Hoche 2004; Speer 2011.

4 | 38

4 | 38

Modell des Heiligen Grabes

Bethlehem (oder Jerusalem), 2. Viertel 18. Jahrhundert
gravierte Perlmuttplatten, Bein, ebonisiertes Laubholz, Olivenholz, Blindholz Nussbaum
43 × 53 × 19 cm, Dach abnehmbar
beschr.: »Ludovicus XV. Protector Terrae Sanctae«, Bourbonenwappen, Kreuz des Lazarus-Ordens, Jerusalemkreuz; Werkstattsignatur: »gio: filio di Giuse Lista di Petlem 737 M«, Maßstab bez.: »Scala di palmi 30«
1986 Ankauf aus Privatbesitz
Staatliche Kunstsammlungen Dresden, Kunstgewerbemuseum, Inv.-Nr. 48360

Zu allen Zeiten war es ein zentrales Anliegen der Pilger, Erinnerungsstücke an den Wallfahrtsort mit zurück in die Heimat zu führen. Aufwendigste Form ist die bauliche Errichtung einer Kopie des Heiligen Grabes und, davon abgeleitet, der Erwerb eines möglichst repräsentativ gearbeiteten Modells. Die ausgestellte Miniatur der Grabkapelle ist prachtvoll mit gravierten, den Marmor repräsentierenden Perlmuttplättchen belegt. Das abnehmbare Dach ermöglicht Einblicke in die vorgelagerte Engelskapelle und in die eigentliche Grabkammer mit dem Bankgrab auf der rechten Seite. Sein Deckel ist mit dem zu Grabe gelegten Christus verziert, während an der Wand darüber der auferstehende Christus schwebt und an der umgebenden Außenwand die Apostel in Arkaden das Geschehen begleiten.

Die Darstellungen im Eingangsbereich lassen auf den Besteller des Modells schließen: Im Tympanon erscheint das Wappen der französischen Könige, an der Fassade darüber eine weibliche Allegorie in Stifterpose mit einem Kirchenmodell in der Rechten und dem Reichsapfel mit Jerusalemkreuz in der Linken vor einer Vorhangdraperie voller Bourbonenlilien. Die begleitende Inschrift bezeichnet den französischen König Louis XV. (reg. 1715–1774) als Beschützter der heiligen Stätten. In der Tat schützte Louis XV. durch mehrfache Bestätigung den 1098 in Jerusalem gegründeten hospitalischen Lazarus-Orden, dem er als Großmeister vorstand, vor der Säkularisierung. In Bethlehem arbeiteten auf die Verzierung von Perlmuttplättchen spezialisierte Werkstätten, die vor allem Pilgerandenken herstellten, aber auch größere Arbeiten anfertigten, die nach Europa versandt wurden. Hier könnte es sich um ein Geschenk des Lazarus-Ordens an seinen bourbonischen Schutzherrn handeln.
K.L.

Lit.: Dalman 1921; Gockerell 1983; Picirillo 2007.

4 | 39

4 | 40

4 | 39

Der Kreuzweg Christi zwischen der Görlitzer Peterskirche und dem Heiligen Grab

unbekannter Kupferstecher
1719
Kupferstich; 28,9 × 40,5 cm
bez. »Abbildung der Ausführung Christi zu seinem schmertz[lichen] Leyden, nebst Vorstellung des so genannten heiligen Grabes und der Creutz-Kirche in Görlitz«
Kulturhistorisches Museum Görlitz,
Inv.-Nr. 6-49

Am westlichen Stadtrand von Görlitz entstand zwischen 1481 und etwa 1520 ein Gebäudeensemble, das als Heiliges Grab bekannt ist. Die Anlage besteht aus einer Kopie des mittelalterlichen Jerusalemer Grabmonuments, wie es aus Illustrationen zeitgenössischer Pilgerberichte bekannt war, sowie aus dem sogenannten Salbungshäuschen, das eine Figurengruppe der Marienklage beherbergt, und der zweistöckigen Heilig-Kreuz-Kapelle. Hatte das Heilige Grab vermutlich schon in vorreformatorischer Zeit viele Pilger angezogen, so erlebte es seit der ersten Hälfte des 17. Jahrhunderts als lutherischer Wallfahrtsort des Passionsgedenkens seine größte Blütezeit. Zwischen der Peterskirche und der Heilig-Grab-Anlage wurde in dieser Zeit ein Kreuzweg angelegt, zu dessen Verständnis im Sinne einer lutherischen Frömmigkeitspraxis Druckschriften erschienen. Auf dem Kreuzweg sollten sich die Pilger daran erinnern, wie Christus von den Soldaten gezwungen wurde, das Kreuz zu tragen und wie Simon von Cyrene ihm dabei half. Dieses Geschehen zeigt auch der Kupferstich, der den Passionsweg Christi in den Görlitzer Stadtraum zwischen Peterskirche und Heiligen Grab versetzt und der als Andenken an das Heilige Grab weite Verbreitung fand. K.W.

Lit.: Meinert 2004; Ausst.-Kat. Görlitz 2005 a, S. 62–64, Nr. III.19; Wenzel 2008.

4 | 40

Damasttuch mit der Ansicht von Görlitz und dem Heiligen Grab

Großschönau, um 1760
Leinendamast, Kette weiß, Schuss rot
90 × 106 cm
Domkapitel zum hl. Jakobus, Görlitz, ohne Inv.-Nr.

Die Großschönauer Luxusindustrie der Damastweberei produzierte hochwertigste Wäsche für herrschaftliche und reiche bürgerliche Haushalte sowie für den kirchlichen Gebrauch. Vorwiegend aus Leinen entstanden Stoffe mit Bildern wie Wappen, Landschaften sowie religiösen und mythologischen Themen. Die Darstellung des Heiligen Grabes von Görlitz zeigt die Stadt von Norden mit der Grabanlage im Vordergrund. Als Vorlage diente ein Stich von Johann Daniel de Montalegre von 1754. Dessen Legende mit der Beschreibung des Heiligen Grabes und der Gebäude in der Stadt wurde übernommen. Die Ansicht wird symmetrisch umrahmt von Landschaftsszenen mit je einer türmereichen Stadt-Burg in den Zwickeln. Vor Bäumen mit vielen Vögeln jagen Kutschen der Stadt entgegen. Auf den kurzen Seiten des Tuches ist eine zweispännige, nur mit dem Kutscher besetzte Kalesche mit festem Verdeck zu sehen. Die längeren Randleisten zeigen eine völlig offene Kutsche, in der zwei Herren sitzen. Der Kutscher scheint beinah zu stehen, um die sechs Pferde voranzutreiben.
Bislang sind drei Damasttücher bekannt, die das Heilige Grab von Görlitz zeigen. Einzigartig aber ist die Darstellung des »rollenden Verkehrs«, der auf der via regia der Stadt entgegeneilt. W.T.

Lit.: Ausst.-Kat. Görlitz 2005 a, Nr. III.50.

Gymnasium Augustum

Die städtische Schule in Görlitz, das Gymnasium Augustum, wurde im Jahre 1565 gegründet. Sie geht auf eine ältere Lateinschule zurück, die bereits seit Anfang des 15. Jahrhunderts existierte. Als im Zuge der Reformation das Franziskanerkloster in Görlitz aufgelöst wurde, konnte hier die neue Schule eingerichtet werden. Sie genoss einen ausgezeichneten, weit über die Stadtgrenzen und das Markgraftum Oberlausitz hinausgehenden Ruf: Zahlreiche Schüler aus Böhmen, Schlesien und Polen lernten in Görlitz. Das oberste Unterrichtsziel war die vollkommene Beherrschung der lateinischen Sprache in Rede und Schrift. Die Schüler wurden in die erst fünf, später sechs Klassenstufen nach ihrer Leistung eingeteilt, nicht nach dem Alter. Der Unterricht umfasste Griechisch und Hebräisch, in der obersten Klasse auch Musik, Dialektik, Rhetorik, Arithmetik und Astronomie. So konnte das Gymnasium (bis auf Geometrie) den vollen Fächerkanon der »Freien Künste« (artes liberales) einer Artistenfakultät anbieten.

Der erste Rektor war Petrus Vincentius aus Breslau, der in Wittenberg tätig war, ehe er 1565 nach Görlitz wechselte. Mit seiner 1566 erstellten Schulordnung folgte er deutlich den Ideen von Philipp Melanchton, der von zentraler Bedeutung für die Entwicklung des neuzeitlichen Schulwesens war. Enge Kontakte bestanden auch zu Valentin Trotzendorf – auch er war ein Anhänger der Melanchtonschen Pädagogik –, der in Goldberg eine der bekanntesten und blühendsten Schulen Schlesiens einrichtete. Dank seiner guten persönlichen Kontakte zum böhmischen Adel kamen mit dem Antritt des Arztes Caspar Dornavius als Rektor 1608 viele Schüler aus dem böhmisch-mährischen Raum nach Görlitz. 1695 war es Samuel Grosser, der nach seinem Amtsantritt Deutsch als Unterrichtssprache einführte. Er beschäftigte sich erfolgreich auch als Historiker und Schriftsteller. 1765 wurde prunkvoll die 200-Jahr-Feier begangen. Die Schule firmiert nach Zusammenlegung mit dem Annen-Gymnasium 2004 unter den Namen Augustum-Annen-Gymnasium an historischer Stelle, das Gebäude stammt von 1856. R.E.

Lit.: Schütt/Struve 1865; Sieg 1930; Döring 2005; Bahlcke 2007.

4 | 41

Porträt des Görlitzer Gymnasialrektors Petrus Vincentius

Monogrammist RW aus der Cranach-Schule
1563
Öl auf Leinwand; 55 × 42,5 cm
bez. unter Porträt: »TALEM ME PETRUS VINCENTIUS ORE FEREBAM / BIS SEPTENA MIHI CUM TRIETERIS ERAT. / TU RELIQVVM VITAE CURSUM BONE CHRISTE GVBERNA / VT SINT AETATIS PROSPERA FATA MEAE / DONEC DEPOSITO MORTALI CORPORE SVRSVM / TE DUCE PER COELINVBILA VIVVS EAM.«; Rahmen 18. Jh., mit Inschrift: »GYMNASII GOLIC. RECT. I«
1947 vom Gymnasium Augustum an die Städtischen Kunstsammlungen übergeben
Kulturhistorisches Museum Görlitz,
Inv.-Nr. 349-60

Als sich in den 1520er Jahren immer mehr Görlitzer den Ideen der Reformation anschlossen, verließen bald auch die Mönche das Franziskanerkloster. 1564 erhielt die Stadt Görlitz vom Kaiser die Genehmigung, hier ein Gymnasium einzurichten. Die evangelische Lateinschule zog in das ehrwürdige Gebäude um. Zum ersten Rektor hatte der Görlitzer Rat den berühmten Gelehrten Petrus Vincentius (1519–1581) berufen. Dieser stammte aus Breslau und hatte 1560 an der Universität Wittenberg den Lehrstuhl für Ethik von Philipp Melanchthon übernommen. Er wurde hier Professor für Rhetorik und griechische Sprache sowie Rektor. 1565 ging er nach Görlitz. Sein Name förderte maßgeblich das Ansehen des städtischen Gymnasiums, das in den folgenden Jahrzehnten zur führenden Bildungsanstalt in der Oberlausitz aufstieg. 1566 entwarf Vincentius eine Schul- und Studienordnung, die auf den Grundsätzen von Vertrauen, Gehorsam und Bescheidenheit beruhte und über mehrere Jahrhunderte hinweg wirksam blieb. Doch Vincentius wurde in Görlitz nicht heimisch. 1569 ließ er sich zum Rektor des St. Elisabeth-Gymnasiums in Breslau berufen. Dort blieb er bis zu seinem Tod 1581.
Mit diesem Porträt begründete sich die bis in das 19. Jahrhundert fortgeführte Galerie der Görlitzer Gymnasialdirektoren. Diese mit schwarzem Rahmen versehenen Bildnisse waren für die Empore der Lehrer des Gymnasiums in der Kirche zu St. Peter und Paul gedacht. I.A.

Lit.: Grosser 1714, 4. Teil, S. 120 f.; Schütt/Struve 1865, S. 24–31; Freytag 2004.

4 | 41

4 | 42

4 | 43

4 | 42

Porträt des Görlitzer Gymnasialrektors Caspar Dornavius

unbekannter Maler
Görlitz, 1615
Öl auf Leinwand; 76 × 63 cm
bez. im Bild: »Ao Ätatis XXXIIX Caspar Dornavius. Medicina D.«; Rahmen mit Inschrift: »Gymnasii Gorl.: Rektor V.«
1947 vom Gymnasium Augustum an die Städtischen Kunstsammlungen übergeben
Kulturhistorisches Museum Görlitz,
Inv.-Nr. 353-60

Caspar Dornavius (1577–1631) wurde vom Oberlausitzer Geschichtsschreiber Christian Knauthe als »trefflicher Medicus, Polyhistor, Orator und Poete« beschrieben. Er war Rektor des Görlitzer Gymnasiums von 1608 bis 1615. Als er die Stadt Görlitz verließ, gab der Rat sein Porträt in Auftrag.
Dornavius stammte aus dem thüringischen Ort Ziegenrück. Er hatte nach dem Schulbesuch in Saalfeld über sieben Jahre hinweg die Universitäten von Jena, Prag, Basel und Heidelberg – Hochburg des deutschen Calvinismus – besucht. Als Reisebegleiter des böhmischen Adeligen Jaroslav III. Smiřicky hatte er weite Teile Europas gesehen. In Basel erwarb er den Doktortitel der Medizin. Wahrscheinlich über die Vermittlung eines Mitglieds der Görlitzer Familie Glich von Miltitz erhielt Dornavius die Anstellung am Görlitzer Gymnasium. Der Rat von Görlitz erhoffte sich, durch diesen Prominenten weitere Schüler aus böhmischen Adelskreisen in die Oberlausitz zu ziehen. Als Rektor setzte er sich für Reformen ein: mehr Unterricht in Realien sowie in der Muttersprache waren seine Ziele.
1615 verließ er die Stadt, um im schlesischen Beuthen das dortige Gymnasium zu übernehmen. Dornavius war auch als Gesandter der Schlesier in Ungarn und Warschau unterwegs. Seine letzten Lebensjahre verbrachte er als Leibarzt des Herzogs von Brieg. I.A.

Lit.: Seidel 1994.

4 | 43

Bildnis des Görlitzer Gymnasialrektors Martin Moller

unbekannter Maler
Görlitz, 2. Viertel 17. Jh.
Öl auf Leinwand; 80 × 64 cm
bez. im Bild: »Magni Theologi Martini Molleri / M.Martinus Mollerus Filius / Ano 1581 d. 16 oct: Sprott natus / Gorll: Studiis initiatus / Franc. ad viad. Laurea Mag. coronatus / Ano 1615. Gorllschol college vocatus / Ano 1633 ibidem Rector declaratus / Ano 1649 d. 9 Mart. atat climactor magno / beuta analysi, in aeterna / gaudia translatus«;
Rahmen mit Inschrift: »Rector VII«
1947 vom Gymnasium Augustum an die Städtischen Kunstsammlungen übergeben
Kulturhistorisches Museum Görlitz, Inv.-Nr. 11-61

Martin Moller (1581–1649) war der Sohn des berühmten Theologen und Pastor Primarius gleichen Namens. In Sprottau geboren, besuchte er in Görlitz das Gymnasium und studierte an verschiedenen Universitäten. Schon 1616 wurde Moller als Konrektor am Görlitzer Gymnasium angestellt. Er tat sich nach Manier der Zeit vor allem mit Gedichten in lateinischer Sprache hervor, die auch in Görlitz gedruckt wurden. Er galt als fleißiger und verträglicher Mann, der in den harten Zeiten des Dreißigjährigen Krieges ab 1633 der berühmten Schule vorstand. 1637 hatte Moller zur Erbhuldigung an den neuen Landesherrn, Kurfürst Johann Georg I. von Sachsen, zwei eigene Schriften überreicht und dafür aus der Hand des Fürsten die Bestätigung der kaiserlichen Schenkung der Schule erhalten. Im gleichen Jahr hatte ihm der Görlitzer Rat zur Erleichterung seiner Arbeit David Fechner als zweiten Rektor an die Seite gestellt. 1641, während der Belagerung der von den Schweden besetzten Stadt Görlitz durch die kaiserlichen und sächsischen Truppen, musste die Schule geschlossen werden. Der schwedische Oberkommandierende Oberstleutnant Wancke zog die größeren Schüler für Schanzarbeiten heran. Das Gymnasium hatte in jenen Jahren nur noch wenige Schüler. Erst nach dem Ende des Krieges konnte die Schule an ihren alten Glanz anknüpfen. Martin Moller verlebte seine letzten Jahre als blinder Mann. Er starb 1649 in Görlitz. I.A.

Lit.: Grosser 1714, S. 124; Knauth 1765, S. 89–93; Otto 1803, S. 628; Schütt/Struve 1865, S. 58 f.

4 | 44

4 | 44

Porträt des Görlitzer Gymnasialrektors Samuel Grosser

unbekannter Maler
Görlitz, 1. Hälfte 18. Jh.
Öl auf Kupfer, oval, konvex; 70 × 60 cm
Kulturhistorisches Museum Görlitz, Inv.-Nr. 356-60

Samuel Grosser (1664–1736) stammte aus Paschkewitz in Schlesien. Sein Vater war Pfarrer und ermöglichte seinem Sohn Schulbildung auf den damals besten Gymnasien, zunächst in Brieg, dann auf dem Magdalenen-Gymnasium in Breslau und zuletzt in Zittau, wo der berühmte Christian Weise Rektor war. Weise war es auch, der Grossers sprachliche Talente entdeckte und förderte. Nach dem Studium in Leipzig wurde Grosser Lehrer an der dortigen Nikolaischule, bis man ihn als Rektor nach Altenberg berief. 1695 holte ihn der Rat nach Görlitz, wo er als erster Rektor seine Antrittsrede in deutscher Sprache hielt.
Als Vertreter der Aufklärung förderte er in seiner Schule die Moral-, Rechts-und Naturphilosophie. Geografie und Geometrie wurden als neue Fächer in den Lehrplan aufgenommen. Grosser tat sich als Dichter von Dramen hervor, die von den Schülern in Görlitz aufgeführt wurden, um die freie Rede zu üben. Darin spielten Themen der Zeit- und Regionalgeschichte sowie aus dem Oberlausitzer Sagenschatz eine Rolle. 1712 wurde Grosser wegen seiner großen Verdienste um Pädagogik und Literatur in die im Jahre 1700 von Johann Gottfried Leibniz gegründete brandenburgische Societät der Wissenschaften aufgenommen. 1714 publizierte er das umfassende Geschichtswerk »Lausitzische Merckwürdigkeiten [...]«, das sich der Geschichte, der Religion, der Literatur- und Schulgeschichte sowie dem Gewerbe widmete. I.A.

Lit.: Grosser 1714; Schütt/Struve 1865, S. 74–84; Lemper 1991.

4 | 45

In Danielem Prophetam Commentariv: Epigramma Iohannis Stigellij

Philipp Melanchthon
(Bretten 1497 – 1560 Wittenberg)
Wittenberg: Josef Klug, 1543
Buchdruck, 200 S., [2] Bl., mit einer eigenhändigen Widmung Melanchthons auf dem Titelblatt; 11 × 8 cm
Oberlausitzische Bibliothek der Wissenschaften, Görlitz, Sign. Th IV 119a

»Qui in dilectione manet, in deo manet – Wer in der Liebe bleibt, der bleibt in Gott«. Mit dieser Widmung versah der Wittenberger Philosoph, Theologe, Philologe, Lehrer und Reformator Philipp Melanchthon (eigentlich Schwartzerdt) ein Exemplar des von ihm verfassten Kommentars zum biblischen Buch Daniel. Ob er dazu von dem auf dem Titelblatt mit einem Besitzervermerk genannten Abraham Glasen gebeten wurde, ist nicht bekannt. Unübersehbar ist dagegen der große Einfluss Melanchthons auf das Görlitzer Schulwesen. Zahlreiche Briefe zwischen dem Reformator und dem Görlitzer Rat zeugen davon, dass man seinen Rat bei Einrichtung des neuen Gymnasiums suchte.

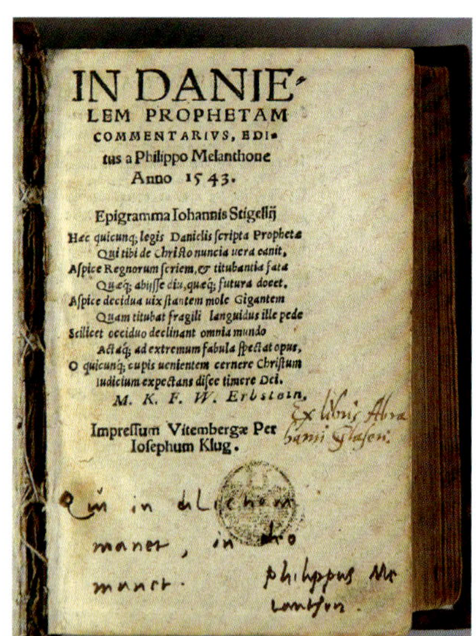
IN DANIE-
LEM PROPHETAM
COMMENTARIVS, EDI-
tus a Philippo Melanthone
Anno 1543.

Epigramma Iohannis Stigellij
Hæc quicunq; legis Danielis scripta Prophetæ
Qui tibi de Christo nuncia uera canit,
Aspice Regnorum seriem, & titubantia fata
Quæq; abijsse diu, quæq; futura docet.
Aspice decidua uix stantem mole Gigantem
Quam titubat fragili languidus ille pede
Scilicet occiduo declinant omnia mundo
Actaq; ad extremum fabula spectat opus,
O quicunq; cupis uenientem cernere Christum
Iudicium expectans disce timere Dei.
M. K. F. W. Erbstein.

Impressum Vitembergæ Per
Iosephum Klug.

4 | 45

1534 baten ihn die Görlitzer Ratsherren um eine Empfehlung bei der Besetzung der Schulmeisterstelle. Melanchthons Lehrbücher wurden im Unterricht der Lateinischen Sprache verwendet und wurden von dem Görlitzer Buchdrucker Ambrosius Fritsch 1564 nachgedruckt. 1565 berief man seinen Wittenberger Freund und Professorenkollegen Petrus Vincentius (1519–1581) zum Rektor des neuen Gymnasium Augustum. Die durch ihn geformte neue Schule war humanistisch-reformatorisch geprägt und folgte den Grundsätzen Melanchthons. Aus dem Jahre 1582 stammt der Ausspruch Martin Mylius', selbst Schüler Melanchthons und späterer Rektor des Görlitzer Gymnasium Augustus: »Schola nostra sit Philippica! Unsere Schule sei eine ›Philippische‹!« M.W.

Lit.: Irmscher 1999; Ilgner 2000.

4 | 46

4 | 47

4 | 46

Methodi doctrinae catecheticae, scholae Goldbergensi propositae a Valentino Trocedorfio

Valentin Trotzendorf (Troitschendorf b. Görlitz 1490 – 1556 Görlitz)
Görlitz: Ambrosius Fridericus [i.e. Ambrosius Fritsch], 1570
Buchdruck, [247] S., zeitgenösssischer, blindgeprägter Schweinslederband mit den Porträts Luthers und Melanchthons, starke Gebrauchsspuren; 11 × 17 cm
Oberlausitzische Bibliothek der Wissenschaften, Görlitz, Sign. L VI 915

Valentin Trotzendorf (eigentlich Friedland), wurde 1490 in Troitschendorf bei Görlitz als Kind einfacher Bauern geboren. Nach dem Besuch der Görlitzer Lateinschule und einem Studium in Leipzig lehrte er von 1516 bis 1518 Griechisch in Görlitz. Er brach jedoch nach Wittenberg auf, um seine theologischen Studien im Geiste Luthers und Melanchthons fortzusetzen. Dort wurde er als »Valentinus Trossendorff« in das Album der Universität eingetragen. Sein Vorbild und Ideal war Melanchthon, dessen Lehre er sich wörtlich einprägte. Als Luther im Juni 1519 zur Disputation mit Karlstadt reiste, gehörte Friedland zu jenen Studenten, die den Reformator nach Leipzig begleiteten. Von 1523 an leitete er mit großem Erfolg die Schule in Goldberg. Trotz mehrfacher ehrenvoller Angebote, in Görlitz und Nürnberg Rektorenämter zu übernehmen, blieb Trotzendorf in Gold-

berg. Das Ende seines Lebens war durch Unglücksfälle überschattet. 1553 führte die Pest zur Flucht vieler Schüler aus Goldberg, 1554 fielen Stadt und Schule einer Brandkatastrophe zum Opfer.
Charakteristisch für Trotzendorfs Unterrichtsmethode war die Wiederholung von Frage und Antwort durch Lehrer und Schüler nach einem festen Schema. Der vorliegende, von Laurentius Ludovicus nach Trotzendorfs Tod herausgegebene Band enthält neben den Unterweisungen biografische Mitteilungen und eine Sammlung kommentierter Bibelsprüche »Rosarium scholae Trocedorfii«. M.W.

Lit.: Meister 1894; Bauch 1921.

4 | 47

Harmoniae Hymnorvm Scholae Gorlicensis

Görlitz: Ambrosius Fritsch, 1587
Buchdruck, 211 S.; 15 × 10 cm
Oberlausitzische Bibliothek der Wissenschaften, Görlitz, Sign. Schol. IV, 90

Am Görlitzer Gymnasium, das 1565 aus der Lateinschule hervorgegangen und im vormaligen Franziskanerkloster untergebracht war, wurde die »Musica« parallel zur »Arithmetica« gelehrt. Als vierter Schulkollege war der Kantor neben der musikalischen Ausgestaltung der Gottesdienste an der Hauptkirche St. Peter und Paul auch für die gymnasiale Musiklehre verantwortlich.
Das erste, eigens an diesem Gebrauch orientierte Görlitzer Schulchorbuch wurde 1587 bei Ambrosius Fritsch gedruckt und schließt eine lateinische Vorrede von Georg Rhon an die »discentibvs bonas literas in schola Gorlicensii« (Schüler der schönen Wissenschaften an der Görlitzer Schule) von 1585 ein. Es ist zu vermuten, dass der Görlitzer Kantor Rhon, dessen Privatbesitz das überlieferte Exemplar entstammt, auch für die Zusammenstellung der in Chorbuchnotation angeordneten deutsch- und lateinischsprachigen Gesänge verantwortlich zeichnete.
Die in einem Index aufgeführten Gesänge dieser Ausgabe sind, dem humanistischen Zeitgeist entsprechend, nach den griechischen Carmina (= Liedern) klassifiziert: Heroica, Elegiaca, Sapphica, Iambica, Phalaecia, Cantiones Gregoriana und Cantiones Funebres. Demgegenüber folgt die zweite, bei Johannes Rhamba gedruckte Ausgabe von 1599 dem christlichen Kirchenjahr. T.N.

4 | 48

Sammlung der Jubelschriften, Reden, und Gedichte So zum Dankvollen Andenken des Zweyhundertjährigen Stiftungstages des Gymnasii Augusti zu Görlitz

Friedrich Christian Baumeister (1709–1785)
Görlitz: Fickelscherer, 1765
Buchdruck, (14 Einzelschriften mit getrennter Zählung); 18 × 15 cm
Oberlausitzische Bibliothek der Wissenschaften, Görlitz, Sign. Ba VII 4° 38, 1 14

1765 feierte Görlitz prunkvoll das 200-jährige Bestehen seines Gymnasium Augustum. An dieser Bildungseinrichtung erhielten Schüler aus weiten Teilen der Oberlausitz und aus Böhmen eine fundierte Vorbereitung auf das Studium an einer Universität und gingen von hier nach Leipzig oder Wittenberg. Für die gebildeten Görlitzer war ihr Gymnasium von besonderer Bedeutung. Dementsprechend sorgfältig waren die Vorbereitungen auf das Jubiläum: Rektor Friedrich Christian Baumeister berichtet in seiner Vorrede zur »Sammlung der Jubelschriften« von einem 19 Punkte umfassenden Programm zur würdigen Gestaltung der Feierlichkeiten. Die gehaltenen Reden, unterteilt in elf Reden »so von Amts wegen verfertiget« und fünf Glückwünsche »so von Gönner, Freunden und Scholaren abgefasset«, wurden einzeln gedruckt und in Sammelbänden der Nachwelt überliefert. Besonders die historischen Abhandlungen von Christian Knauthe, Johann Gottfried Geißler, Johann Hortzschansky und Gottlieb Christian Giese sind bis heute wertvolle Darstellungen Görlitzer Bildungs- und Kulturgeschichte.
Dass der Rektor Baumeister über ein ausgeprägtes Maß an beruflichem Selbstbewusstsein verfügte, belegt ein Zitat, welches sich bereits auf der ersten Seite seines Vorberichtes findet: »Sollte der Werth der Schulen von dem Urtheil der Menschen abhängen, so würden sie von ihrer Schätzbarkeit viel verlieren. Die meisten, so von Schulen lieblos und niederträchtig zu urtheilen sich erfrechen, sind viel zu kurzsichtig und blödsinnig, als daß sie das innere Schätzbare der Wissenschaften zu beurtheilen im Stande wären.« M.W.

Lit.: Schütt/Struve 1865, S. 9, 19, 47, 109; Irmscher 1997; Bahlcke 2007.

Sammlung der Jubelschriften, Reden, und Gedichte rc.
So zum
Dankvollen Andenken
des
Zweyhundertjährigen
Stiftungstages
des
GYMNASII AVGVSTI
zu Görlitz,
bey Gelegenheit
der daselbst am 25 und 26sten Junii 1765. angestellten
Jubelfeyerlichkeiten
verfertiget worden,
Nebst einem Vorbericht
von
M. Friedrich Christian Baumeister,
des Gymnasii Augusti zu Görlitz Rect.
Görlitz, gedruckt und zu finden bey Johann Friedrich Fickelscherer.

4 | 48

Johann Gundelfinger

Nürnberg 1551 – 1609 Zittau

Anna Gundelfinger

geborene von Kohlo
Zittau 1553 – 1617 Zittau

Eheleute

Der Kaufmann Johann Gundelfinger wurde in Nürnberg geboren. Er wird bereits 1578 in Zittau als Bierhof- und Hausbesitzer in der Spürgasse (heute Frauenstraße) genannt. Gundelfinger schloss in Zittau die Ehe mit Anna von Kohlo, die aus einer angesehenen Familie stammte. Aus dieser Verbindung gingen die Söhne Leonhard (1583 – 1625) und Valentin (gest. 1644) hervor.

Möglicherweise war Gundelfinger im Leinwandhandel tätig; Zittau unterhielt zu dieser Zeit – wie viele andere Städte der Oberlausitz auch – intensive Handelsbeziehungen zu Nürnberg. Hier wurden die Textilien veredelt und gefärbt, bevor sie ihren Weg zu anderen Märkten nahmen. So wäre möglich, dass Gundelfinger noch als junger Mann aus Nürnberg nach Zittau geschickt wurde, um hier die Produktion und den Handel zu organisieren und zu verbessern. Der Transport wurde meist südwärts über Prag, die Hauptstadt von Böhmen, zu dem Zittau und die Oberlausitz als Kronnebenland bis 1635 gehörten, abgewickelt. Gundelfinger scheint relativ schnell zu Reichtum und Ansehen gekommen zu sein, wenn er bereits als 27-Jähriger als Hausbesitzer genannt wird. R.E.

Lit.: Ausst.-Kat. Zittau 2002, S. 117 – 189, 322 f., Nr. B 42, B 43.

4 | 49

Bildnis des Kaufmanns Johann Gundelfinger (1551 – 1609)

unbekannter Maler
um 1620
Öl auf Kupfer; 34,5 x 25 cm
Schenkung von Carl Ludwig Hayne an die Ratsbibliothek Zittau 1741
Städtische Museen Zittau, Inv.-Nr. 2974/60

Der Görlitzer Kaufmann Johann Gundelfinger gehörte zweifellos zu den vermögenden Bürgern der Stadt. Diesen Wohlstand repräsentieren die beiden Bildnisse des Ehepaares. Gundelfinger steht fest und selbstbewusst im Raum vor einem dunkelgrünen Vorhang, die rechte Hand mit den Handschuhen an der Hüfte. Auf dem Tisch links neben ihm liegt sein Hut, auf dessen Krempe die linke Hand ruht, an der er zwei Goldringe trägt. Die Kleidung ist der Spanischen Mode angepasst: schwarze Kniehosen, Strümpfe und Schuhe, ein schwarzes Schoßwams mit schmalem Gürtel und großer weißer Mühlsteinkrause. Die Schaube ist an den Vorderkanten und am hohen Kragen mit kostbarem Pelz verbrämt. Das Wappen der Familie Gundelfinger zeigt einen quergeteilten Schild. In der oberen Hälfte befindet sich eine goldene Lilie auf schwarzem Grund, darunter ist die Farbstellung entgegengesetzt. Über dem Helm flattern ein schwarzes und goldenes Band mit einer goldenen Lilie dazwischen. M.R.

Lit.: Zittauer Geschichtsblätter 5 (1928), Nr. 10, S. 39; 6 (1929), Nr. 3, S. 10; 9 (1932), Nr. 6, S. 23; 11 (1934), Nr. 1, S. 2; Zittau'sches monatliches Tagebuch, August 1866, S. 119; Ausst.-Kat. Zittau 2002, S. 322 f.; Donatorum Zittau.

4 | 50

Bildnis der Anna Gundelfinger, geborene von Kohlo (1553 – 1617)

unbekannter Maler
um 1620
Öl auf Kupfer; 34,5 × 25 cm
Schenkung von Carl Ludwig Hayne an die Ratsbibliothek Zittau 1741
Städtische Museen Zittau, Inv.-Nr. 2975/60

4 | 49

4 | 50

Auf dem Pendant zum Bildnis Johann Gundelfingers ist seine Ehefrau Anna dargestellt. Sie steht in dem gleichen Raum wie ihr Gemahl neben einem Tisch; so entsteht der Eindruck, beide Personen stehen sich an dem Tisch, einander leicht zugewandt, gegenüber. Vermutlich wurden die Gemälde von den Söhnen zum Andenken an die Eltern in Auftrag gegeben.
Anna Gundelfinger trägt ein langes schwarzes Kleid mit spanischer Halskrause. Der Mantel hat am Kragen einen schmalen Pelzbesatz. Die schwarze Haube mit weißem Rand verdeckt das Haar ganz. In den mit zwei Ringen geschmückten Händen hält sie ein Gebetbuch, das mit einem Zierbeschlag versehen ist und ein Kreuz auf dem Einband trägt. Das Familienwappen besteht aus einem quergeteilten Schild. Die untere Hälfte ist rot, die obere silbern. Aus der oberen und der Helmbekrönung erhebt sich eine springende Gämse. M.R.

Lit.: Zittauer Geschichtsblätter 6 (1929), Nr. 3, S. 10; Zittau'sches monatliches Tagebuch, Juni 1866, S. 86; Ausst.-Kat. Zittau 2002, S. 322 f.; Donatorum Zittau.

Johann Leisentrit

Olmütz 1527 – 24. November 1586 Bautzen
Domdekan

Johann Leisentrit wurde 1527 in Olmütz in Mähren geboren. Er studierte Theologie in Krakau und empfing 1549 seine Priesterweihe in Prag. Hier wirkte er als Erzieher am Hofe des Erzherzogs Ferdinand (II.). Als er 1551 zum Kanonikus des Bautzner Domkapitels St. Petri ernannt wurde, kam er zu einer Zeit in die Oberlausitz, als die Auseinandersetzungen zwischen katholischem Glauben und protestantischer Reformation im vollem Gange waren: So war in Bautzen 1543 die lutherische Predigt eingeführt worden, die Domkirche diente simultan Katholiken wie Protestanten als Gotteshaus.

Leisentrit leitete als Scholastikus die Domschule. 1559 wurde er Dekan des Kapitels. Mit seiner Ernennung durch den Papst zum Apostolischen Administrator des Bistums Meißen in den Lausitzen 1560 sowie zum Generalkommissar in Religionssachen der Lausitz durch den Kaiser war er gleichermaßen für die Angehörigen beider Glaubensrichtungen zuständig. So achtete Leisentrit auf die Einhaltung des Religionsfriedens und war um Aussöhnung und die Erhaltung der kirchlichen Einheit bemüht. Dies stieß in der Bevölkerung sicher auf Zustimmung, war doch in der Lausitz die Reformation nicht durch landesherrlichen Befehl von oben, sondern aufgrund der freien Wahl der Grundherren oder von den Stadträten eingeführt worden. Der Zugehörigkeit der Lausitzen zu Böhmen verdanken die katholischen Stifter und Pfarreien ihre Existenz über die Reformation hinaus.

Zu Leisentrits Verdiensten zählt der Erhalt der katholischen Klöster St. Marienstern und St. Marienthal sowie des Magdalenerinnenklosters in Lauban. Weit bekannt bleibt Leisentrit durch seine zahlreichen theologischen Schriften. Das gilt besonders für sein Gesangbuch von 1567, das mehrfach aufgelegt wurde. Diese Liedsammlung enthält zahlreiche Lieder, die sowohl in der katholischen als auch in der protestantischen Liturgie gesungen wurden; viele Melodien werden Leisentrit zugeschrieben. 1586 starb Leisentrit in Bautzen. Er wurde im Chorraum des Domes St. Petri beigesetzt. R.E.

Lit.: Gerblich 1959; Seifert 1987; Heitmeyer 1988; Blaschke/Seifert 2002.

4 | 51

Porträt Johann Leisentrit

unbekannter Maler
Bautzen, um 1620
Öl auf Leinwand; 80 × 69 cm
beschr.: »IOANNES LEISEN / TRITIVS / Imi Administrator Epat / Misnensis per vtramq. / Lusatiam«
Domkapitel St. Petri des Bistums Dresden-Meißen, Bautzen

Für das grob gearbeitete Porträt dienten als Vorlage Kupferstiche, die von Johann Leisentrit zu Lebzeiten gefertigt wurden und seinen literarischen Publikationen beigegeben sind. Es ist das erste von 29 Porträts der Bautzner Domdekane und Apostolischen Administratoren des Bistums Meißen in den Lausitzen für die »geistliche Ahnengalerie« im Bildersaal des Bautzner Domdekanats. Das als Brustbild gefertigte Porträt stellt Leisentrit im Gelehrtenrock dar, auf dem Kopf trägt er eine Kappe. Rechts oben im Bild befindet sich ein Wappen mit sechs Feldern. Das obere linke Feld zeigt das Wappen des vorreformatorischen Bistums Meißen, das Osterlamm mit der Siegesfahne. Die beiden unteren linken Felder stellen das persönliche Wappen von Leisentrit dar, das obere davon zeigt einen aufgerichteten Greif und das untere drei aufgeplatzte Granatäpfel, Symbole für Frömmigkeit und Gelehrsamkeit. Auf der rechten Seite wiederholen sich die Wappen in umgekehrter Anordnung, oben das persönliche Wappen von Leisentrit und darunter das Bistums-Wappen. Die unter dem Wappen stehende lateinische Inschrift weist ihn als »I. Administrator des Bistums Meissen in den beiden Lausitzen« aus.
Der 1527 in Olmütz in Mähren geborene Leisentrit studierte Theologie in Krakau und wurde 1549 in Prag zum Priester geweiht. 1552 wurde er Kanonikus des Bautzner Domkapitels St. Petri, wo er als Scholastikus die Domschule leitete. 1560 ernannte ihn der Papst zum Apostolischen Administrator des Bistums Meißen in den Lausitzen, und der Kaiser zum kaiserlichen Generalkommissar in Religionssachen der Lausitz. In den Auseinandersetzungen der Reformationszeit wirkte er für die Aussöhnung und die Erhaltung der kirchlichen Einheit, er ist Mitbegründer des Simultaneums am Bautzner Dom. S.Se.

Lit.: Seifert 1987; Ausst.-Kat. Bautzen 1996, S. 49, Nr. 32, Abb. S. 15.

4 | 51

4 | 52

Geistliche Lieder und Psalmen

Johann Leisentrit
(Olmütz 1527 – 1586 Bautzen)
Bautzen: Michael Wolrab, 1573 (2. Auflage)
Buchdruck, 439 Bl., zahlreiche Holzschnitte; Ledereinband mit Rollenstempelverzierung, zwei einfache Schließen; 16,8 × 10,5 × 6,5 cm
Domstiftsbibliothek Bautzen,
Sign. BM III 23 und BM III 23bis

Das 1567 in erster Auflage erschienene Gesangbuch von Johann Leisentrit wurde 1573 und 1584 in der Bautzner Buchdruckerei von Michael Wolrab erneut aufgelegt. In der Domstiftsbibliothek in Bautzen haben sich zwei Exemplare der 1573er Ausgabe erhalten. Das Gesangbuch besteht aus zwei Teilen: im ersten folgt nach der Vorrede an Kaiser Maximilian die Kirchenordnung und sonstige Anordnungen zum Gebrauch des Buches. Den Hauptteil bilden die »Geistliche[n] Lieder und Psalmen«, die z. T. mit Noten ergänzt werden. Der zweite Teil beginnt mit einer Widmung an Herzog Albrecht von Bayern (unterzeichnet von Johann Leisentrits Neffen und Kanonikus in Bautzen, Gregorius Leisentrit), auf die dann »Geistliche Lieder von der allerheiligisten Jungfrawen Maria« folgen. Das Buch schließt ab mit einem Holzschnitt des Leisentritschen Wappens.

Die hochwertige grafische Gestaltung des Gesangbuches ist bemerkenswert. Neben ganz- und halbseitigen Holzschnitten fällt vor allem die aufwendige Rahmengestaltung einer jeden Seite ins Auge. Die Abfolge der Liedsammlung des ersten Teils folgt dem Kirchenjahr, beginnend mit dem Advent. Neben aus anderen Liederbüchern übernommenen Gesängen sowie Sequenzen und Litaneien der Liturgie bleiben einige Lieder übrig, deren Herkunft unbekannt ist und die deshalb Leisentrit selbst zugeschrieben werden. Die Bedeutung dieser umfassenden Liedsammlung, der zweiten katholischen nach der Reformation, ist kaum hoch genug einzuschätzen, wurden doch Auszüge davon schon kurze Zeit nach dem Erscheinen in anderen Bistümern als Diözesangesangbuch herausgebracht. Auch heute noch finden sich Lieder aus dem Leisentritschen Buch im katholischen Gesangbuch für den deutschen Sprachraum »Gotteslob«. B.M.

Lit.: Lipphardt 1963; Seifert 1996, S. 47–49; Schulz 2001, S. 147–150; Auss.-Kat. Zittau 2002, S. 313 f.

4 | 52

4 | 53

4 | 53

Medaille auf Johann Leisentrit

Bautzen, 1572/77 (?)
Gold; Durchmesser: 3,5 cm
Umschrift: »JOAN. LEISENTRIT DECAN. BVDISS.«; Inschrift: »ÆTA. 46«
Domschatzkammer St. Petri Bautzen,
Inv.-Nr. K. 122

Auf der Vorderseite der Medaille ist der Dekan des Bautzner Domkapitels, Johann Leisentrit (1527–1586), im Halbporträt dargestellt. Am Rand ist die Umschrift »JOAN. LEISENTRIT DECAN. BVDISS.« und zu beiden Seiten des Porträts die Inschrift »ÆTA. 46« angebracht. Die Abbildung ähnelt dem in Leisentrits Gesangbuch (2. Aufl. 1573) mit der Jahreszahl 1571 und »Ætat. an. 45« gekennzeichneten Porträt-Holzschnitt (vgl. Kat.-Nr. 4 | 52). Am unteren Rand ist eine schwer zu entziffernde Jahreszahl zu sehen, deren Lesung 1572 oder 1577 ergeben kann. Auf der Rückseite findet sich das Familienwappen von Leisentrit: Im oberen Wappenfeld ein Greif und im unteren drei – hier nebeneinander aufgereihte – Granatäpfel. Der Greif findet sich auf der Helmzier wieder; die Helmdecken sind rankenförmig. Die Medaille ist mit einer Öse versehen. B.M.

Lit.: Seifert 1992, S. 55.

4 | 54

Kelch

Bautzen, um 1500 (?)
Silber, vergoldet
Höhe: 21,3 cm; Durchmesser Kuppa: 11,5 cm; Durchmesser Fuß: 14 cm
beschr. am Fuß: »Iohannes LeisentritIvs ECCLESIE BVDissin. DECANVS ET PRAGENSIS CANONICVS«; am Schaft: »IHESVS«, »Maria«; bez. »A R«, »HO«?;
kaum entzifferbare Einritzungen mit Zahlenangaben auf der Unterseite des Fußes
Domschatzkammer St. Petri Bautzen,
Inv.-Nr. K. 5

Der trotz seiner Größe filigran und mit zahlreichen Verzierungen gestaltete Kelch ist aufgrund von Inschriften und Gestaltung dem Dekan des Bautzner Domkapitels Johann Leisentrit (1527–1586) zuzuordnen. Auf dem Fußrand ist die Inschrift »Iohannes Leisentritivs ECCLESIE BVDissin. DECANVS ET PRAGENSIS CANONICVS« eingraviert. Zwischen Johannes und Leisentrit ist ein kleines Wappenschild mit der Abbildung des Greifs im oberen und drei Granatäpfeln im unteren Wappenfeld – das Familienwappen der Leisentrits – aufgebracht. Diese Attribute sind wohl erst einer späteren Überarbeitung zuzuschreiben. Der Sechspassfuß ist mit einem Rankenwerk durchbrochen. Die Abbildungen auf dem Kelchfuß stellen folgende Figuren dar: den aus dem Grab auferstehenden Christus und die Gottesmutter, dazwischen aufgebracht ein gegossenes Kruzifix mit Corpus; außerdem den hl. Christophorus, die hl. Katharina, die hl. Barbara und den Evangelisten Johannes. Auf dem sechseckigen Schaft über dem Nodus, unter der Kuppa, steht die Inschrift IHESVS und unter dem Nodus die Inschrift Maria. Bei Letzterer befindet sich auf dem Freifeld ein Schriftband, mit nur zwei eindeutig identifizierbaren Buchstaben A und R sowie als drittes möglicherweise die Ineinanderschreibung von H und O als Hinweis zum Bautzner Künstler Hans Ochs. Der Nodus selbst ist mit kleinen Buckeln ausgetrieben, die in regelmäßigen Dreiergruppen jeweils mit einem Zierrahmen umgeben gestaltet sind. Die Halterung der Kuppa ist auf der Unterseite floral verziert und schließt nach oben mit einer stilisierten Akanthusranke ab.
Eine Meistermarke oder ein Beschauzeichen sind nicht vermerkt. Da Hans Ochs nur von 1510 bis 1540 in Bautzen nachweisbar ist, Leisentrit sein Bautzner Kanonikat aber erst 1551 erhielt (Wahl zum Dekan: 1559), muss wohl die Überarbeitung des Kelchs entgegen

der bisherigen Überlieferung einem anderen Künstler zugeschrieben oder sogar generell die Herstellung des Kelchs später datiert werden. B.M.

Lit.: Seifert 1992, S. 12; Ausst.-Kat. Bautzen 1996, S. 46.

4 | 54

4 | 55

Schreib- und Lesepult

Bautzen, 1570
Nussbaumholz; 67,5 × 45 × 23 cm
Domkapitel St. Petri des Bistums Dresden-Meißen, Bautzen

Das von einem Bautzner Tischler 1570 aus Nussbaumholz gefertigte Schreib- und Lesepult ist das älteste Möbelstück, das sich beim Domkapitel St. Petri erhalten hat. Auf dem Deckel des Pultes ist in schwarzer Schrift aufgemalt: »JOHANNES / LEISENTRIT / DECANVS / 1570«. Im Innern hat das Pult mehrere Fächer zur Aufbewahrung von Briefschaften und Schreibutensilien. Bei der letzten Restaurierung 1986 wurde die im Inneren angebrachte Marmorierungsmalerei in hellem und dunklem Grau freigelegt, die bis dahin mit farbigem Papier aus dem frühen 19. Jahrhundert überklebt war. Wie die Inschrift besagt, diente das Schreib- und Lesepult dem Bautzner Domdekan und ersten Administrator des Bistums Meißen in den beiden Lausitzen für seine Arbeit. S.Se.

Lit.: Ausst.-Kat. Bautzen 1996, S. 49, Nr. 33, Abb. S. 49.

4 | 55

Napoleon Bonaparte

Ajaccio/Korsika 15. August 1769 – 5. Mai 1821 Longwood House/St. Helena
Kaiser

Der französische Staatsmann, General und Kaiser wurde 1769 als Napoleone Buonaparte auf der Mittelmeerinsel Korsika geboren. Aufgrund seines militärischen Talents stieg er schnell in der Armee auf. Nach erfolgreichen Feldzügen in Italien und Ägypten wurde er mit dem Staatsstreich vom 18. Brumaire (9. November 1799) Erster Konsul der Französischen Republik. Am 2. Dezember 1804 krönte er sich als Napoleon I. selbst zum Kaiser der Franzosen. In den folgenden Jahren brachte er durch Eroberungskriege zahlreiche Länder Europas unter seine Herrschaft. Der 1812 begonnene Krieg gegen Russland mündete in eine vernichtende Niederlage, die mit der Einnahme von Paris 1814 durch die Alliierten besiegelt wurde. Napoleon wurde auf die Insel Elba verbannt. 1815 kehrte er jedoch noch einmal auf die politische Bühne zurück, wurde aber durch England, Russland, Preußen und Österreich am 18. Juni 1815 bei Waterloo besiegt. 1821 starb Napoleon in der Verbannung auf der Atlantikinsel St. Helena.

Sachsen hatte sich 1806 Frankreich angeschlossen, am 20. Dezember wurde Kurfürst Friedrich August III. zum sächsischen König erhoben. Das Land lag nun politisch wie militärisch zwischen den Interessen und Fronten von Russland, Preußen, Österreich und Frankreich. Den sich aus Russland zurückziehenden französischen Soldaten folgten über Schlesien russische und preußische nach. Sachsen wurde zum zentralen Kriegsschauplatz, fast jede Stadt hatte Zerstörungen, Plünderungen, Krankheiten und Tote zu beklagen. In den Schlachten von Bautzen (20./21. Mai 1813) und Dresden (26./27. August 1813) war Napoleon noch siegreich, ehe er in der Völkerschlacht bei Leipzig vom 16. bis 19. Oktober 1813 geschlagen wurde. Durch die anschließende Neuordnung Europas auf dem Wiener Kongress 1814/15 kamen große Teile der Oberlausitz mit Görlitz an Preußen. R.L.

Lit.: Jecht 1913; Töppel 2008; Ausst.-Kat. Bonn 2010/11.

4 | 56

Büste »Napoléon«

nach einer Plastik von Antoine-Denis Chaudet (1763–1810)
Modell von Alexandre Brachard (zwischen 1784 und 1827 für die Porzellanmanufaktur Sèvres tätig)
Sèvres, Modell: 1805, Ausformung: 1808
Biskuitporzellan, Bronzerahmen
Höhe: 51 cm; Sockel: 26 × 23 cm
Marke: »SEVRES« eingepresst
Staatliche Kunstsammlungen Dresden, Porzellansammlung Dresden, Inv.-Nr. P.E. 4673

Die Büste Napoleons I. ist auf einen quadratischen Sockel aufgesetzt. Dieser ist in einen Bronzerahmen gefasst. Die Vorderseite trägt die Bezeichnung »NAPOLÉON«. Mit seiner strengen und monumentalen Darstellungsweise, die sich an klassisch-griechischen Vorbildern orientierte, entsprach Chaudet während der Ersten Republik (1792–1795) und des Ersten Kaiserreiches (1804–1814/15) in Frankreich dem damals zeitgemäßen Verständnis der Antike. Dieser Haltung verdankte er den Auftrag zum Entwurf einer Napoleonbüste, die so viel Zustimmung fand, dass sie fortan zum gültigen und offiziellen Porträt des Kaisers wurde. Die Büste wurde in Marmor, Bronze, Gips und von Alexandre Brachard in Biskuitporzellan gefertigt. Das weiße Biskuitporzellan war besonders zur Zeit des Empire wegen seiner optischen Nähe zum Marmor beliebt. Die Manufaktur Sèvres lieferte hohe Stückzahlen des idealisierenden Kaiserporträts in verschiedenen Größen.
Die in Dresden befindliche Büste ist Teil eines umfangreichen Geschenks, welches König Friedrich August I. 1809 anlässlich seines Besuches in Paris von Napoleon I. erhielt. A.L.

Lit.: Dauterman 1969, S. 72; Ausst.-Kat. Dresden 1992a, S. 8, 20; Newman 1999.

4 | 56

4 | 57

Sattel des Kaisers Napoleon I.

Dresden, 1812
Teile: Sattel, Unterpolster, 8 Riemen vom Bauchgurt, Paar Steigriemen, Paar Steigbügel
Seidensamt rot, Steppnähte; gewebte Borte: Seide rot, verblichen; Ziernägel: Messing, vergoldet; Polsterung: Tierhaar; Sattelbaum: Holz; Leder; Steigbügel: Eisen, versilbert; Länge: 52 cm, Höhe: etwa 42 cm; Steigbügel: Höhe: 15 cm, Breite: 13,5 cm
Rüstkammer, Inventar Gute Sattelkammer 1821, fol. 71 v, Nr. 256
Staatliche Kunstsammlungen Dresden, Rüstkammer, Inv.-Nr. L 32

Der Sattel wurde laut dem Inventareintrag in der Rüstkammer im Jahre 1812 »alhier [in Dresden] gefertigt, von dem ehemaligen französischen Kaiser Napoleon bei jedemaligen Aufenthalte zu Dresden gebraucht«. Napoleon hielt sich 1812 zweimal in Dresden auf: vor seinem Feldzug nach Russland, vom 16. bis 29. Mai, und auf seinem Rückzug, am 14. Dezember 1812, jedoch nur für einige Stunden. Im Mai fand ein Treffen mit seinen Verbündeten statt. Prachtvolle Paraden, Manöver und Feuerwerke begleiteten dieses Ereignis. Über 21 000 Soldaten und 7000 Pferde stellte Sachsen zur Teilnahme am Russland-Feldzug Napoleons bereit. Nur 1000 sächsische Soldaten kehrten aus diesem Feldzug in die Heimat zurück.
Der Sattel Napoleons wurde nach dem Abzug der französischen Truppen aus Dresden am 7. Oktober 1813 in die Rüstkammer gegeben. Zu dem dezent verzierten Sattel von rotem Seidensamt gehörten ehemals eine Schabracke und zwei Schabrunken aus rotem Tuch mit goldenem Tressenbesatz. Solche Sättel waren Teil der regulären Ausstattung des hohen Offizierskorps der französischen Armee, wie die erhaltenen Sättel von Eugène de Beauharnais (St. Petersburg, Eremitage), dem Stiefsohn des Kaisers, und von Fürst Jozef Poniatowski (Leipzig, Stadtgeschichtliches Museum) belegen. Drei Sättel Napoleons gleicher Bauart sind aus der Zeit seiner Verbannung auf St. Helena (La Sarraz, Musée suisse du Cheval) erhalten. In allen Kriegskampagnen standen Napoleon zahlreiche Reitpferde zur Verfügung. Er bevorzugte arabische Vollblüter, die er oft nach Schlachtorten benannt hat. Von seinem Pferd Marengo ist ein Skelett (London, National Army Museum), von dem Pferd Vizier eine Dermoplastik (Paris, Musée de l'Armée) überliefert. V.P.

Lit.: Erbstein 1889; Theumert 1965; Schaal 1988; Ausst.-Kat. Speyer 1998, S. 128 f.; Ausst.-Kat. Gotha 2006, Kat.-Nr. D8, S. 92 f.; Ausst.-Kat. Kazan (Tatarstan), Kat.-Nr. 307–313, S. 213, Abb. 152; Ausst.-Kat. Paris 2010, S. 87.

4 | 58

Paar Reitstiefel des Kaisers Napoleon I.

1813
Oberleder: Kalb, dunkelbraun; Sohle: Rind, dunkelbraun; Fersenkappe kreuzweise gesteppt, Schaftfutter am Rand Leder gelbbraun, sonst Flanell naturfarben hell
Fußlänge: 27 cm; Schafthöhe: 50,5 cm
aus der wegen Veruntreuung konfiszierten Privatsammlung des Barons Peter Ludwig von Block; vgl. Catalog der von Blockschen Sammlung von Fussbekleidungen im Kgl. Historischen Museum zu Dresden [Rüstkammer], 1830, Nr. 2: »Stiefeln, welche Napoleon am Tage der Schlacht bei Dresden den 27. August 1813 getragen«; Nr. 4: Stiefel Moreaus
Staatliche Kunstsammlungen Dresden, Rüstkammer, Inv.-Nr. i. 121

Die Stiefel haben die typische Form von Kavalleriestiefeln aus der Zeit der Napoleonischen Kriege. Der hohe Schaft ist am Rand hinten geschlitzt und überdeckt vorn das Knie, der Absatz ist flach. Die leicht und fein gearbeiteten Stiefel trug Kaiser Napoleon I. am 27. August 1813 in der Schlacht auf der Räcknitzhöhe bei Dresden. Der in Dresden ansässige passionierte Privatsammler Baron Peter Ludwig von Block (1764–1818), damals Inspektor des Grünen Gewölbes, ergatterte für sich seinerzeit nicht nur die Stiefel Napoleons, sondern auch die seines Kontrahenten, des Generals Jean-Victor Moreau (1763–1813, 2. September), der in jener Schlacht an der Seite des Zaren Alexander I. kämpfte. Die Schlacht im Dauerregen hinterließ an den Stiefeln Spuren. Der Kaiser konnte den rechten Stiefel nur noch ausziehen, indem die Fersennaht geöffnet wurde. Die Beine Moreaus wurden mitsamt den Stiefeln von einer Kanonenkugel zerfetzt. In Dresden noch einmal Sieger, erfuhr Napoleon in der Völkerschlacht bei Leipzig vom 16. bis 19. Oktober 1813 die entscheidende Niederlage. J.B.

Lit.: Ehrenthal 1899, S. 209, Kleiderzimmer, Pult III; Theumert 1965; Schaal 1988; Bäumel/Swann 1996; Ausst.-Kat. Gotha 2006, S. 92, Nr. 6.

4 | 57

4 | 58

4 | 59

Napoleon während der Schlacht bei Bautzen

Wilhelm Bässler
um 1840
Lithografie; 34,2 × 46,5 cm
bez. u. l.: »N. d. Nat. gez. u. lith. W. Bässler«; bez. M.: »Verlag & Eigenthum v. F. A. Reichel in Bautzen«; bez. u. r.: »Druck v. J. Braunsdorf, Dresden.«; beschr. u.: »Napoleon während der Schlacht bei Bautzen am 21. Mai 1813.«
Stadtgeschichtliches Museum Leipzig, Inv.-Nr. VS 1348

Die große Lithografie zeigt, wie der auf einem Hügel stehende Napoleon, umgeben von berittenen Offizieren, die Schlacht betrachtet. Unmittelbar vor ihm sind die Soldaten und Reiter in Formation zu sehen, deren Angriffe von Kanonen unterstützt werden. Im Hintergrund rechts ist vor den Hügeln des östlichen Erzgebirges die Silhouette der Stadt Bautzen zu erkennen. Nachdem Napoleon am 2. Mai 1813 die Alliierten bei Großgörschen besiegt hatte, kam es in der Schlacht bei Bautzen zu einem erneuten Gefecht. Am 20. und 21. Mai standen 100 000 Mann auf kaiserlich-französischer Seite den preußisch-russischen Truppen mit rund 95 000 Soldaten unter dem Kommando von General Blücher, darunter 7000 Kosaken, gegenüber. Während Napoleon sein Quartier in Bautzen hatte, saßen die Alliierten im östlich davon gelegenen Wurschen. Am 21. Mai tobte die Hauptschlacht, die mit der Erstürmung von Blüchers Stellung bei Kreckwitz endete.
Die Gegend war verwüstet, in der von Verwundeten überfüllten Stadt Bautzen brachen Krankheiten aus. In den Kämpfen wurden auf beiden Seiten je etwa 15 000 Soldaten getötet oder verletzt. Obwohl Napoleon siegreich aus diesem Kampf hervorging, bedeutete dies jedoch eine Schwächung der französischen Armee. In der Völkerschlacht bei Leipzig im Oktober 1813 schließlich erlitt Napoleon die vernichtende Niederlage. R.E.

Lit.: Arras 1913; Pigeard 2004, S. 104–113.

4 | 59

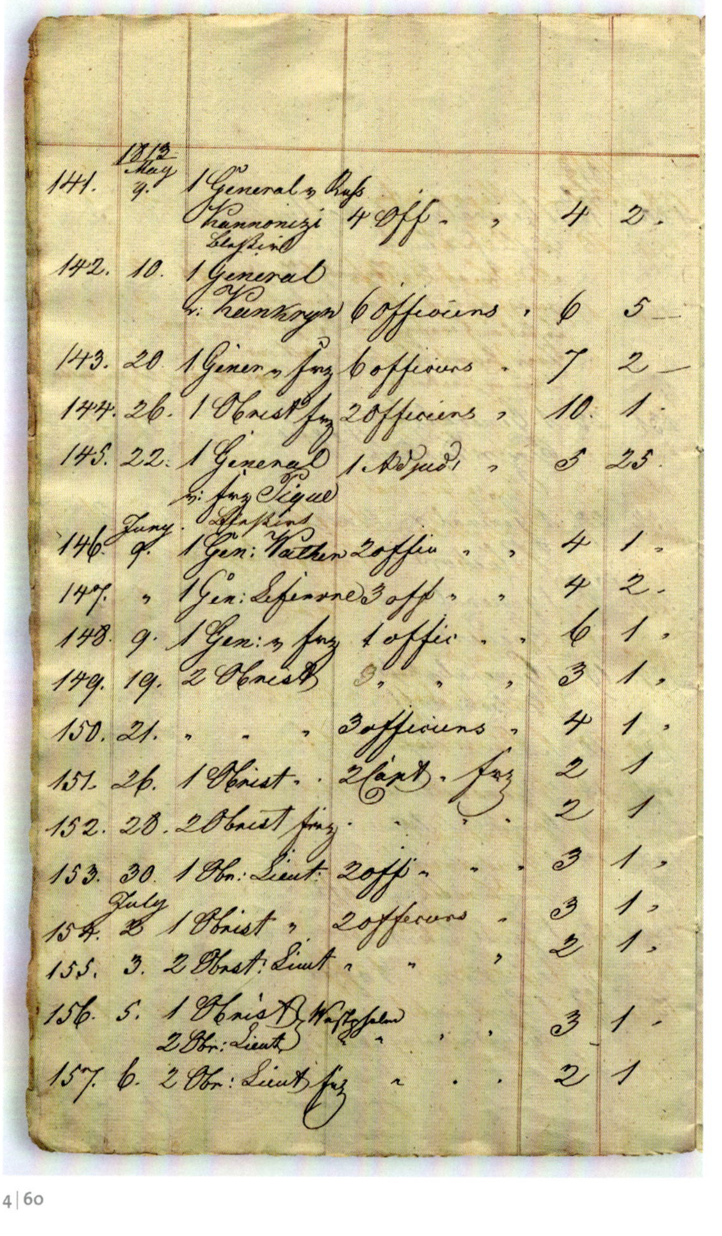

141.	1813 May 9.	1 General [illegible] Kannonier [illegible] 4 Off.	4	2.
142.	10.	1 General v. [illegible] 6 Officiers	6	5
143.	20.	1 Gener. [illegible] franz. 6 Officiers	7	2
144.	26.	1 Obrist franz. 2 Officiers	10	1
145.	22.	1 General 1 Adjud. v. franz. [illegible]	5	25
146.	Juny 9.	1 Gen: [illegible] 2 Offic.	4	1
147.	"	1 Gen: [illegible] 3 off.	4	2
148.	9.	1 Gen: franz 1 offic.	6	1
149.	19.	2 Obrist "	3	1
150.	21.	" " 3 officiers	4	1
151.	26.	1 Obrist 2 Capt. franz	2	1
152.	28.	2 Obrist franz	2	1
153.	30.	1 Obr: Lieut. 2 off.	3	1
154.	July 2	1 Obrist 2 officiers	3	1
155.	3.	2 Obrst: Lieut.	2	1
156.	5.	1 Obrist Westphalen 2 Obr: Lieut.	3	1
157.	6.	2 Obr: Lieut. franz	2	1

4 | 60

4 | 60

Liste der Einquartierungen im Hause des Oberkämmerers Christian Gotthelf Tietzen

Bautzen, 12. September 1806 bis 15. Mai 1818
Handschrift auf Papier, gebunden
42,5 × 35,5 cm
Archivverbund Bautzen, Stadtarchiv, 67003
Nachlass Familie Reinhardt, Inv.-Nr. 1682

Das Stadtarchiv Bautzen beherbergt mit dem Nachlass der Familie Reinhard einen für die Wirtschaftgeschichte der Stadt herausragenden Bestand. Er enthält Unterlagen der Familien Tietzen und Reinhardt, die den Bautzner Kupferhammer von 1755 bis zur Stilllegung 1928 zu einem führenden Betrieb für Kupfererzeugnisse ausbauten. Einer der Besitzer des Werkes war seit 1772 der Bautzner Tuch- und Leinwandhändler Christian Gotthelf Tietzen, der im März 1794 auch zum Stadtkämmerer gewählt worden war. Aufgrund seiner wirtschaftlichen Stärke und seines Ansehens konnte Tietzen 1783 das repräsentative Eckhaus An den Fleischbänken 7 kaufen, das er 1790 grundlegend erneuerte und ausbaute.
Während der Befreiungskriege war das großzügig geschnittene und luxuriös ausgestattete Haus immer wieder besetzt: Zwischen 1806 und 1818 waren hier insgesamt 1052 Militärangehörige, davon 80 Generäle und 153 Offiziere untergebracht. Die Familie Tietzen führte über die Einquartierungen penibel Buch und dokumentierte damit die überaus wechselvollen Ereignisse während der Schlacht bei Bautzen im Mai 1813. Waren in den Wochen zuvor preußische Militärs, etwa Generalfeldmarschall Blücher, und russische Truppen im Haus des Tuchhändlers untergebracht – bis zum 10. Mai 1813 wohnten ein russischer General und sechs Offiziere bei Tietzen –, so war am 20. Mai 1813, dem Tag des Beginns der Schlacht, ein französischer General mit seinen Offizieren im Haus einquartiert. G.R.-L./S.St.

4 | 61

4 | 61

Schlesische Leinentischdecke in Blaudruck

Schlesien (Hirschberg?), 1815–1820
Blaudruck auf Leinen; 160 × 102 cm
Staatliche Museen zu Berlin, Museum Europäischer Kulturen, Inv.-Nr. MVK (A) 17 E 3

Die große, in Blaudruckverfahren hergestellte Tischdecke zeigt antinapoleonische Motive aus der Zeit zwischen 1813 und 1815. In der Mitte wird das Scheitern Napoleons auf der Europäischen Bühne thematisiert. Die Bildmitte zeigt, wie der französische Kaiser von den Alliierten England, Russland und Preußen besiegt wird. Auf der rechten Seite stehen die »ExKönige« des Rheinbündnisses und Österreich als einstige Koalitionspartner der Franzosen. Die Seitenpartien der Decke sind mit Schlachten in chronologischer Folge versehen, in denen Napoleon Niederlagen hinnehmen musste. Es beginnt auf der rechten Seite mit dem »Rückzug aus Russland 1812«. Von einem reitenden Kosaken bedroht, bittet Napoleon kniend um Gnade; rechts von ihm fliehen zwei französische Soldaten. Gezeigt wird auch, wie Napoleon mit einem Schlitten unerkannt das Land verließ. Oben findet sich die Schlacht an der Katzbach nahe Liegnitz, in der Napoleon Ende August 1813 erstmals auf preußischem Boden geschlagen wurde. Auf der linken Seite ist die Schlacht bei Leipzig gezeigt, die vom 16. bis 19. Oktober 1813 stattfand und in der 600 000 Soldaten aufeinandertrafen. Unten schließlich ist der Triumph der Alliierten über Napoleon in der entscheidenden Schlacht von Belle Alliance (Waterloo) im Juni 1815 dargestellt. In den Ecken werden mit »Vivat« die Namen der Generäle Blücher, Schwartzenberg, Wellington und Wittgenstein genannt.

Solche meist aus England stammenden Bildmotive waren weit verbreitet und fanden sich auf zahllosen Gemälden, Grafiken und Textilien, aber auch allen erdenklichen Alltagsgegenständen wieder. Die Decke wurde vermutlich zwischen 1815 und 1820 von einem Blaudrucker im schlesischen Seidorf bei Hirschberg gefertigt. R.E.

Lit.: Obendorfer 1944; Bieler/Gronover 1999.

4 | 62

4 | 62

Bildnis eines napoleonischen Trompeters

Gustav Müller
(Dresden 1827 – 1922 Dresden)
Öl auf Leinwand; 37,5 × 29 cm
beschr.: »Trompeter des kais: französ: 4 ten Jäger = Reg: zu Pferde. An. 1813 / gemalt und dem Alterthumsmuseum zu Bautzen geschenkt von Gustav Müller, K. Galerie-Inspector in Dresden«
aus der Sammlung Oskar Roesger 1868 – 1910
Museum Bautzen, Inv.-Nr. R 4863

4 | 63

4 | 63

Uniform eines Trompeters der Zentrumskompanien

4. Regiment, Chevau-légers lanciers
Kaiserreich Frankreich, 1813
Uniformgewebe: Tuch, handgewebt in Leinwandbindung, pflanzengefärbt, Borte posamentiert; Knöpfe: Messing; Stiefel: Leder
aus der Sammlung Oskar Roesger 1868 – 1910
Museum Bautzen, Inv.-Nr. Rock: R 4904, Hose: R 4905, Stiefel: R 4906

Im Jahr 1876 kam bei Bauarbeiten im Bautzner Gasthof »Goldener Löwe«, Steinstraße 19, die fast komplette Uniform eines französischen Trompeters zum Vorschein. Der Soldat hatte sie im Mai 1813 dort unter einer Dielung versteckt und war, so wie viele andere auch, unter dem Eindruck der hohen Verluste in der eigenen Armee desertiert. Den ungewöhnlichen Fund übernahm der Museumspfleger Oskar Roesger (1843 – 1910) in das 1868 durch ihn gegründete »Alterthumsmuseum der Stadt Bautzen«. Wenig später fertigte der Dresdner Militärmaler Gustav Müller, ehemaliger Zeichenlehrer am königlichen Kadettenhaus, ab 1870 Inspektor und später Kustos der Gemäldegalerie Dresden, ein Soldatenbildnis danach an. Das Gemälde, auf dem Uniform und Bewaffnung vervollständigt sind, schenkte er 1879 dem Museum.

Im Jahr 1994 untersuchten französische Militärhistoriker in Bautzen das für Frankreich hochinteressante Objekt, denn es ist die einzige erhaltene Trompeteruniform der Chevau-légers lanciers. Danach prüften sie im Militärarchiv, das sich im Schloss Vincennes befindet, die Musterungsakten jener Zeit. Diese führen nur einen Trompeter des 4. Leichten Lanzenreiterregiments als Deserteur: Pierre Cornion, geboren am 13. April 1796 in Autun (Saône-et-Loire). Auch körperliche Merkmale sind registriert: Körpergröße 1,64 Meter, ovales Gesicht, breite Stirn, rundes Kinn, platte Nase, normaler Mund, matte Haare und Augenbrauen. Cornion kam im Januar 1813 mit knapp 17 Jahren zu den Chevau-légers lanciers. Im Stadtarchiv Autun, im Geburts- und im Trauungsregister, wechselt die Schreibweise des Namens zwischen Corniot, Corniau und Corniaux. Ihren Wohnsitz hatte die Familie in der Rue Chaffaut, der Vater François war von Beruf Böttcher. Die Mutter Anne Lavèvre brachte am 13. April 1796 nicht nur Pierre, sondern auch seinen Zwillingsbruder zur Welt.

Vielleicht hat der junge Soldat seine Flucht überlebt, denn die Regimentsliste zeigt im Juni 1814 den Eintrag: »Wegen langer Abwesenheit gestrichen.« U.Te.

Lit.: Funcken 1989, S. 212; Pigeard 1995; Telek 2003.

Adam Friedrich Zürner

Mariney 15. August 1679 – 18. Dezember 1742 Dresden
Theologe und Kartograf

Adam Friedrich Zürner wurde 1679 im sächsischen Vogtland geboren. 1703 begann er sein Theologiestudium, erst in Wittenberg, dann in Leipzig und erlangte 1704 dort den Magister. Von dem Philosoph und Aufklärer Christian Wolff erwarb er seine mathematischen Kenntnisse. Von 1705 bis 1722 war Zürner als Pfarrer in Skassa im Amt Großenhain tätig. Dort zeichnete er 1711 in großem Maßstab und detailreich seine erste Karte mit dem Titel »Accurate Geographische Delineation« des Amtes Großenhain. 1713 erhielt Zürner von August dem Starken den Befehl, das Kurfürstentum Sachsen zu kartieren. Dafür erhielt er 1716 den Titel eines »Churfürstlich Sächsischen und Königlich Polnischen Geographen«. Als Resultat legte er 1742 zwei handgezeichnete Exemplare des »Atlas Augusteus« mit je etwa 100 Blättern vor. Zürners Vermessungen beruhen auf der Methode der grafischen Triangulation. Von erhöhten Geländepunkten aus wurden mit einem dem Theodoliten ähnlichen Gerät entfernt gelegene Punkte angezielt und die Winkel grafisch bestimmt.

Seit 1721 war Zürner als Land- und Grenzkommissar auch für die Vermessung der Poststraßen zuständig. Diese führte er mit einem »Geometrischen Meilen Wagen« mit eingebautem Wegmesser aus. Entlang der Wege wurden Meilensäulen aus Sandstein im Abstand von Viertel-, halben und ganzen Meilen und in den Ortschaften Distanzsäulen aufgestellt. Hier wurden die Entfernungsangaben in Reisezeiten angegeben, wobei eine Wegstunde einer halben Grenzmeile (= 4,5 Kilometer) entspricht. Besonders erwähnenswert ist die von Zürner 1715 gezeichnete »Neue Chur-Saechsische Post-Charte«, die ab 1719 auf allen kursächsischen Poststationen aushing. Sie steht in engem Zusammenhang mit der ab 1712 in kursächsische Staatsregie übergegangenen Post. Im Zuge der Straßenvermessungen von Zürner entstanden auch Straßenkarten, z. B. die »Anleitung zur gewöhnlichen Reise von Dreßden nach Warschau [...]«, gedruckt in Nürnberg 1738. Erst nach Zürners Tod erschien 1752 der von Peter Schenk (II) herausgegebene »Atlas Saxonicus Novus« in Amsterdam. Durch diesen Atlas wurde Adam Friedrich Zürner postum weit über Sachsens Grenzen hinaus bekannt. W.D.

Lit.: Stams 1986; Brückner 1993; Stams 1998; Dolz 2007.

4 | 64

4 | 64

Atlas Augusteus Saxonicus

Adam Friedrich Zürner
(Marieney 1679 – 1742 Dresden)
um 1730/40
Papier, Feder, Aquarell; 53 × 64 cm
Sächsisches Staatsarchiv – Hauptstaatsarchiv Dresden, Sign. 12884 Karten und Risse, Schr. 1, F. 13, Nr. 10B, Titelblatt

Seit etwa 1720 arbeitete der Kartograf Adam Friedrich Zürner an einem für Kurfürst Friedrich August I. konzipierten sächsischen Atlas. Als thematisches Kartenwerk sollte dieser eine Summe seiner vielfältigen geografischen Arbeiten bilden. Auf dem Titelblatt hat Zürner die von ihm angewandten geodätisch-kartografischen Methoden abbilden lassen. Dargestellt sind Winkelmessungen im Gelände und deren Übertragung in Kartenkonzepte (oben) sowie die Reinzeichnung und die Revision der Karten anhand von Streckenmessungen (unten).

Für die Vermessung der Straßen nutzte Zürner seinen »geometrischen Messwagen« (unten rechts) – eine Kutsche, an deren Rad ein mechanisches Zählwerk angebracht war. Der Radumfang betrug 8 Dresdner Ellen, sodass aus der Umdrehungszahl die zurückgelegte Strecke exakt berechnet werden konnte. P.W.

Lit.: Beierlein 1973/74; Postmeilensäulen 1989, S. 80 – 86, 229 – 232; Wiegand 2007, S. 128 f.

4 | 65

Theodolit

Deutschland, um 1700
Messing, graviert
25 × 24 cm; Durchmesser: 24 cm
Staatliche Kunstsammlungen Dresden,
Mathematisch-Physikalischer Salon,
Inv.-Nr. C III c 19

Der Theodolit ist ein Winkelmessinstrument, mit dem sowohl Horizontal- als auch Vertikalwinkel bestimmt werden können. Erstere benötigt man zur Lagebestimmung von Geländepunkten in der Fläche und Letztere zur Bestimmung einer Höhe. Adam Friedrich Zürner besaß ähnliche Geräte, wobei er die Zollmannsche Scheibe bevorzugte. Mit der Scheibe wurden die Horizontalwinkel nicht abgelesen, sondern auf eine runde Papierscheibe aufgezeichnet. Die Winkelbestimmung erfolgte somit grafisch. Das Anzielen der Geländepunkte, z. B. der Kirchtürme umliegender Ortschaften, erfolgte mit einem Diopter.

Der hier gezeigte Theodolit besitzt einen in zweimal 180 Grad geteilten Kreis, der mit einer Transversalteilung versehen ist. Diese erlaubt eine Ablesegenauigkeit von zehn Winkelminuten. Zur Orientierung nach magnetisch Nord dient ein Kompass, der die vier Himmelsrichtungen anzeigt. Sie sind durch die ersten beiden Buchstaben der lateinischen Windnamen gekennzeichnet. Die vier Zwickel der Messingplatte zieren eingravierte Akanthusblätter. Auf der Alhidade ist abnehmbar ein Vertikalhalbkreis mit einfachem Diopter montiert. Der vortragende Nonius erlaubt über der Teilung in zweimal 90 Grad eine Ablesegenauigkeit von 2 Winkelminuten. Das Gerät wurde zum Messen im Gelände mit der am Boden angeschraubten Hülse auf ein Stativ aufgesteckt. Zum Horizontieren dient ein Pendel unter dem Vertikalhalbkreis. W.D.

Lit.: Ausst.-Kat. Augsburg 2009, S. 100–103, Kat.-Nr. 54; S. 196.

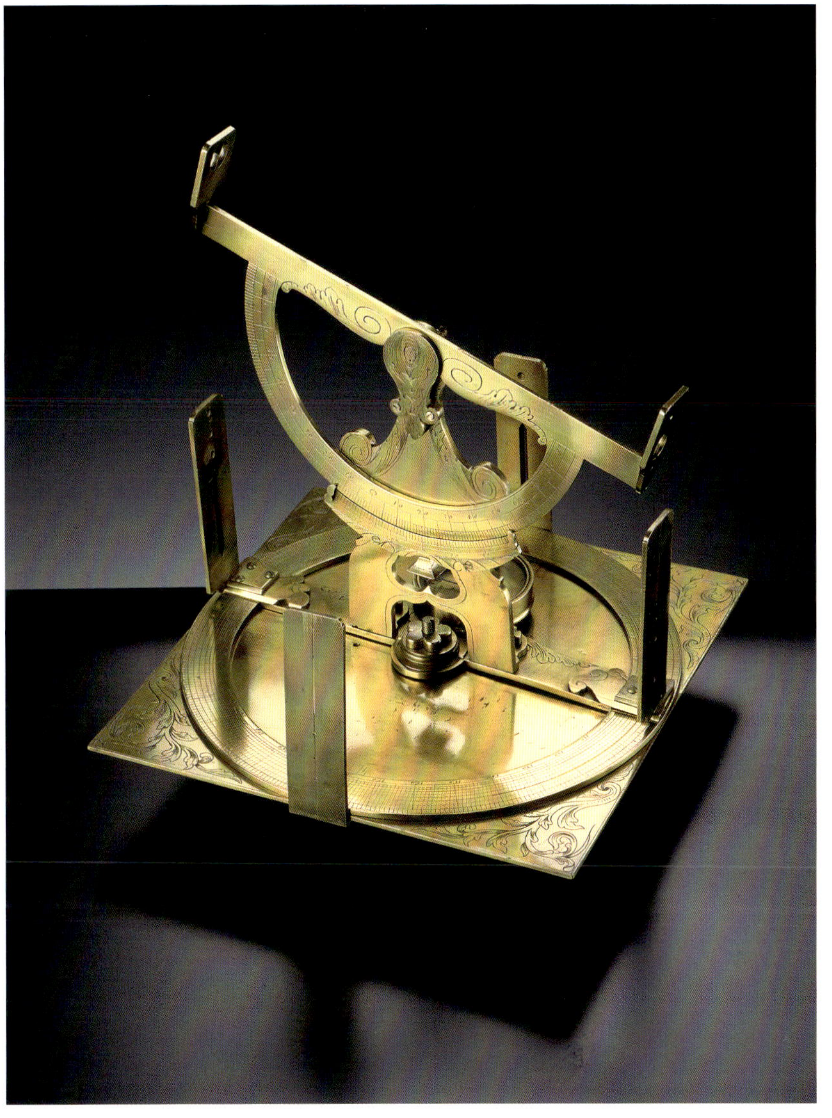

4 | 65

4 | 66

Schrittzähler

Johann Gottfried Zimmer
(tätig 1741 – um 1750)
Schloß Reinharz, 1741
Messing, graviert, vergoldet;
Silber, Birnbaumgehäuse, Leder
Durchmesser: 6,7 cm; Höhe: 1,5 cm
sign.: »Z«; »1741«
Staatliche Kunstsammlungen Dresden,
Mathematisch-Physikalischer Salon,
Inv.-Nr. C III a 5

4 | 66

Ältere Schrittzähler wurden am Hosenbund bzw. Gürtel befestigt und von dort über eine Reißleine mit dem Unterschenkel oder der Ferse verbunden. Diese gab bei jedem Schritt einen Impuls an das Zählwerk. Das Instrument ähnelt einer Taschenuhr in Platinenbauweise. Auf dem Zifferblatt können bis zu 10 000 Doppelschritte abgelesen werden. An der Deckplatte wurde zu diesem Zweck ein vergoldeter Zifferblattring mit arabischen Ziffern von 10 bis 100 befestigt. Der nächste Zählbereich von 1000, 2000 bis zu 10 000 Doppelschritten befindet sich auf einer darüberliegenden massiven silbernen Teilscheibe. Auf Letzterer gravierte Zimmer die Initialen und die Krone des Reichsgrafen Hans von Löser, ein »Z« für seinen Namen und das Jahr »1741«.
Das Getriebe besteht aus Schaltklinke, Schaltrad, Sperrklinke, Übertragungsrad und zwei Differenzialzahnrädern. Bei dieser Einrichtung greift ein durch den Zugmechanismus beförderter Trieb in die zwei dicht hintereinanderliegenden gleich großen Zahnräder mit 100 und 101 Zähnen gemeinsam ein. Hat das Rad mit 100 Zähnen nach 100 Schritten die große Zeigerspitze auf der äußeren Teilung einmal herumgehen lassen, so rückt die in Verbindung mit dem Rad von 101 Zähnen stehende silberne Teilscheibe in permanenten Kreisbewegungen um einen Teilstrich gegen die kleine Zeigerspitze vor. Die Einführung des Differenzialgetriebes in das Werk eines Wegmessers wurde erstmalig 1712 von Nicolaus Bion (1652–1733) in der von 1712 von Johann Gabriel Doppelmayr herausgegebenen »Mathematischen Werkschule« beschrieben. Ein Übergehäuse aus Birnbaumholz mit einem Überzug aus Chagrinleder schützt das Instrument. W.D.

Lit.: Engelmann 1915; Ausst.-Kat. Augsburg 2009, S. 100–103, Kat.-Nr. 74, S. 242.

4 | 67

Neue kursächsische Postkarte

Kartograf: Adam Friedrich Zürner (Marieney 1679 – 1742 Dresden); Kupferstecher: Moritz Bodenehr (1665–1749)
Dresden, 1718, Fassung von 1730
Papier, Kupferstich, Aquarell; 92 × 123 cm; Maßstab etwa 1 : 330 000
Sächsisches Staatsarchiv – Hauptstaatsarchiv Dresden, Sign. 12884 Karten und Risse, Schr. 1, F. 4, Nr. 9 (18)

Am 31. Mai 1713 beauftragte Kurfürst Friedrich August I. den Kartografen Adam Friedrich Zürner aus Großenhain mit der Erstellung einer zeitgemäßen Postroutenkarte. Das Werk, das die bereits 1712 in Angriff genommene Reorganisation der sächsischen Post begleiten sollte, gelangte 1718 auf den Markt. Mit seiner differenzierten Darstellung des mitteldeutschen Straßen- und Wegenetzes wurde es zum Vorbild zahlreicher Nachahmerprodukte. Eine große Zahl aktualisierter Neuauflagen und eine außergewöhnliche, über Jahrzehnte anhaltende Nachfrage, die ihren Höhepunkt während des Siebenjährigen Krieges (1756–1763) erreichte, belegen die große Bedeutung Sachsens als Verkehrsraum. P.W.

Lit.: Brückner 1993, S. 32 f.; Wiegand 2008.

4 | 68

Niedere Straße von Warschau nach Dresden

Adam Friedrich Zürner
(Marieney 1679 – 1742 Dresden)
1736
Papier, Feder, Aquarell; 53,5 × 144,5 cm
Sächsisches Staatsarchiv – Hauptstaatsarchiv Dresden, Sign. 12884 Karten und Risse, Schr. 6, F. 71, Nr. 8

Zu den wichtigsten Aufgaben des kursächsischen Kartografen Adam Friedrich Zürner gehörte die Vermessung des Straßennetzes mithilfe seines »geometrischen Messwagens« (vgl. Kat.-Nr. 4 | 64) und – seit 1717 – die Aufstellung steinerner Distanzsäulen entlang der sächsischen Postrouten. Im Sommer 1736 führte Zürner im Auftrag Königs August III. auch eine Vermessung der Hohen Straße (Dresden – Breslau – Warschau) und der Niederen Straße (Dresden – Sorau – Glogau – Kalisch – Warschau) durch. Ergebnis war die vorliegende, für den Kurfürsten bestimmte handschriftliche Routenkarte.
1738 brachte Zürner sie in ähnlicher, aber verkleinerter Form auch im Druck heraus. Sie ergänzte das kleine Reisehandbuch »Kurtze Anleitung zur gewöhnlichen Reise von Dreßden nach Warschau«, das in Nürnberg erschien. Neben einem Ortsregister enthält es Entfernungsangaben zwischen den Poststationen. Von den beiden alternativ angebotenen Routen gab Zürner der Strecke über Breslau, also über die via regia, den Vorzug. Um 1740 publizierten auch Homanns Erben in Nürnberg eine »Polnische Reise-Karte« auf Zürners Grundlage. P.W.

Lit.: Postmeilensäule 1989, S. 91–127; Brückner 1993, S. 39–41, 45–47.

4 | 69

Versuch einer ausführlichen Erklärung des Postregals

Joachim Ernst von Beust (gest. 1756)
Jena: Johann Rudolph Crökers Erben, 1747–1748
Buchdruck, 3. Bde., 1. Bd.: [8 Bl.], 560 S., [20 Bl.]; 22 × 19 × 4 cm
Sächsische Landesbibliothek – Staats- und Universitätsbibliothek Dresden, Sign. 3.A.8043-1 / Universität Leipzig, Bibliotheca Albertina, Sign. N.Dt.St.-R.128-i

In den Jahren 1747/48 gab der Jurist, Historiker und Geheimrath Joachim Ernst von Beust sein dreibändiges Kompendium zur Geschichte des Postrechts heraus. Es stellt das quantitativ und qualitativ herausragende Werk zum Postwesen dar. Ab dem 17. Jahrhundert entwickelte sich eine spezielle juristische »Regalienliteratur«, die die Rechtshoheit in den Bereichen Straßen- und Geleitswesen, aber auch Postwesen behandelte. Gingen die Auseinandersetzungen noch im 17. Jahrhundert und besonders nach dem Ende des Dreißigjährigen Krieges 1648 um die Frage der Vorherrschaft der kaiserlichen Reichspost, so war dies im 18. Jahrhundert in weiten Teilen Europas zugunsten einer landeshoheitlichen, territorialen Post entschieden.
»Post« umfasste das Transportieren und Überbringen von offiziellen Nachrichten, aber auch der privaten Korrespondenz durch fahrende und reitende Boten sowie die Beförderung von Reisenden. Beust sah gar den Zustand der Post als Gradmesser für den Zustand der Kultur an. In den vielfach publizierten und öffentlich ausgehängten Postordnungen wurden nicht nur die Preise festgesetzt, sondern auch die Rechte der Passagiere festgehalten: Auf Zuverlässigkeit und Pünktlichkeit wurde bereits damals viel Wert gelegt. Das kursächsische Postsystem mit Postkarten, -registern, -zeitungen und -stra-

NEUE CHURSAECHSISCHE POST CHARTE

4 | 67

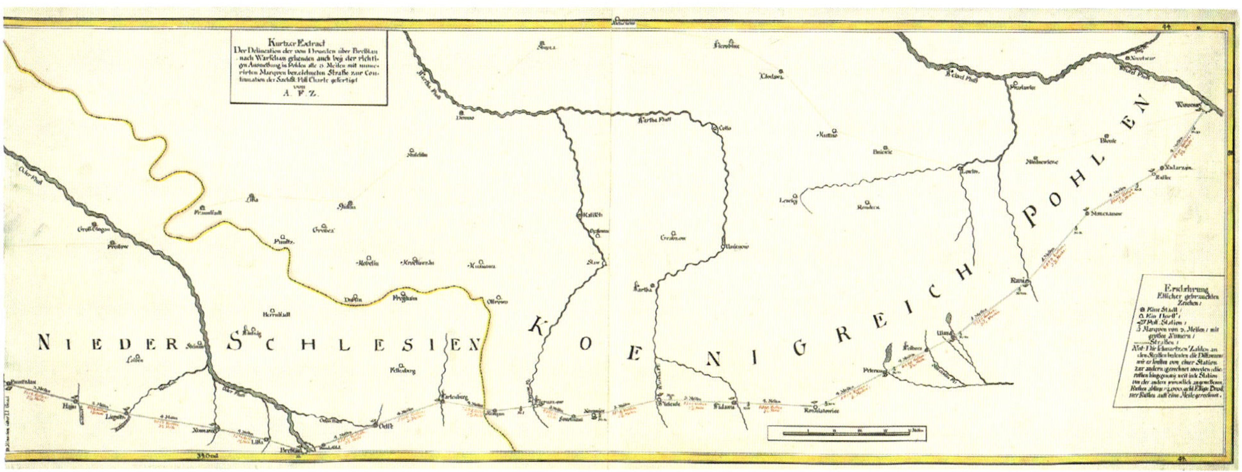
Kurtzer Extract
Der Delineation der von Dresden über Breßlau nach Warschau gehenden auch bey der richtigen Ausmeßung in Pohlen alle 2 Meilen mit numerirten Marquen bezeichneten Straße zur Continuation der Sächß. Post Charte gefertiget
von
A. F. Z.
NIEDER SCHLESIEN
KOENIGREICH POHLEN

4 | 68

4 | 69

4 | 71

ßen galt zu Beginn des 18. Jahrhunderts als großes Vorbild. Sinnbild dafür waren die Postsäulen, die von der Großen Meilensäule (= zwei Stunden Reisezeit) bis zur Viertelmeilensäule (= halbe Stunde) reichten. Mit einem Kupferstich dieser Säulen leitete Beust sein Traktat ein. R.E.

Lit.: Behringer 2003, S. 282–284, 292–296.

4 | 70

Entwurfszeichnung der kurfürstlichen Postdistanzsäule vor dem Reichenbacher Tor zu Görlitz

unbekannter Zeichner
Görlitz, 1724
Feder und Pinsel in Tusche und Wasserfarben über Grafit; 46,2 × 29,8 cm
Kulturhistorisches Museum Görlitz,
Inv.-Nr. 43-49

Ab 1721 wurden in Sachsen steinerne Distanzsäulen vor den Toren zahlreicher Städte errichtet, die an den wichtigen Poststraßen lagen. Im Markgraftum Oberlausitz stieß dies zunächst auf Widerstand von seiten der Stände. Vor allem die Stadtregierungen von Bautzen und Görlitz weigerten sich bis zum Frühjahr 1724, diese Säulen aufstellen zu lassen. Nachdem der Widerstand aufgegeben war, ließ der Görlitzer Rat zwei Postdistanzsäulen vor dem Reichenbacher Tor (westlicher Eingang der via regia) und dem Neißtor (östlicher Eingang der via regia) errichten. Zur Säule vor dem Reichenbacher Tor hat sich die Entwurfszeichnung erhalten. Sie zeigt den steinernen Obelisken, unter dessen Spitze die Hoheitszeichen des Kurfürstentums Sachsen und des Königreichs Polen angebracht waren. Darunter gaben zwei Tabellen die Entfernungen von Görlitz in verschiedene andere Orte in Stunden und Meilen an. Auf der Entwurfszeichnung wurden diese Beschriftungen für den ausführenden Steinmetz auf zwei illusionistisch gemalten Papierrollen zusammengestellt. Während die Säule vor dem Reichenbacher Tor im 19. Jahrhundert beseitigt wurde, hatte sich die vor dem Neißtor bis zum Ende des Zweiten Weltkriegs erhalten. Heute existiert von ihr nur noch ein Fragment. Nach 1990 wurde eine nach historischen Fotografien neugefertigte Postdistanzsäule am ursprünglichen Standort, heute in Zgorzelec, wieder aufgestellt. K.W./I.A.

Lit.: Steiniger 1997.

4 | 71

Nürnberger Botenbüchse mit Stadtwappen und zwei Botendarstellungen

Nürnberg, um 1600
Holz, bemalt
Länge: 38,5 cm; Durchmesser: 4,5 cm
Germanisches Nationalmuseum, Nürnberg,
Inv.-Nr. HG 9971

Das Überbringen von Nachrichten geschah seit Menschengedenken durch Boten. Noch im Mittelalter wurden Informationen mündlich überbracht: Der Bote musste vertrauenswürdig sein und war – je nach Inhalt und Wichtigkeit – zu großer Verschwiegenheit verpflichtet. In der Regel waren die Boten zu Fuß beziehungsweise laufend unterwegs: Nachgewiesen sind Tagesleistungen von bis zu 60 Kilometern. Auch Schriftstücke und Dokumente wurden transportiert, die zum Beispiel gerollt in entsprechenden Botenbüchsen verstaut wurden. Hierbei handelte es sich um handschriftliche Nachrichten auf Papier oder Pergament mit höchst offiziellem politischen, militärischen oder diplomatischen Inhalt. Illustrationen des 16. und 17. Jahrhunderts zeigen die Übergabe solcher Rollen meist an Könige und Fürsten.
Die Büchse aus Nürnberg ist aufwendig bemalt: Sie zeigt in der Mitte das Stadtwappen, darüber und darunter jeweils einen Boten. Beide sind vornehm, möglicherweise mit einer Uniform bekleidet. Zudem tragen sie ein Schwert in ihren Händen, was auf die Gefahren dieses Berufes verweist. Die Boten mussten also nicht nur über eine große körperliche Ausdauer verfügen, sondern auch im Gebrauch von Waffen unterrichtet sein. Das Wappen ist als Ausdruck des städtischen Selbstbewusstseins der Reichsstadt Nürnberg und ihres Kommunikationsdienstes zu verstehen. Dieser stand – neben anderen landesherrlichen, aber auch privaten Diensten von Kaufleuten – in Konkurrenz mit der kaiserlichen Reichspost. R.E.

Lit.: Sporhan-Krempel 1968, S. 21–30.

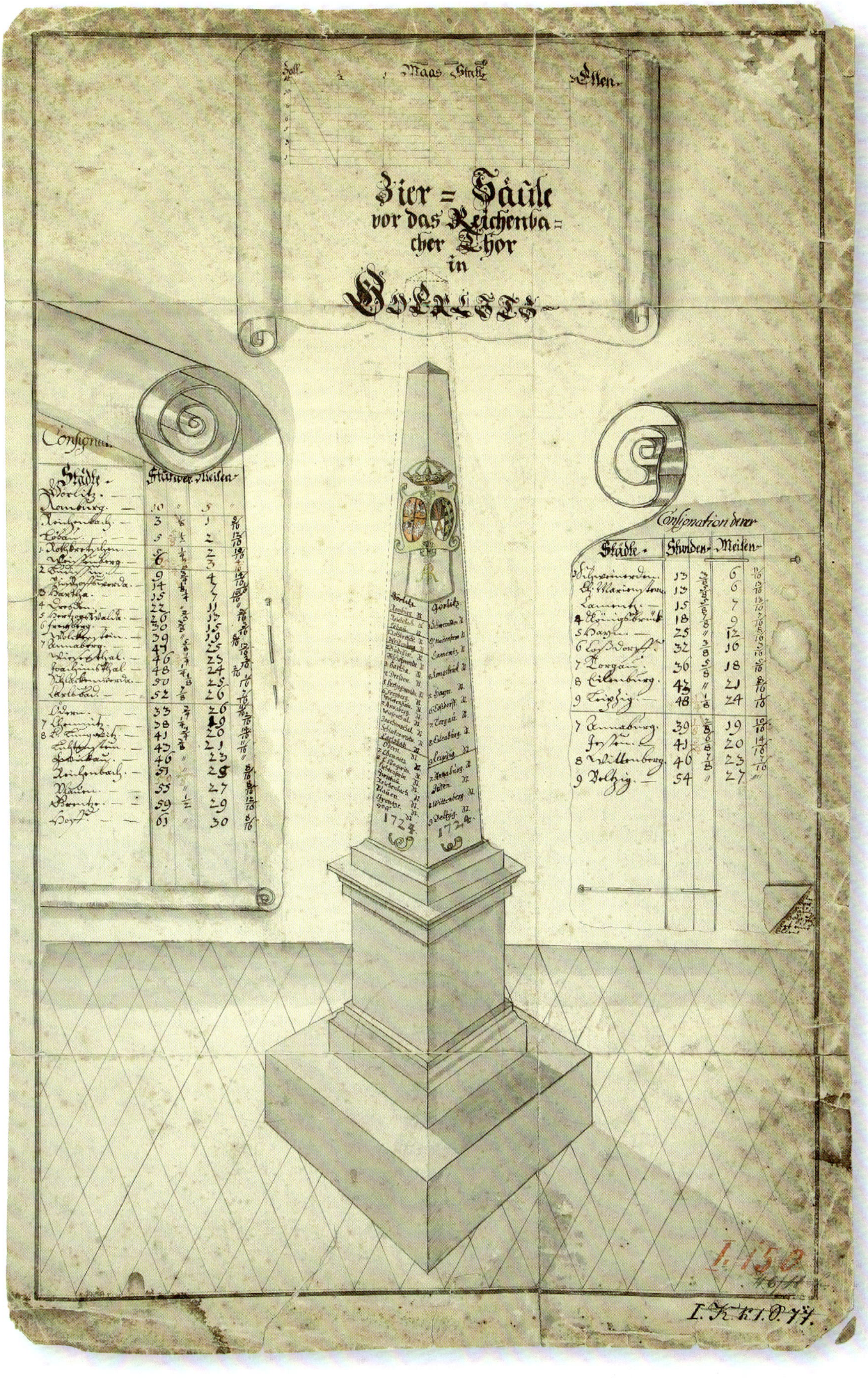

4 | 70

Nikolaus Ludwig Graf von Zinzendorf

Dresden 26. Mai 1700 – 9. Mai 1760 Herrnhut
Theologe

Der Theologe Nikolaus Ludwig von Zinzendorf wurde 1700 als Sohn eines sächsischen Kabinettsministers in Dresden geboren. Er wuchs bei seiner Großmutter Henriette Katharina von Gersdorf im oberlausitzischen Großhennersdorf auf, die dem Pietismus nahestand und sich für die mystischen Schriften Jacob Böhmes begeisterte. Sie schickte Zinzendorf zur Ausbildung auf das pietistische Pädagogium von August Hermann Francke in Halle. Nach seinem Jurastudium in Wittenberg reiste Zinzendorf durch Holland und Frankreich, 1721 trat er eine Stelle als Justizrat am kursächsischen Hof in Dresden an. Im Jahr darauf nahm er auf seinem Gut Berthelsdorf protestantische Exulanten aus Böhmen auf, die aufgrund ihres Glaubens dort unterdrückt wurden. Später kamen Glaubensflüchtlinge aus Schlesien hinzu. Daraus entstand der Ort Herrnhut und die als »Erneuerte Brüder-Unität« bezeichnete Brüdergemeine. Zinzendorf geriet zunehmend in Konflikt mit der lutherischen Landeskirche in Sachsen, in die er die Gemeine nicht integrieren wollte. Nach seiner Ausweisung aus Sachsen 1737 begab er sich nach Hessen, wo er die Gemeinen Marienborn und Herrnhaag gründete. Erst 1747 durfte er nach Sachsen zurückkehren.

Seit 1732 verfolgte Zinzendorf die weltweite Verbreitung des pietistischen Gedankens – auf den Jungferninseln, auf Grönland, in Sibirien, im amerikanischen Georgia und Pennsylvania sowie in der Karibik entstanden Herrnhuter Missionen. Daneben wurden in der Oberlausitz – in Niesky, Kleinwelka und Neusalz – und in Schlesien weitere Gemeinen gegründet. Zinzendorf starb nach einem bewegten Leben für den Glauben 1760 in Herrnhut. S.St.

Lit.: Ausst.-Kat. Herrnhut 2000; Meyer 2000; Mettele 2009.

4 | 72

Porträt von Nikolaus Ludwig, Reichsgraf und Herr von Zinzendorf und Pottendorf

18. Jh.
Öl auf Leinwand; 108 × 84 cm
Unitätsarchiv, Herrnhut, Inv.-Nr. GS 051

Das unsignierte und undatierte Gemälde zeigt den Grafen Zinzendorf (1700–1760) mit Perücke in verhältnismäßig schlichtem Rock und Schmuck des Danebrog-Ordens – den er in der Zeit zwischen 1731 und 1736 trug. Auf späteren Darstellungen ließ sich Zinzendorf, nach seiner Bischofsweihe 1737, in der Regel mit der Bischofskalotte darstellen. Im Hintergrund des Gemäldes erkennt man den Ort Herrnhut, der sich noch im Bauzustand befindet und den Kupferstichdarstellungen aus dieser Zeit entspricht. Zinzendorf wurde 1731, nach intensiven Bemühungen bei dem mit ihm weitläufig verwandten dänischen Königshaus, mit der Verleihung des Danebrog-Ordens geehrt. Allerdings gewannen nach seinem Eintritt in den geistlichen Stand 1734/35 die Gegner Zinzendorfs am dänischen Hof zunehmend an Einfluss. Deswegen bot er am 1. Januar 1736 dem König die Rückgabe des Ordens an, worauf dieser auch einging. Zinzendorfs weitergehende Pläne in Dänemark scheiterten damit, doch die noch junge Missionsarbeit in Dänisch Westindien und Grönland konnte fortgesetzt werden. Neue Missionen entstanden dann im niederländischen Einflussgebiet und in englischen Kolonien. R.K.

Lit.: Reichel 1969; Wehrend 1995; Ausst.-Kat. Herrnhut 2000, S. 171, Nr. 69; Meyer 2000; Reiter 2001; Jakubowski-Tiessen 2004; Schatull 2005; Brecht/Peucker 2006; Carstensen 2009; Brüdergemeine 2010; Zimmerling 2010.

4 | 72

4 | 73

4 | 73

Reisebecher des Grafen Zinzendorf mit Deckel und Futteral

Johann Adolph Borns (1689–1760)
2. Viertel 18. Jh.
Silber, innen und am oberen Rand vergoldet, getrieben, Fuß angelötet, am Boden Beschaupunze der Stadt Bautzen und Meisterzeichen, sowie eingravierte Initialen der Besitzer: Z[inzendorf]; M[arie] A[gnes] v[on] Z[inzendorf]; D[ohna]; H[ermann] O[lshausen]; A[gnes] O[lshausen geb.] v[on] P[rittwitz]
Becher: Höhe 13 cm, Durchmesser 7,7 cm; Futteral: Höhe 14 cm, Durchmesser 9 cm
Unitätsarchiv, Herrnhut, Inv.-Nr. M 11

Zinzendorf war Zeit seines Lebens viel unterwegs. Die erste große Reise war seine Kavalierstour, die ihn 1719 und 1720 in die Niederlande, nach Paris und in die Schweiz führte. Mehr als 20 Fernreisen schlossen sich an. Als Angehöriger des Adels standen ihm dabei viele Türen offen: So reiste er 1726, um sich für die bedrängten Protestanten in Mähren einzusetzen, zum Bischof nach Olmütz und Kroměříž oder 1731 zur Krönung Christians VI. nach Dänemark. Nach dem Beginn der Missionsarbeit änderte sich der Zweck seiner Reisen – sie dienten nun noch mehr als zuvor der Pflege der ökumenischen Arbeit sowie der Verkündigung des Evangeliums auf dem Kontinent und in Übersee. Zinzendorfs Verbannung aus Sachsen im Jahr 1736 förderte seine als Pilgerschaft verstandene Reisetätigkeit und führte zur Etablierung eines ausdifferenzierten Kommunikationsnetzwerkes. Ähnlich einem mittelalterlichen Herrscher lenkte Zinzendorf die Geschicke der Brüdergemeine ambulant. Es entstanden neue Ansiedlungen, die sich, wie im Fall von Herrnhaag in der Wetterau oder London, zu Zentren der Brüdergemeine mit großer Anziehungskraft entwickelten. Zinzendorf nutzte alle Fortbewegungsmöglichkeiten seiner Zeit, ging aber auch gerne zu Fuß. Zu seinem Reisegepäck gehörte ein Reisebecher, der durch ein Futteral geschützt wurde. 1871 kam er als Geschenk der letzten Besitzerin, Agnes Olshausen, geb. von Prittwitz Gaffron, in das Archiv der Herrnhuter Brüdergemeine. R. K.

Lit.: Rosenberg 1922–1928, Bd. 1, S. 250 f., Nr. 1141, 1145; Ausst.-Kat. Herrnhut 2000, S. 180, Nr. 123, s. a. S. 1–9; Lafrenz/Overhageböck/Stracke 2009, S. 8, Abb. 20; Mettele 2009; http://www.froufrou.de/ff_signetdatenbank/j/jab.html (Aufruf 13. Februar 2011).

4 | 74

4 | 75

4 | 74

»Stammbaum« der Brüder-Unität

Jacob Philipp Ferber (1705–1788)
1778
Tinte, Wasserfarben auf Papier; 46×55 cm
Unitätsarchiv, Herrnhut, Inv.-Nr. TS Mp.380.1

Die Devise »Ich bin der Weinstock, ihr seid die Reben« ist dem Johannes-Evangelium entnommen (Joh 15,5). Die »Stammtafel« verdeutlicht in allegorischer Weise, wie aus dem Kreuzesstamm Jesu Christi als Weinstock die Brüdergemeine in Form von Zweigen und Trauben erwächst. Dargestellt werden in unterschiedlichen Farben nicht nur Örtlichkeiten – Gemeinden, Missionsgebiete und Diasporastationen –, sondern auch Institutionen, wichtige historische Daten und Gedenktage sowie für die Geschichte der Brüdergemeine bedeutsame Persönlichkeiten. Die Darstellung ist als Erinnerung an die Wirksamkeit des lebendigen Gottes zu verstehen, die zu Dank und Nachfolge verpflichtet. Sie beschränkt sich hier allerdings auf die erneuerte Brüder-Unität.
Das Stammbaummotiv erfreute sich großer Beliebtheit, für die Jahre 1772 bis 1778 sind mehrere Ausführungen dieses Typus bekannt. Die erste Darstellung in Form eines Stammbaums stammt aus dem Jahr 1748, wobei Freiherr Friedrich von Watteville (1700–1777), ein Jugendfreund Zinzendorfs, als »Erfinder« genannt wird. Watteville war eine der führenden Persönlichkeiten und Bischof der Brüdergemeine. Ab 1797 verbreitete Jan Swertner (1746–1813) von London aus die Stammbaumdarstellung als Kupferstich und popularisierte sie damit weiter. R.K.

Lit.: Müller 1922–1931; Erklärung 1957; Beck 1981; Meyer 2000.

4 | 75

Das Pirnaer Wappenbuch

Pirna, 1628–1639
Handschrift, koloriert; 34×19,5×9 cm
Johanniskirchgemeinde Dresden,
Archiv der Evangelisch-Lutherischen Stiftung Böhmischer Exulanten zu Dresden

Zur Zeit des Dreißigjährigen Krieges verließen etwa 150 000 Protestanten, die sich nicht wieder zur römisch-katholischen Kirche bekennen wollten, ihre Heimat Böhmen. Fluchtziele waren für Ostböhmen bevorzugt das angrenzende Zittauer Land sowie für Mittelböhmen das Elbtal mit den Städten Schandau, Pirna und Dresden. Die aus Westböhmen Kommenden fanden im Vogtland um Klingenthal und entlang dem Erzgebirgskamm Aufnahme.
1628 vermachte der letzte protestantische Rektor der Prager Universität, Nicolaus Troilus, den Böhmischen Exulanten in Pirna ein Buch, das die Namen derjenigen Spender in sich aufnehmen sollte, die ihrer sich ausbildenden Gemeinde finanzielle Hilfe zu leisten bereit waren. Dieses aufgrund der mit den Stiftungseinträgen verbundenen zahlreichen Wappen als »Pirnaer Wappenbuch« in die Literatur eingegangene Werk enthält als einziges überliefertes Buch seiner Art die streng nach Stand geordneten jeweiligen Vermächtnisse böhmischer Vertriebener (etwa 300 Familien) in tschechischer und deutscher Sprache sowie manche Schilderung einzelner Lebensumstände.
Das Wappenbuch gelangte unter bisher ungeklärten Umständen im 19. Jahrhundert in die aus finanziellen Mitteln der Böhmischen Exulanten erbaute Dresdner Erlöserkirche. 2003 konnte das 1945 stark beschädigte Wappenbuch restauriert werden. A.-K.S.-K.

Lit.: Peschek 1857, S. 30–37; Schmertosch 1902, S. 250–256; Eckert 1994; Stanislaw-Kemenah 2005, S. 630 f., 708 f.

4 | 76

Abrahami Schulteti Psalmpostill

Darinne Uff einen jeden Sontag im jahr / einer oder mehr psalmen / welche sich uff die Sontägliche Evangelien reymen / erklärt
Abraham Scultetus (1566–1624)
Frankfurt a. M.: Jonas Rosens sel. Erben
[Drucker: Nicolas Eck, Leoberg/Schlesien], 1629
Buchdruck, unvollständig, ursprünglich [4] Bl., 692 S.; 26×14 cm
Unitätsarchiv, Herrnhut, ohne Sign.

In den böhmischen Orten Ženklava und Suchdol, von wo die ersten Ansiedler Herrnhuts kamen, hatten sich trotz Verbots und Beschlagnahme einige alte protestantische Bücher erhalten. Neben Vollbibeln und Neuen Testamenten rezipierten die ›heimlichen Protestanten‹ hauptsächlich Gesangbücher und lutherische wie reformierte Predigtsammlungen – wie etwa von Abraham Scultetus, Theophilus Neuberger, Friedrich Romberger, Richard Barter oder Martin Moller. Gelegentlich werden auch andere erbauliche Werke wie Johannes Arnds »Bücher vom wahren Christentum« oder Schriften der Brüder-Unität erwähnt.
Den Protestanten drohten ständig Denunziation und Hausdurchsuchungen, und so wurden die Bücher unter Dielen und in Mauern versteckt, ja sogar vergraben. Fanden die Visitatoren Bücher, so wurden die Besitzer verhört, mit Geldbußen belegt und z. T. mit Gefängnis bestraft oder mussten dem vermeintlichen Ketzertum abschwören. Die Bücher wurden von den Besitzern als Schatz gehegt, im Geheimen allein oder in gemeinschaftlichen Versammlungen gelesen und bei der Auswanderung manchmal mitgenommen. Sie litten stark durch das ständige Verstecken. So trat etwa in Suchdol David Hans (1707–1799) in die Fußstapfen seines Vaters, der »das Buchbinden gelernt [hatte], um den verborgenen Brüdern damit zu dienen; denn da sie ihre Bücher beständig in die Erde versteckten, so litten sie viel Schaden und bedurften daher oftmaliger Reparatur«. Diese Psalmpostille von Abraham Scultetus wurde 1888 in seinem Geburtshaus von David Hans zufällig wiederentdeckt. Großes Aufsehen erregte 2006 auch der Fund des um 1620 versteckten Archivs des Seniors Matouš Konečný in Mladá Bolesław. R.K.

Lit.: Just 2009; Müller 1912; David Hans 1842.

4 | 76

4 | 77

4 | 77

Holzkreuz von Exulanten

18. Jh.
Holz, gedrechselt; 16 × 10 cm
Unitätsarchiv, Herrnhut, Inv.-Nr. M 30

Der Überlieferung nach wurde dieses Kreuz von Exulanten im Gefängnis geschnitzt. An der historischen Korrektheit dieser Zuschreibung bestehen aber ernsthafte Zweifel, da es sich um eine Drechslerarbeit handelt und Gefangenen vermutlich nur selten der Gebrauch eines Messers erlaubt war. Dennoch erinnert das Objekt an die zahlreichen Auswanderungen von Exulanten aus Böhmen, Mähren und Schlesien, die seit der Mitte des 16. Jahrhunderts als Flüchtlinge in die Oberlausitz kamen. In ihrer Heimat war die Religionsausübung beschränkt und wurde mit Gefängnis oder gar dem Tod bestraft. Diese religiöse Intoleranz führte zu einer erheblichen Wanderungsbewegung, wobei durchaus auch wirtschaftliche Gründe eine Rolle spielen konnten. Nikolaus Ludwig von Zinzendorf gewährte auf seiner kleinen Gutsherrschaft Mittel- und Nieder-Berthelsdorf, die er 1722 übernommen hatte, solchen Exulanten Aufnahme – aufgrund der starken Zuwanderung blühte die Siedlung Herrnhut rasch auf. Ihren Erwerb fanden die Exulanten vornehmlich als Handwerker. R.K.

Lit.: Ausst.-Kat. Herrnhut 2000; Wäntig 2007; Bahlcke 2008; Lafrenz/Overhageböck/Stracke 2009.

4 | 78

Krug

um 1650; Zinnmontierung des Bautzner Meisters Hans Heinrich Böttiger, um 1660/70
Irdenware, außen kupferoxidgrün eingefärbte Zinnglasur, innen bleiglasiert, Zinn
Höhe: 24,5 cm
laienhafte Einritzung »D S F 1670« auf dem Deckel
Staatliche Kunstsammlungen Dresden, Museum für Sächsische Volkskunst, Inv.-Nr. C 397

Dieser mit genoppter Wandung auffällig gestaltete Krug steht in keinem Zusammenhang mit sächsischen bzw. mitteldeutschen Herstellungszentren. Zu den Hintergründen der Entstehung und Verwendung findet sich im Inventarverzeichnis des Museums für Sächsische Volkskunst von 1935 folgender Eintrag: »Grüner Krug mit Zinndeckel. Soge-

4 | 78

nannter ›Exculanten Krug‹, den alle Exculanten besessen haben sollten. Stammt aus der Familie Keller in Johann Georgenstadt.«
Für die als Exulanten bezeichneten böhmischen Glaubensflüchtlinge gründete Kurfürst Johann Georg I. von Sachsen 1654 Johanngeorgenstadt. Leider finden sich in den bisher bekannten Quellen keine Hinweise zu »Exulantenkrügen«, weder im Bezug auf die Gestaltung, noch auf die Funktion. Allerdings ist, z. B. durch die Trinkordnungen der Zünfte, bekannt, dass die Mitglieder ihre Gefäße durch die Art und Gestaltung individualisierten. Hauptsächlich geschah dies durch eine Widmung auf dem Gefäß oder dem Zinndeckel, aber auch spezielle Gestaltungen waren möglich. Denkbar wäre, dass sich auch Exulanten entsprechende Krüge anfertigen ließen. Da bisher kein weiterer Krug dieser Art bekannt ist und Quellen fehlen, bleiben in diesem Zusammenhang noch offene Fragen. M.Me.

Abraham Dürninger

Straßburg/Elsass 22. Dezember 1706 – 13. Februar 1773 Herrnhut
Kaufmann

Abraham Dürninger wurde 1706 in Straßburg als Sohn eines Tuchhändlers geboren und im Geschäft des Vaters zum Kaufmann ausgebildet. In dessen Auftrag bereiste er europäische Handelszentren wie Amsterdam, Alicante, Nancy und Basel. 1744 entsagte Dürninger aber seinem Beruf, den er für unredlich und charakterverderbend hielt. Stattdessen schloss sich der tief religiöse Mann der pietistischen Gemeine des Grafen von Zinzendorf an und bekam von diesem 1747 die Geschäftsführung des Ladens der Brüdergemeine im oberlausitzischen Herrnhut übertragen. In den folgenden Jahren baute er diesen zum Handelshaus Abraham Dürninger & Co. aus, das von der Nähe zur via regia und zu den Handelsplätzen Leipzig und Breslau profitierte.

Auf diesen Märkten wurden nicht nur Rohstoffe wie Indigo oder Wolle gehandelt. Vielmehr konnte Dürninger dort die überaus gefragten oberlausitzer Textilien absetzen und band so die Region Oberlausitz in den Welthandel ein – über Spanien erreichten die Stoffe Nord- und Mittelamerika, auch in der Karibik fanden sich Abnehmer. Dürninger profitierte von der Missionsarbeit der Herrnhuter Brüdergemeine in Asien und Südamerika: Über sie erhielt er Informationen über die Marktlage und konnte mit Lieferanten und Händlern in den jeweiligen Ländern direkt in Kontakt treten – damit war er vielen Kaufleuten seiner Zeit weit voraus. Dürningers umfassende Handelstätigkeit wirkte dabei auch in den sächsisch-schlesischen Raum zurück, über ihn gelangten Baumwolle, Tabak oder Bananen auf den Leipziger Markt und in die Oberlausitz. Am Ende seines Lebens hatte Dürninger eines der größten Handelshäuser in Sachsen aufgebaut. Persönlich zog er keinen Gewinn daraus: Abraham Dürninger & Co. blieb im Besitz der Herrnhuter Gemeine, der Umsatz diente deren Erhalt. S.St.

Lit.: Homburg 1996; Ludwig 1998; Kröger 2006; Mettele 2009; Weber 2009.

4 | 79

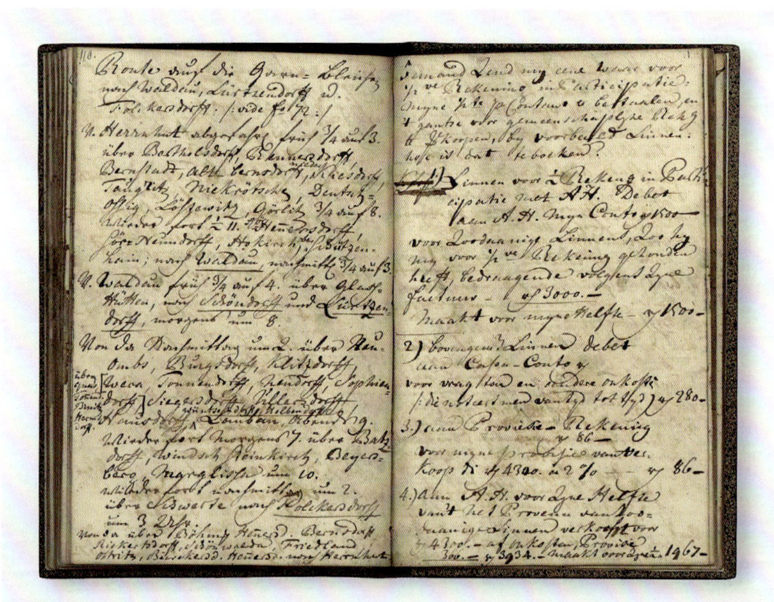

4 | 80

4 | 79

Porträt von Abraham Dürninger

Johann Georg Ziesenis
(Kopenhagen 1716 – 1776 Hannover)
1767 (?)
Öl auf Leinwand; 64 × 50 cm
bez. rückseitig: »Nach dem Leben gemalt von dem Hofmaler Graf in Dresden 1767«
Unitätsarchiv, Herrnhut, Inv.-Nr. GS 408

Der in Hannover als Hofmaler tätige Johann Georg Ziesenis gehörte als Diasporabruder der Brüdergemeine an. Das Gemälde des Herrnhuter Kaufmanns Abraham Dürninger könnte bei einem seiner vier Besuche in Herrnhut in den Jahren 1764, 1767, 1770 oder 1771 entstanden sein. Die rückseitig wohl um 1900 aufgebrachte Bezeichnung »Nach dem Leben gemalt von dem Hofmaler Graf in Dresden 1767« ist sehr wahrscheinlich nicht zutreffend, wenngleich der genannte Anton Graff – in Dresden ansässig und einer der gefragtesten Porträtmaler seiner Zeit – durchaus Spuren in Herrnhut hinterlassen hat: 1794 porträtierte er den als »Genieapostel« des Sturm und Drang bezeichneten Arzt und Schriftsteller Christoph Kaufmann, der sich sechs Jahre zuvor der Brüdergemeine zugewandt hatte. R.K.

Lit.: Schrader 1995, S. 256; Lindinger 2000.

4 | 80

Notizbuch von Abraham Dürninger

1760 – 1766
Tinte auf Papier, 142 S.; Pappeinband 20. Jh.
17,7 × 11,7 cm
Unitätsarchiv, Herrnhut, Inv.-Nr. ADC 154, S. 110-111

Das Notizbuch stammt aus der Handlung Abraham Dürninger & Co., sodass es naheliegt, Dürninger selbst als Schreiber anzusehen. Doch lassen die neben deutschen und seltener französischen Eintragungen vorkommenden Notizen in holländischer Sprache durchaus auch an Dürningers niederländischen Mitarbeiter und Nachfolger Wynand Hoozema (1731 – 1781) als Schreiber denken. Der Amsterdamer Hoozema wurde 1753 in Zeist in die Brüdergemeine aufgenommen und kam Mitte 1759 nach Herrnhut in Dürningers Geschäft.

Wegen seines kleinen Formats eignete sich das Büchlein auch gut als Vademecum für Unterwegs. Dem entspricht sein Inhalt: Aufzeichnungen und Tabellen über Umrechnungen von Maßen und Währungen, Preise sowie Notizen über Angebote von Geschäftspartnern. Ein alphabetischer Index am Ende des Bandes dient dem schnellen Zugriff auf die Informationen. Unerwartete Rezepturen, etwa »Weinessig zu machen« (S. 85) und »Blaue Farbe zum Zitz Mahlen« (S. 97), sowie die Beschreibung einer »Machine«, »wo das Wasser im Loch, das Kind im Hause wieget« mit Skizze (S. 81) und eine Reiseroute von Herrnhut »auf die Garn-Bleichen nach Waldau, Curtzendorff, Folckersdorff usw.« (S. 110) sind besonders reizvolle Zugaben. R.K.

Lit.: Hoozema 1838.

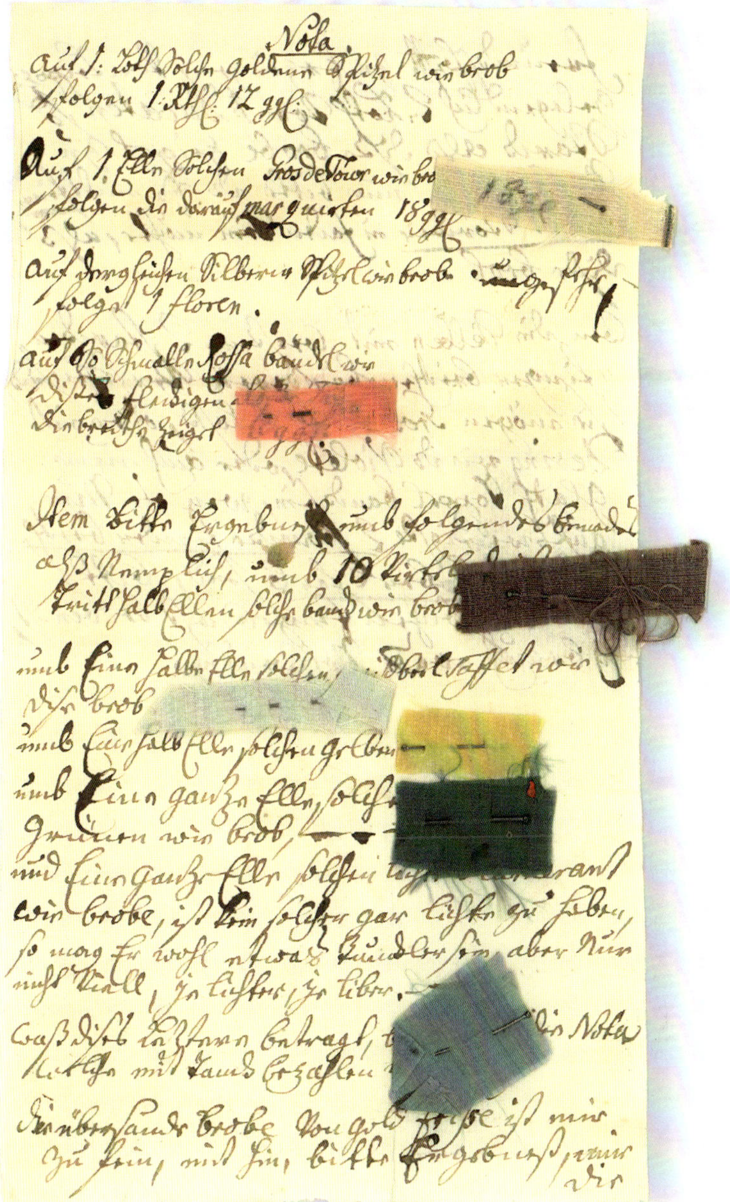

4 | 81

4 | 81

Bestellungen von der Leipziger Messe

1760–1790
Handschrift auf Papier, Textilproben, mit Nadeln angeheftet; 23 × 13 cm
Unitätsarchiv, Herrnhut, Inv.-Nr. ADC 203

Abraham Dürninger (1706–1733) hatte die Leipziger Messe erstmals 1747 besucht, bis zu seinem Tod war er mehr als 50 Mal in Leipzig präsent. Er nutzte die Messe einerseits für den Erwerb von Rohstoffen wie Baumwolle oder Indigo, die er in der Region Herrnhut verarbeiten ließ, und andererseits zum Absatz seiner textilen Produkte. Die Bestellungen bei der Firma Abraham Dürninger & Co. wurden bei ihrer Aufnahme durch Textilproben kenntlich gemacht und enthielten Angaben zu Umfang und Preis. Dies dokumentiert den beginnenden Wandel von der Waren- zur Mustermesse: Der Kunde prüfte in Leipzig nur noch eine Warenprobe und gab dann eine Bestellung auf, die nicht nur den Umfang, sondern mitunter auch die farbliche und motivische Gestaltung der Textilien berücksichtigte. Gleichzeitig konnte so auch direkt beim Händler oder gar Hersteller bestellt werden. S.St.

Lit.: Kröger 2006.

4 | 82

4 | 83

4 | 82

Drei Textilstempel der Firma Abraham Dürninger & Co.

undatiert
Stempel aus Holz, Stempelfläche teils aus Metall
beschr.: »COMPRA DE ANDREA NEUMANN«
8,9 × 12,3 cm
beschr.: »Fabricado Por Abr. Duerninger & Co. Herrnhut«
Höhe: 10,4 cm; Stempelkörper: 8,6 × 8,5 cm, unregelmäßig gearbeitet
beschr.: »de hilo legitimo ADC«
Höhe: 5,5 cm; Stempelkörper: 4,9 × 5,9 cm, rhombische Form
Abraham Dürninger & Co. GmbH, Herrnhut, Stempelsammlung, Fächer B und G

Diese Stempel dienten der Kennzeichnung der Stoffballen, was insbesondere beim Handel in großen Mengen eine praktische Seite hatte, waren doch die Produkte in Herkunft und Eigentümerschaft leicht zuzuordnen. Die Stempel »COMPRA DE ANDREA NEUMANN«, »Fabricado Por Abr. Duerninger & Co. Herrnhut« und »de hilo legitimo ADC« weisen durch die spanische Beschriftung auf zwei Ziele hin: Zum einen lagen im 17. und 18. Jahrhundert in Spanien die wichtigsten Umschlagplätze für den Überseehandel. Zum anderen hatten gerade die Textilhändler der Oberlausitz und Schlesiens die neuen Märkte früh im Blick, wobei das spanische Südamerika einen bedeutenden Absatzmarkt darstellte. Gleichzeitig wurde von dort Baumwolle bezogen. Abraham Dürninger gelang der Einstieg in den Südamerikahandel vermutlich nur durch die Kooperation mit dem Eibauer Händler Andreas Neumann. Dessen Warenstempel war dort bereits als Marke gefragt, weswegen er sich vermutlich im Bestand der Firma Abraham Dürninger & Co. findet. In dieser Hinsicht fungierten solche Stempel auch als Markenzeichen: In der Sammlung der Firma Abraham Dürninger & Co. findet sich beispielsweise auch ein Stempel, dessen Aufschrift »Herrnhuter Qualität seit 1747« explizit auf die Hochwertigkeit des Produktes verweist.
S.St.

Lit.: Ludwig 1994; Ludwig 1998.

4 | 83

Herrnhuter Kleisterpapier

18. Jh.
wasserlösliche Farbe und Kleister auf Papier, von Einbänden abgelöste Proben
24 × 19 cm; 20,5 × 16,5 cm; 22 × 36,5 cm
Unitätsarchiv, Herrnhut, Inv.-Nr. M 392, M 392 und M 404.0

Die bunten Papiere wurden im Herrnhuter Schwesternhaus, der Lebens- und Arbeitsstätte für unverheiratete Frauen, hergestellt. Feine und regelmäßige Muster wurden mit einem kleinen Rad, Modeln, Stempeln oder Kämmen erzeugt, gröbere mit Pinseln, der Fingerkuppe oder einem Schwamm. Ein Besucher des Ortes Herrnhut berichtete 1798 über die Herstellung des Papiers im Schwesternhaus: »Wir fanden [...] überall Thätigkeit in allen Arten weiblicher Arbeit und unter andern auch einige alte Schwestern mit türkisch Papierfärben beschäftigt. Der weisse Bogen wird mit der hiezu vorbereiteten Farbe angestrichen, die Dessins aber mit kleinen Rädern, die darüber gerollt werden, und auch mit blossen Fingern von freyer Hand verfertigt, der Bogen dann getrocknet und endlich geglättet.« Die Papiere wurden einfarbig, meist in karminrot, blau und violett, und auch mehrfarbig gestaltet.
Verarbeitung und Vermarktung sind mit dem Namen des mährischen Exulanten und Buchbinders David Hans (1707–1799) in Herrnhut verbunden. Dieser übernahm 1761 den »Pappendeckel, BundtPapier, und Gold-Papier Handel« von Abraham Dürningers Gemeinladen. Wenige Jahre später wurde überlegt, eine eigene Manufaktur zur Kleisterpapierherstellung zu gründen. Herrnhuter Kleisterpapiere fanden vor allem für Bucheinbände, als Vorsatz- und Trennblätter sowie zum Ausschlagen oder Bekleben von Schachteln, Kisten und Möbeln Verwendung. Gegen 1820 wurde die gewerbliche Produktion eingestellt, da die handgearbeiteten Papiere zunehmend von industriell gefertigten Buntpapieren verdrängt wurden. R.K.

Lit.: Krünitz 1173–1858, Bd. 106; Unitätsarchiv, TM 49; R.G.A.b.44., S. 232 f.; Ausst.-Kat. Herrnhut 2000, S. 271–289, S. 192, Nr. 193; Reschke 2001; Friedrich 2004; Simon 2004; Maierbacher-Legl 2009.

4 | 84

4 | 84

Schokoladenkanne

Zittau (?), um 1750
Silber, getrieben, gegossen, gelötet, ziseliert; Griff Ahorn, ebonisiert
Höhe: 19,5 cm
Meistermarke mit ligierten Initialen: »JCG«?; Beschauzeichen »2«/12« (Zittau?)
Staatliche Kunstsammlungen Dresden, Kunstgewerbemuseum, Inv.-Nr. 36 549 a

Silberne Schokoladenkannen, sogenannte Chocolatieren, sind bereits im letzten Viertel des 17. Jahrhunderts am französischen Hof nachgewiesen. Die Formen waren vielfältig, von birnenförmig bis zylindrisch, mit oder ohne Füßchen, mit oder ohne verschließbarer kleiner Öffnung, um mit einem kleinen Quirl das sehr fetthaltige Getränk schaumig und flüssig zu halten. Zwar war die Schokolade aus Südamerika bereits seit dem 16. Jahrhundert in Europa bekannt, aber erst ab dem 18. Jahrhundert begann der Import in größeren Mengen durch weltweit agierende Fernhändler wie Abraham Dürninger.

Diese silberne Kanne besitzt eine einfache, fußlose zylindrische Form; auf ihrem Korpus schrauben sich rokokotypische Kannelierungen aufwärts bis zur Schulter, an der auch der schlanke Ausguss angebracht ist. In die darauf folgende Rundung mit eingezogener Öffnung ist der sich auftürmende, mit Beeren und Blüten dekorierte Deckel eingepasst. Die elegant geschwungene Handhabe aus Ahornholz verweist deutlich auf die Nutzung des Gefäßes zum Servieren von Heißgetränken. K.S.

Studenten

Zu den vielen Personen, die auf der via regia unterwegs waren, zählten Scholaren (Schüler) und Studenten. Bildungssuchende mussten im ausgehenden Mittelalter und der Frühen Neuzeit sehr mobil sein, um zu den wenigen Schulen oder Universitäten zu gelangen. Wichtiges Ziel waren die großen Universitäten in Italien, aber auch die mitteleuropäischen Universitäten in Prag (Gründung 1348), Krakau (1364), Erfurt (1379/92) und Leipzig (1409). Mit der Einführung der Reformation im 16. Jahrhundert bestimmte nun die Konfession die Wahl des Studienplatzes. Die Wanderbewegungen verschoben sich: Die einen zogen zu den katholischen Institutionen in Prag oder Krakau, Studenten aus der Oberlausitz und Schlesien gingen eher an die mitteldeutschen Universitäten in Leipzig, Wittenberg (1502) oder Jena (1558). Die Universitäten waren unterschiedlich organisiert: Nach dem Vorbild der Prager Mutteruniversität funktionierte die Leipziger Einrichtung bis 1830 als »Nationenuniversität«, die Studenten wurden nach ihrer Herkunft eingeteilt.

Die Studienzeit ist eine prägende Phase im Leben des Menschen. Im 16. Jahrhundert gingen Studenten dazu über, ein kleinformatiges Buch mit sich zu führen. In dieses sogenannte Stammbuch trugen sich Lehrer, Professoren und berühmte Persönlichkeiten ein, meist mit einer Widmung oder gelehrten Sentenz. Etwa ab dem 17. Jahrhundert kamen eingeklebte Ansichten und Illustrationen hinzu. Vor allem trugen sich nun Freunde ein, die dem Büchlein die Bezeichnung Freundschaftsalbum (album amicorum) einbrachten. Anhand der meist datierten Einträge lässt sich der Weg einzelner Studenten sehr genau rekonstruieren, selbst dann, wenn wir von ihrem weiteren Lebensweg wenig mehr wissen. Die Studenten kehrten nach ihrem erfolgreichen Abschluss in ihre Heimatstädte zurück, wo sie oft in höhere Positionen und Ämter gelangten, und brachten die erworbenen, neuesten Erkenntnisse mit. Die im Studium gewonnenen persönlichen Kontakte blieben meist ein Leben lang bestehen. R.E.

Lit.: Schumann [1975]; Kurras 1987; Hammerstein 2003; Boehm 2003; Schnabel 2003; Miethke 2004; Schwinges 2008; Ausst.-Kat. Leipzig 2009.

4 | 85

Stammbuch des Heinrich von Metzradt

Laufzeit: 1612–1617
Papier, handschriftliche Einträge, Illustrationen; Buchdeckel: Pergament, geprägt
16 × 10 × 4 cm
Kulturhistorisches Museum Görlitz,
Inv.-Nr. 34-61

Das Stammbuch des Heinrich von Metzradt (1593–1662) ist ein seltenes Zeugnis der oberlausitzischen Adelskultur der Frühen Neuzeit. Metzradt legte es während seiner Studienzeit an, um darin Eintragungen von Freunden und Lehrern sowie adeligen Verwandten zu sammeln. Es gehört damit zum Typus des studentischen album amicorum, dessen Tradition bis in die Reformationszeit zurückreicht. Das Buch zeichnet Metzradts Bildungslaufbahn, die ihn zunächst an die Gymnasien von Bautzen und Görlitz, später an die Universitäten von Genf, Gießen, Heidelberg und Marburg führte, ebenso nach wie seine Verankerung in der Adelslandschaft der Oberlausitz. Einige der Einträge sind mit allegorischen und heraldischen Zeichnungen versehen. Auch mehrere Kupferstiche, die eigens koloriert und vergoldet wurden, fügte Metzradt in sein Stammbuch ein. Nach seinem Studium kehrte er in die Oberlausitz zurück, wo er in der Landesverwaltung schnell Karriere machte. 1619 wurde er in den Ausschuss der Landstände berufen, 1625 zum Landesältesten des Bautzner Kreises und schließlich 1637 zum Bautzner Amtshauptmann ernannt. In dieser Funktion vertrat er mehrfach den höchsten Landesbeamten, den Landvogt der Oberlausitz. K.W.

4 | 86

Stammbuch von Johann Wagner

Laufzeit: 1628–1639
Papier, handschriftliche Einträge; einzelne Blätter, aus einem Stammbuch herausgeschnitten, mit beidseitig aufgedruckter Stichbordüre und dreiseitigem Goldschnitt, 46 Bl., Reste alter Foliierung (37–199), neuere Bleistiftfoliierung (1–46)
8,8 × 14,5 cm
Stadtbibliothek Nürnberg,
Sign. Nor. H. 1421, Bl. 5r

4 | 85

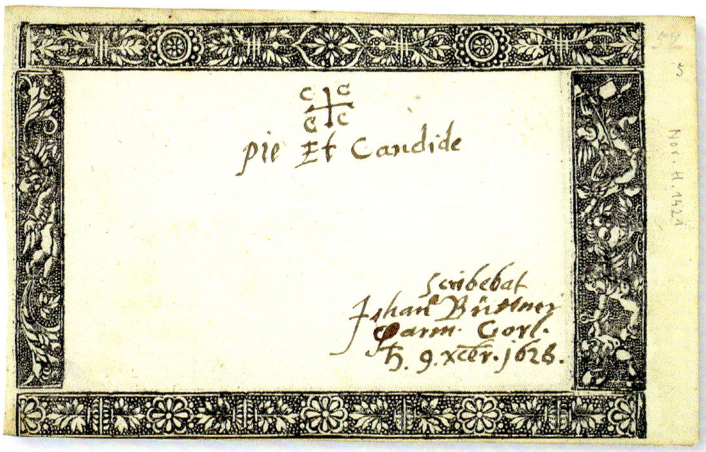

4 | 86

4 | 87

Der Halter dieses Stammbuches, das nur in Fragmenten erhalten blieb, war Johann Wagner aus Nürnberg (oder Bernburg?). Am 9. Juni 1624 schrieb er sich als Student am Gymnasium illustre in Zerbst ein, einer Hohen Schule und damit Vorläuferin der Anhaltinischen Landesuniversität. Einige Jahre später immatrikulierte er sich in Wittenberg zum Studium der Theologie. Wagner hielt sich den Einträgen nach u. a. in Magdeburg, Bautzen, Schweidnitz, Görlitz, Hirschberg, Meißen, Zwickau, Nürnberg und Leipzig auf. Dieses Album aus dem frühen 17. Jahrhundert weist noch keine Illustrationen auf; die Blätter sind aber an den Rändern durch eine gedruckte Bordüre mit Pflanzenmotiven und Putten geschmückt. Die insgesamt 84 Einträge sind von der Hand vieler Lehrer, aber auch von Mitstudenten. Sie verewigten sich mit dem Datum, ihrem Namen, teils mit ihrem Beruf, darüber hinaus oft auch mit einer Widmung oder gelehrten Sentenz, meist in Latein oder Griechisch. Unter den Personen finden sich viele namhafte Theologen, Mediziner und Pharmazeuten. So trug sich 1628 mit einem zweizeiligen Gedicht Heinrich Cunitz (1580–1629) ein, ein bedeutender Arzt in Schweidnitz (Bl. 33). Wenige Wochen später tat es ihm Johann Büttner, Apotheker in Görlitz, gleich (Bl. 5; vgl. Kat.-Nr. 4 | 12). R.E.

Lit.: Schnabel 1995 a, Nr. 66.

4 | 87

Stammbuch von Tobias Möller

Laufzeit: 1658–1669
Papier, handschriftliche Einträge; Illustrationen: Kupferstich, Federzeichnung; abgeriebener schwarzer Ledereinband, Goldprägung, Rücken erneuert; 186 Bl.; 9 × 14 cm
Germanisches Nationalmuseum, Nürnberg, Inv.-Nr. Hs 117 579, Bl. 145 r

Der Inhaber dieses Stammbuches war Tobias Möller, der in Lauban am Queis in der östlichen Oberlausitz geboren wurde. Sein gleichnamiger Vater, der sich als Apotheker in Lauban niedergelassen hatte, stammte aus Zittau. Möller immatrikulierte sich zum Sommersemester 1658 an der Universität Leipzig; in dieser Zeit beginnen auch die Einträge in seinem Album. Zum Sommersemester 1660 war er in Frankfurt (Oder), schließlich war er ab Oktober 1661 als Student der Medizin in Kopenhagen eingeschrieben. 1662/62 hielt sich Möller in Sonderburg auf, möglicherweise praktizierte er als Arzt im

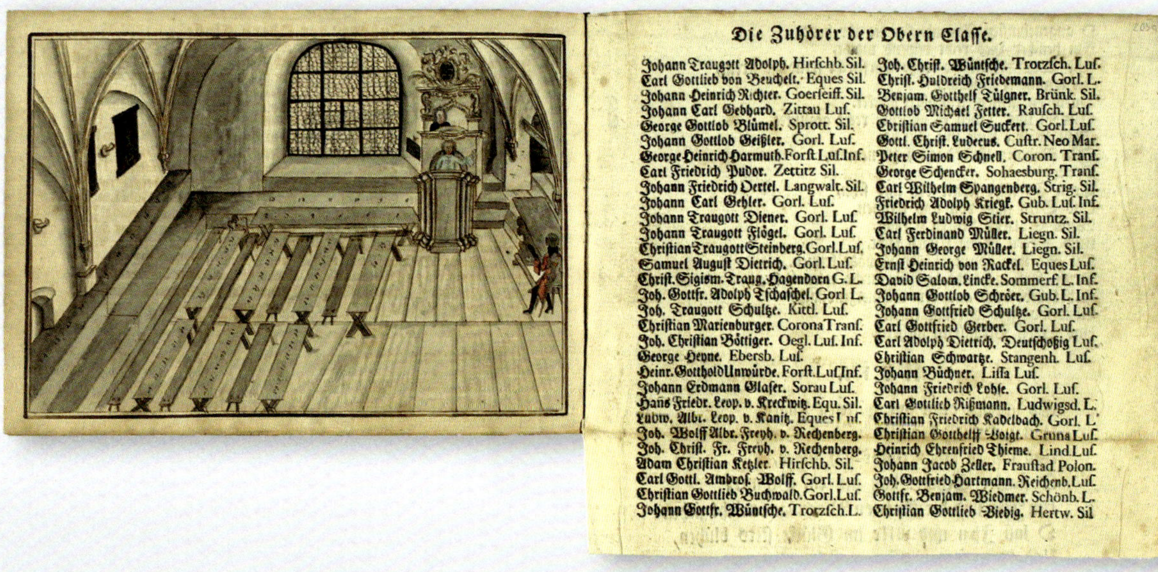

Die Zuhörer der Obern Classe.

Johann Traugott Adolph. Hirschb. Sil.
Carl Gottlieb von Beuchelt. Eques Sil.
Johann Heinrich Richter. Goerseiff. Sil.
Johann Carl Gebhard. Zittau Lus.
George Gottlob Blümel. Sprott. Sil.
Johann Gottlob Geißler. Gorl. Lus.
George Heinrich Harmuth. Forst. Lus. Inf.
Carl Friedrich Pudor. Zettitz Sil.
Johann Friedrich Oertel. Langwalt. Sil.
Johann Carl Gehler. Gorl. Lus.
Johann Traugott Diener. Gorl. Lus.
Johann Traugott Flögel. Gorl. Lus.
Christian Traugott Steinberg. Gorl. Lus.
Samuel August Dietrich. Gorl. Lus.
Christ. Sigism. Traug. Hagendorn G. L.
Joh. Gottfr. Adolph Tschaschel. Gorl L.
Joh. Traugott Schultze. Kittl. Lus.
Christian Marienburger. Corona Trans.
Joh. Christian Böttiger. Oegl. Lus. Inf.
George Heyne. Ebersb. Lus.
Heinr. Gotthold Unwürde. Forst. Lus. Inf.
Johann Erdmann Glaser. Sorau Lus.
Hans Friedr. Leop. v. Kreckwitz. Equ. Sil.
Ludw. Albr. Leop. v. Kanitz. Eques Lus.
Joh. Wolff Albr. Freyh. v. Rechenberg.
Joh. Christ. Fr. Freyh. v. Rechenberg.
Adam Christian Ketzler. Hirschb. Sil.
Carl Gottl. Ambros. Wolff. Gorl. Lus.
Christian Gottlieb Buchwald. Gorl. Lus.
Johann Gottfr. Wüntsche. Trotzsch. L.
Joh. Christ. Wüntsche. Trotzsch. Lus.
Christ. Huldreich Friedemann. Gorl. L.
Benjam. Gotthelf Tülgner. Brünk. Sil.
Gottlob Michael Fetter. Rausch. Lus.
Christian Samuel Suckert. Gorl. Lus.
Gottl. Christ. Ludecus. Custr. Neo Mar.
Peter Simon Schnell. Coron. Trans.
George Schencker. Sohaesburg. Trans.
Carl Wilhelm Spangenberg. Strig. Sil.
Friedrich Adolph Kriegk. Gub. Lus. Inf.
Wilhelm Ludwig Stier. Struntz. Sil.
Carl Ferdinand Müller. Liegn. Sil.
Johann George Müller. Liegn. Sil.
Ernst Heinrich von Rackel. Eques Lus.
David Salom. Lincke. Sommerf. L. Inf.
Johann Gottlob Schröer. Gub. L. Inf.
Johann Gottfried Schultze. Gorl. Lus.
Carl Gottfried Gerber. Gorl. Lus.
Carl Adolph Dietrich. Deutschoßig Lus.
Christian Schwartze. Stangenh. Lus.
Johann Büchner. Lissa Lus.
Johann Friedrich Lohse. Gorl. Lus.
Carl Gottlieb Rißmann. Ludwigsd. L.
Christian Friedrich Kadelbach. Gorl. L.
Christian Gotthelff Voigt. Gruna Lus.
Heinrich Ehrenfried Thieme. Lind. Lus.
Johann Jacob Zeller. Fraustad. Polon.
Joh. Gottfried Hartmann. Reichenb. Lus.
Gottfr. Benjam. Wiedmer. Schönb. L.
Christian Gottlieb Biedig. Hertw. Sil

4 | 88

4 | 89

Umfeld des Hofes der Herzöge von Schleswig-Holstein-Sonderburg. 1663 enden die Einträge; ein letztes Zeugnis ist eine Widmung von 1669 von einem Georg Förster im schlesischen Hirschberg.
Das Stammbuch weist insgesamt 114 handschriftliche Widmungen auf, mehrheitlich von Personen aus Leipzig, aber auch aus Lauban, Zittau, Bautzen, Frankfurt (Oder), Breslau, Hirschberg, Kopenhagen und Sonderburg. Einige Wappenfolgen, Zeichnungen sowie zwei eingebundene Kupferstiche ergänzen das Stammbuch. Der zeitlich erste Eintrag ist am 8. November 1658 von Tobias Möllers Vater (Bl. 145 r), der ihn im »ewigen Andenken« an den Bibelvers aus dem Buch Tobias gemahnt: »Denn wenn du dich an die Wahrheit hältst, wirst du bei allem, was du tust, erfolgreich sein.« (Tob. 4.6). R.E.

Lit.: Kurras 1988, Nr. 65.

4 | 88

Stammbuch von Johann Traugott Adolph

Laufzeit: 1747–1765
Papier, handschriftliche Einträge; Spiegel: Kattunpapier; zahlreiche Illustrationen: Zeichnungen, Kupferstiche; rotgefärbter Ledereinband, Goldprägung; dreiseitiger, punzierter Goldschnitt; 331 S.
11,4 × 16,7 cm
Stadtbibliothek Nürnberg, Sign. Will III 497, S. 205/205a

Johann Traugott Adolph (1728–1771) stammte aus dem schlesischen Hirschberg. Er besuchte dort die Schule, später in Liegnitz und Görlitz. Hier beginnen 1747 die ersten Einträge in sein Stammbuch. Die insgesamt 176 Einträge dokumentieren seinen weiteren Weg als Student: 1750 immatrikuliert er sich in Jena, 1754 in Berlin, schließlich 1758 in Halle, wo er zum Doktor der Medizin promoviert wurde. Ab dieser Zeit finden sich nur noch vereinzelte Widmungen. Als Professor für Anatomie und Chirurgie wirkt er seit 1760 an der Universität Helmstedt, von 1768 an in Altdorf.
Bei diesem Stammbuch handelt es sich nicht mehr um ein reines studentisches Album: Über 18 Jahre geführt, zeichnet es Adolphs Lebensabschnitt von der Schule bis in die Berufstätigkeit nach. Neben einigen Zeichnungen und eingeklebten Kupferstichen mit Stadtansichten findet sich auf Seite 205/205a eine kleine Federzeichnung, die den Unterrichtsraum des Gymnasium Augustum in Görlitz zeigt. Die hier leeren Sitzbänke sind von 2 bis 60 durchnummeriert. Ein Lehrer doziert am Pult, hinter ihm der Rektor in der Kanzel; am Tisch sitzt alleine eine Person mit rotem Mantel, rechts neben seinem Kopf ist die Nummer 1 zu erkennen. Ergänzt wird die Zeichnung durch eine gedruckte Liste von insgesamt 60 Schülern »der Oberen Klasse«, die mit vollem Namen und ihrer Herkunft aufgeführt werden. An erster Stelle steht der Stammbuchbesitzer Johann Traugott Adolph, der hier offenbar in einer Prüfung dargestellt ist. R.E.

Lit.: Schnabel 1995 b, Nr. 177.

4 | 89

Stammbuch von Friedemann Adolf Besser

Laufzeit: 1771–1775
Papier, handschriftliche Einträge, Illustrationen; etwa 14 × 20 cm
Thüringer Universitäts- und Landesbibliothek Jena, Sign. Stb 69, Bl. 177

Dieses Stammbuch gehörte Friedemann Adolf Besser, geboren 1751 in Herrengosserstadt, das östlich von Buttstädt im unmittelbaren Einzugsgebiet der via regia liegt. 1771 begann Besser sein Studium der Theologie an der Universität in Jena. 1791 heiratete er Martha Rosina Koch, die aus dem in der Nähe von Erfurt gelegenen Tonndorf stammte. Die Wege führten Besser wohl weniger in die weite Welt, es scheint, dass er in Thüringen verblieb und dort ein Pfarramt leitete. 1830 verstarb er in Stadtilm bei Erfurt.
In diesem Stammbuch ist eine Miniaturmalerei eingebunden (Bl. 177), die mit jeweils einem Studenten aus Leipzig, Halle, Jena und Wittenberg die vier großen mitteldeutschen Universitäten benennt. Die jungen Männer unterscheiden sich durch ihre Kleidung und sind zudem mit einem Sinnspruch ironisch charakterisiert. So trägt der Student aus Leipzig edle Tracht, allerdings sei er mehr auf Höflichkeiten und Äußerlichkeiten bedacht – statt zu studieren. Der einfach gekleidete Hallenser Student ist als »Mucker«, als ein Anhänger des Pietismus beschrieben, der in Wahrheit aber Kaldaunen zu sich nimmt, d. h. dem ausschweifenden Leben frönt. Der Student aus Jena sei ein »Renomist«, ein Angeber und Streitsucher, der sich oft, nach den Regeln der studentischen Burschenschaften, schlägt und duelliert. Der Wittenberger Student schließlich wird schlicht als Säufer dargestellt. Dieses Blatt aus der Zeit um 1760 zeigt, dass im Verlauf des 18. Jahrhunderts die Einträge berühmter Personen und Professoren weniger wichtig wurden. Dafür wird das studentische Leben, oft von zweifelhaftem Ruf, mehr und mehr – teils in deftiger Form – in den Stammbüchern thematisiert. R.E.

Lit.: Dittrich 1991; Ausst.-Kat. Leipzig 2009, Bd. 2, S. 109, Abb. 7.

4 | 90

Stammbuch von Gottlob August Wollmann

Laufzeit: 1773–1781
Papier, handschriftliche Einträge; Illustrationen: Zeichnungen mit Blei, Rötel, Tusche; braun marmorierter Ledereinband, Goldprägung; 136 Bl.; 11,5 × 18 cm
Germanisches Nationalmuseum, Nürnberg, Inv.-Nr. Hs 198 370, Bl. 57a

Der Träger dieses Stammbuches, Gottlob August Wollmann (1752–1825), stammte aus Markersdorf bei Görlitz in der Oberlausitz. Er besuchte das Gymnasium Augustum in Görlitz, am 28. April 1773 immatrikulierte er sich an der Leipziger Universität. In diesem Album finden sich 91 handschriftliche Einträge. Da sich die persönlichen Widmungen zeitlich gruppieren, scheint Wollmann bis 1778 zum Studium in Leipzig gewesen zu sein, mit einigen zwischenzeitlichen Aufenthalten in Halle und in Greiz, ehe er um 1778 in Görlitz eintraf. Letzte Einträge sind 1781 aus Bunzlau dokumentiert, wo Wollmann im Jahre 1825 verstarb. Er war dort als Polizeiinspektor und Mitglied des Bunzlauer Rates tätig.
Das Stammbuch enthält zahlreiche Zeichnungen, die möglicherweise der Eigentümer selbst angefertigt hat. Dies sind Tier- und Kopfstudien, Landschaftsansichten von Burgen an der Elbe (Schreckenstein) und an der Saale, die in unterschiedlichen Techniken ausgeführt sind. Auf Blatt 57 a ist eine Frauengestalt abgebildet, die ein zerrissenes Spruchband mit den Aufschriften »Fern und« sowie »Nah« in ihren Händen hält. R.E.

Lit.: NLM, 4 (1825), S. 430 f.; Kurras 1994, Nr. 142.

4 | 90

4 | 91

4 | 91

Matrikelbuch der Leipziger Universität

Laufzeit: 1627–1681
Handschrift auf Pergament, 278 Bl.
45 × 31 × 9,5 cm
Universität Leipzig, Archiv,
Sign. UAL Rektor M 8

Die Matrikelbücher legen seit Beginn des Bestehens der Universität Zeugnis ab, wer sich in Leipzig als Student eingeschrieben hat. Dabei nahm bis etwa 1819 der Rektor selbst die Immatrikulation vor. Im Laufe des ersten Semesters mussten sich die Studenten beim Rektor vorstellen. Er fragte nach Namen, Herkunft und wirtschaftlichen Verhältnissen und nahm den Studenten den Eid auf die Universitätsstatuten ab. Die einzelnen Blätter wurden später zu Bänden zusammengefügt und in Holzdeckeln oder Leder mit Schnallen eingebunden. Die vorliegende Rektoratsmatrikel beinhaltet den Zeitraum Sommersemester 1627 bis Wintersemester 1681. Die Matrikel, zu ihrer Zeit ein Stück des täglichen Gebrauchs im Universitätsbetrieb, weisen Nutzungsspuren auf.
Das Deckblatt zum Semesterbeginn ist – je nach Geschmack des entsprechenden Rektors – mit prächtigen, größtenteils farbigen Zeichnungen ausgestattet. So auch im Wintersemester 1644/45, das unter dem Rektorat von Johannes Hoppe aus Löwenberg in Schlesien stand. Er war der 471. Rektor seit Gründung der Universität Leipzig im Jahre 1409. Johannes Hoppe (1616–1654) studierte in Leipzig, erwarb hier den medizinischen Doktortitel, wurde Professor für Chirurgie und Anatomie und war gleichzeitig Mitglied des Kleinen Fürstenkollegs sowie Senior der Medizinischen Fakultät. Das die ganze Seite füllende Semesterblatt ist als dreigeteilter Epitaph dargestellt. Unter dem gemalten Auge oben ist das Brustbild des Rektors zu sehen. Die Mitte des Epitaphs zeigt die Semesterüberschrift, eingerahmt von zwei Frauengestalten – Diligentia und Experientia (Fleiß und Versuch). Der Künstler dieses Blattes war Christoph Spetner (1617–1699). P.H.

Lit.: Erler 1909, Bd. 2, S. 11 f.; Ausst.-Kat. Leipzig 2009, S. 222 f.

4 | 92

4 | 93

4 | 94

4 | 95

4 | 92–95

Die vier Nationenwappen der Universität Leipzig

17. Jh.
Öl auf Holz; je 106,3 × 86 cm
Kunstbesitz der Universität Leipzig

4 | 92
Wappen der Polnischen Nation
Inschrift: »INSIGN. NATION.POLONICAE«
Inv.-Nr. 3588/90 (alte Inv.-Nr.: 1951:035; 1913:104)

4 | 93
Wappen der Meißnischen Nation
Inschrift: »INSIGN. NATION.MISNICAE«
Inv.-Nr. 3587/90 (alte Inv.-Nr.: 1951:034; 1913:103)

4 | 94
Wappen der Sächsischen Nation
Inschrift: »INSIGN. NATION.SAXON.«
Inv.-Nr. 3589/90 (alte Inv.-Nr.: 1951:036; 1913:105)

4 | 95
Wappen der Bayerischen Nation
Inschrift: »INSIGN. NATION./ BAVARICAE«
Inv.-Nr. 3586/90 (alte Inv.-Nr.: 1951:033; 1913:102)

Von ihrer Gründung 1409 bis zur Universitätsreform von 1830 funktionierte die Leipziger nach dem Vorbild der Prager Mutterinstitution als Nationenuniversität. Die Nationen waren gleichberechtigte und eigenständige Körperschaften innerhalb der Universität. Sie stellten die Mitglieder des Konzils, wählten den Rektor, stimmten mit bei Berufungen und Stellenvergaben für Kollegien und Bursen. Ihre Zusammensetzung resultierte aus der geografischen Herkunft der Universitätsangehörigen. Mit Ausnahme der Meißnischen Nation, zu der die Landeskinder der wettinischen Territorien gehörten, bezeichnen ihre Namen territorial weitgefasste Herkunftsrichtungen.

Die vier Wappenscheiben sind die ältesten und einzigen vollständig erhaltenen Insignien der Nationen, die spätestens seit dem 17. Jahrhundert auch eigene, den Wappenbildern entlehnte Siegel und Fahnen führten. Nach einer Quelle von 1776 hatten die Wappen ihren festen Platz über den vier großen Tafeltischen der »Nationenstube«, die sich wie das zuvor genutzte Vaporarium im Großen Fürstenkolleg an der östlichen Stadtmauer befand.

Die Wahl der Wappenmotive folgte keinem einheitlichen Konzept. Lediglich das Wappen der Sächsischen Nation mit dem Sachsenross der Welfen weist heraldische Bezüge auf. Die Madonna unter dem Baldachin geht zurück auf den zur Polnischen Nation gehörenden Gründungsrektor Otto von Münsterberg, der das Bild in das Rektorsiegel einführte. Samsons Löwenkampf auf dem Wappen der Meißnischen Nation spielt seit dem 16. Jahrhundert in der Herrscherikonografie der Wettiner eine bedeutende Rolle. Die Wahl des Siegelmotivs auf dem Wappen der Bayrischen Nation ist ungeklärt, doch scheint es als Pendant für das Meißnische Wappen konzipiert zu sein. Der Kampf Jakobs mit dem Engel als Symbol für das Ringen um den wahren Glauben erlangte vor dem Hintergrund der Türkenkriege in den habsburgischen Ländern im 17. Jahrhundert neben der religiösen auch eine weltliche Dimension.

Mit der Aufhebung der Nationenverfassung funktionslos geworden, gelangten die Schilde 1841 zunächst in die Universitätskirche. Zu Beginn des 20. Jahrhunderts übernahm sie das Rektorat und vereinigte die heute in der Kunstsammlung der Universität präsentierten Wappen mit den Universitätsinsignien.
C.J.

Lit.: Gottschling 1709, S. 25–38; Zarncke 1857, S. 904; Gurlitt 1895, S. 132 f.; Ausst.-Kat. Wien 1989, S. 481; Magirius/Mai/Trajkovits/Werner 1995, S. 577 f.; Blecher 2008, S. 20 f.; Bünz/Rudersdorf/Döring 2009, S. 80–88; Ausst.-Kat. Leipzig 2009, Bd. 2, S. 12; Marek/Topfstedt 2009, S. 64 f., 108.

Wenceslaus Buhl

Breslau 8. Februar 1619 – 28. August 1685 Leipzig
Kürschnermeister

Der Kürschner und Rauchwarenhändler Wenceslaus Buhl (auch Buhlen) wurde 1619 in Breslau geboren. Seine Eltern schickten ihn auf das Gymnasium an der protestantischen Elisabeth-Kirche. An den Besuch dieser hochgeschätzten Schule schloss sich üblicherweise ein Studium an: Nach einem Aufenthalt in Thorn, wo er sich die polnische Sprache aneignete, gelangte Buhl 1635 nach Leipzig, wo er jedoch das Handwerk des Kürschners erlernte. Diese Tätigkeit war hoch geachtet, da das Tragen von Pelzen nur ausgewählten Personen erlaubt war. Nach drei Jahren Lehrzeit begab er sich auf eine mehrjährige Wanderschaft durch Preußen und die Niederlande; 1643 kehrte er nach Leipzig zurück. 1671/72 wurde Buhl Ältester der Zunft, als der er auf der Innungstafel und dem großen Pokal aufgeführt wird. Seinen Wohnort, wohl auch seine Werkstatt, hatte Buhl in der Straße Am Brühl, wo seit dem Mittelalter bis in das 20. Jahrhundert hinein der Handel mit Lederwaren und Fellen betrieben wurde. Diese kamen meist über die via regia aus Russland und Polen in die Messestadt. 1685 verstarb er in Leipzig.

Buhl blieb sein Leben lang seiner Heimatstadt Breslau eng verbunden. Dies wird besonders deutlich an einer 1667 in Augsburg gefertigten Kupferstichfolge der Breslauer Ratsherren, die er in seine eigene Bibel einfügte. Zudem unterstützte er viele schlesische Studenten an der Leipziger Universität finanziell. Als der Kürschner Buhl starb, erwiesen ihm zahlreiche Breslauer, aber auch Leipziger Universitätsprofessoren und Schriftsteller die höchste Ehre, die sie in Gedenkschriften zum Ausdruck brachten. R.E.

Lit.: Lehmann 1686; Schröder 1935, S. 38–42; Fellmann 1989; Kügler 2007.

4 | 96

BIBLIA, Das ist die gantze H. Schrifft […]

Lüneburg: Heinrich Stern Erben, 1672
Buchdruck, Altes Testament: 302 Bl., Neues Testament: 198 Bl., 126 eingeklebte Kupferstiche; Holzdeckel, Buchschließen
35 × 23 × 12 cm
Schlesisches Museum zu Görlitz, Bibliothek, Sign. SMG 2004-1099

Die 1672 in Lüneburg gedruckte Bibel stammt aus dem Besitz von Wenceslaus Buhl. Auf dem Titelblatt vermerkte er mit der Hand: »Wenceslaus Buhl. Vr: Sil:«. Der 1619 in Breslau geborene Buhl lebte bereits seit 1635 in Leipzig, war sich aber seiner Herkunft aus dem schlesischen »Wratislaviae« (Breslau) noch immer bewusst, als er diese Bibel erwarb. In die illustrierte Bibel hat Buhl 126 weitere Kupferstiche eingebunden. Sie vermitteln ein sehr persönliches Programm und zeigen, wie sehr Buhl sein ganzes Leben hindurch seiner Heimatstadt verbunden blieb. Darunter ist auch die komplette Folge mit Bildnissen der 23 Breslauer Ratsherren, die Georg Schöbel für seine Schrift »Germanus Vratislaviae Decor« vor 1667 bei dem Augsburger Stecher Philipp Kilian (1628–1693) in Auftrag gegeben hatte. Auch Wenceslaus Buhl ließ bei diesem Künstler sein eigenes Porträt in Kupfer stechen; auf Seide gedruckt, hat Buhl es am Ende seiner Bibel eingebunden. Das für die Zeit charakteristische ovale Bildnis mit umlaufendem Rahmen und lateinischer Inschrift (»Schlesier, Bürger von Leipzig, geboren in Breslau«) zeigt Buhl in Dreiviertelprofil. Mit langen Haaren, modischem Kinnbart und in schwarzem Rock mit weißem Kragen gekleidet, stellt er sich ikonografisch in die Reihe der für die Geschicke seiner Heimatstadt Breslau verantwortlichen Ratsherren. Die Widmung unter dem Porträt stammt aus der Feder des Juristen Friedrich Geisler, der aus dem schlesischen Reussendorf stammte und in Leipzig als Professor an der Universität tätig war. Zum Wappentier wählte Buhl einen Storch, der seine Jungen nährt. Andere Bildnisse von Buhl sind nicht bekannt. R.E.

Lit.: Singer Bildniskatalog, 1 (1930), Nr. 4163/10921; Kügler 2007.

4 | 96

4 | 97 (ohne Abb.)

Lieb und Lobes Seule dem Seel. Herrn Wenceslao Buhlen

Jacob Rößler (1647–1721)
Leipzig: Christoph Fleischer, 1685
Buchdruck, 4 Bl.; 33 × 20 cm
Ratsschulbibliothek Zwickau, Sign. 50.1.7.(56)

Anlässlich des Todes des Leipziger Kürschnermeisters Wenceslaus Buhl am 28. August 1685 und seiner Beerdigung am 31. August erschienen zahlreiche Lob- und Trauerschriften. Sie alle ehrten ihn als rechtschaffenen, liebevollen, gläubigen und mildtätigen Vater, Ehemann, Freund und Förderer. Unter den Personen, die ihm diese literarischen Epitaphe widmeten, waren Schriftsteller, Theologen und Professoren verschiedenster Disziplinen aus Breslau und Leipzig.
Der aus Leipzig stammende Theologe Jacob Rößler gibt, wie bei Leichenpredigten üblich, in Gedichtform einen Überblick über das Leben von Buhl: »In Breslau schmeichelte ihm Apollo, / in Thorn schmeichelte ihm Mercurius, / Beiden schenkt er seine Jugend / keiner sein ganzes Leben / Dieses hatte des Himmels Schluß unsern Leipzig gewidmet.« Rößler schildert das Haus von Buhl als »Herberge der Exulanten«, rühmt seine Hilfsbereitschaft und zählt seine Stiftungen auf, die zeigten, wie groß der Verlust von Buhl für die Stadt Leipzig war. R.E.

Lit.: Kügler 2007.

4 | 98

4 | 98

Meistertafel der Leipziger Kürschner-Innung

Leipzig, 1676–1823
Holz, Handschrift auf Papier, Metallscharniere; 36 × 42,5 × 6,5 cm (aufgeklappt)
beschr. auf dem Titel: »Namen der Herren Kürschner Meister und Witben in der Königlich Saechsischen Handels Stadt Leipzig Anno 1676 Unter Herrn Wenzel Buhl seinen Amt ist diese Tafel der Innung zu Ehren gestieftet«
Stadtgeschichtliches Museum Leipzig, Inv.-Nr. I. K. 6

Die Klapptafel setzt sich aus vier Tafeln zusammen, die durch Scharniere miteinander verbunden sind. Sie enthält ein handschriftliches Verzeichnis der Meister und Witwen der Leipziger Kürschner-Innung, beginnend mit den Obermeistern von 1676 bis 1823. Außerdem sind die »Renovirungen« der Tafel in den Jahren von 1683 bis 1819 festgehalten. Wie auf dem Titel zu lesen ist, wurde das Verzeichnis, das wohl in der Innungslade aufbewahrt wurde, von Wenceslaus Buhl 1676 gestiftet. Er war seit etwa 1671/72 Innungsältester und ist auch als erster namentlich in der Liste der Obermeister aufgeführt. Die Kürschner-Innung selbst war allerdings erheblich älter, ein erster Obermeister – im Zusammenhang mit der ersten Innungssatzung – ist seit 1423 nachweisbar. K.S.

Lit.: Lange 1925; Schröder 1935, S. 253 f. (Anhang 6); Ausst.-Kat. Leipzig 2006, S. 272.

4 | 99

Innungspokal der Leipziger Kürschner

Johann Heinrich Scholler d. J. (1645–1677)
Leipzig, 1676
Silber, teilweise vergoldet, getrieben, Figuren gegossen; Höhe: 66 cm
bez. am oberen Rand mit Stadtmarke: »L«; Inschrift auf dem oberem Rand der Wandung: »Wens Buhlio Vratial. Silesium Tribuno Poculum Gratulatorium Usibus Et Honori Tribus Pellionum Paratum Lipsiae A.C. 1676.« [Vom Meister Wenzel Buhl aus Breslau in Schlesien wurde der Willkommens-Pokal zum Nutzen und zur Ehre der Innung der Kürschner gestiftet in Leipzig im Jahre 1676]; auf dem Schild außen: »Vivat Pater Patriae [...] Pellionum Tribus denique sit Omnibus Inclyta Posteritas!« [Es lebe der Vater des Vaterlands ... der Kürschnerinnung und möget ihr alle der Nachwelt weithin berühmt sein!]; Inschrift um Bildnisse im Schildinneren: »Jacobus Buhl, qvi [...] Veratislavae 1622 vita et 1672 inter Pelliones Seniontu positus est, Antea Lipsiae 1652 per omnia quature artis sperimina probatuo.« [Jacob Buhl, der [...] 1622 in Breslau geboren wurde und 1672 zum Obermeister [?] der Kürschner ernannt wurde. Vorher hat er 1652 in Leipzig vier vortreffliche Meisterstücke gefertigt]
Stadtgeschichtliches Museum Leipzig, Inv.-Nr. Me 38

4 | 99

Der Kürschnerpokal entstand auf Anregung des Obermeisters Wenceslaus Buhl unter Benutzung von fünf vorhandenen Bechern. Bei einem Gewicht von acht Mark (die Gewichtsmark für Gold und Silber wurde mit etwa einem halben Pfund bemessen) kostete er mit Futteral und einer »Pyramide« für die silbernen Anhänger 100 Gulden. Der Becherkorpus (der »zwei Kannen weniger ein halb Nösel« fasst – nach Leipziger Maß etwa zwei Liter) steht auf der emporgereckten Pfote eines silbernen Löwen, der mit der anderen Pranke ein Schild mit einem Kürschnerfutter hält. Den Deckel bekrönt die aus Silber gegossene Figur des Apostels Jakobus d. Ä. als Pilger – der Patron der Kürschner. Der Pilgerstab in der rechten Hand ist nicht mehr vorhanden. Das Schild in seiner linken Hand enthält die Porträts von Wenceslaus Buhl und seinem Bruder Jakob. Dieser hatte 1652 vier Meisterstücke in Leipzig verfertigt, sich aber später an der Oder niedergelassen. Am

Pokal sind elf Anhänger montiert, für die z. T. auch Münzen verarbeitet wurden.
Der Goldschmied des Pokals ist nicht eindeutig nachgewiesen: Nach dem Hauptbuch der Kürschner ist der Willkomm zu Michaelis 1676 von »Johann Schollen, dem jungen, Goldschmied Gesellen« fertig gestellt worden. Dabei dürfte es sich um den 1645 geborenen Sohn von Hans Scholler, Johann Heinrich, handeln, der seit September 1666 Meister und seit Dezember 1674 Leipziger Bürger war. Dazu passt auch die Bemerkung im Hauptbuch, der Goldschmied und der Breslauer Maler Gottfried Scholz (= Georg Scholtz d. J., von ihm stammen die Bildnisse im Medaillon, vgl. Kat.-Nr. 4 | 100) seien »beyderseits im folgenden Jahr der Welt und zugleich ihrer Kunst valediciret«. Johann Heinrich Scholler starb tatsächlich 1677. K.S.

Lit.: Lange 1925, S. 10–13; Schröder 1935, S. 38, 42, 253 f. (Anhang 6), Meisterliste 1337, 1338; Ausst.-Kat. Leipzig 2006, S. 145 f.

4 | 100

4 | 101

4 | 100

Bildnis des Samuel von Sebisch

Georg Scholtz d. J.
(Breslau 1622 – 1677 Breslau)
1667
Öl auf Leinwand; 28,3 × 17,4 cm
Muzeum Narodowe we Wrocławiu,
Inv.-Nr. VIII-709

Die Sebischs, ein herausragendes Geschlecht Breslauer Patrizier, stammten aus Oberschlesien. Als ihr halb legendärer Ahnherr gilt Girzik Zawisch vel Zawissa, angeblich polnischer Abstammung, der 1534 als Bürger des Ortes Falkenberg im Oppelner Land bezeugt ist. Der auf dem Bildnis dargestellte Samuel von Sebisch (1597–1671) saß seit 1637 bis zu seinem Tod im Stadtrat von Breslau und hatte dort ab 1658 die Funktion des Ratspräses inne. Das Bild gehört zu einer Serie von 23 Bildnissen Breslauer Ratsherren im Jahre 1667, die vom Maler Georg Scholtz d. J. als Vorlagen für Kupferstiche angefertigt wurden; 20 davon sind erhalten. Aus diesen von dem Augsburger Philipp Kilian ausgeführten Kupferstichen entstand die von Georg Schöbel herausgegebene Lobschrift über Breslau »Germanus Vratislaviae Decor« (s. Kat.-Nr. 5 | 101). Ein Jahr nach der Entstehung der Porträtreihe malte Scholtz ein großes Gemälde mit der Darstellung einer Ratssitzung, das heute die Ostwand des Arbeitszimmers des Bürgermeisters im Rathaus von Wrocław füllt. In der damaligen politischen und wirtschaftlichen Situation Breslaus konnten solche künstlerisch-patriotischen Initiativen nur Zeugnis vom ehemaligen Glanz der Stadt geben. Die Autonomie der »Breslauer Republik« und die Vorrechte des Rates wurden nämlich bereits 1636 drastisch eingeschränkt, als man im Gegenzug für konfessionelle Privilegien des Ratspräses (damals der Vetter Samuels, Adam von Sebisch) den ihm seit fast 300 Jahren zustehenden Titel und das Amt des Landeshauptmanns des Fürstentums Breslau entzog. E.Ho.

Lit.: Markgraf 1900; Broniewski/Zlat 1967, S. 367, Abb. 319; Jezierska 2008; Malarstwo śląskie 2009, Nr. 202.

4 | 101

Germanus Vratislaviae Decor

Georg von Schöbel und Rosenfeld
(Breslau 1640 – 1680 Magdeburg)
Breslau: Johann Christoph Jacobi / Baumanns Erben, 1667
Buchdruck, 30 Bl., 24 Kupferstiche
etwa 40 × 28 cm
Sächsische Landesbibliothek – Staats- und Universitätsbibliothek Dresden,
Sign. Hist.urb.Germ.36 / Universität Leipzig, Bibliotheca Albertina, Sign. Hist.Bor.53

Der in Breslau geborene Georg Schöbel widmete mit der Schrift »Germanus Vratislaviae Decor« seiner Heimatstadt ein literarisches Denkmal. Er strebte ein höheres Amt in der Stadtverwaltung an, mit dem von ihm herausgegebenen Band verlieh er seinen beruflichen Ambitionen Ausdruck. Das Titelblatt zeigt eine Architektur, die vom Wappen der Stadt Breslau bekrönt wird. Zwischen den Säulen, die rechts von der Allegorie der Gerechtigkeit, links von der Klugheit flankiert werden, findet sich auf drapiertem Vorhang der Buchtitel. Putti zeigen auf Wappen und Titel. Deutlich sichtbar ist der Name des Autors zu lesen. Die Sockelmitte trägt ein Porträt von Schöbel, der so bildhaft zum festen Fundament der Stadt gehört. In lateinisch abgefassten Texten namhafter Autoren wird die Stadt gepriesen. Zentraler Bestandteil sind die Porträts der 23 zu dieser Zeit wirkenden Breslauer Ratsherren. Schöbel hatte Philipp Kilian in Augsburg beauftragt, diese nach den Ölbildnissen von Georg Scholtz in Kupfer zu stechen. Ob Schöbel auch der Auftraggeber dieser Gemälde war, ist bislang nicht gesichert. Das Panorama von Breslau, das von sechs kleinen Detailansichten berühmter Bauwerke gerahmt wird, schuf der Leipziger Stecher Nicolaus Häublin.
Georg Schöbel war als Syndikus für den Breslauer Rat tätig. 1670 wurde er von Kaiser Leopold in den Adelsstand erhoben und nannte sich fortan Georg von Schöbel und Rosenfeld. Als Mitglied der Fruchtbringenden Gesellschaft erhielt er den Beinamen »Der Himmlischgesinnte«. R.E.

Lit.: Paas 2001; Jezierska 2008.

Christian Gottlob Frege

Lampertswalde 21. November 1715 – 20. Mai 1781 Leipzig
Geldwechsler

Der Geldwechsler Christian Gottlob Frege wurde 1715 in eine Pfarrerfamilie im sächsischen Lampertswalde geboren und 1728 in die Lehre bei einem Dresdner Geldwechsler geschickt. Wenige Jahre später ging er nach Leipzig, wo er bei einem Gewürzhändler arbeitete. Im Jahr 1739 begann er in der Grimmaischen Straße – die die via regia durch das Grimmaische Tor in die Stadt führte – mit dem Handel von getrockneten Früchten. Später erschloss er mit dem Geldwechsel ein Geschäftsfeld, das ihm gerade in Leipzig großen Wohlstand einbringen sollte: In der international angebundenen Messestadt kursierten große Mengen verschiedener Währungen. Freges wirtschaftliche Aktivitäten wurden dem eines Bankhauses immer ähnlicher – er vergab Kredite und hatte Schuldner in Frankfurt am Main, Erfurt, Breslau und Warschau. Er investierte in den Kupferabbau im Mansfelder Land sowie in den Silbererzbergbau im Erzgebirge, zudem lief der Handel mit Textilen aus der Oberlausitz und Schlesien über sein Haus.

Frege und seine Angestellten legten Wechselbücher an, die nicht nur das Aussehen der jeweiligen Münzen, sondern auch den Metallgehalt wiedergaben. Dies war von erheblicher Bedeutung, entsprach doch bis in die Frühe Neuzeit der Wert einer Münze dem Wert des Metalls, aus dem sie gefertigt war. Um sich vor Falschgeld zu schützen, musste man den Metallgehalt der Münze bestimmen können. 1753 pachtete Frege die Leipziger Münze. Der sächsische Kurfürst Friedrich August II. nutzte die Münze zunehmend, um seine eigenen Ausgaben in Polen auszugleichen – und Frege musste hochwertige Münzen »in gewisse polnische Gold- und Silbersorten« ummünzen. S.St.

Lit.: Spaniol 1996; Ausst.-Kat. Leipzig 1997; Weber 2008.

4 | 102

Christian Gottlob Frege d. Ä.

Anton Graff
(Winterthur 1736 – 1813 Dresden)
1772
Öl auf Leinwand; 61 × 49,5 cm
bez. auf der Rückseite: »A. Graff pinx. 1772«
Museen der Stadt Aschaffenburg,
Inv.-Nr. 12266

Das Brustbild nach rechts zeigt Christian Gottlob Frege d. Ä., Inhaber eines bedeutenden Speditions-, Bank- und Wechselgeschäfts in Leipzig. Frege, hier etwa im Alter von 57 Jahren dargestellt, blickt den Betrachter offen, ja fast mit einem Lächeln an. Er trägt einen grünen Seidenschlafrock mit Pelzbesatz und eine rote Seidenmütze auf dem Kopf. Der Maler Anton Graff zeigt den angesehenen Handelsherrn gelöst in seinem häuslichen Umfeld. Obwohl Frege in diesen Jahren auf dem Höhepunkt seines gesellschaftlichen und beruflichen Erfolges stand, erscheint er hier fern eines jeden Zwanges auf Repräsentation.
Das Gemälde von Graff, das sich vor 1918 in der Sammlung Arndt in Oberwartha bei Dresden befand, ist eine eigenhändige, verkleinerte Replik des großen Porträts von Frege, das sich heute im Stadtgeschichtlichen Museum Leipzig befindet. Zwar ist auch dort Frege im Privaten gezeigt, aber die feinere Kleidung und der größere Bildausschnitt mit Geschäftsbrief in der Hand charakterisieren ihn in der Rolle des stets arbeitenden Menschen. Von diesem Gemälde hat der Leipziger Kupferstecher Johann Friedrich Bause im Jahre 1782 einen postumen, seitenverkehrten Stich angefertigt. R.E.

Lit.: Berckenhagen 1967, S. 115, Nr. 305.

4 | 102

4 | 103

4 | 103

Ansicht der Häuser Katharinenstraße in Leipzig

Peter Schenk
Amsterdam, um 1723
Kupferstich; 18 × 20,5 cm
beschr.: »JHC [?] Burgemeister Langens Haus.«, [Bl.] »14«
Stadtgeschichtliches Museum Leipzig, Inv.-Nr. 2240 a

Der Kupferstich zeigt einen Teil der Fassadenabwicklung der Leipziger Katharinenstraße. Sie führte vom Brühl nach Süden direkt auf den großen Leipziger Marktplatz mit dem Alten Rathaus. Hier wohnten bereits seit dem 16. Jahrhundert nur die wohlhabendsten Bürger der Stadt. In den Jahren 1706/07 modernisierte Johann Gregor Fuchs (1650–1715) – der aus Dresden stammende, in Leipzig führende Baumeister der Zeit um 1700 – ein älteres Renaissancegebäude und gab ihm eine prachtvolle Barockfassade. Der Kupferstich zeigt eine symmetrische Ansicht, deren zentrales Motiv der dreigeschossige Erker ist. Der Stich gehört zu einer Folge von 16 Blättern, die bei dem Verleger Pieter Schenk in Amsterdam unter dem Titel »Abbildungen verschiedener öffentlicher und Privat-Gebäude zu Leipzig« erschienen.
Um das Jahr 1723 wohnte hier der Leipziger Bürgermeister Gottfried Lange, wie auf dem Stich in der Mitte zu lesen ist. Erst ein Jahr nach dem Tod von Christian Gottlob Frege d. Ä. 1781 wurde das Gebäude von seinem gleichnamigen Sohn für den Sitz des von ihm weitergeführten Handelshauses und der Bank erworben. Es blieb bis 1945 im Besitz der Familie. Bei der Rekonstruktion in den Jahren 1980 bis 1986 wurde das Renaissanceportal im Erdgeschoss freigelegt, durch das man in den rechteckigen Innenhof gelangt. Noch heute ist der Bau als »Fregehaus« bekannt. R.E.

Lit.: Volk 1979, S. 25; Hocquél 1989, S. 85 f.; Ausst.-Kat. Leipzig 1997, S. 202.

4 | 104

4 | 104

Kaufmännisches Brakteatenbuch des Leipziger Bankhauses Frege

Leipzig, um 1790
Pergament, bemalte Kupferfolie mit Abdrücken schwedischer Kupfer- und Silbermünzen
aufgeschlagen: 23 × 38 × 5 cm
Sächsisches Staatsarchiv – Staatsarchiv Leipzig, Sign. 21021 Frege & Co., Handels- und Bankhaus Leipzig, Nr. 932, Bl. 15 b – 16 a

Das Bank- und Handelshaus Frege, 1739 in Leipzig gegründet, erlangte im ausgehenden 18. Jahrhundert durch geschickte Kombination von Warenhandel, Bankgeschäft, Spedition, Manufaktur-, Bergbau- und Grundbesitz eine führende wirtschaftliche Position in Sachsen. Die Geschäftsbeziehungen reichten in viele Länder Europas und bis Nordamerika. Für den Geldwechsel war die genaue Kenntnis von Wert und Beschaffenheit ausländischer Münzen unerlässlich, wofür Münzabdrücke aus Metallfolien hergestellt und zur Identifikation der fremden Währungen gesammelt wurden.
Die Geschäftsregistratur, von der im Staatsarchiv Leipzig ein umfangreicher Bestand von 30 laufenden Metern Akten und Geschäftsbüchern überliefert ist, enthält mehrere, teils überformatige Bücher mit eingeklebten Abdrücken von Münzen und Medaillen. Das vorliegende Verzeichnis trägt den Titel »263 Abdrücke von verschiedenen, theils cursierenden, theils raren Münzen, sowie auch von Medaillen«. Die auf der rechten Seite befindlichen Abdrücke stammen von Kupfermünzen aus dem Königreich Schweden und waren laut Beschreibung zwischen 1715 und 1719 im Umlauf. H.-J.V.

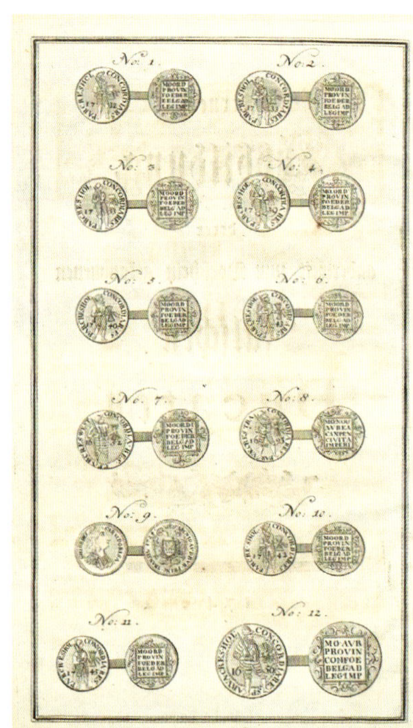

4 | 105

4 | 105

Fernere Abbildung, derer anderweit zum Vorschein gekommenen falschen Ducaten

1749
Buchdruck, 5 Bl.; 33×19,5 cm
Staatliche Kunstsammlungen Dresden, Münzkabinett, ohne Inv.-Nr.

Dieser Druck erläutert zwölf Golddukatenfälschungen, von denen elf aus den Niederlanden stammten und eine aus Siebenbürgen. Sie waren alle »von Silber« und nur »mit dünnen Blättgen-Gold« überzogen. Auf den niederländischen Münzen, die im Zeitraum 1652 bis 1745 geprägt wurden, ist ein stehender Ritter mit Schwert und einem Pfeilbündel abgebildet, das die Utrechter Union von 1579 symbolisierte. Der Siebenbürgische Dukaten (Nr. 9) zeigt den deutschen Kaiser Karl VI. (1765–1740); in der Regierungszeit des Habsburgers fiel Siebenbürgen unter die Herrschaft Österreichs.
Neben einer bildlichen Darstellung der Vorder- und Rückseite der zwölf Münzen werden in mehreren Unterpunkten jene Details erläutert, an denen das Falschgeld erkennbar war – etwa fehlende Striche in Buchstaben, fehlende Punkte hinter Jahreszahlen oder falsch dargestellte Personen. Zu einem Dukaten aus dem Jahr 1652 (Nr. 7) ist etwa vermerkt, dass »die Figur sehr schlecht gezeichnet« sei. Bei einem anderen Exemplar (Nr. 8) hatte die dargestellte Ritterfigur gar »statt des Pantzers unter dem Halse [...] eine gefaltete Krause«, auch hatte man am Harnisch »alle Niten vergessen.« Diese Publikation folgte demnach einer ähnlichen Intention, die auch Frege und seine Mitarbeiter beim Anlegen der Brakteatenbücher hatten: Es ging um das Erkennen von falschen und damit minderwertigen Münzen. Anders als beim Fregeschen Brakteatenbuch wurde jedoch hier auf die Angabe des Metallgehaltes bzw. des Gewichtes verzichtet, die Identifizierung der Dukaten sollte vor allem durch die Betrachtung erfolgen. S.St.

4 | 106

4 | 106

Goldwaage

C. F. Poller
Leipzig, um 1800
Holz, Leder, Messing, Samt, Schnur, Stahl
Länge Waagbalken: 16,3 cm;
Durchmesser Waagschalen: 4,3 cm;
Etui: 2,8×21,2×12,6 cm
bez. auf den Gewichten: »CFP«
erworben 1997
Staatliche Kunstsammlungen Dresden, Mathematisch-Physikalischer Salon, Inv.-Nr. MPS B I 300

Seit der Antike bekannt, bildete die doppelarmige Balkenwaage über Jahrhunderte die Basis des Handels. Empfindliche, kleine Goldwaagen wie diese, zum leichten Transport zusammen mit diversen Münzgewichten oft in Holzkästchen gepackt, avancierten sogar zum Werkzeug par excellence des neuzeitlichen Kaufmanns.
In diesem Kästchen sind 28 runde Gewichte mit eingeschlagener Bezeichnung enthalten, die von der Vielfalt der umlaufenden Münzen und Gewichtsstandards im Deutschland des 18. und 19. Jahrhunderts zeugen. Darunter sind u. a. Gewichte für englische Guineen, französische Louisdor und Franc (die Hauptgoldmünzen Frankreichs vor bzw. nach der Revolution), Wiener, Breslauer und Passierdukaten, holländische Gulden und russische Imperiale. Mit einer solchen Waage konnte ein Kaufmann daher jede Gold- bzw. Silbermünze auf ihr Gewicht prüfen, den Edelmetallgehalt kontrollieren und falsche von echten Münzen trennen. Auch die Abnutzung von Münzen war nur in einem bestimmten Toleranzbereich erlaubt. M.K.

Lit.: Mittelscheid 1998.

4 | 107

4 | 107

Probiernadeln

18. Jh.
Kupfer, Silber; 8 × 3 cm
Heimatmuseum und Naturalienkabinett, Waldenburg, Inv.-Nr. NAT 0209

4 | 108 (ohne Abb.)

Probierstein

18. Jh.
Schiefer; 2,5 × 7 × 5 cm
Heimatmuseum und Naturalienkabinett, Waldenburg, Inv.-Nr. NAT 0265

Probiersteine aus Schiefer wurden vor allem von Goldschmieden verwendet, die durch den Abrieb und den Einsatz von Säure Edelmetalle und Legierungen nachweisen konnten. Die Strichfarbe auf dem Stein, die nicht mit der Farbgebung des Metalls übereinstimmen musste, diente dabei der Bestimmung des Minerals. Für Kupfer und Messing konnten Probiernadeln eingesetzt werden, die an den vorderen Enden mit in ihrem Gehalt aufsteigenden Silberlegierungen versehen waren. Die Strichfarbe auf dem Probierstein wurde dann mit der eines zu bewertenden Gegenstandes – beispielsweise einer Münze – verglichen und gab Auskunft über den Wert des Materials. Methoden wie diese gingen auf die Forschungen des Montanwissenschaftlers Georgius Agricola (1494 – 1555) zurück.

Lit.: Ausst.-Kat. Leipzig 2009, S. 387.

4 | 109

Der Stadt Leipzig Wechsel= Ordnung

Johann Christian Koenigk
(Oschatz 1660 – 1736 Leipzig)
Leipzig: Johann Herbord Kloß, 1712
Buchdruck, 302 S.; 21,5 × 16,5 cm
Sächsische Landesbibliothek – Staats- und Universitätsbibliothek Dresden, Sign. 40.8.2269.a / Universität Leipzig, Bibliotheca Albertina, Sign. Dt.Priv.R.271

Der Leipziger Jurist Johann Christian Koenigk fasste 1712 alle wichtigen Bestimmungen der sächsischen Kurfürsten zum Handel sowie zum dazugehörigen Zahlungsverkehr zusammen und kommentierte sie. Sein Buch enthielt aber weit mehr als die Wechselordnung der Stadt Leipzig, waren darin doch auch die Wechselordnungen bedeutender Handelsstädte wie Frankfurt am Main, Breslau, Lübeck, Danzig, Nürnberg, Köln und Amsterdam sowie eine französische Wechselordnung abgedruckt. Koenigk betonte im Vorwort, dass er seine Schrift bewusst in deutscher Sprache verfasst habe, da seine Adressaten, die Mitglieder der »löbl. Kauffmannschaft«, meist »wenig Latein verstehen«. Die mit den Wechseln verbundenen, bankähnlichen Geschäfte sind in Leipzig schon im 16. Jahrhundert nachweisbar – Kaufleute gaben auf die Wechsel ihnen bekannter Personen Geld heraus bzw. verliehen Geld gegen Zinsen. Auf diese Weise wurde der Handel in großen Mengen und über weite Distanzen möglich. Dabei entwickelte sich Leipzig allerdings zu keinem zentralen Finanzplatz in Europa: Erst 1679 erhielt die Stadt ein Börsengebäude, 1682 wurde eine eigene Wechselordnung erlassen, der zahlreiche weitere Verordnungen folgten. S.St.

Lit.: Jöcher 1750, Sp. 2138 f.; Ausst.-Kat. Leipzig 1998, S. 198.

Der
Stadt Leipzig
Wechsel=Ordnung/
Mit
nöthigen und nützlichen
Anmerckungen
versehen/
Worbey auch
Ein Anhang
zu befinden/
Welcher nicht nur das so genannte Leipzigische Marckt=Rescript, so von denen allerwenigsten vollständig gesehen worden/ samt dessen extension und declaration, ingleichen viele andere Königl. Poln. und Churfürstl. Sächs. hieher gehörende allergnädigste Mandata und Verordnungen/ sondern auch unterschiedene Wechsel=Ordnungen von andern Plätzen/ deren Verzeichnus zuletzt befindlich/ accurat darstellet.
Alles E. löbl. Kauffmannschafft zum Besten
heraus gegeben
von
D. Johann Christian Königken.
LEIPZIG/
Verlegts Johann Herbord Kloß/ Buchhändler.
Im Jahr 1711.

4 | 109

Philipp Erasmus Reich

Laubach 1. Dezember 1717 – 3. Dezember 1787 Leipzig
Buchhändler

Der Buchhändler und Verleger Philipp Erasmus Reich wurde 1717 in einen gehobenen bürgerlichen Haushalt in Hessen geboren – sein Vater war der Leibarzt des Grafen von Solms-Laubach, die Mutter stammte aus einer Gießener Professorenfamilie. Ab 1732 war Reich bei dem Buchhändler und Drucker Johann Benjamin Andrea in Frankfurt am Main in der Lehre. 1744 ging er nach Leipzig zur Weidmannschen Buchhandlung und stieg kurz darauf auch als Teilhaber in das Geschäft ein. Seit 1762 firmierte es unter »Weidmanns Erben und Reich«. Er organisierte seinen Handel europaweit, in Warschau, Paris und London arbeiteten Agenten für ihn. Reich erwarb dabei gezielt die Druckrechte an profitablen Titeln und organisierte die Neuauflage absatzsicherer Literatur. Überdies verlegte er bedeutende Autoren der Aufklärung, etwa Christoph Martin Wieland, Christian Fürchtegott Gellert, Johann Georg Sulzer, Gotthold Ephraim Lessing und Jean-Jacques Rousseau.

Reich legte besonderen Wert auf die Ausstattung seiner Bücher, der Maler und Radierer Adam Friedrich Oeser und der Kupferstecher Martin Bernigeroth gestalteten Titel und Illustrationen. Überdies ist der Name Philipp Erasmus Reich eng mit der Professionalisierung des deutschen Buchmarktes verbunden: Er setzte sich für die Abschaffung des Tauschhandels bei Büchern ein, diese sollten ihrem Marktwert nach bar bezahlt werden. Zudem machte sich Reich für die Sicherung von Urheberrechten stark, womit der in dieser Zeit übliche Nachdruck unterbunden werden sollte. Die Verlegung der Buchmesse von Frankfurt am Main nach Leipzig im Jahr 1764 beruhte wesentlich auf seiner Initiative. S.St.

Lit.: Hennig 1988; Lehmstedt 1989; Kurtze 1996.

4 | 110

Philipp Erasmus Reich

Anton Graff
(Winterthur 1736 – 1813 Dresden)
1771/72
Öl auf Leinwand; 62,5 × 51 cm
Kunstbesitz der Universität Leipzig,
Inv.-Nr. 0046/90

Philipp Erasmus Reich wurde zu einem der bedeutendsten Verleger- und Buchhändler seiner Zeit. Nach einer Buchhandelslehre in Frankfurt am Main und kurzer Tätigkeit in Stockholm zog er 1744/45 nach Leipzig, wo er in die Weidmannsche Buchhandlung eintrat. Dort stieg er zum »Administrator«, schließlich zum »Compagnon« auf und schuf dabei einen der führenden Verlage der deutschen und europäischen Aufklärung. Zu seinen Autoren zählten Christian Fürchtegott Gellert, Johann Caspar Lavater sowie Samuel Richardson. Der enge Kontakt zu Autoren, Künstlern und Gelehrten fand Ausdruck in seiner 1769 bis 1779 geschaffenen »Freundschaftsgalerie«, die etwa 40 mehrheitlich von Anton Graff gemalte Bildnisse enthielt. Graff porträtierte auch Reich selbst und stellte ihn mit festem, selbstbewusstem Blick dar. Die meisten dieser Porträts wurden aus Anlass des 400-jährigen Jubiläums von der Leipziger Universität 1809 aus dem Besitz seiner Witwe Friederike Luise Reich (1744 – nach 1809) als Geschenk erworben. R.H.v.G.

Lit.: Jenda-Bux 1954/55, S. 175, Kat.-Nr. 205; Berckenhagen 1967, S. 304 f., Nr. 1137; Lehmstedt 1986; Ausst.-Kat. Leipzig 1989; Ausst.-Kat. Leipzig 2009, S. 268, Kat.-Nr. 384.

4 | 111

Bildnis des Markthelfers Johann Samuel Nagel

Anton Graff
(Winterthur 1736 – 1813 Dresden)
1774
Öl auf Leinwand; 62,5 × 51,5 cm
1876 als Geschenk der Universitätsbibliothek Leipzig
Museum der bildenden Künste Leipzig,
Inv.-Nr. 489

Das Bildnis zeigt Samuel Nagel (1723 – 1775), der als Markthelfer für den Buchhändler Philipp Erasmus Reich in Leipzig tätig war. Er blickt den Betrachter direkt an; mit einem einfachen graugrünen Rock und schwarzer Weste bekleidet, zeigt er sonst keinerlei Hinweise auf seine Profession oder Attribute eines gesellschaftlich höheren Ranges. Die-

4 | 110

ses Brustbild entstand 1774 im Auftrag von Reich. Es war für seine Bildergalerie bestimmt, da es die gleichen Maße aufweist wie die anderen, insgesamt ehemals 40 Porträts. Diese stellen namhafte Persönlichkeiten aus dem Umkreis von Reich aus Buchhandel, Kunst und Kultur vornehmlich aus Leipzig dar. Allein 26 Porträts schuf der aus der Schweiz stammende Maler Anton Graff, der seit 1766 an der Kunstakademie Dresden unterrichtete und seit 1769 Reich freundschaftlich verbunden war.
Unter den vorwiegend bekannten Personen aus dieser Reihe nimmt das Porträt von Nagel einen besonderen Platz ein. Philipp Erasmus Reich setzte wohl aus Dankbarkeit seinem Markthelfer ein Denkmal. Zugleich ist das Gemälde auch ein Zeugnis der Aufklärung: Graff porträtierte einen bescheiden wirkenden, einfachen Mann, der fleißig und strebsam jene Tätigkeiten erfüllte, die sowohl zum Erfolg des Buchhändlers Reich wie auch des Buchhandels in Leipzig maßgeblich beitrugen. R.E.

Lit.: Rötzsch/Pleßke 1965, S. 22 f.; Berckenhagen 1967, S. 281, Nr. 1031.

4 | 111

4 | 112

Akzisrat Moritz Georg Weidemann d. J.

Wohl Carl August Lücke d. Ä.
Dresden, um 1728
Figur: Holz, farbig gefasst; Elfenbein, teilweise farbig gefasst; Silber, Rubinknöpfe;
Sockel: Holz, Schildpatt, Messing
Höhe mit Sockel: 38,5 cm
Staatliche Kunstsammlungen Dresden, Grünes Gewölbe, Inv.-Nr. VII 3

Im Inventar zum Pretiosen-Kabinett Nachtrag des Grünen Gewölbes (1725–1733) ist die Statuette beschrieben als »Ein Bild von Holz, deßen Kopf und Hände von Elffenbein, den Hr. Accis Rath Weidemann vorstellend, [...]«. Der Dargestellte hielt einst, um an seinem Berufsstand keinen Zweifel zu lassen, in seiner rechten Hand, wie das Inventar ebenfalls erwähnt, »einen Zeddel worauf geschrieben: Cathalogus Neuer Bücher von der Franckf: und Leipziger Oster Messe Ao: 1728.«
Moritz Georg Weidemann d. J. (1686–1743) war Akzisrat, Hofbuchhändler, Verleger und Geheimsekretär in Leipzig. Ab 1717 führte er die von seinem Vater 1680 in Frankfurt am Main gegründete und 1682 nach Leipzig verlegte »Weidmannsche Buchhandlung«. Weidemann verfügte über weitreichende Geschäftsbeziehungen und tätigte u. a. auf der

4 | 112

Leipziger Messe zahlreiche Erwerbungen für das Dresdner Kupferstich-Kabinett. Fortgeführt wurde die Buchhandlung von Philipp Erasmus Reich, der 1744/45 und damit nach dem Tod Weidemanns in das Geschäft eintrat. Er führte die Tradition Weidemanns fort, das Geschäft firmierte ab 1762 unter dem Namen »Weidmanns Erben und Reich«. J.K.

Lit.: Schnitzer 2000, S. 17, Abb. 6; Kappel/Weinhold 2007, S. 230; Melzer 2010, S. 451–456.

4 | 113

Denkmal für Christian Fürchtegott Gellert

Entwurf: Adam Friedrich Oeser
(Pressburg 1717 – 1799 Leipzig);
Modell: Michel Victor Acier
(Versailles 1736 – 1799 Dresden)
Meißen, um 1777
Biskuitporzellan, weiß glasiert, teils vergoldet; Höhe: 29,7 cm
markiert: Schwertermarke mit Stern und »II« in Unterglasurblau
GRASSI Museum für Angewandte Kunst Leipzig, Inv.-Nr. 1906.235

Bei dieser in Biskuitporzellan ausgeformten Skulptur handelt es sich um die verkleinerte Reproduktion des 1774 von Adam Friedrich Oeser entworfenen Denkmals für Christian Fürchtegott Gellert (1715–1769). Gellert war als hoch geschätzter Schriftsteller der Aufklärung und Professor für Moral an der Leipziger Universität im Jahr 1769 verstorben. Unter Mitwirkung von Philipp Erasmus Reich, der Gellerts Schriften in seinem Verlag edierte, wurde 1774 ihm zu Ehren die fast vier Meter hohe Marmorplastik in einem Leipziger Garten aufgestellt, bei der es sich um das erste freistehende Dichterdenkmal überhaupt handelt. Literarische Beschreibungen und grafische Darstellungen förderten den Bekanntheitsgrad des Schriftstellers Gellert, aber auch der Stadt Leipzig.

4 | 113

Der an der Porzellan-Manufaktur Meißen tätige Modellmeister Michel Victor Acier begann 1777 mit der Ausformung in Porzellan. Bereits 1775 hatte Johann Joachim Kaendler den Entwurf für ein erstes Monument in Porzellan geliefert. Acier hielt sich jedoch an die aufgestellte Plastik. Mit dem gegenüber der Plastik leicht verkürzten Säulenstumpf, der Urne und den Putti gibt er die Leitmotive des frühen Klassizismus wider. Die Vorderseite schmückt ein Lorbeerumkränztes Profilbildnis von Gellert, die Rückseite die Gedenkinschrift »MEMORIAE C.F. GELLLERT Sacrum«. Acier schuf 1778 noch eine weitere, insgesamt die dritte Version eines Gellertdenkmals in Porzellan. Sie alle wurden über die Leipziger Messe bis in das 20. Jahrhundert verkauft. R.E.

Lit.: Graul 1909; Ausst.-Kat. Leipzig 1997, S. 270, 276; Meisterwerke 1999, Nr. 16; Gielke 2003, S. 237, Nr. 484.

4 | 114

Vertrag zwischen Philipp Erasmus Reich und Johann Martin Bernigeroth

über die Illustration des Buches »Carl Grandisons Geschichte« von Samuel Richardson
Leipzig, 11. März 1758
Papier, Doppelbl. (4 S.), mit eigenhändigen Unterschriften; 33,7 × 20,6 cm
Deutsches Buch- und Schriftmuseum der Deutschen Nationalbibliothek, Leipzig, Inv.-Nr. Bö-Archiv/3/56

Der Briefroman »Geschichte Herrn Carl Grandison« vom englischen Schriftsteller, Verleger und Drucker Samuel Richardson (1688–1761) erschien in deutscher Erstübersetzung 1754/55 in der Weidmannschen Buchhandlung in Leipzig, deren Geschäfte der Verleger Philipp Erasmus Reich (1717–1787) seit 1745 überaus erfolgreich leitete. Nachdem die ungewöhnlich hohe Erstauflage des Werkes von 2500 Exemplaren vergriffen war, beauftragte Reich den Leipziger Kupferstecher Johann Martin Bernigeroth (1713–1767) mit der Illustrierung der siebenbändigen Neuauflage. Gewöhnlich wurden derartige geschäftliche Absprachen zwischen Verlegern und ihren Illustratoren mündlich und per Brief verhandelt. Umso interessanter ist der vorliegende Vertrag aus dem Jahre 1758, in dem Reich genaue Anweisungen zur Herstellung der gewünschten 21 Kupferstiche einschließlich der vereinbarten Zahlung in Raten von insgesamt 230 Thalern gibt. Philipp Erasmus Reich legte viel Wert auf eine qualitätvolle Buchausstattung, wofür er namhafte Zeichner und Stecher aus dem Umkreis der 1764 gegründeten Malerakademie in Leipzig verpflichtete. Als Berater und Freund stand ihm der Gründungsdirektor der Akademie Adam Friedrich Oeser (1717–1799) zur Seite.
Doch nicht nur als Verleger der deutschen Aufklärung erwarb sich Reich große Verdienste. Auch als Reformer im deutschen Buchhandel bekämpfte er den geschäftsschädigenden Nachdruck. Dafür sowie für die Neuorganisation des Geschäftsverkehrs gründete er zusammen mit 56 Verlegern im Jahre 1765 eigens eine Buchhandlungsgesellschaft. C.St.

Lit.: Ausst.-Kat. Leipzig 1989; Lehmstedt 1989.

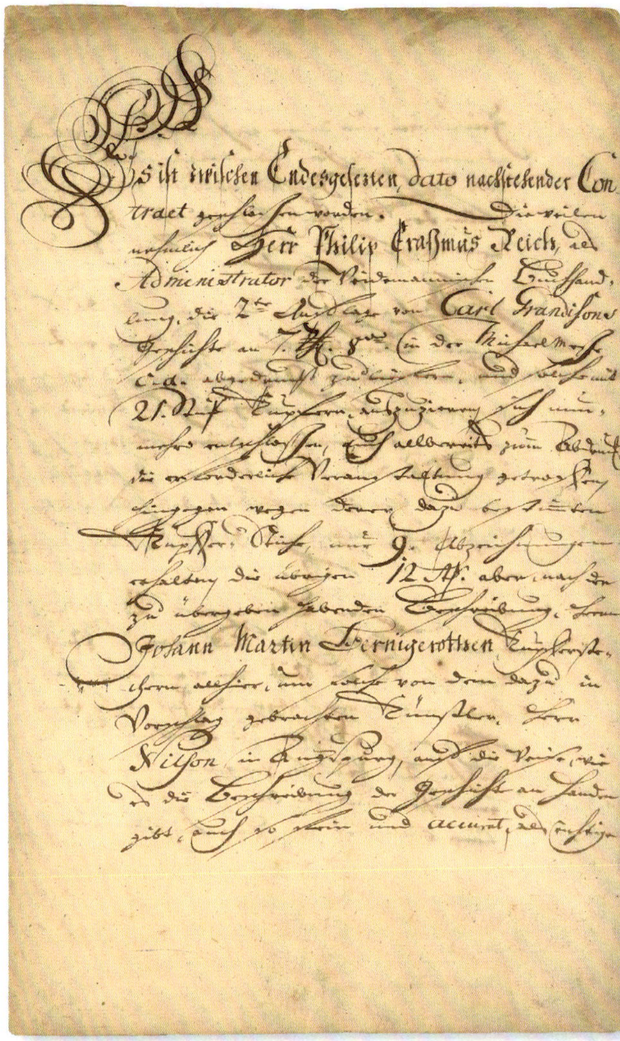

4 | 114

Geschichte
Herrn
Carl Grandison.
In Briefen entworfen
von dem Verfasser der Pamela und der Clarissa.
Zweyte verbesserte und mit Kupfern versehene Auflage.
Aus dem Englischen übersetzt.

Mit allergnädigsten Freyheiten.
Leipzig, Oeser.
In der Weidmannischen Handlung.
1759.

4 | 115

4 | 115

Geschichte Herrn Carl Grandison

in Briefen entworfen von dem Verfasser der Pamela und der Clarissa Samuel Richardson (Mackworth 1689 – 1761 Parson's Green)
Leipzig: Moritz Georg Weidmann Erben, 1759
Buchdruck, Kupferstiche, Bd. 1: 475 S., Bd. 2: 504 S.; etwa 20 × 16 cm
Universität- und Forschungsbibliothek Erfurt/Gotha, Forschungsbibliothek Gotha, Sign. P 8° 12130 (01)

Samuel Richardson, eigentlich Drucker und Verleger in London, widmete sich erst spät dem Schreiben. 1740 erschien »Pamela, or Virtue Rewarded« (Pamela oder die belohnte Tugend), 1747/48 folgte der Roman »Clarissa, or The History of a Young Lady« (Clarissa oder die Geschichte eines vornehmen Frauenzimmers). Beide Romane waren in Briefform verfasst; in ihnen standen Frauen im Mittelpunkt, die ihre Tugend zum höchsten Maßstab ihres Handelns machten. Diese Bücher waren so erfolgreich, dass das nächste Werk von Richardson, »The History of Sir Charles Grandison« (Geschichte des Herrn Carl Grandison) fast unmittelbar nach seinem Erscheinen in England 1753/54 ins Deutsche übersetzt und 1754/55 in Leipzig veröffentlicht wurde. Im Zentrum dieses Romans stand diesmal ein idealistischer, christlich gesinnter Gentleman. Der Weidmannsche Verlag, wo seit 1745 Philipp Erasmus Reich tätig war, folgte der englischen Ausgabe und übertrug den langen Text ebenfalls in sieben Bände.
Auch die deutschsprachige Ausgabe war schnell vergriffen, sodass nur kurze Zeit später eine zweite Auflage vorbereitet wurde. Hierfür verpflichtete Reich die Illustratoren Johann Martin Bernigeroth, der u. a. das Titelkupfer schuf, sowie Gottlieb Leberecht Crusius, Ch. Eisen und Gottfried Eichler für die insgesamt 21 Kupferstiche. R.E.

4 | 116

Catalogus novis omnimum librorum

Henning Grosse
(Halberstadt 1553 – 1621 Eisleben)
1. Leipzig:
Michael Lanzenberger, 1595
Buchdruck, 35 Bl.; 19,3 × 15,4 cm
Staatsbibliothek zu Berlin – Preußischer Kulturbesitz Berlin, Sign. Mess. Kat. 622
2. Eisleben:
[Drucker: Bartholomäus Hörnigk] 1595
Buchdruck, 38 Bl.; 19,3 × 15,4 cm
Staatsbibliothek zu Berlin – Preußischer Kulturbesitz, Sign. Mess. Kat. 623

Der Leipziger Bürger und Buchhändler Henning Grosse gab ab dem Jahr 1594 zweimal jährlich seine Messekataloge heraus. Ein Band erschien zur Frankfurter Fastenmesse sowie zur Leipziger Neujahrs- und Ostermesse, der andere zur Frankfurter Herbstmesse sowie zum Leipziger Michaelismarkt: Grosse war also in beiden Städten auf den jeweiligen Messen vertreten. Über diese Kataloge, die zu den ältesten ihrer Art gehören, vermittelte er sein breites Angebot, zu dem Neuerscheinungen, aber auch von ihm lieferbare, d. h. vorrätig gehaltene Bücher zählten. Angegeben werden Titel, Autor und die Größe, in der Randglosse wird zudem noch der Erscheinungsort genannt. Es beginnt mit den lateinisch verfassten Büchern zum Protestantismus, gefolgt von denen zum katholischen Glauben. Daran schließen sich Publikationen zu verschiedenen wissenschaftlichen Disziplinen an. Am Ende werden deutschsprachige Titel aufgezählt.
Die Erscheinungsorte der lateinischsprachigen Literatur liegen im westlichen in Europa, von England bis Italien, von Frankreich bis Böhmen. Ein Buchhändler dieser Zeit wie Grosse musste über ein weit gespanntes Netzwerk verfügen, um immer an die neuesten Drucke zu gelangen. In den Katalogen finden sich jeweils mehrere Hundert Titel, die zugleich ein Bild der Hauptdruckorte des späten 16. Jahrhunderts spiegeln. Im Jahre 1595 verkaufte Grosse nur einen Titel aus Görlitz. Diese Messkataloge erschienen bis in das 18. Jahrhundert hinein. Ab 1733 wurden sie von der Weidmannschen Buchhandlung verlegt. R.E.

Lit.: ADB, Bd. 9 (1879), S. 748 f.; Kapp 1886, S. 158 – 160.

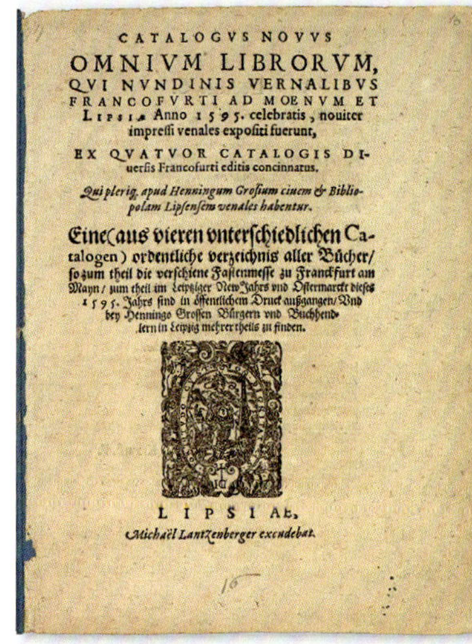
CATALOGVS NOVVS
OMNIVM LIBRORVM,
QVI NVNDINIS VERNALIBVS
FRANCOFVRTI AD MOENVM ET
LIPSIAE Anno 1595. celebratis, nouiter
impressi venales expositi fuerunt,
EX QVATVOR CATALOGIS DIuersis Francofurti editis concinnatus.
Qui plerique apud Henningum Grosium ciuem & Bibliopolam Lipsensem venales habentur.
Eine (aus vieren vnterschiedlichen Catalogen) ordentliche verzeichnis aller Bücher/ so zum theil die verschiene Fastenmesse zu Franckfurt am Mayn/ zum theil im Leipziger NewJahrs vnd Ostermarckt dieses 1595. Jahrs sind in öffentlichem Druck außgangen/ Vnd bey Henningo Grossen Bürgern vnd Buchhendlern in Leipzig mehrertheils zu finden.
LIPSIAE,
Michaël Lantzenberger excudebat.

4 | 116

4 | 117

Riesaufdruck

Papiermacher: Michael Kirchgeorg, für November 1664 bis Juli 1665 nachgewiesen, Pächter
Hartmannsdorf b. Kirchberg, Sachsen, 1665
Holzschnitt in Schwarzdruck
23,7 × 15,2 cm; Blatt: 32,7 × 40 cm
Deutsches Buch- und Schriftmuseum der Deutschen Nationalbibliothek, Leipzig, Inv.-Nr. DBSM 1981/Dok 24

Der Aufdruck zeigt das große kurfürstlich-sächsische Staatswappen. Der zuvor bereits vom Vorgänger Friedrich Beyer verwendete Druckstock wurde von seinem Pächter Kirchgeorg nach Austausch des Namens weiterverwendet. A.W.B. steht für Amt Wiesenburg. W.S.

Lit.: Schlieder 1988, S. 54, 56.

4 | 117

4 | 120

4 | 118

Riesaufdruck

Papiermacher:
vermutlich Adam Brüderlein (1647–1663)
Zwönitz, Sachsen, 1666
Holzschnitt in Schwarzdruck
Durchmesser: je 6,7 cm;
Blatt: 32 × 17,2 cm (Bruchstück)
Deutsches Buch- und Schriftmuseum der Deutschen Nationalbibliothek, Leipzig, Inv.-Nr. DBSM 1981/Dok 25

Die Abbildung des Riesaufdrucks mit der Jahreszahl [15]88 und dem Stadtwappen von Zwönitz (gekreuzte Bergbauhämmer im Schild, darüber Sittich) entspricht dem von Ambrosius Brüderlein (Besitzer 1583–1594) geführten Wasserzeichen. Jedoch ist das im Bogen des Riesaufdrucks enthaltene Wasserzeichen nur für die Wirkungszeit von Adam Brüderlein belegt. So ist zu vermuten, dass der Druckstock von Ambrosius Brüderlein noch bis zur zweiten Hälfte des 17. Jahrhunderts erhalten blieb und verwendet wurde. Darauf weist auch der auf den Bögen angebrachte Vermerk der Zwickauer Stadtverwaltung über die buchweise Verteilung des Rieses Zwönitzer Papier hin. W.S.

Lit.: Schlieder 1988, S. 64.

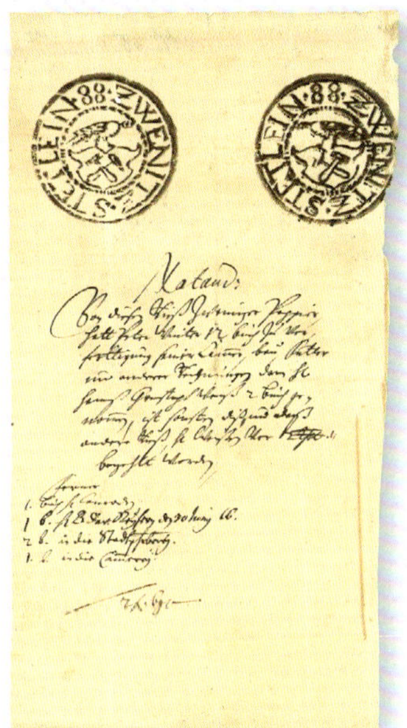

4 | 118

4 | 119

4 | 119

Riesaufdruck

Papiermacher: Johann Christoph Scherer, für 1662–1671 nachgewiesen
Papiermühle am Silberhof, Zwickau, Sachsen, 1666
Holzschnitt in Schwarzdruck
25,3 × 14,7 cm (unvollständig);
Blatt: 32,5 × 21,1 cm (Bruchstück)
Deutsches Buch- und Schriftmuseum der Deutschen Nationalbibliothek, Leipzig, Inv.-Nr. DBSM 1981/Dok 40

Der Aufdruck zeigt das Stadtwappen von Zwickau mit dem hl. Mauritius in der Helmzier. Er wurde als Zahlungsbeleg aufbewahrt und, wie dessen Datierung erkennen lässt, 1666 verwendet. Der Druckstock stammt von 1662. Von diesem Riesaufdruck sind weitere zwei Exemplare vorhanden, die von Papierlieferungen aus den Jahren 1667 und 1668 stammen. W.S.

Lit.: Schlieder 1988, S. 22.

4 | 120

Riesaufdruck

Papiermacher: Johann Tischendorf (1676–1721), Besitzer
Greiz, Thüringen, um 1711–1721
Holzschnitt in Schwarzdruck
22,1 × 16 cm; Blatt: 31,5 × 40,7 cm
Deutsches Buch- und Schriftmuseum der Deutschen Nationalbibliothek, Leipzig, Inv.-Nr. DBSM 1971/Bl. 307

»Herren-Papier« war die beste Sorte des Schreib- und Briefpapiers. Diese Verwendung wird durch die Abbildung des Postreiters verdeutlicht. Wie die Jahreszahl am oberen Schriftband zeigt, wurde der Druckstock 1693 angefertigt. Aufgrund des Wasserzeichens im Bogen ist der Aufdruck auf den Zeitraum 1711 bis 1721 zu datieren. W.S.

Lit.: Weiß 1966; Schlieder 1988, S. 84.

Seit dem 13. Jahrhundert wurde das in China erfundene und über den islamischen Kulturkreis in den Westen gelangte Papier in Italien nach neuen Methoden und in großen Mengen erzeugt. Es etablierten sich spezielle Verpackungsformen für den Papiervertrieb und -handel. 25 Bogen wurden zu einem Buch zusammengelegt, 20 Buch oder 500 Bogen bildeten ein sogenanntes Ries (das Wort leitete sich von der arabischen Bezeichnung rizma ab). Beim Schreibpapier bildeten 20 Buch à 24 Bogen ein Ries von 480 Bogen. Seit dem letzten Viertel des 13. Jahrhunderts waren die einzelnen Papierbogen mit Wasserzeichen versehen. Erst seit der Zeit um 1500 lässt sich der Brauch nachweisen, dass oben auf das Ries ein aufgeschlagener Bogen gelegt wurde, der mit einem Aufdruck versehen war und nähere Angaben zu dem verpackten Papier machte. Meistens wurden diese Riesaufdrucke als Holzschnitte, später auch als Kupferstiche, Radierungen oder Lithografien ausgeführt.
Die Riesaufdrucke nennen häufig den Papiermacher, die Papiermühle oder den Herstellungsort und die Papiersorte. Bildhafte Elemente beziehen sich oft auf das Wasserzeichen des Papiers oder stellen heraldische Bezüge her. Es handelt sich also um eine Warenkennzeichnung, die gleichzeitig werbenden Charakter hat. Die Überlieferung historischer Beispiele blieb weitgehend dem Zufall überlassen. In Registraturen und Archiven taugten solche Riesaufdruckbogen manchmal zur Umhüllung von Schriftgut, oder sie wurden bei den Rechnungen als Lieferbeleg aufbewahrt. Spätere Generationen wussten mit diesen Druckgrafiken oft nichts anzufangen, da der Kontext verlorengegangen war. Heute werden sie von Papierhistorikern als wichtige Zeugnisse der alten Handpapiermacherei geschätzt. F.S.

Lit.: Schulte 1955; Piccard 1968; Schlieder 1988.

Maximilian Speck von Sternburg

Gröba 30. Juli 1776 – 22. Dezember 1856 Leipzig
Kaufmann

Der Kaufmann Maximilian Speck wurde in überaus einfache Verhältnisse geboren: Seine Eltern unterhielten in Gröba bei Riesa einen Gasthof, er selbst verbrachte seine Kindheit als Hirtenjunge. 1791 wurde er zur Ausbildung zu einem Leipziger Händler geschickt. Hier eignete er sich autodidaktisch die französische, italienische und englische Sprache an, was maßgeblich zu seinem rasanten Aufstieg beitrug. Für die Leipziger »Wollhandlung Beyer & Co.« bereiste er ab 1796 die europäischen Märkte und gründete in England, Holland, Belgien und Österreich Filialen für sie. 1818 machte er sich selbstständig und spezialisierte sich auf den Handel mit Wolle und hochwertigen Textilien, etwa aus den Niederlanden.

Diese Aktivitäten führten ihn immer wieder auf die Märkte des Westens und Ostens, aus Polen und Russland bezog er Felle, Talg und Schweineborsten. Dem beruflichen Aufstieg des jungen Kaufmanns folgte der gesellschaftliche, als er 1811 mit Charlotte Elisabeth Hänel von Cronenthal die Tochter eines Leipziger Senators und Seidenwarenhändlers heiratete. 1822 nahm Speck auf seinem Gut Lützschena nahe Leipzig die Zucht der feinwolligen Merinoschafe auf, die sich zu seinem Geschäftsschwerpunkt entwickeln sollte. Der russische Zar und der bayerische König baten Speck um Hilfe beim Aufbau entsprechender Zuchten in ihren Ländern, zum Dank dafür wurde er 1829 in den Adelsstand erhoben. Seinen Bildungshunger und das Interesse für Kunst erhielt sich Speck bis zu seinem Lebensende: 1852 erschien ein Band mit seinen Gedichten, und er erstellte umfangreiche Kataloge seiner bedeutenden Kunst- und Gemäldesammlung. S.Si.

Lit.: Ausst.-Kat. Leipzig 1997; Ausst.-Kat. Leipzig 1998; Hommel 2006.

4 | 121

4 | 122

4 | 121

Bildnis Maximilian Speck von Sternburg

Friedrich von Amerling
(Mariahilf b. Wien 1803 – 1887 Wien)
1832
Öl auf Leinwand; 63,3 × 51,5 cm
bez. u. r.: »FrAmerling 1832«
Museum der bildenden Künste Leipzig, Dauerleihgabe aus dem Familienbesitz Speck von Sternburg, München, Inv.-Nr. D 13 (03-142)

4 | 122

Bildnis Charlotte Speck von Sternburg

Friedrich von Amerling
(Mariahilf b. Wien 1803 – 1887 Wien)
1834
Öl auf Leinwand; 72,5 × 60,5 cm
Museum der bildenden Künste Leipzig, Dauerleihgabe aus dem Familienbesitz Speck von Sternburg, München, Inv.-Nr. D 14 (03-138)

Die beiden Porträts von Maximilian Speck von Sternburg und seiner Ehefrau Charlotte Elisabeth, geb. Hänel von Cronenthal, führte der österreichische Porträtmaler Friedrich von Amerling im Auftrag des Leipziger Kaufmanns in den Jahren 1832 und 1834 in Wien aus. Die beiden Brustbilder weisen unterschiedliche Formate auf. Die seit 1811 miteinander verheirateten Eheleute sind jeweils im Dreiviertelprofil dargestellt; allerdings nehmen sie – hängt man die Bilder nebeneinander – nur eingeschränkt Bezug aufeinander, da sich ihre Blicke kaum treffen. Die Kleidung – Maximilian Speck trägt einen schwarzen Rock mit weißem Halstuch, darüber einen blauen Mantel mit rotem Kragen, Charlotte ein schwarzes Kleid mit weißer Halskrause, darüber einen rotseidenen Umhang mit Hermelinbesatz – weist sie als wohlhabende Personen aus.

Der Maler Amerling stieg nach dem Besuch der Wiener Akademie der Künste sowie Aufenthalten in den Kunstzentren Prag, London und Paris ab den späten 1820er Jahren zu einem begehrten Bildnismaler auf. 1832 erhielt er den Auftrag, Kaiser Franz I. von Österreich zu porträtieren. Für Speck von Sternburg, der sich bereits mehrfach hatte abbilden lassen, mag diese Auszeichnung wiederum ein Grund gewesen sein, die beiden Ölgemälde nun bei Amerling zu bestellen. Beide Werke wurden auch in Kupfer gestochen und fanden Eingang in das Specksche Gemäldeverzeichnis von 1837. Durch die Inschrift »Dein Bild kann keine Zeit zerstören, die Liebe grub's in meinem Herzen ein« wurde der Kupferstich des Gemäldes von Charlotte zu einem Gedächtnisbild, sie war ein Jahr zuvor, am 9. März 1836, verstorben. R.E.

Lit.: Probszt 1927, S. 117, Nr. 252, S. 119, Nr. 249; Ausst.-Kat. Leipzig 1998, Frontispiz, S. 37, 458, Nr. IV/4 und 5; Ausst.-Kat. Wien 2003.

4 | 123 (ohne Abb.)

Beschreibung meiner Reise

durch Boehmen, Mähren, Oestreich, das Herzogthum Teschen, Lodomirien, Pohlen, Kleinasien, Vollhynien, einen Theil von Russland und des Koenigreichs Preussen
Maximilian Speck von Sternburg
Leipzig 1802, überarbeitet 1837
Handschrift auf Papier; 20 × 17 cm
Familienbesitz, Wolf-Dietrich Speck von Sternburg, Leipzig/München

Eine der interessantesten Hinterlassenschaften des Kaufmanns Speck von Sternburg stellen dessen Reisetagebücher dar, in denen er zwischen 1801 und 1825 Reisestationen und -zwecke, aber auch persönliche Eindrücke und geschäftliche Notizen festhielt. Diese Tagebücher dienten ihm vermutlich anfangs nur zu dokumentarischen Zwecken oder als Gedächtnisstütze. Vergleichbare Aufzeichnungen entwickelten sich in der Zeit der Romantik als Reisebeschreibungen zu einer eigenen literarischen Gattung: Auch Speck veröffentlichte die 1825 entstandenen Notizen einer Russlandreise in einer Zeitschrift. Specks Reise im Jahr 1802, mit der er sich über die östlichen Märkte informieren und Kontakte knüpfen wollte, führte ihn von Wien über Prag zuerst nach Krakau. Bereits auf dem Weg hatte er zahlreiche Beobachtungen über den Handel niedergeschrieben – »wo man in das Gallizische kommt, werden beträchtliche Geschäfte in Tuch gemacht«. Allerdings mussten in dieser Region Österreich-Ungarns auch die ersten kulturellen Hürden überwunden werden, was Speck mit seiner nach Westen ausgerichteten Bildung und Ausbildung kaum gelang: »Nichts als böhmisch und polnisch spricht man hier, man kann mit keinem von diesen gemeinen Leuten sprechen.« Sein Weg führte ihn dann weiter in Richtung Osten, hinter Brody überquerte er die russische Grenze und reiste weiter nach Berdytschiw – einen der zentralen Märkte im russischen Südwesten, jährlich fanden dort mehrere Messen statt. Dort angekommen, nahm er zu den ansässigen deutschen Kaufleuten Kontakt auf und orientierte sich über den Handel. Seine Rückreise führte Speck die via regia entlang – über Krakau, Oppeln, Brieg, Breslau, Görlitz und Bautzen reiste er zurück nach Leipzig.
S.St.

Lit.: Hommel 2006.

4 | 124

4 | 124

Drei Zeichnungen von viersitzigen Landauer-Wagen

Maximilian Speck von Sternburg
um 1810–1830
Federzeichnungen, aquarelliert; 24 × 33 cm
beschr. in Bleistift von späterer Hand
Familienbesitz, Wolf-Dietrich Speck von Sternburg, Leipzig/München

Im Nachlass von Maximilian Speck von Sternburg finden sich drei aquarellierte Zeichnungen mit sogenannten Landauern. Hierbei handelt es sich um eine gefederte, viersitzige und vierrädrige Kutsche, meist mit einem in der Mitte geteilten, klappbaren Verdeck. Von Sternburg, der viel durch Europa reiste und hier die quälend harten Bänke einfacher Wagen kennenlernen musste, wird sicher den Komfort gut gefederter und geschlossener Wagen geschätzt haben. Die Zeichnungen variieren den Typus Landauer; alle drei Varianten basieren auf dem gleichen Fahrgestell, und zwar wortwörtlich. Die drei Blätter waren ursprünglich zusammengeklebt: Das Gestell ist nur auf dem untersten Blatt so ausgeführt, dass es die Achsen bei den exakt darüber gelegten, etwas kleineren Zeichnungen ergänzt. In das rot eingefärbte Fahrwerk aus Stahlbändern ist dann jeweils der Kutschkasten eingehängt. Auf dem untersten Blatt wird ein sportlicher Wagen vorgestellt, mit Kutschersitz, zwei sich gegenüberliegenden Bänken und halbem Verdeck. Das zweite, nur in Schwarz-Weiß gehaltene Blatt zeigt einen symmetrisch geschlossenen Wagen mit mittiger Eingangstür, das dritte eine leicht abgewandelte Form. Die Zeichnungen sind technisch sauber und legen den Gebrauch von Zeichenhilfen (Zirkel, Kurvenlineal) nahe. Sie erscheinen charakteristisch für die Praxisorientiertheit von Speck, technische Geräte aufgrund eigener Erfahrungen zu verbessern, egal auf welchem Gebiet. Zugleich waren die von Pferden gezogenen Kutschen ein beliebtes Statussymbol. R.E.

4 | 125

Zweites Verzeichniß der Gemälde-Sammlung sowie der vorzüglichsten Handzeichnungen, Kupferstiche, Kupferstichwerke und plastischen Gegenstände

Maximilian Speck von Sternburg
Leipzig: Tauchnitz, 1837
Buchdruck, Kupferstiche, Lithografien
37 × 28 cm
Familienbesitz, Wolf-Dietrich Speck von Sternburg, Leipzig/München

Nach einem ersten, 1827 veröffentlichten Verzeichnis seiner Gemäldesammlung publizierte Maximilian Speck von Sternburg bereits zehn Jahre später eine zweite, umfangreich überarbeitete Auflage seiner gesamten Sammlung. Dieses Verzeichnis umfasst neben 87 Gemälden nun auch die Zeichnungen, die plastischen Werke, die Kupferstiche sowie die Bücher, die »Notizen über Malerei und Plastik« und Illustrationen enthalten. Aufgeführt werden, neben Maßen und Technik, der Künstler mit Lebensdaten sowie Angaben zu Ausbildung oder Schule, gefolgt von einer kurzen Beschreibung des Bildes; teils ist auch angegeben, wo Speck es erworben hat. Das großformatige Buch ist mit zahlreichen Abbildungen ausgestattet, die von Sternburg von Gemälden aus seiner Sammlung anfertigen ließ. Einige Lithografien stammen von der Hand seiner Frau Charlotte. Das Frontispiz ziert ein Porträt des Sammlers, das nach dem Gemälde von Amerling (Kat.-Nr. 4 | 121) von Moritz Steinla in Kupfer gestochen wurde.

Speck von Sternburg hat etwa ab 1807 begonnen, Kunst zu erwerben; 1813 wird er erstmals als Sammler erwähnt. Er kaufte aus Nachlässen Leipziger Sammler ganze Konvolute, so etwa aus der berühmten Sammlung von Gottfried Winckler. Bereits 1820 ließ Speck 120 Gemälde versteigern, wohl um die Sammlung neu auszurichten. Die umfangreiche, museale Kollektion mit Schwerpunkten auf der altdeutschen, holländischen, italienischen und zeitgenössischen Malerei präsentierte er in »Specks Hof« in Leipzig, aber auch in Lützschena. Testamentarisch verfügte er die Unveräußerlichkeit der Sammlung. Im Zuge der Bodenreform in der DDR wurde sie nach Leipzig verbracht. Seit 1996 ist sie als »Maximilian Speck von Sternburg Stiftung« Teil des Museums der bildenden Künste Leipzig. R.E.

Lit.: Aust.-Kat. Leipzig 1998, S. 16–24.

4 | 126 (ohne Abb.)

Spaziergang nach Lützschena und dessen Umgebungen: ein Wegweiser für Freunde der Natur, Kunst und Landwirthschaft

[Maximilian Speck von Sternburg]
Leipzig: B. G. Teubner, 1830
Buchdruck, 51 S., 15 Lithografien; 22,5 × 19 cm
Familienbesitz, Wolf-Dietrich Speck von Sternburg, Leipzig/München

Das Buch beschreibt einen Spaziergang nach Lützschena im Nordwesten von Leipzig. Als Autor darf Maximilian Speck von Sternburg angenommen werden, der – obwohl nicht genannt – seit 1822 Besitzer dieses Rittergutes war. Stolz wird gleich auf den ersten Seiten auf die Gemäldesammlung verwiesen, die in der zweiten Etage des Schlosses untergebracht ist »und mit der größten Bereitwilligkeit den Kunstfreunden gezeigt wird. Der Hofgärtner hat den Schlüssel.« Auf dem weiteren Rundgang durch den Landschaftspark werden dem Spaziergänger sämtliche Bauten und Skulpturen erläutert. Darunter ist ein Ehrentempel, der verdienten Männern der Schafzucht gewidmet war, wie z. B. Albrecht Thaer, G. André, Perrault de Jotemps, Robert Bakewell. Zahlreiche Lithografien von F. Kretschmann und August Kneisel illustrieren den Band.

Große Aufmerksamkeit erhalten die Wirtschaftgebäude. Hier betrieb Speck von Sternburg seine erfolgreiche Vieh- und Schafzucht. Er besaß nicht nur Schafe aus England, sondern auch Rinder aus der Schweiz, Ziegen aus Tibet und aus Brasilien, die er aus der Herde des Kaisers von Österreich erhalten hatte. Am Ende des Buches wirft der Autor einen hoffnungsvollen Blick in die Zukunft und spricht sich für eine Revision der Landwirtschaftsgesetze seitens der sächsischen Landesregierung aus. Das Vorbild England vor Augen, beinhalte dies ein Ende der Frondienste, damit »alle Klassen, [...] besonders die Ackerbau betreiben, in eine bessere Lage versetzt« werden. R.E.

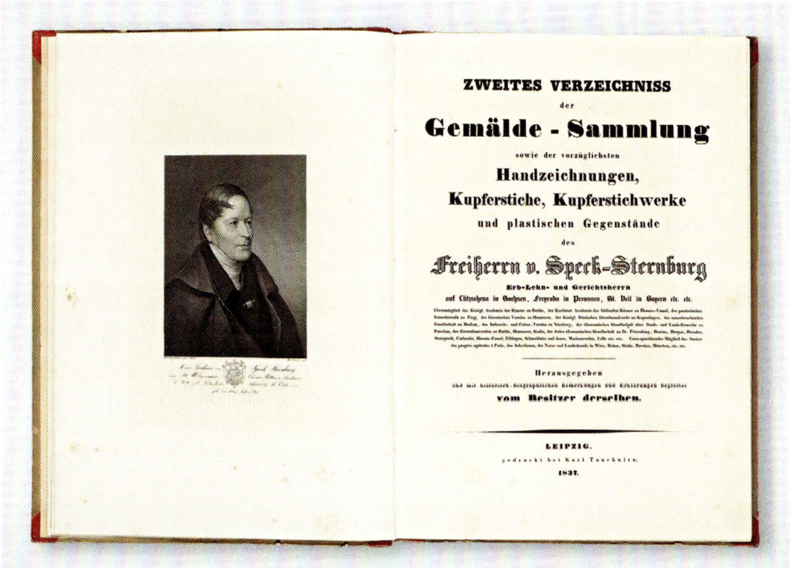

4 | 125

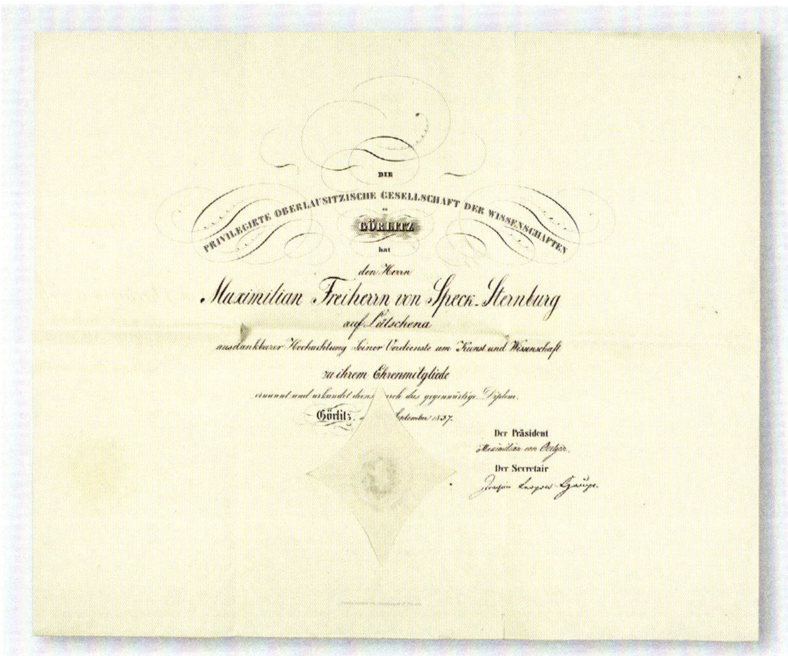

4 | 127

4 | 127

Ehrendiplom der Oberlausitzischen Gesellschaft der Wissenschaften für Maximilian Speck von Sternburg

Görlitz, 13. September 1837
Druck auf Papier, handschriftliche Einträge, Siegel; 15 × 40 cm
Familienbesitz, Wolf-Dietrich Speck von Sternburg, Leipzig/München

Im Jahre 1837 ernannte die Oberlausitzische Gesellschaft der Wissenschaften Maximilian Speck von Sternburg wegen seiner Verdienste um Kunst und Wissenschaft zu ihrem Ehrenmitglied. Unterzeichnet hat diese Auszeichnung der 1833 bis 1842 amtierende Präsident Maximilian von Oertzen. Zu dieser Zeit war von Sternburg bereits Mitglied von zwölf teils internationalen Einrichtungen, wie z. B. der Akademie der Künste in Berlin, der patriotischen Kunstfreunde Prag, des historischen Vereins Hannover, der naturforschenden Gesellschaft Moskau, des Industrie- und Kulturvereins Nürnberg und der ökonomischen Gesellschaft Potsdam. Diese Mitgliedschaften zeugen von Sternburgs großer Neugier an den unterschiedlichsten Disziplinen, die auch die Görlitzer Gesellschaft seit ihrer Gründung 1779 in sich vereinte.
Sternburg war weniger ein aktives als ein förderndes Mitglied. Gemäß seiner eigenen Interessen für Ökonomie und Kunst vermachte er testamentarisch der Gesellschaft 1856 die Summe von 150 Talern, die für eine Preisschrift zu einem landwirtschaftlichen Thema verwendet werden sollte. Weiter übertrug er ihr ein großes Landschaftsgemälde von Jakob Philipp Hackert (1737–1807) »Ritu fluminis acta vita«, das sich heute im Kulturhistorischen Museum Görlitz (Inv.-Nr. 59-51) befindet. R.E./K.W.

4 | 128

4 | 128

Lade der Krakauer Kaufmannskongregation

Kraków, 1791
Messing, geschmiedet, kalt geschmiedet, gegossen, punziert, versilbert und vergoldet; Holz; Papier; 71 × 62 × 44,5 cm
Krakowska Kongregacja Kupiecka, als Dauerleihgabe im Muzeum Historyczne Miasta Krakowa, Inv.-Nr. MHK-1172/Dep

Die rechteckige Lade der Krakauer Kaufmannskongregation hat Füße in Ankerform, der gewölbte Deckel ist mit der plastischen Darstellung eines Schiffs auf Wellen bekrönt. Die Vorderseite der Truhe trägt eine Plakette mit dem Wappen von Krakau – in dessen älterer Fassung, ohne Adler im Stadttor –, das zugleich das Schild des Schlosses ist. An den Seiten befinden sich gegossene Griffe in der Form von Löwenköpfen. Die Ränder der Lade und des Deckels sind mit Blechstreifen in Form von Akanthusblättern beschlagen.

Der Deckaufbau des dreimastigen Segelschiffs ist mit einem Hansekreuz gezeichnet, da Krakau seit dem 14. Jahrhundert (erstmals erwähnt 1387) bis 1518 der Hanse angehörte. Auf dieser alten Tradition basierte der Reichtum der Krakauer Kaufmannschaft, an die sie stolz noch im Jahre 1791 erinnerte. Der Innenraum der Truhe ist mit rotem Papier ausgeschlagen, an der linken Seite befinden sich drei Fächer. Auf dem Boden ist ein Wappenschild eingraviert, das mit Bienen, Löwe und einem Dreimaster auf Wellen Motive des Fleißes und des Fernhandels aufweist. Unter dem Wappen steht die Inschrift: »Auf Kosten von Ignacy Laskiewicz Ł. K./ am 1-ten Januar 1791«. Das Wappen Laskiewicz I wurde dem Stifter der Lade, Ignacy Laskiewicz, einem Krakauer Schöffen, vermögenden Kaufmann und Ältesten der Kongregation, 1783 von Kaiser Josef II. verliehen. K.M.

Lit.: Ostrowski 1899, H. 1, S. 299, Nr. 1723, H. 2, S. 175; Ausst.-Kat. Kraków 1995, S. 97, Nr. IV, 13, Abb. 13; Dollinger 1997, S. 120, 283; Ausst.-Kat. Wrocław 2005, S. 149, Kat.-Nr. VI, 6; Ausst.-Kat. Kraków 2007, S. 491, Kat.-Nr. VIII, 34.

4 | 129 (ohne Abb.)

Talg-Stand- und Hängelampe

1. Hälfte 19. Jh.
Terrakotta; 4,2 × 6,3 × 6,1 cm
Stiftung Deutsches Historisches Museum, Berlin, Inv.-Nr. K 55/486

Maximilian Speck von Sternburg bezog von den Märkten im Osten, die er 1802 selbst bereist hatte, »jährlich Hunderttausende von Hasenfellen, wie auch Kupfer, Talg und Schweineborsten aus Russland, und versorgte damit die holländische, französische, belgische und britische Gewerbswelt«. Talg wurde aus dem Körperfett pflanzenfressender Säugetiere – hauptsächlich von Rindern und Schafen – gewonnen und zur Herstellung von Kerzen und Seife sowie als »Lichtertalg« für Talglampen verwendet. Die runde Lampe wurde dabei im ausgesparten Innenring mit Talg befüllt und mit einem Docht versehen, der Griff am Außenrand machte das Beleuchtungselement transportabel.
Der Handel erfolgte zumeist in Fässern, in die der in Ziegel- oder Scheibenform gegossene Talg eingestapelt war. Talg aus Russland und der Walachei war zumeist mit rohen Tierhäuten eingeschlagen. Die Talgherstellung hatte im Süden und Osten Russlands eine lange Tradition, noch in der Mitte des 19. Jahrhunderts stammte der Hauptanteil des in Mitteleuropa gehandelten Talgs aus den Regionen um Woronesch, Kursk und Saratow. Hinzu kam der polnische Talg, der aufgrund seiner Qualität sehr geschätzt und über die Hansestädte an der Ostsee, aber auch über Breslau und Frankfurt (Oder) verkauft wurde. S.St.

Lit.: Wieck 1850/51, Bd. 2, S. 442 f.; Bolley 1862, S. 15; Hommel 2006, S. 18 f.

Handwerkergesellen

Handwerkergesellen gehörten seit dem späten Mittelalter zum Straßenbild und waren allerorten anzutreffen. Der sogenannte Wanderzwang war am Ende des 15. Jahrhunderts fester Bestandteil der Zunftordnungen geworden. Die Gesellen mussten nach Abschluss ihrer Lehre in die »Fremde« wandern, um sich neue Handwerkstechniken sowie Berufserfahrungen anzueignen. Nachdem Kaiser Karl VI. 1731 eine Reichshandwerksordnung erließ, wurden der Nachweis über Herkunft und geleistete Arbeit an einem Ort in vorgedruckten Formularen – den sogenannten Handwerkskundschaften – dokumentiert.

Darin wurden nicht nur Name und Geburtsort des Gesellen festgehalten, sondern auch seine Größe, Haarfarbe, Alter, wo er wie lange gearbeitet hatte und schließlich sein Betragen. Ausgefüllt wurden diese Bescheinigungen von den Meistern, zudem mussten übergeordnete Gremien wie die jeweilige Zunft und der Stadtrat oder Magistrat die Angaben bestätigen. Oft finden sich auf den Kundschaften handschriftliche Bestätigungen aus anderen Orten, die den weiteren Arbeitsweg dokumentieren. So erzählen uns diese Formulare, die ab 1740 zunehmend mit den Silhouetten der Städte verziert wurden, etwas über jene jungen Leute und ihre Stationen an und abseits der via regia. Die Handwerkskundschaft blieb bis zur Einführung des Wanderbuches zu Beginn des 19. Jahrhunderts der wichtigste Nachweis der Gesellen. S.St.

Lit.: Bade 1982; Stopp 1982–1992, Bd. 13 (1988), Bd. 15 (1989), Bd. 16 (1990); Holenstein 1998.

4 | 130 (ohne Abb.)

Handwerkskundschaft aus Bautzen

1779–1780
Kupferstich mit handschriftlichen Eintragungen, gesiegelt und gestempelt
34,5 × 39 cm
bez.: »Zu finden bey Heinrich August Wincklern Buchdruckern in Budißin«
Bayerische Staatsbibliothek München, Sign. Slg.Stopp DDR 12.1.1 a

Diese Handwerkskundschaft wurde im Oktober 1779 in Bautzen für den aus Halle stammenden »Strumpf- und Barethmachergesellen« Johann Friedrich Müller ausgestellt. Müller war 22 Jahre alt und »von mittlerer Statur«, hatte braunes Haar und trug violette Kleidung. Er hatte zwei Wochen in der Stadt gearbeitet. Die Kundschaft gibt Auskunft über seinen weiteren Weg, der ihn in den schlesischen Raum über Breslau nach Brieg führte, hier bestätigte man ihm im Februar 1780 seine Tätigkeit. Im unteren Teil des Formulars ist eine Ansicht Bautzens sowie das Wappen der Stadt mit der den Bautzner Rat preisenden Aufschrift »FLOREAT SENATVUS CIVITAS OVE BVDISSINENSIS« zu sehen. Oben ist ein fünfteiliges sächsisches Wappen abgebildet, das von einem Kurhut gekrönt und von zwei Löwen mit Schwertern gehalten wird. Überdies sind Menschen zu Fuß und im Wagen dargestellt, im unteren Teil symbolisieren Merkurstab, eine Waage und verpackte Güter den Handel. S.St.

Lit.: Stopp 1989, Bd. 15, S. 62.

4 | 131

Handwerkskundschaft aus Grimma

1800
Kupferstich mit handschriftlichen Eintragungen; 31,5 × 34 cm
Bayerische Staatsbibliothek München, Sign. Slg.Stopp DDR 77.2 a

Diese Handwerkskundschaft wurde im Juni 1800 in Grimma für den Kreuznacher Tischlergesellen Johann Gabriel Molz ausgestellt. Molz war 21 Jahre alt und »von mittlerer Statur«, er hatte schwarzes Haar und war zwölf Wochen in der Stadt gewesen. Sein weiterer Weg führte ihn über Bautzen nach Schlesien; bis Dezember 1800 hatte er weitere 15 Wochen in Breslau in Arbeit gestanden.

4 | 131

4 | 132

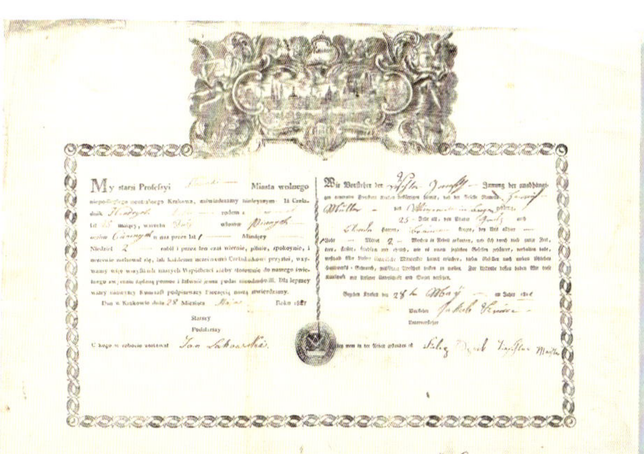

4 | 133

Das Formular zeigt eine Stadtansicht von Grimma, ein Reiter und zwei Personen zu Fuß überqueren darauf gerade die Muldenbrücke. Am oberen Rand der Vedute ist ein kursächsisches Wappen zu sehen, unten das Wappen der Stadt Grimma. S.St.

Lit.: Stopp 1989, Bd. 15, S. 217.

4 | 132

Handwerkskundschaft aus Oschatz

1810–1811
Kupferstich mit handschriftlichen Eintragungen, gesiegelt und gestempelt
30 × 37 cm
Bayerische Staatsbibliothek München, Sign. Slg.Stopp DDR 163.1 a

Diese Handwerkskundschaft wurde im November 1810 in Oschatz für den Liegnitzer Hutmachergesellen Johann Pesinger ausgestellt. Pesinger war 26 Jahre alt und »von mittlerer Statur«, er hatte braunes Haar und war vier Jahre und 15 Wochen in der Stadt gewesen. Die Kundschaft, die eine Stadtansicht von Oschatz zeigt, gibt Auskunft über seinen weiteren Weg, der ihn in den böhmischen Raum führte: Über Görkau, Teplitz und Billin gelangte er nach Prag, wo er Ende Januar 1811 ankam. Die Kundschaft zeigt eine Stadtansicht von Oschatz unter einem Wappen des Königreiches Sachsen mit Krone, die von einer Abschieds- und einer Willkommensszene flankiert wird. Auch Merkur, der Gott der Händler, ist dargestellt. S.St.

Lit.: Stopp 1989, Bd. 15, S. 414.

4 | 133

Handwerkskundschaft aus Krakau

1821
Kupferstich mit handschriftlichen Eintragungen, gestempelt; 28,7 × 37 cm
Bayerische Staatsbibliothek München, Sign. Slg.Stopp PL 23.2.3

Diese Handwerkskundschaft wurde im Mai 1821 in Krakau für den Tischlergesellen Heinrich Müller aus Bayern ausgestellt und ist zweisprachig in polnischer und deutscher Sprache gefasst – die Stadt gehörte nach der ersten polnischen Teilung von 1772 zum österreichischen Kaiserreich, Deutsch war dementsprechend Amtssprache. Müller war 25 Jahre alt und von großer Statur, er hatte blondes Haar und braune Augen. Die Kundschaft bestätigte, dass er ein Jahr und zwei Wochen in Krakau gearbeitet hat. Im oberen Teil zeigt sie das Wappen und eine Ansicht der Stadt, die dort als »KRAKOW« bezeichnet wird. Diese Silhouette wurde dabei nachträglich aufgebracht und ist beim Drucken leicht verrutscht. S.St.

Lit.: Stopp 1988, Bd. 13, S. 52.

Jean-Pierre Blanchard

Les Andelys 4. Juli 1753 – 8. März 1809 bei Paris
Ballonfahrer

Der Ballonfahrer Jean-Pierre Blanchard wurde als Sohn eines Zimmermanns und Maschinenbauers in der Normandie geboren und erhielt eine Ausbildung zum Mechaniker in Paris. Schon als Kind soll er vom Fliegen fasziniert gewesen sein und wurde 1783, nach den erfolgreichen Ballonfahrten der Gebrüder Montgolfier, vom »Ballonfieber« erfasst. Nach seinem ersten Aufstieg in Paris 1784 glückte ihm im Jahr darauf mit der Überquerung des Ärmelkanals von Dover nach Calais eine Pioniertat der Luftfahrt. Blanchard, der vom französischen König hierfür eine lebenslange Pension erhielt, entwickelte aus dem Ballonfahren eine erfolgreiche Variante kommerzieller Wissenschaftsunterhaltung, die stark vom Denken der Aufklärung geprägt war.

In der Wahrnehmung der Zeit um 1800 galt Blanchard als der populärste Ballonfahrer – weswegen er keineswegs zur Gruppe der einfachen fahrenden Schausteller gerechnet werden kann. Vielmehr waren Blanchards Aufstiege in Frankfurt am Main, Leipzig und Breslau Massenereignisse mit zahlreichen Zuschauern. Durch Eintrittsgelder, gedruckte Beschreibungen und Gedichte oder Souvenirs wie Gedenkmedaillen entwickelten sich diese zu einem einträglichen Geschäft. Blanchard verband immer wieder aufsehenerregende Darbietungen mit seinen Aufstiegen: So ließ er 1785 bei seinem Aufstieg in Frankfurt am Main einen Hund mit einem Fallschirm zu Boden gleiten, wenig später sollte ihm diese Erfindung gar selbst das Leben retten. Bis zu seinem Tod 1809 absolvierte er insgesamt 66 erfolgreiche Aufstiege in Europa und Amerika. In vielen europäischen Ländern – so in Polen und den Niederlanden – glückte ihm die erste bemannte Ballonfahrt überhaupt. S.St.

Lit.: Behringer/Ott-Koptschalijski 1991; Priebe 2005; Rosseaux 2007.

4 | 134

4 | 134

Aufstieg Blanchards über Breslau

Friedrich Gottlob Endler
(Lubin 1763 – 1822 Breslau)
1789
Kupferstich nach eigener Vorlage
15,3 × 9,5 cm (abgeschnitten)
sign. u. l.: »F G Endler fecit in Breslau«
vom Schlesischen Museum für Kunstgewerbe und Altertümer übernommen
Muzeum Narodowe we Wrocławiu,
Inv.-Nr. VII-3541

Jean-Pierre Blanchard, der französische Luftfahrtpionier, startete am 27. Mai 1789 mit seinem Ballon vor zahlreich versammelten Zuschauern in der Ohlauer Vorstadt in Breslau. Die Ansicht zeigt einen Ausschnitt der Ohlauer Vorstadt von Süden mit der im Hintergrund links sichtbaren St.-Mauritius-Kirche (heute ul. Traugutta) im Moment des Ballonaufstiegs. Im Vordergrund stehen die mit Röhren verbundenen Wasser- und Metallfässer aus Zink, in die das Vitriol eingeführt wurde. Der auf diese Weise freigesetzte Wasserstoff wurde über ein Röhrensystem in die Ballonhülle geleitet. Für jene Zeit war das eine bedeutende technische Neuerung. Vor dem Hintergrund des Himmels steigt ein Ballon mit einer Gondel mit Zierdrapierung auf, an ihrer rechten Seite weht eine weiße Fahne. In der Gondel ist ein Mann – Blanchard –, der während der Ballonfahrt den Luftdruck und die Lufttemperatur misst und Luftproben entnimmt, aber auch Versuche mit einem Fallschirm macht, mit dem er einen Hund herablässt. Der Ballon ist vom Typ Montgolfier. Diese Abbildung, die den ersten Ballonflug in der Geschichte Breslaus verewigt, wurde in den »Schlesischen Provinzialblättern« (9, 1789, vor der Titelseite) veröffentlicht, zusammen mit einer umfangreichen Beschreibung des Ereignisses mit dem Titel »Geschichte der zu Breslau den 27. Mai von Herrn Blanchard unternommenen Luftreise« aus der Feder von Anton G. Steiner. E.H.

Lit.: Ausst.-Kat. Leszno 2005, Nr. 19; Encyklopedia Wrocławia 2001, S. 52; Ikonografia Wrocławia 2009, Bd. I, S. 108 – 110, Nr. 122.

4 | 135

4 | 135

Herr Blanchard in der Luft: Ein Schifferlied

Leipzig, 1787
Buchdruck, [2] Bl., Titelkupfer,
Text im Holzschnittrahmen; 16,3 × 9,4 cm
Martin-Luther-Universität Halle-Wittenberg, Universitäts- und Landesbibliothek Sachsen-Anhalt in Halle (Saale)
Sign. Pon Yc 4754, QK (4), 8º

Jean-Pierre Blanchard startete am 2. März 1784 vom Marsfeld in Paris zu seiner ersten Ballonfahrt. Danach trat er öffentlich als Ballonschausteller auf, tourte durch Europa und Amerika. Am 7. Januar 1785 überquerte er mit dem Amerikaner John Jeffries als erster mit einem Ballon den Ärmelkanal. Diese Fahrt begründete seinen weltweiten Ruhm.
Das »Schifferlied« eines unbekannten Verfassers entstand anlässlich des Ballonaufstiegs in Leipzig am 29. September 1787. Es beleuchtet, welche Bewunderung und Euphorie die »Luftreisen« bei den Zeitgenossen Blanchards hervorriefen. Er wird als Held gesehen: »Sein Auge funkelt vom Sonnenlicht, Obs um ihn dunkelt, verzagt er nicht.« Auch in die Zukunft wird geblickt: »Ihr Fuhrmannswagen steht still und ruht, Die Lüfte tragen bald unser Gut.« Der Vers »Macht Meß-Affairen so viel ihr wollt; In Blanchards Sphären wird nicht gezollt«, kann auch als ein Hinweis darauf gelesen werden, dass Blanchard durch sein Auftreten und seine finanziellen Praktiken in der Öffentlichkeit nicht unumstritten war. So wurde seine Aussage, dem Ballonaufstieg in Hamburg hätten 160 000 Zuschauer beigewohnt, bereits von Zeitgenossen bezweifelt. M.v.C.

Lit.: Blanchard Briefe 1787, S. 31; Schmitt/Schwipps 1995.

4 | 136

Medaille auf den Ballonaufstieg von Blanchard am 3. Oktober 1785 in Frankfurt am Main

Johann Christian Reich
(Eisenberg/Thüringen 1740 – 1814 Fürth)
1. Exemplar: Silber; Durchmesser: 46,1 mm, Gewicht: 46,99 g
2. Exemplar: Zinn; Durchmesser: 46,2 mm, Gewicht: 31,28 g
Staatliche Kunstsammlungen Dresden, Münzkabinett, Inv.-Nr. B1B1298 und 1969/228 (Slg. Moedebeck)

4 | 137

Medaille auf den Ballonaufstieg von Blanchard am 29. September 1787 in Leipzig

unbekannter Künstler
Blei; Durchmesser: 64 mm; Gewicht: 45,45 g (galvanoplastische Kopie)
Staatliche Kunstsammlungen Dresden, Münzkabinett, Inv.-Nr. 1969/231 (Slg. Moedebeck)

4 | 138

Medaille auf den Ballonaufstieg von Blanchard am 27. Mai 1789 in Breslau

Friedrich Anton König
(Breslau 1794 – 1844 Dresden)
1. Exemplar: Silber; Durchmesser: 28,9 mm, Gewicht: 6,78 g
2. Exemplar: Silber; Durchmesser: 28,9 mm, Gewicht: 7,09 g
Staatliche Kunstsammlungen Dresden, Münzkabinett, Inv.-Nr. B1B7359 und 1969/237 (Slg. Moedebeck)

Die Geschichte der Luftfahrt hängt mit dem uralten Menschheitstraum vom Fliegen zusammen. Leonardo da Vinci (1452 – 1519), das Universalgenie der italienischen Renaissance, skizzierte Flugapparate in Anlehnung an den Vogelflug, doch blieb diese Idee reine Theorie. Der entscheidende Schritt in die Flugpraxis hing mit der Entdeckung der Gase im 18. Jahrhundert zusammen. In Verbindung mit Erkenntnissen von aerostatischen und aerodynamischen Gesetzen wurde nun die Anwendung des Wissens in der Ballontechnik möglich. Die Geschichte der Luftfahrt war seitdem für lange Zeit eine Kontroverse der beiden Flugprinzipien »Leichter als Luft – Schwerer als Luft«. Am 4. Juni 1783 ließen die Brüder Joseph und Etienne Montgolfier am Marktplatz ihrer Heimatstadt Annonay in Frankreich einen unbemannten Heißluftballon steigen. Die erste bemannte Ballonfahrt mit einer Montgolfière fand noch im gleichen Jahr statt, ebenfalls die mit einem Wasserstoff-Ballon (Charlière, benannt nach Jacques Alexandre César Charles).
Der Franzose Jean-Pierre Blanchard (1753 – 1809) war unter den Luftfahrtpionieren der erste professionelle Ballonfahrer. Nach erfolglosen Flugversuchen mit eigenen schiffsähnlichen Modellen gelang ihm 1784 mit einem wasserstoffgefüllten Ballon der Aufstieg über Paris. 1785 überquerte er in Begleitung des Arztes John Jeffries den Ärmelkanal zwischen Dover und Calais. Anschließend trat er als Ballonschausteller in Europa und in den Vereinigten Staaten von Amerika auf. Bei seinem Heißluftballonaufstieg am 3. Oktober 1785 in Frankfurt am Main ließ er seinen Hund an einem Fallschirm nach unten schweben, bis er kurze Zeit später selbst als erster den Absprung mit dem Fallschirm wagte. Aufstiege von Ballons erfreuten sich in jenen Jahren in Frankreich, Italien, England, Deutschland und anderen Ländern großer Beliebtheit. Die Faszination, die von der Eroberung der Lüfte durch die Menschen ausging, spiegelt sich auch in einer beeindruckenden Medaillenproduktion wider. Auf sehr viele Ballonfahrt-Ereignisse wurden Medaillen geprägt, sodass sich später dieses Genre zu einem eigenständigen Sammelgebiet entwickelte. Das Münzkabinett der Staatlichen Kunstsammlungen Dresden erhielt 1969 als Schenkung die aus 152 Luftfahrtmedaillen bestehende Sammlung von Moedebeck. R.G.

Lit.: Malpas 1989, Nr. 13, 16, 23, 24.

4 | 136

4 | 137

4 | 138

4 | 139

4 | 139

Auszugsfernrohr

Jesse Ramsden (1735–1800)
London, um 1780
Mahagoni, Messing; Länge: 101,2 cm (max.) / 39,3 cm (min.); Durchmesser: 6,4 cm
erworben 1971
Staatliche Kunstsammlungen Dresden, Mathematisch-Physikalischer Salon, Inv.-Nr. C I f 82

Der Londoner Jesse Ramsden gehörte zweifellos zu den führenden Herstellern von wissenschaftlichen Instrumenten am Ende des 18. Jahrhunderts. Seine Teilungsmaschine erlaubte ihm, Beobachtungsinstrumente mit Kreisskalen einer bisher unbekannten Präzision auszustatten; seine großen astronomischen Instrumente waren europaweit begehrt und wurden in den Observatorien zwischen Neapel und Vilnius eingesetzt. Auch kleinere Erzeugnisse seiner Werkstatt wie dieses Auszugsfernrohr fanden eine rege Abnahme. Mit ihrer Kombination aus Mahagoni und Messing waren sie robust und in der Handhabung leicht, mit ihren achromatischen Linsen – zu Ramsdens Zeit noch eine relativ junge Erfindung – auch von solider optischer Qualität. Mit Recht durfte Ramsden die hier angebrachte Aufschrift »Day or Night« verwenden, denn ein solches Fernrohr ließ sich sowohl zur terrestrischen Beobachtung tagsüber als auch für die qualitative Betrachtung des Nachthimmels gut verwenden. M.K.

Lit.: Riekher 1990; McConnell 2007.

4 | 140

4 | 141

4 | 142

4 | 140

»Mariane, oder: das Weib als Straßenräuber«

Carl Eberle / Josef Schütz
Breslau, 18. Dezember 1822
Holzschnitt und Typendruck auf Papier
38 × 23,2 cm
Staatliche Kunstsammlungen Dresden, Museum für Sächsische Volkskunst – Puppentheatersammlung, Inv.-Nr. C 1692

4 | 141

»Rübezahl im Riesengebirge«

Carl Eberle
Breslau, 7. Februar 1835
Holzschnitt und Typendruck auf Papier
46,5 × 36,2 cm
Staatliche Kunstsammlungen Dresden, Museum für Sächsische Volkskunst – Puppentheatersammlung, Inv.-Nr. C 1779

4 | 142

Affentheater

Heinrich Schreier
Breslau, 25. September 1835
Holzschnitt und Typendruck auf Papier
48 × 37 cm
Staatliche Kunstsammlungen Dresden, Museum für Sächsische Volkskunst – Puppentheatersammlung, Inv.-Nr. C 4983

Werbung hatte im zünftig organisierten Deutschland lange Zeit einen schlechten Ruf, nur die Soldatenwerber und Gaukler bedienten sich ihrer. Schausteller, Akrobaten und Komödianten benutzten ursprünglich Trommeln und Trompeten, um auf ihre Attraktionen aufmerksam zu machen. Da ihnen dies vielerorts verboten wurde, begannen sie im späten 17. Jahrhundert mit dem Druck von Zetteln, die an Hauswänden angeschlagen und in Haushalten und Gastwirtschaften verteilt wurden. Um das Interesse zu erhöhen, waren diese oft mit Holzschnitten versehen. Die Lebensdauer der Zettel war meist gering. Manchmal wurden sie am Ende des Gastspiels wieder eingesammelt, vom Besucher aber gewöhnlich nicht aufgehoben. Im schlesischen Breslau legte in der ersten Hälfte des 19. Jahrhunderts der Theaterdirektor Richard Kiessling eine Sammlung an, die bei seinem Tode auf eine sechsstellige Zahl angewachsen war.

Die meisten Zettel stammten aus Breslau selbst. Neben Schauspiel umfassten sie auch Puppenspiel, Akrobatik und Schaustellungen. Mehrere Tausend der Zettel gelangten über den Leipziger Sammler Prof. Dr. Artur Kollmann in die Dresdner Puppentheatersammlung.

Affen- und Hundetheater entwickelten sich um 1800 aus kleinen Wandermenagerien, wie sie seit Mitte des 18. Jahrhunderts vor allem von Italienern gezeigt wurden. Diese besaßen oft nur ein Dutzend Tiere, denen sie zur Steigerung der Attraktivität der Schaustellung Kunststücke beibrachten. Das erste richtige Affentheater, bei dem kostümierte Tiere die Rollen von Menschen übernahmen, zeigte um 1770 Antonio Chiesa. Im 19. Jahrhundert verlagerte sich der Tierhandel verstärkt vom Mittelmeer nach Amsterdam, London und Hamburg, sodass auch die Bedeutung der mitteleuropäischen Menageristen anwuchs. Das bedeutendste Affentheater hatte im zweiten Viertel des 19. Jahrhunderts Heinrich Schreier aus Wien. Im dritten Viertel war es dann Louis Broekmann aus Amsterdam und im letzten Viertel Andreas Ahlers aus Hamburg. Affentheater, in denen auch Hunde und Ponys auftraten, blieben das ganze 19. Jahrhundert überaus beliebt.

Marionettentheater reisten seit dem 17. Jahrhundert durch Europa. Im 19. Jahrhundert wurden sie von größeren Teilen des Bürgertums abgelehnt, erfreuten sich aber auf den Messen in Frankfurt und Leipzig neben den Kunstreitertruppen stets großer Beliebtheit. In Breslau fand man jeden Winter ein bis zwei gute Marionettentheater, die dem Stadttheater eine ernstzunehmende Konkurrenz boten. In jedem Theaterstück – egal ob Trauer-, Schau- oder Lustspiel – gab es etwas zum Lachen, dafür sorgte schon der Hanswurst oder Kasper, der von der Personenbühne längst verbannt war. Von zentraler Bedeutung war das Theater von Josef Schütz, welches mit einem preußischen Generalprivileg versehen war und in den gebildeten Kreisen Berlins großes Aufsehen erregt hatte. Professor Eberle – diesen Titel soll er vom Großherzog von Sachsen-Weimar-Eisenach erhalten haben – übernahm dieses Theater und reiste noch jahrelang unter dessen Namen. Er pendelte von etwa 1820 bis 1840 mit seinen Stücken auf der via regia zwischen Breslau und Leipzig. L.R.

4 | 143

4 | 143

Vier Figuren aus einem Theatrum Mundi

Deutschland, um 1850
Figuren aus Blech, bemalt, Laufschienen aus Holz
Mann mit Obstkarren: 72 × 62 × 4 cm, Laufschiene: 65,5 cm
Nashorn: 44 × 50 × 4 cm, Laufschiene: 54,7 cm
Müller mit Esel: 54 × 52 × 4 cm, Laufschiene: 57 cm
Frau mit Körben: 49 × 14 × 4 cm, Laufschiene: 25 cm
Staatliche Kunstsammlungen Dresden, Museum für Sächsische Volkskunst – Puppentheatersammlung,
Inv.-Nr. A 3372, A 3388, A 3420, A 3464

Theatrum mundi – Welttheater oder, wie es sein Erfinder Johann Samuel Brede zu Beginn des 18. Jahrhunderts poetisch formulierte, »Der Schauplatz der Welt« – ist eine barocke Theaterform. Man erblickt ferne Landschaften und zurückliegende Ereignisse auf der perspektivisch gestalteten Bühne, die von kleinen Figuren aus Pappe, Holz und Blech belebt wird. Diese Figuren werden auf bis zu sechs hintereinander gestaffelten Förderbändern über die Bühne geschoben und entwickeln durch sinnreiche Mechanismen ein Eigenleben. Die Figuren selbst sind gewöhnlich 15 bis 40 Zentimeter groß, die Bühne erreicht eine Breite von vier Metern. Der kaiserlich privilegierte Maschinenmeister Brede aus Hamburg bereiste die via regia, so spielte er zwischen 1710 und 1722 wiederholt auf den Messen in Frankfurt am Main und Leipzig, 1721 auch in der Residenz Dresden. Bald verbreitete sich die Technik in ganz Europa.

Ab 1840 existierten auf Jahrmärkten und Messen in Frankreich und Deutschland »mechanische Theater«, in denen neben Theatrum mundi auch Laterna-magica-Effekte und Automaten gezeigt wurden. Die Figuren waren bei ihnen stets aus dickem Blech gefertigt, um der großen Belastung – die Szenen wurden oft mehrmals an einem Tag vorgeführt – standzuhalten.

Im Theater von Rudolf Messerer gab es »Eine Reise um die Welt in 40 Minuten« zu sehen. Sie begann in Italien (Venedig und Florenz) und führte über Athen, Jerusalem und Kairo nach Schwarzafrika. Im Anschluss an eine Löwenjagd ging es über Kapstadt und den indischen Ozean mit Seesturm nach Indien und China. Die Reise um die Welt wurde mit einem Cyclorama, einer 42 Meter langen und zwei Meter hohen Wandeldekoration, die im Hintergrund von einer Rolle abgespult wurde, dargestellt. Das Theater von Messerer reiste noch im späten 19. Jahrhundert in Sachsen und Böhmen. Letztmalig wurde es 1902 zur Leipziger Messe gezeigt. Dann konnte es gegen die Konkurrenz der Kinos nicht mehr bestehen. L.R.

Lit.: Rudin/Flechsig/Rebehn 2004, S. 36, 97, 259 f.

Ideen

JAN HARASIMOWICZ

Dresden – Görlitz – Breslau

Die Oberlausitz im kulturellen Spannungsfeld zwischen Sachsen und Schlesien zur Zeit der lutherischen und katholischen Konfessionalisierung

Die drei an der großen Verkehrsstraße via regia, auch Hohe bzw. Königliche Straße genannt, gelegenen mitteleuropäischen Länder Sachsen, Oberlausitz und Schlesien erhielten und verarbeiteten unterschiedliche kulturelle Impulse bereits seit dem Mittelalter.[1] Während Sachsen und die Oberlausitz vorrangig den Einflüssen aus dem Westen ausgesetzt waren, blieb Schlesien in den Anfängen seiner Geschichte in erster Linie von der Nord-Süd-Linie abhängig; seine Christianisierung erfolgte aus den Gebieten Mährens oder Böhmens, seine Eingliederung in die staatlich-kirchlichen Strukturen geschah von Polen aus. Im späten 12. und frühen 13. Jahrhundert kamen hier die aus dem Westen hineinströmenden Impulse zu Wort, 100 Jahre später jedoch, mit dem allmählichen Übergang Schlesiens unter die Herrschaft der böhmischen Luxemburger, gewann der Einfluss Prags erneut an Bedeutung. Er brach nach dem Tod Johannes Hus' auf dem Scheiterhaufen im Jahre 1415 zusammen, dem eine lange Periode politischer Unsicherheit und Unruhen folgte. Die traditionellen Kulturbeziehungen entlang der via regia erhielten ihre ursprüngliche Bedeutung wieder,[2] gestärkt durch die wachsende Attraktivität der Mark Meißen, die unter der Herrschaft sächsischer Kurfürsten ihre wirtschaftliche Blüte und politische Stabilisierung erlebte. Ein aussagekräftiges Zeugnis dafür liefert bis heute das Rathaus in der Breslauer Altstadt, dem im späten 15. und frühen 16. Jahrhundert Baumeister sächsisch-lausitzischer Prägung seine endgültige Form verliehen.[3] Dank des Bildhauers Briccius Gauske tauchten dieselben Motive fast gleichzeitig an den repräsentativen Bauten in Breslau, Görlitz und Bautzen auf.

Die Stärkung kultureller Beziehungen der Oberlausitz mit Sachsen und Schlesien wurde durch die Übernahme des westlich vorgeschobenen schlesischen Fürstentums Sagan durch die sächsischen Wettiner begünstigt. Auf diesem Gebiet verlief die Reformation sehr stürmisch: im Jahre 1539 wurden aus den beiden Saganer Hauptkirchen allein 20 Altäre entfernt.[4] Wenngleich sie nicht – wie etwa in Wittenberg – zerstört, sondern nur in das benachbarte Großpolen gebracht und auf Jahrmärkten verkauft wurden, war eine Aktion in dieser Größenordnung sowohl in der Oberlausitz als auch in Schlesien einmalig. Aus den Breslauer Pfarr-und Filialkirchen wurde im ganzen 16. Jahrhundert hingegen kein einziger mittelalterlicher Altar entfernt. Der konfessionelle Umbruch verlief in Schlesien in der Regel relativ harmlos, dabei wurden grundsätzliche Entscheidungen, zumindest wenn es um die Stadt Breslau und die Fürstentümer Liegnitz und Brieg ging, noch zu den Regierungszeiten der Jagiellonen getroffen, vor dem Tod König Ludwigs II. in der Schlacht gegen die Türken bei Mohacs im Jahre 1526.[5] Die Machtübernahme durch Ferdinand I. von Habsburg konnte daran nicht mehr viel ändern. Die aus Wittenberg strömenden »Novitäten« gewannen immer mehr Befürworter unter dem schlesischen Adel und Bürgertum. Die nachfolgenden Bischöfe von Breslau, Jacob von Salza, Balthasar von Promnitz und Caspar von Logau, beobachteten beunruhigt die schwindende Unterstützung des sie anerkennenden Klerus und eine stärker werdende Einflussnahme der reformatorischen Lehre Martin Luthers, Philipp Melanchthons und Caspar Schwenckfelds.[6] Der Letztgenannte hatte über längere Zeit in Schlesien und in der Oberlausitz einen großen Anhängerkreis.

Die »städtische Reformation«, die in Breslau kraft aufeinanderfolgender Anordnungen des Stadtrates eingeführt wurde, war jedoch eindeutig Wittenberger Prägung. Anfangs strömten hier auch Zürcher und Basler Drucke zu, sie hatten aber praktisch keinen Einfluss auf den Lauf der Dinge. Die meisten reformatorischen Schriften, von den Breslauer Pastoren verfasst, wurden in Wittenberg gedruckt. Auch die Inhalte der ersten evangelischen Bildepitaphien hingen eng mit den in der Werkstatt Lucas Cranachs d. Ä. erarbeiteten ikonografischen Schemata zusammen.[7] Es kam jedoch vor, dass manche Bildmotive früher in Breslau als in Wittenberg erschienen: Als Beispiel kann das im Zweiten Weltkrieg verschollene Bild aus dem Breslauer Rathaus, im Jahre 1537 geschaffen,[8] angeführt werden. Es stellte die Breslauer Stadträte am gemeinsamen Tisch nach dem Vorbild des Letzten Abendmahls dar, dabei trug Christus die Gesichtszüge des Ratsseniors Jacob Boner, und Judas ähnelte dem städtischen Schatzmeister Wenzeslaus Hornig.

War im Bereich der Malerei die Vorherrschaft Wittenbergs sowohl in Schlesien als auch in der Oberlausitz unbestritten, so erschien die Lage im Bereich der Architektur und Plastik in neuen Formen der Renaissance viel komplexer. Nicht Wittenberg, nicht Dresden und auch nicht Breslau spielten in dieser Hinsicht die entscheidende Rolle, sondern Görlitz, wo in den 20er und 30er Jahren des 16. Jahrhunderts ein Kunstzentrum von überregionalem Rang entstand. Die neueste Forschung ergibt, dass nicht mehr alle hier errichteten Bauten mit Wendel Rosskopf d. Ä. in Verbindung gebracht werden sollten; man darf auch dem Baumeister nicht beinahe alle Werke der Architektur

Abb. 1
Portal der alten Schlosskapelle Dresden · 1556
Entwurf: Giovanni Maria Nosseni · Ausführung: Hans Walther (Foto: um 1876)
Landesamt für Denkmalpflege Sachsen

und Plastik der Frührenaissance in Schlesien zuschreiben.[9] Es besteht jedoch kein Zweifel, dass das auffälligste Element der Görlitzer Bauten aus der ersten Hälfte des 16. Jahrhunderts – das von Pilastern und dem langgezogenen Gebälk gebildete »Gitterwerk« – in vielen schlesischen Städten an der »Hohen Straße«, nämlich in Löwenberg, Goldberg, Haynau, Liegnitz und Breslau, zu finden ist. Ähnliche Elemente der »kleinen Architektur« begann man zu dieser Zeit auch in den Umrahmungen der Epitaphien und Grabmäler einzusetzen.

Die aus Schlesien und der Oberlausitz stammenden architektonischen und plastischen Formen der Frührenaissance verrieten italienische Herkunft, es fehlte ihnen jedoch an klassischen Proportionen und dekorativem Maß. Diese Stilmerkmale tauchten erst gegen Mitte des 16. Jahrhunderts in zwei Bauwerken norditalienischer Herkunft auf: im Schloss der sächsischen Kurfürsten in Dresden und im Schloss der schlesischen Herzöge in Brieg. Manche Elemente des Erstgenannten, zum Beispiel das Portal der Schlosskapelle am Jüdenhof von 1555, bildeten den Ansatz für die sogenannte Dresdner Bildhauerschule, die hauptsächlich von der Familie Walther repräsentiert wurde (Abb. 1).[10] Der wichtigste Vertreter dieser Schule, Hans Walther, schuf die neue evangelische Ausstattung der beiden Dresdner Pfarrkirchen, und zwar vor allem die an eine Engelsfigur gestützte Steinkanzel der alten Frauenkirche (1556–1557), die 1813 aus der Burgkapelle Stolpen in die Gottesackerkirche in Bischofswerda verlegt wurde, und den architektonischen Steinaltar der alten Kreuzkirche (1572–1579), der seit 1927 im Chor der Pfarrkirche in Schandau steht. Die Werke der Familie Walther und der mit ihrem Atelier verbundenen Künstler, bald auf dem gesamten obersächsischen Gebiet verbreitet, passierten relativ rasch die Grenzen: Dank Andreas Walther erreichten sie Breslau, dank Hans Kramer d. J. Görlitz (Abb. 2), dank seines Bruders Michael Kramer kamen sie in Ohlau, Brieg, Neisse und noch weiter, in Mähren, an.[11] In der Brieger Werkstatt Michael Kramers entstanden die im späten 18. Jahrhundert zerstörte plastische Verzierung der evangelischen Schlosskirche St. Hedwig in Brieg, der Steinaltar in der Pfarrkirche St. Jakob in Neisse, vom Breslauer Bischof Martin von Gerstmann gestiftet (Abb. 3), der plastische Fassadenschmuck des Hauses Wenzel Edelmanns in Olmütz sowie zahlreiche Steinepitaphien in der Region um Brieg, Ohlau und Strehlen.

Die zweite – neben Brieg – feste schlesische Niederlassung der Dresdner Bildhauerschule der Renaissance entstand in Breslau, auf Anregung des genannten Andreas Walther sowie, etwa zehn Jahre später, des städtischen Baumeisters Friedrich Gross d. Ä., der bei Hans Walther ausgebildet worden war.[12] Sein Hauptwerk ist die Steinkanzel in der Pfarrkirche St. Maria Magdalena (Abb. 4), in den Jahren 1579 bis 1582 errichtet, die sich auf drei Engelsfiguren stützt.[13] Den Kanzelkorb verzieren hier vier biblische Reliefs, die mit Kommentaren auf Griechisch, Lateinisch, Hebräisch und Aramäisch versehen sind. Am Fries des Schalldeckels, der im Brand der Kirche im Jahre 1945 weitgehend zerstört wurde, ist ein Zitat aus der Prophezeihung Jesajas, ebenso mehrsprachig, sichtbar: »Also soll das Wort, so aus meinem Munde geht, auch seyn. Es soll nicht wieder zu mir leer kommen.« (Jes. 55,11). Das ganze Werk sorgte für Begeisterung bei den Zeitgenossen: Im Druck erschienen Dichtungen, die ihm gewidmet wurden; die Einweihungspredigt, die der damalige Pfarrer der Kirche St. Maria Magdalena, Lucas Pollio d. Ä. hielt, wurde ins Lateinische übersetzt und in Leipzig veröffentlicht. In der Folge gaben zahlreiche schlesische Städte ähnliche Steinkanzeln, mit einer aus mehreren Figuren zusammengestellten Stütze, in Auftrag. Die schönsten entstanden in Liegnitz, Brieg, Striegau und Münsterberg. Auf sächsischem Gebiet, woher das Motiv der »Engelsstütze« zweifellos stammt, wurde die Vermehrung der den Kanzelkorb tragenden Figuren nicht eingesetzt.

In den Werken Michael Kramers und Friedrich Gross' tritt die Ornamentik niederländischer Herkunft relativ üppig auf, insbesondere das Roll- und Beschlagwerk. Sie geht jedoch über die von der Kleinarchitektur festgelegten Grenzen nie hinaus, sie stört auch die Tektonik und das harmonische Gleichgewicht des Ganzen nicht. Einen etwas abweichenden Weg wählte der wichtigste Vertreter des dritten großen Zentrums der Renaissanceplastik in Schlesien, nämlich Liegnitz. Er hieß Caspar Berger und stammte wahrscheinlich ebenso aus Obersachsen.[14] Im Gegensatz zu Kramer und Gross, in deren Werken auch die einfachsten Signaturen oder Steinmetzzeichen fehlen, unterzeichnete er seine Werke oft mit dem vollen Vor- und Zunamen

Abb. 2
Görlitz, Biblisches Haus Neißstraße 29 · 1570–1572
Entwurf und Ausführung: Hans Kramer d. J. (?)

und fügte noch am Ende stolz hinzu: »Bildhauer in Liegnitz«. Die von ihm signierten Epitaphien und Grabmäler sind monumentale, durchaus »plastische« Strukturen, vollgepackt mit zahlreichen Reliefs und Figuren. Die Stifter dieser Monumente waren meist Vertreter des evangelischen, im ausgehenden 16. Jahrhundert immer deutlicher zum Philippismus, also zur Lehre Philipp Melanchthons, neigenden Adels. Diese nachreformatorische Strömung, die versucht war, das Lutherische mit dem Calvinischen zu vereinigen, wurde in Sachsen auf Anordnung des Kurfürsten August bekämpft. Zahlreiche »kryptocalvinistisch« gesinnte Pastoren verließen damals ihre sächsische Heimat und zogen in die Oberlausitz oder nach Schlesien. Hier, unter der Herrschaft der katholischen Habsburger, waren sie von den Angriffen der lutherischen Orthodoxie, die mit dem kurfürstlichen Staatsapparat eng zusammenarbeitete, nicht so sehr bedroht. Die Verbreitung der »philippistischen« Lehre in Schlesien bezeugen zahlreiche Epitaphien und Grabmäler totgeborener, ungetaufter Kinder. Theologische Grundlagen für ihre feierliche kirchliche Bestattung, die in der katholischen Kirche bis heute nicht selbstverständlich ist, schuf der führende schlesische »Kryptocalvinist« – Leonhard Krentzheim aus Liegnitz.[15]

Die Dresdner Einflüsse hielten in der schlesischen Plastik bis zum Ende des 16. Jahrhunderts an. In Breslau wurde das Erbe Friedrich Gross' d. Ä. von seinem einstigen Helfer, Gerhard Hendrik aus Amsterdam, übernommen, der auch die Witwe des verstorbenen Meisters heiratete. Er vertrat eine vom Grossschen »Klassizismus« völlig abweichende stilistische Ausrichtung, nämlich den Spätmanierismus niederländischer Prägung.[16] Dank vorzüglicher Beherrschung sämtlicher wichtiger Bildhauertechniken – von ihm sind Arbeiten in Metall, Stein und Holz dokumentiert – erhielt er lukrativere Aufträge nicht nur aus Breslau und den benachbarten schlesischen Städten, sondern auch aus Böhmen, wo doch eher die um den Kaiserhof in Prag versammelten Künstler die naheliegende Wahl bei der Auftragsvergabe gewesen wären. Nach der Schöpfung des prächtigen Wandgrabmals für den berühmten Feldherrn Melchior von Redern in der Dekanatskirche in Böhmisch Friedland veröffentlichte Hendrik seine ausführliche Beschreibung. Er tat dies zweimal: zuerst in Breslau, dann auch in Görlitz. Vermutlich erhoffte er sich davon weitere Aufträge von diesem Rang seitens des Adels im böhmisch-lausitzischen Grenzland. Wären sie auch gekommen, dann hätten wir es mit der Umkehrung traditioneller Wege des Kulturtransfers zu tun gehabt.

Die Breslauer Werkstatt Gerhard Hendriks, den besten, mit dem Kaiserhof Rudolfs II. verbundenen Künstlern ebenbürtig, konnte den steigenden Bedarf des evangelischen Adels und Bürgertums im Bereich der Kirchenausstattung nicht decken. Der breite Absatzmarkt lockte also weiterhin sächsische Künstler an, aber nicht mehr aus Dresden, sondern vorwiegend aus Freiberg, Marienberg und Pirna. Aus der erstgenannten Stadt kam Johann Grünberger, der Schöpfer der hervorragenden Steinkanzel in der Pfarrkirche St. Anna in Frankenstein (1619), die auf einer kunstvollen figürlichen Stütze ruht.[17] Sie stellt den »kleinen« Propheten Habakuk dar, wie er am Haarschopf zu dem in der Löwengrube eingesperrten »großen« Propheten Daniel getragen wird (Abb. 5). Aus Pirna stammte Johannes

Abb. 3
Neisse (Nysa), Pfarrkirche St. Jakob, Steinaltar des Breslauer Bischofs Martin von Gertsmann · 1584 · Entwurf und Ausführung: Michael Kramer

Risch, der im frühen 17. Jahrhundert eine Reihe von Steinepitaphien in Liegnitz und Umgebung schuf und damit zum Erben des erwähnten Caspar Berger wurde.[18] Aus Marienberg traf der Bildschnitzer Paul Meyner ein, der Schöpfer einiger ansehnlicher Altarretabel in den Kirchen des Sudetenvorlands. Das größte von ihnen wurde im Jahre 1606 für die Pfarrkirche St. Hedwig in Greiffenberg am Queis durch Eleonore, geborene Promnitz, Witwe des Christoph Freiherrn von Schaffgotsch, gestiftet.[19] Es vereint eine »moderne« architektonische Struktur mit sehr »altertümlich« wirkenden beweglichen Flügeln. Sie enthalten zahlreiche Reliefs mit den Passionsszenen. Damals war dies sowohl in Schlesien als auch in Sachsen und in der Oberlausitz eine relativ seltene Erscheinung. Der Bau des neuen Altars erfolgte zur Amtszeit des Pfarrers Wolfgang Silber, der mit dem berühmten Görlitzer Prediger und Theologen Martin Moller, dem führenden Vertreter der sogenannten Reformorthodoxie,[20] befreundet war. Die beiden führte die Suche nach den richtigen Formen der evangelischen Frömmigkeit zusammen: Als Ergebnis könnte die Wiederbelebung der Passionsandacht nach mittelalterlichen Vorbildern genannt werden. Zwischen dem Bildprogramm des Greiffenberger Altars und dem Inhalt der in Görlitz gedruckten Trost- und Erbauungsschriften von Moller und Silber besteht eine enge Verwandtschaft. Von einer weitgehenden Ähnlichkeit kann auch im Falle eines völlig anderen Schriften- und Kunstwerkekreises

Abb. 4
Breslau, Pfarrkirche St. Maria Magdalena, Steinkanzel · 1579–1583
Entwurf: Friedrich Gross d. Ä., Ausführung: Friedrich Gross d. Ä., Bartholomäus Fichtenberger, Stephan Götz

die Rede sein, der jedoch auch mit dem Kulturtransfer aus der Oberlausitz nach Schlesien verbunden war. Es geht hier nämlich um die Schriften Johann Leisentrits, Dekan des Kollegiatstifts St. Petri in Bautzen und Diözesanadministrator des Bistums Meißen im Gebiet der Ober- und Niederlausitz.[21] Er war Verfasser sehr beliebter Gebet- und Gesangbücher, mit zahlreichen Abbildungen versehen, die der katholischen Lehre noch lange vor der Ausbildung nachtridentinischer Ikonografie huldigten.[22] Diese Gesangbücher kamen selbstverständlich auch nach Schlesien, mehr noch: Sie wurden sogar den am Katholizismus festhaltenden Gemeinden von den Breslauer Bischöfen und vom dortigen Domkapitel empfohlen. Weitgehende Übereinstimmungen der Abbildungen in den Schriften Leisentrits mit den Bildprogrammen jener wenigen katholischen Altäre, die in Schlesien im frühen 17. Jahrhundert entstanden sind,[23] sollten also niemanden verwundern.

Die Intensität kultureller Beziehungen Schlesiens, Sachsens und der Oberlausitz zur Zeit der lutherischen und katholischen Konfessionalisierung erscheint angesichts der angeführten Fakten völlig unbestritten. Mit dem katholischen Prag Rudolfs II. und Matthias' verkehrten die an ehrwürdigen Titeln, lukrativen Gütern und vornehmen Ämtern interessierten schlesischen Eliten, während breite Kreise des schlesischen Adels und Bürgertums, die sowohl dem Katholizismus als auch dem unter der sozialen Oberschicht beliebten Calvinismus abgeneigt waren, zum lutherischen Sachsen Christians II. und Johann Georgs I. tendierten. An diese Kreise richtete Johann Georg I. seine Botschaft, indem er Kaiser Ferdinand II. und nicht den »Winterkönig« Friedrich V. von der Pfalz befürwortete. Er schützte Schlesien, zumindest eine gewisse Zeit, als er es aufgrund des sogenannten Dresdner Akkords aus dem Jahre 1621 in seine Obhut nahm, vor brutaler Rekatholisierung, die damals Böhmen und Mähren zuteil wurde.

15 Jahre später siegte aber Sachsens eigenes Interesse über die konfessionelle Solidarität. Der gleiche Johann Georg I. schloss am 30. Mai 1635 mit dem Kaiser den Prager Separatfrieden, aufgrund dessen er zum Erbherrn in den beiden Teilen der Lausitz wurde. Die Konfessionsfreiheiten sollten sich seitdem, anders als es der Dresdner Akkord vorsah, nicht auf das gesamte Schlesien erstrecken, sondern nur die Stadt Breslau sowie die Fürstentümer Brieg, Liegnitz, Oels und Wohlau umfassen. Der Westfälische Frieden 1648 sanktionierte diesen Status und milderte ihn nur geringfügig ab, indem man dem Bau evangelischer Kirchen in Schweidnitz, Jauer und Glogau zustimmte.[24] Seitdem ließ der kulturelle Austausch zwischen Schlesien, Sachsen und der Oberlausitz stark nach. Das an Kraft gewinnende katholische Lager beauftragte zunächst fast ausschließlich Künstler aus Italien, anschließend auch aus Böhmen, Mähren, Österreich und Bayern. Mit der Zeit entstanden an den großen Zisterzienserklöstern in Grüssau und Leubus lokale Kunstzentren, deren Einflüsse, im malerischen Werk Michael Leopold Willmanns am besten verkörpert, weit über die südliche Landesgrenze hinausreichten. Die Westgrenze am Queis trennte jetzt direkt Schlesien von Sachsen und damit zwei feindlich gestimmte Konfessionslager voneinander. Die evangelischen Einwohner des Grenzlandes spürten dies nicht besonders schmerzlich, weil sie den nicht bewachten Grenzfluss passieren und mühelos am evangelischen Gottesdienst in den naheliegenden lausitzischen Ortschaften teilnehmen konnten. Dass die sächsischen Künstler nun mit der Ausführung einer neuen Ausstattung in den in Schlesien erhalten gebliebenen evangelischen Kirchen beauftragt wurden, war aber fast unmöglich. Die verelendeten Gemeinden konnten es sich einfach nicht leisten.

Der Griff der Wettiner nach der polnischen Königskrone, mit der notwendigen Konversion zum Katholizismus erkauft, änderte das Verhältnis der Schlesier zu Sachsen und damit auch zur Oberlausitz nicht. Die Bewohner der beiden westlichen Nachbarländer galten immer noch als »Glaubensbrüder«. Der Verweis auf eine Dresdner, Leipziger oder Görlitzer Abstammung konnte nach wie vor ein Vorteil sein, strebte ein Künstler nach einem lukrativen Auftrag bei evangelischen Kunden. Diese Erfahrung machte der Schweidnitzer Bildschnitzer Au-

Abb. 5
Frankenstein, Pfarrkirche St. Anna, Prophet Habakuk vom Engel getragen als Stütze der Steinkanzel · 1619 · Entwurf und Ausführung: Johann Grünberger

gust Gottfried Hoffmann, in Dresden geboren und ausgebildet, der 1752, kurz nach dem Anschluss Schlesiens durch Preußen, mit der Errichtung des neuen Hochaltars in der Schweidnitzer Friedenskirche beauftragt wurde.[25] Diese Wahl war durchaus nicht zufällig, denn sowohl in Schweidnitz selbst als auch in den Werkstätten bei den großen Klöstern gab es genug hochqualifizierte Künstler. Als Katholiken, also – wie man glaubte – treue Diener der Habsburger, kamen sie aber für die künstlerische Ausstattung evangelischer Kirchen nicht infrage.

Der bedeutende Schweidnitzer Auftrag hatte keine wesentlichen Folgen in der evangelischen Kirchenkunst Schlesiens. Die steigende Nachfrage in den Gemeinden befriedigten zunächst lokale Kräfte, dann kam aber der Druck Preußens verstärkt zur Geltung. Das kulturelle Leben Schlesiens nahm jetzt eine neue, bisher völlig unbekannte Richtung nach Nordwesten an. Intensiver Kulturaustausch entlang der via regia, im 15., 16. und in der ersten Hälfte des 17. Jahrhunderts so fruchtbar und kreativ, wurde zur längst vergangenen Geschichte.

Verweise

1 Conrads 1994; Bahlcke 2001. | **2** Harasimowicz 2002 a. | **3** Zlat 1976, S. 28–30, 90–92. | **4** Harasimowicz 1986 a, S. 15 f. | **5** Machilek 1990. | **6** Köhler 1973; Sabisch 1975. | **7** Steinborn 1967; Harasimowicz 1992, S. 46–51, 133–137. | **8** Oszczanowski 2000. | **9** Kaczmarek-Löw 2010. | **10** Hentschel 1966. | **11** Harasimowicz 2007 a. | **12** Schultz 1870; Bimler 1934, S. 87–90. | **13** Harasimowicz 2010 a. | **14** Harasimowicz 1980. | **15** Bahlow 1934/35. | **16** Schultz 1880; Oszczanowski 2001. | **17** Harasimowicz 1996, S. 36 f. | **18** Bek 2004. | **19** Harasimowicz 2010 b, S. 282–285. | **20** Axmacher 1989. | **21** Seifert 1987. | **22** Harasimowicz 2002 b, S. 166–169. | **23** Harasimowicz 1986 b, S. 576. | **24** Grundmann 1970, S. 18–21; Banaś 1971; Seidel-Grzesińska 2000; Bormann 1991; Sörries 2008, S. 26–28, 98–104. | **25** Kalinowski 1986, S. 184–186, 287 f.

Über die via regia wurden nicht nur materielle, sondern auch ideelle Güter transportiert. Wichtige Bedingung für die Entwicklung einer Gesellschaft ist ein fruchtbarer Austausch mit anderen Kulturen. So gelangten zum Beispiel neue ästhetische Vorstellungen und künstlerische Fertigkeiten durch Architekten, Maler und Bildhauer selbst von Ort zu Ort. Allerdings gingen sie in der Regel ihre eigenen Wege, die wenig mit bestehenden Handelsrouten in Einklang zu bringen waren. Auch Werke aus entfernten Kunstzentren, die gekauft oder gestiftet wurden, übten großen Einfluss auf heimische Künstler aus. Ebenso blieben politische und religiöse Reformbewegungen nicht auf eine Stadt beschränkt: durch den noch jungen Buchdruck fand etwa im 16. Jahrhundert entlang der via regia die Reformation eine weite und schnelle Verbreitung. Mit ihr kam eine neue Bildsprache auf, die dann im 17. Jahrhundert, zumindest in Schlesien, wiederum durch die Gegenreformation und katholische Themen abgelöst wurde.

Kunst war auch Handelsware: Über die Leipziger und Frankfurter Messen wurden begehrte Gold- und Silberschmiedearbeiten feilgeboten; höfische Sammlungen, der Ratsschatz wohlhabender Städte, potente Handwerksinnungen sowie bürgerliche Kabinette waren die Abnehmer. Mit dem 16. Jahrhundert begann der Aufstieg der Naturwissenschaften. Die Vermessung der Welt, konkret des eigenen Herrschaftsbereiches, fand mit rationalen Methoden statt: Genaue Messungen unter der Erde förderten den Abbau der Bodenschätze, aus den Aufnahmen über Tage resultierten Landkarten, die die Orientierung erleichterten und die Vorstellung der geografischen Eigenheiten eines Landes bestimmten. Maßgeblichen Anteil hatten einzelne Personen aus der Oberlausitz, die über ihre persönlichen Netzwerke neueste wissenschaftliche Erkenntnisse transferierten. Institutionalisiertes Beispiel dafür ist die 1779 gegründete Oberlausitzische Gesellschaft der Wissenschaften in Görlitz.

Im 18. Jahrhundert, in der Zeit der Aufklärung sowie der technischen Verbesserung der Transportmittel, fingen die Menschen an, in großer Zahl zu reisen. Das, was wir heute mit »Reisen« verbinden – Erholung, Spaß und vor allem die Erweiterung des eigenen Horizonts – begann in dieser Zeit und entwickelte sich weiter zum Tourismus. Eine bahnbrechende technische Neuerung schließlich hatte auf die jahrhundertealte Geschichte der via regia die größte Auswirkung: Mit dem Eisenbahnbau ab den 1840er Jahren zog sich ein neues Wegenetz über Europa, die Straße via regia war nun Vergangenheit – bis sie jetzt in der Gegenwart eine Wiederbelebung im vereinigten Europa erfährt.

5 | 1

Vertreibung der Wechsler aus dem Tempel

Lucas Cranach d. Ä.
(Kronach 1472 – 1553 Weimar)
um 1510
Öl auf Lindenholz; 146 × 100 cm
Staatliche Kunstsammlungen Dresden,
Gemäldegalerie Alte Meister, Gal.-Nr. 3861
s. auch Abb. → Seite 276/277

Auch ohne die im Zweiten Weltkrieg verbrannten Seitenflügel legt die Tafel eindrucksvolles Zeugnis von dem Altar ab, den Lucas Cranach d. Ä. um 1510 geschaffen hat. Das Gemälde besticht durch eine kraftvolle Bildsprache und zeugt von künstlerischen Eindrücken, die Cranach von seiner Reise in die Niederlande im Jahr 1508 mitbrachte.
Ein direkter Entstehungszusammenhang des Gemäldes mit den Reformationsgeschehnissen ist auszuschließen, nicht aber eine möglicherweise beabsichtigte vorreformatorische Kritik des (unbekannten) Auftraggebers an Missständen. In der Tat eignete sich das Thema der »Tempelreinigung« für die reformatorische Agitation, wie auch das »Passional Christi und Antichristi« beweist. In diesem frühen Hauptwerk der protestantischen Bildpolemik wird in insgesamt 26 Illustrationen das Leben und Wirken Christi dem des Papstes (des »Antichristen«) gegenübergestellt. Das zwölfte Bildpaar kontrastiert die »Tempelreinigung Christi« mit einer Darstellung des Ablasshandels des Papstes. Die Holzschnitte des 1521 anonym bei dem in Wittenberg ansässigen Drucker Johann Rhau-Grunenberg erschienenen Büchleins stammen von Cranach d. Ä. und seiner Werkstatt.
Aus dem Cranach-Werk ist außer dem Holzschnitt zum »Passional Christi und Antichristi« keine weitere Darstellung einer »Vertreibung der Wechsler aus dem Tempel« bekannt. Die Bedeutung des Cranachschen Schaffens für die reformatorische Bewegung und ihre Verbreitung ist jedoch vielfach belegt und gründlich untersucht. K.K.

Lit.: Hentschel 1948; Schade 1974, S. 26, 30, 72, 430; Friedländer/Rosenberg 1989, Nr. 25; Ausst.-Kat. Torgau 2004, Bd. 1, S. 24–26; Ausst.-Kat. Chemnitz 2005/06, S. 318–325.

5 | 1

Wanderungen

5|2

5 | 3

5 | 2

Thronende Madonna (»Madonna Horn«)

Oberlausitz oder Mark Meißen (Altzelle?), um 1240
Eichenholz, Rückseite ausgehöhlt, ursprünglich mit einer Verschlussplatte versehen, alte Fassungen; 38 × 22 × 17,5 cm
zwischen 1920 und 1940 von Otto Horn »aus einer Wegkapelle nördlich von Kamenz« erworben; seit 1952 im Stadtmuseum Meißen
Stadtmuseum Meißen, Stiftung Horn, Inv.-Nr. 906 (Ho 1)

Das älteste aus der Oberlausitz stammende hölzerne Bildwerk ist gleichzeitig eines der bedeutendsten: eine kleinformatige Darstellung der thronenden Muttergottes, die ursprünglich zweifellos in der Zisterzienserinnen-Abtei St. Marienstern beheimatet war. Der relativ gute Erhaltungszustand der Figur macht es unwahrscheinlich, dass sie, wie die Provenienzangabe des Sammlers Horn vermittelt, längere Zeit in einer offenen Wegekapelle aufgestellt war. Es handelt sich um eine Eichenholzskulptur der auf einem Kastenthron sitzenden Maria mit Kind. Am Brustausschnitt befindet sich eine ovale Öffnung, die mit einem Bergkristall oder Glas verschlossen ist und einst eine Reliquie barg. Dasselbe gilt wohl für die kreisrunde Öffnung in der Stirn Mariens, wo heute ein Holzstück eingepasst ist. Die rechte Hand der Muttergottes fehlt, wahrscheinlich hielt sie einen Apfel oder eine Blume. Der Kopf Christi zeigt schnitzerische Überarbeitungen. Das Bildwerk trägt auch mehrere jüngere Farbfassungen. Stilistisch steht das um 1240 zu datierende Werk der Sitzmadonna im Tympanon der Goldenen Pforte an St. Marien in Freiberg (um 1220–1230) nahe – dem neben dem Wechselburger Lettner wichtigsten Kunstwerk im Bistum Meißen aus der ersten Hälfte des 13. Jahrhunderts. In St. Marienstern dürfte die Skulptur mit den einst enthaltenen Reliquien den Status eines Kultbildes erlangt und bei der wenig später erfolgten Entstehung eines kostbaren Tafelreliquiars mit Relief der thronenden Madonna mit Kind (Zisterzienserinnen-Abtei St. Marienstern, Schatzkammer) als Vorbild gedient haben, ebenso für Mariendarstellungen in dortigen liturgischen Handschriften aus dem 14. Jahrhundert. Aufgrund ihres Typus und ihrer Größe gehört die Madonnenskulptur zu einer im mittel- und nordwestdeutschen Raum verbreiteten Gruppe von Bildwerken, die als Kultbilder besondere Verehrung genossen und vor allem aus Frauenklöstern überliefert sind. Suckale konnte nachweisen, dass der Typus dieser Madonnen aus England stammte und sich ausgehend von der welfischen Hofkunst um 1200 bis in die Jahrhundertmitte weit verbreitete. M.W.

Lit.: Ausst.-Kat. Bautzen 1935, Nr. 1; Hannig 1985, S. 11–14; Ausst.-Kat. Dresden 1990, Nr. 193; Niehr 1992, S. 313 f., Nr. 95; Suckale 1995; Ausst.-Kat. Marienstern 1998, Nr. 2.2; Winzeler 2009, S. 220–224, Kat.-Nr. V.3.

5 | 3

Antependium

Böhmen, vor 1350
Leinen, farbige Filofloßseide in Spalt- und Klosterstich, Häutchengold- und Häutchensilberfaden in Anlegetechnik und Reliefstickerei, Glasflüsse in den Heiligenscheinen fehlen; 94 × 339 cm
Staatliche Kunstsammlungen Dresden, Kunstgewerbemuseum, Inv.-Nr. 37 417

1842 wurde das sogenannte Pirnaer Antependium, eine der ältesten erhaltenen frühmittelalterlichen Stickereien, noch unspektakulär als »[...] eine gestickte, sehr alte Altardecke, die sich noch unter der neuern Bekleidung auf dem Altare der Stadtkirche zu Pirna befand«, beschrieben. Erst der Kunsthistoriker Jacob Falke würdigte 1869 voller Begeisterung »[...] die Weichheit der Linien, die fromme Hingebung, die edle Einfachheit in einer so vollendeten Weise, daß sie nur der Hand eines großen Künstlers entstammen kann«. Ein Antependium, die Bekleidung des Altartisches, verlangt eine breit angelegte Szenerie. Das zentrale Thema hier ist die Marienkrönung, begleitet von der Darstellung einiger Apostel und böhmischer Landespatrone. Von links nach rechts: hl. Wenzel, böhmischer Landespatron, hl. Adalbert, Bischof von Prag, die Apostel Philippus und Petrus, der Evangelist Johannes, Johannes der Täufer, die Apostel Paulus und Jakobus d. Ä., der hl. Prokopius, Einsiedler, Abt des Klosters von Sazawa und böhmischer Landespatron, der hl. Veit, ältester böhmischer Heiliger und Landespatron, sowie in den Rundmedaillons der umlaufenden Bordüre weitere Heilige, meist Nonnen und Mönche. Der besondere Reiz der Stickerei liegt in der zarten, differenzierten Zeichnung der Figuren. Der fein abgestimmte Farbwechsel der verwendeten Seidenfäden sowie deren unterschiedliche Ausrichtung verleihen der Stickerei selbst in monochromen Flächen eine beeindruckende Nuancierung. An vielen Stellen geben ausgefallene Seidenfäden den Blick auf die Vorzeichnungen frei, deren Schöpfer durchaus in der böhmischen Tafelmalerei zu suchen ist. Das Antependium ist wahrscheinlich eine Arbeit böhmischer Nonnen für das Pirnaer Dominikanerkloster. Pirna gehörte im 14. Jahrhundert zur böhmischen Krone und stand somit unter der Herrschaft Kaiser Karls IV. Die dargestellten Landespatrone könnten auch Bezug auf den Kaiser nehmen, der vor allem den Kult um den hl. Wenzel, für den er die gleichnamige Kapelle im Prager Dom bauen ließ, den hl. Veit und besonders den hl. Prokopius förderte. K.S.

Lit.: Mitteilungen 1835–1847, 2 (1842), S. 5; ZfbK, 4 (1869), S. 280; Kunsthandwerk 1981, S. 181 f., Nr. 225; Wetter 2001.

5|4

5|5

5|4

Krone

Böhmen (?), 1. Hälfte 14. Jh.
Silber, vergoldet; Reif getrieben, gepunzt und graviert, grünes Email, 30 Amethyste in Kastenfassungen (zwei verloren); gegossene und angelötete Bekrönungen: Blattkreuze (zwei vollständig erhalten, eines ohne Spitze, fünf abgebrochen), Adler (drei ganz erhalten, einer kopflos), Pelikane (einer erhalten, drei abgebrochen)
Höhe: 6,5 cm; Reifhöhe: 3 cm; Durchmesser: 18,5 cm
Zisterzienserinnen-Abtei St. Marienstern

Die älteste der zahlreichen Kronen im Schatz von St. Marienstern dürfte im 14. oder 15. Jahrhundert von einer hochrangigen Donatorin dem Zisterzienserinnenkloster verehrt worden sein – wahrscheinlich von einer böhmischen Prinzessin oder Königin. Der 16-teilige Reif mit Steinbesatz, an Perlstickerei erinnernden Ranken und dünnem, fast durchsichtigem Email ist von feingliedrigen Kreuzblumen bekrönt, die mit Pelikanen und Adlern abwechseln – Motive, die auf Christus verweisen: auf dessen Opfer und Auferstehung. Ikonografisch sowie in der technologischen Ausführung ist kein unmittelbar entsprechendes Werk bekannt. Hinsichtlich Typus und Funktion ist diese Krone vergleichbar mit der älteren aus dem Dominikanerinnenkloster auf der Margaretheninsel in Budapest (Ende 13. Jahrhundert; Budapest, Ungarisches Nationalmuseum) sowie mit der sogenannten Äbtissinnenkrone im Salzburger Stift Nonnberg (zweites Viertel 14. Jahrhundert), die bis 1874 der Büste der hl. Erentrud umgehängt war. Die Größe der Krone und die Adlermotive finden eine gewisse Parallele in der Krone aus dem Schatz von Neumarkt (heute im Muzeum Narodowe Wrocławiv), die vermutlich für die böhmische Prinzessin Eliška Přemyslovna geschaffen wurde und ins frühe 14. Jahrhundert datiert wird. Als die Krone nach St. Marienstern kam, wurde sie einem der kostbarsten Reliquiare des Klosterschatzes zugeordnet, der aus dem ausgehenden 13. Jahrhundert stammenden Büste der hl. Paulina. Diese Heilige gehört zu den 11 000 Jungfrauen, die in St. Marienstern mit einst 78 Häuptern das wichtigste Heiligtum darstellten. Das Reliquiar wurde für die Krönung erneuert und am Kopf mit Ösen versehen, die zur Befestigung der gleichermaßen nachträglich mit Ösen versehenen Krone diente. Im Einklang mit dem Schmuck der Krone erhielt zudem der Sockel der Büste einen neuen Amethystbesatz. M.W.

Lit.: Ausst.-Kat. Essen/Bonn 2005, Nr. 293; Winzeler 2009, S. 377–381, Kat.-Nr. II.20.

5 | 5

Maria in der Hoffnung

unbekannter Prager (?) Bildhauer
um 1400
Plänerkalkstein, farbig gefasst und partiell vergoldet; 67 × 28 × 22 cm
Leihgabe der Evangelischen Innenstadtgemeinde Görlitz im Kulturhistorischen Museum Görlitz, Inv.-Nr. 47-61

Die Skulptur der Maria in der Hoffnung gehört zu den wertvollsten spätmittelalterlichen Kunstwerken, die sich in Görlitz und der Oberlausitz erhalten haben. Auf dem gewölbten Bauch der Jungfrau ist das noch ungeborene Christuskind zu sehen. Die zierliche Gestalt Mariens und ihre grazile Haltung unterstreichen die stille Erwartung der wundersamen Geburt des Gottessohnes. Haare, Gesicht und Gewand weisen noch umfangreiche Teile der früheren Farbfassung auf. Die Figur ist ein bedeutendes Werk des Schönen Stils, der ausgehend vom Prager Hof König Václavs IV. um 1400 seine Verbreitung in ganz Mitteleuropa fand. Wahrscheinlich entstand die Skulptur sogar in einer Prager Werkstatt und gelangte als »Exportstück« nach Görlitz. Darauf deutet die Verwendung des in der Prager Umgebung vorkommenden Plänerkalksteins hin. In der Neißestadt war sie früher als »wohlriechende Maria« bekannt – ein Name, der möglicherweise mit ihrer spätmittelalterlichen Verehrung zusammenhängt. Bis in die 1830er Jahre gehörte sie zur Ausstattung der Görlitzer Frauenkirche. Ihr früherer Standort ist vielleicht identisch mit dem durch Schriftquellen überlieferten, einst an eine Wand des Gotteshauses gemalten Gebet, dessen Text das Mysterium der unbefleckten Empfängnis glorifizierte. K.W.

Lit.: Winzeler 2007; Winzeler 2008 a, S. 11; Fink/Wenzel 2010.

5 | 6

Hl. Katharina von Alexandrien

Schlesien, um 1400
Kalkstein, bemalt, Blattgold
86,5 × 23 × 31,5 cm
ursprüngliche Herkunft der Skulptur unbekannt, soll in der Nähe von Leubus gefunden worden sein (Gloschkau bei Brieg?); 1926 Privateigentum, danach im Schlesischen Museum der bildenden Künste Breslau; seit 1946 im MNW Muzeum Narodowe w Warszawie, Inv.-Nr. Śr. 457

5 | 6

Die Forschungen zur Figur der hl. Katharina initiierte Wiese, der sie für ein Beispiel böhmischer Einflüsse in Schlesien hielt und auf die Zeit um 1400 datierte. Er stützte sich auf den damaligen Stand der Untersuchungen zum Schönen Stil und verband sie mit dem Werk des Meisters der Schönen Madonna aus Breslau. Kutal wies darauf hin, dass die Skulptur eine sehr nahe Entsprechung in Böhmen hat – in der Figur derselben Heiligen (um 1402) aus der Jakobskirche in Iglau, die mit dem Kreis der Schönen Madonna aus Krumau in Zusammenhang gebracht wird. Nach seiner Meinung (die von anderen tschechischen Forschern unterstützt wird) entstand die schlesische Figur, die im Verhältnis zur böhmischen sekundär ist, in der Werkstatt des Meisters der Schönen Madonna aus Thorn; die Ähnlichkeit der beiden Katharinen würde vom direkten Einfluss des Stils des Meisters aus Krumau auf den Thorner Meister zeugen.
Zweifellos repräsentieren die Skulpturen sehr ähnliche Darstellungsvarianten. Generell unterscheiden sie sich jedoch in ihrem plastischen Effekt. Die schlesische Figur ist kompositorisch kohärenter, die böhmische stellt stärker die dekorative Funktion der Drapierung heraus. Die handwerklichen Unterschiede der Werkstätten, die in der Bearbeitung beider Katharinen zu beobachten sind (darunter die unterschiedlichen Gesichtszüge), schließen aus, dass man sie einem Künstler zuschreiben könnte. Sie stehen beispielhaft für das den Schönen Stil kennzeichnende Phänomen, mit einer großen Anzahl von Varianten kompositorischer Schemata ein Thema zu umkreisen; daher scheint die Festlegung der chronologischen Abhängigkeit zwischen den Skulpturen unzuverlässig. Die Herkunft der Figur aus Schlesien – wo in derselben Zeit andere hervorragende Steinmetzarbeiten des Schönen Stils für Breslauer Kirchen entstanden – ist eine Prämisse dafür, sie einem Bildhauer zuzuschreiben, der in diesem Gebiet wirkte. Der künstlerische Ausdruck der Skulptur beweist zugleich, dass ihr Autor seine berufliche Ausbildung im böhmischen Milieu genossen hatte. M.K.

Lit.: Braune/Wiese 1929, Nr. 36; Kutal 1971, S. 123; Clasen 1974, S. 52–54, 62–65; Ausst.-Kat. Köln 1978, Bd. 2, S. 503; Schmidt 1992, S. 233–237, 263; Karel IV, 2006, Nr. 12.15; Ausst.-Kat. Pfäffikon/Lissabon 2006/07, Nr. 6.

5 | 7

Triptychon der hl. Hedwig

Werkstatt des Meisters des Verkündigungsaltars
Schlesien, 1470–1480
Darstellungen des Schreins geschnitzt, Flügel beidseitig bemalt, Skulpturen aus Lindenholz, Figuren rückseitig hohl, Schrein aus Kiefernholz, Flügel aus Tannenholz, Flügelvorderseiten mit Leinen beklebt; Leim-Kreide-Grund, Stoffmuster, Rahmenmuster und Heiligenscheine aus dem Grund hervorgehoben, die Umrisse der Figuren auf den Vorderseiten der Flügel und Inschriften im Grund geritzt, Tempera, Blattgold, Blattsilber lasiert; Gemälde auf den Rückseiten mit Temperatechnik direkt auf Holz gemalt
177 × 130 × 23,5 cm
aus der Pfarrkirche St. Elisabeth, Breslau; seit 1859 im Museum Schlesischer Altertümer Breslau, ab 1899 im Schlesischen Museum für Kunstgewerbe und Altertümer Breslau, seit 1948 im MNWr
Muzeum Narodowe we Wrocławiu, Inv.-Nr. XI 139

Das Triptychon ist der hl. Hedwig gewidmet, der Schutzpatronin Schlesiens und der Breslauer Haupt- und Pfarrkirche. Es wurde von Adelsfamilien, die mit Schlesien und Breslau verbunden waren – den aus Nürnberg stammenden Hübners und den aus Sachsen stammenden Falkenhayns – gestiftet. Die Figur der 1267 heiliggesprochenen Herrin Schlesiens – Tochter von Berthold VI., Graf von Andechs, und Agnes aus dem Geschlecht der Wettiner, Stifterin, fromme Frau und Ahnin der Schlesischen Piasten – nimmt hier den zentralen, gewöhnlich der Madonna vorbehaltenen Platz im Altar ein. An ihren Seiten stehen der hl. Sebald, Schutzpatron von Nürnberg, und der hl. Leonhard. Die beidseitig bemalten Flügel zeigen auf den Vorderseiten Johannes den Täufer und den hl. Georg, auf den Rückseiten den hl. Sebald und den hl. Leonhard. In der nicht erhaltenen Predella des Triptychons befanden sich früher die Darstellung der Verkündigung zwischen der hl. Katharina und der hl. Barbara sowie Wappen der Familien Hübner und Falkenhayn, deren Wappenzeichen bis heute auf den Schilden unter den im Schrein stehenden Skulpturen zu sehen sind.
Das Triptychon entstand in einer der führenden Breslauer Künstlerwerkstätten – der Werkstatt des Meisters des Polyptychons der Verkündigung (um 1480). Im Triptychon der hl. Hedwig treten Reminiszenzen des Schönen Stils – mit seinem Idealismus und der weichen Formung der Faltenwürfe – zurück hinter einer neuen plastischen Vision mit ihrem Streben nach Individualisierung der Physiognomie und einer fast kristallhaften Formung der Gewänder. Die Darstellungen von Johannes dem Täufer und des hl. Georgs auf den Altarflügeln sind Kupferstichen von Martin Schongauer (Bartsch 54, 58) nachempfunden. Es ist nicht ausgeschlossen, dass ihr Maler aus der Werkstatt von Nicolaus Obilmann stammt, dem Autor des Retabulums aus Liegnitz von 1466 (heute im Muzeum Narodowe w Warszawie). B.G.-K.

Lit.: Ziomecka 1968, S. 84–86, Nr. 45, Abb. 74–76; Ziomecka 1976, S. 126, Nr. 132; Guldan-Klamecka 1997, S. 30 f.; Illustrated Bartsch 1980, S. 262, 266; Guldan-Klamecka/Ziomecka 2003, S. 302–304, Nr. III/65.

5 | 8

Grosse legenda der hailigsten frawen Sandt hedwigis

eyne geborne furstyn von Mehran, und eyne gewaldige herczogynne In polen und Schlesyen
Breslau: Konrad Baumgarten, 1504
Buchdruck, [108] Bl., 65 kolorierte Holzschnitte; 19 × 25 cm
Oberlausitzische Bibliothek der Wissenschaften, Görlitz, Sign. A IV 4° 39c

Am 19. Juni 1504 vollendete Konrad Baumgarten in Breslau den Druck der »Großen Legende der Heiligen Frau Sankt Hedwig«. Zu dieser Zeit galt Hedwig von Andechs (1174–1243), die durch ihre Heirat mit Heinrich I. schon mit zwölf Jahren Herzogin von Schlesien geworden war, vielen Schlesiern bereits als die Patronin des Landes. Zu Lebzeiten hatte sich die fromme und weltoffene Herzogin wegen ihrer Unterstützung für die politischen Ziele ihres Mannes, vor allem aber wegen ihres sozialen und karitativen Engagements großer Beliebtheit erfreut. Für den 1262 eingeleiteten Prozess der kirchlichen Heiligsprechung war die Einreichung einer Lebensbeschreibung, verbunden mit der Darstellung der Wunder, die Gott auf die Fürsprache des Betreffenden hin gewirkt habe, vorgeschrieben. Aus dieser »Vita et Miracula«, welche verschollen ist, entstand um 1300 die »Legenda Maior de beata Hedwigii«, die für den Druck Konrad Baumgartens die wesentliche Textgrundlage darstellt. Ergänzend werden die um 1300 entstandene »Genealogie« sowie die Kanonisationsurkunde vom 26. März 1267 und die Predigt des Papstes Clemens IV. zur Feier der Heiligsprechung abgedruckt.
Die Autorenschaft der ganzseitigen Holzschnitte ist ungeklärt, Zuweisungen in die

5|7

Vonn den wercken yrer barmhertzikeit

Alhy dy heylige frawe Sandt Hedwigk speyszet dy armen dy sy sunderlichen an yrem hoffe hette teglichen vnd dē selbigenn dy speyße vortrugk vnd yn dy gab mit gebewgettenn knyen. Ee dan si selber zu tische saß vñ dy speyße nam·

Vonn den werckenn yrer barmhertzykeyt·

5|8

5 | 9

Werkstatt Anton Kobergers in Nürnberg sind nicht sicher belegbar. Baumgarten stammte aus Rottenburg am Neckar, zwischen 1498 und 1509 ist er als sogenannter Wanderdrucker neben Breslau auch in Danzig, Olmütz und Frankfurt (Oder) nachweisbar. Im Exemplar der Oberlausitzischen Bibliothek der Wissenschaften sind die Abbildungen von alter Hand koloriert. Zahlreiche Gebrauchsspuren und der Verlust des originalen Titelblattes zeugen von häufiger und intensiver Benutzung. M.W.

Lit.: Gottschalk 1963; Burbianka 1970; Pressler 1997.

5 | 9

Die hl. Hedwig

Meister von Frankfurt
(Antwerpen 1460 – um 1525 Antwerpen)
um 1500
Öl auf Holz, auf Leinwand übertragen
75 × 24 cm
1698 in der Dresdner Kunstkammer; noch 1741 in der Kunstkammer (Inv. Kunstkammer 1741, fol. 556 (287 v), 27); 1830 zur Gemäldegalerie; Kat. Matthäi 1835, Äußere Galerie, 154 (als unbekannt); seit Mai 1945 verschollen; Rückkehr nach Dresden im Jahr 1950
Staatliche Kunstsammlungen Dresden, Gemäldegalerie Alte Meister, Gal.-Nr. 808

Die hl. Hedwig, Schutzpatronin von Schlesien, wird seit dem 14. Jahrhundert vor allem im schlesischen Kulturkreis, aber auch in der Stadt Görlitz und in der Oberlausitz verehrt. In der Darstellung des flämischen Meisters ist sie charakterisiert durch ihre Attribute: eine kleine Marienstatuette, das Modell der Klosterkirche von Trebnitz und ein Paar an ihrem Gürtel hängender Schuhe. Im Jahre 1202 hatte Hedwig in Trebnitz nördlich von Breslau ein Zisterzienserinnen-Kloster gegründet. Ihr Wirken war geprägt durch Barmherzigkeit und christliche Nächstenliebe, gepaart mit größter körperlicher Entsagung, die sie etwa veranlasste, stets barfuß zu gehen.
Die Darstellung der Hedwig mit ihrem wohlgeformten Gesicht mit den katzenhaften Zügen und den großen, von schweren Lidern bedeckten Augen sowie ihre leicht s-förmige Haltung entspricht dem allgemeinen Ideal weiblicher Heiligenfiguren der Zeit und geht auf Vorbilder im Werk des Hugo van der Goes zurück. Die Dresdner Hedwig verkörpert einen im Werk des Meisters von Frankfurt häufig wiederkehrenden Figurentyp, der vor allem für die Schilderung einzeln stehender weiblicher Heiliger über zwei Jahrzehnte hinweg verwendet wurde. Auch im Pressbrokatornament des Kleides findet sich ein typisches »Markenzeichen« der großen Antwerpener Werkstatt des Meisters: das Granatapfelmuster, das einfach flach über die zu verzierenden Gewandflächen gelegt wurde. Die hochformatige Darstellung der hl. Hedwig bildete mit einer zweiten Tafel, die den hl. Andreas in Begleitung eines Stifters zeigt, einstmals die Seitenflügel für einen Altar, dessen Mitteltafel verloren ist. Sie zeigen wohl die Patrone der Familie des Altarstifters und sind letztlich nur in inhaltlichem Bezug auf das heute unbekannte Mittelbild des Altars zu verstehen. U.N.

Lit.: Mayer-Meintschel 1966, S. 40/41, Nr. 808; Friedländer 1967–1976, Bd. 7, S. 77, Nr. 138; Goddard 1984, S. 63, 163, Nr. 125; Ausst.-Kat. Dresden 1998 a, S. 188 f., Nr. 35 (als hl. Elisabeth).

5 | 10

Kleines Kruzifix

Veit Stoß
(Horb am Neckar? 1438? – 1533 Nürnberg)
um 1490
Lindenholz, mit Resten einer Farbfassung
48 × 45 cm
gekauft 1887
Muzeum Narodowe w Krakowie, Inv.-Nr. MNK I-36

Der Gekreuzigte hängt mit leicht gebeugten Armen, seine Beine dagegen sind in den Knien angespannt. Das bewegte Lendentuch bildet ein Knäuel hinter dem rechten, hoch entblößten Oberschenkel und schiebt sich links bis zum Oberschenkel vor. Der Künstler war nicht an der richtigen Wiedergabe der Anatomie interessiert, sondern an deren Stilisierung, die in der Hervorhebung der Kontraste besteht: gewölbter Oberkörper – eingefallener Bauch, Einziehung der Taille –, breite Hüften, massive Waden, abgemagerte Fußgelenke. Diese anatomische Stilisierung soll nach Meinung mancher Forscher (Dettloff, Kahsnitz) gegen die Zuschreibung des Kleinen Kruzifixes an Veit Stoß zeugen.
Das Kruzifix im Muzeum Narodowe w Krakowie war vermutlich eine von vielen frömmlerischen Darstellungen, die serienmäßig in der Werkstatt des Meisters hergestellt wurden und für anonyme Kunden gedacht waren. Johann Neudörffer beschreibt im Biogramm von Veit Stoß ein »ausgespanntes Göttlein oder Crucifix [...] ungefär ein wenig länger dann ein Spann«. Die Skulptur ist also nicht nur ein faszinierendes Kunstwerk, son-

5|10

5 | 11

5 | 12

dern auch das Zeugnis von Veränderungen, die auf dem Kunstmarkt stattfanden. Das Kruzifix wurde vom Krakauer Holzschnitzer Romuald Łapczyński erworben. Vermutlich war er es, der die fehlenden Stücke ergänzt hatte: den linken Arm, die Finger der rechten Hand und die Zehen. W.M.

Lit.: Neudörffer 1547, S. 84; Dettloff 1949; Kahsnitz 1995/96; Ausst.-Kat. Kraków 2005 b, S. 64, Nr. II/1; Walanus 2007, S. 94 f., 109, 112.

5 | 11

Hl. Anna Selbdritt

Werkstatt Jakob Beinhart
(Süddeutschland? um 1460–1525,
tätig in Schlesien und Breslau seit 1483)
Schlesien, um 1510
Wandskulptur, rückseitig hohl, Lindenholz, Leim-Kreide-Grund, Tempera, Blattgold und Blattsilber; Höhe: 92,5 cm
aus der Pfarrkirche St. Elisabeth, Breslau; seit 1859 im Museum Schlesischer Altertümer Breslau; seit 1899 im Schlesischen Museum für Kunstgewerbe und Altertümer Breslau, seit 1947 im MNWr
Muzeum Narodowe we Wrocławiu,
Inv.-Nr. XI 86

Die Skulptur bringt auf symbolische Weise die Idee der Unbefleckten Empfängnis zum Ausdruck. Sie repräsentiert eine in Schlesien in den ersten beiden Jahrzehnten des 16. Jahrhunderts populäre ikonografische Variante der entrückten Darstellung, bei der neben der auf einer Thronbank sitzenden hl. Anna mit Kind auf dem Schoß ihre Tochter steht – die verkleinerte, mädchenhafte Maria in einem Ährenkleid. Obwohl die Figur des Kindes fast vollständig zerstört ist, kann man aus dem erhaltenen Fragment des rechten Fußes Jesu schließen, dass es ursprünglich auf dem Schoß der Großmutter gestanden und nicht gesessen hat. Eine stehende Darstellung des Kindes, selten bei Skulpturen dieses Typs in Schlesien, ist noch von der Skulptur in Greisau (Kreis Neiße) aus der Zeit um 1500 bekannt. Sie belebte zweifellos die statische Komposition, führte etwas Genrehaftes in die Darstellung ein, die charakteristisch für Werke aus dem Umkreis Jakob Beinharts war.
Für die Zuschreibung der Skulptur an die Werkstatt dieses Künstlers sprechen außerdem der von Veit Stoß inspirierte Faltenwurf des Mantels der hl. Anna, die u. a. aus der Darstellung der Heiligen Jungfrau im Relief »Der Hl. Lukas malt die Madonna« aus der Breslauer Pfarrkirche St. Magdalena (heute Muzeum Narodowe w Warszawie) bekannte runde Kopfform, die zierlichen Gesichtszüge Mariens mit tiefliegenden Augen sowie die Art der Bearbeitung des Haares der Jungfrau, das von den Wangen in Form von Locken-Zöpfen absteht. B.G.-K.

Lit.: Ziomecka 1968, S. 135, Nr. 104, Abb. 166; Ausst.-Kat. Brzeg 1990, S. 23, Nr. 17, Abb. 9; Maniurka 1997, S. 44 f., 57, 59, 60, 282, Nr. 62, Abb. 62; Guldan-Klamecka/Ziomecka 2003, S. 442 f., Nr. III/160.

5 | 12

Christus in der Rast

Peter Breuer
(Zwickau um 1472–1541 Zwickau)
um 1500
vollplastische Figur, Holz; Höhe: 116 cm
vorderer Teil des Rasensockels, rechter Fuß sowie die Zehe des linken Fußes 1949 ergänzt; Reste der Originalfassung 1949 in der Werkstatt des Landesamtes für Denkmalpflege nach Entfernung des Ölfarbenanstriches aufgedeckt
Stadt- und Bergbaumuseum Freiberg,
Inv.-Nr. 47/31

Die spätgotische Holzfigur des trauernden Christus stammt ursprünglich aus der Nikolaikirche in Freiberg. Sie gehört zum Œuvre von Peter Breuer, einem der wichtigsten Vertreter der sächsischen Schnitz- und Bildhauerkunst des ausgehenden Mittelalters. Breuer war vorwiegend in seiner Heimatstadt Zwickau und Umgebung tätig, wo er zahlreiche Altar- und Andachtsbildwerke geschaffen hat. Der sitzende Christus wurde entkleidet, kurz nach der Geißelung und vor seiner Kreuzigung dargestellt. Seine rechte Hand stützt den Kopf mit der Dornkrone, sein Antlitz ist melancholisch. Der Typus »Christus in der Rast« (auch »Christus im Elend«) entwickelte sich als ein Thema der spätmittelalterlichen Plastik vor allem in Mittel- und Ostmitteleuropa. Während sich im Zwickauer Raum keine solche Figur erhalten hat, umfasst die Sammlung des Stadt- und Bergmuseums in Freiberg allein sechs Skulpturen dieses Typs, die stilistisch mit anderen Werken aus dem Freiberger Kunstmilieu um 1500 verwandt sind. Diese Andachtsbilder bei der Betrachtung der Leiden Christi sind Ausdruck der Passionsfrömmigkeit, die an die mittelalterliche Mystik von Bernhard von Clairvaux, Thomas a Kempis und Heinrich Seuse anknüpft. Ka.Z.

Lit.: Hentschel 1926, S. 14, 36; Ausst.-Kat. Zwickau 1935, S. 12, 26; Hentschel 1951, S. 111–200, Nr. 12, Abb. 60–63; Richter 2004, S. 65–68; Ausst.-Kat. Torgau 2004, Nr. 33.

5 | 13

5 | 13

Christus als Salvator Mundi und Maria als Regina Coeli

Hans Süß von Kulmbach (?)
(Kulmbach um 1480 – 1522 Nürnberg)
2. Jahrzehnt des 16. Jh.
Öl und Blattgold ursprünglich auf Holz, 1898 auf Leinwand übertragen
jeweils 135,5 × 36,5 cm
aus der Pfarrkirche in Pławno
Muzeum Narodowe w Warszawie, Inv.-Nr. Śr. 18 d, e

Die Gemälde auf den Flügelaußenseiten des Altarretabels aus Pławno zeigen links Christus als Heiland und Erlöser der Welt und rechts seine Mutter Maria als Himmelskönigin einander zugewandt. Der goldene Hintergrund und der Brokatvorhang unterstreichen die Würde der heiligen Personen. Christi zum Segen erhobene Rechte verweist auf seine Erlösungskraft; seine Herrschergewalt als Rex Regum (König der Könige) wird durch die Königskrone, den -apfel und den edelsteinbesetzten roten Mantel symbolisiert. Maria fungiert mit ihrem gesenkten Blick und anbetend gefalteten Händen als erste Fürbitterin der Menschen vor Gott und verkörpert zugleich die triumphierende Kirche. In diesen theologischen Bezug auf die Kirche ist das Martyrium des polnischen Nationalheiligen Stanislaus eingeschrieben, das nach dem Öffnen der Retabelflügel zu sehen und in Form von sechs kleinfigurigen, vergoldeten Reliefs dargestellt war.
Für die Stiftung des Retabels durch hofnahe Kreise bzw. die polnische Königsfamilie selbst spricht seine herausragende Qualität. Das Werk wird für eine der Krakauer Kirchen – die Kathedrale oder die Paulinerkirche auf Skałka, den Martyriumsort des hl. Stanislaus – bestimmt gewesen sein, eine Verwendung für eine Privatkapelle ist aufgrund der geringen Größe ebenfalls nicht auszuschließen.
Die Malerei wird dem sowohl in Nürnberg als auch in Krakau tätigen Hans Süß von Kulmbach zugeschrieben, einem Maler aus dem engsten Kreis Albrecht Dürers. Die für ihn charakteristischen überlängten Figurenproportionen, kleine Köpfe und Hände sowie eine lichte Farbigkeit sind hier so zurückgenommen, dass zu erwägen wäre, ob nicht ein Entwurf Dürers vorlag, den Hans Süß umsetzte. Unklar ist, ob das Werk aus Nürnberg importiert oder direkt in Krakau geschaffen wurde, denn sowohl die Mobilität des Künstlers als auch der Transport des fertigen Retabels über die via regia sind denkbar. A.G.

5 | 14

Lit.: Jeruzal 1999; Steinborn/Ziemba 2000, S. 147–151; Kochanowska-Reiche/Majewski 2003, S. 156 f.; Gąsior 2006; Ausst.-Kat. Pfäffikon 2006/07, S. 144, Nr. 26 f..

5 | 14

Hl. Hieronymus

Hans Dürer
(Nürnberg 1490 – 1534 Krakau)
1527
Tempera auf Lindenholz; 41 × 31 cm
sign. und dat. u. r.: geflochtenes Monogramm »HD 1527«
gekauft 1887
Muzeum Narodowe w Krakowie, Inv.-Nr. MNK I-39

Der hl. Hieronymus kniet in einer Waldlandschaft und schlägt sich mit einem Stein auf seine blutende Brust. Er blickt nach oben auf ein Kruzifix. Darunter hängt sein Kardinalshut, unten ist sein roter Mantel ausgebreitet. Hinter dem Busch liegt ein Löwe. Auf der linken Seite ist eine Grotte in einem steilen Felsen mit Bäumen zu sehen. Der Baum auf der rechten Bildseite trägt auf dem Stamm mit weißer Farbe das Datum und Monogramm Hans Dürers. Die Waldkulisse eröffnet in der Bildmitte den Blick auf eine entfernte Stadt.
Das Leben des Kirchenvaters Hieronymus von Stridon (um 340 – um 420) verlief in einer eigenartigen Zerrissenheit zwischen dem Studium antiker Literatur und der Erforschung christlicher Theologie sowie zwischen der Erfüllung hoher kirchlicher Funktionen und dem eremitenhaften Rückzug von der Welt. Deshalb stellt die Ikonografie den Heiligen sowohl als einen gelehrten Kardinal im Gehäuse als auch als abgehärmten, sich geißelnden Büßer dar. Auf dem Krakauer Bild tritt Hieronymus in der zweiten Rolle auf.

Sich direkt an Gott richtend, behandelt er die irdischen Würden mit Distanz und ist auf das Ewige konzentriert. Dieses Schema wurde an der Wende des Mittelalters zur Neuzeit besonders beliebt.
Hans Dürer war der 19 Jahre jüngere Bruder von Albrecht Dürer, in dessen Werkstatt er gelernt hatte. 1510 brechen die Nachrichten über sein Leben in Nürnberg ab. Manche Autoren nehmen an, dass er mehr als zehn Jahre als Wanderkünstler in Sachsen, Schlesien und Mähren gearbeitet hat. Erst Mitte 1527 finden wir ihn in Krakau als Hofmaler des polnischen Königs Sigismund I. wieder. Unsere Vorstellung über das Werk von Hans Dürer ist unklar; sie stützt sich bislang auf unsichere Attribute. Allein das Auftreten des Monogramms HD entscheidet noch nicht über die Urheberschaft. Die polnische Provenienz des Bildes ist in diesem Fall jedoch bezeugt. W.M.

Lit.: Beenken 1935; Ausst.-Kat. Dresden 1971, S. 205, Nr. 371; Słownik artystów polskich 1971, Bd. II (1975), S. 126–129; Mende 2004.

Reformation

5 | 15

Gesetzes- und Gnadentafel – Epitaph des Johannes Hess

unbekannter Künstler
Schlesien (Breslau?), 1547–1549
Tempera mit Öllasuren, Fichtenholz;
Rahmen aus Kiefernholz
Gesamtmaß: 215 × 150 cm; Bild: 118 × 116 cm
Muzeum Narodowe we Wrocławiu,
Inv.-Nr. VIII-2649

Das Epitaph stammt aus der Magdalenenkirche in Breslau, wo der gebürtige Nürnberger Johannes Hess (1491–1547) seit 1523 der erste protestantische Prediger und bald auch Pastor war. Er hatte in Zwickau, Leipzig und Wittenberg (Magister 1512) sowie in Bologna (Doktor in Theologie 1520) studiert. In Wittenberg begegnete er Martin Luther. In Breslau, wo er als Sekretär von Bischof Johann Thurzo und Kanoniker des Kollegialkapitels zum hl. Kreuz tätig war, erreichte er gemeinsam mit Ambrosius Moiban 1523 die Einführung der Reformation, wobei sie Spannungen mit der Obrigkeit vermeiden konnten.
Das Bild vereint die bildhaft-wörtliche Formel der Gesetzes- und Gnadentafel, die die theologischen Grundlagen des reformierten Glaubens zum Ausdruck bringt (Sünde und Gericht werden Glauben und Gnade gegenübergestellt), mit der Darstellung der Familie von Hess. Die Synthese der Motive der Gesetzes- und Gnadentafel, von Luther und Lucas Cranach d. Ä. um 1529 entwickelt und von dem schlesischen Maler dem Frontispiz von Luthers Bibel entnommen, schafft eine räumlich scheinbar kohärente Komposition. Die Nähe zur Malerei des Donaukreises verbindet sich hier mit einem schematischen Aufbau von Bildebenen. Die Inhalte werden von Bibelzitaten oder deren Abkürzungen auf Spruchbändern ergänzt. Im Vergleich zu den zahlreichen Breslauer Bildepitaphen des 16. Jahrhunderts hebt die Darstellung der Familie von Hess auf untypische Weise die Person des Reformators hervor und stellt ihn, gemäß dem Prinzip, dass Männer und Frauen getrennt wurden, seinen beiden Ehefrauen (Anna Jopner, Hedwig Wahle) mit ihren Kindern gegenüber.
Die lateinische Inschrift identifiziert den Verstorbenen, ihm ist auch das griechische Gedicht von Melanchton gewidmet. Die Einfassung ist ein architektonischer Rahmen mit schlanken Proportionen, verziert mit einem Kandelaberornament. M.P.

Lit.: Steinborn 1992, S. 23, 30, Anm. 78; Reinitzer 2006, Bd. 1, S. 185 f., Nr. 122; Malarstwo śląskie 2009, Nr. 13; Fleck 2010, S. 348 f., 513 f., Kat.-Nr. 131.

Johannes Hessus/doctor theologiæ/pas-
tor ecclesiæ dei in hac urbe Uratislauia:
decessit/ex hac mortali vita/anno domi
millesimo quīgētes: xlvij/die vj Januarij:-
INRI

5 | 15

5 | 16

Das Jüngste Gericht

Andreas Dreßler
(Kamenz 1530 – 1604 Kamenz)
1554
Öl auf Holz; 125 × 76 cm
sign. u. l. im Bild: »AD«; Inschrift:
»Anno domini 1552, den 17. Avgusti ist in / christo seeliglich verschieden der ehrn / vest edle Boos von der O[e]lsnitz seines / Alters 55 jar / 1554«
Evangelisch-Lutherische Kirchgemeinde, Kamenz

Der aus Kamenz stammende Maler Andreas Dreßler schuf für den Ritter Boos von der Oelsnitz zwei Jahre nach dessen Tod ein Epitaph, das das Jüngste Gericht zum Thema hat. Christus sitzt als Richter – Lilie und Schwert symbolisieren Gnade und Strafe – auf einer gläsernen Weltkugel, neben ihm knien Maria und Johannes der Täufer sowie weitere Gläubige in zeitgenössischer Kleidung. Darunter ist im Hintergrund eine Landschaft mit Türmen, Fluss und Brücke gezeigt. Im Mittelgrund stehen die Toten aus ihren Gräbern auf, Teufel und Engel streiten sich um die Seelen. Die rechte Seite zeigt die Verdammung in die Hölle, die linke den Einzug ins Paradies. Im Vordergrund knien Ritter Boos im Harnisch und seine Frau, denen ihre Familienwappen beigegeben sind. Von den drei Kindern trägt eines ein weißes Leichentuch. Das Kruzifix in seiner Hand deutet auf die Erlösung durch den Opfertod Christi.
Andreas Dreßler war Maler, Bildschnitzer und Grafiker, der möglicherweise bei Lucas Cranach d. J. oder Wolfgang Krodel seine Ausbildung erhielt. Er war in Görlitz und Prag tätig, arbeitete aber meist von Kamenz aus für kirchliche, adelige oder bürgerliche Auftraggeber in der Oberlausitz. Sein malerisches Werk ist durch lichte Farben und überlange Proportionen der Figuren charakterisiert. Die überwiegend christlichen Bildthemen sind einem protestantisch-didaktischen Verständnis verpflichtet. R.E.

Lit.: Harbison 1976; Ausst.-Kat. Marienstern 1998, S. 66, 69, Nr. 1.70; Winzeler 2000.

5 | 16

5 | 17

5 | 18

5 | 17

Epitaph des Abraham von Nostitz

unbekannter Maler
1572
Öl auf Holz; 153,5 × 116 cm
aus der Kirche zu Rengersdorf
Kulturhistorisches Museum Görlitz,
Inv.-Nr. Kult 2486

Das Gemälde diente bis Ende des 18. Jahrhunderts als Altarbild der Pfarrkirche zu Rengersdorf bei Tzschocha in der südöstlichen Oberlausitz. Gestiftet wurde es 1572 von Abraham von Nostitz (gest. 1592), der die Patronatsherrschaft über die Kirche innehatte, als Epitaph für sich und seine im Bild dargestellte Familie. In seiner Programmatik geht es jedoch über die Funktion des Totengedächtnisses hinaus und ist als ein Bekenntnis zum lutherischen Sakramentsverständnis anzusehen. Im Mittelpunkt eines fiktiven Kirchenraums teilen zwei Geistliche vor einem Altar das heilige Abendmahl in beiderlei Gestalt an die herantretenden Gläubigen aus. Auf dem Altar erhebt sich ein Retabel, auf dem die Darstellung des Gnadenstuhls zu sehen ist, flankiert von den Figuren der Maria und des Evangelisten Johannes. Als Verweis auf den Auftraggeber des Tafelbildes findet sich an dem gemalten Retabel das Wappen der Familie von Nostitz. Rechts im Hintergrund ist in einer Nische eine Skulptur der Pietà zu erkennen. Darüber erscheinen drei zentrale Szenen aus der Passion Christi, das Letzte Abendmahl (Mitte), das Gebet Christi am Ölberg (links) und die Auferstehung Christi (rechts). Diese Bilder im Bild sind unmittelbar auf die zentrale Darstellung der Sakramentsspendung bezogen, die wiederum mit der Funktion des Altars, für den das Gemälde gefertigt wurde, in Wechselbeziehung stand. In seiner Komposition weist das Bild Parallelen auf zum Mühlberger Altar von Heinrich Göding d. Ä. von 1569 sowie zu einem Holzschnitt von Hans Weigel aus der Zeit um 1550. K.W.

Lit.: Wenzel/Winzeler 2002, S. 134; Brückner 2007, S. 72 f.; Wulf 2009.

5 | 18

Epitaph des Hans von Eben

unbekannter Künstler
1540; um 1625
Lindenholz, Tempera; Gesamtmaß:
104 × 70 cm; Porträt Luther: 34,7 × 30,5 cm;
Porträt Eben: 11 × 8,8 cm
Porträt Luther sign. mit der Schlange; beschr. oben: »M:[artin] L:[uther]D:[octor]«; beschr. auf dem Fries: »Verbum D[omi]ni, manet in aeternum«; beschr. unter dem Porträt: »Gottes Wordt undt Lutheri Lehr./ Vergehet nun undt nimmer mehr«; unten: »Hanns Ebenn von Brunnen«; sowie Bezeichnung der Geschlechterwappen
Muzeum Narodowe we Wrocławiu,
Inv.-Nr. VIII-2987

Diese Gedenktafel wurde vom Hauptmann der Breslauer Stadtwache, Hans von Eben und Brunnen (1577–1639), für die St.-Elisabeth-Kirche gestiftet. Das Epitaph vereint sowohl das Bekenntnis zum Luthertum als auch die politische Loyalität gegenüber den Habsburgern. Im Zentrum des dunkel gehaltenen, manieristischen Rahmens steht das Porträt von Martin Luther. Es stammt aus der Werkstatt von Lucas Cranach d. Ä. (um 1540), unten rechts ist es mit der Schlange signiert; ergänzend finden sich Inschriften, die die Bedeutung von Gottes Wort und Luthers Lehre betonen. Der stilisierte doppelköpfige Adler der Habsburger umfängt den Rahmen an den Seiten. Die Funktion des Gedenkens wird allein von dem kleinen, einfachen Bild des Stifters übernommen. Dieses frühe Porträt im ovalen Medaillon wird von Wappen zweier Generationen von Vorfahren flankiert: der Breslauer Geschlechter Spremberg und Rindfleisch sowie der aus Schwaben stammenden Familien Eben und Finger aus Ulm. Die Ebens stammten aus Brunnen bei Memmingen. Ursprünglich hatten sich zwischen der Rückwand und dem Bildnis des Reformators vier Kupferstiche mit Panoramen der Heimat bei Brunnen verborgen, nur einer ist erhalten geblieben. Dort ist das Haus der seit 1343 nachweisbaren Familie Eben mit einem symbolischen Stammbaum eingezeichnet, Miniaturen von Memmingen, dem Kloster in Buxheim und der Nachbarorte wurden topografisch verteilt, belebt durch die Staffage von Flößern auf der Iller, Hirten und Reisenden. Mitglieder der Familie Eben erlangten in Breslau höchste Würden: David war Ratsältester, der die Familie in der St.-Elisabeth-Kirche mit Stiftungen im dritten Viertel des 17. Jahrhunderts verewigte. M.P.

Lit.: Steinborn/Ziemba 2000, Nr. 16; Malarstwo śląskie 2009, Nr. 85.

5 | 19

5 | 19

Biwlia Ruska

Bogu koczti i ljudjem pospolitym kdobromu nauczeniju / wylozena doktorom Franziskom Skorinoju, iz slawnago grada Polozka [Russische Bibel, Gott zur Ehre und den einfachen Menschen zur guten Belehrung, übersetzt von Doktor Franzisk Skorina aus der ruhmreichen Stadt Polozk]
Francysk Skaryna (Polazk 1486 – 1541 Prag)
Prag, [etwa 1518]
Buchdruck, 678 Bl.; zahlr. Illustrationen; gebunden unter Verwendung einer geistlichen Notenhandschrift (Pergament, Choralnotation, aus dem Proprium Missale, 14./15. Jh.); 16,4 × 21,8 cm
Oberlausitzische Bibliothek der Wissenschaften, Görlitz, Sign. A II 4° 26

Diese Bibel wurde von Francysk Skaryna geschaffen, der als Übersetzer, Herausgeber und Drucker dieser Bibelübersetzung eine der wichtigsten Persönlichkeiten der weißrussischen Kultur war. Skaryna studierte in Krakau die Freien Künste. Ergänzend studierte er Medizin und bestand 1512 sein Doktorexamen in Padua. Vermutet wird, dass er sich in den Jahren danach in Venedig, Nürnberg und Augsburg die Kenntnisse des Buchdrucks aneignete. 1517 begann er in Prag die Bibel in die in seiner Heimat gängige Schriftsprache des Altweißrussischen zu übersetzen und zu drucken. Damit schuf er eines der ersten mit kyrillischen Lettern in einer ostslawischen Sprache gedruckten Bücher.
Das Görlitzer Exemplar von Skarynas Bibel besteht aus zwei Konvoluten, von denen das erste den Pentateuch enthält, der 1519 gedruckt wurde. Ein Jahr zuvor waren bereits das Buch Josua, die beiden Bücher der Könige, das Buch der Weisheit nebst dem Gebet des Manasse entstanden. Sämtlichen Büchern sind Vorworte und Nachbemerkungen von Skaryna selbst beigegeben, ein großes Vorwort führt in die ganze Bibel ein.
Nicht nur die Person Skarynas, auch das gedruckte Buch ist ein Beleg für den Transfer von Wissen und Ideen entlang der via regia. Handschriftliche Einträge früherer Besitzer weisen den namhaften Breslauer Reformator Johannes Hess (1490–1547) als einen Vorbesitzer aus (s. Kat.-Nr. 5 | 15). Das in seinem Besitz befindliche Exemplar der von Skaryna gedruckten Bibel gelangte nach Hess' Tod in den Besitz des Görlitzer Juristen Daniele Staude (1566–1616), der es 1615 der Bibliothek des Görlitzer Gymnasiums schenkte. Die Bibel wurde zuerst 1737 von Christian Knauthe in seiner »Historischen Nachricht von denen Bibliotheken in Görlitz« beschrieben. Die kyrillischen Lettern wurden durch Knauthe gelesen und der Text ins Lateinische übersetzt. Das Exemplar der Oberlausitzischen Bibliothek ist das einzige in einer deutschen Bibliothek. M.W.

Lit.: Rothe/Scholz 2002; Diedrich 2005; Randow 2005.

5 | 20

Biblia: Das ist: Die gantze Heilige Schrifft

Wittenberg: Hans Lufft, 1544/45
Buchdruck, zahlreiche kolorierte Holzschnitte, Bd. 1: 350 Bl., Bd. 2: 440 Bl.;
Ledereinbände mit Prägung; je 37 × 26 cm
Christian-Weise-Bibliothek Zittau, Wissenschaftlicher und Heimatgeschichtlicher Altbestand, Sign. Theol. 2° 13 und 14

Das Neue Testament hatte Martin Luther auf der Wartburg in nur elf Wochen übersetzt, es erschien erstmals 1522 in gedruckter Form. Für die Übersetzung des Alten Testamentes benötige er gemeinsam mit zahlreichen Mitarbeitern fast zwölf Jahre. Es erschien daher zunächst in einzelnen Teilen. Die erste vollständige gedruckte Luther-Bibel wurde im Jahr 1534 veröffentlicht. Alle diese Bibelausgaben wurden von Hans Lufft in Wittenberg gedruckt. In den Jahren 1539 bis 1541 unterzogen Luther und seine Mitarbeiter die Übersetzung einer gründlichen Revision, was zu einer Neuausgabe 1541 führte. Die letzte von Luther selbst betreute Ausgabe erschien 1544/45.
Auf der Titelseite des ersten Bandes wird das eigentliche Schriftfeld von den 14 Wappenschilden des sächsischen Kurfürsten eingerahmt. Auf dem zweiten Blatt ist ein Porträt

des regierenden Kurfürsten von Sachsen, Johann Friedrich I. des Großmütigen abgebildet. Der Kurfürst gehörte zu den wichtigsten Förderern und Verbündeten Luthers. Die Rückseite enthält das kurfürstliche Privileg für diese Ausgabe. Bei dem zweiten Band (»Die Propheten alle Deudsch«) ist das Textfeld von Illustrationen des biblischen Geschehens umrahmt. Diese zweibändige Ausgabe ist durch zahlreiche Holzschnitte illustriert. In den beiden vorliegenden Bänden sind die Holzschnitte und die Anfangsinitialen der Textabschnitte in prächtiger Weise koloriert.
Zahlreiche Anstreichungen und Notizen zeugen von einer intensiven Beschäftigung des einstigen Besitzers mit dieser Ausgabe. Auf der Titelseite des ersten Bandes ist handschriftlich der Name Michael Faber eingetragen. Über ihn konnte bisher nichts in Erfahrung gebracht werden. U.K.

Lit.: Volz 1978; Ausst.-Kat. Stuttgart 1983; Ausst.-Kat. Wolfenbüttel 1983; Ausst.-Kat. Zittau 2002, S. 308 f., Nr. B 27; Füssel 2002; Bibel 2009.

5 | 20

5 | 21

Druckstock zu »Der Palast Salomons«

Meister M.S.
Wittenberg, vor 1534
Holz, geschnitzt; etwa 11 × 15,2 cm
Muzeum Uniwersytetu Jagiellonskiego w Krakowie, Inv.-Nr. 2114

5 | 22

Druckstock zu »Die Schalen des Gotteszornes«

Meister M.S.
Wittenberg, 1534
Holz, geschnitzt; etwa 11 × 15,4 cm
Muzeum Uniwersytetu Jagiellonskiego w Krakowie, Inv.-Nr. 2172

Diese beiden Druckstöcke stehen wie kaum ein anderes Exponat dieser Ausstellung exemplarisch für den Handel sowie Kunst- und Ideentransfer über die via regia. Beide wurden um 1534 für die berühmte Druckerei von Hans Lufft in Wittenberg gefertigt, der zahlreiche Ausgaben der von Martin Luther übersetzten Bibel verlegte. Sie illustrierten, neben vielen anderen Stöcken, die erste Auflage von 1534 und die folgenden Neuaufla-

5 | 21

5 | 22

5 | 23

gen bis 1545. Nach diesem mehrfachen Gebrauch wurden sie verkauft, was im 16. Jahrhundert durchaus üblich war, als viele Städte noch nicht über leistungsfähige Druckereien und die dazugehörigen Formschneider verfügten. Als »wandernde Druckstöcke« waren sie Träger neuer Stilformen.

So gelangten in der Zeit nach 1545 mindestens 123 Formschnitte aus Wittenberg nach Krakau in die Druckerei von Mikołaj Scharffenberg. Die meisten dieser Druckstöcke wurden hier für die Illustrierung der 1561 von Jan Leopolita 1561 herausgegebenen polnischsprachigen Bibel erneut verwendet. »Der Palast Salomons« ist in beiden Bibeln im Alten Testament, 1. Buch der Könige (6) abgedruckt, »Die Schalen des Gotteszornes« im Neuen Testament in der Offenbarung des Johannes (16). Bei dieser Szene fällt auf, dass die protestantischen Bezüge für die katholische Ausgabe verändert wurden: Der das Böse verkörpernde Drache unten links trug in den Wittenberger Ausgaben noch eine päpstliche Krone, die hier entfernt wurde. Die hohe Zahl von Illustrationen in der polnischen Bibel zeugten davon, dass sich nun auch die katholische Kirche der populären Grafik bediente.

In der reich illustrierten Leopolita-Bibel fanden noch Schnitte anderer Herkunft sowie eigener, Krakauer Produktion Aufnahme. In die Neuauflagen von 1575 und 1577 ging eine Serie aus Frankfurt am Main ein, die Jost Ammann 1564 für »Neue Biblische Figuren« angefertigt hatte. Die Druckstöcke dieser und der Wittenberger Serie haben sich in der alten, bis in das späte 15. Jahrhundert zurückreichenden Sammlung der Jagiellonen-Universität zu Krakau erhalten. R.E.

Lit.: Chojecka 1961, S. 10–14, M 42, M 100.

5 | 23

Biblia to iest Księgi Stharego y Nowego Zakonu, na polski ięzyk z pilnością według łacińskiey Bibliey

[Die Bibel, das sind die Bücher des Alten und Neuen Testaments, ins Polnische nach der lateinischen Bibel übersetzt]
Jan Kasprowicz Nycz Leopolita (1523–1572)
Kraków: Mikołaj Scharffenberg, 1561
Buchdruck, 612 Bl.; Titel in einem Holzschnittrahmen mit Szenen aus dem Alten und Neuen Testament, auf der Rückseite ein Bildnis von Sigismund August, im Text über 280 Holzschnitte; Einband: Pappe, Pergament (Blatt Handschrift aus dem 16. Jh.), 19. Jh.; 32,9 × 22,5 × 9 cm
Muzeum Narodowe w Krakowie, Dział starych druków i rękopisów, Inv.-Nr. MNK. VIII – XVI. 52 /
Sächsische Landesbibliothek – Staats- und Universitätsbibliothek Dresden, Sign. KD 8935 R845-2,1,1 (Faksimile 1988)

Die erste katholische Ausgabe der Bibel in polnischer Sprache, die Leopolita-Bibel, ist benannt nach ihrem Übersetzer Jan Leopolita, der sich auf den lateinischen und griechischen Text sowie auf ältere polnische Übersetzungen stützte. Der in Krakau tätige Verleger Mikołaj Scharffenberg widmete die Bibel König Sigismund August (1520–1572). Das Bildnis von Sigismund August ist mit den Initialen CS (Crispin Scharffenberg?) signiert. Die Holzschnitte stammen u. a. aus einer früheren Krakauer Ausgabe des Neuen Testaments (1556), aber auch aus der protestantischen Luther-Bibel, die der Meister MS 1534 für den Wittenberger Verleger Hans Lufft fertigte, sowie der Magdeburger Bibel des Meisters HB von 1536. Dem Neuen Testament steht ein Holzschnitt mit der Kreuzigung voran, und auf dem Titelblatt befindet sich der Baum von Jesse, signiert von ES (Erhard Schön 1491–1542), einem deutschen Maler und Zeichner. I.D.

Lit.: Estreicher 1931, Bd. XIII, S. 13–15; Ausst.-Kat. Schallaburg 1986, S. 466; Belcarzowa/Frick/Urbańczyk 1988; Belcarzowa 2006.

5 | 24

5 | 24

Monumenta Sepulcrorum Cum Epigraphis Ingenio Et Doctrina Excellentium Virorum

Tobias Fendt (1520/30–1576 Breslau)
Breslau: Crispin Scharffenberg, 1574
Buchdruck, 125 Kupferstiche; 31 × 21 cm
Biblioteka Uniwersytecka we Wrocławiu, Oddział Starych Druków, Sign. 366353

1574 veröffentlichte der Breslauer Maler und Kupferstecher Tobias Fendt ein umfangreiches Kupferstichwerk, in dem die Grabmäler von berühmten Persönlichkeiten mit den Grabinschriften abgebildet waren. Fendt widmete diese Sammlung dem noch jungen Rudolf (1552–1612, ab 1576 Kaiser). Die Erstauflage erschien bei der Breslauer Druckerei von Crispin Scharffenberg; bereits 1585 und 1589 veröffentlichte Sigmund Feyerabend in Frankfurt am Main zwei Neuauflagen; ein letzter Nachdruck ist 1671 in Utrecht nachweisbar. Die Grundlage für dieses Werk waren jene Zeichnungen, die der Breslauer Patrizier Seyfried Rybisch (1530–1584) von seiner mehrjährigen großen Europareise durch die Niederlande, Frankreich, Schweiz und Italien mitbrachte und die er teils selbst angefertigt hat. Rybisch war als Junge 1542, als in Breslau die Pest wütete, nach Görlitz zur Ausbildung beim Stadtphysicus Johannes Troger geschickt worden. Ab etwa 1560 war er Kammerrat unter Kaiser Maximilian II.

Bereits das einleitende Titelblatt wirkt – mit dem lateinischen Titel auf einer Schrifttafel, dem darunter liegenden Skelett und der rahmenden, manierierten Festarchitektur – wie ein Wandgrab. Die 125 Stiche zeigen Grabmäler und Grabtafeln von der Antike bis zur Renaissance in Italien, so u. a. die von Dante Alighieri, Marsilio Ficino, Francesco Petrarca, Pico della Mirandola, aber auch die von Erasmus von Rotterdam und Ulrich von Hutten in der Schweiz, Johannes Reuchlin in Stuttgart und Philipp Melanchton in Wittenberg. Die hier versammelten Schriftsteller und Philosophen der Renaissance machen dieses Buch zu einem wichtigen Zeugnis des Humanismus in Breslau. R.E.

Lit.: Burbianka 1968, S. 183, Nr. 171; Michalski 1977; Oszczanowski/Gromadzki 1995, S. 31 f., Nr. 73; Ausst.-Kat. Legnica/Praha 2006, S. 248 f., Nr. II.4.13; Harasimowicz 2007 b.

Konfessionalisierung

5 | 25

5 | 25

Sünde, Tod und Teufel

Sebastian Walther (?)
(Dresden 1576 – 1645 Dresden)
um 1629
Alabaster; 23,3 × 48,2 × 21,5 cm
Städtische Galerie Dresden – Kunstsammlung, Museen der Stadt Dresden,
Inv.-Nr. 1978/ k 240

Die um 1629 geschaffene Alabastergruppe »Sünde, Tod und Teufel« ist vermutlich das Relikt eines Epitaphs. Gemeinsam mit den ebenfalls in der Städtischen Galerie Dresden befindlichen Figuren »Hoffnung« und »Glaube« gehörte sie zu dem Grabmal der 1629 verstorbenen Gertrud Helffricht, geborene Dörer, das sich in der Dresdner Sophienkirche befand. Es bestand aus Metall, Marmor und Alabaster. In dem von dem Kirchner Gottlob Oettrich 1709 angelegten Verzeichnis der Epitaphien und Monumente der Sophienkirche wurde es detailliert beschrieben: »Am 4ten Pfeiler siehet man ein Epitaphium, welches vorstellet die Ausführung Christi sein Creutz tragend. Zu beyden Seiten stehen Moses und Johannes der Täuffer, oben drüber ist die Auferstehung Christi, der den Teuffel unter seine Füße tritt, neben welcher der Glaube und die Hoffnung und zu alleroberst ein Engel, unten aber die Gedult [...].«
Es wird vermutet, dass es sich bei dem Teufel unter den Füßen Christi um die Alabastergruppe handelt. Das Epitaph war bereits im 19. Jahrhundert nicht mehr vollständig erhalten. Der Kopf des Teufels ist ein Nachguss aus Gips. Eine kleinere Figur des Johannes, die um 1900 neben den drei anderen Skulpturen noch im Bestand des Stadtmuseums aufgeführt wurde, ging bei der Auslagerung der Bestände im Zweiten Weltkrieg verloren. Hentschel und Gurlitt sehen in Sebastian Walther den Schöpfer des Epitaphs. Er zählte zu der ursprünglich aus Breslau stammenden Familie Walther, deren Mitglieder im 16. und 17. Jahrhundert zu den führenden Bildhauern und Architekten in Sachsen und darüber hinaus zählten. K.G.

Lit.: Oettrich 1709; Gurlitt 1900; Bruck 1912; Hentschel 1966, S. 80 f.; Ausst.-Kat. Dresden 2009 a.

5 | 26

Die Familie Christi

Michael Leopold Willmann
(Königsberg 1630 – 1706 Leubus)
1677 – 1679
Öl auf Eichenholz; 119 × 73 cm
Muzeum Narodowe we Wrocławiu,
Inv.-Nr. VIII-2328

Am 20. Juli 1677 zerstörte ein Feuer den Hauptaltar der Zisterzienserkirche in Grüssau. Abt Bernhard Rosa, der seit 1672 Generalvikar in Schlesien war, bestellte neue Bilder bei Michael Willmann, einem Konvertiten aus Königsberg, der seit 1660 in Leubus ansässig war. 1668 berief Rosa die Josephsbruderschaft ans Kloster, für die Willmann

SIMEON
SALOME
ZACHARIAS
ELISABET
MARIA
IESUS
IOACHIM
ANNA
IACOB
DAVID
ISAAC
ABRAHAM
multarum gent
Pater Genes 17

5 | 26

die vielfigürliche Komposition »Die Familie Christi« erarbeitete, die 1675 als Kupferstich gedruckt wurde. Dieses Motiv wurde als Thema für ein Altargemälde gewählt, auf dem im oberen Teil die Krönung Mariens dargestellt ist. Die Rechnung für dieses Altarbild, das sich heute im Nordaltar des Querschiffs vom Kloster Grüssau befindet, wurde 1680 beglichen. Der hier ausgestellte, mit dicken Impastostrichen gemalte, dynamische Bozzetto muss also früher entstanden sein. Er wurde Anfang des 20. Jahrhunderts in Glatz wiedergefunden.
Die Komposition vereinigt viele ikonografische Motive und Themen. Sie sind auf die Heilige Familie und die höchste Würde Christi, der das Versprechen der Erlösung verkörpert, fokussiert. Oben sind die irdische Dreifaltigkeit (mit Maria als Immaculata) und die himmlische Dreifaltigkeit sowie der Kreis der nächsten Verwandten Jesu dargestellt. Darunter befinden sich die zwei Stämme der Familie seiner irdischen Vorfahren – der königlichen mit David und der priesterlichen mit Aaron. Das Thema des Baumes Jesse wurde modifiziert, indem in die untere Bildhälfte Abraham, bereit zur Opferung seines Sohnes Isaak, gesetzt wurde. An den Seiten wurden Bezüge auf das Matthäus- und Lukasevangelium untergebracht. Willmann hat in den Jahren 1693 bis 1695 auch Fresken für die St. Josephskirche der Bruderschaft in Grüssau geschaffen, die in monumentalem Ausmaß dasselbe inhaltliche Programm präsentieren. M.P.

Lit.: Ausst.-Kat. Köln 2006, Nr. 39; Malarstwo śląskie 2009, Nr. 168.

5 | 27

5 | 27

Hl. Sebastian

Anfang 18. Jh.
Lindenholz, weiß poliert, teilweise vergoldet, Stamm grau; 210 × 75 cm
Domschatzkammer St. Petri Bautzen,
Inv.-Nr. K. 114

Die erst vor wenigen Jahren restaurierte Skulptur des hl. Sebastian gehörte zur barocken Ausstattung des Bautzner Domes. Während bisher als Bildhauer des nicht gekennzeichneten Werks zunächst Balthasar Permoser (1651–1732), später auch sein Schüler Benjamin Thomae (1682–1751) vermutet wurden, neigt die Forschung inzwischen dazu, die Erschaffung dem aus Böhmen stammenden Johann Georg Urbansky (1675–1738) zuzuschreiben. Dieser hatte nach seiner abgebrochenen Lehrzeit in Prag vorübergehend Zuflucht in Bautzen gefunden, bevor er vor allem in Schlesien, namentlich in Breslau, berühmt wurde.
Die ursprünglich vorhandenen fünf Pfeile sind heute nicht mehr zu sehen, und nur die im Körper verbliebenen Pfeilspitzen bei der Freilegung im Rahmen der Restaurierung wurden dokumentiert. Auffällig ist vielmehr die kraftvoll-elegante Körperhaltung der Figur. In der Lausitz hatte der hl. Sebastian eine weite Verbreitung vor allem wegen seiner Bedeutung als Schutzheiliger gegen die Pest. In einigen Pfarreien gab es Sebastians-Bruderschaften, die sich der Sorge um die Kranken und dem Gebet für die Sterbenden annahmen. Eine Kopie der Skulptur befindet sich daher im Kloster St. Marienstern in Panschwitz-Kuckau. B.M.

Lit.: Seifert 1992, S. 52; Winzeler 2002, S. 37; Winzeler 2008 b, S. 593–595.

5 | 28

Flachrelief mit Darstellung der hl. Marianna

Sebastian Fesinger
(Oberösterreich? – 1769 Lwów)
Lwów, 1741
Alabaster, gemeißelt, geschnitzt, Holz
36 × 28 × 9,8 cm
beschr.: »S: MARIANNA«;
auf der Rückseite sign.: »SEBASTIAN FESINGER / Fecit Leopoli: in Polonia 1741«
Muzeum Narodowe w Warszawie,
Inv.-Nr. SZM 11091

Die Alabasterplakette zeigt in einem Innenraum mit gerafftem Vorhang und einem Putto mit Palmenzweig eine an einem Tisch mit Kruzifix kniende Frau. Die Identifizierung der dargestellten Heiligen ist schwierig. Gajewski hat versucht, sie mit der Marianna di Gesù zu identifizieren, die jedoch zur Zeit der Ausführung des Reliefs noch nicht seliggesprochen war. Aufgrund seines Charakters als Hausretabel sollte man in der dargestellten Figur eher eine der heiligen Märtyrerinnen sehen, was die vom Putto gehaltene Palme nahelegt. Das Relief ist das früheste der bekannten Werke Fesingers, die er kurz nach seiner Ankunft in Polen geschaffen hat. Es ist ausgesprochen wichtig für die Erforschung des Werkes sowohl des Künstlers selbst als auch der Lemberger Skulptur des Spätbarock überhaupt. Sito und Betlej machten darauf aufmerksam, dass das Flachrelief ebenso wie die beiden Retabeln aus Boćki, die zu den früheren Werken des Künstlers gehören, aus Alabaster hergestellt sind, einem Material, das im Lemberger Kreis des 18. Jahrhunderts nicht verwendet wurde. Sie versuchten überzeugend Fesinger mit dem Passauer Kreis zu verbinden. R.B.

Lit.: Ausst.-Kat. Poznań 1993, Nr. II.9; Karpowicz 1994; Sito/Betlej 1996; Gajewski 2000; Sito 2000.

5 | 28

5 | 29

5 | 29

Hl. Florian

Johann Georg (Jan Jerzy) Pinsel
(Süddeutschland oder Böhmen
um 1720/25 – 1761/62? Lwów)
Lwów, um 1760
Holz, vergoldet, farbig gefasst
57 × 30 × 18 cm
Lvivska Galereja Mistectv, Inv.-Nr. C-I-353

Der nur für wenige Jahre in und um Lemberg nachweisbare Bildhauer Johann Georg Pinsel schuf um 1760 die kleine Figur des hl. Florian. Er gilt als Patron gegen die Gefahren des Feuers. Verehrt wird er als Märtyrer vor allem in Österreich, seit dem 12. Jahrhundert aber auch in Polen, als aus Rom Reliquien nach Krakau gebracht wurden (heute in der Kirche St. Florian). Pinsel zeigt einen bewegten Florian, der vorwärts schreitet, seine Arme ausstreckt und mit offenem Mund und aufgerissenen Augen erschrocken nach oben blickt. Obwohl viele Entwürfe für Skulpturen (Bozzetti) von Pinsel überliefert sind, erscheinen hier die feine Ausarbeitung der Details, die Vergoldung der Kleidung und die Farbfassung der unbedeckten Körperteile ungewöhnlich. Es wird sich eher um eine vollplastische, möglicherweise für einen Auftraggeber geschaffene Version in zierlichem Format handeln.
Bislang sind nur wenige Details aus dem Leben von Pinsel bekannt. Seine Herkunft wird aus Süddeutschland oder Böhmen vermutet, ein Geburtsdatum etwa um 1720/25. 1751 ist seine Heirat in Buczacz südöstlich von Lemberg dokumentiert. Dort entstanden in Zusammenarbeit mit dem Architekten Bernhard Meretyn, für den Pinsel auch in Lemberg weiter tätig war, erste Werke. In den kleinen Ortschaften Horodenka, Hodowica und Monastyryska schuf Pinsel Altarfiguren, in Lemberg Steinskulpturen für die Fassade der griechisch-katholischen St.-Georgs-Kathedrale. In nur gut einem Jahrzehnt schuf er eine Vielzahl von Bildwerken. Die starke Wirkung, die von seinen bewegten und emotionsgeladenen Werken ausging, war sehr groß. Dies führte dazu, Pinsel heute die maßgebliche und stilbildende Rolle bei der Entwicklung der Rokokoplastik in Lemberg zuzuschreiben, die von Schülern und Nachahmern kopiert und variiert wurde. R.E.

Lit.: Hornung 1976; Volk/Kozyr 2001.

Künstler

5 | 30

5 | 30

Bildnis des Malers David Hoyer

Johann (Jan) Kupezky
(Bösing b. Pressburg 1666 – 1740 Nürnberg)
1711/12; Öl auf Leinwand; 84 × 69,5 cm
Maximilian Speck von Sternburg Stiftung
im Museum der bildenden Künste Leipzig,
Inv.-Nr. 1679

Das von Johann Kupezky gemalte Porträt zeigt seinen Freund und Mitarbeiter David Hoyer (1667–1720) in einem Atelier. Der Maler Hoyer war sowohl für den brandenburgisch-preußischen, den sächsisch-polnischen und den hessischen Hof als auch für zahlreiche Leipziger Bürger und Kaufleute tätig. In dem Bildnis trägt er einen polnischen Schnürrock und eine Pelzkappe, die auf die sächsisch-polnische Personalunion hinweisen, aber auch als modische Accessoires zu verstehen sind. Kupezky zeigt Hoyer als Musiker mit einer Knickhalslaute; nur darunter am Bildrand ist die Palette des Malers zu erkennen. Im Bildhintergrund steht auf einer Staffelei das ovale Porträt des russischen Zaren Peter des Großen im Profil. Unklar ist, wer Autor dieses Bildnisses ist: Sowohl Kupezky, der wohl um 1711/12 den Zaren in Karlsbad getroffen hat, als auch Hoyer fertigten Porträts von Peter dem Großen. Johann Kupezky wuchs im damals zu Ungarn gehörigen Pressburg auf, wohin seine Eltern als Angehörige der Böhmischen Brüder geflohen waren. Um 1687 ließ er sich in Rom nieder. Seine Porträts waren sehr gefragt, um 1700 wurde er von dem polnischen Prinzen Alexander Sobieski gefördert. 1706/07 war er in Wien, 1723 ließ er sich in Nürnberg nieder. Das Bildnis von Hoyer wurde wohl in Leipzig gemalt und gehörte dem Porträtierten. Seit 1826 ist es in der Sammlung Maximilian Speck von Sternburg nachweisbar. R.E.

Lit.: Safarik 1928, S. 109, Nr. 194; Ausst.-Kat. Dresden 1997/98, Nr. 101; Ausst.-Kat. Leipzig 1998, S. 192–195, Nr. I/149; Ausst.-Kat. Aachen 2001/02, S. 73–75, Nr. 19, vgl. S. 70–72, Nr. 17, 18, S. 78–81, Nr. 21, 22; Schmidt 2004 b, [S. 103].

5 | 31

5 | 32

5 | 31

Selbstbildnis

Adam Friedrich Oeser
(Pressburg 1717 – 1799 Leipzig)
1769
Öl auf Leinwand; 59,8 × 47,5 cm
Kunstbesitz der Universität Leipzig,
Inv.-Nr. 3585/90

Das Gemälde, sein einziges erhaltenes Selbstbildnis, zeigt Oeser im Alter von 52 Jahren, nach rechts gewendet mit Pinseln und Palette in der Rechten und einer kleinformatigen Bildtafel in der Linken. Barett und verschattete Augenpartie stellen das Werk in eine Tradition von Künstlerselbstbildnissen. In seiner Heimatstadt Pressburg u. a. bei Georg Raphael Donner (1693–1741) und in Wien bei Jacob van Schuppen (1670–1751) ausgebildet, ging Oeser 1739 nach Dresden. Dort schloss er im Umfeld des Grafen Heinrich von Bünau (1697–1762) Freundschaft mit Johann Joachim Winckelmann (1717–1768), den er zeichnen lehrte und wohl auch kunsttheoretisch beeinflusste. Seit 1759 in Leipzig, wurde Oeser 1764 kurfürstlich-sächsischer Hofmaler sowie Direktor der Leipziger Zeichenakademie, die damals als Filiale der zeitgleich begründeten Dresdner Akademie ins Leben gerufen wurde. Oesers Unterricht, der nicht nur künftigen Künstlern, sondern auch Studenten der Universität offenstand, besuchte u. a. der junge Goethe (1749–1832). Zu den erhaltenen Hauptwerken Oesers zählen das Altarblatt der Leipziger Nikolaikirche und ein Deckenbild im Gohliser Schlösschen. Das ausgestellte Gemälde war Bestandteil der Freundschaftsgalerie des Verlegers Philipp Erasmus Reich.
R.H.v.G.

Lit.: Bux 1954/55; Ausst.-Kat. Leipzig 1989, S. 110, Kat.-Nr. 136 (Abb. S. 96); Ausst.-Kat. Leipzig 1999, S. 199, Kat.-Nr. 170 (Abb. S. 80); Friedrich 2005, S. 165, Kat.-Nr. 52 (Abb. S. 63); Ausst.-Kat. Leipzig 2009, S. 362, Kat.-Nr. 539.

5 | 32

Johann Friedrich Bause

Anton Graff
(Winterthur 1736 – 1813 Dresden)
1773
Öl auf Leinwand; 63 × 52 cm
Kunstbesitz der Universität Leipzig,
Inv.-Nr. 0357/90

Johann Friedrich Bause (1738–1814) galt als einer der besten Porträtstecher seiner Zeit. Nach kurzer Ausbildung in Augsburg bei Johann Jakob Haid war er in seiner Heimatstadt Halle tätig, bis er 1766 von Adam Friedrich Oeser als Professor für das Lehrfach des Kupferstichs an die Leipziger Akademie berufen wurde. Seinen Lebensunterhalt bestritt er zunächst durch Verzierungskupfer, Kartuschen und Vignetten für den florierenden Leipziger Buchhandel. Den Schwerpunkt seines künstlerischen Schaffens bildete allerdings der Porträtstich in der Tradition der französischen reproduzierenden Bildnisstiche, nach den Vorbildern von J. G. Wille, Gerard Edelink, Robert Nanteuil, Pierre Drevet u. a. Bause fertigte seine Stiche nach Gemäldevorlagen, vorrangig des berühmten sächsischen Porträtmalers Anton Graff, mit dem ihn auch eine lebenslange Freundschaft verband, an. Neben zahlreichen Porträts umfasst sein Œuvre jedoch auch Landschaftsansichten und Arbeiten in anderen künstlerischen Techniken, wie Radierung, Aquatinta und Zeichnung.

Anton Graff stellt den Künstler an seinem Arbeitstisch dar, in seiner rechten Hand einen Grabstichel haltend, gestützt auf Stecherkissen und Kupferplatte. Bause blickt den Betrachter direkt und freundlich an. Das Werkzeug dient als berufsbezeichnendes Attribut, und auch die Kopfbedeckung, das Barett, weist ihn als Künstler aus. Das Gemälde entstammt der Freundschaftsgalerie des Verlegers Philipp Erasmus Reich. Si.S.

Lit.: Keil 1849; Clauß 1875; Muchall-Viebrook 1953; Berckenhagen 1967, S. 58–60, Kat.-Nr. 53; Graff 1986, S. 26–52, S. 54, Kat.-Nr. 4; Ausst.-Kat. Leipzig 2009, S. 365, Kat. Nr. 545.

Kunsthandwerk

5 | 33

5 | 33

Bettlerin mit zwei Kindern

Johann Joachim Kaendler
(Fischbach b. Dresden 1706 – 1775 Meißen)
Meißen, 1744
Porzellan; 23 × 17,5 × 10,6 cm
ohne Marke
im Juli 1920 vom Antiquar van Dam, Berlin, erworben
Staatliche Kunstsammlungen Dresden, Porzellansammlung, Inv.-Nr. P.E. 1823

Im März 1744 vermerkte der Modellmeister der Porzellan-Manufaktur Meissen, Johann Joachim Kaendler, in seinen Arbeitsberichten: »Eine Bettel Frau nebst 2. Kindern, Wie solche in Franckreich zu gehen pflegen, gehöriger Maßen zerschnitten und Zum abformen Zu bereitet, Welche neben dem dergleichen Bettelmann zu stehen kömmet.« Er nahm sich für seinen Entwurf zu dieser Figurengruppe die Radierung »Croißés tendres Enfans, [...]« als Vorlage. Jacques Dumont (1701–1781) hatte diese Radierung nach einem eigenen Gemälde begonnen, Jean Daullé (1703–1763) vollendete sie 1739.

Die Modelleure hielten sich selten streng an grafische Vorlagen. So hat Kaendler die einfache und zerrissene Kleidung der Bettlerin und ihrer Kinder abgewandelt. Mutter und Bube tragen ordentliche, pelzverbrämte Kleider. Die Radierung zeigt die Gruppe in einer kargen, winterlichen Gebirgslandschaft. Kaendler hingegen stellt seine Figuren auf einen flachen Sockel, der mit Blättern und Blüten belegt ist. Jedoch hat er die innige Beziehung der drei Figuren zueinander, ihre Gestik und Mimik, ganz von der Grafik übernommen.
Sicherlich war auch diese Figur in einem Ensemble thematisch ähnlich gelagerter Plastiken für die höfische Tafeldekoration gedacht. Mit der Milderung der realistischen Details, wie sie in der grafischen Darstellung vorgeführt wurden, bestand nicht mehr die Gefahr, die Stimmung eines Festes zu trüben. A.L.

Lit.: Pietsch 2002, S. 101.

5 | 34

5 | 35

5 | 36

5 | 34

Straßenhändler

Figur und Juwelierarbeit: Frankreich (?), 1. Viertel 18. Jh.
Elfenbein, Diamanten; Gold, Silber, vergoldet; im Tornister: zwei Glasfläschchen mit goldenen Schraubverschlüssen und einem winzigen Trichter aus Gold; Postament aus Holz; Höhe mit Sockel und Tornister: 11 cm
Staatliche Kunstsammlungen Dresden, Grünes Gewölbe, Inv.-Nr. VI 200

Die reich mit Diamanten verzierte Statuette gehört zu der umfangreichen Sammlung an Elfenbeinfigürchen, die August der Starke für das Grüne Gewölbe erwarb und die weltweit einzigartig in Vielfalt, Umfang und künstlerischer Qualität geblieben ist. Die kostbare Ausstattung des Straßenhändlers aus Elfenbein, der elegante Kleidung und einen goldenen Warentornister mit zwei winzigen Glasflakons auf dem Rücken trägt, verrät nichts vom erbärmlichen Dasein eines Savoyarden, wie man die Gebirgsbewohner aus Savoyen nannte, die als Straßenhändler, Tagelöhner, Boten und Musikanten vor allem in Paris ein kärgliches Dasein fristeten. Für die vornehme Pariser Gesellschaft galten die Savoyarden als ›exotische‹ Erscheinungen. Französische Künstler von Rang wie Boucher, Bouchardon, Poisson und vor allem Watteau griffen immer wieder das Straßenhändler-Sujet auf und gaben es teils verklärt romantisierend, aber auch in scharfem Realismus wieder.

Der hier gezeigte Straßenhändler bildet mit zwei weiteren Statuetten (Inv.-Nr. VI 191 und VI 192) eine thematisch wie stilistisch zusammengehörige Gruppe, die einst im Eck-Kabinett des Grünen Gewölbes neben anderen kleinformatigen Genrefiguren ihren Platz fand. Das gepunzte Zeichen einer Lilie, das sich an Goldteilen aller drei Figuren findet, lässt eine Entstehung in Frankreich als recht sicher erscheinen. Ein Verkauf über die Frankfurter Messe ist zumindest für eine Statuette (VI 192) durch den Eintrag im Pretioseninventar des Grünen Gewölbes von 1725 nachweisbar. J.K.

Lit.: Ausst.-Kat. Bielefeld 2002, Kat.-Nr. 5; Kappel/Weinhold 2007, S. 164; Malgouyres 2010.

5 | 35

Bote

Figur und Juwelierarbeit: deutsch, Anfang 18. Jh.
Elfenbein, Diamanten; Silber, vergoldet, Silber; Postament aus Holz
Höhe mit Stab: 10,4 cm
Staatliche Kunstsammlungen Dresden, Grünes Gewölbe, Inv.-Nr. VI 176

5 | 36

Straßenhändler

Figur und Juwelierarbeit: deutsch, Anfang 18. Jh.
Elfenbein, Diamanten, Silber, vergoldet; Silber, Gold, farbige Emailmalerei im Warentornister; Postament aus Holz
Höhe: 10,2 cm
Staatliche Kunstsammlungen Dresden, Grünes Gewölbe, Inv.-Nr. VI 172 c

Der alte Mann mit langem Stab hielt einstmals einen weiß emaillierten Brief mit der Aufschrift »Indulgence plenier« (Generalablass) in seiner Rechten. Das Pretioseninventar des Grünen Gewölbes von 1725 beschreibt diesen Boten als »Compagnion zu dem Savoyard«, bei dem es sich um einen Straßenhändler handelt, der einen Warentornister auf seinem Rücken trägt. Wenn man dieses winzige Gepäckstück frontal öffnet, zeigt sich eine farbig emaillierte Platte, die in zwölf Fächern, in vier Etagen übereinander ein reichhaltiges Warensortiment präsentiert. Man erkennt eine Teebüchse, Rollen farbiger Garne und einen Spiegel. Es folgen Messer und Gabel, Flakons, ein Rasiermesser mit Kamm, Schere, Brille, Ohrringe, ein Koppchen aus weiß-blauem Porzellan auf eine Untertasse gestürzt. Die zwei letzten Fächer sind mit verschlossenen Schubkästen gefüllt. Auf drei Schriftbändern, die dem imaginären Regal die notwendige Stabilität in der Horizontale geben, ist der Werbespruch für die Waren zu lesen: »Toute sorté de Gal-

5 | 37

5 | 38

5 | 39

lanterie moitié a bon marché la reste Pour rien«. Nicht ohne Schalk werden damit »allerlei Galanteriewaren zum günstigen Preis und der Rest für umsonst« angepriesen.
Vergleichbar mit diesen beiden Statuetten sind weltweit nur zwei: Frappierend ähnlich dem Boten ist eine Statuette in Wien (Kunsthistorisches Museum, Kunstkammer). Dem Händler entspricht eine Statuette in Paris (Musée du Louvre), die aus dem Besitz von Königin Marie Antoinette stammt und recht genau auf die Jahre 1702/03 datiert werden kann. J.K.

Lit.: Ausst.-Kat. Bielefeld 2002, vgl. Kat.-Nr. 3; Kappel/Weinhold 2007, S. 164; vgl. Malgouyres 2010, Kat.-Nr. 30.

5 | 37

Tiroler Bettelmann

Simon Troger (Abfaltersbach 1693 – 1768 München) und Werkstatt
München-Haidhausen, 1732/33
Elfenbein, Holz, Augen aus Glas
Höhe: 37 cm
Staatliche Kunstsammlungen Dresden, Grünes Gewölbe, Inv.-Nr. II 216

5 | 38

Bettelmann

Simon Troger (Abfaltersbach 1693 – 1768 München) und Werkstatt
München-Haidhausen, 1732/33
Elfenbein, Holz, Augen aus Glas
Höhe: 33,9 cm
Staatliche Kunstsammlungen Dresden, Grünes Gewölbe, Inv.-Nr. II 210

Das kontrastierende Zusammenspiel von Holz und Elfenbein macht den Reiz der sogenannten Kombinationsfiguren aus, die als stilistisch eigenständige Gruppe einen respektablen Platz innerhalb der barocken Elfenbeinplastik gefunden haben. Perfekt ausgeführte ›Kunstgriffe‹ ermöglichten einen wirkungsvollen, aber auch relativ sparsamen Einsatz des kostbaren Elfenbeins. Für die Montage von separat geschnittenen Körperteilen der Statuetten, deren Ansatzstellen durch zerschlissene Gewänder und Riemen aus Holz geschickt drapiert wurden, erwies sich die idyllisch inszenierte Bettlerthematik bestens geeignet. Daher sind die Bettelmänner, wie die beiden hier gezeigten, keineswegs in ihrer armseligen Existenz wiedergegeben, sondern erscheinen in erstaunlich würdevoller Erhabenheit. Die eingesetzten Glasaugen verleihen den Figuren zudem eine sonderbar berührende Lebendigkeit. Ihre Kleidung und die mitgeführten Accessoires wie Wanderstock oder Tasche mit Schulterriemen illustrieren das Sujet sinngemäß und mit Freude am Detail. Zu jedem der beiden Bettler gehören jeweils noch eine Bettelfrau und ein Bettelkind. ›Familien‹ dieser Art waren begehrte Sammlerstücke und befinden sich heute in verschiedenen europäischen Sammlungen.
Sie werden zumeist dem aus Abfaltersbach/Osttirol stammenden Künstler Simon Troger zugeschrieben, der seit spätestens 1732 eine große, arbeitsteilig strukturierte Werkstatt in München-Haidhausen betrieb. Sie war auf die Herstellung dieser Kombinationsfiguren spezialisiert und schuf neben Bettlerdarstellungen auch großformatige Gruppen zu mythologischen und religiösen Themen. J.K.

Lit.: vgl. Kappel 2001, Kat.-Nr. 33; Maué 2005, Kat.-Nr. 112; Syndram/Kappel/Weinhold 2006, S. 80.

5 | 39

Eichhörnchen

Frankfurt a. M. (?), vor 1725
Barockperle, Gold, Email, Silber, vergoldet, Diamanten; Höhe: 7 cm
erworben von Guillaume Verbecq, Frankfurt a. M.
Staatliche Kunstsammlungen Dresden, Grünes Gewölbe, Inv.-Nr. VI 83 e

Die buckligen Formen der sogenannten Barockperlen beflügelten schon von jeher die menschliche Phantasie. Sie bildeten den Ausgangspunkt für die kleinen Statuetten aus Gold, Email und Edelsteinen »mit einem

5 | 40

Leib aus Perl«, die sich bei fürstlichen Sammlern des Spätbarock höchster Beliebtheit erfreuten. August der Starke war wohl der leidenschaftlichste Verehrer jener Pretiosen, sodass das Grüne Gewölbe heute mit insgesamt 57 Stücken über den weltweit größten Bestand verfügt.
Einer seiner wichtigsten Lieferanten war der Juwelier Guillaume Verbecq, ein französischer Hugenotte mit Geschäftssitz in Frankfurt am Main, das als Messezentrum des Goldschmiede- und Juwelenhandels immer wieder Aufenthaltsort hochgestellter Persönlichkeiten war. Über die Person Verbecqs ist nur wenig bekannt, doch muss er über internationale Kontakte und gute Beziehungen verfügt haben, denn sein Name findet sich auch in den Rechnungsunterlagen anderer Fürstenhöfe in der Zeit zwischen 1697 und 1706. Da die von ihm erworbenen Kunstwerke sehr disparaten Charakter haben, wird er vorrangig – wenn nicht ausschließlich – als Händler tätig gewesen sein. Die eigentlichen Urheber der von ihm gekauften Pretiosen bleiben daher im Dunkeln. U.W.

Lit.: Syndram/Weinhold 2000, S. 63, Nr. 30.

5 | 40

Triton und Nereide als Trinkgefäße

Elias Geyer (Halle vor 1560 – 1634 Leipzig, Meister in Leipzig 1589)
Leipzig, um 1600
Silber, vergoldet, Reste von Kaltbemalung, Turboschnecken
Höhe Triton: 20,3 cm; Höhe Nereide: 18,1 cm
Staatliche Kunstsammlungen Dresden, Grünes Gewölbe, Inv.-Nr. IV 118 (Triton) und IV 116 (Nereide)

Sehr wahrscheinlich wurden die beiden Fabelwesen 1602 zusammen mit einem Basilisken, einem Einhorn und einem Seepferd mit Neptun durch den sächsischen Kurfürsten Christian II. bei Veit Böttiger erworben. Der Leipziger Händler spielte insbesondere bei der Beschaffung der von dem prachtliebenden Herrscher besonders geschätzten orientalischen Perlmutterarbeiten eine wichtige Rolle. Der Verkauf von Goldschmiedewerken verlief sehr häufig über derartige Juweliere – spezialisierte Silberhändler, die über gute Kontakte zu fürstlichen und bürgerlichen Sammlern sowie den gefragten Gold- und Silberarbeitern verfügten. Sie boten nicht nur Waren aus dem eigenen Vorrat an, sondern nahmen auch größere Aufträge an, die sie fachkundig abwickeln konnten. Dreh- und Angelpunkt dieses florierenden Handels waren die Messen in Frankfurt, Leipzig und andernorts, wobei die sächsischen Kurfürsten ihren Bedarf an Kleinodien, Silbergegenständen, Edelsteinen und Perlen vor allem während der dreimal jährlich stattfindenden Märkte im nahe gelegenen Leipzig deckten.
Das Grüne Gewölbe verfügt über die größte Sammlung von Werken des Leipziger Goldschmieds Elias Geyer, dessen skurrile Fabelwesen zunächst in die Kunstkammer gelangten. Auch wenn derartige Goldschmiedearbeiten mit einem abnehmbaren Kopf ausgestattet sind und daher prinzipiell als Trinkgefäße verwendbar waren, bleibt es eher fraglich, ob sie jemals einem solchen Zweck gedient haben. Sie verstehen sich vor allem als originelle Sammlerstücke, die in der Verbindung eines seltenen Naturprodukts mit einer von Meisterhand gestalteten Fassung auf den inneren Zusammenhang zwischen Natur und Kunst verweisen. U.W.

Lit.: Ausst.-Kat. Hamburg 2004, S. 225, Nr. 108; Ausst.-Kat. Versailles 2006, S. 194 f., Nr. 92 f.

5 | 41

Putto mit Füllhorn und dazugehöriges Etui

Christoph Ertel
Zittau, wohl 1. Jahrzehnt 18. Jh.
Figur: Elfenbein, Karneol, Silber, vergoldet, Diamanten, Email; Höhe: 11,2 cm
Etui: Leder, Holz; Höhe: 16 × 13,5 × 7,5 cm
Staatliche Kunstsammlungen Dresden, Grünes Gewölbe, Inv.-Nr. VI 172 a (Figur) und E 69 (Etui)

Die kleine Elfenbeinfigur auf dem mit Edelsteinen und Email verzierten Sockel stammt aus der Hand des Zittauer Goldschmiedes Christoph Ertel. Seine deutlich vom Stil der Dresdner Hofjuweliere beeinflussten Arbeiten schuf er sicherlich gezielt im Hinblick auf eine mögliche Erwerbung durch August den Starken, der bekanntermaßen in großem Stil intime Pretiosen für seine Schatzkunstsammlung ankaufte. Auf der Leipziger Ostermesse 1705 gelang es dem Meister aus der Provinz, die Aufmerksamkeit Augusts zu erregen und ihm vier seiner Werke zu verkaufen. Bald darauf gelangten weitere Arbeiten an den Dresdner Hof. Heute umfasst die Sammlung des Grünen Gewölbes zwölf Arbeiten Christoph Ertels, darunter drei Versionen einer Triumpharchitektur mit der liegenden Venus und weitere Puttenfiguren. Offenbar hatte Ertel schon bald eine gewisse Bekanntheit erlangt, denn 1708 verließ er die Stadt Zittau wegen eines Auftrags für den Fürstbischof von Breslau.
Das erhaltene Doppeletui diente der sicheren Aufbewahrung dieser und einer weiteren Pretiose. Die goldgeprägte Aufschrift »Cabinet« bezieht sich auf deren ursprüngliche Aufstellung im Eck-Kabinett; die Zahlen entsprechen den Nummern im Inventar von 1733 und erleichterten somit die Zuordnung. Derartige oft kunstvoll verzierte und formgenau angepasste Behältnisse dienten dem Schutz der fragilen Kostbarkeiten, die August der Starke zuweilen zum Zweck glanzvoller Repräsentation auf Reisen mit sich führte. U.W.

Lit.: zu C. Ertel vgl. Müller 1929.

5 | 41

5 | 42

5 | 42

Zwölf Schmucksteine aus dem Steinkabinett von Heinrich Taddel

Heinrich Taddel (1715–1794)
zusammengestellt 1764–1775
Zwölf verschiedene polychrome Schmucksteinvarietäten, geschliffen
je etwa 3,5 × 3,5 cm
erworben 1937, erstmals erwähnt im Zugangsinventar des Grünen Gewölbes
Staatliche Kunstsammlungen Dresden, Grünes Gewölbe, Inv.-Nr. 1937/2

Nach Ende des für Sachsen verheerenden Siebenjährigen Krieges 1763 suchte man verstärkt nach Wegen zur wirtschaftlichen Konsolidierung des Landes. Die Auffindung neuer und die Wiederentdeckung bereits bekannter Edelsteinvorkommen waren wesentlicher Bestandteil dieser Bemühungen. Ein kurfürstliches Dekret aus dem Jahr 1764 erlaubte dem Dresdner Goldschmied Heinrich Taddel, der zwischen 1748 und 1767 Geheimer Kämmerer und Inspektor des Grünen Gewölbes war, im Kurfürstentum Sachsen frei und ungehindert nach edlen Steinen zu suchen und diese auch zu schürfen. Als Ausbeute dieser Prospektion kann die von Taddel zusammengestellte Sammlung von ursprünglich 214 geschnittenen und polierten Steinproben gelten, von denen noch 182 erhalten sind. Auf kleinen Papierstreifen wurden deren Bezeichnungen und Fundorte festgehalten. Ein von Taddel selbst unterschriebenes, jedoch nicht datiertes Verzeichnis hält alle notwendigen Informationen zu jeder einzelnen Probe nochmals in Schriftform fest. Außer den inländischen, sächsischen Steinen sind hier auch die ausländischen und orientalischen Schmucksteine verzeichnet, die Taddel sicher über Tauschbeziehungen erhalten hatte.
Die Ausstellung zeigt eine Auswahl von zwölf Steintäfelchen aus dieser Lithothek. Nach Fundorten von West nach Ost geordnet, entstammen diese Schmucksteine dem erweiterten Raum der via regia. Der Mainzische Achat (1) mit seiner charakteristischen Färbung stammt aus den bekannten Vorkommen um Idar-Oberstein. In der Umgebung von Coburg und um Altenburg wurden verkieselte Hölzer (Holzstein) gefunden (2, 3), welche damals ein begehrtes Schmucksteinmaterial waren. Sachsen ist vertreten mit dem berühmten Rochlitzer Achat (4), den verkieselten Hölzern (Holzstein) von Chemnitz (5) und aus dem Plauenschen Grund bei Dresden (6), dem Achat (7) und Amethyst (8) aus dem Gangsystem von Schlottwitz (Cunnersdorfer Achat und Amethyst), dem Korallenachat (Corallenstein) von Halsbach bei Freiberg (9), einem Stück Rhyolith (bunter Kiesel) aus der Elbe von Torgau (10) und Jaspis aus der Gegend um Großenhain (11). Aus Schlesien kam damals der wertvolle Chrysopras (12), ein durch Nickel gefärbter Chalcedon, der in der Umgebung von Frankenstein gewonnen wurde.
J.K./K.T.

Lit.: Quellmalz 1990, S. 180 mit Abb. 34; Thalheim 1998; Kappel/Weinhold 2007, S. 299 f.; Ausst.-Kat. New York 2008, Kat.-Nr. 146.; HStADD, Loc. 36179, Vol. I, Bl. 3, 33, 88.

5 | 43

5 | 44

5 | 43

Pokal der Dresdner Goldschmiedeinnung

Dresden, um 1600
Silber, teilweise vergoldet; Höhe: 35 cm
Staatliche Kunstsammlungen Dresden, Grünes Gewölbe, Inv.-Nr. IV 197

Der erst 1874 als Ankauf in die Sammlung des Grünen Gewölbes gelangte Pokal war früher im Besitz der Dresdner Goldschmiedeinnung. Im Inventar der Innung wird er 1676 als »1 Silbern Meisterstücke, die Visirung, wiegt 3 M 9 lot« aufgeführt und stimmt damit in seinem Gewicht mit der vorliegenden Goldschmiedearbeit überein. Es handelt sich bei dem Trinkgefäß um einen sogenannten Akeleipokal, dessen Kuppaform der Blüte des Hahnenfußgewächses nachgebildet ist. Das Werk diente als Vorbild für das Meisterstück, mit dem ein Goldschmied seine Kunstfertigkeit unter Beweis stellen musste, um zum Handwerk zugelassen zu werden – eine Bestimmung, die sich am Vorbild der Nürnberger Goldschmiedeordnung orientierte. Es erforderte viel Geschick, um aus einem einzigen Stück Silberblech in Treibtechnik die Buckel gleichmäßig herauszuarbeiten und zugleich im Inneren der Kuppa eine Spitze emporwachsen zu lassen, die den Blütenstempel der Akeleiblume andeuten soll. Für die Herstellung des zumeist mit Widderköpfen oder anderen figürlichen Ornamenten geschmückten Knaufs war die Beherrschung des Gussverfahrens Voraussetzung.
Der vorliegende Pokal weist zusätzlich einige Besonderheiten auf. So ist der Deckel von einer Figur der Lukretia bekrönt und besitzt in seinem Inneren eine achteckige Plakette mit der fein ziselierten Darstellung der Auferstehung Christi. Die im unteren Teil der Kuppa angesetzten eingerollten Dorne wa-

ren sicherlich zur Aufhängung von Zunftzeichen vorgesehen. Der in der Gotik wurzelnde Typus des Akeleipokals wurde zum Sinnbild des Handwerks und blieb, immer wieder zeitgemäß variiert und interpretiert, bis in das 18. Jahrhundert hinein in Gebrauch. U.W.

Lit.: Sponsel 1928, Bd. II, S. 36 f., 184, Taf. 17; Holzhausen 1966, S. LIII, Taf. 35.

5 | 44

Becher aus dem Görlitzer Ratssilber

Georg Heincke (?)
(Meister 1662, tätig bis nach 1689)
Görlitz, 1676
Silber, getrieben, graviert, punziert; innen ganz, außen teilweise vergoldet
Höhe: 12,6 cm
bez.: Stadtmarke »G« unter Krone für Görlitz; Beschauzeichen für 13-lötiges Silber; Meisterzeichen: »GH«
Germanisches Nationalmuseum, Nürnberg, Inv.-Nr. HG 11969

Der konische Becher mit fein punzierter Wandung, die oben und unten von einem glatt vergoldeten Streifen eingefasst ist, zeigt auf der Vorderseite das gravierte und teilweise vergoldete Wappen der Stadt Görlitz in einem ovalen Kranz. In dem Medaillon steht geschrieben: »Viuat Senatus Gorlicensis«, beidseits des Wappens die Datierung »1676«. Das breite Gefäß stammt aus dem Ratssilber von Görlitz und gehörte zu einem größeren Satz gleichartiger Stücke. Einige Abreibespuren an der Wandung und der profilierten Lippe deuten auf den früheren Gebrauch hin, möglicherweise bei Ratssitzungen oder dem Empfang hoher Gäste. Der Becher zählt zu den wenigen erhaltenen Goldschmiedearbeiten aus Görlitz, obwohl hier zahlreiche Meister tätig waren. So arbeitete hier zeitweilig etwa Florian Stoß, der Sohn des Bildhauers Veit Stoß, jedoch ist kein Werk von ihm überliefert.

Lit.: vgl. Hintze 1912–1916, S. 115; vgl. Rosenberg 1922–1928, Bd. 3, Nr. 2216; Ausst.-Kat. Nürnberg 1992, Nr. 175.

5 | 45

5 | 45

Breslauer Metzger-innungspokal

Gottfried Heyner
(Meister in Breslau 1682, tätig bis 1716)
Breslau, 1696
Silber, geschmiedet, getrieben, gegossen, graviert, ziseliert, emailliert
Höhe: 42 cm; Durchmesser: 18,5 cm
sign.: Meisterzeichen »F/GH« im Dreipass; Stadtmarke: »W« mit Punkt in einem Herzschild; beschr. am Fuß: »Ward gekauft / 1696; Adam Raszdorff / 1681; Andreas Pleischge / 1689; Andreas Haller / 1689; Hans Süseche / 1691; Heinrich Böhm / 1695«
Muzeum Narodowe w Warszawie,
Inv.-Nr. 192029

Der große Pokal der Breslauer Metzgerinnung von der »Alten Fleischbank« stützt sich auf einen profilierten Fuß mit Halbwülsten, auf dem die eingravierten Namen der fünf Stifter mit Daten genannt werden und der von einem Relief aus stilisierten Blumen, Tieren, Früchten und Maskaronmasken verziert wird. Die Unterseite des Fußes ist von einer Plakette mit der Darstellung eines Mannes bedeckt, der einen Baum auszureißen versucht; sie enthält die Inschrift »Der Mensch unterste sich große ding die Ihm zu thun unmochlich sind«. Die Kuppa ist profiliert; in der Mitte ist eine Landschaftskomposition aus Gebäuden, Burgruinen und Staffage zu sehen; der obere Rand besitzt ein breites Band mit einer Darstellung eines römischen Lagers und der Szene des Duells zwischen Marcus Valerius Corvus und einem gallischen Kämpfer. Das Pokalinnere ist vergoldet. Auf dem Pokaldeckel ist eine Kriegsszene, vermutlich aus der Zeit des Dreißigjährigen Krieges, dargestellt. Auf der unteren Seite des Deckels befindet sich eine Plakette mit der eingravierten Inschrift: »Dieser / Wilkommen ist von / der Zunft der Albanck / er erkaufft, und haben da / mahlige unten auf dem / Fuß stehende fünff Eltesten / zum gedachtnuss den Duc / aten Joh.3.D.6.Sve. Rex / daran Verehrt«. Der den Deckel krönende vollplastische Stier, der sogenannte Springende Breslauer Ochse, wurde später hinzugefügt. Er ist deutliches Zeichen der stolzen und wohlhabenden Breslauer Metzgerzunft. E.M./O.Z.

Lit.: Czihak 1889; Hintze 1906, S. 83, Fig. 21; Ausst.-Kat. Wrocław 2000, S. 106, Nr. 109.

5 | 46

5 | 46

Lehre zur Anfertigung eines Pokals

um 1700
Kupferblech
Höhe: 29,9 cm; größte Breite: 12,5 cm
Ankauf 1904
Städtische Museen Zittau,
Inv.-Nr. 2736/2208

Die aus Kupferblech gefertigte Silhouette eines Deckelpokals kam gemeinsam mit der Zunftlade der Zittauer Goldschmiede und deren Petschaft von 1684 in Museumsbesitz. Das Objekt soll als Vorlage zur Herstellung eines dreidimensionalen Pokals aus Edelmetall gedient haben. Auf der Rückseite sind die Risslinien erkennbar, die als Hilfe für die Vorzeichnung der Form erforderlich waren.
Viele Goldschmiedeinnungen hielten in ihren Satzungen genau fest, was ein Geselle zum Abschluss seiner Lehrzeit als Meisterstück anfertigen musste. Über Jahrhunderte hinweg war dies meist ein Pokal. Dabei blieb die Grundform häufig gleich, variiert wurden je nach dem Geschmack der Zeit die Behandlung der Oberflächen, die Verzierung der Wandungen; oft wurden noch gegossene oder getriebene Figuren hinzugefügt. Vielfach fanden entsprechende Muster und Ornamente über grafische Vorlagen eine weite Verbreitung. M.R.

5 | 47

»Pokal der hl. Hedwig von Schlesien«

Abraham I Lotter (?) (tätig 1562–1612)
Augsburg, um 1565–1570
Silber gegossen, kalt geschmiedet, geätzt, ziseliert, teilvergoldet, filigran gearbeitet; Glas; Höhe: 20,2 cm
Signaturen: Meistermarke und Stadtmarke von Augsburg
bis 1945 im Schlesischen Museum für Kunstgewerbe und Altertümer, Breslau, danach verschollen; 1966 für das MNWr erworben
Muzeum Narodowe we Wrocławiu,
Inv.-Nr. MNWr. V-1615

Der Pokal hat einen zylindrischen Korpus und einen s-förmigen Henkel und Scharnierdeckel. Der mittlere Teil des Gefäßes ist durchbrochen und aus Silberfiligran mit Kreis- und Rosettenmotiven gearbeitet. Die Inneneinlage in Form eines Zylinders besteht aus geblasenem Glas. Auf dem unteren Teil des Pokalbodens befindet sich das mit gotischer Minuskel eingearbeitete Datum: »MCCXXXVII«.
Zum ersten Mal wurde der Pokal im 18. Jahrhundert in Beschreibungen von Breslau als in der Rathauskapelle befindlich erwähnt. Er entstand in Augsburg in der zweiten Hälfte des 16. Jahrhunderts, vermutlich in der Werkstatt von Abraham und Lotter. Wahrscheinlich war das Gefäß ursprünglich nicht signiert, vielleicht war es eine konkrete, individuelle Auftragsarbeit, bei der es nicht notwendig war, sie dem System der städtischen Kontrolle unterzuordnen. In späterer Zeit wurde es mit dem Ziel, die Herkunft des Pokals zu bestätigen, mit einer Nachahmung der Augsburger Marke und dem Meisterzeichen »bereichert«. Ähnlich wurde, da man dem Gefäß einen besonderen Wert verleihen wollte, seine Verbindung mit der hl. Hedwig (1174–1243) mystifiziert; dazu diente die Anbringung des Datums »1237« auf seinem Boden. Dieses Vorgehen könnte mit den Bemühungen um die historische Legitimierung sowie die Verstärkung des Ansehens des Stadtrates von Breslau im Zusammenhang stehen. J.W.

Lit.: Gomolcky 1733, S. 20; Czihak 1891, S. 191–193; Ausst.-Kat. Breslau 1905, S. 94, Kat.-Nr. 639; Hintze/Masner 1911, S. 133, Abb. LIV; Seling 1980, T. III, S. 18, Nr. 9–11, S. 61, Nr. 740; Ausst.-Kat. Kielce 1996, S. 135, Kat.-Nr. 414; Ausst.-Kat. Kraków 2005 a, S. 89, Kat.-Nr. III/2; Ausst.-Kat. Wrocław 2010, S. 298–300, Kat.-Nr. 108; Gloria Deo 2010.

5 | 47

5 | 48

Trinkschiff

Hans Strich (?)
(um 1550, Meister um 1582, gest. 1616)
Breslau, um 1610
Silber, gegossen, getrieben, ziseliert, geschnitten, vergoldet; Höhe: 36,5 cm
sign. am Fuß mit Meisterzeichen: »HS«; Stadtmarke: »W«
Schlesisches Museum zu Görlitz, Leihgabe der Bundesrepublik Deutschland, Inv.-Nr. SMG 2001/1761

Der hohe, repräsentative Schiffspokal stammt möglicherweise von dem bedeutenden Breslauer Goldschmied Hans Strich, dem Hintze (1906) noch vier existierende Werke zuschreiben konnte; dieser Pokal aus dem Görlitzer Museum findet keine Erwähnung. Der glockenförmige Fuß mit glattem Standring zeigt getriebene Wellen und maritime Fabelwesen. Als Schaft dient ein von Voluten mit applizierten Theatermasken umstellter Stab, der oben und unten mit gerolltem und geschnittenem Blattwerk verziert ist. Der spitzwinklige, gekantete Schiffskörper ist mit graviertem Rankenwerk umzogen. In den Wanten des prachtvollen Schiffes klettern zwei Matrosen. Der mit Silberdraht als Takelage umspannte Mast trägt das weißsilberne Segel und den Korb, den eine Fahne mit dem Buchstaben »W«, der für Wratislavia (= Breslau) steht, überragt.
Das Motiv des Schiffes hat eine lange Tradition: So finden sich etwa in der kirchlichen Kunst Reliquiare in Schiffsform seit dem späten Mittelalter. Seit etwa 1500 taucht es in profanen Zusammenhängen verstärkt auf: Wohlhabende Kreise nutzten Schiffspokale als Mittel der Repräsentation, z. B. als Tafelaufsätze. Das Motiv verbreitete sich schnell durch grafische Vorlagen und Ornamentstichsammlungen. Zentrum der Produktion vergleichbarer Stücke war Nürnberg. R.E.

Lit.: Hintze 1906, S. 165 f., Taf. III, Nr. 64; Ausst.-Kat. Nürnberg 1985, Nr. 38, Abb. S. 112; Ausst.-Kat. Legnica/Praha 2006, Nr. II.3.42; vgl. Tebbe/Timann/Eser 2007, Bd. 1, Teil 2, S. 745–747, Abb. 122–129.

5 | 48

5 | 49

Traubenpokal aus dem Besitz des Bautzner Arztes und Stifters Dr. Gregorius Mättig

Heinrich Straub (gest. 1636)
Nürnberg, vor 1636
Silber, vergoldet; Höhe: 35,4 cm (ursprüngliche Höhe: 45 cm); Durchmesser: 11,9 cm
gemarkt mit Nürnberger Beschau und Zeichen des Goldschmiedes; bez. auf dem Sockel: »Ao CHR. MDCL | GREGORIVS MÄTTIG | AVF MESCHWI | TZ. DER ARTZNEIEN | DOCTOR«
Verlust des den Pokal bekrönenden Blumenstraußes, der zwischengelegten, in Silber gearbeiteten Blätter unterhalb der Traube, des Gehstocks des Winzers und der Pflanzen auf dem Rasenstück
aus der Sammlung Oskar Roesger, 1868–1910
Museum Bautzen, Inv.-Nr. R 4428

Dr. Gregorius Mättig gehört zu den herausragenden Stiftern in Bautzen. 1585 in der Spreestadt geboren, erwarb er hier seine Schulbildung an der Neuen Evangelischen Ratsschule. Ab 1605 studierte er in Leipzig und in Straßburg Philosophie. 1607 wechselte er an die Universität nach Basel, wo er sich der Medizin zuwandte und 1610 promovierte. Zurückgekehrt in seine Vaterstadt, praktizierte er hier als Arzt. 1617 wurde er in den Stadtrat gewählt und zum städtischen Beisitzer am Landgericht berufen. Wegen Streitigkeiten mit dem Rat legte Mättig 1621 seine Ämter nieder. In der Zeit des Dreißigjährigen Krieges unterstützte er die Stadt durch hohe Darlehen und gewährte Bürgern finanzielle Hilfe.

Von humanitären Gedanken getragen, verfügte der Arzt in seinem Testament die Verwendung des größten Teils seines Vermögens für mildtätige Zwecke. Mättig initiierte Stiftungen, die Schülern der Ratsschule und Geistlichen der Haupt- und Pfarrkirche St. Petri zugute kamen. Vorzugsweise für männliche Nachkommen setzte er Stipendien für Universitätsstudien in Theologie, Jura und Medizin aus. Der Stadt vermachte Mättig seine Bibliothek, die den Grundstock für den Wiederaufbau der 1634 zerstörten Ratsbibliothek bildete. Die Erben des 1650 verstorbenen Wohltäters stifteten für den Ratsschatz einen mit einer Inschrift versehenen Pokal, der zu den in der ersten Hälfte des 17. Jahrhunderts beliebten, von einem Winzer getragenen und in Buckeltechnik

5 | 49

5 | 50

gearbeiteten Traubenpokalen gehört. Mättigs Stiftungen ermöglichten über Jahrhunderte hinweg jungen Menschen einen besseren Einstieg in Ausbildung und Beruf. Zur Fortsetzung dieser Tradition wurde 2007 in Bautzen die Dr.-Gregorius-Mättig-Stiftung gegründet. H.S.

Lit.: Gurlitt 1909, S. 217 f., Abb. 200; Keil 1990; Hartmann 1994; Keil/Koch 2009.

5 | 50

Reichsadlerhumpen

Georg Preußler
Marienberg, 1577
grünliches, leicht trübes Glas, farbige Emailmalerei, dünne Vergoldung
Höhe: 29,5 cm; Durchmesser: 12 cm
sign.: »GP«; beschr.: »Das hailig Romisch reich mit sampt seinen gelidern«
Museum für Kunsthandwerk, Frankfurt a. M., Inv.-Nr. W.M.E. 13

Bei diesem sogenannten Reichsadlerhumpen handelt es sich um eines der frühesten Exemplare dieser Gattung überhaupt. Unter der Inschrift »Das hailig Romisch reich mit sampt seinen gelidern« steht der bekrönte, doppelköpfige Reichsadler. Er trägt ein Kruzifix vor der Brust, seine Flügel spannen sich über die gesamte gerade Wandung des Glases. In dem Gefieder sind die beschrifteten Wappen der geistlichen und weltlichen Kurfürsten, der Reichsstände und Reichsstädte ausgebreitet. Auf der Rückseite ist das alttestamentarische Symbol der ehernen Schlange aufgemalt. Das Motiv geht auf einen Holzschnitt von Hans Burgkmair d. Ä. von 1510 zurück.
Auf der Rückseite ist das Glas mit einem ineinander verschlungenen »GP« signiert. Somit ist gesichert, dass es aus der Glashütte des Georg Preußler im erzgebirgischen Marienberg stammt. Ob er selbst auch der Maler war, lässt sich dagegen nicht bestimmen. Jedenfalls tritt mit Georg Preußler erstmals ein Glasmacher aus der Anonymität heraus, und unter ihm gelangte die Hütte zu großer Blüte. Die Familie Preußler ist hier bereits seit dem 15. Jahrhundert nachweisbar; mehr als 200 Jahre verblieb die Hütte im Besitz der Familie. Angehörige dieser Familie übten das Glasmacherhandwerk nicht nur hier, sondern auch an anderen Orten aus. So waren sie in den Hütten von Heidelbach und Jugel tätig, andere zogen weiter ostwärts ins böhmisch-schlesische Grenzgebiet. R.E.

Lit.: Baumgärtner 1977, S. 18 f., 39–41, Abb. 4; Europäisches Glas 1980, S. 134 f., Nr. 304.

5 | 51

5 | 51

Doppelhumpen (Reichsadler- und Kurfürstenhumpen)

Glashütte Jugel, Westerzgebirge, 1638
grün getöntes blasiges Glas, polychrome Emailmalerei, vergoldet
Höhe: 41,7 cm; Durchmesser: 13,8 cm
bez. am unteren Humpen: u. a. »CLvP.« [Christoph Löbel von Platten];
»Gott Behütt und Erhaltt Daß Gantze / heilige Römische Reich / mit seinen Gliedern / allen zu gleich / 16 38«;
bez. am oberen Humpen: »1638 / RÖMISCHER KAEYSER BEHMEN PFALTZ SACHSEN BRANDENBVRG. TRIER. CÖLNN. MENTZ.«;
auf den Halsbändern der Jagdhunde: »I.G.H.«, »I.G.H.Z.«, »I.G.I« [Johann Georg Herzog zu …]
Staatliche Kunstsammlungen Dresden, Kunstgewerbemuseum, Inv.-Nr. 46476

Besonders prachtvolle barocke Emailgläser, die an kursächsische Hofkellereien zu herausragenden Anlässen – im Fall dieses Doppelhumpens vermutlich der Hochzeit des Kurprinzen Johann Georg II. 1638 – geliefert wurden, zählen zu den Höhepunkten der Glasherstellung des sächsischen Erzgebirges im späten 16. und 17. Jahrhundert. Nach 1700 wurde die Emailmalerei langsam vom geschnittenen Kristallglas verdrängt, wie sich auch, da die Glasherstellung im Erzgebirge nicht mehr lukrativ war, die große Anzahl der dort seit Anfang des 13. Jahrhunderts ursprünglich zur Unterstützung der Rodungstätigkeit gegründeten Glashütten stark reduzierte. Die erst 1571 gegründete Hütte Jugel ist recht eindeutig als Hersteller des Doppelhumpens auszumachen, da sich auf der Rückseite des unteren Humpens das Wappenmonogramm des Hüttenbesitzers Christoph Löbel von Platten (1598–1651) befindet. Der böhmische Exulant und Kaufmann hatte 1630 in die Besitzerfamilie Preußler eingeheiratet. Die Hauptansicht des unteren Humpens mit dem doppelköpfigen Reichsadler symbolisiert die Reichseinheit und im Sinne des Auftraggebers die Zugehörigkeit Kursachsens zum Reichsverband. Auf dem oberen Humpen sind die sieben Kurfürsten – einer davon Johann Georg I., der mit diesem zeremoniellen Trinkgefäß seinen Rang präsentierte – mit dem thronenden Kaiser abgebildet. Dieses seit etwa 1590 gebräuchliche Bildmotiv und auch das noch ältere des Reichsadlers besaßen nach dem Prager Frieden von 1635 noch einmal besondere Aktualität. F.G.

Lit.: Haase 1988, Kat.-Nr. 24; Ausst.-Kat. Dresden 1990, Kat.-Nr. 665; zur Glashütte Jugel vgl. Kirsche 2005, v. a. S. 81–87, 222; Ausst.-Kat. Dresden 2010 b, Kat.-Nr. 85.

5 | 52

Humpen mit Malerei

Christoph Schieritz (?)
Glashütte Zeilberg, Schlesien, 1680
klares, leicht grünliches Glas, Emailmalerei
Höhe: 26 cm
beschr.: »Glass Hütte Zeilberg.«; »Dieses Glass Schencken Zum gedechtnuss dem Herren / Casper steiner Erblichen Freyrichtern zu volperssdorff eine Ehrliebende Geselschaft der glasskunst. Angethan nahmens / Christian Preissler. Glassmeister.«; »Wilhelm Preissler, George Friedrich, Jermiass Langhammer, jermias Rothkähl, Sämbtliche gesellen. Christoff Schieritz Mahler. Anno 1680, den 4. April.«; »Peter Anft Schencke.«
gestiftet von Adalbert Ritter von Lanna
Umĕleckoprůmyslové museum v Praze, Inv.-Nr. 9918/1906

Die Anfänge der Emailmalerei in Böhmen und Mähren liegen in den 60er Jahren des 16. Jahrhunderts. Mit Email wurden Humpen, Krüge, Kannen, hohe Becher, Bierkannen, Fenster und vieles mehr verziert. Die

5 | 52

Glasmacherfamilie Preußler kam zu Beginn des 16. Jahrhunderts aus Sachsen in die Länder der Böhmischen Krone. Sie ließ sich in den waldreichen Gebieten nieder, da Holz nicht nur Brennmaterial, sondern auch Rohstoff für die Pottasche war.
Der Humpen entstand im Jahre 1680, als die Emailmalerei schon in ganz Mitteleuropa voll entwickelt war. Die Malerei auf der Wandung zeigt den Blick auf die Glashütte in Zeilberg, in der sieben Glasbläser am Ofen Glas blasen und formen. An der Seite bringt ein Diener einem Mann mit abgestützten Armen einen Humpen. Ein weiterer Mann sitzt an einem Tisch mit Glaserzeugnissen. Aus der Aufschrift geht hervor, dass der Hüttenmeister Christian Preissler diesen Humpen im Jahre 1680 Caspar Steiner, Schulze in Volpersdorff, widmete. Wo sich genau diese Gemeinde bzw. die Glashütte Zeilberg befand, konnte nicht eindeutig bestimmt werden. Als wahrscheinlich gilt die Annahme von Jiřík, dass es sich um einen Ort unweit der Stadt Neurode handelt.
Aus kulturhistorischer Sicht ist dieser Humpen außergewöhnlich, da er die Einrichtungen, Arbeiten und Organisation einer Glashütte Ende des 17. Jahrhunderts in Mitteleuropa vergleichsweise präzise zeigt. Kunsthistorisch weichen dieser Gegenstand und die Malerei darauf nicht vom Zeitstandard ab. Dennoch verleihen ihr eine gewisse Naivität und die Reinheit der Umsetzung Reiz und Schönheit. J.Sch.

Lit.: Schmidt 1922, S. 182 f.; Partsch 1928; Jiřík 1934 a, S. 49 f.; Jiřík 1934 b, S. 103 f.; Ausst.-Kat. Corning 1981, Kat.-Nr. 7; České sklo 1989, Bd. 2.2., Kat.-Nr. 290; Ausst.-Kat. Trento 2010, Kat.-Nr. II.55.

5 | 53

5 | 53

Bildnis des Georg von Logau

schlesischer Maler
um 1546
Öl auf Leinwand; 75 × 59 cm
Muzeum Narodowe we Wrocławiu,
Inv.-Nr. VIII-2611

Georg von Logau, genannt Logus (um 1500–1553) – ein Humanist und Autor lateinischer Gedichte – ist als »poeta laureatus« mit einem Lorbeerkranz dargestellt. Er entstammte einem Adelsgeschlecht, das in Schlaupitz bei Reichenbach im Eulengebirge ansässig war; er war Onkel des Breslauer Bischofs Caspar von Logau (1524–1574) und Urgroßonkel des Dichters Friedrich von Logau (1604–1655). Dank der Unterstützung durch den Breslauer Bischof Johann V. Thurzo studierte er in Krakau, Wien und Bologna. Als leidenschaftlicher Befürworter des Katholizismus erfreute er sich keines guten Rufes bei den Protestanten. In seinem Gedicht »Ad amicos« (1527) zählt er seine Breslauer Freunde auf: den Doktor des kanonischen Rechts Stanislaus Sauer, den Domherrn Nicolaus Weidner, den Rechtsgelehrten und Humanisten Johann Metzler (Schwager von Bischof Thurzo, doch zugleich einer der ersten Anhänger der Reformation in Schlesien) sowie den späteren Bischof Balthasar Promnitz. Auf der Suche nach reichen und mächtigen Gönnern reiste Logus nach Italien, Ungarn und Mähren sowie in die Polnische Adelsrepublik. Er schrieb u. a. ein Lobgedicht auf die polnische Königin Bona Sforza und den Thronfolger, den siebenjährigen Sigismund August aus der Dynastie der Jagiellonen; dem späteren Kaiser Ferdinand I. widmete er 1529 seine in Wien herausgegebene Gedichtsammlung.
Die Landschaft im Hintergrund des Bildnisses ist in warmen und hellen Tönen lasierend gemalt, gänzlich anders als die monolithische Gestalt des Dichters sowohl hinsichtlich der Stimmung als auch der künstlerischen Konvention. Dies gibt Anlass zu der Ansicht, dass der Autor des Breslauer Bildes die Werke des Passauer Meisters der »beseelten« Landschaft, Wolf Huber, gekannt hat. E.Ho.

Lit.: Bauch 1896, S. 19; Ausst.-Kat. Köln 2006, Nr. 37; Malarstwo śląskie 2009, Nr. 11.

5 | 54

Gründlicher Bericht Der Deutschen Reimen oder Rithmen Auch der alten Deutschen Singekunst des Meistergesangs

Adam Puschmann
(Görlitz 1532–1606 Breslau)
Frankfurt (Oder): Nicolaus Voltz, 1596
Buchdruck
Biblioteka Uniwersytecka we Wroclawiu,
Oddział Starych Druków, Sign. BUWr 412256

Die tradierte Kunst des Meistergesangs fand in der Mitte des 16. Jahrhunderts in Adam Puschmann ihren Chronisten. Der 1532 in Görlitz geborene Puschmann nahm als wandernder Schneidergeselle bei Hans Sachs in Nürnberg Unterricht, in dessen Singschule er zum Meistersinger berufen wurde. Bei seiner Rückkehr gründete Puschmann 1569 in Görlitz eine Singschule, welche sich an das Nürnberger Vorbild anlehnte. 1571 veröffentlichte Puschmann seine Sammlung mit mehr als 300 Meisterliedern beim Görlitzer Drucker Ambrosius Fritsch. Seine Widmung an die Stadt Görlitz ist als Dedikationszahlung der Görlitzer Ratsherren vom 5. Oktober 1571 nachgewiesen. Sein Bruder Zacharias wirkte zudem zwischen 1569 und 1572 als Kantor der Stadt. Mitte der 1570er Jahre siedelte Adam Puschmann nach Breslau über, wo er erneut eine Singschule gründete und 1606 verstarb.
Das ausgestellte Exemplar wurde 1596 in Frankfurt (Oder) bei Nicolaus Voltz gedruckt.

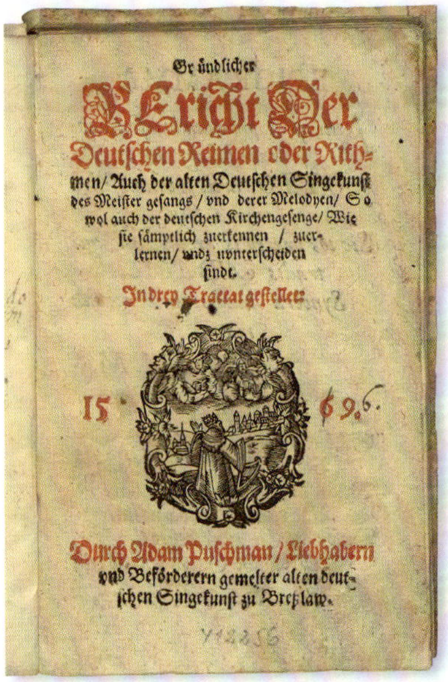
Gründlicher Bericht Der Deutschen Reimen oder Rithmen/ Auch der alten Deutschen Singekunst des Meister gesangs/ und derer Melodyen/ So wol auch der deutschen Kirchengesenge/ Wie sie sämptlich zuerkennen / zuerlernen/ und zu unterscheiden sindt. In drey Tractat gestellet.
15 69.
Durch Adam Puschman/ Liebhabern und Beförderern gemelter alten deutschen Singekunst zu Breslaw.

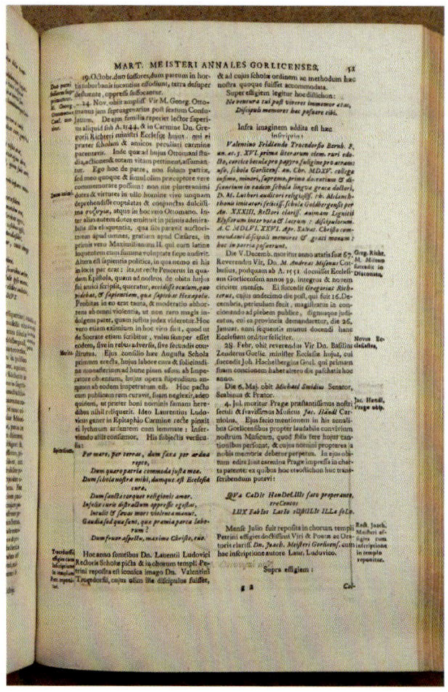

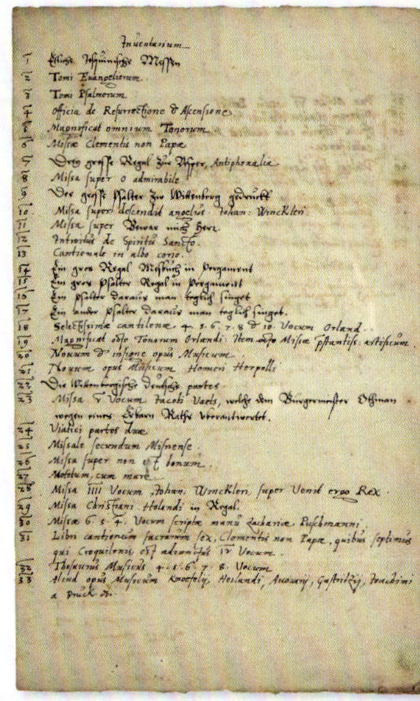

5 | 54

5 | 55

5 | 56

Die auf dem Titelblatt als Druckfehler angegebene und handschriftlich auf das Jahr der zweiten Auflage korrigierte Jahreszahl 1569 findet auf der letzten Seite gedruckte Bestätigung.
Noch in der Mitte des 19. Jahrhunderts griff Richard Wagner für sein Bühnenwerk »Die Meistersinger von Nürnberg« auf Puschmanns Sammlung teils überlieferter, teils eigener Meisterlieder zurück. T.N.

Lit.: Wolanski 1994; Napp 2006.

5 | 55

Nachruf auf Jacob Handl-Gallus

in: Scriptores rerum Lusaticarum, 1719, Teil I.2, S. 51
Martin Mylius (Görlitz 1542 – 1611 Görlitz)
Leipzig, Bautzen: David Richter, 1719
Buchdruck; 33,5 × 24 × 9 cm
Ratsarchiv Görlitz, ohne Sign.

Dieser lobpreisende Nachruf auf Jacob Handl-Gallus (1550 – 1591) weist den im heutigen Slowenien geborenen, im habsburgischen Wien ausgebildeten sowie in Böhmen, Mähren und Schlesien wirkenden Musiker als beliebtesten Komponisten des Görlitzer Convivium musicum aus. Der seit 1569 am Görlitzer Gymnasium tätige und zwischen 1594 und 1608 das Amt des Rektors daselbst ausübende Martin Mylius gibt als einziges Mitglied der bürgerlichen Musikvereinigung Convivium musicum einen schriftlich überlieferten Nachweis über das Repertoire. Als damaliger Stadtchronist schrieb Mylius 1591 in seinen lateinisch verfassten »Annales Gorlicenses«, welche Christian Hoffmann 1719 wiederabdruckte: »Am 4. Juli [1591] starb zu Prag der hervorragendste und lieblichste Musiker unseres Jahrhunderts, Jac. Händl Carniolus. Ich erwähne ihn in diesen Görlitzer Jahrbüchern wegen unserer löblichen Musikvereinigung [laudabile convivium nostrum Musicum], welche fast allein seine Gesänge vorträgt, und dessen Namen deswegen von uns dauernde Erinnerung geschuldet wird.« T.N.

Lit.: Gondolatsch 1920/21; Napp 2006.

5 | 56

Inventarium des Chores in der St. Peters-Kirche zu Görlitz

19. September 1593
Handschrift; 33,5 × 20 cm
Ratsarchiv Görlitz,
Sign. Lose Urkunden 860c/687

Über die im 16. und 17. Jahrhundert an der Görlitzer Hauptkirche St. Peter und Paul aufund ausgeführte Musik lassen sich kaum Aussagen treffen, da mit dem Kirchenbrand von 1691 die Kirchen- und Gesangbücher als originäre Quellen vernichtet wurden. Einzig überliefert ist ein Musikalienkatalog, der sich unter den losen Urkunden im Ratsarchiv Görlitz befindet und auf den 19. September 1593 datiert ist. Die aufgelisteten 47 Werke geben einen repräsentativen Einblick in die evangelische Kirchenmusik um 1600 im deutschsprachigen Mitteleuropa. Das Inventar enthält Messen, Offizien und Motetten sowohl überregional bedeutender Komponisten, wie u. a. von Josquin, Clemens non Papa, Orlando di Lasso, Christian Hollander, als auch insbesondere in Ostmitteleuropa verbreiteter Komponisten, wie von Jacob Handl-Gallus, Antonio Scandello und Johann Knöfel, sowie Görlitzer Kantoren, wie von Johann Winckler und Zacharias Puschmann. T.N.

Lit.: Gondolatsch 1928/29; Napp 2008.

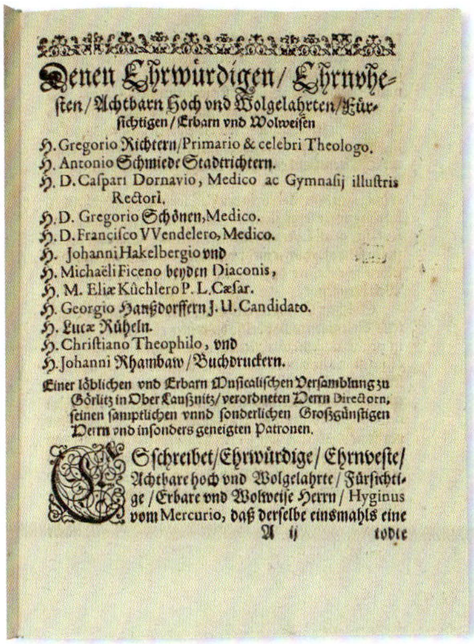

Denen Ehrwürdigen / Ehrnvhesten / Achtbarn Hoch vnd Wolgelahrten / Fürsichtigen / Erbarn vnd Wolweisen

H. Gregorio Richtern / Primario & celebri Theologo.
H. Antonio Schmiede Stadtrichtern.
H. D. Caspari Dornavio, Medico ac Gymnasij illustris Rectori.
H. D. Gregorio Schönen, Medico.
H. D. Francisco VVendelero, Medico.
H. Johanni Hakelbergio vnd
H. Michaëli Ficeno beyden Diaconis,
H. M. Eliæ Küchlero P. L. Cæsar.
H. Georgio Hanßdorffern J. U. Candidato.
H. Lucæ Rüheln.
H. Christiano Theophilo, vnd
H. Johanni Rhambaw / Buchdruckern.

Einer löblichen vnd Erbarn Musicalischen Versamblung zu Görlitz in Ober Laußnitz / verordneten Herrn Directorn, seinen samptlichen vnnd sonderlichen Großgünstigen Herrn vnd insonders geneigten Patronen.

Es schreibet / Ehrwürdige / Ehrnveste / Achtbare hoch vnd Wolgelahrte / Fürsichtige / Erbare vnd Wolweise Herrn / Hyginus vom Mercurio, daß derselbe einsmahls eine

A ij todte

5 | 57

5 | 58

5 | 57

Erster Theil Newer Deutscher Lieder

Christoph Demantius
(Reichenberg 1567 – 1643 Freiberg)
Leipzig: Valentin Am Ende, [1613]
Buchdruck; 20 × 15,8 cm
Herzog August Bibliothek Wolfenbüttel,
Sign. 43.1-43.5 Musica

Die musikalischen Aktivitäten des Görlitzer Convivium musicum können durch die Dedikation des 1567 im böhmischen Reichenberg geborenen Christoph Demantius bis 1613 nachgewiesen werden. Demantius war seit 1597 als Kantor in Zittau angestellt und siedelte in selbiger Funktion 1604 nach Freiberg über. Sein »Erster Theil Newer Deutscher Lieder« enthält 20 deutschsprachige Gesänge zu fünf Stimmen, die auf dreistimmigen Kompositionen von Gregor Lange basieren. Die ausschließlich im Stimmbuch des Tenors abgedruckte Widmung ist explizit an die zwölf »Directorn« der »Musicalischen Versamblung zu Görlitz in Ober Laußnitz« adressiert.

Die Anzahl der Direktoren und die aufgeführten Berufsstände enthalten neben der zeitlichen Einordnung ebenso wichtige Informationen über die institutionelle Organisation des Convivium musicum. Es werden Ratsherren, Geistliche, Ärzte, aber auch der Rektor des Görlitzer Gymnasiums und der Buchdrucker Johannes Rhamba genannt, die Musiker hingegen fehlen. T.N.

Lit.: Gondolatsch 1936; Napp 2011.

5 | 58

Die Görlitzer Stadtpfeifer

Johann Geisius (Konitz 1625 – 1676 Görlitz)
um 1658
Feder und Pinsel in Wasserfarben
21,5 × 34,5 cm
Kulturhistorisches Museum Görlitz,
Inv.-Nr. Kult 3380

Die Zeichnung entstand als Studie zu einem Detail des Triptychons der Görlitzer Schützenbruderschaft, das Geisius 1658 malte (heute Muzeum Narodowe we Wrocławiu und Muzeum Miejskie Wrocławia). Es zeigt in idealisierter Darstellung die in den Diensten des Rates tätigen Stadtpfeifer gemeinsam musizierend. Von links vorn sind im Uhrzeigersinn die Stadtpfeifergesellen um einen Tisch gruppiert und wie folgt namentlich aufgeführt: Mathias mit einer Viola da gamba, Angellmann mit einer kleinen Posaune, Moller mit einem Basspommer (Vorläufer des Fagotts), musicus instrumentalis Gerxel (?), der nicht fest zu den Ratsmusikern gehörte und ein Regal, eine tragbare Kleinorgel spielt, dessen Bälge der auf der gegenüberliegenden Seite des Tisches stehende Windmacher Alex Tripstrille bedient, der Stadtpfeifer Ball mit einer Violine, schließlich die Gesellen Müller mit einem Zink und Walter mit einer Cister. Am linken Bildrand hat sich der Maler selbst dargestellt, während man am rechten Bildrand einen Fahnenträger erkennt, dessen Name leider nicht mehr lesbar ist.

Die Görlitzer Stadtpfeifer, die seit Mitte des 16. Jahrhunderts nachweisbar sind, hatten verschiedene Aufgaben zu erfüllen. Sie spielten anlässlich der Besuche hoher Potentaten, zu Festen des Rates und des Gymnasiums, zu Hochzeiten oder auch zu Jahrmarktsvorführungen. K.W.

Lit.: Gondolatsch 1931; Napp 2007.

5 | 59

Krummer Zink

unbekannter Instrumentenbauer
17. Jh.
Holz, Leder; Länge: 60 cm
Kulturhistorisches Museum Görlitz,
Inv.-Nr. 1619-2008

Der Zink ist ein traditionsreiches Blasinstrument, dessen Wurzeln im hohen Mittelalter liegen. Ursprünglich aus Tierhörnern gefertigt, wurde er seit der Frühen Neuzeit zumeist aus Holz hergestellt und mit Leder überzogen. In der Renaissance entwickelte er sich zu einem der wichtigsten Soloinstrumente. Zinkenisten gehörten in Italien und auch nördlich der Alpen in dieser Zeit zu den angesehensten Musikern. Erst in der zweiten Hälfte des 17. Jahrhunderts begann das Instrument seinen Status an die Violine zu verlieren. Zinkenisten waren oft auch als Turmbläser und Stadtmusiker tätig. Unter den Görlitzer Stadtpfeifern des Jahres 1658, die durch eine Zeichnung von Johann Geisius (Kat.-Nr. 5 | 58) dokumentiert sind, ist der Stadtpfeifergeselle Müller beim Spiel eines Zink dargestellt.

Über die Herkunft und das genaue Alter des ausgestellten Instruments ist nur wenig be-

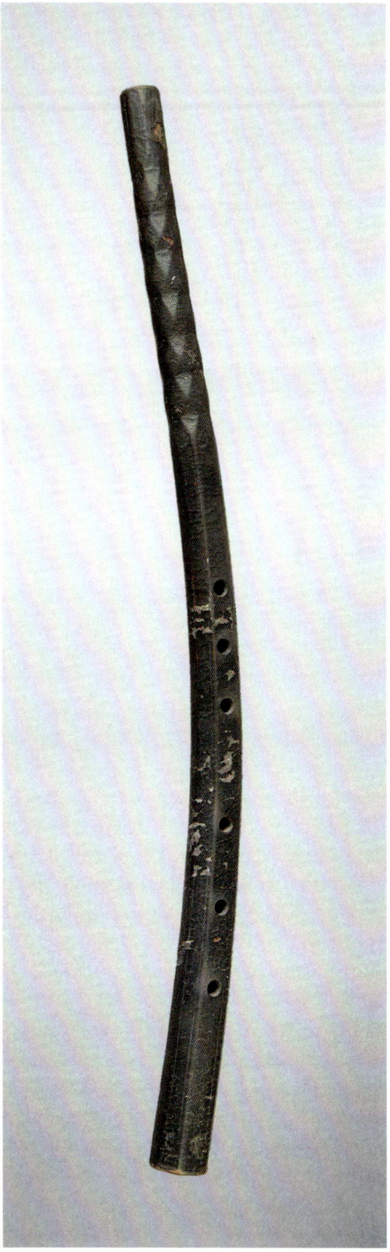

5 | 59

kannt. Seiner Form nach zu urteilen, dürfte es aus dem 17. Jahrhundert stammen. Leider ist sein originales Mundstück nicht mehr vorhanden. 1873 gelangte der Zink als Schenkung der Naturforschenden Gesellschaft zu Görlitz in das hiesige Museum. Es ist vorstellbar, dass es sich um das Instrument eines Görlitzer Stadtmusikers des 17. Jahrhunderts handelt, welches in Familienbesitz die Zeiten überdauert haben könnte. K.W.

Wissen

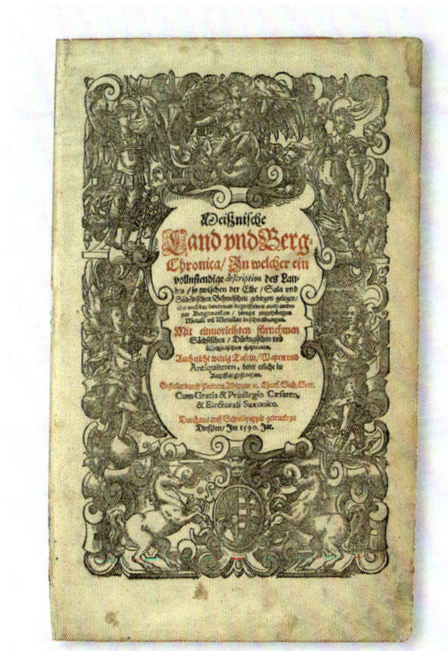

5 | 60

5 | 60

Meisznische Land- und Berg-Chronica

In welcher ein vollnstendige description des Landes / so zwischen der Elbe / der Sala und Südödischen Behmischen gebirgen gelegen / so wol der dorinnen begriffenen auch anderer Bergwercken / sampt zugehörigen Metall und Metallar beschreibungen
Petrus Albinus
(Schneeberg 1543 – 1598 Dresden)
Dresden: Gimel Bergen, 1590
Buchdruck, Kupferstiche und Holzschnitte; Bd. 1: 449 S., Bd. 2: 205 S. (hier in einem Band); 32 × 20,5 cm
Sächsische Landesbibliothek – Staats- und Universitätsbibliothek Dresden, Sign. 1.B.246a / Universität Leipzig, Bibliotheca Albertina, Sign. Hist.Sax.151

Peter Weiß/Weis latinisierte entsprechend den damals üblichen Gepflogenheiten seinen Namen in Petrus Albinus. Nachdem er die Fürstenschule in Meißen besucht hatte, studierte Albinus in Frankfurt (Oder), Leipzig und Wittenberg Rechtswissenschaften. Unmittelbar nach seinem Studienabschluss hielt er bereits Vorlesungen an der Universität Wittenberg, wurde dort zwei Jahre später zum Professor ernannt und leitete ab 1586 die Universität als Rektor. 1588 wurde Albinus als Sekretär und Archivar des Kurfürsten Christian I. (1560 – 1591) nach Dresden berufen, wo ihm die Sichtung der gesamten kursächsischen Hausakten in der kurfürstlichen Kanzlei übertragen wurde. Auf der Basis dieses Materials schuf er die zweiteilige »Meisznische Land- und Berg-Chronica«, die in deutscher Sprache verfasst war und in der

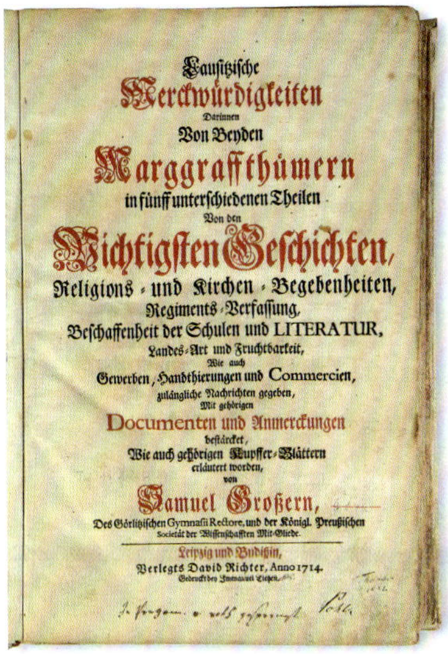

5 | 61

5 | 62

Erstausgabe in den Jahren 1580 und 1589 erschien. Die beiden 1590 in einem Buch zusammengefassten Bände sind dabei überaus opulent ausgestattet: Es finden sich darin nicht weniger als 60 Wappenholzschnitte wie auch Porträts und Karten, die die Beschreibung des Landes zwischen Elbe und Saale illustrieren. Der zweite Teil der Chronik konzentriert sich auf den Bergbau im Erzgebirge. Albinus, der auch Chroniken verschiedener sächsischer Städte – etwa Annaberg, Chemnitz, Dresden oder Schneeberg – verfasst hatte, plante ursprünglich eine zehnbändige Geschichte der Mark Meißen, die allerdings nie vollendet wurde. Er gilt als Begründer der sächsischen Geschichtsschreibung. S.St.

Lit.: VD 16: W 1679; Sauer 1953; Eigenwill 2006.

5 | 61

Lausitzische Merckwürdigkeiten

Darinnen Von Beyden Marggrafftthümern in fünff unterschiedenen Theilen Von den Wichtigsten Geschichten, Religions- und Kirchen-Begebenheiten, Regiments-Verfassung, Beschaffenheit der Schulen und Literatur [...] Wie auch Gewerben, Handthierungen und Commercien [...] Nachrichten
Samuel Grosser
(Paschkowitz b. Oels 1664 – 1736 Görlitz)
Leipzig, Bautzen: [David] Richter, 1714
Buchdruck, getrennte Zählung, zahlreiche Kupferstiche; 33 × 22 cm
Oberlausitzische Bibliothek der Wissenschaften, Görlitz, Sign. L II 1

Für die Historiografie der Lausitz sind die »Lausitzischen Merckwürdigkeiten« des Görlitzer Gymnasialrektors Samuel Grosser ein besonderer Markstein. Sie sind eine unersetzliche Darstellung der Geschichte der Lausitzen und zugleich ein prächtiges Dokument barocker Buchkunst. Grosser schuf nicht nur die erste fundierte Landesgeschichte der beiden Lausitzen, die den wissenschaftlichen Kriterien der Neuzeit genügte, sondern die erste wissenschaftliche Landeskunde einer deutschen Landschaft überhaupt. Akribisch trug Grosser die Fakten zusammen, bewertete die Quellen historisch-kritisch und gliederte den umfangreichen Stoff in einer für die damalige Zeit bemerkenswert modernen Art und Weise. Er trennt erstmals die allgemeine Geschichte des Landes von der Genealogie der Fürstenhäuser, räumt dem Schulwesen ein eigenes Kapitel ein, gibt umfassende Beschreibungen der physikalischen, ökonomischen sowie der kommerziellen Verhältnisse. Die »Lausitzischen Merckwürdigkeiten« stellten bis in das 19. Jahrhundert hinein das grundlegende Werk zur Lausitzischen Landesgeschichte dar.
Im Urteil der Zeitgenossen galt das Buch als eine überragende Leistung. Jedoch musste sich Grosser wegen seines selbstständigen historischen Urteils manche Anfeindung gefallen lassen, besonders die Vertreter des Adels fühlten sich durch seine Beschreibung des mittelalterlichen Raubritterwesens in ihrer Standesehre gekränkt. Sie gaben ein Gegengutachten in Auftrag, und der Streit wogte lange zwischen den barocken Standesherren und dem bürgerlichen Wissenschaftler hin und her. M.W.

5 | 62

Schlesiens curiose Denckwürdigkeiten oder vollkommene Chronica Von Ober- und Nieder-Schlesien

welche in Sieben Haupt-Theilen vorstellet Alle Fürstenthümer und Herrschafften mit ihren Ober-Regenten, Landes-Fürsten, Hofhaltungen, Stamm-Registern, Verwandtschafften, Herren- und Adelichen Geschlechtern, Tituln, Wappen [...] Sowol auch Deren Verfassungen, Regierungs-Arten, Staats- und Justiz-Wesen, Reichthümer, Regalien, Kriegs- und Friedens-Händel
Friedrich Lucae (1644 – 1708)
Frankfurt a. M.: Friedrich Knoch, 1689
Buchdruck, 2240 S.; 20 × 22 cm
Oberlausitzische Bibliothek der Wissenschaften, Görlitz, Sign. G XIV 31

Der Autor dieser Chronik, Friedrich Lucae, verkörpert exemplarisch Bildung und Gelehrsamkeit entlang der via regia. Nach seiner Schulzeit am fürstlichen Gymnasium in Brieg besuchte er ab 1662 die Universität Heidelberg, um dort Theologie zu studieren. Über die Fahrt der jungen Brieger Absolventen zum Studium berichtet er, dass er gemeinsam mit jungen schlesischen und polnischen Edelleuten »zwei schlesische Landkutschen« nutzte, um über die via regia nach Leipzig zu reisen. Es folgte eine Studienzeit in den Niederlanden, die er 1664/65 in Nimwegen, Utrecht und Leyden verbrachte. Nach zahlreichen Reisen zurückgekehrt, wurde Lucae 1668 zweiter Hofprediger in Brieg, danach erster Hofprediger in Liegnitz. Nach 26-jähriger Tätigkeit ging er 1694 nach Hes-

sen und wurde Metropolitan in Spangenberg. 1696 übersiedelte er nach Rotenburg als Oberpfarrer, Dechant des Elisabethstiftes und Metropolitan der Diözese.
Seine voluminöse Chronik der Geschichte Schlesiens, bestehend aus sieben Teilen, welche zu einem dicken Quartband zusammengefasst sind, ist ein Werk überragenden Fleißes und eine unerschöpfliche Fundgrube detailliertester Informationen historischer und kulturgeschichtlicher Art. M.W.

Lit.: VD 17: 1:074142U; Krohn 1966; Grünhagen 1884.

5 | 63

Polnische deutsch erklärte Sprachkunst

Maciej Gutthäter-Dobracki (Baitzen b. Frankenstein 1626 – 1681 Brodnica)
Oels: Johann Seyffert, 1669
Buchdruck, 580 S.; 13 × 10 cm
Sächsische Landesbibliothek – Staats- und Universitätsbibliothek Dresden, Sign. Ling. Slav. 124

Der polnisch-schlesische Autor und Grammatiker Maciej Gutthäter-Dobracki verfasste im Auftrag des Breslauer Stadtrats die »Polnische deutsch erklärte Sprachkunst«. Sein auf Deutsch verfasstes Werk bietet die vollständigen Grundlagen zum Erwerb der polnischen Sprache. Er widmete dieses Buch Georg Wilhelm, Herzog in Schlesien zu Liegnitz, Brieg und Wohlau, dem letzten Vertreter der schlesischen Piasten. Bereits 1668 hatte Dobracki in Oels mit »Goniec grammatyki Polskiey / Vorbote der Polnischen Sprachkunst« ein zweisprachiges Lehrbuch zur polnischen Grammatik vorgelegt.
Die Vorfahren Gutthäters kamen im Verlauf des späten 15. Jahrhunderts aus Kulmbach nach Krakau und ließen sich später in Breslau nieder. Gutthäter-Dobracki kam im Zuge des Zweiten Nordischen Krieges (1655–1660/61) nach Breslau. Dort wurde er der erste Direktor der 1666 gegründeten Städtischen Polnischen Schule. Mit »Widworny politik / Wohlqualificirter Hofmann« (Oels 1664) schrieb er eine Anweisung zur höflichen Form in Gespräch und Brief; seine »Kancelaria polityczna / Hoch-Pohlnische Cantzeley« (Danzig 1672) enthält neben Musterbriefen noch ein Lehrbuch und eine Grammatik der polnischen Sprache. R.E.

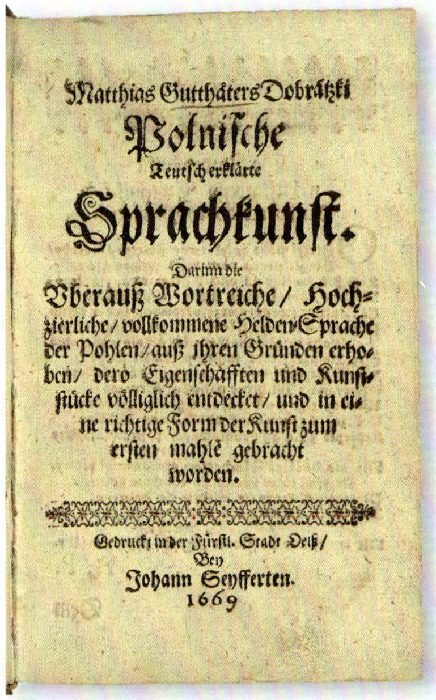
Matthias Gutthäters Dobrätzki
Polnische
Teutsch erklärte
Sprachkunst.
Darinn die
Vberauß Wortreiche / Hochzierliche / vollkommene Helden-Sprache der Pohlen / auß ihren Gründen erhoben / dero Eigenschafften und Kunststücke völliglich entdecket / und in eine richtige Form der Kunst zum ersten mahle gebracht worden.
Gedruckt in der Fürstl. Stadt Oelß / Bey Johann Seyfferten. 1669

5 | 63

Lit.: VD 17: 14:698821Y; PSB, Bd. V (1939), S. 240; Rombowski 1960, S. 30, 78–89; Pusch 1986–1991, Bd. 2 (1988), S. 75–84; Gumuła 1995, S. 85–127; vgl. Glück/Schröder 2007, Nr. 59, 62, 63.

5 | 64

Förderer der polnischen Sprache / Forytarz Językà Polskiego

Johann Ernesti (gest. 1709)
Breslau: Georg Baumann Erben / Gottfried Gründer, 1674
Buchdruck in zwei Spalten, ohne Paginierung; 14 × 9 cm
Sächsische Landesbibliothek – Staats- und Universitätsbibliothek Dresden, Sign. Ling. Slav. 128

Johann Ernesti war an der Städtischen Polnischen Schule in Breslau beschäftigt. Diese wurde offiziell 1666 gegründet. Sie hing räumlich und administrativ eng mit der Gemeinde des hl. Christophorus zusammen, wo sich seit langem traditionell die polnischsprachige Bevölkerung im deutschsprachigen Breslau versammelte. Bereits im 16. Jahrhundert gab es hier eine polnische Schule. Häufig nahmen die Lehrer Aufgaben in der Kirchengemeinde wahr, so auch Ernesti. Er gilt als einer der wichtigsten Lehrer an dieser Schule im späten 17. Jahrhundert. Sein Ziel war es, mit seinen zahlreichen

Johannis Ernesti
Polnisches
Hand-Büchlein /
Darinnen
Nebst denen Stamm- Vieldeutenden = Spruch = Wörtern / auch allerhand täglich vorfallende Redens-Arten enthalten.
Vor die Breßlauische Polnische Schul verfertiget.
Schweidnitz / Gedruckt bey Christian Okeln.

5 | 64

Schriften einen schnellen und umfassenden Spracherwerb zu fördern. Mit seinem »Förderer der polnischen Sprache« erstellte er 1674 ein zweisprachiges Wörterbuch, gewidmet »[...] den Unerfahrnen in dieser Sprache, sonderlich aber der Breslauischen Jugend zum Besten vorgestellt«. Auch sein »Polnisches Hand-Büchlein«, das 1689 erschien, war ein deutsch-polnisches Wörterbuch, das auch Sprichwörter und Redensarten für den Alltagsgebrauch aufnahm. Dieses Buch widmete er u. a. »der edlen Kaufmannschaft in der weltberühmten Stadt Breslau«. Dies ist als ein Zeichen zu werten, dass sich der wirtschaftliche Austausch mit dem benachbarten Polen entwickelte: Entsprechende Fremdsprachenkenntnisse waren für diesen Handel eine grundlegende Voraussetzung. R.E.

Lit.: VD 17: 23:629722G; Mendykowa 1975, S. 67 f.; Schröder 1987–2001, Bd. 2 (1989), S. 77 f.; Glück/Schröder 2007, Nr. 65, 77.

5 | 65 (ohne Abb.)

Pohlnisch-Deutsche Correspondenz / Korespondencja polsko-niemecka

Georg Schlag
(Cummerau 1695 – 1764 Breslau)
Breslau: Johann Jakob Korn, 1741
Buchdruck, 628 S.; 14 × 11 cm
Sächsische Landesbibliothek – Staats- und Universitätsbibliothek Dresden, Sign. Ling. Slav. 164 / Staatsbibliothek zu Berlin – Preußischer Kulturbesitz, Sign. 516465 R

Der Breslauer Autor, Lehrer und Theologe Georg Schlag gab 1741 eine zweisprachige Anleitung zum Schreiben von Briefen heraus. Sie bietet zahlreiche Beispiele zu verschiedenen Themen sowie zur korrekten Ansprache des Adressaten. Schlag förderte damit die grenz- und sprachüberschreitende Kommunikation, die durch den aufblühenden Postverkehr immer mehr an Bedeutung gewann; besonders richtete er sein Werk deshalb an die Jugend.
Schlag besuchte das Elisabeth-Gymnasium in Breslau und studierte Theologie in Jena. Von 1727 bis 1752 lehrte er an der Städtischen Polnischen Schule in Breslau. Er beherrschte nicht nur die deutsche und die polnische Sprache, sondern auch Slowenisch, Russisch, Tschechisch und Ungarisch. Bereits 1727 hatte er unter dem Pseudonym Jerzy Bicki (bić = schlagen) eine Anleitung zur polnischen Schönschrift verfasst. 1734 erschien seine »Neue gründliche und vollständige neue Polnische Sprach-Lehre«, 1736 »Neun und fünffzig Pohlnisch-Deutsche Handlungsgespräche«. Alle Publikationen von Schlag waren sehr erfolgreich und wurden mehrfach neu aufgelegt. R.E.

Lit.: Mendykowa 1975, S. 142–145, 237; PSB, Bd. XXXV (1994), S. 510 f.; Glück/Schröder 2007, Nr. 99.

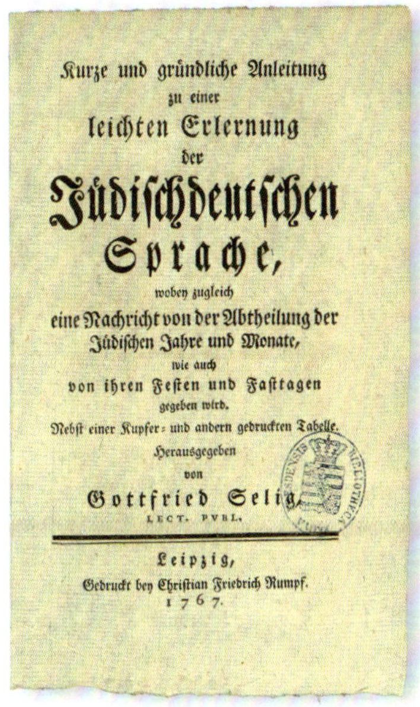

5 | 66

5 | 66

Kurze und gründliche Anleitung zu einer leichten Erlernung der jüdisch-deutschen Sprache

Gottfried Selig
(Weißenfels 1722 – 1795 Leipzig)
Leipzig: Rumpf, 1767
Buchdruck, 93 S.; 20 × 15 cm
Sächsische Landesbibliothek – Staats- und Universitätsbibliothek Dresden, Sign. Ling.Germ.rec.353.s / Universität Leipzig, Bibliotheca Albertina, Sign. Gr.lg.rec.26170

Gottfried Selig, Lektor für Hebräisch an der Universität Leipzig, veröffentlichte 1767 in Leipzig sein Lehrbuch zur Erlernung der jüdischdeutschen Sprache. Neben Schrift, Grammatik, Zahlen sowie Beispielen von Redewendungen vermittelt es einen Überblick über den jüdischen Kalender und die Fest- und Fastentage. Das Sprachbuch, das sich an Studenten, Theologen und Beamte richtete, stieß auf großes Interesse. Es enthält als Sprachübung einen Dialog zwischen zwei jüdischen Händlern auf Deutsch und auf Jiddisch. Selig legte 1792 eine zweite, erweiterte Auflage vor, die sich insbesondere an Kaufleute richtete. Damit trug er der Tatsache Rechnung, dass sich während der Leipziger Messen viele Juden aus Osteuropa in der Stadt aufhielten.
Selig konvertierte als 16-Jähriger im Jahre 1738 vom jüdischen zum christlichen Glauben. Neben seiner Tätigkeit als Sprachlehrer und Lektor veröffentlichte er zahlreiche Schriften, die sich mit der jüdischen Kultur beschäftigen, so die Zeitschrift »Der Jude« (1768–1772). In der dreibändigen »Geschichte des Lebens« (1775–1779) schildert er rückblickend seine Konversion. Diese Autobiografie ist eine wichtige Quelle zu jüdischem Leben im Sachsen des 18. Jahrhunderts, als Juden hier offiziell noch kein Bleiberecht erlangen konnten. Sie dokumentiert auch die Zerrissenheit des Konvertiten zwischen Abkehr vom Judentum und Anpassung an das Christentum. R.E.

Lit.: Graf 1997; Brenner 2002, S. 50; Költsch 2006, S. 445–450; Ausst.-Kat. Leipzig 2010, S. 50 f.

5 | 67

Postwitzscher Tauff-Stein

Oder christliche und einfältige Teutsch-Wendische Predigt Von der Heiligen Tauffe
Michał Frencel
(Pietzschwitz 1628 – 1706 Großpostwitz)
Bautzen: Andreas Richter, 1688
Buchdruck, 135 S.; etwa 30 × 18 cm
Sorbische Zentralbibliothek beim Sorbischen Institut / Serbski institut Bautzen, Sign. 02/8° 1064a

Michał Frencel (deutsch: Michael Frentzel) war einer der Wegbereiter der obersorbischen Schriftsprache. Seine Übersetzung des Matthäus- und Markusevangeliums (1670) und die zweisprachig – deutsch und sorbisch – gedruckte Predigt »Postwitzscher Tauff-Stein« (1688) gehören zu den ersten Drucken in dieser Sprache. In beiden Schriften verwendet Frencel eine eigene, jeweils verschiedene Rechtschreibung. Die genannten Werke bildeten den Auftakt für eine ganze Reihe von obersorbischen Drucken. Anfang der 1690er Jahre wurde eine sorbische Prediger-kommission gegründet, um die Herausgabe religiöser Texte zu befördern. Frencel arbeitete den Mitgliedern derselben aktiv zu und übernahm in den nächsten größeren Schriften einige der von ihr erarbeiteten Rechtschreibkonventionen. Sein Hauptwerk war die Übersetzung des Neuen Testaments, dessen Drucklegung er noch erlebte und das 1706 postum erschien.
Die im »Postwitzschen Tauff-Stein« zusammengefassten, 1687 anlässlich der Errichtung eines neuen Taufsteins in der Großpostwitzer Pfarrkirche gehaltenen Mittags-

predigten befassen sich mit dem Taufsakrament. Das Buch beinhaltet außerdem sorbische Gebete und Gesänge, einen »Historischen Bericht von der Wendischen [= sorbischen] Nation und die Gedanken Frencels« darüber, »warumb die Lutheriſche rechtſchaffene Kirche GOttes (...) itzt eine ſo arglistige und blutige Verfolgung erduldet«. F.K.

Lit.: VD 17: 14:052177M; Schuster-Šewc 1993.

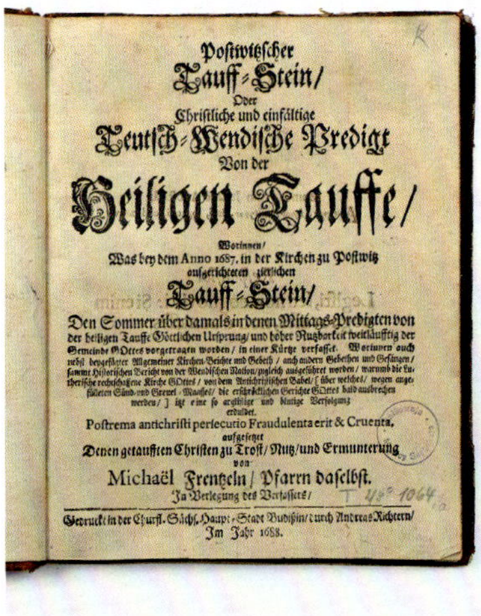
Postwitzscher
Tauff-Stein/
Oder
Christliche und einfältige
Teutsch-Wendische Predigt
Von der
Heiligen Tauffe/
Worinnen/
Was bey dem Anno 1687. in der Kirchen zu Postwitz
auffgerichteten zierlichen
Tauff-Stein/
Den Sommer über damals in denen Mittags-Predigten von der heiligen Tauffe Göttlichen Ursprung/ und hoher Nutzbarkeit weitläufftig der Gemeinde GOttes vorgetragen worden/ in einer Kürtze verfasset. Worinnen auch nebst beygefügter Allgemeiner Kirchen-Beichte und Gebeth/ auch andern Gebethen und Gesängen/ sammt Historischen Bericht von der Wendischen Nation/ zugleich ausgeführet worden/ warumb die Lutherische rechtschaffene Kirche GOttes/ von dem Antichristischen Babel/ [über welches/ wegen angefülleten Sünd- und Greuel-Maasses/ die erschröcklichen Gerichte GOttes bald ausbrechen werden/] itzt eine so arglistige und blutige Verfolgung erduldet.
Postrema antichristi persecutio Fraudulenta erit & Cruenta.
aufgesetzet
Denen getaufften Christen zu Trost/ Nutz/ und Ermunterung
von
Michaël Frentzeln/ Pfarrn daselbst.
In Verlegung des Verfassers/
Gedruckt in der Churfl. Sächs. Haupt-Stadt Budißin/ durch Andreas Richtern/
Im Jahr 1688.

5 | 67

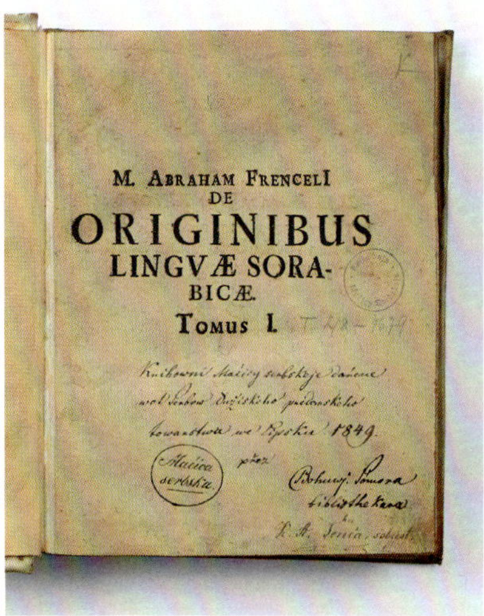
M. ABRAHAM FRENCELI
DE
ORIGINIBUS
LINGVÆ SORA-
BICÆ.
TOMUS I.

5 | 68

5 | 68

De Originibus Linguae Sorabicae

Bd. 1: Vocabula Sorabicaea, quae materialiter & formaliter Ebrea sunt
Abraham Frencel (Kosel b. Niesky 1656 – 1740 Schönau auf dem Eigen)
Bautzen, Johann Willisch
[Drucker: Andreas Richter], 1693
Buchdruck, [19 Bl.], 238 Spalten
19 × 16 × 5,3 cm
Sorbische Zentralbibliothek beim Sorbischen Institut / Serbski institut Bautzen, Sign. 02/8° 1679

Bei diesem gelehrten Werk handelt es sich um die erste systematisch-wissenschaftliche Untersuchung der sorbischen Sprache. Verfasst hatte es Abraham Frencel (deutsch: Frentzel), Sohn des Pfarrers Michał Frencel (1628 – 1706), der sich bereits als Übersetzer der Bibel verdient gemacht hatte. Gewidmet ist es Michael Liefmann, Pfarrer an St. Petri in Bautzen, Inspekteur der protestantischen Kirchen. Abraham Frencel wurde nach seinem Studium der Theologie in Leipzig 1685 Pfarrer in Gaußig, ab 1686 in Schönau auf dem Eigen. Nebenbei beschäftigte er sich als Sprachwissenschaftler und Historiograf.
Das auf zehn Bände angelegte Werk, von dem zwischen 1693 und 1696 aber nur vier Bände erschienen, geht auf die Ursprünge der sorbischen Sprache ein. Im ersten, 1693 in Bautzen edierten Band vertritt Frencel den – allerdings nicht haltbaren – Standpunkt, dass sich das sorbische Vokabular vom Hebräischen ableitet. Ähnlich einem Wörterbuch geht er alphabetisch vom sorbischen Wortstamm aus, erläutert ihn vom Verb bis zum Substantiv. Dabei geht er auf die Varianten in anderen slawischen Sprachen wie Polnisch oder Böhmisch ein und gibt hebräische, aber auch deutsche, lateinische und griechische Übersetzungen an. Unter »Droga« (Straße) findet sich auch »Wulka droha«, das mit »via regia, Land-Straße, große Straße« übersetzt wird (Sp. 30 f.). Frencel gibt einen umfassenden Überblick über den Wortschatz der sorbischen Bevölkerung. Zudem fügt er vereinzelt Erläuterungen hinzu, sodass dieses Buch einen tiefen Einblick in den sorbischen Alltag aus der Zeit um 1700 gibt. R.E.

Lit.: VD17: 7:650175A; Stachowski 1978; Petr 1989.

5 | 69

Codex »Animalium Aquatilium«

Johannes Kentmann
(Dresden 1518 – 1574 Torgau)
1549
Handschrift, Illustrationen in Aquarell, 64 Bl.; eingebunden in »Plantarum Atque animantium [...]«, 302 Bl., Pappeinband, teils mit Schweinsleder überzogen
30 × 19,5 – 20 cm
wohl im Besitz von Theophil Kentmann; von Christian Wilhelm Büttner 1801 in Jena für die Weimarer Bibliothek gekauft
Klassik Stiftung Weimar / Herzogin Anna Amalia Bibliothek, Sign. Ms Fol 323

Die Handschrift »Animalium Aquatilium in mari et dulcibus aquis degentium« von dem sächsischen Arzt Johannes Kentmann von 1549 zeigt weitgehend unsystematisch rund 140 Meeres- und Süßwasserfische, aber auch Muscheln, Krebse und Kopffüßler. Auch einige Reptilien, Insekten und ein Seehund finden sich in der Auflistung. Diese farbigen, oft phantasievollen Abbildungen wurden von Ken(n)tmann »ad vivum« (nach dem Leben) gefertigt. Sie sind meist mit ihrem lateinischen Namen bezeichnet, teils auch ergänzt durch den deutschen oder griechischen Terminus. Der ersten Abteilung mit Meerestieren folgen drei mit Elbfischen – »die aus Bächen in die Elbe kommen«, »die mit Schuppen« und »die gut zu Braten sind« –, an die sich kurze Sammlungen von Weißfischen bzw. Krebsen und Schnecken anschließen. Da viele Fische im Mittelmeer beheimatet sind, wird Ken(n)tmann bereits während seines Studiums der Medizin in Italien 1546 bis 1549 diese Zeichnungen begonnen haben. Einige, erst später hinzugefügte Beschriftungen verweisen auf den berühmten Schweizer Naturforscher Conrad Gesner (1516 – 1565) und seine »Historia animalium«, in deren vierten Band von 1558 die Fische vorgestellt werden.
Die Weimarer Handschrift ist Teil einer naturwissenschaftlichen Sammelschrift »Plantarum atque animantium [...]«, in die weitere Schriften des vielseitig interessierten Naturwissenschaftlers Johannes Ken(n)tmann und seines Sohnes Theophil (1552 – 1610) eingebunden sind. Darunter findet sich auf sechs Seiten (Bl. 143 a – 145 b) der Verlauf der Elbe von der Moldaumündung bis zur Nordsee. Aufgeführt werden die Elbübergänge durch Brücken oder Fähren sowie die Zollstationen. R.E.

Lit.: Helm 1971; Ausst.-Kat. Berlin/Dresden/Hamburg 1992/93, Nr. 1/19; Bürger 2004.

5 | 69 (Bl. 152 b)

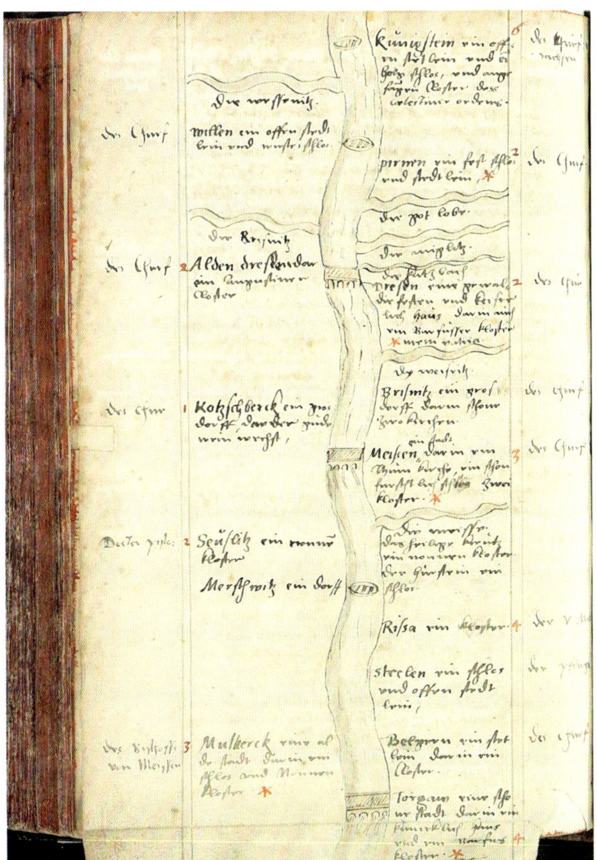

5 | 69 (Bl. 143 b)

5 | 70 (ohne Abb.)

Piscinarium Oder Teicht Ordnung

Warinnen von Erbawung Der Teichte, derselbten Täm[m], Röhren, Abläß, untersuchung deß Wassers, außrottung deß Gerörichs, von Erziegung und Versetzung der Fisch [...] gehandlet wird
Andreas Leopold Stäntzel de Cronfels
Olmütz: Johann Joseph Kylian, 1680
Buchdruck, [10] Bl., 182 S., [2] Bl.
etwa 15 × 9 × 3 cm
Sächsische Landesbibliothek – Staats- und Universitätsbibliothek Dresden,
Sign. Archit.1186.s

Stäntzel de Cronfels verfasste im Jahre 1680 in Brünn seine »Teicht-Ordnung« und ließ sie in Olmütz drucken. Darin beschäftigt er sich mit den technischen Fragen beim Bau der Teiche, ihrer Instandhaltung sowie der Fischzucht. Gewidmet ist das Buch Dominik Andreas I. Graf von Kaunitz in Mähren. Die zahlreichen Aspekte werden hier aber nicht durch wissenschaftliche Beschreibungen oder Illustrationen abgehandelt, sondern in einer für dieses Thema ungewöhnlichen Form eines fiktiven, antikisierenden Dialoges zwischen Petrus und Isidor. Dabei nimmt der Apostel Petrus – der Bibel nach selbst Fischer und Patron der Fischhändler – die Rolle des weisen Lehrers ein. Isidor hingegen ist der unwissende, aber lernbegierige Schüler. Oberstes Gebot für Petrus ist die praktische Erfahrung, die erst den Meister macht (»experimentia facit artificem«). Der hl. Isidor (von Madrid) wird meist als Bauer dargestellt, wie er die Erde landwirtschaftlich bearbeitet. Da Isidor lange als Knecht für einen hohen Herrn tätig war, mag Stäntzel biografische Parallelen zu seiner eigenen Vita gesehen haben.
Dieses Buch spiegelt die Entwicklung der Fischzucht vom simplen Fang bis zum Halten verschiedener Sorten über lange Perioden wider, die im Mittelalter in den Klöstern begann und zu einer wissenschaftlichen Disziplin führte; Stäntzel wird diesem Anspruch durch ein umfassendes Register gerecht. Fisch konnte nun frisch den alltäglichen Speiseplan der Bevölkerung ergänzen und musste nicht mehr über große Distanzen – und durch Salz konserviert – verhandelt werden. R.E.

Lit.: VD 17: 23:251966R; Westwood/Satchell 1883, S. 201.

Vermessung

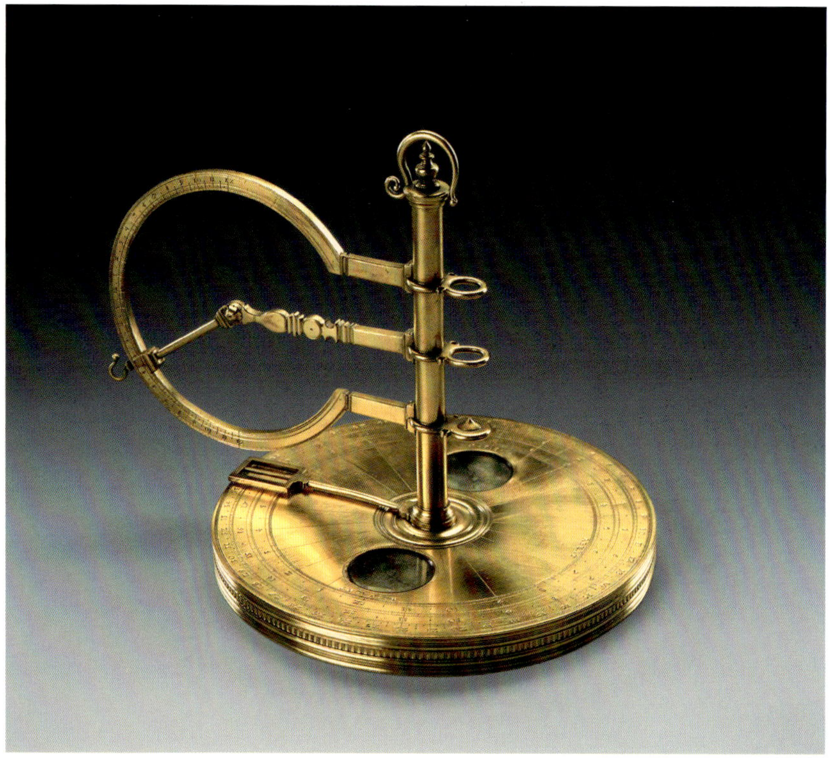

5 | 71

5 | 71

Schinzeug mit zwei Bussolen

Augsburg, um 1580
Messing, vergoldet
Höhe: 15 cm; Durchmesser: 15 cm
Staatliche Kunstsammlungen Dresden,
Mathematisch-Physikalischer Salon,
Inv.-Nr. C III c 6a

Ein wichtiges Winkelinstrument in der frühen Bergbauvermessung war das nach dem Schiner benannte Schinzeug. Da unter Tage schlechte Sichtbedingungen herrschten, war eine optische Messung im 16. Jahrhundert zu ungenau. Man ersetzte daher den Sehstrahl durch eine Schnur. Diese Messmethode nennt man Ziehmarkscheidekunst. Um den Verlauf der Stollen mittels Schnur zu bestimmen, wurde in der Grube zwischen dem Schinzeughauptgerät am Ausgangsort und dem Schinzeugnebengerät im Zielpunkt die Schnur gespannt. Mit dem Hauptgerät konnten gleichzeitig der Höhen- und der Lagewinkel gemessen werden. Zu diesem Zweck hat das Gerät einen Horizontal- und Vertikalkreis, an dem ein beweglicher Zeiger mit Haken angebracht ist. Je nach Verlauf der Schnur konnte der Winkelwert am Zeiger auf dem Horizontal- und Vertikalkreis abgelesen werden. Als Besonderheit weist das hier beschriebene Schinzeug auf der Grundplatte zwei eingelassene Kompasse bzw. Bussolen auf. Der Horizontalkreis ist von innen nach außen nach alter sächsischer Bergbautradition mit einer Zweimal-12-Stunden-, einer 24-Stunden- und einer 48-Halbstundenteilung versehen. Die vier Himmelsrichtungen tragen die Bezeichnungen »Morgen« (Osten), »Mittag« (Süden), »Abent« (Westen) und »Mitnacht« (Norden). Der Vertikalkreis besitzt eine in der Waagerechten beginnende, jeweils über einen Quadranten verlaufende 12-Stunden-Teilung. Das Instrument wurde beim Gebrauch auf ein Stativ gesetzt. W.D.

Lit.: Kirnbauer 1940; Ausst.-Kat. Augsburg 2009, S. 100–103, Kat.-Nr. 25, S. 114.

5 | 72

5 | 72

Gradbogen

Elias Eichler
Freiberg, 1670
Messing; Durchmesser des Halbkreises: 11 cm
sign.: »Elias Eichler 1670«
TU Bergakademie Freiberg, Institut für Markscheidewesen und Geodäsie, Sammlung historischer Vermessungsinstrumente, Inv.-Nr. Ma 5284

In der zweiten Hälfte des 16. Jahrhunderts war ein verstärktes Interesse der sächsischen Kurfürsten erwachsen, ihren Besitz an Waldgebieten, Kammergütern und verbrieften Bergbaurechten systematisch vermessen und kartografieren zu lassen. Kurfürst August (1526–1586) regte die erste kursächsische Landesaufnahme an und beauftragte damit die Markscheider Georg und Matthias Öder aus Annaberg. Die Markscheidekunst jener Zeit wird als Ziehmarkscheidekunst bezeichnet, da zwischen den Messpunkten eines Zuges Schnüre gespannt wurden, deren Richtungen rechtssinnig (im Uhrzeigersinn) als Streichwinkel zum magnetischen Nordpol gemessen wurden. Die Neigung der Schnur gegenüber der Horizontalen wurde mit einem Gradbogen bestimmt. Zum Messen der Längen der Zugseiten diente eine Schnur aus Bast, auf der die Lachter (das damalige Längenmaß von etwa zwei Metern) vermerkt waren. Für die Messung der Reststücke wurden hölzerne Lachterstäbe verwendet.
Seit dem Beginn des sächsischen Silbererzbergbaus (in Freiberg um 1168) wurden bergbauliche Grenzen (Markscheiden) und die Lage der Gruben unter Tage auf der Grundlage der untertägig gemessenen Werte in der näheren Umgebung der Gruben über Tage abgesteckt. Erst seit Anfang des 16. Jahrhunderts sind kartenähnliche Darstellungen bekannt, welche die unter- und übertägige Situation auf Zeichenträgern (Papier oder Leder) in maßstäblicher Form dokumentieren. K.-H.L.

Lit.: Schneider 1669; Ausst.-Kat. Dresden 2010 a.

5 | 73

Hängekompass nach Rösler

um 1785
Messing; 10 × 12 × 8 cm
TU Bergakademie Freiberg, Institut für Markscheidewesen und Geodäsie, Sammlung historischer Vermessungsinstrumente, Inv.-Nr. II 66

Der Setzkompass fand bereits gegen Ende des 14. Jahrhunderts im deutschen Bergbau seine Anwendung. Das Problem der Messungen bei geneigten Schnüren wurde zunächst durch die Entwicklung der sogenannten Wasserbussole gelöst, indem die Magnetnadel auf einem Schilf- oder Holzstückchen schwimmend die Nordrichtung anzeigte. Agricola beschrieb 1556 in seiner Schrift »De re metallica« u. a. eine typische Bussole seiner Zeit, bei der nach Einnorden der Kompassnadel die Richtung an einem Zeiger (im alpinen Bergbau – an einer Schin) abgelesen werden konnte. Die Markscheider wurden in dieser Zeit auch als Schiner bezeichnet.
Die Erfindung der kardanisch aufgehängten Kompassbüchse, wie sie sich in Kombination mit einem Gradbogen später als »Freiberger Hängezeug« einen Namen gemacht hat, wird Balthasar Rösler (1606–1673) für das Jahr 1633 zugeschrieben. Die linkssinnig geteilte Kompassbüchse ist mit der Teilung 0 und zweimal zwölf Stunden parallel zu einer zum Aufhängen dienenden Hakenlinie fest orientiert, sodass nach Einhängen mit NORD = 0 Grad in Zugrichtung an der Kompassnadel direkt der Zahlenwert für die Streichrichtung und somit der Streichwinkel abgelesen werden kann. Wurde auch die Ziehmarkscheidekunst seit der Mitte des 19. Jahrhunderts zunehmend von der, vor allem durch Ludwig von Weisbach (1806–1871) propagierten, »Visiermarkscheidekunst« (Messung mit Theodolit und Nivellierinstrument) abgelöst, so war das »Freiberger Hängezeug« bis in die Gegenwart hinein noch für spezielle Anwendungen als ein zuverlässiges und bewährtes Messwerkzeug anerkannt. K.-H.L.

Lit.: Schneider 1669; Neubert/Stein 1958; Kuna/Pohl 2006; Ausst.-Kat. Dresden 2010 a.

5 | 73

5 | 75

5 | 74 (ohne Abb.)

Vom Bergk-werck XII Bücher, darin alle Empter, Instrument, Gezeuge […]

Georgius Agricola
(Glauchau 1494 – 1555 Chemnitz)
Basel: Jeronymus Froben, Niclausen Bischoff, 1557
Buchdruck, Kupferstiche, [4] Bl., 491 S., [5] Bl.
etwa 33 × 20 cm
Universität Leipzig, Bibliotheca Albertina, Sign. Ökon.84/2

Nach seinen Studien der Sprachen und anschließend der Medizin in Leipzig und Italien ließ sich Georgius Agricola, der mit bürgerlichem Namen Georg Bauer hieß, 1527 als Arzt im erzgebirgischen St. Joachimsthal nieder. Als Universalgelehrter betätigte er sich auf den Feldern der Medizin, Pharmazie, Pädagogik, Politik und Geschichte. Durch den Silberbergbau vor Ort wandte er sich dem Hüttenwesen zu. Bereits 1530 erschien seine erste Schrift zum Bergbau, mit der er die wissenschaftliche Mineralogie und Lagerstättenkunde begründete. Seine weiteren darauf aufbauenden Publikationen bildeten die Grundlage für sein Hauptwerk zur Metallkunde »De re metallica libri XII«, das 1556, ein Jahr nach seinem Tod, in lateinischer Sprache in Basel erschien. Der Arzt Philipp Bech (1521–1560), ein Freund Agricolas und Professor an der Universität Basel, übertrug die Schrift ins Deutsche und veröffentlichte sie 1557 in Basel unter dem Titel »Vom Bergkwerck XII Bücher«. Sie beschreibt systematisch das gesamte Berg- und Hüttenwesen von der Erkundung der Lagerstätten über den Abbau und Transport des Erzes bis hin zur Aufbereitung. Zu dem großen Erfolg trugen die fast 300 anschaulichen Illustrationen bei. Das Buch wurde in viele weitere Sprachen übersetzt und blieb für fast zwei Jahrhunderte das Standardwerk zu diesem Thema. R.E.

Lit.: VD 16: A 935; Ausst.-Kat. Chemnitz/Bochum 1994.

5 | 75

Geometria subterranea, oder Marckscheide-Kunst darinnen gelehret wird wie auff […] Bergwercken alle Klüffte und Gänge in Grund und am Tag gebracht […]

Nicolaus Voigtel
(Brand b. Freiberg 1658 – 1714 Eisleben)
Eisleben, 1693
Buchdruck; 20 × 33,5 cm
TU Bergakademie Freiberg, Universitätsbibliothek »Georgius Agricola«, Sign. II 407 d 2

Der 1658 im sächsischen Brand bei Freiberg geboren Nicolaus Voigtel erwarb sich durch die Herausgabe von Schriften zum bergmännischen Vermessungswesen besondere Verdienste. Seine speziell für Markscheider konzipierten Lehrbücher waren ein wichtiger Beitrag zur Entwicklung dieser Disziplin, da er erstmals systematisch die Anwendung der Trigonometrie einführte. 1686 bei Johann Dietzel in Eisleben gedruckt, gehört sein Werk »Geometria Subterranea« sowohl unter wissenschaftlichen als auch unter künstlerischen Gesichtspunkten zu den beeindruckendsten Lehrbüchern der Markscheidekunst des ausgehenden 17. Jahrhunderts. Die kunstvolle Titelkartusche wurde bereits vor 1685 von Christian Romstet gestochen.
Die umfangreichen Darstellungen und Berechnungen der »Geometria Subterranea« haben bis heute nicht an Bedeutung verloren. In der Ausgabe der Voigtelschen Geometria aus dem Jahre 1693 ist die Titelkartusche großflächig mit Blattgold ausgelegt, was sie besonders wertvoll macht. Dargestellt sind zeittypische Markscheideinstrumente wie Setzkompass, Winkelweiser, Gradbogen, Schnurlot, Zulegeinstrumente oder der um 1655 von Balthasar Rösler erstmals im sächsischen Bergbau eingesetzte Hängekompass. Prächtig unterlegt sind auch die im Text beschriebenen und detailliert abgebildeten einzelnen Instrumente. A.Ki.

Lit.: VD 17: 3:691042V.

5 | 76

5 | 76

Wagenwegmesser

Christoph Trechsler d. Ä. (um 1546–1624/27)
Dresden, 1584
Messing, vergoldet, graviert, punziert, geätzt, Eisen; Höhe: 42 cm; Durchmesser Zifferblatt: 17 cm
sign.: »C. T. 1584«
Staatliche Kunstsammlungen Dresden, Mathematisch-Physikalischer Salon, Inv.-Nr. C III a 4

Mechanische Wagenwegmesser wurden, ähnlich heutigen Kilometerzählern, in einer Kutsche verwendet. Radumdrehungen mal Radumfang ergeben die zurückgelegte Strecke. Der Wegmesser von Christoph Trechsler stellt den Höhepunkt der von Kurfürst August (1553–1586) in Auftrag gegebenen Streckenmessinstrumente dar. Das repräsentative Gerät besteht aus Stativ, Zählwerk und Kartiertisch. Der Hohlzylinder des Stativs mit kursächsischem Wappen ließ sich leicht auf einen vorbereiteten Holzzapfen in einer Reisekutsche des Kurfürsten montieren. Zum Übertragungsmechanismus zwischen Rad und Zählwerk gehörten eine starke Gliederkette und ein gefederter Hebel am Rad. Die Übersetzungsverhältnisse wählte Trechsler so aus, dass die zurückgelegten Strecken in den Längeneinheiten Rute und Meile direkt am Zifferblatt abgelesen werden können. Die erste Skala zeigt 0 bis 100 Ruten, die zweite 10 bis 2000 Ruten und die dritte ¼ Meile bis 20 Meilen an. Auf eine Meile werden 2000 Ruten gerechnet. Bei dieser längeren Meile handelt es sich um die Grenzmeile von etwa 9,08 Kilometern. Es konnten somit etwa 180 Kilometer in einem Stück vermessen werden. Über die Länge der Rute von etwa 4,5 Meter und die Übersetzungsverhältnisse im Zählwerk lässt sich der Raddurchmesser der Kutsche von rund 1,45 Meter bestimmen. Am Wegmesser ist verstellbar ein Kartiertisch angebracht, auf welchem eine mit Papier bespannte Holzplatte aufgelegt werden konnte. W.D.

Lit.: Engelmann 1915; Ausst.-Kat. Augsburg 2009, S. 100–103, Kat.-Nr. 20, S. 106; Ausst.-Kat. Dresden 2010 a, S. 49–53.

5 | 77 (ohne Abb.)

Reiseroutenrolle

Kurfürst August (reg. 1553–1586)
Friedrich Bercht
Dresden (?), 1575
Papier; Länge: 1345 cm; Breite: 10,5 cm
Faksimile nach dem Original (Zeichnung auf Pergament) der Sächsischen Landesbibliothek – Staats- und Universitätsbibliothek Dresden, Sign. Msc. Dresd. L 451

Die Rolle entstand im Ergebnis der Reise von Kurfürst August (1553–1586) von Mühlberg an der Elbe bis nach Regensburg zum Kurfürstentag 1575. Sie gliedert sich in Reisetage von Nachtlager zu Nachtlager. Die Gesamtstrecke betrug nach Augusts Messungen 54 ½ Meilen und 162 Ruten (etwa 386 Kilometer). Nach zwölf Tagen hatte der Kurfürst das Ziel erreicht. Die Route stellt sich als gerade Linie dar. Abweichende Richtungen werden mit aufgeklebten Kompassrosen angegeben. Die Kartensymbole für Städte, Dörfer, Schlösser, Vorwerke, Schäfereien, Wirtshäuser, Mühlen, Wald und die Kompassscheiben wurden vom Hofmaler Friedrich Bercht in Kupfer gestochen und als gedruckte kleine Schildchen an die entsprechenden Stellen aufgeklebt. Insgesamt sind sechs Reiseroutenrollen überliefert. W.D.

Lit.: Ausst.-Kat. Dresden 2010 a, S. 49–53.

5 | 78

Landstraßenkarte des Heiligen Römischen Reiches Deutscher Nation

Erhard Etzlaub
(Erfurt um 1460 – 1531/32 Nürnberg)
Nürnberg: Georg Glockendon, 1501
Holzschnitt, koloriert
54,5 × 39,7 cm, Blatt: 63 × 42 cm
beschr. o.: »Das sein dy lantstrassen durch das Romisch reych von einem Kunigreych zw dem andern dy an Tewtscheland stossen von meilen zw meiln mit puncten verzaichnet«; bez. u.: »Gedruckt von Georg glogkendon zw Nurnbergk 1501«
Stadtarchiv Löbau, Ratsbibliothek, Inv.-Nr. Ptolemäus-Atlas, 135

Die Karte wurde von dem Nürnberger Kartografen Erhard Etzlaub geschnitten und von Georg Glockendon 1501 in Nürnberg gedruckt. Ihr Maßstab beträgt etwa 1 : 400 000. Sie umfasst in der Süd-Nord-Achse das Gebiet von Mittelitalien bis Dänemark und reicht in west-östlicher Richtung von Paris bis Krakau. Am linken Rand sind die Breitengrade von 58 bis 40 Grad und rechts die mathematischen Klimate vermerkt. Die Karte verzeichnet 820 Städte mit ihren deutschen Namen. Den Mittelpunkt bildet die Stadt Nürnberg, von der strahlenförmig nach allen Seiten punktierte Hauptstraßen abgehen. Die Entfernung zwischen den Punkten entspricht einer Landmeile. Die Gebirge sind nur schematisch in grober Schraffierung und die Flussverläufe noch recht ungenau dargestellt. So findet man z. B. an der Spree die Städte Bautzen, Kottewitz (Cottbus), Lucka (Luckau), Berlin und Sund (Stralsund), wo die Spree fälschlicherweise in die Ostsee mündet.
Der kolorierte Holzdruck ist das einzige in Deutschland bekannte Exemplar dieser Karte. Ein zweites befindet sich heute in der Kartenabteilung der Bibliothek der Harvard University, USA. Diese Karte ist nicht zu verwechseln mit der sogenannten Romwegekarte, die Etzlaub für das heilige Jahr 1500 angefertigt hatte und die ein ähnliches Erscheinungsbild zeigt.
1854 fügte ein Buchbinder namens Kitzler diese Landstraßenkarte in den älteren Ptolemäus-Atlas von 1486 ein. Diesen kostbaren Atlas, dessen Druckstöcke von Johannes Schnitzer von Armsheim stammen und der bei Leonhard Holl 1486 in Ulm gedruckt worden war, hatte die Stadt 1780 von dem Kaufmann und Faktor Gottlieb May als Geschenk erhalten. Außer der zusätzlich eingebundenen Landstraßenkarte enthält der Atlas 32 doppelseitige Welt- und Landkarten sowie eine astrologische Karte. J.G.

Lit.: Wolkenhauer 1919; Krüger 1958.

5 | 79

ARITHMETICA. Zwey Newe Rechenbuecher

Das Erste Auff der Linien vnd Federn darinn die gebreuchlichsten Regeln mit gruendlichem vnterricht erklert […] Das Ander Jst die kuenstliche Rechnung Wie man Rechnet wie weit von einer Stadt zur andern ist
Matthias Nefe
Breslau: Crispin Scharffenberg, 1565
Buchdruck, 1 Holzschnitt, 296 Bl., nicht paginiert; etwa 20 × 14 cm
Sächsische Landesbibliothek – Staats- und Universitätsbibliothek Dresden, Sign. Math.1001.hd / Universität Leipzig, Bibliotheca Albertina, Sign. PR 3717

Der aus Leipzig stammende Matthias (Matthäus) Nefe gab 1565 seine zweiteilige »Arithmetica« bei Crispin Scharffenberg in Breslau heraus, wo er als Rechenmeister tätig war. Er

5 | 78

ARITHMETICA.
Zwey Newe Rechenbücher / Das Erste / Auff der Linien vnd Federn / darinn die gebreuchlichsten Regeln mit gründlichem vnterricht erklert / Vnd darneben bey etzlicher Rechnung den vnrechten verstandt angezeigt vnd widerlegt / wie in der Vorrede gemelt wird.
Das Ander.
Ist die künstliche Rechnung / Wie man Rechnet / wie weit von einer Stadt zur andern ist / De distantiis locorum, mit Exempeln vnd vnterricht abgesetzt / Desgleichen vorhin in deutsch nicht gedruckt / Sampt einem Landtefflein / für die so nicht Rechnen können / Das sie es mit dem Circkel messen.
Durch Mattheum Nefen von Leiptzig Rechenmeister zu Breßlaw.

5 | 79

GEOMETRIA.
Kunst des Feldmessens.
Der rechte / wahre vnd probierte Grundt / sampt den Handtgriffen so darzu gehörig / wie man ein jedes Feldt / Acker / Wiesen / Wälde / Gärte / rc. Auff der Ebne vnd Bergen / gerade oder vngerade / nichts außgeschlossen / Deßgleichen auch die Meylen / recht messen vnd rechnen sol / rc. Allen Potentaten / Geistlich vnd Weltlich / Edel vnd Vnedel / welche Landtgüter haben (Stritt vnd Irrunge zuuermeyden vnd zuentscheyden) sehr nützlich vnd nötig. Mit besonderm fleiß beschrieben / gerechnet / probiret vnd an Tag gegeben.
Durch
Mattheum Nefen / Zweyer Röm. Kays. auch zu Hungern vnd Behaimb Königlichen May. als MAXIMILIANI vnd RVDOLPHI / rc. verordneten Landmesser biß ins 17. Jahr.
M. D. XCI.

5 | 80

widmete seine Schrift dem Ratsherrn und Landeshauptmann des Fürstentums Breslau, Nikolaus Rehdiger (1525–1587), einem bedeutenden Kunstförderer, der bereits 1561 Martin Helwig bei der Erstellung der ersten Schlesienkarte unterstützt hatte.
Im ersten, umfangreicheren Teil stellt Nefe sämtliche Rechenarten dar. Um den praktischen Gebrauch zu erleichtern, exemplifiziert er alle Regeln mit Beispielen aus dem Alltag und bezieht sie meist auf Breslau und Leipzig: »Einer will in Leipzig 384 ungarische Taler wechseln, wie viel machts in Breslau?« Der zweite Teil erläutert, wie die Entfernung zwischen zwei Städten errechnet werden kann. Dem Text stellt er eine kleine, auffaltbare Karte Europas voran, die die Etzlaub-Karte (Kat. 5 | 78) zum Vorbild hat. Sie gibt die Breitengrade an, die Skala am unteren Rand des Holzschnittes die Entfernung in »deutschen und welschen Meilen«. Breslau liegt auf einer Polhöhe mit Leipzig, Erfurt, Köln und Mechelen. Die Längen- und Breitengrade zahlreicher Städte werden in Tabellen ergänzt. Anhand von trigonometrischen Methoden berechnet Nefe die Distanzen an konkreten Städteverbindungen, wie z. B. zwischen Frankfurt und Venedig, Leipzig und Jerusalem, Breslau und Santiago de Compostela. R.E.

Lit.: VD 16: N 445, N 447; Burbianka 1968, S. 129 f., Nr. 59.

5 | 80

GEOMETRIA.
Kunst des Feldmessens

Der rechte wahre und probierte Grundt sampt den Handtgriffen so darzu gehoerig wie man ein jedes Feldt, Acker, Wiesen, Waelde, Gaerte [...] recht messen vnd rechnen sol
Matthias Nefe
Görlitz: Ambrosius Fritsch, 1591
Buchdruck, 52 Bl.; etwa 19 × 16 cm
Sächsische Landesbibliothek – Staats- und Universitätsbibliothek Dresden, Sign. Geodaes.39.ka / Staatsbibliothek zu Berlin – Preußischer Kulturbesitz, Sign. Of 3106<b>

1591 gab Matthias (Matthäus) Nefe bei Ambrosius Fritsch in Görlitz seine »Geometria« heraus. Er wandte sich damit an alle Potentaten, die im Besitz von Grund und Boden waren. In seinem Werk prangert er die Unkenntnis vieler Landvermesser an und empfiehlt: Bevor man Land kauft oder verkauft, »soll man es vermessen, sonst gibt es Zank und Ärger«. Dies begründet er auch mit einem Bibelzitat: »Verflucht sei, wer seines

Nächsten Grenze verrücke« (Moses 5,27). Grundlage des Feldmessens sei die Beherrschung der Arithmetica und Geometria, der Rechenkunst und der Messkunst. Er stellt verschiedene Flächenberechnungen vor, vom einfachen Rechteck bis zum komplizierten Vieleck, und ergänzt sie durch kleine Grafiken.

Über Nefe selbst ist wenig bekannt: Er stammt aus Leipzig und hielt sich seit 1564 in Breslau auf. Im Jahre 1591 stand er – wie auf dem Titelblatt zu lesen – seit 17 Jahren als Landvermesser in kaiserlichen Diensten, d. h. Maximilian II. muss ihn um 1573/74 mit diesem Privileg ausgestattet haben. Dieses Privileg ist ein Qualitätsgarant und ein Zeichen dafür, wie wichtig die professionelle Ausübung des Landmessens z. B. in Rechtsfragen war. Nefe erhielt auch das Recht zum Tragen eines Wappens, das am Ende des Buches abgebildet und mit seinen Messgeräten, Zirkel und Dreiecken, versehen ist. R.E.

Lit.: VD 16: N 446.

5 | 81

5 | 82

5 | 81

Klappsonnenuhr

Leonhard Miller (gest. 1653 Nürnberg)
Nürnberg, 1. Hälfte 17. Jh.
Elfenbein, graviert; Messing, graviert;
Glas, Stahl, Schnur; 5,9 × 9,3 cm;
Höhe (geschlossen/offen): 1,4/9,8 cm
Meistermarke im Kompassboden:
heraldische Lilie
Ankauf 1965
Staatliche Kunstsammlungen Dresden,
Mathematisch-Physikalischer Salon,
Inv.-Nr. D I 98

Elfenbeinsonnenuhren wurden vom 16. bis zum 18. Jahrhundert vor allem im französischen Dieppe und in Nürnberg hergestellt. Sie waren Handelsware, Reisehilfsmittel und im 16. Jahrhundert auch wissenschaftliches Instrument. Die »Kompassmacher« – wegen des Kompasses in der Bodenplatte nannte man deren Hersteller so – waren in Nürnberg in einer Zunft organisiert, während anderswo der Bau von Sonnenuhren als freie Kunst galt.
Die rechteckige Klappsonnenuhr vereint verschiedene Sonnenuhrentypen: Horizontal- und Vertikalsonnenuhr, Äquatorialsonnenuhr, Jahreszeitenuhr sowie eine Skaphe (Hohlflächensonnenuhr) mit Angabe der böhmischen und babylonischen Stunden. Um die Äquatorialsonnenuhr auf die jeweilige geografische Breite einzustellen, sind für verschiedene Städte die Polhöhen auf der Unterseite eingraviert (»COPENHAGEN 57 / ELSENBVRG 57 / DRESDE 51 / DANZIG 54 / LVNDRA 51 / LVBECK 54 / NORNBERG 48 / AVGSPVRG 48 / VENETIA 45 / ROMA 42«). Die Ablesbarkeit ist bei so kleinen Instrumenten nicht sehr präzise, verbessert sich aber durch die Kombination verschiedener Sonnenuhren. P.P.

Lit.: Gouk 1988.

5 | 82

Äquatorialsonnenuhr

Salomon Krigner (?)
Warschau oder Marienburg, um 1700
Messing, vergoldet, graviert und gepunzt;
Glas; Silber; Stahl, gebläut
Dose geschlossen: 2 × 8,4 × 5,9 cm;
Dose geöffnet: max. 4,5 × 8,1 × 5,5 cm
Ankauf 1987
Staatliche Kunstsammlungen Dresden,
Mathematisch-Physikalischer Salon,
Inv.-Nr. D I 127

Öffnet man den gewölbten Deckel der ovalen Dose aus vergoldetem Messing, wird die Äquatorialsonnenuhr sichtbar. Im Zentrum der Dose befindet sich ein Kompass, über dem sich der als silberner Zylinderstreifen ausgebildete Stundenreif befindet. Die Stunden sind als Ziffern von 4 – 12 – 8 eingraviert, die Halben- und Viertelstunden als Skalen. Zuerst muss der Stundenreif auf die geografische Breite gestellt werden; dazu drückt man den kleinen Knopf an einem Ende des Ovals, und der Stundenreif springt in die richtige Position. Diese wurde zuvor mithilfe eines kleinen Stellzeigers am anderen Ende des Ovals auf einer 90-Grad-Skala eingestellt. Darüber befindet sich eine Lotwaage, die zum Gebrauch der Sonnenuhr aufgerichtet wird. An der Diagonale des Stundenreifs ist ein Stab – der Schattenwerfer – befestigt, der um 90 Grad aufgerichtet werden muss. Mit der Lotwaage wird die Sonnenuhr in die Waagerechte gebracht und mithilfe des Kompasses nach Norden ausgerichtet. Scheint die Sonne, lässt sich die Uhrzeit (wahre Sonnenzeit) auf der Skala des Stundenreifs ablesen.
Ein Exemplar dieser Sonnenuhr in der Sammlung Huelsmann in Bielefeld ist »Krü[i]gner A Marienburg« signiert. Bei der großen Ähnlichkeit aller bekannten Exemplare ist es wahrscheinlich, dass auch die nicht signierten in der Werkstatt von Salomon Krigner gefertigt wurden, der am Ende des 17. Jahrhunderts in Warschau und Marienburg arbeitete. Solche kleinen Sonnenuhren aus Metall wurden vor allem in Augsburg und in Paris im 18. Jahrhundert in großer Stückzahl hergestellt. Als repräsentatives Reisehilfsmittel konnten sie die Himmelsrichtung angeben und die Uhrzeit zumindest insoweit anzeigen, dass mit ihrer Hilfe die Zeit bis zum Sonnenuntergang abgeschätzt werden konnte. P.P.

Lit.: Syndram 1989, S. 168 f., Nr. 78.

5 | 83

Vonn allerley Stunden-Zeigern, ihrem vrsprung, vnterscheid und gebrauch

Martin Helwig (Neisse 1516 – 1574 Breslau)
Breslau: Georg Baumann d. J., 1593
(2. Auflage)
Buchdruck, 16 Bl.; etwa 20 × 15 cm
Universitäts- und Forschungsbibliothek
Erfurt/Gotha, Forschungsbibliothek Gotha,
Sign. Math 4° 00139/04 (04)

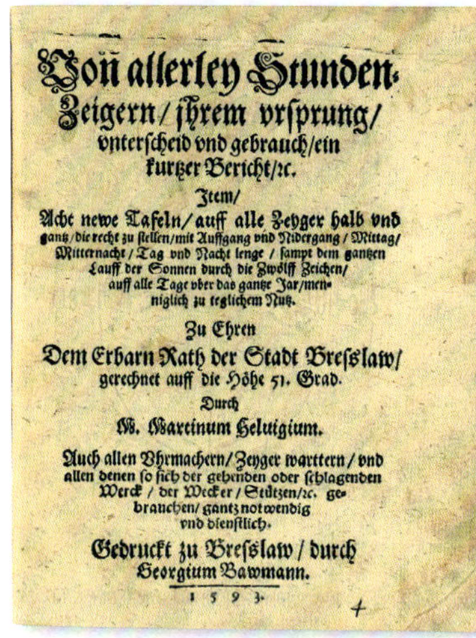
Voñ allerley Stunden-
Zeigern/ jhrem vrsprung/
vnterscheid vnd gebrauch/ein
kurtzer Bericht/ꝛc.
Item/
Acht newe Tafeln/auff alle Zeyger halb vnd
gantz/die recht zu stellen/mit Auffgang vnd Nidergang/Mittag/
Mitternacht/Tag vnd Nacht lenge/sampt dem gantzen
Lauff der Sonnen durch die Zwölff Zeichen/
auff alle Tage vber das gantze Jar/men-
niglich zu teglichem Nutz.
Zu Ehren
Dem Erbarn Rath der Stadt Breßlaw/
gerechnet auff die Höhe 51. Grad.
Durch
M. Martinum Heluigium.
Auch allen Vhrmachern/Zeyger warttern/vnd
allen denen so sich der gehenden oder schlagenden
Werck/der Wecker/Stützen/ꝛc. ge-
brauchen/gantz notwendig
vnd dienstlich.
Gedruckt zu Breßlaw/durch
Georgium Bawmann.
1593.

5 | 83

Martin Helwig veröffentlichte 1570 in Breslau bei Crispin Scharffenberg seine kleine Schrift über den »Stundenzeiger«, die 1953 bei Georg Baumann neu aufgelegt wurde. Er betont im Vorwort, nicht für Meister und Hochgelehrte, sondern für die »Einfältigen«, die aber lesen und schreiben können, habe er sein Buch geschrieben. Er wendet sich an Uhrmacher und alle, die z. B. Uhren an städtischen Gebäuden warten, aufziehen und stellen müssen. Die Zeit ordne den Lauf der Natur, und kein Instrument sei »so gut, edel, just und perfekt als die liebe Sonne«. Den Hauptteil seiner praxisorientierten Schrift bilden acht doppelseitige Tabellen, die wie ein Kalender jeweils ein ganzes Jahr mit allen Tagen und Monaten aufführen. So lässt sich z. B. für jeden Tag ablesen, wie lange die Sonne scheint und wie lang die Nacht ist, wann die Sonne auf- und wann sie untergeht. Noch in der Frühen Neuzeit war die Zählweise der Stunden nicht einheitlich. So war in Schlesien die italienische Stundenzählung üblich, die über Böhmen Verbreitung fand und auch in Polen in Gebrauch war. Diese »Ganze Uhr«, auch »Ganzer Zeiger« genannt, zählte 24 Stunden, die eine halbe Stunde nach Sonnenuntergang begannen und bis zum nächsten Abend durchgezählt wurden. Dies hatte den großen Nachteil, das aufgrund des jahreszeitlich bedingten Sonnenlaufs Uhren in den jeweiligen Jahreshälften vor- bzw. zurückgestellt werden mussten. Ein Tabellenwerk wie das von Helwig half bei der Regulierung.
Martin Helwig hatte in Krakau studiert und war als Lehrer in Breslau tätig. Bekannt wurde er durch die erste Schlesien-Karte, die er 1561 in Neisse publizierte. R.E.

Lit.: VD 16: ZV 7658; Gruhn 1931; Dohrn-van Rossum 1992, S. 110 – 114.

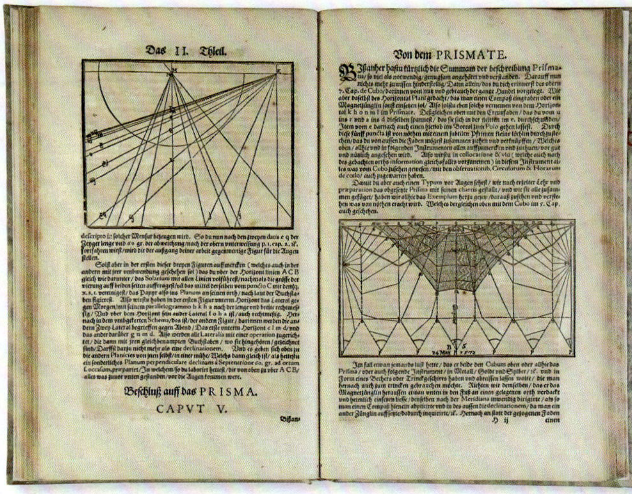

5 | 84

5 | 85

5 | 84

Gnomonice De Solariis

Von allerley Solarien, das ist, Himmlischen Circuln vnd Uhren Wie man dieselben an die auffgerichten Planicien oder Wende, Vnd in allerhand hole Instrument, von den Planis, Sphaericis vnd vermischten superficiebus zusammen gesetzt, künstlich verzeichnen vnd repraesentiren sol
Bartholomäus Scultetus
(Görlitz 1540 – 1614 Görlitz)
Görlitz: Menius [Druck: Ambrosius Fritsch], 1572
Buchdruck, [91 Bl.], 84 Holzschnitte; gebunden unter Verwendung eines Handschriftenfragmentes (Pergament, Psalter, 15. Jh.); 20 × 32 cm
Oberlausitzische Bibliothek der Wissenschaften, Görlitz, Sign. E 2° 39

Am 1. August 1572 setzte der Mathematiker, Astronom, Kartograf, Gymnasiallehrer und Bürgermeister der Stadt Görlitz Bartolomäus Scultetus seine Unterschrift unter die Vorrede seines wichtigsten Werkes. In dieser nennt er die Gründe, die ihn zur Arbeit an diesem Werk bewegt haben; er zählt die Leistung seiner Vorgänger auf, würdigt die Arbeit seines Lehrers Johann Hommel (1518–1562), der als Mathematiker und Astronom in Leipzig u. a. Kaiser Karl V., Kurfürst August von Sachsen und Tycho Brahe unterrichtet hatte. Weiter dankt er seinem Freund Matthias Menius (1544–1601), der das notwendige Kapital für den aufwendigen Druck des seit acht Jahren druckfertigen Manuskripts beisteuerte.
Eingeleitet wird das Buch mit einem ganzseitigen Porträt des Autors im Alter von 33 Jahren und einem Widmungsgedicht von Christoph Manlius. Scultetus' Schrift über die Berechnung und den Bau von Sonnenuhren wird zu den Fachbüchern mit der größten Verbreitung im 16. Jahrhundert in Deutschland gezählt. Noch knapp 100 Jahre nach dem Erstdruck erfolgte eine Übersetzung ins Niederländische (Amsterdam 1670). Der Druck wurde durch den Görlitzer Buchdrucker Ambrosius Fritsch (1523–1593) ausgeführt, der das Buchdruckerhandwerk in Wittenberg bei Hans Lufft (um 1495–1584) erlernt hatte. Sein prächtiges Druckerzeichen, ein Füllhorn mit der Umschrift »Ditat servata fides« (= Pflicht und Treue bereichert) ziert die letzte Seite. M.W.

Lit.: VD 16: S 5164; Koch 1907; Fleischer 1990; Lemper 1996 b.

5 | 85

Porträt des Bartholomäus Scultetus

Monogrammist WS
nach 1572
Holzschnitt; 16,5 × 12,5 cm; Blatt: 21 × 17,6 cm
Inschrift auf Winkelmesser und Lineal: »GNOMON ET REGULA CAPUT«, in Kartusche unten: »BARTOLOMAEUS SCULTETUS / Gorl. An. M.D.LXXII. M. Majo, / D & H. XIII Astron. Nascitur ANN. / XXXII.«
1904 von der Naturforschenden Gesellschaft an das Kaiser-Friedrich-Museum übergeben
Kulturhistorisches Museum Görlitz, Inv.-Nr. Zg 87-04

Dieses Porträt von Bartholomäus Scultetus (1540–1614) entstand nach dem Holzschnitt, der für sein Hauptwerk »Gnonomice de Solariis« gefertigt worden war. Das Buch war 1572 in Görlitz in der Druckerei von Ambrosius Fritsch erschienen. Die Initialen WS könnten auf ein weiteres Mitglied der in Görlitz, Breslau und Krakau tätigen Formschneiderfamilie Scharffenbergk hinweisen, vielleicht ein Wendel Scharffenbergk. Georg Scharffenbergk hatte nicht nur die große Stadtansicht von Görlitz 1565 geschnitten, sondern auch die meisten Illustrationen für Scultetus' Buch.
Das Porträt zeigt Scultetus im Alter von 32 Jahren als klein und schmächtig, aber mit ausgeprägten Gesichtszügen. Als Zeichen seiner Profession hält er Winkel und Lineal in den Händen. 1540 war er als Bartel Scholz in Görlitz geboren worden. Er besuchte die Universitäten in Wittenberg und Leipzig zum Studium der Mathematik, interessierte sich aber auch für Astronomie. Als Magister kehrte er in seine Heimatstadt zurück, baute hier Sonnenuhren, fertigte Horoskope und Kalender. 1570 wurde er Lehrer für Mathematik am Gymnasium. Nach der Heirat mit einer reichen Witwe wurde er Ratsmitglied, Schöppe, Stadtrichter, Verwalter der Görlitzer Heide und kaiserlicher Biersteuereinnehmer. Trotzdem blieb er auch wissenschaftlich tätig. Ihm ist die Einführung der Kalenderreform von Papst Gregor XIII. in der Oberlausitz 1584 zu verdanken. Scultetus korrespondierte mit bedeutenden Gelehrten seiner Zeit wie Tycho Brahe und dem Jesuiten Christoph Clavius. 1607 besuchte ihn Johannes Kepler in Görlitz. Neben jährlichen Kalendern sind Scultetus die ältesten Landkarten der Lausitz 1568 und 1593 zu verdanken. I.A.

Lit.: Koch 1907; Koch 1908; Koch 1909; Reuther 1955/56; Reuther 1957.

5 | 86

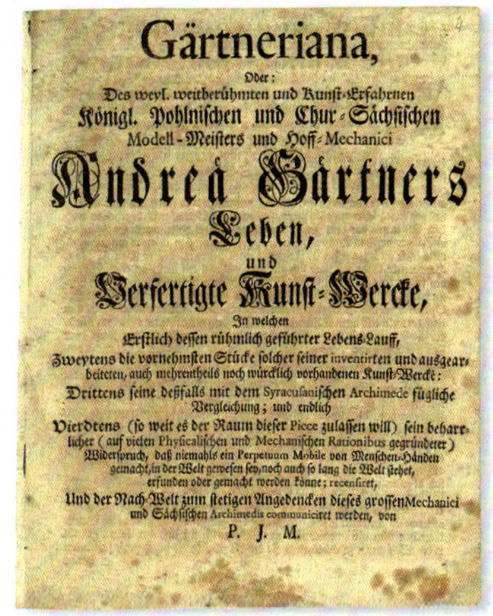

Gärtneriana,
Oder:
Des weyl. weitberühmten und Kunst-Erfahrnen
Königl. Pohlnischen und Chur-Sächsischen
Modell-Meisters und Hoff-Mechanici
Andreä Gärtners
Leben,
und
Verfertigte Kunst-Wercke,
In welchen
Erstlich dessen rühmlich geführter Lebens-Lauff,
Zweytens die vornehmsten Stücke solcher seiner inventirten und ausgearbeiteten, auch mehrentheils noch würcklich vorhandenen Kunst-Wercke:
Drittens seine deßfalls mit dem Syracusanischen Archimede fügliche Vergleichung; und endlich
Vierdtens (so weit es der Raum dieser Piece zulassen will) sein beharrlicher (auf vielen Physicalischen und Mechanischen Rationibus gegründeter) Widerspruch, daß niemahls ein Perpetuum Mobile von Menschen-Händen gemacht, in der Welt gewesen sey, noch auch so lang die Welt stehet, erfunden oder gemacht werden könne; recensiret,
Und der Nach-Welt zum stetigen Angedencken dieses grossen Mechanici und Sächsischen Archimedis communiciret werden, von
P. J. M.

5 | 87

5 | 86

Beleuchtungsspiegel

Andreas Gärtner
(Quatitz b. Bautzen 1654 – 1727 Dresden)
Dresden, um 1710
Höhe: max. 162 cm; Durchmesser Spiegelfläche: 70,8 cm;
342 kleine Planspiegel: 3,5 × 3,5 cm;
Abstand Scheitel – Brennpunkt: 24,5 cm
Staatliche Kunstsammlungen Dresden, Mathematisch-Physikalischer Salon,
Inv.-Nr. MPS B V 9

Auf einer gekrümmten Holzfläche sind 342 kleine quadratische Planspiegel durch polierte Stahlschrauben so angebracht, dass sie gemeinsam einen Brennspiegel bilden. Wird im Brennpunkt eine Lichtquelle eingebracht, z. B. eine Gaslampe, erzeugt das Instrument eine vielfache Verstärkung des Lichtes. Ähnliche »Multiplikationsspiegel« wurden beim berühmten militärischen »Lustlager« nahe Zeithain 1730 verwendet, als August der Starke König Friedrich Wilhelm I. von Preußen das wiedererstarkte sächsische Heer vorführte. Durch ihre Reflexionen in diesen Spiegeln wurden die Feldlampen »unzehlige mahl repraesentirt«, es gab eine »ungemeine Repercussion des Lichts«, wie der sächsische Hofkalender im Jahr darauf berichtete. Gärtners Spiegel ist einer der ältesten erhaltenen seiner Art.
Gebaut wurde der Spiegel vom 1654 in Quatitz bei Bautzen geborenen Andreas Gärtner (sorbisch: Handrij Zahrodnik). Nach einer Tischlerlehre und Wanderjahren, die ihn quer durch Europa führten, wurde Gärtner Hof- und Kunsttischler, später Modellmeister am sächsischen Hof. Wegen seines Erfindungsreichtums – mitunter schuf er mechanische Aufzüge, eine Weltzeituhr, »Tischlein-Deck-Dich«-Konstruktionen, Windmesser und automatische Feuerlöscher – erhielt Gärtner den Spitznamen »Sächsischer Archimed«. Auch der russische Kaiser Peter der Große hielt sich bei seinen Dresden-Besuchen wiederholt in Gärtners Werkstatt auf.
M.K.

Lit.: Ausst.-Kat. Dresden 1992 b, S. 10 f.; Ausst.-Kat. Dresden 2001, S. 138 f.

5 | 87

Gärtneriana, oder des [...] Andreä Gärtners Leben und verfertigte Kunst-wercke

Paul Jacob Marperger
(Nürnberg 1656 – 1730 Dresden)
Dresden, [1727]
Buchdruck, 40 S.; 18 × 14 cm
Sächsische Landesbibliothek – Staats- und Universitätsbibliothek Dresden,
Sign. Mechan.273,misc.4 / Sign. Biogr. erud.D.1574.8.m.

Der sächsische Hof- und Kommerzienrath Paul Jacob Marperger setzte dem »Modellmeister und Hofmechanicus« Andreas Gärtner (1654–1727) mit dieser Schrift ein literarisches Denkmal. Es setzt sich aus vier Teilen zusammen und erschien noch im Todesjahr Gärtners, der am 2. Februar 1727 in Dresden verstorben war. Es beginnt mit einem Überblick über sein Leben: Nach der Ausbildung zum Tischler werden vor allem die zwölfjährige Wanderschaft durch Europa bis 1685, darunter lange Aufenthalte in Italien, und seine Studienreisen als Hofkünstler dargestellt. Im zweiten Teil werden summarisch die vielen technischen Erfindungen in den

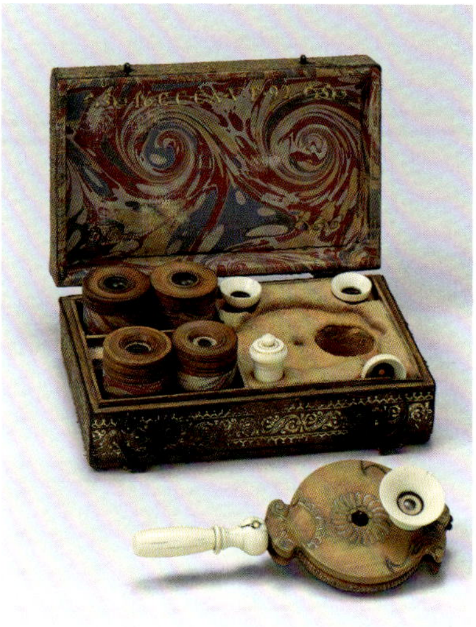

5 | 88

Bereichen Militär, Architektur, Mechanik, Optik aufgezählt. Im dritten Teil legt Marperger dar, weshalb Gärtner der »sächsische Archimedes« sei, da er mit den von ihm verfertigten Brennspiegeln wirklich Feuer entfachen konnte. Im vierten Teil schließlich geht er auf die in dieser Zeit öffentlich geführte Kontroverse und die Meinung Gärtners ein, dass ein perpetuum mobile technisch nicht möglich sei.

Marperger hat sich in zahllosen Schriften geäußert, meist über Themen des Handels, aber auch zu Geschichte, Kunst und Wissenschaft. Er verfügte über viele Kenntnisse aus unterschiedlichsten Bereichen und trug neueste Ereignisse und Fakten zusammen. Die sorbische Herkunft des als Handrij Zahrodnik in Quatitz bei Bautzen geborenen Andreas Gärtner findet keinerlei Erwähnung und scheint keine Bedeutung gehabt zu haben, weder für die Zeitgenossen, noch für Gärtner selbst. R.E.

5 | 88

Kästchen mit einfachem Mikroskop und vier Flohgläsern

Cosmus Conrad Cuno (1652 – 1745)
Augsburg, 1692
Mikroskop: Länge 11,3 cm, Durchmesser 4,9 cm; Kästchen: 13 × 8,2 × 4,7 cm
bez. im Kästchendeckel: »16 C[osmus] C[onrad] C[uno] A[ugustae] V[indelicorum] F[ecit] 92«
erworben 1996
Staatliche Kunstsammlungen Dresden, Mathematisch-Physikalischer Salon, Inv.-Nr. MPS B V 180

Das Mikroskop wurde 1692 von Cosmus Conrad Cuno, dem wichtigsten Optiker, der gegen Ende des 17. Jahrhunderts in Augsburg gearbeitet hat, gebaut. Mit seinem Griff aus Elfenbein ist es ein sehr schönes Beispiel für Mikroskope mit nur einer Linse, sogenannte einfache Mikroskope. Die Linse ist im oberen Okular eingebaut. Auf der hölzernen Rückseite sind vier Öffnungen (1 bis 3,4 mm) angebracht, die unterschiedliche Blendeneinstellungen erlauben. Durch das Okular kann man nacheinander acht verschiedene Objekte betrachten. Diese, z. B. Haare oder ein Fliegenflügel, sind in der drehbaren, mittleren Scheibe eingelassen und zwischen Glimmerplättchen eingefasst. Die Scharfstellung erfolgt durch eine kleine Schraube oben. Der Entwurf dieses Instrumententyps geht auf den holländischen Gelehrten Christiaan Huygens (1629 – 1695) zurück.

Im Kästchen befindet sich weiteres Zubehör: drei in Okulare eingebaute Linsen mit verschiedenen Brennweiten (3 bis 8 mm) zur unterschiedlichen Vergrößerung, ein kleines Elfenbeindöschen, in dem weitere Glimmerplättchen aufbewahrt werden, die als Objektträger dienen können, und vier als »Flohgläser« bezeichnete Lupen in hölzernen Büchsen, die mit Marmorpapier beklebt sind. Die in goldenen Buchstaben geprägte Inschrift »EWvT« auf dem Kästchendeckel stellt die Initialen von Ehrenfried Walter von Tschirnhaus (1651 – 1712) dar, dem sächsischen Universalgelehrten aus Kieslingswalde bei Görlitz. Die mittels Tschirnhaus' Brennspiegel und -linsen durchgeführten Schmelzexperimente, teils in Zusammenarbeit mit Johann Friedrich Böttger, brachten ihm europaweiten Ruhm und trugen wesentlich zur Entdeckung der Rezeptur des europäischen Hartporzellans bei. Denkbar ist, dass dieses Mikroskop einst ein Geschenk an ihn war. M.K.

Lit.: Fournier 1989; Keil 2000, S. 162 – 185, 334 – 343, 395, 437; Ausst.-Kat. Augsburg 2009, S. 222.

5 | 89

Graf Ehrenfried Walther von Tschirnhaus

Martin Bernigeroth (Rammelburg b. Mansfeld 1670 – 1733 Leipzig)
um 1708
Kupferstich; 37,2 × 23 cm
sign. r.: »Bernigeroth Sc.«
Staatliche Kunstsammlungen Dresden, Kupferstich-Kabinett, Inv.-Nr. A 138988

Der Dresdner Kupferstecher Martin Bernigeroth schuf von dem sächsischen Universalgelehrten Graf Ehrenfried Walther von Tschirnhaus (1651 – 1708) ein weithin bekanntes Porträt. Es zeigt ihn auf einem ovalen Bildträger, der in eine fensterähnliche Architektur mit üppiger Draperie eingestellt ist. An der Brüstung ist ein Wappen, wohl das derer von Tschirnhaus, angebracht. Tschirnhaus ist mit dunkler Allongeperücke und weitem Umhang als Standesperson dargestellt, auf seine eigentliche Profession gibt es keinen Hinweis. Eine Inschrift unter dem Bildnis nennt den Porträtierten. Die Lebensdaten, hier mit seinem Todesdatum 1708, scheinen nachträglich hinzugefügt worden zu sein.

Tschirnhaus trat als Naturforscher, Techniker, Mathematiker und Philosoph in Erscheinung. Er studierte in den Niederlanden, unternahm mehrjährige Reisen durch Italien, England und Frankreich und beschäftigte sich u. a. mit der Herstellung und Bearbeitung von Glas, Brennspiegeln und Linsen. August der Starke, in dessen Diensten er stand, unterstellte ihm ein Forschungslabor, in dem auch der zwangsverpflichtete Johann Friedrich Böttger arbeitete. So wird Tschirnhaus auch zugeschrieben, an der Erfindung und Entwicklung des europäischen Porzellans 1710 beteiligt gewesen zu sein.

Der aus dem kleinen Kieslingswalde unweit von Görlitz stammende Tschirnhaus stand mit zahlreichen und namhaften Gelehrten in wissenschaftlichem Austausch. Er war in London bei der Royal Society, 1688 nahm ihn die Pariser Académie des Sciences als Mitglied auf. Über ihn kamen neueste Informationen und Erkenntnisse aus der Welt nach Sachsen. R.E.

Lit.: Singer Bildniskatalog, Bd. 12, Nr. 91565; Ausst.-Kat. Dresden 2001; Plaßmeyer 2007, S. 15 – 20; Mühlpfordt 2008; Ausst.-Kat. Leipzig 2009, S. 435.

5 | 89

5 | 90

Porträt Adolf Traugott von Gersdorf

Johann Christian Benjamin Gottschick
(Niedergerbitz 1776 – 1844 Dresden)
nach 1803
Kupferstich; 13,5 × 11,1 cm
Kulturhistorisches Museum Görlitz,
Inv.-Nr. HK 256

Adolf Traugott von Gersdorf (1744 – 1807) ist im Brustbild mit leicht nach rechts gewendetem Kopf dargestellt. Mit offenem Blick sieht er dem Betrachter entgegen. Seine Kleidung, bestehend aus dunklem Rock, Halstuch und weißer Perücke, verrät seine adelige Herkunft. Als Vorlage für den Kupferstich diente dem Dresdner Kupferstecher Gottschick das 1803 von Anton Graff (1736 – 1813) geschaffene Porträtgemälde (Kulturhistorisches Museum Görlitz, Inv.-Nr. 348-60). Als Universalgelehrter, Gutsherr und Humanist war Gersdorf äußerst weltoffen und dennoch Zeit seines Lebens bodenständig mit der Oberlausitz verbunden. Er gehörte zu den Wegbereitern der Aufklärung in dieser Region. Als Gutsherr formte er seine Besitzungen mit Weitsicht und wandelte bereits um 1778 die zu leistenden Hofdienste in Lohnarbeit um. Sein naturwissenschaftliches Engagement gipfelte 1779 in der Gründung der Oberlausitzischen Gesellschaft der Wissenschaften und danach in deren aktiver Belebung. Dieser Gelehrtenvereinigung vererbte er testamentarisch seine Bibliothek und seinen gesamten wissenschaftlichen Nachlass, darunter das Physikalische Kabinett, das heute zu den wichtigsten Sammlungen des Kulturhistorischen Museums Görlitz zählt.
C.H.

Lit.: Lemper 1974; Herrmann 2007.

5 | 91

Porträt des Görlitzer Juristen und Gelehrten Karl Gottlob von Anton

Johann Christian Benjamin Gottschick
(Niedergerbitz 1776 – 1844 Dresden)
um 1805
Kupferstich; 19,4 × 14,4 cm
Kulturhistorisches Museum Görlitz,
Inv.-Nr. HK 246

Die vom Dresdner Kupferstecher Johann Christian Gottschick nach einer nicht mehr nachweisbaren Vorlage geschaffene Porträtgrafik zeigt Karl Gottlob von Anton (1751 –

5 | 90

5 | 91

1818) im Alter von etwa 50 Jahren. In Lauban geboren, hatte Anton in Leipzig Philosophie und Jura studiert, eine Fächerkombination, die seinen späteren Lebensweg prägte. In Görlitz, wo er sich nach dem Studium niederließ, bekleidete er hohe Verwaltungsämter, war Oberamtsadvokat, Senator und Schöffe. Seine philosophische Ausbildung nutzte Anton für historische Studien auf verschiedenen Gebieten. 1779 gründete er gemeinsam mit Adolf Traugott von Gersdorf in Görlitz die »Oberlausitzische Gesellschaft zur Beförderung der Natur- und Geschichtskunde«, die spätere Oberlausitzische Gesellschaft der Wissenschaften. Für sie erwarb er 1801 das barocke Wohn- und Handelshaus Neißstraße 30, das bis 1945 von der Gesellschaft genutzt wurde und heute zum Kulturhistorischen Museum gehört. Auf wissenschaftlichem Gebiet betätigte er sich vor allem als Historiker und Sprachwissenschaftler. So trat er mit einer Studie zur Geschichte der Landwirtschaft seit dem Spätmittelalter, verschiedenen rechtsgeschichtlichen Arbeiten sowie einer Untersuchung zur Kulturgeschichte der slawischen Völker in Erscheinung. Seine umfangreiche Bibliothek und seine Sammlungen stiftete er 1801 der Oberlausitzischen Gesellschaft der Wissenschaften. K.W.

Lit.: Paulsen 2011.

5 | 92

Auslader nach William Henley

unbekannter Instrumentenhersteller
1790–1800
Metall, Holz, Glas, Bein, Pappe
25 × 37 × 11,7 cm
aus dem Nachlass des Adolf Traugott von Gersdorf (1744–1807)
Kulturhistorisches Museum Görlitz, Inv.-Nr. 158-54

Die ursprüngliche Aufgabe eines Ausladers bestand im Entladen von Leidener Flaschen, einer Vorform des Kondensators. Die Idee für den vorliegenden Ausladertyp, der zum Bestand des Physikalischen Kabinetts des Adolf Traugott von Gersdorf gehört, stammt vom namensgebenden englischen Physiker William Henley (gest. 1779). Seine Aufgabe war es, nicht nur die elektrische Ladung gefahrlos abzuleiten, sondern vor allem die Wirkung eines durch elektrostatische Aufladung entstandenen Funkens verständlich zu demonstrieren. Die entsprechende Versuchsanordnung ist auf einer Grundplatte fixiert. Sie besteht aus einer höhenverstellbaren runden Auflageplatte zur Aufnahme des Probekörpers und ist von zwei gleich hohen Säulen mit waagerecht aufgesetzten, verschiebbar gelagerten Metallspitzen flankiert. Springt ein elektrischer Funke von der einen Metallspitze zur gegenüberliegenden, so durchlöchert er auf seinem Weg die zwischen den Spitzen als Probekörper positionierte Spielkarte. Die Wirkung des Funkens ist an der Stelle des Funkendurchgangs als winziges Loch auf der Karte sichtbar.
Auslader nach Henley wurden in vielfachen Varianten angeboten und gehörten zum üblichen Instrumentarium elektrophysikalischer Kabinette. C.H.

Lit.: Herrmann 2007, S. 34–38; Ausst.-Kat. Leipzig 2009, Kat.-Nr. 449, S. 308.

5 | 93

Gradelektrometer

unbekannter Instrumentenhersteller
1797
Elfenbein, Holz, Metall; 23 × 20 × 6 cm
aus dem Nachlass des Adolf Traugott von Gersdorf (1744–1807)
Kulturhistorisches Museum Görlitz, Inv.-Nr. 84-54

Das Gradelektrometer stammt aus dem Physikalischen Kabinett des Adolf Traugott von Gersdorf, das sich heute im Kulturhistorischen Museum Görlitz befindet. Es gehört zu den ersten Elektrizitätsmessgeräten überhaupt. Sein Ursprung liegt in den Elektroskopen, einfachen Instrumenten zum Schätzen der elektrischen Spannung, deren Funktionsprinzip auf dem Anziehen und Abstoßen leicht beweglicher Körper als Reaktion auf elektrostatisch geladene Gegenstände beruhte. Den entscheidenden Qualitätssprung vom Elektroskop zum Messgerät brachte das Anbringen einer Skale, die von einem Messfühler zu überstreichen war. Das Gradelektrometer ist ein spezielles Elektrometer. Sein Messfühler besteht aus leichtem Holz und ist am freien Ende mit einem Elektroskopkügelchen versehen. Die Skale ist auf eine Elfenbeinscheibe aufgetragen. Ihre Form ist einem Uhrenziffernblatt nachempfunden, auf welchem der Messfühler, ähnlich einem Uhrzeiger, einen Halbkreis durchlaufen kann. Der Messbereich des äußeren Skalenrings beträgt 180 Skalenteile bei einem maximalen Ausschlagwinkel des Zeigers von 180 Grad und einer Messgenauigkeit von zwei Grad. Die innere Skale umfasst einen Messbereich von 90 Skalenteilen bei einem Winkelmaß von 180 Grad. C.H.

Lit.: Herrmann 2007, S. 34–39; Ausst.-Kat. Leipzig 2009, S. 432, Kat.-Nr. 669.

5 | 92

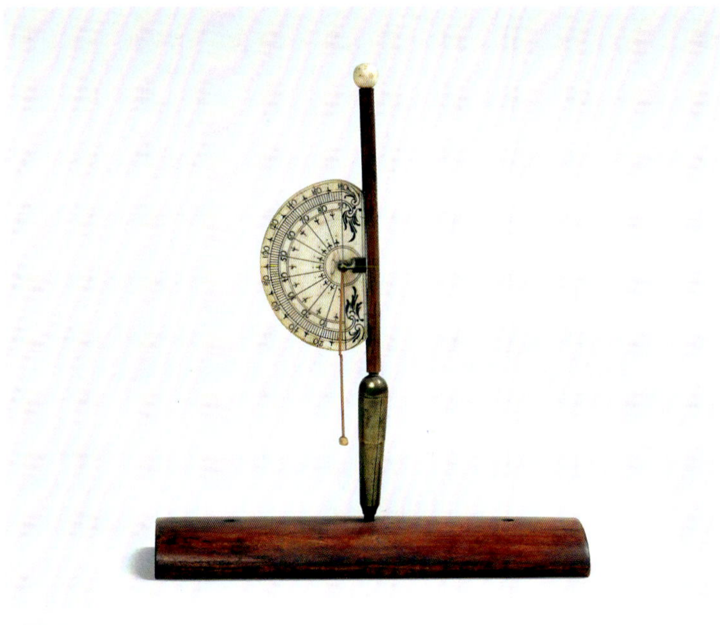

5 | 93

5 | 94

5 | 94

Holzbibliothek (Xylothek)

unbekannter Hersteller
um 1790
verschiedene Holzsorten, Papier
je etwa 10,6 × etwa 1,4 × etwa 4,6 cm
Kulturhistorisches Museum Görlitz,
Inv.-Nr. 2210-2008

Sammlungen verschiedener Hölzer bereicherten im 18. Jahrhundert zahlreiche Naturalienkabinette. Ihre Erscheinungsformen reichten von schlichten Holztäfelchen bis hin zu aufwendig gestalteten Schatullen mit inliegenden Wurzelproben, Frucht- und Blütenständen. Die Holzbibliothek, die aus dem Naturalienkabinett der Oberlausitzischen Gesellschaft der Wissenschaften in Görlitz stammt, ist eine Kollektion von 60 verschiedenen Holzarten. Sie verkörpert gleichzeitig eine botanische Spezialbibliothek, in der sowohl einheimische Hölzer wie Hainbuche, Ahorn und diverse Weidenarten als auch ausländische Holzarten wie Zitronenbaum, Akazie und Zypresse vertreten sind. Die etwa gleich großen Holzproben sind Schrägschnittpräparate vom Splintholz bis zur Borke. Um ein einheitliches Maß für die einzelnen Tafeln zu erreichen, wurden Pflanzen mit geringem Stammdurchmesser (z. B. Rosengehölze) aus mehreren Holzstreifen zusammengefügt. Die Borke bildet den »Buchrücken« und trägt die Beschriftung, die in lateinischer Sprache den binären Namen des Holzes und einen Hinweis auf die zugehörige Nomenklatur nach dem System des schwedischen Naturforschers Carl von Linné (1707–1778) verzeichnet. C.H.

Lit.: Ausst.-Kat. Leipzig 2009, S. 233, Kat.-Nr. 312.

5 | 95

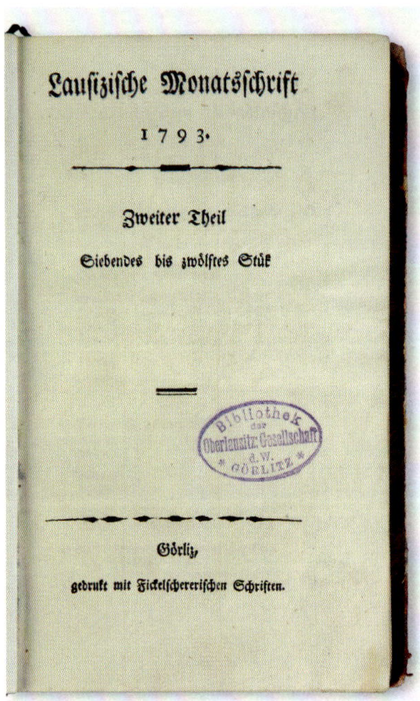

Lausizische Monatsschrift

1793.

Zweiter Theil

Siebendes bis zwölftes Stük

Görliz,

gedrukt mit Fickelschererischen Schriften.

5 | 96

5 | 95

Königswartha Subterranea

Julius Friedrich Knöbel
(Dresden 1753 – 1818 Dresden)
Buch mit 200 Aquarellen; roter Ledereinband mit Goldschnitt; handschriftliche Nachträge von Karl Preusker
20,7 × 17,5 × 5,1 cm
Stadtarchiv Löbau, Preusker-Bibliothek, Sign. 110/1 (ex Ratsbibliothek S 9)

Im Jahre 1786 wurden bei Erdarbeiten im Schlosspark von Königswartha Urnen entdeckt. Der Schlossherr Graf von Dallwitz (1742 – 1796) ließ die Funde sorgfältig bergen und von dem Dresdner Maler Julius Friedrich Knöbel in dem Folioband »Königswartha Subterranea« abbilden. Dieser befindet sich heute im Besitz des Kulturhistorischen Museums in Görlitz. Der Quartband aus dem Stadtarchiv Löbau ist eine verkleinerte, sonst jedoch identische Fassung.
Graf Dallwitz machte das Buch Gottlob Adolf Ernst von Nostitz-Jänkendorf (1765 – 1836) zum Geschenk, der altertumskundlich sehr interessiert war. Dieser verfasste den ersten Fundbericht zu Königswartha. Als Präsident der Oberlausitzischen Gesellschaft der Wissenschaften sorgte er für den Ankauf der Funde. Bis 1841 war das Buch im Besitz der Familie von Nostitz-Jänkendorf. Sein Sohn Eduard vermachte den Prachtband dem Altertumsforscher Karl Preusker (1786 – 1871), dem schon vom Vater geschätzten Forscher und Ehrenmitglied der OLGW. Dieser stiftete das Buch 1855 der Ratsbibliothek seiner Vaterstadt Löbau. J.S.-F.

Lit.: Preusker 1850; Staudinger 1936; Homann 2007; Homann 2009/10.

5 | 96

Lausizische Monatsschrift

Herausgeber: Oberlausitzische Gesellschaft der Wissenschaften
Görlitz: Fickelscherer, 1793 – 1799
Buchdruck, Halblederband; Bd. 1, 1793, Zweiter Teil, 5 [Bl.], 373 S., [19 Bl.]; 11 × 18 cm
Oberlausitzische Bibliothek der Wissenschaften, Görlitz, Sign. L V 6

Für eine gelehrte Vereinigung wie die Oberlausitzische Gesellschaft der Wissenschaften (OLGdW) war die Herausgabe einer eigenen Publikationsreihe eine Selbstverständlichkeit. Bereits 1781 waren auf Initiative des Gesellschaftsgründers Karl Gottlob von Anton die »Provinzialblätter oder Sammlungen zur Geschichte, Naturkunde, Moral und anderer Wissenschaften« erschienen. Sie dienten der Veröffentlichung der durch die Mitglieder eingereichten Abhandlungen und waren einerseits ein Mittel der Kommunikation in der gelehrten Welt, andererseits hielten sie auch ganz praktische Ratschläge für die Bevölkerung der Oberlausitz parat. Mangels einer ausreichenden Zahl von Abonnenten musste das Erscheinen jedoch nach zwei Jahren eingestellt werden.
Der seit 1793 erscheinenden »Lausizischen Monatsschrift« war mehr Erfolg beschieden: Die monatlich erscheinende Zeitschrift druckte Beiträge mit heimatkundlichem und lokalgeschichtlichem Inhalt und bemühte sich um die Verbreitung medizinischer, pädagogischer und ökonomischer Kenntnisse. Dem Unterhaltungsbedürfnis wurde durch Fabeln, Gedichte und Reiseschilderungen Rechnung getragen. Politische Nachrichten kamen nicht zum Abdruck, dagegen gewährt eine »Chronik lausizischer Angelegenheiten« heute noch ein facettenreiches Bild des Lebens in der Oberlausitz vor 200 Jahren. Die »Lausizische Monatschrift«, die ab 1799 ihren Titel in »Neue Lausizische Monatsschrift« änderte, erschien bis 1808. Ihr folgte ab 1821 das »Neue Lausitzische Magazin« als Publikationsorgan der OLGdW. Es erscheint, mit einer Unterbrechung von 1943 bis 1998, noch heute. M.W.

Lit.: Kittelmann 1931, S. 34 – 40.

5 | 97

Aufbruch

5 | 97

Der Oybin im Zittauer Gebirge

Johann Alexander Thiele
(Erfurt 1685 – 1752 Dresden)
1745
Öl auf Leinwand; 103 × 152 cm
Staatliche Kunstsammlungen Dresden, Gemäldegalerie Alte Meister, Gal.-Nr. 3155

Johann Alexander Thiele schuf im Laufe seines Lebens zahlreiche Gemälde sächsischer Landschaften, die er in einer Art malerischer Landesaufnahme selbst bereist hatte. Die 1745 gemeinsam mit seinem Schüler Johann Gottlieb Schön unternommene Reise durch die Oberlausitz führte ihn auch auf den Oybin im Zittauer Gebirge. Der einem Bienenkorb ähnelnde Sandsteinfelsen mit dem etwa 100 Meter über der Talsohle gelegenen Ruinenensemble zählt zu den schönsten Natur- und Kunstdenkmälern Sachsens. Das Gemälde zeigt den Oybin von Süden. Spärlich belaubte Bäume und eine hell beleuchtete Steinbruchszene rahmen die Darstellung und dienen der Blickführung ins Zentrum des Bildes. Hier erhebt sich steil und unvermittelt das imposante Felsmassiv über einem lang gestreckten Tal. Am Fuße des Oybins sehen wir das gleichnamige Dorf mit der barocken Kirche. Hinter dem Gotteshaus führen in den Felsen gearbeitete Stufen hinauf zu den Ruinen einer im zweiten Jahrzehnt des 14. Jahrhunderts errichteten Burganlage, die zum Schutz der hier über das Gebirge führenden Handelsstraße unter Karl IV. seit 1364 bedeutend erweitert wurde. So entstanden u. a. der sogenannte Kaiserbau und wenige Jahre später, im Zuge der Ansiedlung einiger Coelestinermönche aus Avignon, eine einschiffige Klosterkirche. Ein Teil dieses 1384 durch den Prager Erzbischof geweihten Sandsteinbaus, der wie die anderen Gebäude im 16. und 17. Jahrhundert durch Blitzschlag und einen Felsabriss stark beschädigt wurde, ist links neben der Bergkuppe zu erkennen. Besonders die imposanten Ruinen der Klosterkirche boten späteren Künstlergenerationen reizvolle Motive. D.G.

Lit.: Ausst.-Kat. Dresden 2002, S. 150 f.

5 | 98

5 | 99

5 | 100

5 | 98

Blick über das Neißetal südlich von Görlitz zum Isergebirge

Johann Alexander Thiele
(Erfurt 1685 – 1752 Dresden); 1745
Feder und Pinsel in Sepia über Grafit
33,2 × 47,7 cm
Kulturhistorisches Museum Görlitz,
Inv.-Nr. H 182

Der aus Erfurt stammende Johann Alexander Thiele bildete sich durch Selbststudium zum Maler aus. Seit etwa 1715 war er für den Dresdner Hof tätig und wurde 1738 offiziell zum Hofmaler ernannt. In den 1740er Jahren unternahm er mehrere Reisen durch Sachsen, während der er Motive für eine Reihe von Gemälden mit Ansichten von Städten und markanten Landschaften sammelte. Dabei dürfte er die zur Poststraße ausgebaute via regia vielfach benutzt haben. Auch die Oberlausitz bereiste Thiele und kam 1745 zusammen mit dem Maler Johann Gottlieb Schön (etwa 1720 – etwa 1760) u. a. nach Görlitz. Hier entstand die Zeichnung, die einen Blick über das Neißetal südlich der Stadt zeigt. Als Standort wählte er sich den vor den Toren gelegenen Weinberg, von wo sich ein Ausblick bis zum Isergebirge eröffnet, der auch in späterer Zeit immer wieder Künstler anzog. Die sorgfältig beobachtete und meisterlich mit Feder und Pinsel gearbeitete Studie ist charakteristisch für das zeichnerische Werk des Künstlers. Weitere Ansichten, die Thiele in Görlitz schuf und die sich im Graphischen Kabinett des Kulturhistorischen Museums befinden, zeigen das berühmte Heilige Grab und die in die Landschaft eingebettete Stadt, die er auch in einem großformatigen Gemälde (Kulturhistorisches Museum Görlitz, Inv.-Nr. 32-55) festhielt. K.W.

Lit.: Fröhlich 2002, S. 81 – 90; Ausst.-Kat. Dresden 2002.

5 | 99

Blick auf Bautzen von der Poststraße bei Weißenberg

Johann Gottlieb Schön
(Arnstadt um 1720 – etwa 1760)
1745
Grafit; 19 × 50 cm
Kulturhistorisches Museum Görlitz,
Inv.-Nr. H 70

Der Maler und Zeichner Johann Gottlieb Schön gehört zu den Schülern des Dresdner Hofmalers Johann Alexander Thiele (1685 – 1752). Beide unternahmen im Sommer 1745 eine Reise in die Oberlausitz und benutzten auf ihrem Weg von Bautzen nach Görlitz die traditionsreiche via regia. Von der Stelle, wo die Straße kurz vor Weißenberg über einen Hügel verläuft, zeichnete Schön den Ausblick auf Bautzen und seine östliche Umgebung. Die Zeichnung gehört zu den seltenen bildlichen Darstellungen der einst bedeutenden Verkehrsachse der via regia. Als ein sich durch die Landschaft schlängelndes Band wurde sie für Schön zum bildbestimmenden Element. Am Straßenrand hielt er auch einen Ganzmeilenstein des sächsischen Postwesens im Bild fest sowie einen Kreuzstein, der vermutlich an ein auf der Straße verübtes Kapitalverbrechen erinnerte. Ob Schön die Zeichnung als Vorlage für ein Gemälde oder eine Druckgrafik verwenden wollte, ist nicht bekannt. Aus dem Nachlass des ebenfalls zum Thiele-Kreis gehörenden Malers Christian Benjamin Müller (1690 – 1758) gelangte sie in das Görlitzer Graphische Kabinett. Ein ähnlicher Ausblick wie Schön ihn vor mehr als 260 Jahren zeichnete bietet sich heute von der Autobahn 4 bei Gröditz auf das in der Ferne liegende Bautzen. K.W.

Lit.: Fröhlich 2002, S. 90 – 92.

5 | 100

Skizzenbuch

Christoph Nathe
(Nieder-Bielau/Kreis Görlitz 1753 – 1806 Schadewalde b. Marklissa)
etwa 1782 – 1787
Papier, Zeichnungen mit Grafit, Pinsel, Aquarell; Ledereinband, geprägt; 152 S., Goldschnitt
11,3 × 17,2 cm; Seiten: 10,7 × 16,5 cm
Kulturhistorisches Museum Görlitz,
Inv.-Nr. GB VI 39

Das Skizzenbuch Christoph Nathes enthält mehr als 100 Zeichnungen aus den Jahren 1782 bis 1787. In dieser Zeit lebte der Künstler in Leipzig und war freischaffend im Umfeld der dortigen, von Adam Friedrich Oeser (1717 – 1799) geleiteten Kunstakademie tätig, an der er bereits studiert hatte. Wie ein Monogramm und die Jahreszahl 1732 auf dem Buchdeckel andeuten, verwendete Nathe ein älteres Stammbuch für seine Skizzen. Alle Zeichnungen sind in Grafit ausgeführt und z. T. mit Wasserfarben laviert bzw. sogar koloriert. Sie zeigen Ansichten, die der Künstler während mehrerer Reisen festhielt. Schwerpunkte sind Bautzen und dessen Umgebung, Dresden und das südliche Elbtal, Freiberg, Leipzig und dessen Umgebung sowie das Saaletal mit Weißenfels und Naumburg. Darüber hinaus gibt es auch einzelne Ansichten aus Böhmen und Oberösterreich. Dank Nathes zeichnerischer Genauigkeit besitzen alle Skizzen einen hohen Zeugniswert. Für seine regelmäßigen Reisen benutzte der Künstler sicherlich die via regia und andere überregionale Wegeverbindungen. Bei einigen Ansichten wählte er Landstraßen sogar bewusst als Standort, um von dort den sich dem Reisenden darbietenden Ausblick abzubilden. K.W.

Lit.: Fröhlich 2008, S. 315 – 325.

5 | 101

5 | 101

Der Spaziergänger auf der Dorfstraße

Christoph Nathe
(Nieder-Bielau/Kreis Görlitz 1753 – 1806 Schadewalde b. Marklissa)
Feder in Schwarz, grau und gelblich laviert
19 × 26,7 cm
Kulturhistorisches Museum Görlitz, Inv.-Nr. H 243

Die Zeichnung zeigt einen älteren Herrn, der auf einer Dorfstraße spaziert. Sein Blick ist auf den Weg gerichtet. In einer Hand hält er einen Stock, während er die andere in den Gehrock gesteckt hat. In der linken Bildhälfte öffnet sich der Ausblick auf eine hügelige Flusslandschaft, die vielleicht das Neißetal bei Görlitz darstellt. Hinter der Figur sind zwei Häuser zu sehen, von denen eines mit Stroh gedeckt ist und einen für die Oberlausitz bis ins ausgehende 18. Jahrhundert typischen hölzernen Schornstein besitzt. Die Zeichnung entstand in einer Zeit, in der die ersten Reisebeschreibungen zur Oberlausitz erschienen, deren Autoren das Land meist zu Fuß durchreisten. Sie gehört zu einer Gruppe dörflicher Darstellungen, bei denen sich Nathe an der holländischen Malerei und Druckgrafik des 17. Jahrhunderts orientierte und in genrehafte Landschaftssujets Figuren wie Viehtreiber, Bauern mit Heuwagen oder Spaziergänger einfügte. Sie sind nicht bloße Staffage, sondern erscheinen als Nutzer des Landschaftsraumes. Einige dieser Motive hat Nathe auch in Radierungen umgesetzt, die 1808, zwei Jahre nach dem Tod des Künstlers, durch den Leipziger Verleger Karl Christian Heinrich Rost in einer Gesamtausgabe herausgegeben wurden. K.W.

Lit.: Fröhlich 2008, S. 310 f., Kat.-Nr. Z 564.

5 | 102

Ansicht der Stadt Görlitz von Nordwesten

Christoph Nathe
(Nieder-Bielau/Kreis Görlitz 1753 – 1806 Schadewalde b. Marklissa)
1790
Pinsel in Schwarz und Wasserfarben über schwarzer Kreide; 57 × 92,5 cm
Kulturhistorisches Museum Görlitz, Inv.-Nr. HK 1537

Das großformatige Blatt, das als Pendant zu Kat.-Nr. 5 | 103 entstand, zeigt eine einzigartige Ansicht von Görlitz vor Beginn des modernen Stadtausbaus des 19. Jahrhunderts. Nathe hat sich als Standpunkt den heute mit den Gebäuden des Städtischen Klinikums bebauten Hügel nordwestlich der Stadt am Girbigsdorfer Weg ausgesucht, eine lokale Verbindungsstraße, die aus dem Schöpstal kommend vor den Toren in die Heilig-Grab-Straße überging. Man erkennt (von links nach rechts) die Silhouette der Neißestadt mit Nikolaikirche, Peterskirche, Nikolaiturm, Heilig-Kreuz-Kapelle, Dreifaltigkeitskirche, Pulverturm, Reichenbacher Turm, Frauentorturm, Kaisertrutz und Frauenkirche. Deutlich ist auch jener Teil der Stadtmauer im Bild auszumachen, der die Westseite der Stadt schützte und 40 Jahre später vollständig abgebrochen wurde. Links sind hinter Bäumen die Dächer mehrerer landwirtschaftlicher Vorwerke zu sehen. Auf der Straße sind zwei Fußgänger und ein Reiter unterwegs, zwei weitere Personen haben sich am Wegesrand zu einer Rast niedergelassen. Einen ähnlichen Blick auf Görlitz hatten Reisende auch, wenn sie sich auf der südlich des Girbigsdorfer Weges verlaufenden Poststraße, der historischen via regia, der Stadt näherten. K.W.

Lit.: Fröhlich 2008, S. 240, Kat.-Nr. Z 177.

5 | 103

Ansicht der Stadt Görlitz von Nordosten

Christoph Nathe
(Nieder-Bielau/Kreis Görlitz 1753 – 1806 Schadewalde b. Marklissa)
1789
Pinsel in Schwarz und Wasserfarben über schwarzer Kreide; 57 × 92,5 cm
Kulturhistorisches Museum Görlitz, Inv.-Nr. HK 1536

Die Zeichnung, die als Pendant zu Kat.-Nr. 5 | 102 entstand, zeigt einen Blick auf Görlitz von nordöstlicher Seite. Nathe wählte dafür als Standort eine Weide unmittelbar neben der von Breslau und Lauban auf die Stadt zu führenden via regia. Außer einer Rinderherde mit Hirten sind mehrere Spaziergänger auf der Wiese unterwegs. Der Blick fällt über das Neißetal auf die nördlichen Teile der Stadt. Links ist mit der Peterskirche und dem zu diesem Zeitpunkt noch bestehenden Gebäude des Vogtshofs der Bereich der ehemaligen, bereits im frühen 12. Jahrhundert erwähnten slawischen Burg Yzhorelik zu sehen. Unmittelbar davor liegen im Tal die Häuser der Hotherstraße, die seit dem Hochmittelalter eine Handwerkersiedlung war. Unterhalb des Burgberges ist auch eine Furt als ältester Neißeübergang der via regia zu suchen, die spätestens im 13. Jahrhundert durch die weiter südlich gelegene Brücke ersetzt wurde. In der Bildmitte sind die Dächer der Nikolaivorstadt zu sehen, einer Kaufmanns- und Handwerkersiedlung, deren Ursprünge ebenfalls ins 12. Jahrhundert zurückreichen. Die Häuser werden überragt von der Nikolaikirche, die die erste Görlitzer Pfarrkirche war. K.W.

Lit.: Fröhlich 2008, S. 240, Kat.-Nr. Z 176.

5 | 102

5 | 103

5 | 104

5 | 105

5 | 104

Aussicht von der Burgruine Kynast nach Südwesten

Adolf Traugott von Gersdorf (1744–1807)
16. Juni 1768
Feder und Pinsel in Grau; 21 × 33 cm
Kulturhistorisches Museum Görlitz,
Inv.-Nr. H 675, Kat. 698

5 | 105

Aussicht von der Burgruine Kynast nach Westen

Adolf Traugott von Gersdorf (1744–1807)
16. Juni 1768
Feder und Pinsel in Grau; 20,7 × 32,6 cm
Kulturhistorisches Museum Görlitz,
Inv.-Nr. H 675, Kat. 701

Der Gutsbesitzer und Universalgelehrte Adolf Traugott von Gersdorf, einer der Mitbegründer der Oberlausitzischen Gesellschaft der Wissenschaften, hat über fünf Jahrzehnte hinweg zahlreiche Zeichnungen geschaffen. Dabei handelt es sich vor allem um Landschaftspanoramen, die ihn nicht nur künstlerisch, sondern ebenso in geografisch-naturkundlicher Hinsicht reizten. Mit ihnen wollte er das Relief von Bergformationen möglichst genau festhalten, um daran Überlegungen zur Gebirgsbildung zu entwickeln. Um die Positionen markanter Gipfel genau bestimmen zu können, benutzte Gersdorf für seine Panoramen Fernrohr und Stundenkompass als technische Hilfsmittel. Seine Zeichnungen kombinierte er mit barometrischen Höhenmessungen im Gebirge.

Zu seinen frühen Landschaftsaufnahmen gehören die beiden Ausblicke von der Burgruine Kynast nach Südwesten und Westen, die sich zu einem Panorama zusammenfügen lassen. Der Blick reicht vom Hauptkamm mit der Großen Sturmhaube und dem Reifträger bis zu den Bergen des Zackenkamms bei Petersdorf. Zwei weitere Zeichnungen ergänzen den Ausblick nach Süden und Südosten. Die um die Mitte des 14. Jahrhunderts errichtete Burg Kynast auf der Nordseite des Riesengebirges wurde seit der zweiten Hälfte des 18. Jahrhunderts zu einem beliebten Reiseziel und zog zahlreiche Künstler an. Gersdorf galt in dieser Zeit aufgrund seiner wissenschaftlichen und zeichnerischen Studien als ein Kenner des Riesengebirges und wurde zum Berater zahlreicher Bildungsreisender. Mehrfach trug er sich mit dem Gedanken, einen wissenschaftlich fundierten Führer über das Gebirge zu publizieren, was er jedoch nicht realisierte. 1804 erschienen jedoch seine beiden Schriften »Aussichten von Hempels Baude« und »Aussichten von der Riesenkoppe«, die ebenfalls auf zeichnerischen Landschaftsaufnahmen beruhten.
K.W.

Lit.: Lemper 1974.

5 | 106

5 | 106

Das Hirschberger Thal von Grunau aus betrachtet

Sebastian Carl Christoph Reinhardt
(Ortenburg b. Passau 1738 – 1827 Hirschberg)
1798 (?)
Öl auf Leinwand; 49 × 72,5 cm
Muzeum Narodowe we Wrocławiu,
Inv.-Nr. VIII-2330

Im letzten Viertel des 18. Jahrhunderts wurden die Vorzüge des Riesengebirges in Bezug auf schöne Aussichten und Wanderungen immer mehr geschätzt. Ein Ausdruck dafür war der Auftrag der Preußischen Akademie der Künste in Berlin an das frisch ernannte außerordentliche Mitglied dieser Akademie, Sebastian Carl Christoph Reinhardt (1738–1827), eine Reihe von Ansichten dieser Gegend zu malen. Zu diesem Zweck unternahm Reinhardt ab 1789 jedes Jahr Reisen in das schlesische Gebirge, und bald ließ er sich in der Hauptstadt der Region, Hirschberg, nieder. Seine Ansichten der »heimatlichen Gegenden«, die in einander folgenden Berliner Ausstellungen gezeigt wurden, bilden das erste vielseitige künstlerische Porträt der Region. Der Zyklus von Reinhardts 57 Landschaften diente nach einer Entscheidung des preußischen Königs Friedrich Wilhelm III. zur Ausschmückung des Berliner Schlosses.
Die hier gezeigte Landschaft stammt aus einer anderen Gruppe von Bildern, die für den Grafen Hochberg zur Ausstattung des schlesischen Schlosses Fürstenstein geschaffen wurden. Sie stellt eine Ansicht Hirschbergs von Grunau aus gesehen dar (im Hintergrund das Stadtpanorama) und wird hinten durch die Riesengebirgskette mit dem dominierenden Gipfel der Schneekoppe abgeschlossen. Das Werk ist die Replik eines heute vermissten Bildes aus der Berliner Sammlung. Diese Komposition, wie auch viele andere Bilder von Reinhardt, hat 1798 Gottlieb Daniel Berger (1744–1824) in einem kolorierten Kupferstich wiederholt, wodurch er zur Popularisierung der Werke des Malers beitrug. P.t.

Lit.: Willisch 2004, S. 168, 177, 186, Abb. 3.

5 | 107

Porträt des Hirschberger Schleierherrn Daniel von Buchs

Johann Christian Gottfried Fritzsch
(Hamburg um 1720 – 1802/03 Hamburg)
1781
Kupferstich; 49 × 35 cm
bez. u. l.: »Ignat. Russ. pinxit 1776«;
u. r.: »J.C.G. Fritzsch sc. 1781«; beschr.:
»Daniel von Buchs / auf Schildau, Eichberg und Boberstein / Kaufmann in Hirschberg / gebohren d. 13 Mart. 1707, gestorben d. 31. Mart. 1779«
Schlesisches Museum zu Görlitz,
Inv.-Nr. SMG 2006/0078

Der Kupferstich stellt den Hirschberger Kaufmann Daniel von Buchs als Kniestück dar. Er steht, seine linke Hand in den edlen Rock gesteckt, in einem Arbeitszimmer, das mit Büchern, einem Schreibpult mit Feder, Brief und Notizbuch, einem Globus sowie Zirkel, Stift und einer Architekturzeichnung auf eine gebildete Persönlichkeit schließen lässt. Der Stich wurde 1781 und damit zwei Jahre nach dem Tod des Daniel von Buchs angefertigt. Als Vorbild diente ein Porträt von der Hand des böhmischen Malers Ignaz Russ d. Ä. aus dem Jahre 1776.
Daniel von Buchs war ein sehr erfolgreicher Großhändler von Leinwand und Tuchen aus dem schlesischen Hirschberg. Die sogenannte Schleierware aus dieser Region war in aller Welt begehrt. Von Buchs ging 1721 für mehrere Jahre zur Ausbildung nach London; der englisch beschriftete Brief auf dem Pult deutet auf seine langjährigen Handelskontakte nach England hin. Neben seiner Geschäftstätigkeit widmete er sich den Naturwissenschaften und legte eine Sammlung von Pflanzen und Mineralien an. Durch das geöffnete rechte Fenster ist im Hintergrund das 1754 erworbene Rittergut Schildau im Hirschberger Tal zu erkennen, durch das linke vermutlich das 1776 gekaufte Gut Boberstein. Damit ließ sich Daniel von Buchs in dem nahe gelegenen Wohnsitz in Eichberg, den er seit 1750 besaß, porträtieren. Der Fassadenaufriss auf seinem Tisch zeigt wohl den barocken Umbau des alten Renaissanceschlosses. R.E.

Lit.: Kühn 1938, S. 116 – 127.

5 | 107

5 | 108

Die Dreisteine im Riesengebirge

Christoph Nathe (Nieder-Bielau/Kreis Görlitz 1753 – 1806 Schadewalde b. Marklissa)
Pinsel in Braun, laviert; 20,5 × 28,5 cm
Kulturhistorisches Museum Görlitz,
Inv.-Nr. H 772

Christoph Nathe gehört zu den Künstlern, die als erste die Reize des Riesengebirges entdeckten. Zwischen 1782 und 1801 hatte er mehrfach das Gebirge durchwandert. Als Zeugnisse dieser Reisen haben sich zahlreiche Zeichnungen und Aquarelle erhalten, zu denen auch die Ansicht der Dreisteine gehört. Die Felsgruppe, die oberhalb von Krummhübel in der Nähe des Großen Teiches liegt, zog Naturwissenschaftler und Künstler im 18. und 19. Jahrhundert gleichermaßen an. Carl Gustav Carus (1798 – 1869) hielt sie während seiner Riesengebirgsreise 1820 von der Südseite aus in einer Bleistiftskizze fest, die ihm sechs Jahre später als Grundlage für ein Gemälde diente (Kat.-Nr. 5 | 109). Nathe hatte die Dreisteine einige Jahrzehnte zuvor von der Ostseite gezeichnet, von wo aus die markante Silhouette der Felsgruppe deutlicher hervortritt. Nach dieser Zeichnung stellte der Druckgrafiker Christian Haldenwang (1770 – 1831) eine Aquatinta-Radierung her. Sie ist in der nach Nathes Vorlagen geschaffenen Grafikfolge »Ansichten von Schlesien und dem Riesengebürge« enthalten, die 1803 von der Chalkographischen Gesellschaft in Dessau sowie 1806 nochmals von Friedrich Justin Bertuch (1747 – 1822) im Verlag des Landes-Industrie-Comptoirs Weimar herausgegeben wurde. K.W.

Lit.: Fröhlich 2008, S. 267, Kat.-Nr. Z 310.

5 | 109

Die Dreisteine im Riesengebirge

Carl Gustav Carus
(Leipzig 1789 – 1869 Dresden)
1826
Öl auf Leinwand; 64 × 92,5 cm
Staatliche Kunstsammlungen Dresden,
Galerie Neue Meister, Gal.-Nr. 2215 G

Die nahe des Großen Teiches gelegene, sehr markante Granitfelsengruppe der Dreisteine gehörte für den Mediziner, Naturwissenschaftler und Künstler Carl Gustav Carus zu den »Glanzpunkten« seiner im August 1820 unternommenen Wanderung über den Kamm des Riesengebirges. Das hier vorgestellte Gemälde entstand sechs Jahre später auf Grundlage einer vor Ort aufgenommenen, in Bleistift und Pinsel angelegten Naturstudie. Zeichnung und Ölbild geben einen Blick auf die Dreisteine von Süden und das sich unterhalb des Riesengebirges bis zu den Höhen des Bober-Katzbach-Gebirges ausbreitende Hirschberger Tal wieder.
Während der auf den Spuren seines Freundes Caspar David Friedrich unternommenen Wanderung fertigte Carus eine Reihe von Studien an, in denen er charakteristische Gesteinsbildungen und Landschaftsformen des Riesengebirges detailgenau festhielt. Diese im Wesentlichen im Dresdner Kupferstich-Kabinett aufbewahrten Blätter sowie der unter dem Eindruck dieser Reise entstandene Aufsatz »Andeutungen zu einer Physiognomik der Gebirge« zeugen von Carus' künstlerischer und theoretischer Auseinandersetzung mit erdgeschichtlichen Phänomenen. Zwar lassen die stark verschattete Vordergrundszene und der in Blautönen gehaltene – und somit farblich klar abgesetzte – Hintergrund die Felsformation als Hauptmotiv des Bildes besonders hervortreten, doch deuten mehrere sorgfältig studierte Details wie beispielsweise die dünnen, abgestorbenen und bemoosten Bäumchen vorn und die sanft gewölbte Hochebene mit ihren niedrigen Baumgruppen an, dass das Interesse des Künstlers dem Gesamteindruck dieser Gebirgslandschaft galt. D.G.

Lit.: Ausst.-Kat. Dresden 2009 b, S. 146 f.

5 | 108

5 | 109

5 | 110

5 | 110

Das Riesengebirge, mit 21 begleitenden Miniaturansichten

Carl Theodor Mattis (1789–1881)
um 1825
Lithografie; 28,5 × 53 cm
Kulturhistorisches Museum Görlitz,
Inv.-Nr. 194-64

Die in der Lithographischen Anstalt von Carl Theodor Mattis in Schmiedeberg entstandene Grafik zeigt ein eindrucksvolles Panorama des Riesengebirges von Norden. Der Vorlagenzeichner, vermutlich der langjährig für Mattis tätige Carl Julius Rieden (1802–1858), der später den Verlag übernahm, hat sich dafür einen Standort südöstlich des Kurortes Bad Warmbrunn ausgewählt. Von hier reicht der Blick vom Schmiedeberger Kamm im Osten bis Schreiberhau im Westen. Im Mittelgrund ist das Dorf Giersdorf zu erkennen, während der Vordergrund mit Staffagefiguren gestaltet ist, zu denen rastende Hirten und Bauern, aber auch zwei Wanderer und ein Fuhrmann gehören. Um das Panorama herum sind 21 kleinere Darstellungen der bedeutendsten Sehenswürdigkeiten des Riesengebirges angeordnet. Die Lithografie ist dem im 19. Jahrhundert sehr beliebten Typus des Sammelbildes zuzuordnen, bei dem ein Hauptmotiv von zahlreichen kleineren Abbildungen eingerahmt wird. Als Pendant existiert eine gleichartige Ansicht des Glatzer Gebirges. Die Grafiken aus der Lithographischen Anstalt von Mattis wurden vor allem von Touristen gekauft, die das Riesengebirge seit Beginn des 19. Jahrhunderts in immer größerer Zahl bereisten. K.W.

Lit.: Grundmann 1965, S. 155–161; Marsch 2005.

5 | 111

5 | 111

Abendlandschaft mit der Burg Kynast

Balduin Wolff
(Bad Warmbrunn 1819 – 1907 Düsseldorf)
1845
Öl auf Leinwand; 29 × 42 cm
sign. u. r.: »B. Wolff / 1845«
Muzeum Narodowe we Wrocławiu,
Inv.-Nr. VIII-685

Zu den populärsten Bauten des Riesengebirges gehörte die Burg Kynast, eine Grenzfestung, die Ende des 13. Jahrhunderts erbaut und durch ein Feuer 1675 zerstört wurde. Die Ruine war das Motiv sehr vieler Zeichnungen, grafischer Darstellungen und Gemälde. Die Silhouette der Burg zeichnet sich auf Wolffs Bild vor dem Hintergrund eines bewölkten Himmels ab; sie ist vom Weg aus sichtbar, der durch ein malerisches Tal voller Felsblöcke führt, dargestellt in der aufkommenden Abenddämmerung, in der Landschaft überwiegen dunkelblaue Töne. Im Vordergrund zieht ein Wanderer-Paar die Aufmerksamkeit auf sich.
Der in Bad Warmbrunn geborene und an der Düsseldorfer Akademie ausgebildete Maler arbeitete hauptsächlich außerhalb von Schlesien und huldigte in seinen Werken dem romantisch gefärbten Realismus. P.Ł.

5 | 112

5 | 112

Blick auf Arnsdorf und die Schneekoppe / Der Rotherberg bei Erdmannsdorf

Wilhelm Brücke
(Stralsund 1800 – 1874 Berlin)
1845
Öl auf Leinwand; 50,5 × 72,5 cm
auf der Rückseite Inschriften, die die einzelnen Teile der Ansicht erklären
Muzeum Narodowe we Wrocławiu,
Inv.-Nr. VIII-2277

Am Fuße des Riesengebirges entstanden seit dem Ende des 18. Jahrhunderts Residenzen des hohen preußischen Adels und der königlichen Familie. Im Jahre 1832 erwarb der preußische König Friedrich Wilhelm III. das Schloss in Zillerthal-Erdmannsdorf, das sein Nachfolger in den Jahren 1841 bis 1844 umbauen ließ. Angesagte Erholungsorte und die Anwesenheit hochgestellter Mäzene zogen auch Berliner Künstler in die schlesischen Berge. Einer von ihnen war der Maler Wilhelm Brücke, bekannt als Autor italienischer Landschaften und Ansichten neuer Gebäude der Hauptstadt Berlin. In den Jahren 1844 bis 1849 entstanden einige seiner Gemälde mit Motiven des Riesengebirges, u. a. die ausgedehnte Landschaft von der Straße bei Zillerthal-Erdmannsdorf aus gesehen, im Hintergrund abgeschlossen durch das Panorama der Berge, mit dem dominierenden Gipfel der Schneekoppe, gemalt mit biedermeierlicher Präzision im Licht eines heiteren Sommertages. In der Bildmitte rechts ist ein Landhaus im Tiroler Stil auf dem sogenannten Rotherberg zu sehen, das fünf Jahre zuvor nach einem Entwurf von Karl Friedrich Schinkel für den König gebaut worden war. In der Ferne sind die Silhouetten des Schlosses und der beiden Kirchen von Arnsdorf erkennbar. Im Vordergrund unterhalten sich eine Frau und ein kleiner Junge, beide wie protestantische Flüchtlinge aus Tirol gekleidet – diese hatten sich mit Erlaubnis des Königs 1837 unweit von Zillerthal-Erdmannsdorf angesiedelt –, mit einem Mädchen in schlesischer Tracht. P.Ł.

Lit.: Ausst.-Katalog Berlin 1844, Nr. 120; Grundmann 1965, S. 117; Sztuka śląska 1993, S. 48.

5 | 113

5 | 113

Borsig's Maschinenbau-Anstalt zu Berlin

Karl Eduard Biermann
(Berlin 1803 – 1892 Berlin)
1847
Öl auf Leinwand; 110 × 161,5 cm
bez. u. l.: »E. Biermann 1847«
erworben mit Unterstützung der Kulturstiftung der Länder, der Ernst von Siemens Kunststiftung, des Vereins der Freunde und Förderer des Stadtmuseums Berlin und weiterer Partner
Stiftung Stadtmuseum Berlin,
Inv.-Nr. GS 07/35 GM

Das Gemälde zeigt die Maschinenbauanstalt von August Borsig in Berlin. Sie lag unmittelbar am Oranienburger Tor, dort wo heute die Friedrichstraße in die Chausseestraße übergeht. Gegründet wurde sie 1837 von dem in Breslau geborenen Johann Friedrich August Borsig (1804–1854). Das Unternehmen fertigte Eisenteile, Werkzeuge und Dampfmaschinen. Mit dem sich rasant entwickelnden Eisenbahnbau spezialisierte sich Borsig auf den Bau von Lokomotiven. Sein Name wurde zum Inbegriff des neuen Zeitalters der Industrialisierung.
Das von Borsig bei Biermann in Auftrag gegebene Gemälde zeigt den mit Materialien bestückten Innenhof, um den sich zahlreiche Werkhallen gruppieren. Die repräsentativ in Backstein ausgeführten Formereien, Gießereien und Schmieden werden von Wassertürmen und rauchenden Schornsteinen ergänzt. Die im Vordergrund zu erkennende Gartenanlage mit der Terrasse einer Fabrikantenvilla ist die Zutat des Malers. Zentrales Motiv ist eine soeben fertiggestellte Eisenbahn – wohl ein Exemplar des seit 1844 gebauten Modells »Beuth« –, die hier aber noch von acht Pferden über den Hof gezogen wird. Der als Porzellanmaler ausgebildete Karl Eduard Biermann hatte sich früh auf Architekturdarstellungen spezialisiert. Dieses Gemälde der Borsigschen Maschinenbauanstalt zählt zu seinen herausragenden Werken. Zugleich ist es ein frühes Zeugnis der Industrialisierung in Preußen und seinen Provinzen, wozu nach 1815 auch Görlitz mit den östlichen Teilen der Oberlausitz gehörte. 1847 wurde die Bahnlinie von Dresden über Görlitz und weiter nach Schlesien eröffnet.
R.E.

Lit.: Krause 1902, S. 3–49; Vorsteher 1983, S. 112 f.; Streidt/Feierabend 1999, S. 400 f.

Anhang

Quellen

CDLS
Codex diplomaticus Lusatiae superioris, Görlitz 1854–1931.

CDS
Codex Diplomaticus Saxonicae Regiae, s. Online-Version: http://isgv.serveftp.org/codex/ [12. 3. 2011].

Generalkatalog Mineralogisches Museum 1868
General-Katalog der Mineralogischen Sammlung des Kön. Min. Museums in Dresden. Begonnen von H. B. Geinitz, 1868, S. 178, Nr. 92.

Inventar Kunstkammer 1640
Inventarium über die kurfürstliche sächsische Kunstkammer in Schloß und Festung Dresden. Erneuert und aufgerichtet den 4. Augusti anno 1640. Gefertigt von Theodosius Haesel/Johann Christoph Werner.

Katalog Mineralienkabinett 1846
Katalog des Königlich Sächsischen Mineralien-Cabinetts. 1832–1846. Band III. Geführt von J. H. G. Gössel, S. 423–424, Nr. 92.

Lebenslauf 1755
Lebenslauf des ... 1755 in Ebersdorf selig entschlafenen ... Bruders David Schneider. Manuskript, Unitätsarchiv, R.22.35.35.

MPS-Inventar 1828
Staatliche Kunstsammlungen Dresden, Mathematisch-Physikalischer Salon, Inventarium des mathematischen u. physikalischen Salons [...] angefertigt in den Jahren 1828 & 1829 [Handschrift].

Schneider 1669
A. Schneider, Neu Marckscheide-Buch darinnen begriffen die TABULAE SINUuM samt derer Gebrauch nebst Beschreibung des Gruben-Heng und Zulege Compasses, item der Waßer-Wage, und Winckel-Weißers, Handschrift Altenberg 1669, TU Bergakademie Freiberg, Universitätsbibliothek »Georgius Agricola«, Wissenschaftlicher Altbestand.

Silberstufenkatalog 1763
Auszug aus dem Verzeichnis der in der Kurfürstlichen Mineraliengalerie befindlichen Silberstufen, Glas- und Hornerze aus den sächsischen Bergrevieren von Christian Ernst Birkhan, 2 Bde., 1763–1765.

SRL
Scriptores rerum Lusaticarum, Sammlung ober- und niederlausitzischer Geschichtschreiber, hg. v. der Oberlausitzischen Gesellschaft der Wissenschaften, N. F., 4 Bde., Görlitz 1839–1870.

Urkundenbuch Naumburg 2000
Urkundenbuch des Hochstifts Naumburg, Teil 2 (1207–1304), Hans K. Schulze (Hg.) auf der Grundlage der Vorarbeiten von Felix Rosenfeld und Walter Möllenberg, bearb. v. Hans Patze und Josef Dolle (Quellen und Forschungen zur Geschichte Sachsen-Anhalts, Bd. 2), Köln/Weimar/Wien 2000.

Verzeichnis 1863
Verzeichniß des unter dem Protectorate Ihrer Königlichen Hoheit der Frau Kron-Prinzessin Friedrich Wilhelm stehenden Museums schlesischer Alterthümer zu Breslau, Museum Schlesischer Altertümer Breslau, 1863.

Wagner 1697
Joh[ann] Christoph Wagner, Budissinische Grab- und Gedächtnis-Mahle, derer in Teutscher sprache mehr als 500 in der Kirchen St. Petri und auf dem Gottes-Acker in und vor der Stadt Budissin, meistens auf dem Taucher zu finden. Nebst etlichen Lateinischen, so vormahls bey denen Herausgebung (1696) noch unter der Erde gelegen, Budissin 1697.

ZUB
Zittauer Urkundenbuch, Regesten zur Geschichte der Stadt und des Landes Zittau 1234–1437, hg. v. Joachim Prochno, Görlitz 1938.

Literatur

ADB
Allgemeine Deutsche Biographie (ADB), 56 Bde., 1875–1912 (http://www.deutsche-biographie.de).

Agethen 1990
Manfred Agethen, Die Situation der jüdischen Minderheit unter österreichischer und unter preußischer Herrschaft, in: Peter Baumgart (Hg.), Kontinuität und Wandel. Schlesien zwischen Österreich und Preußen (Schlesische Forschungen 4), Sigmaringen 1990, S. 307–331.

Alberti 1957
Hans-Joachim von Alberti, Maß und Gewicht. Geschichtliche und tabellarische Darstellungen von den Anfängen bis zur Gegenwart, Berlin 1957.

Albrecht 2007
Joachim Albrecht, Konzessionen, Pässe, Dekrete – Aufenthaltsgenehmigungen für sächsische Juden im 18. Jahrhundert, in: Medaon. Magazin für jüdisches Leben in Forschung und Bildung 1 (2007), S. 1–13.

Anders 2004
Ines Anders, Zur Geschichte der Görlitzer Altstadtbrücke, in: Denkmalpflege in Görlitz 13 (2004), S. 30–34.

Arnold 1981
Hans-Peter Arnold (Red.), Kunsthandwerk der Gotik und Renaissance. 13. bis 17. Jahrhundert, Staatliche Kunstsammlungen Dresden, Museum für Kunsthandwerk, Dresden 1981.

Arras 1913
Paul Arras, Zeitgenössische Berichte über die Schlacht bei Bautzen 1813, Bautzen 1913.

Aubin/Perty/Schlenger 1988
Hermann Aubin/Ludwig Petry/Herbert Schlenger (Hg.), Geschichte Schlesiens. Die Habsburgerzeit 1526–1740, Bd. 2, 2. Aufl., Stuttgart 1988.

Aubin 1919
Gustav Aubin, Die Berufe der Stadt Bautzen in Handel und Gewerbe vom 15. bis 18. Jahrhundert, in: Vierteljahresschrift für Sozial- und Wirtschaftsgeschichte 15 (1919), S. 235–251.

Aurig/Lässig/Herzog 1997
Rainer Aurig/Simone Lässig/Steffen Herzog (Hg.), Landesgeschichte in Sachsen. Tradition und Innovation, Bielefeld 1997.

Aurig 1997
Rainer Aurig, Namenkunde und Altstraßenforschung, in: Aurig/Lässig/Herzog 1997, S. 83–96.

Aurig 2010
Rainer Aurig, Hartau: Altstraßen in der Oberlausitz und die Burg Karlsfried als klassisches Beispiel für mittelalterliche Verkehrspolitik, in: Die Oberlausitz. Ausflüge zu Archäologie, Geschichte und Kultur in Deutschland, Stuttgart 2010, S. 135–139.

Ausst.-Kat. Aachen 2001/02
Johann Kupezky (1666–1740), Ein Meister des Barockporträts, Eduard A. Safarik (Hg.), Ausstellungskatalog Suermondt-Ludwig-Museum Aachen, Aachen 2001.

Ausst.-Kat. Augsburg 1995
Salz Macht Geschichte, Manfred Treml (Hg.), Bd. 1: Katalog, Bd. 2: Aufsätze (Veröffentlichungen zur Bayerischen Geschichte und Kultur 29, 30), Ausstellungskatalog Haus der Bayerischen Geschichte, Augsburg 1995.

Ausst.-Kat. Augsburg 2009
Weltenglanz. Der Mathematisch-Physikalische Salon Dresden zu Gast im Maximilianmuseum Augsburg, hg. v. Staatliche Kunstsammlungen Dresden, Ausstellungskatalog Maximilianmuseum Augsburg, Berlin/München 2009.

Ausst.-Kat. Bautzen 1935
Alt-Lausitzer Kunst, bearb. v. Walther Biehl, Ausstellungskatalog Stadtmuseum Bautzen, Bautzen 1935.

Ausst.-Kat. Bautzen 1996
775 Jahre Domkapitel St. Petri, Siegfried Seifert (Hg.), Ausstellungskatalog Domschatzkammer zu Bautzen, Bautzen 1996.

Ausst.-Kat. Berlin/Dresden/Hamburg 1992/93
Die Elbe – Ein Lebenslauf, Ausstellungskatalog Deutsches Historisches Museum Berlin, Deutsches Hygiene-Museum Dresden, Deichtorhallen Hamburg, Berlin 1992/93.

Ausst.-Kat. Berlin 1844
XXXIV. Kunstausstellung der Königlichen Akademie der Künste, Berlin 1844.

Ausst.-Kat. Berlin 2003
Aderlaß und Seelentrost, Peter Jörg Becker, Eef Overgaauw (Hg.), Ausstellungskatalog Staatsbibliothek Berlin, Mainz 2003.

Ausst.-Kat. Berlin 2006
Heiliges Römisches Reich Deutscher Nation 962 bis 1806. Altes Reich und neue Staaten 1495–1806, Hans Ottomeyer (Hg.), Ausstellungskatalog Deutsches Historisches Museum Berlin, Dresden 2006.

Ausst.-Kat. Bielefeld 2002
Bauern, Händler, Komödianten und andere Leute. Die Sammlung barocker Elfenbeinfigürchen im Grünen Gewölbe zu Dresden, Jutta Kappel/Hildegard Wiewelhove (Hg.), Ausstellungskatalog Museum Huelsmann, Bielefeld 2002.

Ausst.-Kat. Bochum 2003
Rainer Slotta/Christine Just/Rüdiger Just/Alheidis von Rohr, Bergwerke auf Glas, Kostbarkeiten (nicht nur) für Kaiser und Edelleute, Ausstellungskatalog Deutsches Bergbau-Museum Bochum, Bochum 2003.

Ausst.-Kat. Bonn 2005
Nationalschätze aus Deutschland. Von Luther zum Bauhaus, hg. v. Konferenz Nationaler Kultureinrichtungen (KNK), Ausstellungskatalog Kunst- und Ausstellungshalle der Bundesrepublik Deutschland, Bonn/München/Berlin/London/New York 2005.

Ausst.-Kat. Bonn 2010/11
Napoleon und Europa: Traum und Trauma, Bénédicte Savoy (Hg.), Ausstellungskatalog Kunst- und Ausstellungshalle der Bundesrepublik Deutschland Bonn 2010/11, München 2010.

Ausst.-Kat. Breslau 1905
Ausstellung von Goldschmiedearbeiten schlesischen Ursprunges oder aus schlesischem Besitze, Ausstellungskatalog Schlesisches Museum für Kunstgewerbe und Altertümer, Breslau 1905.

Ausst.-Kat. Brzeg 1990
Sztuka Śląska XV–XVIII w. ze zbiorów Muzeum Narodowego we Wrocławiu, Ausstellungskatalog Muzeum Piastów Śląskich w Brzegu, bearb. v. Bożena Guldan, Romuald Nowak, Marek Pierzchała, Opole 1990.

Ausst.-Kat. Budapest/Kraków/Berlin 2000
Europas Mitte um 1000 (27. Europaratsausstellung), Alfried Wieczorek/Hans-Martin Hinz (Hg.), Ausstellungskatalog Budapest/Kraków/Berlin u.a.O. 2000, 2 Bde., Stuttgart 2000.

Ausst.-Kat. Chemnitz/Bochum 1994
Georgius Agricola, Bergwelten 1494–1994, Bernd Ernsting (Hg.), Ausstellungskatalog Schlossbergmuseum, Städtische Kunstsammlungen Chemnitz/Deutsches Bergbau-Museum Bochum, Essen 1994.

Ausst.-Kat. Chemnitz 2005/06
Cranach, Harald Marx/Ingrid Mössinger (Hg.), Bestandskatalog der Gemälde in den Staatlichen Kunstsammlungen Dresden, bearb. v. Karin Kolb, Ausstellungskatalog Kunstsammlungen Chemnitz 2005/06, Köln 2005.

Ausst.-Kat. Corning 1981
Czechoslovakian Glass 1350–1980, Ausstellungskatalog Corning Museum of Glass, Corning N.Y., Corning 1981.

Ausst.-Kat. Dresden 1971
Deutsche Kunst der Dürer-Zeit, Red. Werner Schmidt, Ausstellungskatalog Staatliche Kunstsammlungen Dresden, Albertinum, Dresden 1971.

Ausst.-Kat. Dresden 1990
Der silberne Boden. Kunst und Bergbau in Sachsen, Manfred Bachmann/Harald Marx/Eberhard Wächtler (Hg.), Ausstellungskatalog Staatliche Kunstsammlungen Dresden, Stuttgart/Leipzig 1990.

Ausst.-Kat. Dresden 1992 a
Die napoleonische Schenkung 1809. Französisches Porzellan in Dresden, Anette Loesch, Ausstellungskatalog Staatliche Kunstsammlungen Dresden, Porzellansammlung 1992/93, Dresden 1992.

Ausst.-Kat. Dresden 1992 b
Solare Brenngeräte, Klaus Schillinger (Hg.), Ausstellungskatalog Mathematisch-Physikalischer Salon, Staatliche Kunstsammlungen Dresden, Dresden 1992.

Ausst.-Kat. Dresden 1995
Sehnsucht nach Vollkommenheit. Die Sammlung Schwarzkopf im neuen Licht, hg. v. Hans Schwarzkopf GmbH, Ausstellungskatalog Deutsches Hygiene-Museum Dresden, Hamburg 1995.

Ausst.-Kat. Dresden 1997/98
Unter einer Krone, Kunst und Kultur der sächsisch-polnischen Union, Werner Schmidt (Hg.), Ausstellungskatalog Staatliche Kunstsammlungen Dresden, Residenzschloss, Leipzig 1997.

Ausst.-Kat. Dresden 1998 a
Das Kunstgewerbemuseum Dresden, Von der Vorbildersammlung zum Museum 1876–1907, Ausstellungskatalog Dresden, Eurasburg 1998.

Ausst.-Kat. Dresden 1998 b
Porzellansammlung. Führer durch die ständige Ausstellung im Dresdner Zwinger, Ulrich Pietsch/Anette Loesch/Friedrich Reichel (Hg.), Ausstellungskatalog Staatliche Kunstsammlungen Dresden, Porzellansammlung, Meißen 1998.

Ausst.-Kat. Dresden 2000
Eine gute Figur machen – Kostüm und Fest am Dresdner Hof, Claudia Schnitzer/Petra Hölscher (Hg.), Ausstellungskatalog Staatliche Kunstsammlungen Dresden, Kupferstich-Kabinett, Dresden 2000.

Ausst.-Kat. Dresden 2001
Ehrenfried Walther von Tschirnhaus (1651–1708). Experimente mit dem Sonnenfeuer, Ausstellungskatalog Staatliche Kunstsammlungen Dresden, Mathematisch-Physikalischer Salon, Dresden 2001.

Ausst.-Kat. Dresden 2002
Die schönsten Ansichten aus Sachsen. Johann Alexander Thiele (1685–1752) zum 250. Todestag, Harald Marx (Hg.), Ausstellungskatalog Gemäldegalerie Alte Meister, Dresden 2002.

Ausst.-Kat. Dresden 2008
Goldener Drache – Weißer Adler. Kunst im Dienste der Macht am Kaiserhof von China und am sächsisch-polnischen Hof (1644–1795), Cordula Bischoff/Anne Hennings (Hg.), Ausstellungskatalog Staatliche Kunstsammlungen Dresden 2008/09, München 2008.

Ausst.-Kat. Dresden 2009 a
Predigt in Bildern. Ein wiederentdeckter Gemäldezyklus aus der Dresdner Sophienkirche, Ausstellungskatalog Städtische Galerie Dresden, Dresden 2009.

Ausst.-Kat. Dresden 2009 b
Carl Gustav Carus. Natur und Idee, Petra Kuhlmann-Hohdick/Gerd Spitzer/Bernhard Maaz (Hg.), Ausstellungskatalog Galerie Neue Meister Dresden/Kupferstich-Kabinett Dresden/Alte Nationalgalerie Berlin, Berlin/München 2009.

Ausst.-Kat. Dresden 2010 a
Genau messen = Herrschaft verorten. Das Reißgemach von Kurfürst August ein Zentrum der Geodäsie und Kartographie, Ausstellungskatalog Mathematisch-Physikalischer Salon/Hauptstaatsarchiv Dresden, hg. v. Staatliche Kunstsammlungen Dresden, Mathematisch-Physikalischer Salon, Hauptstaatsarchiv Dresden, Dresden 2010.

Ausst.-Kat. Dresden 2010 b
Zukunft seit 1560. Von der Kunstkammer zu den Staatlichen Kunstsammlungen Dresden, Band I: Die Ausstellung, Karin Kolb/Gilbert Lupfer/Martin Roth (Hg.), Ausstellungskatalog Staatliche Kunstsammlungen Dresden, Berlin/München 2010.

Ausst.-Kat. Essen/Bonn 2005
Krone und Schleier. Kunst aus mittelalterlichen Frauenklöstern: Die frühen Klöster und Stifte 500–1200/Die Zeit der Orden 1200–1500, Ausstellungskatalog Ruhrlandmuseum Essen/Kunst- und Ausstellungshalle der Bundesrepublik Deutschland Bonn, München 2005.

Ausst.-Kat. Essen 1997
Transit Brügge-Novgorod. Eine Straße durch die europäische Geschichte, Ferdinand Seibt/Ulrich Borsdorf/Heinrich Theodor Grütter (Hg.), Ausstellungskatalog Ruhrlandmuseum Essen, Essen 1997.

Ausst.-Kat. Frankfurt a.M. 1990
Die Straße – Geschichte und Gegenwart eines Handelsweges, 750 Jahre Messen in Frankfurt, Willi Stubenvoll (Hg.), Ausstellungskatalog Verwaltung der Staatlichen Schlösser und Gärten Hessen, 2 Bde., Frankfurt a.M. 1990.

Ausst.-Kat. Frankfurt a.M. 1991
»Brücke zwischen den Völkern« – Zur Geschichte der Frankfurter Messe, Rainer Koch (Hg.), Ausstellungskatalog Historisches Museum der Stadt Frankfurt am Main, 3 Bde., Frankfurt a.M. 1991.

Ausst.-Kat. Frankfurt a.M. 2006
Der Souvenir. Erinnerung in Dingen von der Reliquie zum Andenken, Ulrich Schneider (Hg.), Ausstellungskatalog Museum für Angewandte Kunst Frankfurt, Frankfurt a.M. 2006.

Ausst.-Kat. Freiburg 1997
»Natur und Kunst beisamen haben« – Der Breisgauer Bergkristallschliff der frühen Neuzeit, Saskia Durian-Ress/Klaus Maurice/Günter Irmscher (Hg.), Ausstellungskatalog Augustinermuseum in der Universitätsbibliothek Freiburg i.Br., München 1997.

Ausst.-Kat. Gent 1985
Santiago de Compostela. 1000 Ans de Pèlerinage Européen, Ausstellungskatalog Centrum Voor Kunst en Cultur Gand, Gent 1985.

Ausst.-Kat. Gniezno 1995
Gniezno, pierwsza stolica Polski. Miasto św. Wojciecha, Ausstellungskatalog Muzeum Początków Państwa Polskiego w Gnieźnie, Gniezno 1995.

Ausst.-Kat. Görlitz 2004
Besunzane – Milzener – Sorben. Die slawische Oberlausitz zwischen Polen, Tschechen und Deutschen, Jasper von Richthofen (Hg.), Ausstellungskatalog Kaisertrutz Görlitz 2004 (Schriftenreihe der Städtischen Sammlungen für Geschichte und Kultur Görlitz N.F. 37), Görlitz 2004.

Ausst.-Kat. Görlitz 2005 a
Lausitzer Jerusalem. 500 Jahre Heiliges Grab zu Görlitz, Ines Anders/Marius Winzeler (Hg.), Ausstellungskatalog Städtische Sammlungen für Geschichte und Kultur Görlitz, Görlitz/Zittau 2005.

Ausst.-Kat. Görlitz 2005 b
Johann Gottfried Schultz (1734–1819): Görlitzer Stadtbeamter, Oberlausitzer Zeichner, Herrnhuter Bruder, Ausstellungskatalog Kulturhistorisches Museum Görlitz, hg. v. Stadtverwaltung Görlitz, Görlitz/Zittau 2005.

Ausst.-Kat. Gotha 2006
»Über Napoleon …« – Auf den Spuren des Kaisers der Franzosen in Gotha, Ausstellungskatalog Stiftung Schloss Friedenstein Gotha, Schlossmuseum, Gotha 2006.

Ausst.-Kat. Gotha 2010
Anatomie – Gotha geht unter die Haut, Ausstellungskatalog Stiftung Schloss Friedenstein Gotha, Schlossmuseum, Berlin/München 2010.

Ausst.-Kat. Graz 1994
Wallfahrt. Wege zur Kraft, Ausstellungskatalog Steiermärkische Landesausstellung, Stift Pöllau 1994, hg. v. Kulturabteilung des Amtes der Steiermärkischen Landesregierung, Graz 1994.

Ausst.-Kat. Hamburg 2004
In fürstlichem Glanz. Der Dresdner Hof um 1600, Dirk Syndram/Antje Scherner (Hg.), Ausstellungskatalog Museum für Kunst und Gewerbe Hamburg, Dresden 2004.

Ausst.-Kat. Herrnhut 2000
Graf ohne Grenzen. Leben und Werk von Nikolaus Ludwig Graf von Zinzendorf, hg. v. Unitätsarchiv Herrnhut, Ausstellungskatalog Völkerkundemuseum Herrnhut/Heimatmuseum der Stadt Herrnhut, Herrnhut 2000.

Ausst.-Kat. Idar-Oberstein/Berlin/Dresden 1998
Deutsche Steinschneidekunst aus dem Grünen Gewölbe zu Dresden, Jutta Kappel (Hg.), Ausstellungskatalog des Grünen Gewölbes im Deutschen Edelsteinmuseum Idar-Oberstein, Kunstgewerbemuseum der Staatlichen Museen zu Berlin und im Georgenbau des Dresdner Schlosses, Dresden 1998.

Ausst.-Kat. Jackson 2004
The Glory of Baroque Dresden, The State Art Collections Dresden, Ausstellungskatalog Mississippi Arts Pavillion, Jackson, The Mississippi Commission for International Exchange/State Arts Collection Dresden, München 2004.

Ausst.-Kat. Kamenz 2004
Vergraben & vergessen. Münzschätze der Westlausitz, Friederike Koch (Hg.), Ausstellungskatalog Museum der Westlausitz Kamenz, Kamenz 2004.

Ausst.-Kat. Kazan (Tatarstan) 2007
»Polcarstva za konja...« Losad' v mirovoj kul'ture; proizvedenija iz sobranija Gosudarstvennogo Ermitaza, Ausstellungskatalog Kazan (Tatarstan), St. Petersburg 2007.

Ausst.-Kat. Kielce 1996
Sztuka niemiecka 1450–1800 w zbiorach polskich, Ausstellungskatalog Muzeum Narodowe w Kielcach, Kielce 1996.

Ausst.-Kat. Köln 1978
Die Parler und der Schöne Stil 1350–1400. Europäische Kunst unter den Luxemburgern, Anton Legner (Hg.), Ausstellungskatalog Schnütgen-Museum in der Kunsthalle Köln, 3 Bde., Köln 1978.

Ausst.-Kat. Köln 2006
Die Blume Europas. Meisterwerke aus dem Nationalmuseum Breslau, Piotr Łukaszewicz (Red.), Ausstellungskatalog Wallraf-Richartz-Museum – Fondation Corboud, Köln 2006.

Ausst.-Kat. Kraków 1995
Między Hanzą a Lewantem. Kraków europejskim centrum handlu i kupiectwa, Ausstellungskatalog Muzeum Historyczne Miasta Krakowa, Kraków 1995.

Ausst.-Kat. Kraków 2005 a
Świat ze srebra. Złotnictwo augsburskie od XVI do XIX wieku w zbiorach polskich, Ausstellungskatalog Muzeum Narodowe w Krakowie, Kraków 2005.

Ausst.-Kat. Kraków 2005 b
Wokoł Wita Stwosza, bearb. v. Dobrosława Horzela, Adam Organisty, Ausstellungskatalog Muzeum Narodowe w Krakowie 2005, Kraków 2005.

Ausst.-Kat. Kraków 2007
Kraków europejskie miasto prawa magdeburskiego 1257–1791, Ausstellungskatalog Muzeum Historyczne Miasta Krakowa, Kraków 2007.

Ausst.-Kat. Lviv 1960
Львів у коекції графіки/Анотований каталог [Lviv und seine Grafiksammlungen, kommentierter Katalog], І. Свєшнікова [I. Sweżnikova], Львів, 1960 [Lviv 1960].

Ausst.-Kat. Legnica/Praha 2006
Schlesien, die Perle in der Krone Böhmens – Drei Blütezeiten der gegenseitigen Kunstbeziehungen, Andrzej Niedzielenko/Vit Vlnas (Hg.), Ausstellungskatalog Muzeum Miedzi w Legnicy/Narodni galerie v Praze 2006, Praha 2006.

Ausst.-Kat. Leipzig 1989
Philipp Erasmus Reich (1717–1787), Verleger der Aufklärung und Reformer des deutschen Buchhandels, Mark Lehmstedt (Hg.), Ausstellungskatalog Ausstellungszentrum der Karl-Marx-Universität im Krochhaus in Leipzig, Leipzig 1989.

Ausst.-Kat. Leipzig 1995
Sächsischer Serpentin: ein Stein und seine Verwendung, Eva Maria Hoyer (Hg.), Begleitbuch zur Ausstellung Museum für Kunsthandwerk, Leipzig 1995.

Ausst.-Kat. Leipzig 1997
Leipzig. Stadt der Wa(h)ren Wunder. 500 Jahre Reichsmesseprivileg, Volker Rodekamp (Hg.), Ausstellungskatalog Altes Rathaus Leipzig, Leipzig 1997.

Ausst.-Kat. Leipzig 1998
Maximilian Speck von Sternburg. Ein Europäer der Goethezeit als Kunstsammler, Herwig Guratzsch (Hg.), Ausstellungskatalog Museum der bildenden Künste Leipzig, Leipzig 1998.

Ausst.-Kat. Leipzig 2003
Völkerschlacht, Volker Rodekamp (Hg.), Ausstellungskatalog Forum 1813, Stadtgeschichtliches Museum Leipzig, Leipzig 2003.

Ausst.-Kat. Leipzig 2006
Volker Rodekamp (Hg.), Leipzig original. Stadtgeschichte vom Mittelalter bis zur Völkerschlacht, Ausstellungskatalog Stadtgeschichtliches Museum Leipzig im Alten Rathaus, Altenburg 2006.

Ausst.-Kat. Leipzig 2009
Erleuchtung der Welt. Sachsen und der Beginn der modernen Wissenschaften, Detlef Döring u.a. (Hg.), Bd. 1: Katalog, Bd. 2: Essayband, Ausstellungskatalog Stadtgeschichtliches Museum Leipzig, Dresden 2009.

Ausst.-Kat. Leipzig 2010
Abraham David/Anke Költsch/Stephan Wendehorst, Leipziger Judentümer in Stadt und Universität, Ulrich Johannes Schneider (Hg.), Ausstellungskatalog Universitätsbibliothek Leipzig , Leipzig 2010.

Ausst.-Kat. Leszno 2005
Podróże po Europie w XVII i XVIII w., Kamila Szymańska (Red.), Ausstellungskatalog Muzeum Okręgowe Leszno, Leszno 2005.

Ausst.-Kat. Lwów 1925
Katalog wystawy starych mistrzów lwowskich, Stanisław Zarewicz, Ausstellungskatalog Lwów, Lwów 1925.

Ausst.-Kat. Marienstern 1998
Zeit und Ewigkeit. 128 Tage St. Marienstern (1. Sächsische Landesausstellung), Judith Oexle/Markus Bauer/Marius Winzeler (Hg.), Ausstellungskatalog Kloster St. Marienstern, Halle/S. 1998.

Ausst.-Kat. Merseburg 2004
Zwischen Kathedrale und Welt. 1000 Jahre Domkapitel Merseburg, Karin Heise/Holger Kunde/Helge Wittmann (Hg.), Ausstellungskatalog Dom und Schloss Merseburg (Schriftenreihe der Vereinigten Domstifter zu Merseburg und Naumburg und des Kollegiatstifts Zeitz 1), Petersberg 2004.

Ausst.-Kat. Mühlhausen 2008
Gott und die Welt: Franziskaner in Thüringen (Forschungen und Studien/Mühlhäuser Museen 1), Thomas T. Müller/Bernd Schmies/Christian Loefke (Hg.), Ausstellungskatalog Mühlhäuser Museen, Paderborn 2008.

Ausst.-Kat. New York 2008
Art of the Royal Court. Treasures in Pietre Dure from Palaces of Europe, Wolfram Koeppe/Annamaria Giusti/Rudolf Distelberger (Hg.), Ausstellungskatalog Metropolitan Museum New York, New York 2008.

Ausst.-Kat. Nürnberg 1985
Wenzel Jamnitzer und die Nürnberger Goldschmiedekunst 1500–1700, Gerhard Bott (Hg.), Ausstellungskatalog Germanisches Nationalmuseum Nürnberg, München 1985.

Ausst.-Kat. Nürnberg 1992
Schätze Deutscher Goldschmiedekunst von 1500 bis 1920, Klaus Pechstein/Heiner Meininghaus/Ursula Tiemann/Claudia Siegel-Weiß, Ausstellungskatalog Germanisches Nationalmuseum Nürnberg, Berlin 1992.

Ausst.-Kat. Paris 2010
Napoléon et les Invalides. Les collections napoléoniennes du musée de l'Armée, Ausstellungskatalog Musée de l'Armée, Paris 2010.

Ausst.-Kat. Pfäffikon 2006/07
Meisterwerke mittelalterlicher Kunst aus dem Nationalmuseum Warschau, Ausstellungskatalog Seedamm Kulturzentrum in Pfäffikon, München 2006.

Ausst.-Kat. Poznań 1993
Teatr i Mistyka. Rzeźba barokowa pomiędzy Zachodem i Wschodem, Konstanty Kalinowski (Hg.), Ausstellungskatalog Muzeum Narodowe w Poznaniu, Poznań 1993.

Ausst.-Kat. Poznań 2009
Tu powstała Polska, Michał Brzostowicz/Agnieszka Stempin (Red.), Ausstellungskatalog Muzeum Archeologiczne w Poznaniu, Poznań 2009.

Ausst.-Kat. Praha/New York 2006
Karel IV. Císař z Boží milosti. Kultura a umění za vlády posledních Lucemburků 1347–1437, Jiří Fajt (Hg.), Ausstellungskatalog Pražský Hrad/The Metropolitan Museum of Art, Praha/New York 2006.

Ausst.-Kat. Salzburg 1994
Salz. Salzburger Landesausstellung, Heinz Dopsch (Hg.), Ausstellungskatalog Hallein, Pernerinsel, Keltenmuseum, Salzburg 1994.

Ausst.-Kat. Schallaburg 1986
Polen im Zeitalter der Jagiellonen 1386–1572, Franciszek Stolot (Hg.), Ausstellungskatalog Schallaburg, Wien 1986.

Ausst.-Kat. Speyer 1998
Napoleon. Feldherr, Kaiser, Mensch, Meinrad Maria Grewenig (Hg.), Ausstellungskatalog Historisches Museum der Pfalz Speyer, Ostfildern-Ruit 1998.

Ausst.-Kat. Stuttgart 1983
Ursprung der Biblia Deutsch von Martin Luther, Stefan Strohm, Eberhard Zwink, Ausstellungskatalog Württembergische Landesbibliothek, Stuttgart 1983.

Ausst.-Kat. Świdnica 2005
Mundus Mercatorius. Świat kupiecki czasów nowożytnych w miarach i dokumentach, Radosław Skowron (Hg.), Ausstellungskatalog Muzeum Dawnego Kupiectwa w Świdnicy, Wrocław 2005.

Ausst.-Kat. Torgau 2004
Glaube und Macht. Sachsen im Europa der Reformationszeit (2. Sächsische Landesausstellung), Bd. 1: Ausstellungskatalog, Harald Marx/Eckhard Kluth (Hg.), Bd. 2: Aufsätze, Harald Marx/Cecilie Hollberg (Hg.), Schloss Hartenfels Torgau 2004, Dresden 2004.

Ausst.-Kat. Trento 2010
L'Avventura del vetro dal Rinascimento al Novocento tra Venezia e mondi lontani, Bova Aldo (Hg.), Ausstellungskatalog Castello del Buonconsiglio Vigo di Ton, Trento 2010.

Ausst.-Kat. Versailles 2006
Splendeurs de la Cour de Saxe. Dresde à Versailles, Ausstellungskatalog Musée national des châteaux de Versailles et de Trianon, Paris 2006.

Ausst.-Kat. Warszawa 1997
Pod jedna korona, 300-lecie unii polsko-saskiej, Kultura i sztuka w czasach unii polsko-saskiej, Marta Meclewska (Red.), Ausstellungskatalog Zamek Królewski w Warszawie, Warszawa 1997.

Ausst.-Kat. Wien 1989
Merkur und die Musen. Schätze der Weltkultur aus Leipzig, Dieter Gleisberg (Hg.), Ausstellungskatalog Künstlerhaus Wien, Wien 1989.

Ausst.-Kat. Wien 2003
Friedrich von Amerling 1803–1887, Sabine Grabner (Hg.), Ausstellungskatalog Österreichische Galerie Belvedere Wien, Leipzig/Wien 2003.

Ausst.-Kat. Wolfenbüttel 1983
Heimo Reinitzer, Biblia deutsch: Luthers Bibelübersetzung und ihre Tradition, Ausstellungskatalog Herzog August Bibliothek, Wolfenbüttel 1983.

Ausst.-Kat. Wrocław 1993
Sztuka śląska XVI–XIX w., Marek Pierzchała (Hg.), Ausstellungskatalog Muzeum Narodowe we Wrocławiu, Wrocław 1993.

Ausst.-Kat. Wrocław 2000
Ornamenta Silesiae, Tysiąc lat rzemiosła artystycznego na Śląsku, Ausstellungskatalog Muzeum Narodowe we Wrocławiu, Wrocław 2000.

Ausst.-Kat. Wrocław 2002
Zabytki cechów śląskich, Małgorzata Korżel-Kraśna (Red.), Ausstellungskatalog Muzeum Narodowe we Wrocławiu, Wrocław 2002.

Ausst.-Kat. Wrocław 2010
Gloria Deo. Rzemiosło sakralne, Małgorzata Korżel-Kraśna (Red.), Ausstellungskatalog Muzeum Narodowe we Wrocławiu, Wrocław 2010.

Ausst.-Kat. Zittau 2002
Welt – Macht – Geist. Das Haus Habsburg und die Oberlausitz 1526–1635, Joachim Bahlcke/Volker Dudeck, Ausstellungskatalog Städtische Museen Zittau, Zittau 2002.

Ausst.-Kat. Zwickau 1935
Der Bildschnitzer Peter Breuer und die Zwickauer Kultur um 1500, Ausstellungskatalog König-Albert-Museum Zwickau, bearb. v. Siegfried Asche, Zwickau 1935.

Axmacher 1989
Elke Axmacher, Praxis Evangeliorum. Theologie und Frömmigkeit bei Martin Moller (1547–1606) (Forschungen zur Kirchen- und Dogmengeschichte 43), Göttingen 1989.

Azzola/Krüger 1985
Friedrich Karl Azzola/Eckart Krüger, In Holz geschnitzt. Zwei Weberschiffchen und eine Tuchschere als Handwerkszeichen am Haus Alter Steinweg 30 in Eschwege, in: Das Werraland 2 (1985), S. 32–36.

Bachmann/Reitz 1961
Manfred Bachmann/Günther Reitz, Der Blaudruck, Leipzig 1961.

Bachmann 1990
Manfred Bachmann, Zwölf szenische Darstellungen zum Bergbau. 1678, in: Ausst.-Kat. Dresden 1990, S. 334–336.

Bade 1982
Klaus J. Bade, Altes Handwerk, Wanderzwang und Gute Policey: Gesellenwanderung zwischen Zunftökonomie und Gewerbereform, in: Vierteljahresschrift für Wirtschafts- und Sozialgeschichte 69 (1982), S. 1–37.

Bahlcke 2004
Joachim Bahlcke (Hg.), Geschichte der Oberlausitz. Herrschaft, Gesellschaft und Kultur vom Mittelalter bis zum Ende des 20. Jahrhunderts, Leipzig 2004.

Bahlcke 2007
Joachim Bahlcke, Das Görlitzer Gymnasium Augustum. Entwicklung, Struktur und regionale Ausstrahlung einer höheren Schule im konfessionellen Zeitalter, in: Die Oberlausitz im frühneuzeitlichen Mitteleuropa, Leipzig 2007, S. 289–310.

Bahlcke 2008
Joachim Bahlcke (Hg.), Glaubensflüchtlinge. Ursachen, Formen und Auswirkungen frühneuzeitlicher Konfessionsmigration in Europa, Berlin 2008.

Bahlow 1934/35
Ferdinand Bahlow, Leonhard Krentzheim, der »heimliche Kalvinist« in Liegnitz, in: Mitteilungen des Geschichts- und Altertums-Vereins zu Liegnitz 15 (1934/35), S. 106–220.

Balfanz/Kraft 2003
Kathrin Balfanz/Ingo Kraft, Die Ausgrabungen am Delitzscher Markt, in: Arbeits- und Forschungsberichte zur sächsischen Bodendenkmalpflege 45 (2003), S. 466–471.

Banaś 1971
Paweł Banaś, Studia nad śląską architekturą protestancką 2. połowy XVII wieku, in: Roczniki Sztuki Śląskiej 8 (1971), S. 35–89.

Bardach/Leśniodorski/Pietrzak 1985
Janusz Bardach/Bogusław Leśniodorski/Michał Pietrzak, Historia państwa i prawa polskiego, 4. Aufl., Warszawa 1985.

Barsch 1988
Wolfgang Barsch et al., Das erzgebirgische Zinn in Natur, Geschichte, Technik, 3. überarb. Aufl., Altenberg 1988.

Bauch 1896
Gustav Bauch, Der humanistische Dichter Georg von Logau, Breslau 1896.

Bauch 1921
Gustav Bauch, Valentin Trozendorf und die Goldberger Schule (Monumenta Germaniae paedagogica 57), Berlin 1921.

Baumann/Kuschka/Seifert 2000
Ludwig Baumann/Ewald Kuschka/Thomas Seifert, Lagerstätten des Erzgebirges, Stuttgart 2000.

Baumann 1977
Willfried Baumann, Slawische Siedlungs- und Grabfunde in Schirmenitz, Kr. Oschatz, in: Arbeits- und Forschungsberichte zur Sächsischen Bodendenkmalpflege 22 (1977), S. 75–95.

Bäumel/Swann 1996
Jutta Bäumel/June Swann, Die Schuhsammlung in der Dresdner Rüstkammer, in: Waffen- und Kostümkunde 38 (1996), H. 1/2, S. 3–33.

Bäumel 1997 a
Jutta Bäumel, Die Krönung Augusts des Starken zum König in Polen, Dem 300. Krönungsjubiläum gewidmet, in: Dresdener Kunstblätter 41 (1997), H. 1, S. 179–187.

Bäumel 1997 b
Jutta Bäumel, Auf dem Weg zum Thron, Die Krönungsreise Augusts des Starken, Dresden 1997.

Bäumel 1998
Jutta Bäumel, Der Weg des Kurfürsten Friedrich August I. von Sachsen/Königs August II. in Polen (1670–1733, Kurfürst seit 1694, König seit 1697) zum Thron. Historisch-politische und ästhetische Aspekte der Krönungsreise des Wettiners nach Polen vom Juni 1697 bis zum Befriedungsreichstag und der ersten Rückkehr nach Sachsen 1699, unter besonderer Berücksichtigung der Vorbereitung und Durchführung der Krönungsfeierlichkeiten im September 1697 in Krakau und der Begrüßungsfeierlichkeiten 1698 in Warschau und Danzig, Diss. HU Berlin 1998.

Bäumel 1998/99
Jutta Bäumel, Die polnische Krönungsfigur Augusts des Starken in der Dresdner Rüstkammer, in: Jahrbuch der Staatlichen Kunstsammlungen Dresden 20 (1998/99), S. 49–68.

Baumgärtel [o. J.]
Hermann Baumgärtel, Beiträge zur Geschichte des Bautzener Gewerbelebens (Separatdruck aus den Bautzener Nachrichten), Bautzen [o. J.].

Baumgärtner 1977
Sabine Baumgärtner, Sächsisches Glas. Die Glashütten und ihre Erzeugnisse, Wiesbaden 1977.

Beck 1981
Hartmut Beck, Brüder in vielen Völkern. 250 Jahre Mission der Brüdergemeine, Erlangen 1981.

Becke 1993
Andreas Becke, Auf der Suche nach den Töpfern des »Freiberger« und »Annaberger« Steinzeugs (Entdeckung und Zuschreibung zu Dippoldiswalde), in: NEARCHOS 1 (1993), S. 99–123.

Beenken 1935
Hermann Beenken, Beiträge zu Jörg Breu und Hans Dürer, in: Jahrbuch der Preußischen Kunstsammlungen 56 (1935), S. 66–73.

Behringer/Ott-Koptschalijski 1991
Wolfgang Behringer/Constance Ott-Koptschalijski, Der Traum vom Fliegen. Zwischen Mythos und Technik, Frankfurt a. M. 1991.

Behringer 2003
Wolfgang Behringer, Im Zeichen des Merkur, Reichspost und Kommunikationsrevolution in der Frühen Neuzeit (Veröffentlichungen des Max-Planck-Instituts für Geschichte 189), Göttingen 2003.

Behrisch 2005
Lars Behrisch, Städtische Obrigkeit und Soziale Kontrolle. Görlitz 1450–1600 (Frühneuzeit-Forschungen 13), Epfendorf/Neckar 2005.

Beierlein 1973/74
Paul Reinhard Beierlein, Der kursächsische Land- und Grenzkommissar Adam Friedrich Zürner als Kartograph, in: Jahrbuch des Museums Hohenleuben–Reichenfels 21 (1973), S. 63–80; 22 (1974), S. 97–115.

Bek 2004
Aleksandra Bek, Johannes Risch – rzeźbiarz legnicki początku XVII wieku i jego krąg, in: Szkice Legnickie 25 (2004), S. 153–186.

Belcarzowa/Frick/Urbańczyk 1988
Elżbieta Belcarzowa/David A. Frick/Stanislaw Urbańczyk, Leopolita, Reinhold Olesch, Hans Rothe (Hg.), Biblia Slavica, Serie 2, Polnische Bibeln 1, Kommentar, Paderborn 1988.

Belcarzowa 2006
Elżbieta Belcarzowa, Polskie i czeskie źródła przekładu Biblii Leopolity, Kraków 2006.

Bender 1984
Klaus Bender, Relationes historicae: ein Bestandsverzeichnis der deutschen Meßrelationen von 1583 bis 1648, Berlin 1984.

Benseler 1853
Gustav Eduard Benseler, Geschichte Freibergs und seines Bergbaues. Zweite Abtheilung, Freiberg 1853.

Berckenhagen 1967
Ekhart Berckenhagen, Anton Graff. Leben und Werk, hg. v. Deutschen Verein für Kunstwissenschaft, Berlin 1967.

Berling 1915
Karl Berling, Zwei Hauptwerke des Nürnberger Gewichtemachers Albrecht Weinman, in: Jahrbuch der Königlich Sächsischen Kunstsammlungen 6 (1915), S. 44–52.

Berling 1934
Karl Berling, Sächsisches Steinzeug aus Waldenburg und Zeitz, Berlin 1934.

Best.-Kat. Leipzig 1996
Bestandskatalog der Sammlung unedler Metalle. Europäisches Kunsthandwerk aus Bronze, Messing, Kupfer und Eisen vom 12. bis zum 19. Jahrhundert, Museum für Kunsthandwerk, Grassimuseum Leipzig, bearb. v. Martin Eberle, Leipzig 1996.

Beutel 1683
Tobias Beutel, Chur-Fürstlicher Sächsischer stets grünender hoher Cedern-Wald auf dem grünen Rauten-Grunde oder Kurtze Vorstellung der Chur-Fürstl. Sächs. Hohen Regal-Werke ..., 2. Aufl., Dresden 1683.

Beyer 1999
Peter Beyer, Leipzigs Auseinandersetzung mit Frankfurt am Main (1706–1726). Symptom des Aufstiegs zur führenden deutschen Messestadt, in: Zwahr/Topfstedt/Bentele 1999, S. 193–204.

Bibel 2009
Die Bibel in Bildern: Illustrationen aus der Werkstatt von Lukas Cranach (1534), Einführung Stephan Füssel, Köln u. a. O. 2009.

Biedrzycka 2007
Europejskie miasta prawa magdeburskiego: tradycja, dziedzictwo, identyfikacja, Anna Biedrzycka (Red.), Tagung Muzeum Historyczne Miasta Krakowa 2006, Kraków 2007.

Bieler/Gronover 1999
Katharina Bieler/Annemarie Gronover, »Stage of Europe Dec. 1812« – Die »Europäische Schaubühne in December 1812«, Ein Motiv geht auf Wanderschaft, in: Faszination Bild, Kultur Kontakte Europa (Schriftenreihe Museum Europäischer Kulturen Berlin 1), Berlin 1999, S. 62–73.

Biermann 2000
Felix Biermann, Slawische Besiedlung zwischen Elbe, Neiße und Lubsza: Archäologische Studien zum Siedlungswesen und zur Sachkultur des frühen und hohen Mittelalters, Diss. HU Berlin, Bonn 2000.

Billig 1995
Gerhard Billig, Zur Rekonstruktion der ältesten slawischen Burgbezirke im obersächsisch-meißnischen Raum auf der Grundlage des Bayerischen Geographen, in: Neues Archiv für sächsische Geschichte 66 (1995), S. 27–67.

Bimler 1934
Kurt Bimler, Die schlesische Renaissanceplastik, Breslau 1934.

Blanchard Briefe 1787
Ueber Blanchard und seine juengste Luftfahrt zu Leipzig. Zwei Briefe, Leipzig 1787.

Blaschke/Seifert 2002
Karlheinz Blaschke/Siegfried Seifert, Reformation und Konfessionalisierung in der Oberlausitz, in: Auss.-Kat. Zittau 2002, S. 121–128.

Blaschke 1960
Karlheinz Blaschke, Siegel und Wappen in Sachsen, Leipzig 1960.

Blaschke 1997
Karlheinz Blaschke, Der Oberlausitzer Sechsstädtebund als bürgerlicher Träger früher Staatlichkeit, in: 650 Jahre Oberlausitzer Sechsstädtebund. 1346–1996 (Mitteilungen des Zittauer Geschichts- und Museumsvereins 25), Bad Muskau, 1997, S. 17–27.

Blaschke 2000
Karlheinz Blaschke, Die Anfänge der Stadt Görlitz, in: ders., Beiträge zur Geschichte der Oberlausitz. Gesammelte Aufsätze, Görlitz/Zittau 2000, S. 211–225.

Blecher 2008
Jens Blecher, Die Leipziger Universitätssiegel, hg. v. Vereinigung von Förderern und Freunden der Universität Leipzig e. V., Leipzig 2008.

Böhme-Symposium 2000
Erkenntnis und Wissenschaft – Jacob Böhme (1575–1624), Internationales Jacob-Böhme-Symposium Görlitz 2000, Neues Lausitzisches Magazin, Beiheft 2, Görlitz/Zittau 2001.

Bolley 1862
Pompejus Alexander Bolley, Handbuch der chemischen Technologie, Bd. 1, Gruppe 2: Das Beleuchtungswesen, Braunschweig 1862.

Bormann 1991
Michael Bormann, Die evangelischen Friedenskirchen in Jauer und Schweidnitz. Fachwerkgroßbauten aus der Mitte des 17. Jahrhunderts, in: Materialien zu Bauforschung und Baugeschichte des Instituts für Baugeschichte der Universität Karlsruhe 2 (1991), S. 87–117.

Bothe 1910
Friedrich Bothe, Gustav Adolfs und seines Kanzlers wirtschaftspolitische Absichten auf Deutschland, Frankfurt a. M. 1910.

Brandt 1933
Otto Brandt, Urkundliches über Maß und Gewicht in Sachsen, Dresden 1933.

Braudel 1987
Fernand Braudel, Sozialgeschichte des 15.–18. Jahrhunderts, Teil 2: Der Handel, Frankfurt a. M. 1987.

Braune/Wiese 1929
Heinz Braune/Erich Wiese, Schlesische Malerei und Plastik des Mittelalters. Kritischer Katalog der Ausstellung in Breslau 1926, Leipzig [1929].

Brecht/Peucker 2006
Martin Brecht/Paul Peucker (Hg.), Neue Aspekte der Zinzendorf-Forschung, Göttingen 2006.

Brenner 2002
Michael Brenner, Jüdische Sprachen in deutscher Umwelt, Göttingen 2002.

Broniewski/Zlat 1967
Tadeusz Broniewski/Mieczysław Zlat (Hg.), Sztuka Wrocławia, Wrocław 1967.

Brübach 1994
Nils Brübach, Die Reichsmessen von Frankfurt am Main, Leipzig und Braunschweig (14.–18. Jahrhundert), Stuttgart 1994.

Bruck 1912
Robert Bruck, Die Sophienkirche in Dresden ihre Geschichte und ihre Kunstschätze, Dresden 1912.

Brückner 1993
Jörg Brückner, Die zweite kursächsische Landesaufnahme unter Adam Friedrich Zürner 1679–1742, Magisterarbeit, HU Berlin 1993.

Brückner 2007
Wolfgang Brückner, Lutherische Bekenntnisgemälde des 16. bis 18. Jahrhunderts. Die illustrierte Confessio Augustana (Adiaphora. Schriften zur Kunst und Kultur im Protestantismus 6), Regensburg 2007.

Brüdergemeine 2010
Die Losungen der Herrnhuter Brüdergemeine. Geschichte – Entstehung – Verbreitung – Gebrauch, 2., überarb. Aufl., Herrnhut 2010.

Buchenau/Pick 1928
Heinrich Buchenau/Behrendt Pick, Der Brakteatenfund von Gotha (1900), München 1928.

Buddecke 1957
Werner Buddecke, Die Jakob-Böhme-Ausgaben: ein beschreibendes Verzeichnis, Göttingen 1957.

Budzyk 1951
Kazimierz Budzyk, Bibliografia dzieł prawniczych Bartłomieja Groickiego – wiek XVI, in: Studia nad książką pamięci Kazimierza Piekarskiego, Książką w dawnej kulturze Polskiej Bd. 1, Kasimierz Budzyk/Alodia Gryczowa (Hg.), Wrocław 1951, S. 123–197.

Bünz/Rudersdorf/Döring 2009
Enno Bünz/Manfred Rudersdorf/Detlef Döring (Hg.), Geschichte der Universität Leipzig 1409–2009, Bd. 1, Spätes Mittelalter und frühe Neuzeit, Leipzig 2009.

Burbianka 1968
Marta Burbianka, Produkcja typograficzna Scharffenbergów we Wrocławiu (Śląskie prace bibliograficzne i bibliotekoznawcze 12), Wrocław 1968.

Burbianka 1970
Marta Burbianka, Drukarnia Konrada Baumgarta we Wrocławiu, in: Roczniki Biblioteczne 14 (1970), H. 1–2, S. 53–96.

Bürger 2004
Thomas Bürger (Hg.), Das Kräuterbuch von Johannes Kentmann von 1563, München 2004.

Carstensen 2009
Ulrike Carstensen, Stadtplanung im Pietismus. Herrnhaag in der Wetterau und die frühe Architektur der Herrnhuter Brüdergemeine, Herrnhut 2009.

České sklo 1989
České sklo, Bd 2: Sklo období baroka: 2. polovina 17. století a 18. století, bearb. v. Helena Brožková, Umělecko-Průmyslové Muzeum, Bd. 2.1: Text, Bd. 2.2.; Katalog, Praha 1989.

Chojecka 1961
Ewa Chojecka, Deutsche Bibelserien in der Holzstocksammlung der Jagellonischen Universität in Krakau (Studien zur Deutschen Kunstgeschichte 321), Baden-Baden/Strasbourg 1961.

Chotěbor 1995
Petr Chotěbor, Soubor raně renesančních terakot z Pražského hradu (Kollektion der Frührenaissanceterrakotten aus der Prager Burg), in: Archaeologia historica 20 (1995), S. 471–480.

Chotěbor 2001
Petr Chotěbor, Die Terrakottabauglieder auf der Prager Burg, in: Ernst Badstübner/Uwe Albrecht (Hg.), Backsteinarchitektur in Mitteleuropa, Neue Forschungen, Protokollband des Greifswalder Kolloquiums 1998, Berlin 2001, S. 290–296.

Christl 1996
Andreas Christl, Steine mit hebräischen Inschriften aus Meißen, in: Denkmalpflege in Sachsen, Dresden 1996, S. 53–57.

Christl 2000
Andreas Christl, Die Meißner Juden im Mittelalter, in: Juden in Meißen, hg. v. Europa-Zentrum Meißen e. V., Meißen 2000, S. 5–10.

Clasen 1974
Karl-Heinz Clasen, Der Meister der Schönen Madonnen, Berlin/New York 1974.

Clauß 1875
Carl Clauß, Art. Bause, in: ADB 2 (1875).

Coblenz 1960
Werner Coblenz, Ausgrabungen auf dem Burgberg Meißen. Ein Vorbericht über die Arbeiten von 1959, in: Ausgrabungen und Funde 5 (1960), S. 89–94.

Coblenz 1969
Werner Coblenz, Die slawischen Sumpfschanze von Brohna (Arbeits- und Forschungsberichte zur sächsischen Bodendenkmalpflege, Beiheft 8), Berlin 1969.

Coblenz 1979
Werner Coblenz, Verzierte beinerne Griffe und Griffel vom Burgberg Meißen, in: Blick ins Museum 22/23 (1979), S. 38.

Coblenz 1985
Werner Coblenz, Slawische Siedlungsreste in Nimschütz, Kr. Bautzen, in: Arbeits- und Forschungsberichte zur sächsischen Bodendenkmalpflege 29 (1985), S. 227–312.

Conrads 1994
Norbert Conrads (Hg.), Schlesien (Deutsche Geschichte im Osten Europas 3), Berlin 1994.

Czihak 1889
Eugen von Czihak, Silberner Prachtpokal im Besitz der Fleischerinnung »Alte Bänke« in Breslau, in: Schlesiens Vorzeit in Bild und Schrift 5 (1889), H. 3, S. 66–69.

Czihak 1891
Eugen von Czihak, Schlesische Gläser, Breslau 1891.

Czok 1990
Karl Czok, Leipzig nach dem »großen Krieg« und im Augusteischen Zeitalter (1648–1763), in: Neues Leipzigisches Geschicht-Buch, Klaus Sohl (Hg.), Leipzig 1990, S. 100–131.

Czok 1997
Karl Czok, Der Oberlausitzer Sechsstädtebund zwischen Bürgergeist, Königs- und Adelsherrschaft, in: 650 Jahre Oberlausitzer Sechsstädtebund. 1346–1996 (Mitteilungen des Zittauer Geschichts- und Museumsvereins 25), Bad Muskau, 1997, S. 9–16.

Dalman 1921
Gustav Dalman, Die Modelle der Grabeskirche und Grabeskapelle in Jerusalem als Quelle ihrer älteren Gestalt, Berlin 1921.

Dauterman 1969
Carl Christian Dauterman, Sèvres, New York 1969.

David Hans 1842
Des Bruders David Hans [Lebenslauf], heimgegangen in Herrnhut den 29. Juni 1799, in: Nachrichten aus der Brüder-Gemeine, 24 (1842), S. 1049–1057.

Denecke 2007
Dietrich Denecke, Wege und Wegenetze, in: Reallexikon der Germanischen Altertumskunde, Bd. 35, Berlin/New York 2007, S. 626–648.

Denzel 1999
Markus A. Denzel, Zahlungsverkehr auf den Leipziger Messen vom 17. bis zum 19. Jahrhundert, in: Zwahr/Topfstedt/Bentele 1999, S. 149–165.

Dettloff 1949
Szczesny Dettloff, Ze studiów nad sztuką Wita Stwosza. Późnogotyckie krucyfiksy krakowskie, in: Biuletyn Historii Sztuki i Kultury 11 (1949), S. 35–42.

Dickerhof 1978
Harald Dickerhof, Canum nomine gentiles designantur. Zum Heidenbild aus mittelalterlichen Bibellexika, in: Gert Melville (Hg.), Secundum regulam vivere. Festschrift für P. Norbert Backmund, Windberg 1978, S. 41–71.

Dieckhoff 1985
Reiner Dieckhoff, Schreibutensilien, in: Anton Legner (Hg.), Ornamenta Ecclesiae. Kunst und Künstler der Romanik, Bd. 1, Köln 1985, S. 285–287.

Diedrich 2005
Hans-Christian Diedrich, Der »weißrussische« Erstdrucker Francisk Skorina, in: ders., »Auf dem Weg zur Glaubenseinheit …«, Erlangen 2005, S. 105–134.

Dittrich 1991
Ursula Dittrich, In Jene lebt sich's bene, aus Jenaer Studenten-Stammbüchern, 2. Aufl., Jena 1991.

Dohrn-van Rossum 1992
Gerhard Dohrn-van Rossum, Die Geschichte der Stunde, Uhren und moderne Zeitordnung, München/Wien 1992.

Dollinger 1997
Philippe Dollinger, Dzieje Hanzy. XIII–XVII w., Warszawa 1997.

Dolz 2007
Wolfram Dolz, Postmeilensäulen als Zeugen der Landesvermessung durch Adam Friedrich Zürner, in: Die Luftpumpe am Himmel: Wissenschaft in Sachsen zur Zeit August des Starken und August III., Peter Plaßmeyer (Hg.), Dresden 2007, S. 35–40.

Donath 2004
Christine Donath, Misnia Judaica – Mittelalterliche hebräische Grabinschriften in Meißen und die Geschichte der Juden in der Mark Meißen bis zum 15. Jahrhundert, in: Arbeits- und Forschungsberichte zur Sächsischen Bodendenkmalpflege 46 (2004), S. 391–484.

Donatorum Zittau
Donatorum der Ratsbibliothek zu Zittau, Handschrift, Christian-Weise-Bibliothek Zittau, wissenschaftlicher und heimatgeschichtlicher Altbestand.

Döring 2005
Detlef Döring, Gelehrte Sozietäten in der Oberlausitz vor der Gründung der Oberlausitzischen Gesellschaft der Wissenschaften, in: Neues Lausitzisches Magazin N.F. 8 (2005), S. 61–93.

Dünnhaupt 1990
Gerhard Dünnhaupt, Jacob Böhme, in: Personalbibliographien zu den Drucken des Barock, Bd. 1, Stuttgart 1990, S. 672–702.

Dworschak 1958
Fritz Dworschak, Antonio Abondio, medaglista e ceroplasta (1538–1591), Trento 1958.

Ebel 1999
Friedrich Ebel (Hg.), Sachsenspiegel, Landrecht und Lehnrecht, Stuttgart 1999.

Eckert 1994
Alfred Eckert, Ein Juwel aus der Exulantenforschung, das »Pirnaer Wappenbuch«, in: Erbe und Auftrag der Reformation in den böhmischen Ländern 29 (1994), S. 17–27.

Edition Chronicon 1935
Edition: Thietmar von Merseburg, Chronicon, Robert Holtzmann (Hg.), Berlin 1935 [Übersetzung: Thietmar von Merseburg, Chronik, Werner Trillmich (Hg.) (Ausgewählte Quellen zur deutschen Geschichte des Mittelalters. Freiherr vom Stein-Gedächtnisausgabe 9), 8. Aufl., Darmstadt 2002].

Ehrenthal 1899
Max von Ehrenthal, Führer durch das Königliche Historische Museum zu Dresden, 3. Aufl., Dresden 1899.

Eichler/Lück 2008
Ernst Eichler/Heiner Lück (Hg.), Rechts- und Sprachtransfer in Mittel- und Osteuropa, Sachsenspiegel und Magdeburger Recht, Tagung Leipzig 2003, Berlin 2008.

Eichler 1935
Kurt Georg Eichler, Aus der Geschichte der Görlitzer Fleischerhandwerks, Görlitz 1935.

Eigenwill 2006
Reinhardt Eigenwill, Albinus (eigentl. Weiß, Weis), Petrus (Peter), in: Sächsische Biografie, hg. v. Institut für Sächsische Geschichte und Volkskunde e. V., bearb. v. Martina Schattkowsky, Online-Ausgabe: http://www.isgv.de/seabi/

Encyklopedia Wrocławia 2001
Encyklopedia Wrocławia, Jan Harasimowicz (Red.), Wrocław 2001.

Engelmann 1915
Max Engelmann, Die Wegmesser des Kurfürsten August von Sachsen, in: Mitteilungen aus den sächsischen Kunstsammlungen 6 (1915), S. 11–43.

Erbstein 1889
Albert Erbstein, Beschreibung des Königlichen Historischen Museums und der Königlichen Gewehrgalerie zu Dresden, Dresden 1889.

Erklärung 1957
Der Grund der Unität. Eine Erklärung, angenommen von der Generalsynode der Unitas Fratrum (Brüder-Unität) Tagung vom 13. August – 10. September 1957 in Bethlehem, Pa.

Erler 1909
Georg Erler (Hg.), Die jüngere Matrikel der Universität Leipzig 1559–1809, 3 Bde., Leipzig 1909.

Estreicher 1931
Stanisław Estreicher, Kultura prawnicza w Polsce XVI wieku, Kraków 1931.

Estreicher 1977
Karol Estreicher, Bibliografia polska, Bd. XIII, Warszawa 1977.

Europäisches Glas 1980
Europäisches und außereuropäisches Glas, Museum für Kunsthandwerk Frankfurt am Main, bearb. v. Margrit Bauer/Gunhild Gabbert, 2. Aufl., Frankfurt a. M. 1980.

Falke 1868/69
Johannes Falke, Zur Geschichte der hohen Landstraße in Sachsen, in: Archiv für die Sächsische Geschichte 7 (1868/69), S. 113–143.

Fellmann 1989
Walter Fellmann, Der Leipziger Brühl, Geschichte und Geschichten des Rauchwarenhandels, Leipzig 1989.

Feyerabend 1894
Ludwig Feyerabend, Die Robrechtsche Schenkung, in: Jahreshefte der Gesellschaft für Anthropologie und Urgeschichte der Oberlausitz 4 (1894), S. 220–225.

Fink/Wenzel 2010
Stefanie Fink/Kai Wenzel, Die spätmittelalterliche Ausstattung der Görlitzer Frauenkirche, in: Görlitzer Magazin 23 (2010), S. 13–30.

Fischer 1929
Gerhard Fischer, Aus zwei Jahrhunderten Leipziger Handelsgeschichte 1450–1650. Die kaufmännische Einwanderung und ihre Auswirkungen, Leipzig 1929.

Fischer 1939
Walther Fischer, Mineralogie in Sachsen von Agricola bis Werner. Die ältere Geschichte des Staatlichen Museums für Mineralogie und Geologie zu Dresden (1560 bis 1820), Dresden 1939.

Fischer 1965
Walther Fischer, Aus der Geschichte des sächsischen Berg- und Hüttenwesens. Zum 200jährigen Bestehen der Bergakademie zu Freiberg, Hamburg 1965.

Fleck 2010
Miriam Verena Fleck, Ein tröstlich Gemelde – Die Glaubensallegorie »Gesetz und Gnade« in Europa zwischen Spätmittelalter und Früher Neuzeit (Studien zur Kunstgeschichte des Mittelalters und der Frühen Neuzeit 5), Diss. FU Berlin 2006, Korb 2010.

Fleischer 1990
Manfred P. Fleischer, Bartholomäus Scultetus (1540–1614), in: Schlesische Lebensbilder, hg. v. Historische Kommission für Schlesien, Bd. 6.: Schlesier des 15. bis 20. Jahrhunderts, Sigmaringen 1990, S. 46–55.

Forrer o. J. [1893]
Robert Forrer, Die Waffensammlung des Herrn Rich. Zschille in Großenhain (Sachsen), Berlin o. J. [1893].

Fournier 1989
Marian Fournier, Huygen's Designs for a Simple Microscope, in: Annals of Science 46 (1989), S. 575–596.

Fraesdorff 2005
David Fraesdorff, Der barbarische Norden. Vorstellungen und Fremdheitskategorien bei Rimbert, Thietmar von Merseburg, Adam von Bremen und Helmold von Bosau (Orbis mediaevalis. Vorstellungswelten des Mittelalters 5), Berlin 2005.

Freytag 2004
Hartmut Freytag, Petrus Vincentius (1519–1581), in: Schlesische Lebensbilder, hg. v. der Historischen Kommission für Schlesien, Bd. 8, Neustadt an der Aisch 2004, S. 60–68.

Friedemann 1998
Friedemann Winkler, Leipzigs Anfänge. Bekanntes – Neues – Offene Fragen, in: Leipziger Hefte 12 (1998), S. 80.

Friedensburg/Seger 1901
Ferdinand Friedensburg/Hans Seger (Hg.), Schlesiens Münzen und Medaillen der neueren Zeit, Breslau 1901.

Friedland/Hollstein 2008
Sarah Nelly Friedland/Wilhelm Hollstein, Der Schatz im Acker – Ein Hacksilberfund des 11. Jahrhunderts aus Cortnitz, Stadt Weißenberg (Lkr. Bautzen), in: Arbeits- und Forschungsberichte zur Sächsischen Bodendenkmalpflege 50 (2008), S. 211–229.

Friedländer/Rosenberg 1989
Max J. Friedländer/Jakob Rosenberg, Lucas Cranach, 2. veränd. Aufl., Stuttgart 1989.

Friedländer 1967–1976
Max J. Friedländer, Early Netherlandish Painting, Vol. 1–14, New York 1967–1976.

Friedrich 2004
Bernd-Ingo Friedrich, Herrnhuter Papier, in: Marginalien. Zeitschrift für Buchkunst und Bibliophilie 4 (2004), S. 30–35.

Fritsch 1893
Paul Fritsch, Die früheren Befestigungsanlagen der Stadt Görlitz, Görlitz 1893.

Fröde 2008
Tino Fröde, Privilegien und Statuten der Oberlausitzer Sechsstädte. Ein Streifzug durch die Organisation des städtischen Lebens in Zittau, Bautzen, Görlitz, Löbau, Kamenz und Lauban in der frühen Neuzeit, Spitzkunnersdorf 2008.

Fröhlich 2002
Anke Fröhlich, Landschaftsmalerei in Sachsen in der zweiten Hälfte des 18. Jahrhunderts. Landschaftsmaler, -zeichner und -radierer in Dresden, Leipzig, Meißen und Görlitz von 1720 bis 1800, Weimar 2002.

Fröhlich 2008
Anke Fröhlich, »Einer der denkendsten Künstler unserer Zeit« – Christoph Nathe 1753–1806. Monographie und Werkverzeichnis der Handzeichnungen und Druckgraphik, Bautzen 2008.

Für Sachsen erworben 2000
Für Sachsen erworben. Schätze des Hauses Wettin, hg. v. der Kulturstiftung der Länder Berlin in Verbindung mit den Staatlichen Kunstsammlungen Dresden (PATRIMONIA 186), Berlin 2000.

Füssel 2002
Stephan Füssel, Die Luther-Bibel von 1534: das Buch der Bücher; eine kulturhistorische Einführung, Köln u. a. O. 2002.

Funcken 1989
Fred und Liliane Funcken, Historische Uniformen, Napoleonische Zeit, 18. und 19. Jahrhundert, München 1989.

Gabriel 1988
Ingo Gabriel, Hof- und Sakralkultur sowie Gebrauchs- und Handelsgut im Spiegel der Kleinfunde von Starigard/Oldenburg, Bericht der Römisch-Germanischen Kommission 69 (1988), S. 103–291.

Gabriel 2000
Ingo Gabriel, Kiewer Ostereier, in: Johannes Hoops, Reallexikon der Germanischen Altertumskunde, Berlin/New York 2000, S. 487 f.

Gaertner-Krohn/Spiong 2008
Maren Gaertner-Krohn/Sven Spiong, Den Kaufleuten auf die Schuhe geschaut, in: Hartmut Roder (Hg.), Schuhtick. Von kalten Füßen und heißen Sohlen, Ausstellungskatalog Museum für Archäologie, Mainz 2008, S. 65–72.

Gaettens 1982
Richard Gaettens, Die Geschichte der Inflationen. Vom Altertum bis zur Gegenwart, München 1982.

Gajewski 2000
Jacek Gajewski, Lwowska rzeźba rokokowa, in: Lileyko 2000, S. 567.

Gandert 1930
Otto Friedrich Gandert, Nachträge zu den schlesischen Silberfunden der spätslawischen Zeit, in: Altschlesien, Mitteilungen des Schlesischen Altertumsvereins Breslau 3 (1930), S. 67–73.

Gąsior 2006
Agnieszka Gąsior, Hans Süß von Kulmbachs Krakauer Karriere, in: Künstlerische Wechselwirkungen in Mitteleuropa, Jiří Fajt/Markus Hörsch (Hg.) (Studia Jagellonica Lipsiensia 1), Ostfildern 2006, S. 325–346.

Gauger 2000
Andreas Gauger, Jakob Böhme und das Wesen seiner Mystik, Berlin 2000.

Geissmar 1993
Christoph Geissmar, Das Auge Gottes: Bilder zu Jakob Böhme (Wolfenbütteler Arbeiten zur Barockforschung 23), Wiesbaden 1993.

Gelbe 1883
Richard Gelbe, Herzog Johann von Görlitz, in: Neues Lausitzisches Magazin 59 (1883).

Gemäldesammlung 1956
Führer und Katalog der Gemäldesammlung: Deutsche Malerei vom ausgehenden 18. Jahrhundert bis zur Gegenwart (Schriftenreihe der Städtischen Kunstsammlungen Görlitz N. F. 6), Görlitz 1956.

Gerblich 1959
Walter Gerblich, Leisentrit und die Administratur des Bistums Meißen in den Lausitzen, Görlitz 1931, Neudruck Leipzig 1959.

Gielke 2003
Dieter Gielke (Bearb.), Meissener Porzellan des 18. und 19. Jahrhunderts, Bestandskatalog der Sammlung des Grassimuseums Leipzig/Museum für Kunsthandwerk, Leipzig 2003.

Glanz 1983
Der seidige Glanz, Zinn in Ostbayern und Böhmen, in: Schriftenreihe des Bergbau- und Industriemuseums Ostbayern 42 (2001).

Gleisberg 1989
Dieter Gleisberg (Hg.), Merkur und die Musen. Schätze der Weltkultur aus Leipzig, Wien 1989.

Gloria Deo 2010
Gloria Deo. Rzemiosło sakralne, Małgorzata Korżel-Kraśna (Hg.), Bestandskatalog Muzeum Narodowe we Wrocławiu, Wrocław 2010.

Glück/Schröder 2007
Helmut Glück/Konrad Schröder, Deutschlernen in den polnischen Ländern vom 15. Jahrhundert bis 1918: eine teilkommentierte Bibliographie, bearb. v. Yvonne Pörzgen, Wiesbaden 2007.

Glüer 2000
Juliane Glüer, Meßrelationen um 1600 – ein neues Medium zwischen aktueller Presse und Geschichtsschreibung, eine textsortengeschichtliche Untersuchung, Göppingen 2000.

Gockerell 1983
Gockerell Nina, Pilgerandenken aus Jerusalem, in: Helge Gerndt (Hg.), Dona ethnologica Monacensia. Leopold Ketzenbacher zum 70. Geburtstag, München 1983, S. 163–174.

Goddard 1984
Stephen H. Goddard, The Master of Frankfurt and his shop, Bruxelles 1984.

Goerschel 1982
Hans-Jürgen Goerschel, Blaudruck – ein altes Handwerk, Oldenburg 1982.

Gomolcky 1733
Daniel Gomolcky, Des kurzgefasten Innbegriffs der vornehmsten Merckwürdigkeiten der Kayser- und Königl. Stadt Breslau in Schlesien, Breslau 1733.

Gondolatsch 1920/21
Max Gondolatsch, Das Convivium musicum (1570–1602) und das Collegium musicum (um 1649) in Görlitz, in: Zeitschrift für Musikwissenschaft 3 (1920/21), S. 588–605.

Gondolatsch 1928/29
Max Gondolatsch, Ein alter Musikalienkatalog der Peterskirche in Görlitz, in: Zeitschrift für Musikwissenschaft 11 (1928/29), S. 507–510.

Gondolatsch 1931
Max Gondolatsch, Beiträge zur Musikgeschichte der Stadt Görlitz. Teil III, Die Stadtmusik, in: Neues Lausitzisches Magazin 107 (1931), S. 79–127.

Gondolatsch 1936
Max Gondolatsch, Der Personenkreis um das Görlitzer Convivium und Collegium Musicum im 16. und 17. Jahrhundert, in: Neues Lausitzisches Magazin 112 (1936), S. 76–155.

Gottschalk 1963
Joseph Gottschalk, Die große Legende der heiligen Frau Sankt Hedwig: Text und Bilddeutung (Faksimile), Wiesbaden 1963.

Gottschling 1709
Caspar Gottschling, Kurtze Nachricht von der Stadt Leipzig Und absonderlich von der Universität daselbst, Halle 1709.

Gouk 1988
Penelope Gouk, The Ivory Sundials of Nuremberg. 1500–1700, Cambridge 1988.

Graf 1997
Johannes Graf, Judaeus Conversus, Christlich-jüdische Konvertitenbiographien des 18. Jahrhunderts, Frankfurt a. M. u. a. O. 1997.

Graff 1986
Anton Graff. Selbstbildnis vor der Staffelei (Meisterwerke aus dem Museum der bildenden Künste 2), Leipzig 1986.

Gränitz 2006
Frauke Gränitz, Landverkehrswege als Faktoren der Entwicklung der Kulturlandschaft und des Straßenwesens im Kurfürstentum Sachsen von 1648 bis 1800. Der Beispielstraßenzug Leipzig – Deutscheinsiedel, Diss. TU Chemnitz 2006 [Online-Fassung: http://nbn-resolving.de/urn:nbn:de:bsz:ch1-200800219].

Graul 1909
Richard Graul, Gellertdenkmäler in Meißner Porzellannachbildungen, in: Leipziger Kalender 6 (1909), S. 157–163.

Grosser 1714
Samuel Grosser, Lausitzische Merckwürdigkeiten: Darinnen von Beyden Marggraffthümern in funff unterschiedenen Theilen Von den Wichtigsten Geschichten, Religions- und Kirchen-Begebenheiten, Regiments-Verfassung, Beschaffenheit der Schulen und Literatur, Leipzig/Bautzen 1714.

Gruhn 1931
Herbert Gruhn, Martin Helwig, in: Schlesische Lebensbilder, Schlesier des 16. bis 20. Jahrhunderts, Bd. 4, hg. v. Historische Kommission für Schlesien, Breslau 1931, S. 108–113.

Grundmann 1941
Günther Grundmann, Karl Friedrich Schinkel, Lebenswerk, Bd. 3: Schlesien, Berlin 1941.

Grundmann 1965
Günther Grundmann, Das Riesengebirge in der Malerei der Romantik, 3., erw. Aufl., München 1965.

Grundmann 1970
Günther Grundmann, Der evangelische Kirchenbau in Schlesien (Bau- und Kunstdenkmäler des deutschen Ostens C 4), Frankfurt a. M. 1970.

Grünhagen 1884
Colmar Grünhagen, Artikel »Lucae, Friedrich«, in: Allgemeine Deutsche Biographie, 19 (1884), S. 336 f. [Onlinefassung: http://www.deutsche-biographie.de/sfz54529.html].

Grünn 1968
Helene Grünn, Faßbender, Faßboden: Handwerk und Kunst (Niederösterreichische Volkskunde 3), Wien 1968.

Guldan-Klamecka/Ziomecka 2003
Bożena Guldan-Klamecka/Anna Ziomecka, Sztuka Śląska XII–XVI w., Sammlungskatalog Muzeum Narodowe we Wrocławiu, Wrocław 2003.

Guldan-Klamecka 1997
Sztuka Śląska XII–XVI w. Skarby w Muzeum, Muzeum Narodowe we Wrocławiu, Bożena Guldan-Klamecka (Red.), Wrocław 1997.

Gumowski 1934
Marian Gumowski, Herb i pieczęcie miasta Torunia, Toruń 1934.

Gumuła 1995
Urszula Gumuła, Literatura polska na Śląsku w XVII wieku, Katowice 1995.

Gurlitt 1895
Cornelius Gurlitt, Beschreibende Darstellung der Bau- und Kunstdenkmäler des Königreiches Sachsen, H. 17: Stadt Leipzig, Dresden 1895.

Gurlitt 1900
Cornelius Gurlitt, Beschreibende Darstellung der älteren Bau- und Kunstdenkmäler des Königreichs Sachsen, H. 21: Stadt Dresden, Dresden 1900.

Gurlitt 1909
Cornelius Gurlitt, Beschreibende Darstellung der älteren Bau- und Kunstdenkmäler des Königreichs Sachsen, H. 33: Stadt Bautzen, Dresden 1909.

Gurlitt 1924
Cornelius Gurlitt, August der Starke. Ein Fürstenleben aus der Zeit des deutschen Barock, 2 Bde., Dresden 1924.

Gutmann 2003
Veronika Gutmann, »Beym Stunden-Glas der Zeit, denck an die Ewigkeit.« Die Sanduhren im Historischen Museum Basel, in: Historisches Museum Basel, Jahresbericht 2003, S. 83.

Haase 1975
Gisela Haase, Sächsisches Glas vom 17. bis zum Anfang des 19. Jahrhunderts, Staatliche Kunstsammlungen Dresden, Museum für Kunsthandwerk Schloß Pillnitz, Dresden 1975.

Haase 1984
Gisela Haase, Glas – um 1700 bis um 1800 aus den Beständen des Museums für Kunsthandwerk Dresden, Staatliche Kunstsammlungen Dresden, Museum für Kunsthandwerk Schloß Pillnitz, Dresden 1984.

Haase 1988
Gisela Haase, Sächsisches Glas, Leipzig 1988.

Haase 2001
Gisela Haase, Tschirnhaus und die sächsischen Glashütten in Pretzsch, Dresden und Glücksburg, in: Ehrenfried Walther von Tschirnhaus (1651–1708). Experimente mit dem Sonnenfeuer, Ausstellungskatalog Staatliche Kunstsammlungen Dresden, Mathematisch-Physikalischer Salon, Dresden 2001.

Habich 1934
Georg Habich, Die deutschen Schaumünzen des 16. Jahrhunderts, München 1934.

Haedecke 1983
Hanns-Ulrich Haedecke, Zinn, München 1983.

Haetge 1931
Ernst Haetge (Bearb.) unter Mitwirkung von Margarethe Brückner, Hermann Goern, Lisa Schürenberg, Die Stadt Erfurt, Allerheiligenkirche, Andreaskirche, Augustinerkirche, Barfüßerkirche, Bd. 2 (Die Kunstdenkmale der Provinz Sachsen, 2,1.2), Burg 1931.

Halm/Laubmann 1892
Karl Halm/Georg von Laubmann, Catalogus codicum manu scriptorum Bibliothecae Regiae Monacensis, Bd. 3: Catalogus codicum latinorum, Teil 1, Clm 1-2329, München 1892.

Hammerstein 2003
Notker Hammerstein, Bildung und Wissenschaft vom 15. bis zum 17. Jahrhundert (Enzyklopädie deutscher Geschichte 64), München 2003.

Hannig 1985
Peter Hannig, Bildwerke des Mittelalters und des Barocks auf der Albrechtsburg, Dresden 1985.

Harasimowicz 1980
Jan Harasimowicz, Kasper Berger i rzeźba legnicka schyłku XVI wieku, in: Biuletyn Historii Sztuki 42 (1980), S. 107–132.

Harasimowicz 1986 a
Jan Harasimowicz, Treści i funkcje ideowe sztuki śląskiej reformacji 1520–1650 (Acta Universitatis Wratislaviensis No 819, Historia Sztuki II), Wrocław 1986.

Harasimowicz 1986 b
Jan Harasimowicz, Funkcje katolickiego mecenatu artystycznego na Śląsku w dobie reformacji i »odnowy trydenckiej« Kościoła, in: Śląski Kwartalnik Historyczny Sobótka 41 (1986), S. 561–581.

Harasimowicz 1992
Jan Harasimowicz, Mors janua vitae. Śląskie epitafia i nagrobki wieku reformacji (Acta Universitatis Wratislaviensis No 1098, Historia Sztuki III), Wrocław 1992.

Harasimowicz 1996
Jan Harasimowicz, Kunst als Glaubensbekenntnis. Beiträge zur Kunst- und Kulturgeschichte der Reformationszeit (Studien zur deutschen Kunstgeschichte 359), Baden-Baden 1996.

Harasimowicz 2002 a
Jan Harasimowicz, Die Bedeutung der süddeutschen Reichsstädte für die bürgerliche Kultur der jagiellonischen Länder um 1500, in: Dietmar Popp/Robert Suckale (Hg.), Die Jagiellonen: Kunst und Kultur einer europäischen Dynastie an der Wende zur Neuzeit (Wissenschaftliche Beibände zum Anzeiger des Germanischen Nationalmuseums 21), Nürnberg 2002, S. 403–410.

Harasimowicz 2002 b
Jan Harasimowicz, Zur Ikonographie der Bautzener und Görlitzer Drucke im 16. und frühen 17. Jahrhundert, in: Ausst.-Kat. Zittau 2002, S. 163–176.

Harasimowicz 2007 a
Jan Harasimowicz, Kunst- und Kulturtransfer in Ostmitteleuropa: Das Beispiel Oberlausitz, in: Joachim Bahlcke (Hg.), Die Oberlausitz im frühneuzeitlichen Mitteleuropa. Beziehungen – Strukturen – Prozesse (Quellen und Forschungen zur sächsischen Geschichte 30), Leipzig/Stuttgart 2007, S. 365–386.

Harasimowicz 2007 b
Jan Harasimowicz, Buchdruck und bildende Kunst im östlichen Europa, in: Detlef Haberland/Tünde Katona (Hg.), Buch- und Wissenstransfer in Ostmittel- und Südosteuropa in der Frühen Neuzeit, München 2007, S. 57–80.

Harasimowicz 2010 a
Jan Harasimowicz, Pastor Lucas Pollio Starszy i ambona w kościele św. Marii Magdaleny we Wrocławiu, in: Bogusław Czechowicz (Hg.), Śródmiejska katedra. Kościół św. Marii Magdaleny w dziejach i kulturze Wrocławia, Wrocław 2010, S. 429–459.

Harasimowicz 2010 b
Jan Harasimowicz, Reußendorf – Greiffenberg – Altkemnitz. Drei evangelische Pfarrkirchen der Familie Schaffgotsch im schlesischen Gebirgsland, in: Joachim Bahlcke/Ulrich Schmilewski/Thomas Wünsch (Hg.), Das Haus Schaffgotsch. Konfession, Politik und Gedächtnis eines schlesischen Adelsgeschlechts vom Mittelalter bis zur Moderne, Würzburg 2010, S. 267–290.

Harbison 1976
Craig Harbison, The last judgment in sixteenth century Northern Europe, New York/London 1976.

Harmsen 2007
Theodor Harmsen (Hg.), Jacob Böhmes Weg in die Welt: zur Geschichte der Handschriftensammlung, Übersetzungen und Editionen von Abraham Willemsz van Beyerland, Stuttgart 2007.

Hartmann 1994
Hans-Günther Hartmann, Traubenpokal, in: Stadtmuseum Bautzen – Regionalmuseum der sächsischen Oberlausitz – Bildführer, hg. v. der Sächsischen Landesstelle für Museumswesen und dem Stadtmuseum Bautzen, Bautzen 1994, S. 55, Nr. 45.

Hasselmeyer 2001
Lothar Hasselmeyer, Viergläsrige Sanduhren. Eine Spezialsammlung im Mathematisch- Physikalischen Salon, in: Dresdener Kunstblätter 3 (2001), S. 95–100.

Haupt 1951
Walther Haupt, Oberlausitzer Brakteatenfunde des 12. Jahrhunderts, Sonderdruck aus: Arbeits- und Forschungsberichte zur sächsischen Bodendenkmalpflege 1 (1951), S. 93–101.

Haupt 1954
Walther Haupt, Oberlausitzer Brakteatenfunde des 13. Jahrhunderts, in: Arbeits- und Forschungsberichte zur sächsischen Bodendenkmalpflege 4 (1954), S. 505–581.

Haupt 1974
Walter Haupt, Sächsische Münzkunde, Berlin 1974.

Heege 2002
Andreas Heege, Einbeck im Mittelalter. Eine archäologisch-historische Spurensuche (Studien zur Einbecker Geschichte 17), Oldenburg 2002.

Heinrich 1891
Theodor Heinrich, Die Siegel und Wappen der Stadt Görlitz. Sphragistisch-heraldischer Versuch, in: Neues Lausitzisches Magazin 67 (1891), S. 33–42.

Heitmann/Lucas 1992
Margret Heitmann/Franz D. Lucas, Stadt des Glaubens. Geschichte und Kultur der Juden in Glogau, 2. Aufl., Hildesheim 1992.

Heitmeyer 1988
Erika Heitmeyer, Das Gesangbuch von Johann Leisentrit 1567: Adaption als Merkmal von Struktur und Genese früher deutscher Gesangbuchlieder (Pietas liturgica: Studia 5), Diss. Osnabrück 1987, Ottilien 1988.

Held 1999
Wieland Held, Der Messeplatz Naumburg. Seine Geschichte und sein Verhältnis zur Leipziger Messe am Anfang des 16. Jahrhunderts, in: Zwahr/Topfstedt/Bentele 1999, S. 75–86.

Helke 2005
Gun-Dagmar Helke, Johann Esaias Nilson (1721–1788), Augsburger Miniaturmaler, Kupferstecher, Verleger und Kunstakademiedirektor, Diss. Halle/Wittenberg 2002 (Beiträge zur Kunstwissenschaft 82), München 2005.

Helm 1971
Johannes Helm, Johannes Kentmann 1518–1574, ein sächsischer Arzt und Naturforscher, Wiesbaden 1971.

Helmold 1963
Helmold von Bosau, Slawenchronik, neu übertragen v. Heinz Stoob (Ausgewählte Quellen zur deutschen Geschichte des Mittelalters 19), Darmstadt 1963.

Hennig 1988
Horst Hennig, Philipp Erasmus Reich (1717–1787). Verleger der Aufklärung und Reformer des deutschen Buchhandels, Leipzig 1988.

Henschel o. J.
August Wilhelm Eduard Theodor Henschel, Crato von Krafftheim's Leben und ärztliches Wirken, [Breslau] o. J.

Hentschel 1926
Walter Hentschel, Sächsische Plastik um 1500, Dresden 1926.

Hentschel 1948
Walter Hentschel, Ein unbekannter Cranach-Altar, in: Zeitschrift für Kunstwissenschaft 2 (1948), H. 3/4, S. 35–42.

Hentschel 1951
Walter Hentschel, Peter Breuer, Eine spätgotische Bildschnitzerwerkstatt (Forschungen zur Sächsischen Kunstgeschichte 1), Dresden 1951.

Hentschel 1955
Walter Hentschel, Kursächsischer Eisenkunstguss (Forschungen zur Sächsischen Kunstgeschichte 4), Dresden 1955.

Hentschel 1966
Walter Hentschel, Dresdner Bildhauer des 16. und 17. Jahrhunderts, Weimar 1966.

Hermann 1997
Matthias Hermann, Kamenz im Sechsstädtebund, in: 650 Jahre Sechsstädtebund der Oberlausitz. 1346–1996, Kamenz 1997, S. 9–30.

Herrmann/Weber 2004
Matthias Herrmann/Danny Weber (Hg.), Oberlausitz. Beiträge zur Landesgeschichte, Zittau/Görlitz 2004.

Herrmann 2007
Constanze Herrmann, Das Physikalische Kabinett in Görlitz. Die Sammlung des Adolf Traugott von Gersdorf (Schriftenreihe der Städtischen Sammlungen für Geschichte und Kultur N.F. 39), Görlitz/Zittau 2007.

Herzog 1997
Steffen Herzog, »... die hohe und die niedere Landstraß aus Polen undt Schlesien«. Augenschein-, Bild- und Streitkarten als Quellen der Altstraßenforschung, in: Aurig/Lässig/Herzog 1997, S. 109–129.

Hess 2006
Carsten Hess, Thietmar von Merseburg. Studien zu Herkunft, Alltag und Memorie eines Bischofs, Magisterarbeit Münster/Westfalen 2006.

Hessing 1968
Walter Hessing, Namen und Zahlenangaben des Bayrischen Geographen für den norddeutschen Raum aus kartografischer Sicht, Diss. Halle 1968.

Hickel 2001
Erika Hickel, Kaiserliches Privileg für einen Apotheker-Gehilfen im Jahre 1612: Johannes Büttner (1571–1634) in Görlitz, frühester Apotheker-Chemiker in Deutschland, in: Geschichte der Pharmazie 53 (2001), H. 2/3, S. 30.

Hilczerówna 1950/53
Zofia Hilczerówna, Przyczynki do handlu Polski z Rusią Kijowską, in: Przegląd Archeologiczny 9 (1950/53), S. 8–23.

Hintze/Masner 1911
Erwin Hintze/Karl Masner, Goldschmiedearbeiten Schlesiens. Eine Auswahl von Goldschmiedearbeiten schlesischer Herkunft oder aus schlesischem Besitze, Breslau 1911.

Hintze 1906
Erwin Hintze, Die Breslauer Goldschmiede, Breslau 1906.

Hintze 1912–16
Erwin Hintze, Schlesische Goldschmiede, erweitert durch ein Personen- und Markenregister, Nachdruck der Ausgaben von 1912 bis 1916, Osnabrück 1979.

Hintze 1921–1931
Erwin Hintze, Die deutschen Zinngießer und ihre Marken, 7 Bde., Leipzig 1921–1931.

Hittinger 2009
Dieter Hittinger, Tuchplomben. Warenzeichen des späten Mittelalters und der Neuzeit aus dem norddeutschen Küstengebiet, Aachen 2009.

Hoche 2004
Siegfried Hoche, Die Familien Emmerich und Horschel. Hintergründe zum Heiligen Grab in Görlitz, in: Görlitzer Magazin 17 (2004), S. 61–74.

Hoche 2007
Siegfried Hoche, Herzogtum Görlitz (1377–1396), in: Korunní zeme v dejinách ceského státu. 3. Rezidence a správní sídla v zemích Ceské koruny, Prag 2007, S. 403–413.

Hocquél 1989
Wolfgang Hocquél, Vom fränkischen Bauernhaus zum barocken Stadtpalast – Die großen Jahrhunderte des Leipziger Kaufmannshauses, in: »... die ganze Welt im Kleinen ...«, Kunst und Kunstgeschichte in Leipzig, Ernst Ullmann (Hg.), Leipzig 1989, S. 79–91.

Holenstein 1998
André Holenstein, Bittgesuche, Gesetze und Verwaltung. Zur Praxis »guter Policey« in Gemeinde und Staat des Ancien Régime am Beispiel der Markgrafschaft Baden(-Durlach), in: Peter Blickle (Hg.), Gemeinde und Staat im Alten Europa (Historische Zeitschrift, Beiheft N. F. 25), München 1998, S. 325–358.

Holzhausen 1966
Walter Holzhausen, Prachtgefäße. Geschmeide. Kabinettstücke. Goldschmiedekunst in Dresden, Tübingen 1966.

Homann 2007
Anne Homann, »Königswartha Subterranea«. Eine Ausgrabung im Zeitalter der Aufklärung, in: Görlitzer Magazin 20 (2007), S. 42–53.

Homann 2009/10
Anne Homann, Das bronzezeitliche Gräberfeld von Königswartha, Landkreis Bautzen, im forschungsgeschichtlichen Kontext, in: Arbeits- und Forschungsberichte zur sächsischen Bodendenkmalpflege 51/52 (2009/10), S. 213–263.

Homburg 1996
Heidrun Homburg, Ein kaufmännisches Unternehmen in der Oberlausitz: Abraham Dürninger & Co., in: Jahrbuch für Wirtschaftsgeschichte 2 (1996), S. 199–221.

Homburg 1999
Heidrun Homburg, Messeprivilegien und kaufmännische Praktiken. Theoretische Überlegungen der Politischen Ökonomie und empirische Befunde zur Dynamik des Handels in der Messestadt (17.–19. Jahrhundert), in: Zwahr/Topfstedt/Bentele 1999, S. 329–347.

Hommel 2006
Karsten Hommel, »Es gibt nur ein Paris in der Welt.« Edition der Reisetagebücher des Ritters Maximilian von Speck, Freiherrn von Sternburg (1776–1856), aus Anlass seines 150. Todesjahres und des 10-jährigen Bestehens der gleichnamigen Stiftung, Leipzig 2006.

Hoozema 1838
Lebenslauf des Bruders Wynand Hoozema, heimgegangen zu Herrnhut am 17ten October 1781, in: Nachrichten aus der Brüder-Gemeine 20 (1838), S. 752–772.

Hornung 1976
Zbigniew Hornung, Majster Pinsel snycerz: karta z dziejów polskiej rzeźby rokokowej, Wrocław 1976.

Horschik 1978
Josef Horschik, Steinzeug von Bürgel bis Muskau. 15. bis 19. Jahrhundert, Dresden 1978.

Huber 1995
Peter Huber, »Die schöneste Stuffe«. Handsteine aus fünf Jahrhunderten, in: Mineralien-Magazin Lapis (= Extra-Lapis 8), Gediegen Silber, München 1995, S. 58–67.

Huth 1975
Ernst Walter Huth, Die Entstehung und Entwicklung der Stadt Frankfurt (Oder), Berlin 1975.

Ikonografia Wrocławia 2009
Ikonografia Wrocławia, Katalog zbiorów, Piotr Łukaszewicz (Red.), 2 Bde., Wrocław 2009.

Ilgner 2000
Friedrich Christoph Ilgner, Schatten des praeceptoris Germaniae in Görlitz, in: Neues Lausitzisches Magazin 3 (2000), S. 73–86.

Illustrated Bartsch 1980,
The Illustrated Bartsch, Early German Artists, New York 1980.

Indycka 2005
Elżbieta Indycka, Unikatowy wczesnośredniowieczny rylec do pisania z Giecza, in: Lapides Viventes. Zaginiony Kraków wieków średnich. Księga dedykowana Profesor Klementynie Żurowskiej, Kraków 2005, S. 311–317.

Irmscher 1997
Johannes Irmscher, Die ersten zwei Jahrhunderte des Görlitzer Gymnasiums: Ein kurzer Abriß, in: 650 Jahre Oberlausitzer Sechsstädtebund. 1346–1996 (Mitteilungen des Zittauer Geschichts- und Museumsvereins 25), Bad Muskau 1997, S. 159 f.

Irmscher 1999
Johannes Irmscher, Melanchthon und die Oberlausitz, in: Sammeln – Erforschen – Bewahren [Sonderheft des Neuen Lausitzischen Magazins], Görlitz 1999, S. 260–263.

Jakubowski-Tiessen 2004
Manfred Jakubowski-Tiessen, Hallischer Pietismus und Herrnhutertum in Dänemark, in: Pietismus und Neuzeit 29 (2004), S. 101–133.

Janda-Bux 1954/55
Annegrete Janda-Bux, Katalog des Kunstbesitzes der Universität Leipzig mit besonderer Berücksichtigung des Gelehrtenporträts, in: Wissenschaftliche Zeitschrift der Karl-Marx-Universität Leipzig 4 (1954/55), Heft 1/2, S. 169–197.

Jecht 1892
Richard Jecht, Urkundliche Nachrichten über Georg Emmerich. Eine von der Oberlausitzischen Gesellschaft der Wissenschaften gekrönte Preisschrift, in: Neues Lausitzisches Magazin 68 (1892), S. 85–164.

Jecht 1894 a
Richard Jecht, Heinrich vom Dorfe, ein Görlitzer Bürger vor 600 Jahren (um 1280), in: Neues Lausitzisches Magazin 70 (1894), S. 153–163.

Jecht 1894 b
Richard Jecht, Geschichte von Görlitz bis um die Mitte des 13. Jahrhunderts, in: Neues Lausitzisches Magazin 70 (1894), S. 222–250.

Jecht 1906
Richard Jecht, Über die in Görlitz vorhandenen Handschriften des Sachsenspiegels und verwandter Rechtsquellen, Görlitz 1906.

Jecht 1907
Richard Jecht, Ein Schreiben Georg Emerichs aus Ofen vom Jahre 1478 und das damals gefährdete Waidstapelrecht der Görlitzer, in: Neues Lausitzisches Magazin 83 (1907), S. 249–256.

Jecht 1909
Richard Jecht, Quellen zur Geschichte der Stadt Görlitz bis 1600, Görlitz 1909.

Jecht 1913
Richard Jecht, Görlitz in der Franzosenzeit 1806–1815, Görlitz 1913.

Jecht 1916
Richard Jecht, Die wirtschaftlichen Verhältnisse der Stadt Görlitz im ersten Drittel des 19. Jahrhunderts, Görlitz 1916.

Jecht 1922–1926
Richard Jecht, Geschichte der Stadt Görlitz, Bd. 1, 1. Halbbd., Görlitz 1922–1926.

Jecht 1923
Horst Jecht, Beiträge zur Geschichte des ostdeutschen Waidhandels und Tuchmachergewerbes, in: Neues Lausitzisches Magazin 99 (1923), S. 55–98.

Jecht 1927–1934
Richard Jecht, Geschichte der Stadt Görlitz, Bd. 1, 2. Halbbd., Görlitz 1927–1934.

Jeruzal 1999
Sylwia Jeruzal, Tryptyk z Pławna, Magisterarbeit, Kraków 1999.

Jezierska 2008
Anna Jezierska, Wrocławska Rada Miejska w portretach Georga Scholtza Młodszego (Biblioteka Dawnego Wrocławia 3), Wrocław 2008.

Jiřík 1934 a
František X. Jiřík, České sklo, Praha 1934.

Jiřík 1934 b
František X. Jiřík, Kniha o skle, Praha 1934.

Jöcher 1750
Christian Gottlieb Jöcher, Allgemeines Gelehrten-Lexicon, Darinne die Gelehrten aller Stände sowohl männ- als auch weiblichen Geschlechts, welche vom Anfang der Welt bis auf ietzige Zeit gelebt, und sich der gelehrten Welt bekannt gemacht, Nach ihrer Geburt, Leben, merckwürdigen Geschichten, Absterben und Schriften aus den glaubwürdigsten Scribenten in alphabetischer Ordnung beschrieben Werden, Zweyter Theil, Leipzig 1750.

Joseph/Fellner 1896
Paul Joseph/Eduard Fellner, Die Münzen von Frankfurt am Main, Frankfurt 1896.

Just 2009
Jiří Just, Neue Quellen zur Geschichte der Brüderunität in der Zeit vor der Schlacht am Weißen Berg. Der Fund des Archivs von Matouš Konečný in Mladá Boleslav, in: Acta Comeniana, Heft 22/23 (2009), S. 249–287.

Kaczmarek 1998
Jarmila Kaczmarek, Wczesnośredniowieczne przedmioty szkliwione związane z magią z Kruszwicy, in: Kraje słowiańskie w wiekach średnich. Profanum i sacrum, Hanna Kóčka-Krenz/Władysław Łosiński (Red.), Poznań 1998, S. 549–560.

Kaczmarek-Löw 2010
Klara Kaczmarek-Löw, Wendel Roskopf – architekt wczesnego renesansu. Mity i rzeczywistość (Studia z Historii Kultury Europy Środkowej 1), Wrocław 2010.

Kahnt/Knorr 1986
Helmut Kahnt/Bernd Knorr, Alte Maße, Münzen und Gewichte, BI-Lexikon, Leipzig 1986.

Kahsnitz 1995/96
Rainer Kahsnitz, Veit Stoß, der Meister der Kruzifixe, in: Zeitschrift des Deutschen Vereins für Kunstwissenschaft 49/50 (1995/96), S. 128 f.

Kalinowski 1986
Konstanty Kalinowski, Rzeźba barokowa na Śląsku, Warszawa 1986.

Kammel 2010
Frank Matthias Kammel, Bergmannsstatuetten der Barockzeit. Profane Kleinbildwerke aus Sachsen, in: Anzeiger des Germanischen Nationalmuseums, Nürnberg 2010, S. 21–43.

Kapp 1886
Friedrich Kapp, Geschichte des Deutschen Buchhandels bis in das siebzehnte Jahrhundert, Bd. 1, Leipzig 1886.

Kappel/Weinhold 2007
Jutta Kappel/Ulrike Weinhold, Das Neue Grüne Gewölbe. Führer durch die ständige Ausstellung, München/Berlin 2007.

Kappel 2001
Jutta Kappel, Elfenbein. Einblicke in die Sammlung Reiner Winkler, hg. v. Deutschen Elfenbeinmuseum Erbach, Staatliche Kunstsammlungen Dresden, Städtische Galerie Liebieghaus Frankfurt a. M., Wolfratshausen 2001.

Kapser 1991
Cordula Kapser, Handel und Militär in Frankfurt zur Zeit des Dreißigjährigen Krieges, in: Rainer Koch (Hg.), Ausst.-Kat. Frankfurt a. M. 1991, Bd. 2, S. 140–146.

Karl 2009
Klaus Karl, Bestehen und Vergehen der Hohen Straße im Oschatzer Land, in: Neues Archiv für Sächsische Geschichte 80 (2009), S. 39–66.

Karpowicz 1994
Mariusz Karpowicz, Poznańska wystawa »Teatr i Mistyka«, in: Barok 1 (1994), S. 130.

Kasper 1993
Hanns-Heinz Kasper, Von der Saigerhütte zum Kupferhammer Grünthal 1537–1873, Olbernhau-Grünthal 1993.

Kaufhold 1996
Karl Heinrich Kaufhold, Messen und Wirtschaftsausstellungen 1650 bis 1914, in: Peter Johanek/Heinz Stoob (Hg.), Europäische Messen und Märktesysteme in Mittelalter und Neuzeit, Köln/Weimar/Wien 1996, S. 239–294.

Kaźmierczyk/Lodowski 1963
Józef Kaźmierczyk/Jerzy Lodowski, Z badań w rejonie placu Nowy Targ we Wrocławiu w latach 1960–1961, in: Sprawozdania Archeologiczne 15 (1963), S. 272–287.

Keil/Koch 2009
Joachim Keil/Uwe Koch, Zur Biografie von Gregorius Mättig, in: Jahresschrift, hg. v. Stadtmuseum Bautzen – Regionalmuseum der sächsischen Oberlausitz und der Dr.-Gregorius-Mättig-Stiftung 13 (2007 [erschienen 2009, Gregorius Mättig]), S. 43–76.

Keil 1849
Georg Keil, Catalog des Kupferstichwerkes von Johan Friedrich Bause: mit einigen Biografischen Notizen, Leipzig 1849.

Keil 1990
Joachim Keil, Dr. Gregor Mättig und sein Erbe in der Bautzener Stadtbücherei. Ein Beitrag zur Stadt und ihrer Bücherei, Bautzen 1990.

Keil 2000
Inge Keil, Augustanus Opticus. Johann Wiesel (1583–1662) und 200 Jahre optisches Handwerk in Augsburg (Colloquia Augustana 12), Berlin 2000.

Kenzler 2001
Hauke Kenzler, Archäologische Untersuchungen zum Kornmarkt in Zwickau (Veröffentlichungen des Landesamtes für Archäologie mit Landesmuseum für Vorgeschichte 32), Dresden 2001.

Kersken 2004
Norbert Kersken, Die Oberlausitz von der Gründung des Sechsstädtebundes bis zum Übergang an das Kurfürstentum Sachsen (1346–1635), in: Bahlcke 2004, S. 99–135.

Kirnbauer 1940
Franz Kirnbauer, Die Entwicklung des Markscheidewesens im Lande Österreich, in: Blätter für Technikgeschichte 7 (1940), S. 41 f.

Kirsch 2004
Kerstin Kirsch, Slawen und Deutsche in der Uckermark (Forschungen zur Geschichte und Kultur des östlichen Mitteleuropa 21), Stuttgart 2004.

Kirsche 2005
Albrecht Kirsche, Zisterzienser, Glasmacher und Drechsler. Glashütten in Erzgebirge und Vogtland und ihr Einfluss auf die Seiffener Holzkunst (Cottbuser Studien zur Geschichte von Technik, Arbeit und Umwelt 27), Münster/New York/München/Berlin 2005.

Kittelmann 1931
Erich Kittelmann, Geschichte der Görlitzer Zeitschriften und Zeitungen bis 1875, Diss. Leipzig, Friedland 1931.

Klecker 1997
Christine Klecker, Die Oberlausitzer Grenzurkunde. Landesausbau im Spannungsfeld von Landschaft und Herrschaftsbildung, in: Aurig/Lässig/Herzog 1997, S. 29–40.

Kluckert 1996
Ehrenfried Kluckert, Technik des Kunsthandwerks, in: Rolf Toman (Hg.), Kunst der Romanik, Köln 1996, S. 376.

Knauth 1765
Christian Knauth, Das Gymnasivm Avgvstvm zu Görlitz; in seiner alten und neuen inner- und äußerlichen Gestalt der verflossenen 200 Jahren, in: Sammlung der Jubelschriften, Reden, und Gedichte ... angestellten Jubelfeyerlichkeiten verfertiget worden, Görlitz 1765.

Koch 1907
Ernst Koch, Moskowiter in der Oberlausitz und M. Bartolomäus Scultetus in Görlitz. Kulturbilder aus der zweiten Hälfte des 16. Jahrhunderts, in: Neues Lausitzisches Magazin 83 (1907), S. 1–90.

Koch 1908
Ernst Koch, Moskowiter in der Oberlausitz und M. Bartolomäus Scultetus in Görlitz. Kulturbilder aus der zweiten Hälfte des 16. Jahrhunderts, in: Neues Lausitzisches Magazin 84 (1908), S. 41–109.

Koch 1909
Ernst Koch, Moskowiter in der Oberlausitz und M. Bartolomäus Scultetus in Görlitz. Kulturbilder aus der zweiten Hälfte des 16. Jahrhunderts, in: Neues Lausitzisches Magazin 85 (1909), S. 255–290.

Koch 1984
Johannes Hugo Koch, Mit Model, Krapp und Indigo. Vom alten Handdruck auf Kattun und Leinwand, Hamburg 1984.

Kochanowska-Reiche/Majewski 2003
Małgorzata Kochanowska-Reiche/Lech Majewski (Hg.), Mistyczne średniowiecze, Olszanica 2003.

Köhler 1840
Gustav Köhler, Ursprungsgeschichte der Stadt Görlitz, in: Neues Lausitzisches Magazin 18 (1840), S. 321–341.

Köhler 1973
Joachim Köhler, Das Ringen um die tridentinische Erneuerung im Bistum Breslau. Vom Abschluß des Konzils bis zur Schlacht am Weißen Berg 1564–1620 (Forschungen und Quellen zur Kirchen- und Kulturgeschichte Ostdeutschlands 12), Köln/Wien 1973.

Költsch 2006
Anke Költsch, Jüdische Konvertiten an der Universität Leipzig, in: Bausteine einer jüdischen Geschichte der Universität Leipzig, Stephan Wendehorst (Hg.), Simon-Dubnow-Institut Leipzig, Leipzig 2006, S. 445–450.

Köster 1961
Kurt Köster, Gottsbüren, das hessische Wilsnack. Geschichte und Kulturgeschichte einer mittelalterlichen Heiligblut-Wallfahrt im Spiegel ihrer Pilgerzeichen, in: Ekkehard Kaufmann (Hg.), Festgabe für Paul Kirn zum 70. Geburtstag dargebracht, Berlin 1961, S. 198–222.

Köster 1984
Kurt Köster, Mittelalterliche Pilgerzeichen, in: Wallfahrt kennt keine Grenzen. Themen zu einer Ausstellung des Bayerischen Nationalmuseums und des Adalbert Stifter Vereins, Lenz Kriss-Rettenbeck/Gerda Möller (Hg.), München/Zürich 1984.

Kostrzewski 1978
Bogdan Kostrzewski, Gród piastowski w Gieczu (Biblioteka Popularnonaukowa Muzeum Archeologiczne w Poznaniu 9), Poznań 1978.

Krause 1902
Max Krause, A. Borsig, Berlin 1837–1902, Festschrift zur Feier der 5000. Lokomotive, Berlin-Tegel 1902.

Kröger 2006
Rüdiger Kröger, Abraham Dürninger. Ein Herrnhuter Kaufmann (Schriften aus dem Unitätsarchiv II), Herrnhut 2006.

Krohn 1966
Margot Krohn, Friedrich Lucae, Schlesiens Chronist, in: Jahrbuch der Schlesischen Friedrich-Wilhelms-Universität zu Breslau 11 (1966), S. 63–104.

Krüger 1958
Herbert Krüger, Des Nürnberger Meisters Erhard Etzlaub älteste Straßenkarten von Deutschland, in: Jahrbuch für fränkische Landesforschung 18 (1958), S. 1–286, 379–407.

Krüger 2002
Kristina Krüger, Archäologische Zeugnisse zum mittelalterlichen Buch- und Schreibwesen nordwärts der Mittelgebirge (Universitätsforschungen zur prähistorischen Archäologie 91), Bonn 2002.

Krünitz 1773–1858
Johann Georg Krünitz, Oekonomisch-technologische Encyklopaedie, oder allgemeines System der Staats- Stadt- Haus- und Landwirthschaft, 242 Bde., 1773–1858.

Krzyszowski 1992
Andrzej Krzyszowski, Wstępne wyniki badań archeologicznych na wczesnośredniowiecznym cmentarzysku szkieletowym z X/XI-XI wieku w miejscowości Sowinki, gm. Mosina, woj. poznańskie, stanowisko 23A, in: Wielkopolskie Sprawozdania Archeologiczne 1 (1992), S. 83–102.

Krzyszowski 1995
Andrzej Krzyszowski, Ein reiches Gräberfeld aus dem 10./11. Jahrhundert in Sowinki bei Poznań, in: Slavia Antiqua 36 (1995), S. 49–71.

Krzyszowski 1996
Andrzej Krzyszowski/M. Stochaj/R. Pawłowski/A. Welz, Identyfikacja płci osobnika odkrytego na cmentarzysku z X/XI wieku w Sowinkach k/Poznania na podstawie badań genetycznych szczątków włosów, in: Przegląd Antropologiczny 59 (1996), S. 97–100.

Krzyszowski 1997
Andrzej Krzyszowski, Frühmittelalterliches Grab eines Kaufmannes aus Sowinki bei Poznań in Großpolen, Germania 75 (1997), 2. Halbbd., S. 639–667.

Krzyszowski 2000
Andrzej Krzyszowski, Klappwaage mit Gewichtssatz Sowinki, Kr. Poznań, in: Ausst.-Kat. Budapest/Kraków/Berlin 2000, S. 124.

Kügler 2007
Martin Kügler, Handwerker und Gelehrter, Sammler und Mäzen. Wenceslaus Buhlen (1619–1685) aus Breslau im Spiegel seiner Leichenpredigt, in: Silesia Nova 4 (2007), H. 2, S. 75–83.

Kühn 1938
Siegfried Kühn, Der Hirschberger Leinwand- und Schleierhandel von 1648–1806, Diss. Breslau 1936 (Breslauer Historische Forschungen 7), Breslau 1938.

Kühne/Lambacher/Vanja 2008
Hartmut Kühne/Lothar Lambacher/Konrad Vanja (Hg.), Das Zeichen am Hut im Mittelalter. Europäische Reisemarkierungen. Symposium in Memoriam Kurt Köster (1912–1986) und Katalog der Pilgerzeichen im Kunstgewerbemuseum und im Museum für Byzantinische Kunst der Staatlichen Museen zu Berlin (Europäische Wallfahrtsstudien 4, Schriftenreihe Museum Europäischer Kulturen 5), Frankfurt a. M. u. a. O. 2008.

Kuna/Pohl 2006
Meinhard Kuna/N. Pohl (Hg.), Julius L. Weisbach (1806–1871) (Freiberger Forschungsheft D 222 Geschichte), Freiberg 2006.

Kundmann 1738
Johann Christian Kundmann, Silesii in Nummis, oder berühmte Schlesier in Münzen, Breslau/Leipzig 1738.

Kunsthandwerk 1981
Kunsthandwerk der Gotik und Renaissance, Staatliche Kunstsammlungen Dresden, Museum für Kunsthandwerk Schloß Pillnitz, Klaus-Peter Arnold (Red.), Dresden 1981.

Kunze 1980
Rolf Kunze, Von der königlichen Kunstkammer zur Bergmannsstube, in: Sächsische Heimatblätter 1 (1980), S. 1–12.

Kurras 1987
Lotte Kurras (Hg.), Zu gutem Gedenken, kulturhistorische Miniaturen aus Stammbüchern des Germanischen Nationalmuseums 1570–1770, Germanisches Nationalmuseum Nürnberg, München 1987.

Kurras 1988
Lotte Kurras, Die Handschriften des Germanischen Nationalmuseums Nürnberg, Bd. 5: Die Stammbücher, T. 1: Die bis 1750 begonnenen Stammbücher, Wiesbaden 1988.

Kurras 1994
Lotte Kurras, Die Handschriften des Germanischen Nationalmuseums Nürnberg, Bd. 5: Die Stammbücher, T. 2: Die 1751–1790 begonnenen Stammbücher, Wiesbaden 1994.

Kurtze 1996
Gerhard Kurtze, Philipp Erasmus Reich. »Erster Buchhändler der Nation«, in: Die großen Leipziger. 26 Annäherungen, Vera Hauschild (Hg.), Frankfurt a. M./Leipzig 1996, S. 144–153.

Kusch 2003
Reinhard Kusch, Stadtgründung, Stadtregiment, Handel, Hanse, in: Ausstellungskatalog Junkerhaus, hg. v. Museum Viadrina Frankfurt (Oder), Frankfurt (Oder) 2003, S. 17–34.

Kutal 1971
Albert Kutal, Gotische Kunst in Böhmen, Praha 1971.

Lafrenz/Overhageböck/Stracke 2009
Jürgen Lafrenz/Dieter Overhageböck (Kart.)/Daniel Stracke (Red.), Deutscher Historischer Städteatlas, Nr. 3: Herrnhut & Herrnhuter Siedlungen/Moravian Settlements, Münster 2009.

Lange 1925
Walter Lange, Das erste Halbjahrtausend der Kürschner-Innung zu Leipzig 1423–1923: Eine Würdigung, Leipzig 1925.

Launert 1985
Edmund Launert, Parfüm und Flakons. Kostbare Gefäße für erlesenen Duft, aus der Sammlung Schwarzkopf und europäischen Museen, München 1985.

Lehmann 1686
Georg Lehmann, Der rechte Israelite [...] Leichbestattung [...] Wenceslai Buhlens, Leipzig: C. Fleischer, 1686.

Lehmstedt 1986
Mark Lehmstedt, Anton Graff und die Reich'sche Porträtsammlung, in: Anton Graff. Selbstbildnis vor der Staffelei (Meisterwerke aus dem Museum der bildenden Künste 2), Leipzig 1986, S. 41–52.

Lehmstedt 1989
Mark Lehmstedt, »Ich bin nicht gewohnt, mit Künstlern zu dingen ...«, Philipp Erasmus Reich und die Buchillustration im 18. Jahrhundert, Leipzig 1989.

Leisentrit 1567
Johann Leisentrit, Gesangbuch von 1567, Faksimile der Ausgabe von 1567 mit einem Nachwort von Walter Lipphardt, Leipzig 1966.

Leisering 2000
Eckhart Leisering (Bearb.), hg. v. Sächsisches Hauptarchiv Dresden, Die Wappen der Kreisfreien Städte und Landkreise im Freistaat Sachsen (Veröffentlichungen der Sächsischen Archivverwaltung B, Kleine Schriften 1), Halle 2000.

Lemper 1974
Ernst-Heinz Lemper, Adolf Traugott von Gersdorf (1744–1807). Naturforschung und soziale Reformen im Dienste der Humanität, Berlin 1974.

Lemper 1976
Ernst-Heinz Lemper, Jakob Böhme. Leben und Werk, Berlin 1976.

Lemper 1990
Ernst-Heinz Lemper, Der Schrein der Görlitzer Tuchknappen im Kaisertrutz, in: Görlitzer Magazin 4 (1990), S. 76–78.

Lemper 1991
Ernst-Heinz Lemper, Zum Bildnis des Görlitzer Gymnasialrektors Samuel Grosser, in: Görlitzer Magazin 5 (1991), S. 98–101.

Lemper 1995
Ernst-Heinz Lemper, Der Kaisertrutz – eine spätmittelalterliche Bastion im System der Görlitzer Stadtbefestigungen, in: Burgenforschung aus Sachsen 7 (1995), S. 8–32.

Lemper 1996 a
Ernst-Heinz Lemper, Geschichte und kulturhistorische Bedeutung der Görlitzer Brauhöfe, in: Görlitzer Magazin 10 (1996), S. 25–47.

Lemper 1996 b
Ernst-Heinz Lemper, Anfänge akademischer Sozietäten in Görlitz und Bartholomäus Scultetus (1540–1614), in: Klaus Garber u. a. (Hg.), Europäische Sozietätsbewegung und demokratische Tradition: Die europäischen Akademien der Frühen Neuzeit zwischen Frührenaissance und Spätaufklärung (Frühe Neuzeit 27), Tübingen 1996, S. 1152–1178.

Lemper 2011
Ernst-Heinz Lemper, Görlitz. Eine historische Topographie, Görlitz/Zittau 2001.

Lendenmann 1999
Fritz Lendenmann, Die Schweiz und die Leipziger Messen, in: Zwahr/Topfstedt/Bentele 1999, S. 403–411.

Lerner 1987 a
Franz Lerner, Aus der Geschichte des Frankfurter Benderhandwerks, in: ders., Mit Gunst, Meister und Gesellen eines ehrbaren Handwerks (Schriften des Historischen Museums Frankfurt am Main 18), Frankfurt a. M. 1987, S. 42–73.

Lerner 1987 b
Franz Lerner, Die Bendermachen an Fastnacht ein Faß auf dem zugefrorenen Main, in: ders., Mit Gunst, Meister und Gesellen eines ehrbaren Handwerks (Schriften des Historischen Museums Frankfurt am Main 18), Frankfurt a. M. 1987, S. 107–115.

Lerner 1987 c
Franz Lerner, Eine Bruderschaft Benderknechte zu Frankfurt am Main, in: ders., Mit Gunst, Meister und Gesellen eines ehrbaren Handwerks (Schriften des Historischen Museums Frankfurt am Main 18), Frankfurt a. M. 1987, S. 89–91.

Lichtenberg 2009
Paul von Lichtenberg, Mohn & Kothgasser. Transparent bemaltes Biedermeierglas – transparent-enamelled Biedermeier glass, München 2009.

Lileyko 2000
Jerzy Lileyko (Hg.), Sztuka ziem wschodnich Rzeczypospolitej XVI–XVIII w., Lublin 2000.

Linck 1783–1787
Johann Heinrich Linck, Index musaei Linckiani, oder kurzes systematisches Verzeichniß der vornehmsten Stücke der Linckischen Naturaliensammlung zu Leipzig, 3 Bde., Leipzig 1783–1787.

Lindenau 2007
Katja Lindenau, Brauen und Herrschen. Die städtischen Braubürger als städtische Elite im Spätmittelalter und der frühen Neuzeit (Schriften zur Sächsischen Geschichte und Volkskunde 22), Leipzig 2007.

Lindinger 2000
Stefan Lindinger, Christoph Kaufmann, in: Biographisch-Bibliographisches Kirchenlexikon, Band XVII (2000), Spalten 771–776.

Lippelt 1973
Helmut Lippelt, Thietmar von Merseburg. Reichsbischof und Chronist (Mitteldeutsche Forschungen 72), Köln/Wien 1973.

Lipphardt 1963
Walter Lipphardt, Johann Leisentrits Gesangbuch von 1567 (Studien zur katholischen Bistums- und Klostergeschichte 5), Leipzig 1963.

Llompart 1961
Gabriel Llompart, El sombrero de peregrinación compostelana de Stephan Praun III (1544–1591), in: Revista de Dialectologia y Tradiciones Populares XVII (1961), H. 3, S. 321–329.

Loesch 2003
Perk Loesch, Der Freundschaft Denkmal, Stammbücher und Poesiealben aus fünf Jahrhunderten im Bestand der Sächsischen Landesbibliothek (Schriftenreihe der Sächsischen Landesbibliothek – Staats- und Universitätsbibliothek Dresden 8), Dresden 2003.

Łomnicka-Żakowska 1997
Ewa Łomnicka-Żakowska, Graficzne portrety Augusta II i Augusta III Wettynów, Zbiorach Muzeum Narodowego w Warszawie, Warszawa 1997.

Loose 1904
Wilhelm Loose, Das Meißner Rathaus, in: Mitteilungen des Vereins für Geschichte der Stadt Meißen 6 (1904), S. 100–118.

Loschek 1988
Ingrid Loschek, Reclams Mode- und Kostümlexikon, Stuttgart 1988.

Lucae 1689
Friedrich Lucae, Schlesiens curieuse Denckwürdigkeiten [...], 3 Bde., Frankfurt a. M. 1689.

Lück 2002
Heiner Lück, Die Dresdner Bilderhandschrift des Sachsenspiegels, Interimskommentar, Graz 2002.

Lück 2005
Heiner Lück, Über den Sachsenspiegel. Entstehung, Inhalt und Wirkung des Rechtsbuches (Veröffentlichungen der Stiftung Dome und Schlösser in Sachsen-Anhalt 1), 2. Aufl., Halle/S. 2005.

Lück 2006
Heiner Lück, Eike von Repgow. Sachsenspiegel. Die Dresdner Bilderhandschrift Mscr. Dresd. M 32. Vollständige Faksimile-Ausgabe, II., Textband, Graz 2006.

Lück 2009
Heiner Lück, Der Beitrag Eike von Repgow zur Verwissenschaftlichung und Professionalisierung des Rechts im 13. Jahrhundert, in: Matthias Puhle (Hg.), Aufbruch in die Gotik: der Magdeburger Dom und die späte Stauferzeit, Landesausstellung Sachsen-Anhalt, Kulturhistorisches Museum Magdeburg, Bd. 1, Essays, Mainz 2009, S. 300–311.

Lück 2011
Heiner Lück (Hg.), Dresdner Sachsenspiegel, Aufsätze und Untersuchungen (Codices selecti 107), Graz 2011.

Ludwig 1994
Jörg Ludwig, Der Handel Sachsens nach Spanien und Lateinamerika 1760–1830. Warenexport, Unternehmerinteressen und staatliche Politik, Veröffentlichungen des Sächsischen Wirtschaftsarchivs (Reihe A: Beiträge zur Wirtschaftsgeschichte Sachsens 1), Leipzig 1994.

Ludwig 1998
Jörg Ludwig, Amerikanische Kolonialwaren in Sachsen 1700–1850. Politik, wirtschaftliche Entwicklung und sozialer Wandel (Beiträge zur Universalgeschichte und vergleichenden Gesellschaftsforschung 8), Leipzig 1998.

Ludwig 1999
Jörg Ludwig, Die Leipziger Messe in den ersten Jahrzehnten des Zollvereins (1834–1860), in: Zwahr/Topfstedt/Bentele 1999, S. 351–365.

Lutz 1977
Wolf Rudolf Lutz, Heinrich der Erlauchte (1218–1288), Markgraf von Meißen und der Ostmark (1221–1288), Landgraf von Thüringen und Pfalzgraf von Sachsen (1247–1263) (Erlanger Studien 17), Erlangen 1977.

Machilek 1990
Franz Machilek, Schlesien, in: Anton Schindling/Walter Ziegler (Hg.), Die Territorien des Reichs im Zeitalter der Reformation und der Konfessionalisierung. Land und Konfession 1500–1650 (Katholisches Leben und Kirchenreform im Zeitalter der Glaubensspaltung 50), Bd. 2: Der Nordosten, Münster 1990, S. 102–138.

Mager 1990
Johannes Mager, Johann Gottfried Borlach. Ein biographischer Abriß anläßlich seines 300. Geburtstages, Technisches Halloren- und Salinemuseum, Halle 1990.

Magirius/Mai/Trajkovits/Werner 1995
Heinrich Magirius/Hartmut Mai/Thomas Trajkovits/Winfried Werner (Bearb.), hg. v. Landesamt für Denkmalpflege Sachsen, Stadt Leipzig. Die Sakralbauten. Mit einem Überblick über die städtebauliche Entwicklung bis 1989 (Die Bau- und Kunstdenkmäler von Sachsen), 2 Bde., München/Berlin 1995.

Magirius 1971
Heinrich Magirius, Die Stiftskirche zu Karl-Marx-Stadt/Ebersdorf (Das christliche Denkmal 82), Berlin 1971.

Maierbacher-Legl 2009
Gerdi Maierbacher-Legl, Die Herrnhuter und ihr Sinn für die nützliche Kunst, in: David Roentgen, Möbelkunst und Marketing im 18. Jahrhundert, Regensburg 2009, S. 183–197.

Maisel 1982
Witold Maisel, Archeologia prawna Polski, Warszawa 1982.

Majer 1979
V. E. Majer, Soziale und ökonomische Wandlungen im Bereich der Waidproduktion und des Waidhandels in Deutschland während des 14. bis 17. Jahrhunderts, in: Werner Mägdefrau (Hg.), Europäische Stadtgeschichte in Mittelalter und früher Neuzeit, Weimar 1979, S. 227–236.

Malarstwo śląskie 2009
Marek Pierzchała/Ewa Houszka/Beata Lejman/ Piotr Łukaszewicz (Red.), Malarstwo śląskie 1520–1800, Bestandskatalog, Muzeum Narodowe we Wrocławiu, Wrocław 2009.

Malgouyres 2010
Philippe Malgouyres, Ivoires de la Renaissance et des Temps modernes. La collection du musée du Louvre, Montreuil 2010.

Malpas 1989
Evelyn Malpas, Lighter than Air. Two hundred years of ballooning in numismatics, London 1989.

Maniurka 1997
Piotr Paweł Maniurka, Mater Matris Domini Św. Anna Samotrzeć w gotyckiej rzeźbie śląskiej, Opole 1997.

Marek/Topfstedt 2009
Michaela Marek/Thomas Topfstedt (Hg.), Geschichte der Universität Leipzig 1409–2009, Bd. 5, Geschichte der Leipziger Universitätsbauten im urbanen Kontext, Leipzig 2009.

Markgraf 1900
Hermann Markgraf, Die Bilder der Breslauer Ratsherren von 1667, in: Schlesiens Vorzeit in Bild und Schrift, N.F. 1 (1900), S. 88 f.

Marperger 1711/1968
Paul Jacob Marperger, Beschreibung der Messen und Jahr-Märkte, Neudruck der Ausgabe Leipzig 1711, Frankfurt a. M. 1968.

Marquart 2009
Uta Marquart, »... und hat sein Testament und letzten Willen also gemacht«. Görlitzer Bürgertestamente des 16. Jahrhunderts (Historische Studien; Bereich Landes- und Regionalgeschichte 1), Leipzig 2009.

Marsch 2005
Angelika Marsch, Die Schmiedeberger Bildverlage Friedrich August Tittel, Carl Theodor Mattis, Carl Julius Rieden und Ernst Wilhelm Knippel, in: Berichte und Forschungen 13 (2005), S. 87–108.

Maué 2005
Claudia Maué, Die Bildwerke des 17. und 18. Jahrhunderts im Germanischen Nationalmuseum Nürnberg, Bestandskatalog, Teil 2: Bayern, Österreich, Italien, Spanien, Mainz 2005.

Mayer-Meintschel 1966
Annaliese Mayer-Meintschel, Niederländische Malerei, 15. und 16. Jahrhundert, Gemäldegalerie Alte Meister, Dresden 1966.

McConnell 2007
Anita McConnell, Jesse Ramsden (1735–1800): London's Leading Scientific Instrument Maker, Aldershot (UK) 2007.

Mechelk 1970
Harald Werner Mechelk, Stadtkernforschung in Dresden (Forschungen zur ältesten Entwicklung Dresdens 4), Berlin 1970.

Meinert 2004
Till Meinert, Die Heilig-Grab-Anlage in Görlitz. Architektur und Geschichte eines spätmittelalterlichen Bauensembles, Diss. FU Berlin 2002, Essen 2004.

Meister 1894
Ferdinand Meister, Artikel »Trotzendorf«, in: Allgemeine Deutsche Biographie (ADB) 38 (1894), S. 661–667.

Meisterwerke 1999
Meisterwerke aus dem Grassimuseum Leipzig, Museum für Kunsthandwerk, Halle 1999.

Melzer 2010
Christien Melzer, Von der Kunstkammer zum Kupferstich-Kabinett, Zur Frühgeschichte des Graphiksammelns in Dresden, Diss. Dresden 2009 (Studien zur Kunstgeschichte 184), Hildesheim/Zürich/New York 2010.

Mende 2004
Matthias Mende, Hans Dürer (1490–1534), in: Fränkische Lebensbilder 20 (2004) (Veröffentlichungen der Gesellschaft für Fränkische Geschichte, Reihe 7A), S. 46 f.

Mendykowa 1975
Aleksandra Mendykowa, Książka polska we wrocławiu w XVIII w., Wrocław 1975.

Menzhausen 1982
Ingelore Menzhausen, Das Älteste aus Meißen. Böttgersteinzeug und Böttgerporzellan, in: Meißen. Frühzeit und Gegenwart. Johann Friedrich Böttger zum 300. Geburtstag, hg. v. Staatliche Kunstsammlungen Dresden/VEB Staatliche Porzellan-Manufaktur Meißen, Dresden 1982, S. 83–116.

Menzhausen 1988
Ingelore Menzhausen, Alt-Meißner Porzellan in Dresden, Berlin 1988.

Mettele 2009
Gisela Mettele, Weltbürgertum oder Gottesreich. Die Herrnhuter Brüdergemeine als globale Gemeinschaft 1727–1857 (Bürgertum N.F. 4), Göttingen 2009.

Meyer 2000
Dietrich Meyer, Zinzendorf und die Herrnhuter Brüdergemeine 1700–2000, Göttingen 2000.

Michalski 1977
Sergiusz Michalski/Seyfrieda Rybischa/Tobiasza Fendta, »Monumenta sepulcrorum cum epigraphis« [...], in: O ikonografii swieckiej doby humanizmu: tematy, symbole, problemy, Elżbieta Karwowska (Red.), Warszawa 1977, S. 77–158.

Mierzejewski/Sachanbiński/Wierzbicki 2003
Michał P. Mierzejewski/Michał Sachanbiński/ Zbigniew Wierzbicki, Zarys historii nauk mineralogicznych i Geologicznych na Uniwersytecie Wrocławskim w latach 1811–1945, in: Historia nauk geologicznych na Uniwersytecie Wrocławskim 1811–2003, Andrezej Grodzicki (Red.), Wrocław 2003.

Miethke 2004
Jürgen Miethke, Die Studenten unterwegs, in: Studieren an mittelalterlichen Universitäten, Chancen und Risiken, Leiden/Boston 2004, S. 133–156.

Minksztym 2010
Joanna Minksztym, Znak pielgrzymki. Kapelusz pielgrzyma do Santiago de Compostela ze zbiorów Muzeum Etnograficznego w Poznaniu – stan badań, in: Camino de Santiago. Szkice historyczne do peregrynacji i dziejów kultu Św. Jakuba, Andrzej Wyrwa (Red.), Muzeum Pierwszych Piastów na Lednicy, Lednica 2010, S. 45–54.

Mitteilungen 1835–1847
Mitteilungen des Königlich-Sächsischen Vereins für Erforschung und Erhaltung vaterländischer Alterthümer, Dresden 1835–1847.

Mittelscheid 1998
Karl Otto Mittelscheid, Die Gewichte in den deutschen Münzwaagen des 18. und 19. Jahrhunderts, in: Maß und Gewicht, Zeitschrift für Metrologie 46 (1998), S. 1103–1114.

Muchall-Viebroock 1953
Thomas Muchall-Viebroock, Art. Bause, in: NDB 1 (1953).

Müller/Kölling 1982
Heinrich Müller/Hartmut Kölling, Europäische Hieb- und Stichwaffen: aus der Sammlung des Museums für Deutsche Geschichte, 2. Aufl., Berlin 1982.

Müller 1912
J[oseph] T[heodor] Müller (Bearb.), Erzählung der mährischen Exulanten in Herrnhut von ihrer Herkunft, in: Zeitschrift für Brüdergeschichte 6 (1912), S. 186–195.

Müller 1921
Kurt Müller (Hg.), Gedenkbuch zum Löbauer Stadtjubiläum, Löbau 1921.

Müller 1922–1931
Joseph Theodor Müller, Geschichte der Böhmischen Brüder, 3 Bde., Herrnhut 1922–1931.

Müller 1929
Reinhard Müller, Christoph Ertel, ein Zittauer Goldschmied, in: Zittauer Geschichtsblätter 6 (1929), Nr. 12, S. 45–47.

Müller 1933
Reinhard Müller, Die älteste deutsche Zinnmarkentafel, in: Schlesiens Vorzeit in Bild und Schrift, N.F. 10 (1933), S. 87–91.

Müllers 1977
Rose Müllers, Blau mit weißen Blumen. Geschichte und Technologie des Blaudrucks, Münster 1977.

Musiałowski 1985
Adam Musiałowski, Tłoki mennicze w zbiorach Muzeum Okręgowego w Toruniu, in: Prace i Materiały Muzeum Archeologicznego i Etnograficznego w Łodzi, Seria Numizmatyczna i Konserwatorska 4 (1984), Łódź 1985, S. 61–66.

Nachrichten 1777
Nachrichten von der die Churfürstl. Sächs. Sechs-Stadt Görlitz im Jahre 1641 betroffenen Belagerung, Görlitz 1777.

Nadolski 1983
Dieter Nadolski, Altes Gebrauchszinn. Aussehen und Funktion über 6 Jahrhunderte, Leipzig 1983.

Nadolski 1986
Dieter Nadolski, Zunftzinn, Formenvielfalt und Gebrauch bei Fest und Alltag des Handwerks, Leipzig 1986.

Nahlik 1978
Adam Nahlik, Z dziejów tkactwa na Dolnym Śląsku, Wrocław 1978.

Napp 2006
Thomas Napp, Das Görlitzer Musikleben zwischen 1570 und 1650. Eine institutionsgeschichtliche Fallstudie der bürgerlichen Musikkultur im Oberlausitzer Sechsstädtebund, in: Peter Wollny (Hg.), Jahrbuch der ständigen Konferenz mitteldeutsche Barockmusik 2005, Beeskow 2006, S. 327–337.

Napp 2007
Thomas Napp, Das Görlitzer bürgerliche Musikleben in der ersten Hälfte des 17. Jahrhunderts. Mit der Beschreibung einer musikikonographischen Quelle, in: Peter Wollny (Hg.), Die Oberlausitz. Eine Grenzregion der mitteldeutschen Barockmusik, Beeskow 2007 (Jahrbuch der ständigen Konferenz mitteldeutsche Barockmusik), S. 107–116.

Napp 2008
Thomas Napp, Johannes Nucius in Görlitz – Johannes Nucius w Zgorzelcu, in: Johannes Nucius – Epoka, duchowość, życie i twórczość, Remigiusz Pośpiech/Piotr Tarlinski (Hg.), Opole 2008, S. 241–258.

Napp 2011
Thomas Napp, Musikalische Transferprozesse zwischen Prag und der Oberlausitz um 1600 – mit einer Rückdatierung der »Newen Deutschen Lieder« des Christoph Demantius, in: Lenka Mráčková (Hg.), Konferenzbericht »Musical Culture of the Czech Lands and Central Europe before 1620«, Karls-Universität Prag, 23. – 26. August 2006 [im Druck].

Neubert/Stein 1958
Carl Neubert, Walther Stein, Plan- und Rißkunde. Band I, Bergakademie Freiberg, Hauptabteilung Fernstudium, Berlin 1958.

Neudörffer 1547
Georg Wolfgang Karl Lochner (Hg.), Des Johann Neudörffer Schreib- und Rechenmeisters zu Nürnberg Nachrichten von Künstlern und Werkleuten daselbst aus dem Jahre 1547, nebst der Fortsetzung des Andreas Gulden (Quellenschriften für Kunstgeschichte und Kunsttechnik des Mittelalters und der Renaissance 10), Wien 1875.

Neumann 1850
Theodor Neumann, Geschichte von Görlitz, Görlitz 1850.

New Hollstein
Friedrich W. H. Hollstein (Hg.), German engravings, etchings and woodcuts 1400–1700, Neue Folge (New Hollstein), Rotterdam 1954.

Newman 1999
Michael Newman, Napoleonische Ikonographie außerhalb Frankreichs, in: Keramik-Freunde der Schweiz, Mitteilungsblatt Nr. 112 (1999), S. 5–43.

Niederfeilner 2005
Alexander Niederfeilner, Die Ausgrabungen Freiberg »Theaterquartier«. Arbeits- und Forschungsberichte zur sächsischen Bodendenkmalpflege 47 (2005), S. 151–175.

Niehr 1992
Klaus Niehr, Die mitteldeutsche Skulptur der ersten Hälfte des 13. Jahrhunderts, Diss. Bonn 1987 (Artefact 3), Weinheim 1992.

Niesiołowska-Wędzka 1972
Anna Niesiołowska-Wędzka, Rylce, in: Słownik Starożytności Słowiańskich 4 (1972), Teil 2, S. 627.

NLM
Neues Lausitzisches Magazin, Zeitschrift der Oberlausitzischen Gesellschaft der Wissenschaften, Görlitz, Zittau, Laufzeit: 1.1822–13.1835; N.F. 1 = 14.1836–9 = 22.1844; 23.1846–119.1943; N.F. = [3.F.] 1.1998-.

North 2005
Michael North, Von der Atlantischen Handelsexpansion bis zu den Agrarreformen (1450–1815), in: ders. (Hg.), Deutsche Wirtschaftsgeschichte. Ein Jahrtausend im Überblick, 2. Aufl., München 2005, S. 112–196.

Obendorfer 1944
Brigitte Obendorfer, Schlesischer Blaudruck, Diss. Breslau 1944.

Oettel 1987
Gunter Oettel, Die spätslawische Pechsiederei und Grubenköhlerei im Wermsdorfer Forst, Kr. Oschatz, in: Arbeits- und Forschungsberichte zur sächsischen Bodendenkmalpflege 31 (1987), S. 283–324.

Oettrich 1709
Gottlob Oettrich, Richtiges Verzeichniß derer Verstorbenen nebst Ihren Monumenten, und Epitaphien, welche inwendig in hiesiger Kirchen zu St. Sophien ihre Ruhe gefunden [...], Dresden 1709.

Ostrowski 1899
Juliusz Ostrowski, Księga herbowa rodów polskich, Bd. 8 (1899).

Oszczanowski/Gromadzki 1995
Piotr Oszczanowski/Jan Gromadzki, Theatrum Vitae et Mortis, Graphik, Zeichnung und Buchmalerei in Schlesien 1550–1650, Muzeum Historyczne, Wrocław 1995.

Oszczanowski 2000
Piotr Oszczanowski, »Ostatnia Wieczerza« z 1537 roku – zaginiony obraz z wrocławskiego Ratusza, in: Jan Harasimowicz (Hg.), Sztuka i dialog wyznań w XVI i XVII wieku. Materiały Sesji Stowarzyszenia Historyków Sztuki Wrocław 1999, Warszawa 2000, S. 131–144.

Oszczanowski 2001
Piotr Oszczanowski, Gerhard Hendrik z Amsterdamu (1559–1615). Życie i twórczość wrocławskiego rzeźbiarza, Diss. Wrocław 2001.

Otero 1998
J. Suárez Otero, Peregrinación e comercio: artesanía medieval Compostelá en Europa; Peregrinación y comercio: artesanía medieval Compostelana en Europa, in: Francisco Singul (Hg.), Pratería e acibeche en Santiago de Compostela. Obxectos litúrxicos e devocionais para o rito sacro e a peregrinación (ss. IX–XX), Santiago 1998, S. 99–124 (mit falscher Zuschreibung).

Otto 1803
Gottlieb Friedrich Otto, Lexikon der seit dem funfzehenden Jahrhunderte verstorbenen und jetzt lebenden Oberlausitzischen Schriftsteller und Künstler, 3 Bde., Görlitz 1803.

Overmann 1912
Alfred Overmann, Die älteren Kunstdenkmäler der Plastik, der Malerei und des Kunstgewerbes der Stadt Erfurt, Erfurt 1912.

Paas 2001
John Roger Paas, Zur überregionalen Arbeit eines Ausgburger Kupferstechers – Philipp Kilians Beitrag zu Germanus Vratislaviae Decor 1667, in: ders. (Hg.), Augsburg, die Bilderfabrik Europas. Essays zur Augsburger Druckgraphik der Frühen Neuzeit (Schwäbische Geschichtsquellen und Forschungen 21), Augsburg 2001, S. 79–92.

Partsch 1928
C. Partsch, Der Preusslerhumpen, in: Schlesiens Vorzeit im Bild und Schrift, N.F. 9 (1928), S. 121–130.

Paulsen 2011
Adolf Paulsen, Karl Gottlob Anton 1751–1818. Zum 250. Geburtstag des Initiators der Oberlausitzischen Gesellschaft der Wissenschaften zu Görlitz, in: Neues Lausitzisches Magazin N.F. 4 (2011), S. 131–146.

Peschek 1834/37
Christoph Adolph Pescheck, Handbuch der Geschichte von Zittau, 2 Bde., Zittau 1834/37.

Peschek 1857
Christian Adolf Peschek, Die böhmischen Exulanten in Sachsen, Leipzig 1857.

Petr 1989
Jan Petr, Abraham Frencel, Bautzen 1989.

Petraschek/Herr 1934
Walter Emil Petrascheck/O. Herr, Die Kupferlagerstätte von Ludwigsdorf bei Görlitz, in: Abhandlungen der Naturforschenden Gesellschaft zu Görlitz 32 (1934), H. 2, S. 55–61.

Petry 1935
Ludwig Petry, Die Popplau: eine schlesische Kaufmannsfamilie des 15. und 16. Jahrhunderts, Breslau 1935.

Peuckert 1957
Will-Erich Peuckert, [Vorwort zu Bd. 9] Jacob Böhme: Sämtliche Schriften, Faksimile-Neudruck der Ausgabe von 1730 (Neunter Band, Abt. XVIII. Quaestiones theosophicae [...] (1624)/XIX. Tabulae principiorum [...] (1624)/XX. Clavis [...] (1624)/XXI. Epistolae theosophicae [...] (1618 bis 1624)), Stuttgart 1957.

Philippovich 1960
Eugen von Philippovich, Anatomische Modelle in Elfenbein und anderen Materialien, in: Sudhoffs Archiv für Geschichte der Medizin und der Naturwissenschaften 44 (1960), H. 1, S. 159–178.

Philippovich 1966
Eugen von Philippovich, Kuriositäten, Antiquitäten (Bibliothek für Kunst- und Antiquitätenfreunde 46), Braunschweig 1966.

Piccard 1968
Gerhard Piccard, Riesaufdrucke und Riesumschläge. Eine historische Untersuchung über die Verpackung des Papiers bis zu Beginn des 19. Jahrhunderts, in: Papiergeschichte 18 (1968), H. 1/2, S. 1–26.

Picirillo 2007
Michele Picirillo, La nuova Gerusalemme. Artigianato palestinense al servizio dei Luoghi Santi, Bergamo 2007.

Pietsch 2002
Ulrich Pietsch (Hg.), Die Arbeitsberichte des Meissener Modelleurs Johann Joachim Kaendler 1706–1775, Leipzig 2002.

Pietsch 2006
Ulrich Pietsch, Die figürliche Porzellanplastik von Gottlieb Kirchner und Johann Joachim Kaendler. Bestandskatalog der Porzellansammlung der Staatlichen Kunstsammlungen Dresden, München 2006.

Pigeard 1995
Alain Pigeard, Une livrée imperial au règlement de 1812, in: Tradition Magazine 96 (1995), S. 15–23.

Pigeard 2004
Alain Pigeard, Dictionnaire des Batailles de Napoléon 1796–1815, Paris 2004.

Pilz 1974/75
Kurt Pilz, Die Allegorie des Handels aus der Werkstatt des Jost Amman, Ein Holzschnitt von 1585, in: Scripta Mercaturae 1/2 (1974/75), S. 23–59.

Pingel 2002
Volker Pingel (Hg.), Wege als Ziel, Kolloquium zur Wegeforschung 2000 (Veröffentlichungen der Altertumskommission für Westfalen 13), Münster 2002.

Piotrowicz 1984
Józef Piotrowicz, Die Entwicklung der Salinen in Wieliczka und in Bochnia von der Mitte des 13. bis zum Beginn des 20. Jahrhunderts, in: Anschnitt 36 (1984), H. 5–6, S. 174–186.

Podlecki/Duda 2006
Janusz Podlecki/Jadwiga Duda, Wieliczka. Das altertümliche Salzbergwerk, 3. verb. u. geänd. Aufl., Kraków 2006.

Podyma 2000
Dorota Podyma, Rezultaty czwartego sezonu badań na Rynku w Bytomiu, in: Badania archeologiczne na Górnym Śląsku i ziemiach Pogranicznych w 1996 r., Katowice 2000, S. 125 f.

Poklewski 1968
Tadeusz Poklewski, Nowe znaleziska średniowiecznych znaków pielgrzymich z Polski, in: Na granicach archeologii 17 (1968), S. 131–136.

Postmeilensäulen 1989
Lexikon Kursächsische Postmeilensäulen, Berlin 1989.

Pressler 1997
Guido Pressler, Die Holzschnitte der deutschen Hedwigslegende, Hürttgenwald 1997.

Preusker 1850
Karl Preusker, Erinnerungen aus meinem Leben. Handschriftliche Selbstbiographie in 22 Bänden, Großenhain 1850.

Priebe 2005
Carsten Priebe, Die Welt zu seinen Füßen. Die Luftreisen des Jean Pierre Blanchard, Norderstedt 2005.

Probszt 1927
Günther Probszt, Friedrich von Amerling, Der Altmeister der Wiener Porträtmalerei, Zürich/Leipzig/Wien 1927.

Pröwig 1989
Erich Pröwig, Johann Michael Vogel, maschinenschriftliche Mitteilung an das Stadt- und Kreismuseum Zittau, 1989.

PSB
Polski Słownik Biograficzny, hg. v. Polska Akademia Nauk, Warszawa/Kraków 1935 (Erscheinungsbeginn).

Pusch 1986–1991
Oskar Pusch, Die Breslauer Rats- und Stadtgeschlechter in der Zeit von 1241 bis 1741, 5 Bde., Dortmund 1986–1991.

Quellmalz 1990
Werner Quellmalz, Die edlen Steine Sachsen, Leipzig 1990.

Rach 1959
Alfred Rach, Die zweite Blütezeit des Erfurter Waidhandels, in: Jahrbücher für Nationalökonomie und Statistik 171 (1959), S. 25–88.

Raetzer 2003
Maren Raetzer, Damast aus Großschönau – Die Produktionsstätte und die dort gewebten Kunstwerke vom 17. bis zum 19. Jahrhundert (Schriften zur Kulturwissenschaft 52), Bd. 1: Text, Bd. 2: Katalog und Abbildungen, Hamburg 2003.

Rajewski 1936
Zdzisław Adam Rajewski, Kozik wczesnopistowski znaleziony w Gnieźnie, in: Z otchłani wieków 11 (1936), H. 12, S. 145–147.

Randow 2005
Norbert Randow, Skaryna-Bibel in Görlitz. Sensationeller Fund in Deutschland: erstes in ostslawischer Sprache gedrucktes Buch, in: Görlitzer Magazin 18 (2005), S. 66–73.

Reichel 1969
Jörn Reichel, Dichtungstheorie und Sprache bei Zinzendorf. Der 12. Anhang zum Herrnhuter Gesangbuch, Bad Homburg v. d. H. u. a. 1969.

Reinheckel 2003
Günter Reinheckel, Sächsisches Zinn des 16. und 17. Jahrhunderts (Reihe Weiss-Grün 31), Dresden 2003.

Reinhold 1994
Josef Reinhold, Jüdischer Messebesuch und Wiederansiedlung von Juden in Leipzig im 18. und frühen 19. Jahrhundert, in: Judaica Lipsiensia. Zur Geschichte der Juden in Leipzig, hg. v. der Ephraim Carlebach Stiftung, Leipzig 1994, S. 12–25.

Reinitzer 2006
Heimo Reinitzer, Gesetz und Evangelium: über ein reformatorisches Bildthema, seine Tradition, Funktion und Wirkungsgeschichte, 2 Bde., Hamburg 2006.

Reiter 2001
Lutz-Wolfram Reiter, Das grüne Reich der Herrnhuter, in: Rainer Lächele, (Hg.), Das Echo Halles – kulturelle Wirkungen des Pietismus, Tübingen 2001, S. 31–57.

Rennebach 1969
Günter Rennebach, Eine frühgeschichtliche Pflugschar aus der Oberlausitz, in: Ausgrabungen und Funde, hg. v. Mittel- und Ostdeutschen Verband für Altertumsforschung e. V., 14 (1969), S. 101–104.

Reschke 2001
Gisela Reschke, »Herrnhuter Papier« – schlichtes Handwerk oder Farbe und Form mit symbolischem Hintergrund?, in: Rainer Lächele (Hg.), Das Echo Halles – kulturelle Wirkungen des Pietismus, Tübingen 2001, S. 271–289.

Reske 2007
Christoph Reske, Die Buchdrucker des 16. und 17. Jahrhunderts im deutschen Sprachgebiet (Beiträge zum Buch- und Bibliothekswesen 51), Wiesbaden 2007.

Rettig 1987
Wilfried Rettig, 140 Jahre Eisenbahn in Görlitz, in: Görlitzer Magazin 1 (1987), S. 8–18.

Reuther 1955/56
Martin Reuther, Der Görlitzer Bürgermeister, Mathematiker, Astronom und Kartograph Bartholomäus Scultetus (1540–1614) und seine Zeit, in: Wissenschaftliche Zeitung der Technischen Hochschule Dresden 5 (1955/56), S. 1133–1161.

Reuther 1957
Martin Reuther, Bartholomäus Scultetus (1540–1614), der Schöpfer der ersten deutschen Sprachgrenzenkarte, in: Petermanns Geographische Mitteilungen 101 (1957), S. 61–65.

Reuther 1958
Martin Reuther, »Abcontrafeitung der Stadt Goerlitz im 1565 Jar« im Spiegel stadtgeschichtlicher Betrachtungen, in: Friedrich Beck (Hg.), Heimatkunde und Landesgeschichte. Zum 65. Geburtstag von Rudolf Lehmann, Weimar 1958, S. 52–90.

Reymann 1902
Richard Reymann, Geschichte der Stadt Bautzen, Bautzen 1902.

Richter 2000
Rainer Richter, Reliefierte hartgebrannte Irdenware aus der sächsischen Bergstadt Dippoldiswalde, in: KERAMOS 167 (2000), S. 57–66.

Richter 2004
Uwe Richter, Die Freiberger Nikolaikirche, in: Andreas-Möller-Geschichtspreis 2002/03, Festvorträge, Freiberg 2004, S. 61–78.

Richter 2006
Rainer G. Richter, Götter, Helden und Grotesken. Das goldene Zeitalter der Majolika, München 2006.

Richthofen/Krabath 2007
Jasper von Richthofen/Stefan Krabath, Zeugnisse bürgerlicher Repräsentation: reich dekorierte Keramik wohlhabender Patrizier aus Görlitz, in: Görlitzer Magazin, Beiträge zur Geschichte, Kunst und Kulturgeschichte der Stadt Görlitz 20 (2007), S. 79–91.

Richthofen/Krabath 2010
Jasper von Richthofen/Stefan Krabath, Reich dekorierte Irdenware und Steinzeug wohlhabender Patrizier in Görlitz und ihre regionalen Verflechtungen in der Zeit um 1600, in: Keramische Begegnungen: Sachsen – Schlesien – Böhmen. Beiträge zum 42. Internationalen Symposium Keramikforschung, Raeren 2010, S. 30–41.

Richthofen 2003
Jasper von Richthofen, Die Landeskrone bei Görlitz – eine bedeutende slawische Befestigung in der östlichen Oberlausitz, in: Arbeits- und Forschungsberichte zur sächsischen Bodendenkmalpflege 45 (2003), S. 263–300.

Richthofen 2004
Sonja von Richthofen, Görlitz unterirdisch. Neue Ansätze über den Beitrag der Archäologie zur Stadtgeschichtsforschung, in: Görlitzer Magazin 17 (2004), S. 15–30.

Richthofen 2007
Jasper von Richthofen, Besunzane – Milzener – Sorben. Die slawische Besiedlung in der deutschen und polnischen Oberlausitz beiderseits der Neiße, in: Felix Biermann/Thomas Kersting (Hg.), Siedlung, Kommunikation und Wirtschaft im westslawischen Raum. Beiträge der Sektion zur Slawischen Frühgeschichte des 5. Deutschen Archäologenkongresses Frankfurt (Oder) 2005, Beiträge zur Ur- und Frühgeschichte Mitteleuropas 46 (2007), S. 229–244.

Ridder 2006
Dietmar Ridder, Die Kirche in Ludwigsdorf – eine der ältesten in der Oberlausitz, in: Denkmalpflege in Görlitz 15 (2006), S. 21–29.

Rieck 2005
Anja Rieck, Frankfurt am Main unter schwedischer Besatzung 1631–1635. Reichsstadt – Repräsentationsort – Bündnisfestung, Frankfurt a. M. 2005.

Riekher 1990
Rolf Riekher, Fernrohre und ihre Meister, 2. Aufl., Berlin 1990.

Rittenbach/Seifert 1965
Willi Rittenbach/Siegfried Seifert, Geschichte der Bischöfe von Meißen 968–1581 (Studien zur katholischen Bistums- und Klostergeschichte 8), Leipzig 1965.

Rocznik 1966
Rocznik Muzeum Górnośląskiego w Bytomiu, Archeologia 4 (1966).

Roesdahl 1998
Else Roesdahl, The Vikings, London 1998.

Rombowski 1960
Aleksander Rombowski, Nauka języka polskiego we Wrocławiu, Wrocław 1960.

Rosenberg 1922–1928
Marc Rosenberg, Der Goldschmiede Merkzeichen, 4 Bde., Frankfurt a. M. 1922–1928.

Rösler 1981
Hans Jürgen Rösler, Lehrbuch der Mineralogie, 2. Aufl., Leipzig 1981.

Rosseaux 2003
Ulrich Rosseaux, Die Leipziger Meßrelationen 1605–1730. Ein Beitrag zur Medien- und Kommunikationsgeschichte der Frühen Neuzeit, in: Leipziger Jahrbuch zur Buchgeschichte 12 (2003), S. 11–31.

Rosseaux 2004
Ulrich Rosseaux, Die Entstehung der Meßrelationen. Zur Entwicklung eines frühneuzeitlichen Nachrichtenmediums aus der Zeitgeschichtsschreibung des 16. Jahrhunderts, in: Historisches Jahrbuch 124 (2004), S. 97–123.

Rosseaux 2007
Ulrich Rosseaux, Freiräume. Unterhaltung, Vergnügen und Erholung in Dresden 1694–1830, Köln/Weimar/Wien 2007.

Rost 1831
G. E. Rost, Trachten der Berg- und Hüttenleute im Königreiche Sachsen. Ihre hervorragende Bedeutung für die Montangeschichte, Freiberg 1831, Faksimile, Anne Noltze-Winkelmann (Hg.), Frankfurt a. M. 1976.

Rothe/Scholz 2002
Hans Rothe/Friedrich Scholz (Hg.), Biblija ruska: vylošena doktorom Franciskom Skorinoju, Prag 1517–1519 (Biblia Slavica, Serie 3; Ostslavische Bibeln 1), Hannover 2002.

Rudin/Flechsig/Rebehn 2004
Bärbel Rudin/Horst Flechsig/Lars Rebehn, Lebenselixier. Theater, Budenzauber, Freilichtspektakel im Alten Reich, Bd. 1: Das Rechnungswesen über öffentliche Vergnügungen in Hamburg und Leipzig (mit einem Anhang zu Braunschweig) (Schriften des Neuberin-Museums 13), Reichenbach/Vogtland 2004.

Rupp 2007
Cornelia Rupp, Der Fund, hg. v. Landesmuseum für Vorgeschichte Dresden, Dresden 2007, S. 80 f.

Rusterholz 2007
Sibylle Rusterholz, Elemente der Kabbala bei Jacob Böhme, in: Günther Bonheim (Hg.), Mystik und Schriftkommentierung, Berlin 2007, S. [15]–45.

Rzeźba śląska 1994
Romuald Nowak, Rzeźba śląska XVI–XVIII w., Katalog zbiorów, Muzeum Narodowe we Wrocławiu, Wrocław 1994.

Sabisch 1975
Alfred Sabisch, Die Bischöfe von Breslau und die Reformation in Schlesien. Jakob von Salza († 1539) und Balthasar von Promnitz († 1562) in ihrer glaubensmäßigen und kirchenpolitischen Auseinandersetzung mit den Anhängern der Reformation (Katholisches Leben und Kirchenreform im Zeitalter der Glaubensspaltung 35), Münster 1975.

Safarik 1928
Eduard Safarik, Johannes Kupezky 1667–1740, Prag 1928.

Sammler 1999
Steffen Sammler, Die Bedeutung der Leipziger Messen für den Absatz von Lyoner Seidenwaren nach Ost- und Südosteuropa zwischen 1760 und 1830, in: Zwahr/Topfstedt/Bentele 1999, S. 259–269.

Sammlung Merseburger 1894
Sammlung Otto Merseburger, umfassend Münzen und Medaillen von Sachsen. Albertinische und ernestinische Linie, Leipzig 1894.

Sass-Gustkiewicz/Kucha 2005
Maria Sass-Gustkiewicz/Henryk Kucha, Zinc-Lead deposits, Upper Silesia, Poland, in: D. Blundell/N. Arndt/P.R. Cobbold/C. Heinrich (Eds.), Geodynamics and ore deposits evolution in Europe, Amsterdam 2005, S. 269.

Sauer 1953
Bruno Sauer, Albinus (Weis), Petrus, in: Neue deutsche Biografie, Bd. 1, Berlin 1953, S. 151.

Schaal 1988
Dieter Schaal, Napoleon-Andenken als »Kunstwerk des Monats«, in: Dresdener Kunstblätter 32 (1988), H. 5, S. 153–157.

Schade 1974
Werner Schade, Die Malerfamilie Cranach, Dresden 1974.

Schatull 2005
Nicole Schatull, Die Liturgie in der Herrnhuter Brüdergemeine Zinzendorfs, Tübingen 2005.

Scheidemantel 2002
Dirk Scheidemantel, Frühneuzeitliche Hohlglasfunde aus Leipzig: Petersstraße 28 (Veröffentlichungen des Landesamtes für Archäologie mit Landesmuseum für Vorgeschichte Dresden 36), Dresden 2002.

Scheidemantel 2006
Dirk Scheidemantel, Waldenburger Steinzeug aus Spätmittelalter und früher Neuzeit, in: Beiträge zum 38. Internationalen Hafnereisymposium, Raeren 2006, S. 164–175.

Schillinger 2000
Klaus Schillinger, Rechengeräte aus dem Mathematisch-Physikalischen Salon, Bestandskatalog, Staatliche Kunstsammlungen Dresden, Dresden 2000.

Schirmer 1999
Uwe Schirmer, Die Leipziger Messen in der ersten Hälfte des 16. Jahrhunderts. Ihre Funktion als Silberhandels- und Finanzplatz der Kurfürsten von Sachsen, in: Zwahr/Topfstedt/Bentele 1999, S. 87–107.

Schlesiens Vorzeit in Bild und Schrift
Schlesiens Vorzeit in Bild und Schrift, Zeitschrift des Vereins für das Museum Schlesischer Altertümer, Erscheinungsverlauf 1.1859/69–7.1896/99 (1899), N.F. 1.1900–10.1933.

Schlesinger 1962
Walter Schlesinger, Kirchengeschichte Sachsens im Mittelalter, Das Zeitalter der deutschen Ostsiedlung (1100–1300), Bd. 2 (Mitteldeutsche Forschungen 27/2), Köln/Graz 1962.

Schlieder 1988
Wolfgang Schlieder, Riesaufdrucke. Volkstümliche Grafik im alten Papiermachergewerbe, Leipzig 1988.

Schmertosch 1902
Richard Schmertosch von Riesenthal, Adelige Exulanten in Kursachsen nach Urkunden des Dresdner Hauptstaatsarchives, in: Vierteljahresschrift für Wappen-, Siegel- und Familienkunde 30 (1902), S. 66–264.

Schmidt 1922
Robert Schmidt, Das Glas, 2., verm. u. verb. Aufl., Berlin und Leipzig 1922.

Schmidt 1984
Gunter H. Schmidt, Vom Pirnischen Eisen. Aus der Geschichte der Hämmer und Hütten im Raum Pirna (Schriftenreihe des Stadtmuseums Pirna 3), Pirna 1984.

Schmidt 1992
Gerhard Schmidt, Zu einem Buch über den »Meister der Schönen Madonnen, in: ders., Gotische Bildwerke und ihre Meister, Textband, Wien/Köln/Weimar 1992, S. 229–268.

Schmidt 2004 a
Gunter H. Schmidt, Pirnisch Eisen in Böhmen und Sachsen, Freiberg 2004.

Schmidt 2004 b
Hans-Werner Schmidt (Hg.), Das Buch zum Museum, Museum der bildenden Künste Leipzig, Bielefeld 2004.

Schmidt-Händel 2004
Astrid Schmidt-Händel, Der Erfurter Waidhandel an der Schwelle zur Neuzeit (Europäische Hochschulschriften, Reihe III: Geschichte und ihre Hilfswissenschaften, 998), Frankfurt a. M. 2004.

Schmitt/Schwipps 1995
Günter Schmitt/Werner Schwipps, Pioniere der frühen Luftfahrt, Blindlach 1995.

Schnabel 1995 a
Werner Wilhelm Schnabel, Die Handschriften der Stadtbibliothek Nürnberg, Die Stammbücher des 16. und 17. Jahrhunderts, Teil 1, Wiesbaden 1995.

Schnabel 1995 b
Werner Wilhelm Schnabel, Die Handschriften der Stadtbibliothek Nürnberg, Die Stammbücher des 18. und 19. Jahrhunderts, Teil 2, Wiesbaden 1995.

Schnabel 2003
Werner Wilhelm Schnabel, Das Stammbuch, Konstitution und Geschichte einer textsortenbezogenen Sammelform bis ins erste Drittel des 18. Jahrhunderts (Frühe Neuzeit 78), Habll. Erlangen-Nürnberg 2000, Tübingen 2003.

Schneider 1954
Annerose Schneider, Studien zu Thietmar von Merseburg, Diss. Halle a. d. S. 1954.

Schneider 1995
Konrad Schneider, Kipper- und Wipperzeit, in: Michael North (Hg.), Von Aktie bis Zoll. Ein historisches Lexikon des Geldes, München 1995, S. 191 f.

Schneider 2006
Ulrich Schneider, Straßen des Glaubens – der Souvenir im Mittelalter, in: Der Souvenir. Erinnerung in Dingen von der Reliquie zum Andenken, Frankfurt a. M. 2006, S. 60–78.

Schneiderhöhn 1941
Hans Schneiderhöhn, Lehrbuch der Erzlagerstättenkunde, Bd. 1: Die Lagerstätten der magmatischen Abfolge, Jena 1941.

Schneiderhöhn 1962
Hans Schneiderhöhn, Erzlagerstätten. Kurzvorlesungen zur Einführung und Wiederholung, 4. Aufl., Jena 1962.

Schnitzer 2000
Claudia Schnitzer, »in angenehmster Ordnung«. Die Gründung des Dresdner Kupferstich-Kabinetts als höfische Vorlagen-und Dokumentationssammlung, in: Ausst.-Kat. Dresden 2000, S. 12–29.

Schottenloher 1930
Karl Schottenloher, Die Landshuter Buchdrucker des 16. Jahrhunderts, Mainz 1930 (Nachdruck Nieuwkoop 1967).

Schötz 2004
Susanne Schötz, Handelsfrauen in Leipzig. Zur Geschichte von Arbeit und Geschlecht in der Neuzeit, Köln/Weimar/Wien 2004.

Schrader 1995
Karin Schrader, Der Bildnismaler Johann Georg Ziesenis (1716–1776). Leben und Werk mit kritischem Oeuvrekatalog, Münster 1995.

Schröder 1935
Albert Schröder, Leipziger Goldschmiede aus fünf Jahrhunderten (1350–1850) (Schriften des Vereins für die Geschichte Leipzigs 17/18), Leipzig 1935.

Schröder 1987–2001
Konrad Schröder, Biographisches und bibliographisches Lexikon der Fremdsprachenlehrer des deutschsprachigen Raumes, Spätmittelalter bis 1800, 7 Bde., Augsburg 1987–2001.

Schulte 1955
Alfred Schulte, Die Riesumschlagdrucke der Papiermacher, in: Wir machen die Sachen, die nimmer vergehen, Wiesbaden 1955, S. 123–130.

Schultz 1870
Alwin Schultz, Die Breslauer Stadtbaumeister im sechszehnten Jahrhundert (Friedrich Groß – Hans Schneider von Lindau), in: Schlesiens Vorzeit in Bild und Schrift 1 (1870), S. 115–137.

Schultz 1880
Alwin Schultz, Gerhard Heinrich von Amsterdam, Bildhauer in Breslau, Breslau 1880.

Schulz 1988
Karl Schulz, Antonio Abondio und seine Zeit, hg. v. Kunsthistorischen Museum Wein, Münzkabinett, Wien 1988.

Schulz 2001
Hagen Schulz, »Gedruckt zu Budissin sonst Bautzen genant/In der Hauptstadt des Marggraffthums Ober Laußnitz« – Leben und Werk des Buchdruckers Michael Wolrab, in: Jahresschrift Stadtmuseum Bautzen 7 (2001), S. 115–190.

Schumann [1975]
Sabine Schumann, Die »nationes« an den Universitäten Prag, Leipzig und Wien. Ein Beitrag zur älteren Universitätsgeschichte, Diss. Berlin 1974, Berlin [1975].

Schuster 1936
Marianne Schuster, Johann Esaias Nilson, ein Kupferstecher des süddeutschen Rokoko 1721–1788, Diss. München 1935, München 1936.

Schuster-Šewc 1993
Heinz Schuster-Šewc, Postwitzscher Tauff-Stein oder christliche und einfältige teutsch=wendische Predigt von der heiligen Taufe: ein sorbisches Sprachdenkmal aus dem Jahre 1688 von Michael Frentzel (Mitteldeutsche Forschungen 109), Weimar/Köln/Wien 1993.

Schütt/Struve 1865
Johann Karl Gottfried Schütt, Zur Geschichte des städtischen Gymnasiums zu Görlitz bis zu Baumeisters Amtsantritt, (Teil 1)/Ernst Emil Struve, Zur Geschichte des Gymnasiums in Görlitz von der Mitte des 18. Jahrhunderts an bis auf die Gegenwart, (Teil 2), in: Programm [...] zur Feier des 300jährigen Jubiläums des städtischen evangelischen Gymnasiums zu Görlitz, Görlitz 1865.

Schwartz 1732
Johann Friedrich Schwartz, Viam Regiam Lvsatiae Svperioris, Wittenberg: Officina Gerdesiana 1732.

Schwinges 2008
Rainer Christoph Schwinges, Studenten und Gelehrte: Studien zur Sozial- und Kulturgeschichte deutscher Universitäten im Mittelalter (Education and society in the Middle Ages and Renaissance 32), Leiden/Boston 2008.

Schwinkowski 1909
Walter Schwinkowski, Der Brakteatenfund von Grünroda, in: Jahrbuch des Numismatischen Vereins zu Dresden, Dresden 1909, S. 32–46.

Scribner 1981
Robert W. Scribner, Flugblatt und Analphabetentum. Wie kam der gemeine Mann zu reformatorischen Ideen?, in: Hans-Joachim Köhler (Hg.), Flugschriften als Massenmedium der Reformationszeit, Stuttgart 1981, S. 65–76.

Seidel 1994
Robert Seidel, Späthumanismus in Schlesien: Caspar Dornau (1577–1631). Leben und Werk, Tübingen 1994.

Seidel-Grzesińska 2000
Agnieszka Seidel-Grzesińska, Kościół Pokoju w Świdnicy. Architektura, wystrój i wyposażenie z lat 1652–1741, Diss. Wrocław 2000.

Seifert 1987
Siegfried Seifert (Hg.), Johann Leisentrit, 1527–1586. Zum vierhundertsten Todestag, Leipzig 1987.

Seifert 1992
Siegfried Seifert, Domschatzkammer St. Petri in Bautzen (Großer Kunstführer 183), Regensburg 1992.

Seling 1980
Helmut Seling, Die Kunst der Augsburger Goldschmiede 1529–1868, München 1980.

Sieg 1930
Gustav Sieg, Zur Geschichte der alten Görlitzer Stadtschule, in: Neues Lausitzisches Magazin 106 (1930), S. 52–65.

Siewert 2011
Ulrike Siewert, Thietmar (von Walbeck), in: Sächsische Biografie, hg. v. Institut für Sächsische Geschichte und Volkskunde e. V., wiss. Leitung: Martina Schattkowsky, online-Ausgabe: http://www.isgv.de/saebi (in Vorbereitung), mit weiteren Literaturnachweisen.

Silesia 1841
Silesia, oder Schlesien in historischer, romantischer und malerischer Beziehung, Glogau 1841.

Simon/Hauswald 1995
Klaus Simon/Knut Hauswald, Der Kulmer Steig vor dem Mittelalter. Zu den ältesten sächsisch-böhmischen Verkehrswegen über das Osterzgebirge, in: Arbeits- und Forschungsberichte zur sächsischen Bodendenkmalpflege 37 (1995), S. 9–98.

Simon 1982
Klaus Simon, Anthropologie der spätslawischen Landbevölkerung von Schirmenitz, Kr. Oschatz, in: Arbeits- und Forschungsberichte zur sächsischen Bodendenkmalpflege 24/25 (1982), S. 173–310.

Simon 2004
Ingraban D[ietmar] Simon, Alte Buntpapiere aus dem 18. Jahrhundert und der ersten Hälfte des 19. Jahrhunderts, [2.,] veränd. und erw. Aufl., [Berlin] 2004.

Singer Bildniskatalog
Hans Wolfgang Singer, Allgemeiner Bildniskatalog, 14 Bde., Leipzig 1930–1936.

Sito/Betlej 1996
Jakub Sito, Andrzej Betlej, U źródeł twórczości Sebastiana Fesingera, in: Sztuka Kresów Wschodnich, Bd. 2, Kraków 1996, S. 339–351.

Sito 2000
Jakub Sito, Lwów jako centrum rzeźbiarskie w pierwszej połowie XVIII w., in: Lileyko 2000, S. 591.

Slotta 1990
Rainer Slotta, Bergschreier, in: Rainer Slotta und Christoph Bartels, Meisterwerke bergbaulicher Kunst vom 13. bis 19. Jahrhundert, Bochum 1990.

Słownik artystów polskich 1971
Słownik artystów polskich i obcych w Polsce działających. Malarze, rzeźbiarze, graficy, hg. v. Instytut Sztuki Polskiej Akademii Nauk Warszawa, Wrocław 1971 (Erscheinungsbeginn).

Sonnemann/Wächtler 1982
Rolf Sonnemann/Eberhard Wächtler (Hg.), Johann Friedrich Böttger. Die Erfindung des europäischen Porzellans, Leipzig 1982.

Sörries 2008
Reiner Sörries, Von Kaisers Gnaden. Protestantische Kirchenbauten im Habsburger Reich, Köln/Weimar/Wien 2008.

Souchal 1977
François Souchal, French Sculptors of the 17th and 18th centuries, 2 Bde., Bd. 1, Oxford 1977.

Spamer 1954
Adolf Spamer, Deutsche Volkskunde, 2. Aufl., Weimar 1954.

Spaniol 1996
Uwe Spaniol, Christian Gottlob Frege. Kaufmann und Bankier, in: Die großen Leipziger. 26 Annäherungen, hg. v. Vera Hauschild, Frankfurt a. M./Leipzig 1996, S. 118–132.

Speer 2007/10
Christian Speer, Von Görlitz nach Rom. Regesten zur Geschichte der Pilgerfahrt in der Oberlausitz, in: Neues Lausitzisches Magazin, N. F. 10 (2007), S. 93–132; 13 (2010), S. 137–142.

Speer 2009
Christian Speer, Ratsherren und fromme Bürger. Frömmigkeitspraxis und städtische Politik in Görlitz zwischen 1300 und 1550, Diss. Regensburg 2009 (im Druck).

Speer 2011
Christian Speer, Frömmigkeit und Politik. Städtische Eliten in Görlitz zwischen 1300 und 1550 (Hallische Beiträge zur Geschichte des Mittelalters und der Frühen Neuzeit 8), Berlin 2011.

Spehr 1994
Reinhard Spehr, Christianisierung und früheste Kirchenorganisation in der Mark Meißen. Ein Versuch, in: Judith Oexle (Hg.), Frühe Kirchen in Sachsen, Ergebnisse archäologischer und baugeschichtlicher Untersuchungen (Veröffentlichungen des Landesmuseums für Vorgeschichte Dresden 23), Stuttgart 1994, S. 8–63.

Spindler 2005
Konrad Spindler, Bunzlauer Keramik im Germanischen Nationalmuseum, Nürnberg 2005.

Sponsel 1906
Jean Louis Sponsel, Fürstenbildnisse aus dem Hause Wettin, Dresden 1906.

Sponsel 1928
Jean Louis Sponsel, Das Grüne Gewölbe zu Dresden, Leipzig 1928.

Sporhan-Krempel 1968
Lore Sporhan-Krempel, Nürnberg als Nachrichtenzentrum zwischen 1400 und 1700 (Nürnberger Forschungen 10), Nürnberg 1968.

Stachowski 1978
Stanislaw Stachowski, Slownik Górnoluzycki Abrahama Frencla, Wrocław 1978.

Stahl 2004
Werner Helmut Stahl, Frankfurter Marken und Zeichen (Schriften des Historischen Museums Frankfurt am Main 24), Gütersloh 2004.

Stams 1986
Werner Stams, Zürner, Adam Friedrich, in: Lexikon zur Geschichte der Kartographie von den Anfängen bis zum Ersten Weltkrieg, 2 Bde., Ingrid Kretschmer/Johannes Dörflinger/Franz Wawrik (Hg.), Wien 1986, Bd. 2, S. 913.

Stams 1998
Marianne und Werner Stams, Sachsen im Kartenbild. Amt, Burg und Stadt Stolpen in alten Karten und Plänen, Stolpen 1998.

Stanislaw-Kemenah 2005
Alexandra-Kathrin Stanislaw-Kemenah, Lebensbedingungen unter dem Einfluss des Dreißigjährigen Krieges, in: Geschichte der Stadt Dresden, Bd. 1: Von den Anfängen bis zum Ende des Dreißigjährigen Krieges, Karlheinz Blaschke (Hg.), Stuttgart 2005, S. 621–640, 707–709.

Staudinger 1936
O. Staudinger, Preuskers Beziehungen zu Löbau, in: Löbauer Heimatblätter. Beilage zum Sächs. Postillon 157, 12. 9. 1936, S. 626–628.

Steinborn/Ziemba 2000
Bożena Steinborn/Antoni Ziemba, Malarstwo niemieckie do 1600 roku, Bestandskatalog Muzeum Narodowe w Warszawie, Warszawa 2000.

Steinborn 1967
Bożena Steinborn, Malowane epitafia mieszczańskie na Śląsku w latach 1520–1620, in: Roczniki Sztuki Śląskiej 4 (1967), S. 7–139.

Steinborn 1992
Bożena Steinborn, Schlesische Malerei 1520–1620, 1. Teil, in: Studia Muzealne XVI (1992).

Steiniger 1997
Ludwig Steiniger, Aus der Geschichte der Post in Görlitz. Von den Anfängen bis zum Beginn des 1. Weltkrieges, in: Görlitzer Magazin 11 (1997), S. 101–116.

Steinmetz 1981
Max Steinmetz, Johann Virdung von Hassfurt, sein Leben und seine astrologischen Flugschriften, in: Hans-Joachim Köhler (Hg.), Flugschriften als Massenmedium der Reformationszeit, Stuttgart 1981.

Steinmüller 1958
Karl Steinmüller, Vom Jahrmarkt zur Weltmesse. Ein Streifzug durch die Geschichte der Leipziger Messe, Leipzig [u. a. O.] 1958.

Stephan 2001
Bärbel Stephan, G. Coustou, in: Hauptsache Köpfe, Ausstellungskatalog Skulpturensammlung, Staatliche Kunstsammlungen Dresden, Dresden 2001.

Stolt 2003
Bengt Stolt, Uhrenbretter mit Sanduhr und Stundenzeiger, in: Klassik Uhren 5 (2003), S. 28–34.

Stopp 1982–1992
Klaus Stopp, Die Handwerkskundschaften mit Ortsansichten. Beschreibender Katalog der Arbeitsattestate wandernder Handwerksgesellen, 17 Bde., Stuttgart 1982–1992.

Straube 1995
Manfred Straube, Mitteldeutsche Städte und der Osthandel zu Beginn der frühen Neuzeit. Forschungsergebnisse, Forschungsmöglichkeiten, Forschungsnotwendigkeiten, in: Bernhard Kirchgässner/Hans-Peter Becht (Hg.), Stadt und Handel, Sigmaringen 1995, S. 83–106.

Straube 1999
Manfred Straube, Die Leipziger Messen zur Zeit ihrer Privilegierungen als Mittler nach Osteuropa, in: Zwahr/Topfstedt/Bentele 1999, S. 121–132.

Straube 2004
Manfred Straube, Die Oberlausitz als Brückenglied im Handelsverkehr zwischen West-, Mittel- und Osteuropa zu Beginn der Neuzeit, in: Herrmann/Weber 2004, S. 168–182.

Strecke 1995
Reinhart Strecke, Die archivalische Überlieferung des Geheimen Staatsarchivs zu Karl Friedrich Schinkel in Schlesien, in: Lothar Hyss (Hg.), Schinkel in Schlesien, Symposion Bonn 1994, Haus Schlesien, Museum für Landeskunde, Königswinter 1995, S. 31–40.

Streidt/Feierabend 1999
Gert Streidt/Peter Feierabend (Hg.), Preußen: Kunst und Architektur, Köln 1999.

Suckale 1995
Robert Suckale, Zur Bedeutung Englands für die welfische Skulptur um 1200, in: Heinrich der Löwe und seine Zeit. Herrschaft und Repräsentation der Welfen 1125–1235, Ausstellungskatalog Herzog Anton Ulrich-Museum Braunschweig, München 1995, Bd. 2, S. 440–451.

Syndram/Kappel/Weinhold 2006
Dirk Syndram/Jutta Kappel/Ulrike Weinhold, Die barocke Schatzkammer. Das Grüne Gewölbe zu Dresden, München/Berlin 2006.

Syndram/Weinhold 2000
Dirk Syndram/Ulrike Weinhold, »… und ein Leib von Perl«. Die Sammlung der barocken Perlfiguren im Grünen Gewölbe, Dresden/Wolfratshausen 2000.

Syndram 1989
Dirk Syndram (Bearb.), Wissenschaftliche Instrumente und Sonnenuhren. Kataloge der Kunstgewerbesammlung der Stadt Bielefeld/Stiftung Huelsmann, München 1989.

Sztuka drewna 2005
Sztuka drewna, meblarstwo i snycerstwo ludowe na Dolnym Slasku, Elżbieta Berendt (Red.), Muzeum Narodowe we Wrocławiu, Wrocław 2005.

Sztuka śląska 1993
Sztuka śląska XVI–XIX w., Einf. Marek Pierzchała, Muzeum Narodowe we Wrocławiu, Wrocław 1993.

Szydłowski 1966
Jerzy Szydłowski, Bytom pradzieje i początki miasta, Bytom 1966.

Tebbe/Timann/Eser 2007
Karin Tebbe/Ursula Timann/Thomas Eser (Hg.), Nürnberger Goldschmiedekunst 1541–1868, Germanisches Nationalmuseum Nürnberg, 2 Bde., Nürnberg 2007.

Telek 2003
Ulrike Telek, Merci, Monsieur le Déserteur! Die Uniform eines napoleonischen Trompeters von 1813, in: Jahresschrift des Stadtmuseums Bautzen 9 (2003), S. 24–35.

Thalheim 1998
Klaus Thalheim, Die Suche nach edlen Steinen in Sachsen vom 16. bis zum 18. Jahrhundert, in: Ausst.-Kat. Idar-Oberstein/Berlin/Dresden 1998, S. 11–25.

Thalheim 2008
Klaus Thalheim, Bergbau, in: Ausst.-Kat. Dresden 2008, S. 40 f.

Thalheim 2009
Klaus Thalheim, Ein natürlich gebildetes »Silbernes Kreuz« aus dem Nachlaß von Kurfürstin Sophie von Sachsen (1568–1622), in: Nachrichtenblatt zur Geschichte der Geowissenschaften 19 (2009), S. 99–107.

Theumert 1965
Joachim Theumert, Napoleonandenken im Historischen Museum, in: Dresdener Kunstblätter 9 (1965), H. 7, S. 104–106.

Thiel 2005
Ulrich Thiel, Stadt- und Bergbaumuseum Freiberg (Sächsische Museen Band 17), Chemnitz 2005.

Tietz/Berner 1996
Olaf Tietz/Thomas Berner, Die Geschichte der Geologisch-Paläontologischen Sammlung des Naturkundemuseums Görlitz, in: Abhandlungen und Berichte des Naturkundemuseums Görlitz 69/1 (1996).

Tietzel 1988
Brigitte Tietzel, Geschichte der Webkunst – Technische Grundlagen und künstlerische Traditionen, Köln 1988.

Tomczak 2005
Eugeniusz Tomczak (Red.), Skarby ziemi wydarte. Górny Śląsk i Pogranicze, Śląskie Centrum Dziedzictwa Kulturowego w Katowicach, Katowice 2005.

Töppel 2008
Roman Töppel, Die Sachsen und Napoleon, ein Stimmungsbild 1806–1813, Diss. Dresden (Dresdner historische Studien 8), Köln u. a. O. 2008.

Trapp 1998
Wolgang Trapp, Kleines Handbuch der Maße, Zahlen, Gewichte und der Zeitrechnung, Stuttgart 1998.

Traut 1933
Hermann Traut, Gustav Adolf und Frankfurt am Main, in: Archiv für Frankfurts Geschichte und Kunst, 4. Folge, 4 (1933), S. 13–48.

Ulbricht 1984
Ingrid Ulbricht, Die Verarbeitung von Knochen, Geweih und Horn im mittelalterlichen Schleswig (Ausgrabungen in Schleswig, Berichte und Studien 3), Neumünster 1984.

Vasold 1991
Manfred Vasold, Pest, Not und schwere Plagen: Seuchen und Epidemien vom Mittelalter bis heute, München 1991.

Volk/Kozyr 2001
Peter Volk, Oksana Kozyr, Zur Lemberger Rokokoplastik, Bozzetti von Johann Georg Pinsel, in: Münchner Jahrbuch der bildenden Kunst, 3. Folge, 51 (2001), S. 181–198.

Volk 1979
Waltraud Volk, Leipzig, Historische Straßen und Plätze heute, Berlin 1979.

Völkel 2002
Hans Völkel, Mineralogen und Geologen in Breslau: Geschichte der Geowissenschaften an der Universität Breslau von 1811 bis 1945, Haltern 2002.

Volz 1978
Hans Volz, Martin Luthers deutsche Bibel: Entstehung und Geschichte der Lutherbibel, Hamburg 1978.

Vorsteher 1983
Dieter Vorsteher, Borsig: Eisengießerei und Maschinenbauanstalt zu Berlin, Berlin 1983.

Voß 1989
Rolf Voß, Slawische Teersiedekeramik in Mecklenburg, in: Bodendenkmalpflege in Mecklenburg, Jahrbuch des Museums für Ur- und Frühgeschichte Schwerin 37 (1989), S. 127–145.

Vossberg 1845
Friedrich August Vossberg, Münzgeschichte der Stadt Horn, Berlin 1845.

W.R. 1916
W.R., Aus dem Brieger Städtischen Museum, in: Brieger Zeitung 41 (1916), S. 20.

Wachowski 2005 a
Krzysztof Wachowski, Wallfahrten schlesischer Bürger im Mittelalter, in: Jahrbuch für Volkskunde N. F. 28 (2005), S. 137–158.

Wachowski 2005 b
Krzysztof Wachowski, Średniowieczne pielgrzymki mieszkańców Śląska, in: Archeologia Polski 50 (2005), H. 1–2, S. 103–128.

Wagenbreth/Wächtler 1986
Otfried Wagenbreth/Eberhard Wächtler (Hg.), Der Freiberger Bergbau. Technische Denkmale und Geschichte, Leipzig 1986.

Wagenbreth/Wächtler 1990
Otfried Wagenbreth/Eberhard Wächtler (Hg.), Bergbau im Erzgebirge. Technische Denkmale und Geschichte, Leipzig 1990.

Walanus 2007
Wojciech Walanus, Późnogotycka rzeźba drewniana w Małopolsce 1490–1540 (Ars Vetus et Nova 21), Kraków 2007.

Wallis 1911/12
Carl Wallis, Görlitzer Inschriften, Görlitz 1911/12.

Wäntig 2007
Wulf Wäntig, Der Weg ins Exil – der Weg in den Mythos. Böhmische Emigranten als »Exulanten« in der oberlausitzischen Geschichte und Historiographie, in: Joachim Bahlcke (Hg.), Die Oberlausitz im frühneuzeitlichen Mitteleuropa, Leipzig 2007, S. 191–217.

Weber 2008
Danny Weber, Die Geschäfte des Handels- und Bankhauses Frege & Comp. in Leipzig (1739–1816), Diss. Leipzig 2007 (Beiträge zur Wirtschafts- und Sozialgeschichte 115), Stuttgart 2008.

Weber 2009
Danny Weber, Dürninger, Abraham, in: Sächsische Biografie, hg. v. Institut für Sächsische Geschichte und Volkskunde e. V., wissenschaftliche Leitung: Martina Schattkowsky, Online-Ausgabe: http://www.isgv.de/saebi [29. 4. 2009].

Wehrend 1995
Anja Wehrend, Musikanschauung, Musikpraxis, Kantatenkompositionen in der Herrnhuter Brüdergemeine. Ihre musikalische und theologische Bedeutung für das Gemeinleben von 1727–1760, Frankfurt a. M. 1995.

Weigel 1721
Christoph Weigel, Abbildung und Beschreibung derer sämtlichen Berg=Wercks= und Schmeltz= Hütten=Beamten und Bedienten nach ihrem gewöhnlichen Rang und Ordnung im behörigen Berg=Habit und behörigen Hütten=Habit, Nürnberg 1721.

Weiß 1966
Wisso Weiß, Riesumschläge der Greizer Papiermühle, in: Greizer Heimatkalender (1966), S. 33–37.

Wejwoda 2007
Marek Wejwoda, Kirche und Landesherrschaft. Das Hochstift Meißen und die Wettiner im 13. Jahrhundert (Bausteine aus dem Institut für Sächsische Geschichte und Volkskunde. Kleine Schriften zur sächsischen Geschichte und Volkskunde 8), Dresden 2007.

Wenzel/Winzeler 2002
Kai Wenzel/Marius Winzeler, Kunst und Architektur in der Oberlausitz 1526–1635, in: Ausst.-Kat. Zittau 2002, S. 129–152.

Wenzel 1996
Peter Wenzel, Zur Wirtschafts- und Sozialstruktur der Sechsstadt Görlitz im 15. und 16. Jahrhundert, in: 650 Jahre Oberlausitzer Sechsstädtebund 1346–1996, Bad Muskau 1996, S. 77–99.

Wenzel 1999
Peter Wenzel, Der Aufstandversuch der Görlitzer Tuchmacher 1527, in: Görlitzer Magazin 13 (1999), S. 16–25.

Wenzel 2005
Kai Wenzel, Die Meister aus Görlitz und Zittau. Künstlerische Verbindungen zwischen Böhmen und der Oberlausitz im 16. und frühen 17. Jahrhundert, in: Lenka Bobková/Jana Konvičná (Hg.), Korunní země v dějinách českého státu II. Společné a rozdílné. Česká koruna v životě a vědomí jejích obyvatel v 14.–16. století [Die Kronländer in der Geschichte des tschechischen Staates II. Gemeinsam und verschieden. Die Böhmische Krone im Leben und Bewusstsein ihrer Bewohner im 14.–16. Jahrhundert], Praha 2005, S. 375–406.

Wenzel 2007
Kai Wenzel, »Wergstucke zu thuren vnd fenster«. Görlitzer Terrakottaformsteine aus der ersten Hälfte des 16. Jahrhunderts, in: Görlitzer Magazin 20 (2007), S. 54–68.

Wenzel 2008
Kai Wenzel, Die Bautzener Taucherkirche und das Görlitzer Heilige Grab. Räumliche Reorganisation zweier Orte spätmittelalterlicher Frömmigkeit im konfessionellen Zeitalter, in: Evelin Wetter (Hg.), Formierungen des konfessionellen Raumes in Ostmitteleuropa, Stuttgart 2008 (Forschungen zur Geschichte und Kultur des östlichen Mitteleuropa 33), S. 167–192.

Westphal 1999
Herbert Westphal, Untersuchungen an Messern vom Spandauer Burgwall, in: Adriaan von Müller, Klara von Müller-Muči (Hg.), Neue Forschungsergebnisse vom Burgwall in Berlin Spandau, Berlin 1999, S. 51–79.

Westwood/Satchell 1883
Thomas Westwood/Thomas Satchell, Bibliotheca Piscatoria: a catalogue of books on angling, the fisheries and fish culture, London 1883.

Wetter 2001
Evelin Wetter, Böhmische Bildstickerei um 1400, die Stiftungen in Trient, Brandenburg und Danzig, Diss. TU Berlin 1999, Berlin 2001.

Wieck 1850/51
Friedrich Georg Wieck, J. C. Schedel's allgemeines Waaren-Lexikon für Kaufleute, Fabrikanten und Geschäftsleute überhaubt, 6. Aufl., 2 Bde., Leipzig 1850/51.

Wiegand 1979
Fritz Wiegand, Einige Bemerkungen zur Erfurter Waidproduktion, in: Werner Mägdefrau (Hg.), Europäische Stadtgeschichte in Mittelalter und früher Neuzeit, Weimar 1979, S. 237–258.

Wiegand 2007
Peter Wiegand, Bella cartographica. Die Grafen von Schönburg, Peter Schenks ›Atlas Saxonicus novus‹ und die Karten der Zürnerschule, in: Neues Archiv für Sächsische Geschichte 77 (2007), S. 123–188.

Wiegand 2008
Peter Wiegand, Adam Friedrich Zürners Neue kursächsische Postkarte von 1718 – Konjunkturen eines landesherrlichen Auftragswerks, in: Beiträge des 14. Kartographiehistorischen Colloquiums Hamburg 2008 [im Druck].

Willisch 2004
Norbert Willisch, »Es kennt mich dort keiner mehr ... und keiner mehr kennt mich auch hier«. Zum 175. Todestag des Riesengebirgsmalers Sebastian Carl Christoph Reinhardt, in: Ostbairische Grenzmarken. Passauer Jahrbuch 46 (2004), S. 167–191.

Willoweit 1980
Dietmar Willoweit (Hg.), Studien zur Geschichte des sächsisch-magdeburgischen Rechts in Deutschland und Polen, Frankfurt a. M. 1980.

Wilsdorf 1988
Helmut Wilsdorf, Das historische erzgebirgische Bergmannshabit (Glück Auf. Beiträge zur Folklorepflege, H. 33/34/35 (1988)), Schneeberg 1988.

Winker 2003
Doreen Winker, »Darneben wurde auch an den Schwarzburg Rudolstädtischen Hof bekandt«. Mäzene, Sammler und Dilettanten. Das Rudolstädter Fürstenhaus in der 1. Hälfte des 18. Jahrhunderts, in: »Wie über die Natur die Kunst des Pinsels steigt«. Johann Alexander Thiele (1685–1752), Thüringer Prospekte und Landschafts-Inventionen, Ausstellungskatalog Schlossmuseum Sondershausen, Weimar 2003, S. 105–120.

Winkler 1998
Friedemann Winkler, Leipzigs Anfänge. Bekanntes – Neues – Offene Fragen, in: Leipziger Hefte 12 (1998), S. 80.

Winzeler 2000
Marius Winzeler, Andreas Dressler – Maler in Kamenz (1530–1604), in: Matthias Herrmann (Hg.), Kamenz, Beiträge zu Geschichte und Kultur der Lessingstadt, Kamenz 2000, S. 48–60.

Winzeler 2002
Marius Winzeler, Bautzener Arbeiten für St. Marienstern. Künstler der Barockzeit im Dienste des Klosters, in: Lětopis 49 (2002), S. 28–41.

Winzeler 2007
Marius Winzeler, Görlitz als Residenzstadt des Herzogs Johann von Luxemburg (1377–1396). Eine Spurensuche, in: Lenka Bobková, Jana Kovičná (Hg.), Korunní země v dějinách českého státu III. Rezidence a správní sídla v zemích České koruny ve 14.–17. století, Praha 2007, S. 415–431.

Winzeler 2008 a
Marius Winzeler, Die Görlitzer Maria in der Hoffnung, in: ders. (Hg.), Lausitzer Madonnen zwischen Mystik und Reformation (Zittauer Geschichtsblätter 36), Görlitz 2008.

Winzeler 2008 b
Marius Winzeler, Von Prag über Bautzen nach Breslau. Zum Frühwerk Urbanskys in der Oberlausitz, in: Helena Dáňová/Jan Klipa/Lenka Stolárová (Hg.), Slezsko Země Koruny Ceske, Historie a Kultura 1300–1740, Bd. B, Praha 2008, S. 587–598.

Winzeler 2009
Marius Winzeler, St. Marienstern. Der Stifter, sein Kloster, dessen Ausstattung und die Kunst Mitteleuropas im 13. Jahrhundert, Diss. TU Berlin 2009 (Druckfassung Dößel 2011).

Wissenschaftliche Reihe Lviv 2008
Наукові записки/Львівський історичний музей, Вип. 12, Львів 2008 [Wissenschaftliche Reihe, Historisches Museum Lviv, N. F. 12 (2008)].

Wolanski 1994
Andrzej Wolanski, Adam Puschmann und seine Kunst des Meistergesanges, in: Jaroslaw Stępowski/Helmut Loos (Hg.), Beiträge zur Musikgeschichte Schlesiens (Deutsche Musik im Osten 5), Bonn 1994, S. 1–18.

Wolkenhauer 1919
Wilhelm Wolkenhauer, Erhard Etzlaubs Reisekarte durch Deutschland 1501, Berlin 1919.

Wulf 2009
Imke Wulf, Der Epitaphaltar des Abraham von Nostitz. Ein lutherisches Bekenntnisgemälde von 1572, in: Görlitzer Magazin 22 (2009), S. 28–36.

Wyrwa 2007
Andrzej Wyrwa, »Ad limina apostolorum«. Patron pielgrzymów – św. Jakub Starszy, apostoł i pielgrzymki do »jego grobu« w Santiago de Compostela. Szkice do problemu, in: Studia Periegetica. Zeszyty naukowe Wielkopolskiej Wyższej Szkoły Turystyki i Zarządzania w Poznaniu, Red. Andrzej Wyrwa, M.G. Nowak, 1 (2007), S. 8–28.

Zarncke 1857
Friedrich Zarncke, Die urkundlichen Quellen zur Geschichte der Universität Leipzig in den ersten 150 Jahren ihres Bestehens, Leipzig 1857.

ZfbK
Zeitschrift für bildende Kunst, Leipzig 1865–1932.

Zimmerling 2010
Peter Zimmerling, Ein Leben für die Kirche. Zinzendorf als praktischer Theologe, Göttingen 2010.

Zimmermann 2007
Friedrich-Albert Zimmermann, Geschichte und Verfassung der Juden in der Provinz Schlesien, Nachdruck der Ausgabe Breslau 1791, Hildesheim u. a. 2007.

Ziomecka 1968
Anna Ziomecka, Śląska rzeźba gotycka, Sammlungskatalog Muzeum Śląskie we Wrocławiu, Wrocław 1968.

Ziomecka 1976
Anna Ziomecka, Śląskie retabula szafowe w drugiej połowie XV i na początku XVI wieku, in: Roczniki Sztuki Śląskiej, 10 (1976), S. [7]–145.

Zittau'sches monatliches Tagebuch
August 1866.

Zlat 1976
Mieczysław Zlat, Ratusz wrocławski, Wrocław/Warszawa/Kraków/Gdańsk 1976.

Zschiesche 1896
Paul Zschiesche, Der Erfurter Waidbau und Waidhandel, ein culturgeschichtliches Bild aus der Vergangenheit, in: Mitteilungen des Vereins für die Geschichte und Altertumskunde von Erfurt 18 (1896), S. 19.

Zwahr/Topfstedt/Bentele 1999
Hartmut Zwahr/Thomas Topfstedt/Günter Bentele (Hg.), Leipzigs Messen 1497–1997, Teilband 1: 1497–1914, Köln/Weimar/Wien 1999.

Zwahr 1999
Hartmut Zwahr, Die Messe in ihrem Gestaltwandel, in: Zwahr/Topfstedt/Bentele 1999, S. 21–28.

Personenregister

Die fett gedruckten Zahlen kennzeichnen Seiten mit einer Abbildung der Person.

Ortsregister

Die fett gedruckten Zahlen kennzeichnen Seiten mit einer Abbildung des Ortes.

Autoren

Wir danken allen Autoren für ihre Katalogbeiträge und ihre Unterstützung.

I.A.	Ines Anders
F.B.	Frank Berger
M.B.	Marion Bertram
J.Be.	Jens Beutmann
W.B.	Walter Blaha
J.B.	Jutta Charlotte von Bloh
R.B.	Ryszard Bobrow
C.C.	Carla Calov
S.Ch.	Switlana Chawalko
P.Ch.	Petr Chotěbor
M.v.C.	Marita von Cieminski
I.D.	Iwona Długopolska
W.D.	Wolfram Dolz
U.D.	Ulrike Dura
F.E.	Franz Egger
R.E.	Roland Enke
T.F.	Tadeusz Fercowicz
K.F.	Karline Fischer
S.F.	Steffen Förster
K.G.	Kristin Gäbler
A.G.	Agnieszka Gąsior
D.G.	Dirk Gedlich
J.G.	Jürgen Görner
F.G.	Franziska Graßl
R.G.	Rainer Grund
B.G.-K.	Bożena Guldan-Klamecka
E.H.	Ewa Halawa
C.H.	Constanze Herrmann
P.H.	Petra Hesse
R.H.v.G.	Rudolf Hiller von Gaertringen
S.Ho.	Siegfried Hoche
W.H.	Wilhelm Hollstein
S.H.	Sabine Holtermann
K.H.	Karsten Horn
E.Ho.	Ewa Houszka
E.I.	Elżbieta Indycka
I.A.J.	Igor A. Jenzen
C.J.	Cornelia Junge
R.J.	Rüdiger Just
U.K.	Uwe Kahl
M.Kä.	Mathias Kälble
J.K.	Jutta Kappel
F.K.	Fabian Kaulfürst
A.Ki.	Angela Kießling
A.K.	Alicja Kilijańska
V.K.	Valeska Koal
M.K.	Małgorzata Kochanowska
K.K.	Karin Kolb
M.Ko.	Michael Korey
S.K.	Stefan Krabath
R.K.	Rüdiger Kröger
A.Kr.	Andrzej Krzyszowski
K.L.	Katrin Lauterbach
K.-H.L.	Karl-Heinz Löbel
A.L.	Anette Loesch
P.Ł.	Piotr Łukaszewicz
W.M.	Wojciech Marcinkowski
E.M.	Ewa Martyna
M.M.	Michael Matthäus
M.Me.	Melanie Meier
S.M.	Sonja Michaels
A.M.	Aleksandra Mierzejewska
J.M.	Joanna Minksztym
B.M.	Birgit Mitzscherlich
C.M.	Claudia Mohn
K.M.	Katarzyna Moskal
A.Mü.	Anett Müller
D.M.	Doris Mundus
T.N.	Thomas Napp
U.N.	Uta Neidhardt
R.Ne.	Rosita Nenno
G.N.	Gudrun Noll
J.T.N.	Janusz Tadeusz Nowak
R.N.	Romuald Nowak
M.P.	Marek Pierzchała
V.P.	Viktoriya Pisareva
P.P.	Peter Plaßmeyer
D.P.	Dorota Podyma
S.P.	Steffen Poser
C.Q.	Carola Queitsch
M.R.	Margitta Radschinski
L.R.	Lars Rebehn
G.R.-L.	Grit Richter-Laugwitz
J.v.R.	Jasper von Richthofen
S.R.	Susanne Roeßiger
C.R.	Cornelia Rupp
I.S.	Iona Sachse
D.S.	Dirk Scheidemantel
E.S.	Elke Schlenkrich
W.S.	Wolfgang Schlieder
H.v.S.	Hildegard von Schmettow
F.S.	Frieder Schmidt
J.Sch.	Jan Schöttner
H.S.	Hagen Schulz
Si.S.	Simone Schulz
J.S.-F.	Jens Schulze-Forster
E.S.-W.	Evelyn Schweynoch-Werner
S.Se.	Siegfried Seifert
U.S.	Ulrike Siewert
R.S.	Radosław Skowron
K.S.	Katrin Sohl
A.So.	Anne Sowodniok
C.S.	Christian Speer
P.S.	Patricia Stahl
C.St.	Carola Staniek
A.-K.S.-K.	Alexandra-Kathrin Stanislaw-Kemenah
S.St.	Swen Steinberg
A.S.	Agnieszka Stempin
K.St.	Kerstin Stöver
A.T.	Anna Techmańska
U.Te.	Ulrike Telek
K.T.	Klaus Thalheim
U.T.	Ulrich Thiel
O.T.	Olaf Tietz
W.T.	Winfried Töpler
H.-J.V.	Hans-Jürgen Voigt
U.W.	Ulrike Weinhold
K.W.	Kai Wenzel
M.W.	Matthias Wenzel
T.W.	Thomas Westphalen
P.W.	Peter Wiegand
R.W.	Regine Wiemer
D.W.	Doreen Winker
M.Wi.	Marius Winzeler
J.W.	Jacek Witecki
J.Wo.	Joanna Wojnicz
O.Z.	Olaf Żakowski
J.Z.	Jörg Zaun
C.Z.	Christel Ziermann
Ka.Z.	Katarzyna Zinnow

Bildnachweis

Die Abbildungsrechte liegen bei den jeweiligen Museen, den Sammlungen, den Künstler, ihren Erben oder Rechtsnachfolgern, sofern nicht anders angegeben.

- Barbara Bastian: 3|46
- Frank Berger: 3|128
- Manfred Biedermann: 3|54
- Biokovar: 3|60
- Herbert Boswank: 3|2, 3|67, 3|94, 5|89
- bpk – Bildagentur für Kunst, Kultur und Geschichte Berlin: 2|56, 4|111, 4|121, 4|122, 5|30
- David Brandt: 3|15, 3|17, 3|18, 3|19, 3|20, 3|24, 3|26, 3|27, 3|28, 3|29, 3|30, 3|31, 3|32, 3|49, 3|56, 3|57, 3|89, 4|14, 4|28, 4|38, 5|3
- Mariusz Buczma: 3|149, 3|150, 3|157, 3|158
- Krzysztof Deczyński: 3|125
- Rainer Döring: 3|151
- Elke Estel/Hans-Peter Klut: 3|99, 3|139, 4|2, 4|3, 4|4, 4|58, 5|51, 5|97
- Foto Böhme/Detlef Müller: 3|38, 3|39, 5|12
- Ursula Gerstenberger: 4|121, 4|122, 5|30
- Peter Hesse: 5|20
- Marcus Finke: 4|75
- Ute Franz-Scarciglia: 4|61
- Anne Hasselbach: 5|4, 5|16
- Matthias Hildebrand: 4|113
- Frank Höhler: 3|8, 3|9, 3|33, 3|34, 3|35, 3|36, 3|37, 3|44, 3|58, 3|59, 3|62, 3|75+76+77, 4|78, 4|143
- Jirí Homola: 5|52
- Herbert Jäger: 5|33
- Jürgen Karpinski: 3|64, 3|137, 3|148, 4|1, 4|5, 4|30, 4|31, 4|57, 4|65, 4|66, 4|84, 4|112, 5|34, 5|35, 5|36, 5|37, 5|38, 5|39, 5|40, 5|41, 5|42, 5|43, 5|71, 5|76
- Hans-Peter Klut: 5|1, 5|9
- Klaudyna Kucharska: 2|14
- Jens Kugler: 5|72, 5|73
- Martin Kügler: 3|47
- Henry Kunze: 3|92, 3|155
- Michael Lange: 3|141+142, 4|106, 4|139, 5|81, 5|86, 5|88
- Andrea Lausch: 4|107
- Piotr Ligier: 4|6, 5|6, 5|13, 5|28, 5|45
- Juraj Lipták: 2|4, 2|5, 2|15
- Jürgen Lösel: 4|56
- Mirosław Łanowiecki: S. 281 (Abb. 3), S. 282 (Abb. 4), S. 283 (Abb. 5)
- Hans Maertens: 4|111
- Jürgen Matschie: S. 46 f., 3|11, 3|50, 3|51, 3|82, 3|95, 4|51, 4|52, 4|53, 4|54, 4|55, 4|62, 4|63, 5|5, 5|17, 5|27, 5|46, 5|49, 5|67, 5|68, 5|92, 5|93, 5|101, 5|102, 5|103, 5|108
- Petr Měchura: 2|48, 2|49
- Winfried Melzer: 3|16
- Peter Müller: 5|82
- Holger Münzberg: 2|33, 3|105, 5|2
- Piotr Namiota: 2|7, 2|9+10
- Roger Paul: 4|137
- René Pech: S. 280 (Abb. 2), 2|11, 2|17, 2|18, 2|19, 2|28, 2|30, 2|31, 2|32, 2|36, 2|37, 2|39, 2|40, 2|41, 2|42, 2|43, 2|44, 2|45+46, 2|47, 2|52, 2|55, 2|57, 2|58, 3|4, 3|12, 3|13, 3|14, 3|25, 3|63, 3|68, 3|71, 3|80, 3|84, 3|87, 3|88, 3|127, 3|153, 3|156, 3|159, 4|12, 4|13, 4|19, 4|22, 4|23, 4|24, 4|25, 4|26, 4|27, 4|39, 4|41, 4|42, 4|43, 4|44, 4|45, 4|47, 4|49, 4|50, 4|70, 4|82, 5|8, 5|19, 5|55, 5|56, 5|59, 5|61, 5|62, 5|78, 5|84, 5|90, 5|91, 5|94, 5|96, 5|98, 5|104, 5|105, 5|107
- Corinna Perl-Appl: 3|143
- Arkadiusz Podstawka: 3|3, 3|55, 3|78, 3|79, 3|85, 3|93, 3|104, 4|17, 4|18, 4|100, 4|134, 5|7, 5|11, 5|15, 5|18, 5|26, 5|47, 5|53, 5|106, 5|111, 5|112
- Peter Portner: 3|109
- © Punktum/Bertram Kober: 4|124, 4|125, 4|127
- Waltraud Rabich: 5|75
- Gerhard Reinhold: 5|109
- Regine Richter: 1|4, 2|26, 4|69
- Frank Rüdiger: 3|65
- Monika Runge: 4|71, 4|87, 4|90, 5|44
- Christoph Sandig: 3|1, 3|48, 3|100, 3|106+107, 3|140, 3|146, 3|147, 3|152, 4|10, 4|16, 4|35, 4|59, 4|98, 4|99
- Jens Schulze-Forster/Ursula Wohmann: 5|95
- Klaus-Dieter Schumacher: 2|54
- Andreas Seidel: 4|32
- Janos Stekovics: 5|48
- Sabine Suhr: 2|8
- Tomasz Szemalikowski: 2|21, 2|22
- Klaus Tänzer: 3|21
- Olaf Tietz: 3|52, 3|53
- Dirk Urban: 3|70, 3|83, 3|136
- Bernd Wabersich: 3|45
- Kai Wenzel: 2|50, 2|51, 4|85, 5|99, 5|100, 5|110
- Marion Wenzel: 4|15
- Matthias Wenzel: 4|46, 4|48
- Ursula Wohmann: S. 42, 2|1, 2|13, 2|16, 2|20, 2|23, 2|24, 2|34, 3|61, 3|126, 4|34, 4|36
- Frank Zadnicek: 5|25
- Katerina Zisopulu-Bleja: 2|3

Katalog

Dieser Katalog erscheint anlässlich der
3. Sächsischen Landesausstellung
»via regia – 800 Jahre Bewegung und Begegnung«

Staatliche Kunstsammlungen Dresden
Görlitz, 21. Mai bis 31. Oktober 2011

Herausgegeben von
Roland Enke und Bettina Probst
im Auftrag der
Staatlichen Kunstsammlungen Dresden

Redaktion
Roland Enke

Mitarbeit Redaktion
Swen Steinberg, Romy Kraut

Bildredaktion
Dr. Joanna Wojnicz

Organisation
Bettina Müller, Dr. Katarzyna Zinnow

Übersetzungen
Agnieszka Grzybkowska, Kordula Gryglak,
Dr. Katarzyna Zinnow, Dr. Joanna Wojnicz,
Šárka Krtková, Yuri Durkot

Die Deutsche Nationalbibliothek verzeichnet diese Publikation in der Deutschen Nationalbibliographie. Detaillierte Angaben sind im Internet aufrufbar unter: http://dnb.ddb.de.

Verlag
Sandstein Verlag, Dresden
Goetheallee 6 · 01309 Dresden
Tel. + 49 (0) 351 / 440 78 0
Fax + 49 (0) 351 / 440 78 12
www.sandstein-verlag.de

Lektorat
Christine Jäger, Dana Hildebrand
Sandstein Verlag

Gestaltung
Norbert du Vinage
Sandstein Verlag

Satz und Reprografie
Gudrun Diesel, Jana Neumann
Sandstein Verlag

Druck
Offizin Andersen Nexö Leipzig

ISBN
978-3-942422-34-5

Ausstellung

Staatliche Kunstsammlungen Dresden im Auftrag des Freistaates Sachsen
Generaldirektor: Prof. Dr. Martin Roth
Kaufmännischer Direktor: Dirk Burghardt

Projektleitung
Bettina Probst

Ausstellungskurator
Roland Enke

Projektbüro
Romy Kraut, Daniela Mayrock, Jana Lübeck

Ausstellungskonzept
Roland Enke und Bettina Probst
mit Swen Steinberg
unter Mitarbeit von Romy Kraut

Koordination Wissenschaftliche Empfehlungen
Prof. Dr. Winfried Müller

Wissenschaftliche Beratung
Prof. Dr. phil. Friedrich Albrecht, Prof. Dr. Enno Bünz, Prof. Dr. Winfried Eberhard (Vorsitzender des Wissenschaftlichen Beirats), Prof. Dr. Thomas Hänseroth, Prof. Dr. hab. Jan Harasimowicz, Prof. Dr. Gottfried Korff, Prof. Dr. Christoph Markschies, Zenoviy Mazuryk, Dr. Frank Metasch, Prof. Dr.-Ing. Martina Müller, Prof. Dr. Michael North, Prof. Dr. Miloš Řezník, Prof. Dr. hab. Andrzej Rottermund, PD Dr. Martina Schattkowsky, Prof. Dr. Karl Schlögel, Prof. Dr. Susanne Schötz, Prof. Dr. Gerd Schwerhoff, PD Dr. Manfred Seifert, Prof. Dr. Ján Sókol, Prof. Dr. Jürg Sulzer, Prof. Dr. Willi Xylander

Wissenschaftliche Mitarbeit
Swen Steinberg, Dr. Frank Metasch, Lutz Bannert, Dr. Lars-Arne Dannenberg, Dr. Sibylle Gluch, Prof. Dr. Detlef Haberland, Thomas Lang, Dr. Katrin Lindenau, Thomas Napp, Dr. Ralf Pulla, Dr. Uwe Fraunholz, HD Dr. Ulrich Rosseaux, PD Dr. habil. Elke Schlenkrich, Dr. Stefan Siemer, Christian Speer, Christiane Thiele, Kai Wenzel, Dr. Joanna Wojnicz, Dr. Katarzyna Zinnow

Kartografie
Hochschule für Technik und Wirtschaft Dresden
Prof. Dr.-Ing. habil. Roland Stenzel (Rektor), Prof. Dr.-Ing. Ivan Panajotov, Falk Frieske, Fabian Naumann, Florian Kronfeldt, Tabea Kodim

Ausstellungsgestaltung, Architektur und Medien
jangled nerves GmbH, Stuttgart
Creative Direction: Prof. Thomas Hundt, Ingo Zirngibl
Projektleitung: Gesina Geiger
Medientechnische Planung: Björn Kantereit
Architektur: Christian Wessolowski, Marie-Christine Morath
Grafik: Gerd Häußler, Stephanie Niewienz
Mediendesign: Heiko Geiger, Marcel Michalski
Programmierung: Stefan Stuber

Bau- und Produktionsleitung
Thomas Doetsch, Berlin

Bauliche, technische und logistische Beratung
Michael John

Lichtplanung
Ringo T. Fischer, Lichtdesign, Leipzig

Ausführung Licht
nmd – Licht am Bau GmbH, Dresden

Ausstellungsbau
KeBau Gbr, Marbach-Rielingshausen

Ausstellungsgrafik
Marx-Werbung, Dresden

Arthandling
Exponateinrichtung & Lichtgestaltung
Thomas Fißler und Kollegen, Niederschöna

Restaurierung und Protokollierung
Dipl.-Rest. Volker Dietzel, Dresden
Dipl.-Rest. Carsten Wintermann, Dresden

Leihverkehr, Transport und Versicherung
Thomas Lantzsch, Barbara Rühl

Transport
DB Schenker Logistik Dresden
Hasenkamp Internationale Transporte GmbH

Verwaltung
Michael Geißdorf, Cornelia Wittig, Petra Corsa

Haushalt
Elke Schmieder, Kerstin Arzt, Carola Störzel, Petra Förster

Personal
Ingolf Epp, Sabrina Dunkel, Berit Schilder, Manja Stein, Steffi Thümmel

Presse und Öffentlichkeitsarbeit
Eileen Mägel, Christina Flume
mit Camilla Kroggel und Katharine Schwarzer

Kommunikation und Marketing
Martina Miesler, Katja Kalauch, Cornelia Munzinger-Brandt, Andrea Vogt
mit Claudia Thiel und Ann-Kathrin Reichenbach

Corporate Design
schech.net |
Strategie. Kommunikation. Design, Dresden
Dominik Schech, Sören Grochau, Tobias Klaus

Website/Internet
Lunatic interactive, Berlin
Georg Mnich, Jens Gernandt

www.landesausstellung-viaregia.museum
www.viamobil.museum

Bildung und Vermittlung, Museumspädagogik
Susanne Weckwerth, Konstanze Krüger, Aleksandra Kulasza, Annekatrin Riemer, Dr. Carola Marx

Medienstationen
Inhalt und Redaktion: Wiebke Wehling, Aleksandra Kulasza, Thomas Napp, Claudia Bergmann
Realisierung: jangled nerves GmbH, Stuttgart

Audioguide
Kaisertrutz: Anja Mede-Schelenz
Stadtrundgang: Wiebke Wehling
Realisierung: GPT audio GmbH Finsterwalde
Mario Lösel, Judith Skorna
Sprecher: Ulrike Hübschmann, Till Hagen
Mischung: Peter Weinsheimer, primTON

iPhone Applikation
Sandstein Neue Medien GmbH, Dresden
Projektleiter: Markus Pieper
Gestaltung: Stephanie Brittnacher, Ulrike Krause
Realisierung: Christian Rüdiger

Hörspiel
Idee und Text: Kathrin Künzel
Produktion:
Brotmann & Töchter GmbH

Besucherdienst
Strategische Beratung:
Cornelia Munzinger-Brandt
Realisierung: Avantgarde Sales & Marketing Support GmbH, München
Robin Wenzel, Zita Normann

Veranstaltungen
Konzeption: Cornelia Munzinger-Brandt, Bettina Probst, Christina Flume

Eröffnung und Protokoll
Staatliche Kunstsammlungen Dresden:
Bettina Probst, Antonia Callenberg, Romy Kraut, Annelie Lorenz, Anne Böttger
Sächsische Staatskanzlei: Jost Fohmann, Silvia Schneider

Via Mobil

Via Mobil Tourbegleitung
2010: Thomas Kluttig, Carola Queitsch, Damian Archundia Camargo, Oksana Katvalyuk, Tomasz Kosłowski, Bettina Müller, Dr. Katarzyna Zinnow
2011: Carola Queitsch, Annekatrin Riemer, Renata Kreißler, Thomas Kluttig

Fahrbereitschaft und Logistik
DB Schenker, Spezialverkehr Dresden
Karl-Heinz Miersch, Heiko von Römer, Bernd Wrabetz

Fahrzeug und Anhänger
Capron GmbH, Tobias Weiß
schaffer-mobil Wohnmobil GmbH, Hans-Jürgen und Sören Schaffer

Interaktive Anwendung
Redaktion und Text:
Wiebke Wehling, Romy Kraut
Realisierung: jangled nerves GmbH, Stuttgart
Technik: ExpoTec, Mainz

Via Mobil Gestaltung
Thomas Doetsch Architekt, Berlin

Via Mobil Grafik
Monografisch
Dipl.-Grafikerin Vivien Palloks, Berlin

Via Mobil Dokumentarfilm
Spanien
Buch, Kamera, Regie: Marina Caba Rall
Schnitt: Lorna Hoeffler Steffen
Frankreich
Regie: Sébastien Trulès
Schnitt: Damian Archundia Camargo
Deutschland
Buch, Kamera, Regie, Schnitt:
Sebastián Barahona, Uwe Teske
Schnittassistenz: Thomas Rimbot
Polen
Buch, Kamera, Regie, Schnitt:
Jacob Dammas
Ukraine
Buch, Kamera, Regie, Schnitt:
Dmytro Oleksandrovych Tiazhlov

Hauptpartner

Ostdeutsche Sparkassenstiftung

Mobilitätspartner

DB BAHN

Logistikpartner Via Mobil

DB SCHENKER
Spezialverkehr Dresden

Medienpartner

mdr

Sächsische Zeitung
Was uns verbindet.

sachsenverlag

Kooperationspartner und Sponsoren

akg-images.com

BOMBARDIER

CAPRON
Reisemobile aus Neustadt / Sa.

Sunlight

DVB
DRESDNER VERKEHRSBETRIEBE AG

EVONIK
INDUSTRIES

HTW
Hochschule für Technik und Wirtschaft Dresden
University of Applied Sciences

ISGV

Landskron
Die private BRAU-MANUFAKTUR

LEIPZIGER MESSE

Margon

UNO

SLUB Sächsische Landesbibliothek – Staats- und Universitätsbibliothek Dresden

SÄCHSISCHES STAATSARCHIV
Freistaat SACHSEN

schaffer-mobil

SIEMENS

STAATSBIBLIOTHEK ZU BERLIN
PREUSSISCHER KULTURBESITZ

STRÖER
deutsche städte medien

TMS
Messen-Kongresse-Ausstellungen GmbH
Messen aktuell und perfekt
www.tmsmessen.de

TECHNISCHE UNIVERSITÄT DRESDEN

VATTENFALL

VEOLIA
WASSER

Beiträge zur Landesausstellung

Stadt Görlitz

SENCKENBERG
world of biodiversity

SMG
SCHLESISCHES MUSEUM ZU GÖRLITZ

Partner kulturelle Bildung

MEETINGPOINT MUSIC MESSIAEN

Theater ! Görlitz

MEDIEN KULTUR ZENTRUM DRESDEN

Netzwerkpartner

GÖRLITZ
ZGORZELEC
EUROPASTADT

OBER LAUSITZ
Marketing-Gesellschaft Oberlausitz-Niederschlesien mbH

SACHSEN. LAND VON WELT.

ZVON

Förderverein
Stadt Görlitz-Zgorzelec e.V.
Kultur

Kultur Service
Görlitz

LANDESTOURISMUSVERBAND SACHSEN

VGG